工程力学（Ⅱ）——材料力学

主　编　屈本宁　杨邦成

副主编　李鹏程　蓝　虹

许　蔚　王时越

科 学 出 版 社

北　京

内 容 简 介

本书是云南省普通高等学校“十二五”规划教材，内容包括绪论、杆件的拉伸与压缩以及连接件的实用计算、杆件的扭转、杆件的弯曲内力与弯曲应力及弯曲强度、杆件的弯曲变形、应力状态分析、强度理论与组合变形、压杆的稳定性、能量方法、简单超静定问题、动载荷与交变应力，另外还附有截面图形的几何性质、金属材料的力学性能实验及热轧型钢规格表。

本书注重与工程实际相结合，深入浅出，通过大量例题阐述分析问题、解决问题的思路及方法。本书是融合数字化资源的新形态教材，对部分知识点配有相应的动画演示，方便读者学习。

本书可供普通高等学校中长学时（64～128 学时）工程力学、材料力学课程教学使用，也可供自学者及相关技术人员参考。

图书在版编目(CIP)数据

工程力学. Ⅱ，材料力学/屈本宁，杨邦成主编. —北京：科学出版社，2022.9
ISBN 978-7-03-073324-5

Ⅰ. ①工… Ⅱ. ①屈… ②杨… Ⅲ. ①工程力学－高等学校－教材 ②材料力学－高等学校－教材 Ⅳ. ①TB12 ②TB301

中国版本图书馆 CIP 数据核字（2022）第 180826 号

责任编辑：邓 静 / 责任校对：刘 芳
责任印制：张 伟 / 封面设计：迷底书装

科学出版社 出版
北京东黄城根北街 16 号
邮政编码：100717
http://www.sciencep.com
涿州市般润文化传播有限公司 印刷
科学出版社发行 各地新华书店经销
*
2022 年 9 月第 一 版 开本：787×1092 1/16
2023 年 2 月第二次印刷 印张：18 1/2
字数：450 000

定价：65.00 元
（如有印装质量问题，我社负责调换）

前　言

本书是“工程力学系列教材”中的一本，此《工程力学》教材为云南省普通高等学校“十二五”规划教材，分为Ⅰ、Ⅱ两个分册出版，即《工程力学(Ⅰ)——理论力学》和《工程力学(Ⅱ)——材料力学》，分别根据教育部高等学校力学教学指导委员会力学基础课程教学指导分委员会最新制订的“理论力学课程基本要求(B类)”和“材料力学课程基本要求(B类)”编写。教材之所以分为两册出版也是考虑到各类高校的不同要求，可以灵活选用。

本书为《工程力学(Ⅱ)——材料力学》，内容涵盖材料力学课程基本要求的全部基本内容及相关专题。书中的物理量符号、名称和计量单位均采用国际单位制。

本书以“夯实基础、提升能力”为目标，吸取了现行教材之所长和作者多年的教学经验。在内容编排上，将杆件的应变能计算集中在能量方法一章，简单超静定问题单独成章，结构紧凑，便于教与学；在叙述方面，深入浅出，注重引入工程背景以及分析和解决问题的思路和方法。书中安排了丰富的例题，包含经典例题和工程应用的综合实例，理论与工程问题结合更加紧密；精选了各类型思考题和习题，难度适中。本书附有习题参考答案，既适合课堂教学又便于自学。另外，特别编写了金属材料的力学性能实验一章，便于读者掌握实验技术。

为满足内容形象化、教学便利化的要求，本书融合了数字化教学资源，是一本新形态的立体化教材。书中利用现代教育技术和互联网信息技术，针对部分学生难以理解的知识点，配有相应的动画演示，可通过扫描书中相应位置的二维码观看，帮助读者建立直观概念，更好地理解相关知识点。

本书由屈本宁、杨邦成任主编，李鹏程编写第1、6、7、8章及附录Ⅲ，许蔚编写第2章，杨邦成编写第3、4、10、11章及附录Ⅰ，蓝虹编写第5、9章，王时越编写附录Ⅱ。全书由屈本宁、杨邦成完成统稿。

特别感谢科学出版社编辑给予的热情鼓励与支持，以及为本书顺利出版而付出的心血。由于编者水平有限，书中不足之处在所难免，敬请读者批评指正。

作　者

2021年12月

前　言

目　录

第1章　绪　　论

1.1　材料力学概述

材料力学是为工程设计提供基础理论和计算方法的一门学科。工程中有各种各样的机械、设备或结构，它们都由许多零件或部件(如轴、连杆、梁、柱、檩条等)组成，如图1.1所示，组成机械、设备或结构的各个零件或部件统称为**构件**。

(a)古建筑

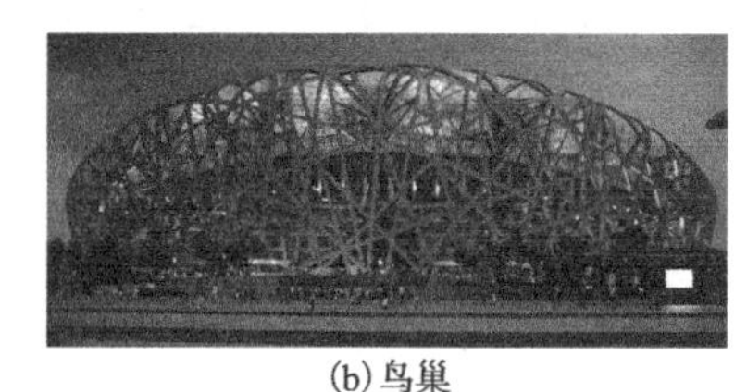

(b)鸟巢

(c)挖掘机

图1.1

在理论力学的静力学部分，通过力的平衡关系，可以解决构件外力的计算问题。构件在受到外力(载荷)作用时，将产生形状和尺寸的变化，这种变化称为**变形**。在静力学中讨论的对象都是刚体模型，而在实际工程中的构件都是可变形的固体，简称**变形体**(或**变形固体**)。按照产生变形的程度可将其分为两类：一类是可以恢复的变形，称为**弹性变形**，这类变形一般都比较小；另一类是不可恢复的变形，称为**塑性变形**。

当构件受力过大时，会发生**断裂或产生显著的塑性变形**(称为**破坏**)而造成事故，或者受力后产生过大的弹性变形而影响正常工作。例如，机器中常用的齿轮轴有时会因载荷过大而发生断裂或在受力后因变形过大而影响齿轮间的正常啮合。有些受压力作用的细长直杆，如千斤顶的螺杆、内燃机的连杆等，当压力过大时，会产生突然的侧向大变形，丧失原有的直线平衡状态，这种**突然改变其原有平衡状态的现象**，称为**丧失稳定性**或**失稳**。因此，设计或制作每一个构件时，都必须考虑其在受力时不破坏、不产生过大变形和不发生失稳，只有这样才能保证整个机械或结构能够安全、可靠地工作。

因此，要保证整个机械或结构能够安全、可靠地工作，其中的每个构件必须具有足够的**承载能力**，即满足下述三方面的要求。

(1)强度要求。**强度指构件抵抗破坏的能力，**构件必须具有足够的强度。

(2)刚度要求。**刚度指构件抵抗变形的能力，**构件必须具有足够的刚度。

(3)稳定性要求。**稳定性指构件保持原有平衡状态的能力，**构件必须具有足够的稳定性。

强度、刚度和稳定性，是材料力学研究的主要内容。一个合理的构件设计，不但应该满足强度、刚度和稳定性的要求以保证其安全可靠，还应该符合经济原则。一般来说，选用较好的材料或者把构件的尺寸做大些，可以提高构件的强度、刚度和稳定性，有利于保证构件安全可靠地工作。但是，这将会提高造价，造成浪费，违背经济原则。而选用价廉质低的材料或者减小构件尺寸的做法虽然比较经济，但却可能给构件工作的安全性带来隐患。可见，安全与经济经常是矛盾的。**材料力学的任务**就是**在满足强度、刚度和稳定性的要求下，为设计既经济又安全的构件提供必要的理论基础和计算方法**。

研究构件的强度、刚度和稳定性时，应了解**材料在外力作用下表现出的变形和破坏等方面的特性**，即**材料的力学性能**，而力学性能要通过实验来测定。此外，材料力学中的理论推导过程，都是根据实验观测来作出变形情况的假设，再运用数学和力学推导，最后必须由实验验证这些结果的正确性。因此，没有材料力学实验，不仅不能进行理论推导，也无从验证所得的结果的正确性，更无法应用。另外，还有一些尚无理论结果的问题，须借助实验方法来解决。综上，实验分析和理论研究都是解决问题的常用方法，由此可见，材料力学实验在材料力学中占有重要的地位。

1.2　材料力学的基本假设

虽然构件采用的材料品种繁多，性质各异，但它们都有一个共同的特性，就是在外力作用下会产生变形。研究构件的强度、刚度和稳定性等问题时，变形是一个不可忽略的因素。因此，在材料力学中，将组成构件的材料皆视为变形固体，并对变形固体作以下基本假设。

(1)连续性假设：认为组成固体的物质不留空隙地充满了整个固体的体积。

实际上，组成固体的粒子(如金属中的晶粒)之间存在着空隙，并不连续，但这种空隙与构件的尺寸相比极其微小，研究固体的宏观性能时可以忽略不计，因此认为固体材料在其整个体积内连续分布。根据这个假设，某些力学量(如应力、应变和变形等)可看作固体内点坐标的连续函数，从而可以运用高等数学工具(如微分、积分等)对其进行分析计算。

(2)均匀性假设：认为在固体内各点处具有相同的力学性能。

就使用最多的金属材料来说，组成金属材料的各晶粒的力学性能并不完全相同，从宏观角度看，组成构件的金属材料的任一部分都包含大量晶粒，且无序地排列在整个体积之内，而固体的力学性能是各晶粒力学性能的统计平均值，所以可以认为固体内各点处具有相同的力学性能。根据这个假设，可以在构件的任意处取无限小的部分进行研究，然后将研究结果应用于整个构件；也可将由小尺寸试件测得的材料的力学性能应用于尺寸不同的构件。

(3)各向同性假设：认为固体材料在各个不同方向的力学性能相同。

这个假设符合许多材料的实际性能，如玻璃就是典型的各向同性材料。对于金属这类由晶粒组成的材料，虽然每个晶粒的力学性能有方向性，但从统计学结果看，在宏观层次，金属构件沿各个方向的力学性能接近相同，这种**沿各个方向力学性能相同的材料**称为**各向同性材料**。常用的工程材料，如钢、铜、塑料、玻璃，都是各向同性材料。若材料在各个方向上的力学性能不同，则称为**各向异性材料**，如木材、胶合板和某些人工合成材料等。

工程实际中，构件受力后的弹性变形一般都很小，相对于构件的原始尺寸小得多，因此在分析构件上力的平衡关系时，弹性变形的影响可忽略不计，仍按构件的原始尺寸进行计算，可使问题得到简化。相反，如果构件受力后的弹性变形很大，其影响不可忽略时，则必须按构件变形后的尺寸进行计算。前者称为小变形问题，后者称为大变形问题，材料力学一般只研究小变形问题。

1.3　外力、内力与截面法

1.3.1　外力及其分类

当研究某一构件时，可以设想把这一构件从周围物体中单独取出，并用力来代替周围各物体对构件的作用，这些**来自构件外部的力**就是**外力**。

1. 按作用方式分为表面力和体积力

表面力是作用于物体表面的力，又可分为分布力和集中力。**分布力**是**连续作用于物体表面的力**，如作用于油缸内壁上的油压力、作用于船体上的水压力等。**集中力**是**作用于物体上一点的力**，若外力的作用面积远小于物体的表面尺寸，就可看成作用于一点的集中力，如火车车轮对钢轨的压力、滚珠轴承对轴的反作用力等。**体积力**是**连续分布于物体内部各点的力**，如物体的自重和惯性力等。

2. 按载荷随时间的变化分为静载荷和动载荷

不随时间变化或缓慢变化的载荷，称为**静载荷**；而**大小或方向随时间变化的载荷**，称为**动载荷**。按随时间变化的方式，动载荷又可分为交变载荷和冲击载荷。**交变载荷**是**随时间作周期性变化的载荷**，例如，当齿轮转动时，作用于每一个齿上的力都是随时间作周期性变化的。**冲击载荷**是**瞬间施加于物体上的载荷**，例如，急刹车时飞轮的轮轴、锻造时空气锤的锤杆等都受到冲击载荷的作用。

构件在静载荷作用下和在动载荷作用下所表现的力学性能颇不相同，分析方法也有差异。因为静载荷问题比较简单，所建立的理论和分析方法又可作为解决动载荷问题的基础，所以首先研究静载荷问题。

1.3.2　内力与截面法

1. 内力的概念

我们知道，物体是由无数粒子组成的，在其未受到外力作用时，各粒子间就存在着相互作用的内力(称为固有内力)，以维持它们之间的联系及物体的形状。当物体受到外力作用时，各粒子间的相对位置将发生改变，引起物体变形。同时，粒子间的固有内力也将发生变化，**因外力作用而引起的固有内力改变量**，称为**附加内力**，简称**内力**。内力随外力的增加而增大，当内力增大到一定程度时就会引起构件破坏，因而它与构件的强度密切相关。因此，为了揭示构件的变形和破坏规律，必须首先研究内力。

由静力学知识可知，在分析两物体之间的相互作用力时，必须将两物体分开。同理，研究构件的内力时，也应假想地将构件分开。研究图1.2(a)所示构件 *m-m* 截面上的内力时，用一假想平面将构件沿该截面切为Ⅰ、Ⅱ两部分，如图1.2(b)、(c)所示，将内力暴露出来，按照连续性假设，在 *m-m* 截面上的内力是连续分布力，并且Ⅰ、Ⅱ两部分物体在 *m-m* 截面上的力是作用力与反作用力的关系。通常，将这个**分布力系向截面形心(即截面形状的几何中心)简化，得到主矢和主矩**。主矢和主矩与作用在分离部分上的所有外力构成平衡力系，可由平衡方程求出。今后所称**内力**，指截面上分布内力的主矢和主矩。在后面的章节中，会分别详细介绍这些内力的具体类型，一般包括轴力 F_N 、剪力 F_S 、扭矩 T 和弯矩 M。

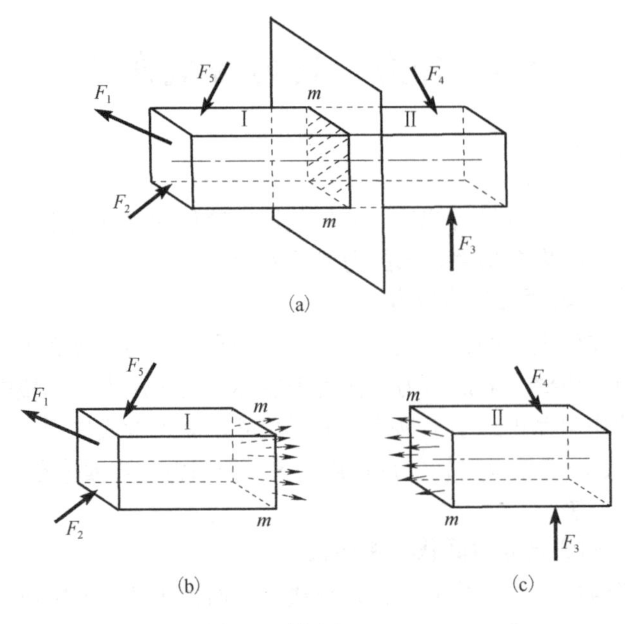

图 1.2

2. 截面法

上述用截面假想地把构件分成两部分，以便**显示并计算内力的方法**称为**截面法**，可将其归纳为以下三个步骤。

(1) 分二留一。欲求某一截面上的内力，可沿该截面假想地把构件分成两部分，任意保留其中一部分为研究对象，而抛弃另一部分。

(2) 内力代弃。用作用于截面上的内力来代替抛弃部分对保留部分的作用。

(3) 内外平衡。作用在保留部分上的外力和内力应保持平衡，建立平衡方程，确定未知内力的大小和方向。

【例 1.1】 摇臂钻床的受力简图如图 1.3(a) 所示，在载荷 F 作用下，试确定钻床立柱 m-m 截面上的内力。

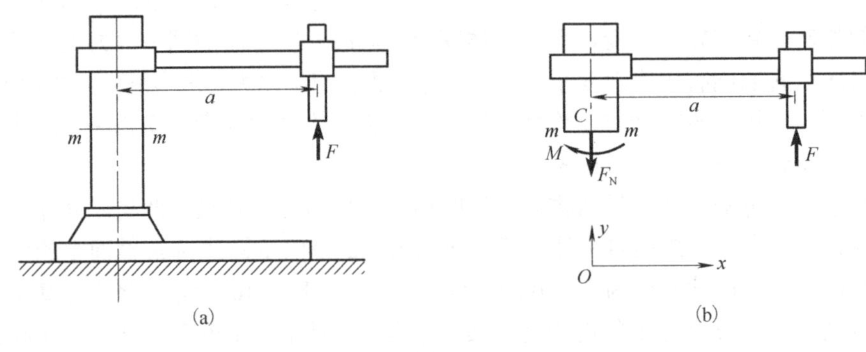

图 1.3

解： (1) 分二留一。假想沿 m-m 截面切开，将钻床分成上下两部分，保留 m-m 截面以上部分为研究对象，并选取坐标系，如图 1.3(b) 所示。

(2) 内力代弃。在研究对象的 m-m 截面上作用着分布内力系，将此内力系向 m-m 截面形心 C 简化，根据研究对象的平衡条件，可以得到一个主矢 F_N 和主矩 M，其方向和转向如

图 1.3(b)所示。这里的 F_N 和 M 就是抛弃的下半部分对保留的上半部分的作用力，即内力。

(3)内外平衡。整个钻床是平衡的，所以保留的上半部分也应该保持平衡。也就是说，作用在研究对象上的外力 F 和内力 F_N、M 应该相互平衡，据此可写出研究对象的平衡方程为

$$\sum F_y = 0, \qquad F - F_N = 0$$

$$\sum M_C = 0, \qquad Fa - M = 0$$

于是，求得截面 $m\text{-}m$ 上的内力 F_N 和 M 为

$$F_N = F, \qquad M = Fa$$

1.4　应　　力

1. 概念

通过截面法，可以求出构件的内力，但是仅仅求出内力还不能解决构件的强度问题。例如，两根材料相同、横截面面积不等的直杆，若两者所受的轴向拉力相同(此时横截面上的内力也相同)，则随着拉力的增加，细杆将先被拉断。这说明构件的危险程度取决于截面上分布内力的聚集程度，即应力，而不是取决于分布内力的总合。在上述实例中，同样的轴向拉力，聚集在较小的横截面上时(应力大)就比较危险，而如果是分布在较大的横截面上(应力小)就比较安全。因此，讨论构件的强度问题时，还必须了解内力在截面上某一点处的聚集程度，这种聚集程度用分布在单位面积上的内力来衡量，称为该点的应力。

2. 定义

1)截面上一点的应力

取图 1.2(c)进行分析，在截面 $m\text{-}m$ 上，围绕某一点 C 处取一微小面积 ΔA，其上连续地分布着内力，它们的合力就是作用在微小面积 ΔA 上的微内力 ΔP，如图 1.4(a)所示。定义 ΔA 上内力的平均集度为

$$p_m = \frac{\Delta P}{\Delta A}$$

式中，p_m 称为微面积 ΔA 上的**平均应力**。

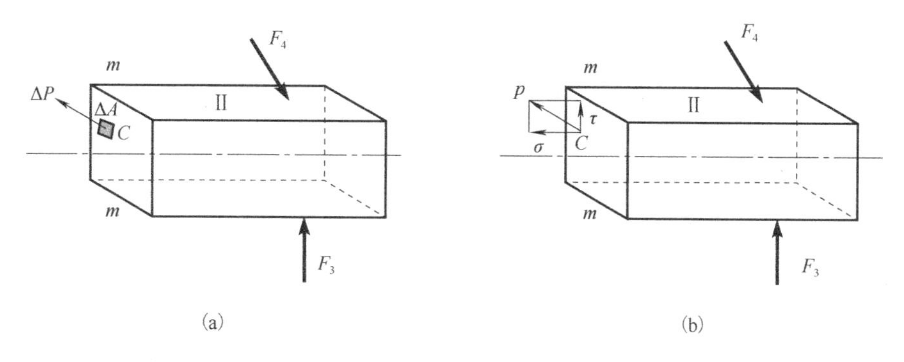

图 1.4

一般情况下，由于内力是非均匀分布的，平均应力 p_m 还不能真实地表明一点处内力的密集程度。这里应用高等数学中极限的概念，以消除 ΔA 大小的影响。令 ΔA 趋于零，则 p_m 的大小和方向都将趋于一定的极限，即

$$p=\lim_{\Delta A\to 0}\frac{\Delta P}{\Delta A}=\frac{\mathrm{d}P}{\mathrm{d}A} \tag{1.1}$$

式中，p 称为 $m\text{-}m$ 截面上 C 点的应力。

式(1.1)即为应力的定义，叙述为：**应力是一点处内力的集度**，或者粗略地说，**应力是单位面积上的内力**，p 则称为**全应力**。

2) 正应力和切应力

全应力 p 是一个矢量，一般来说，它既不与截面垂直，也不与截面相切。因此，通常把全应力 p 分解成垂直于截面的分量σ和切于截面的分量τ，如图 1.4(b)所示。其中，**垂直于截面的分量σ称为正应力；切于截面的分量τ称为切应力**。

国际单位制中，应力的单位是牛/米^2(N/m^2)，称为帕斯卡或简称帕(Pa)。由于这个单位太小，使用不便，通常使用千帕(kPa)、兆帕(MPa)及吉帕(GPa)，其中 1kPa=10^3Pa、1MPa=10^6Pa、1GPa=10^9Pa。

1.5　应　　变

构件受力后会发生变形，就整个构件来看，构件变形后的形状极不相同，也很复杂。但是，若把构件划分成无数个**边长为无限小的正六面体**(称为**单元体**)，就每个单元体来看，其变形情况就很简单。而且我们经常需要研究一点处的力与变形的关系，这时也需要利用单元体的变形，因此首先研究单元体的变形情况。

1. 正应变

设想在构件中某点 O 附近取棱边长度分别为 Δx、Δy、Δz 的单元体。在一个单元体中，可能发生的第一种变形，是棱边长度的改变。取单元体如图 1.5(a)所示，单元体变形前的棱边边长分别为 Δx、Δy、Δz，以棱边 OA 为例，若变形后边长 Δx 改变了 Δu，则 Δu 代表棱边 OA 的长度变化(或称为线变形)，它是线段 Δx 的绝对变形。由于 Δu 的大小与原长度 Δx 有关，它不能表示棱边 OA 的变形程度。

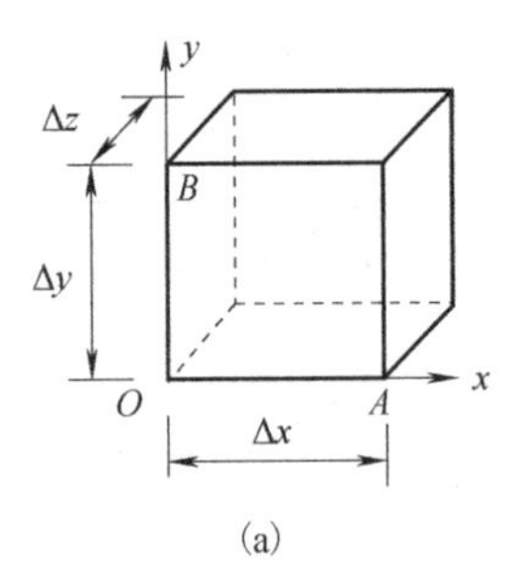

(a)

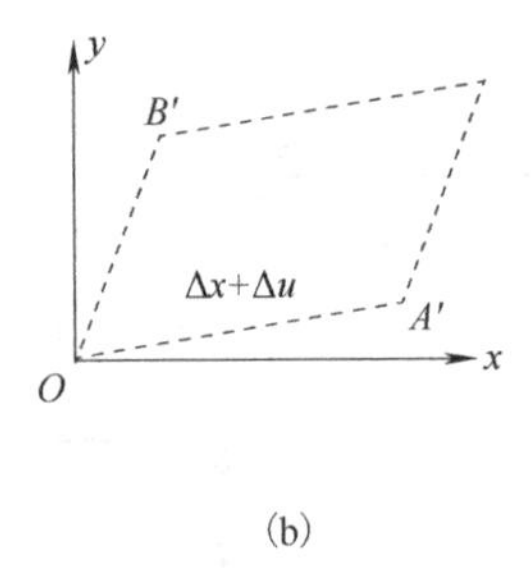

(b)

图 1.5

为了表明 OA 线段的变形程度，应取单位长度的线变形作为衡量线变形的基本度量。Δu 与 Δx 的比值，代表棱边 OA 每单位长度的平均线变形，称为**平均应变**，用 ε_{m} 表示，即

$$\varepsilon_{\mathrm{m}}=\frac{\Delta u}{\Delta x} \tag{1.2}$$

逐渐缩小 Δx 值，使 Δx 趋近于零，则 ε_{m} 的极限值为

$$\varepsilon = \lim_{\Delta x \to 0} \frac{\Delta u}{\Delta x} = \frac{du}{dx} \tag{1.3}$$

式中，ε表示点O处沿x方向的变形程度，称为点O处沿该方向的**线应变**或**正应变**。

正应变具有下列性质：

(1) 正应变ε是某一点处线变形的基本度量。

(2) 由式(1.3)可知，正应变ε是一个无量纲量。

2. 切应变

在单元体中，可能发生第二种变形，即互相垂直的两个棱边间的夹角发生改变。如图1.5(b)所示，变形前，单元体在xy平面内的两个棱边OA与OB相互垂直，夹角为$\pi/2$。变形后的棱边为OA'与OB'，OA'与OB'的夹角为$\angle A'OB'$，变形前后角度的改变量为$(\pi/2-\angle A'OB')$。当A和B趋近于点O，即Δx、Δy趋近于0时，角度改变量的极限值为

$$\gamma = \lim_{\substack{\Delta x \to 0 \\ \Delta y \to 0}} \left(\frac{\pi}{2} - \angle A'OB' \right) \tag{1.4}$$

式中，γ称为点O处在xy平面内的**切应变**或**角应变**，因此切应变γ是单元体中直角的改变量。

切应变γ具有下列性质：

(1) 切应变γ是某一点处角变形的基本度量，它量度的是直角的改变。

(2) 切应变γ是一个无量纲量，常用弧度(rad)表示。

1.6　杆件变形的基本形式

工程实际中，构件的类型多种多样，按其几何形状特征，可分为杆、板、壳、块体等。凡是**纵向(长度方向)尺寸远大于横向(垂直于长度方向)尺寸的构件**，称为**杆件**，或简称**杆**。杆件的横截面和轴线是两个主要几何特征，横截面是指垂直于杆件长度方向的截面，各横截面形心的连线，即为杆件的轴线，如图1.6所示。**轴线是直线的杆**称为**直杆**，如图1.6(a)和(c)所示。**轴线是曲线的杆**称为**曲杆**，如图1.6(b)所示。**横截面形状和大小沿长度方向不变的直杆**称为**等直杆**，如图1.6(a)所示。**横截面形状和大小沿长度方向变化的杆**称为**变截面杆**，如图1.6(c)所示。材料力学的主要研究对象是等直杆。

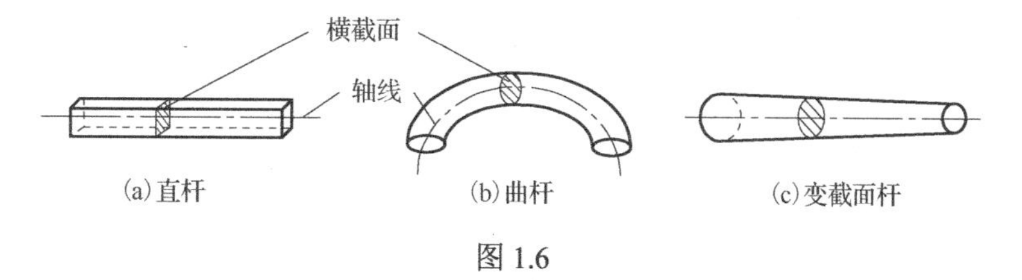

图1.6

在实际结构中，杆件在外力作用下产生变形的情况很复杂，作用在杆件上的外力情况不同，产生的变形也各异。就杆件一点周围的一个单元体来说，其变形由正应变和切应变来描述。所有单元体的变形的积累形成杆件的整体变形，杆件的整体变形有以下四种基本形式。

1）拉伸或压缩

外力的合力沿杆件轴线作用，使杆件产生伸长或缩短变形。例如，托架中的拉杆 *AB* 和压杆 *BC* 受力后的变形如图 1.7 所示。

2）剪切

一对垂直于杆轴线的力，作用在杆的两侧表面上，而且两力的作用线非常靠近，使杆件的两部分沿力的作用方向发生相对错动。例如，连接件中的铆钉受力后的变形如图 1.8 所示。

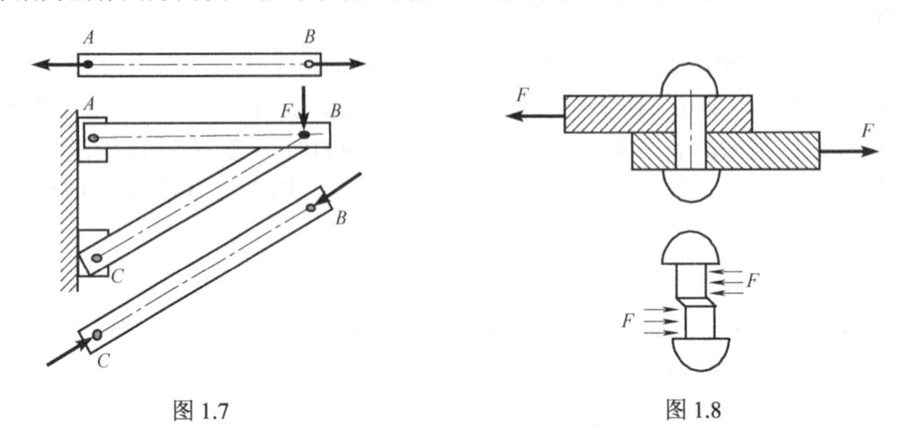

图 1.7　　　　图 1.8

3）扭转

杆件受一对大小相等、转向相反、作用面垂直于杆轴线的力偶的作用，杆件的任意两个横截面发生绕杆轴线的相对转动。例如，机器中的传动轴受力后的变形如图 1.9 所示。

4）弯曲

杆件受垂直于杆轴线的横向力、分布力或作用面通过杆轴线的力偶的作用，杆轴线由直线变为曲线。例如，单梁吊车的横梁受力后的变形如图 1.10 所示。

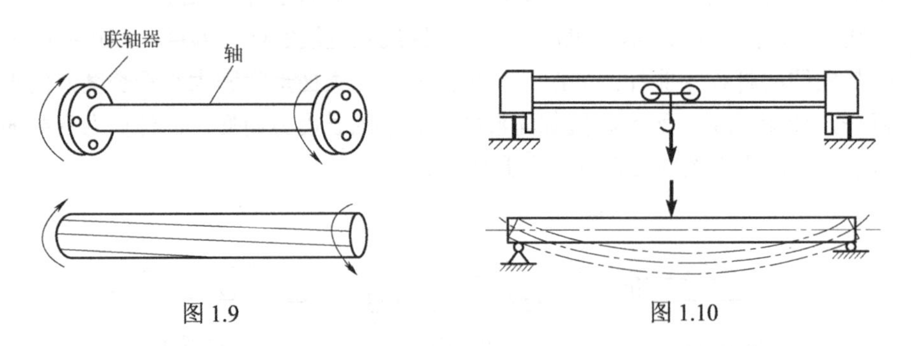

图 1.9　　　　图 1.10

在工程实际中，有些杆件的变形比较简单，只产生上述四种基本变形中的一种。有些杆件的变形则比较复杂，**会同时发生两种或两种以上的基本变形**，这种复杂变形称为**组合变形**。例如，车床主轴工作时同时发生弯曲、扭转和压缩三种基本变形；钻床立柱同时发生拉伸和弯曲两种基本变形。

后续章节按拉压、剪切、扭转、弯曲的顺序，分别研究每种基本变形问题，然后再研究组合变形问题。

思 考 题

1-1 判断下列说法是否正确。

(1)同一截面上正应力 σ 与切应力 τ 必定相互垂直。

(2)同一截面上各点的正应力 σ 必定大小相等，方向相同。

(3)同一截面上各点的切应力必相互平行。

(4)如思图 1.1 所示结构，AD 杆发生的变形为弯曲与压缩的组合变形。

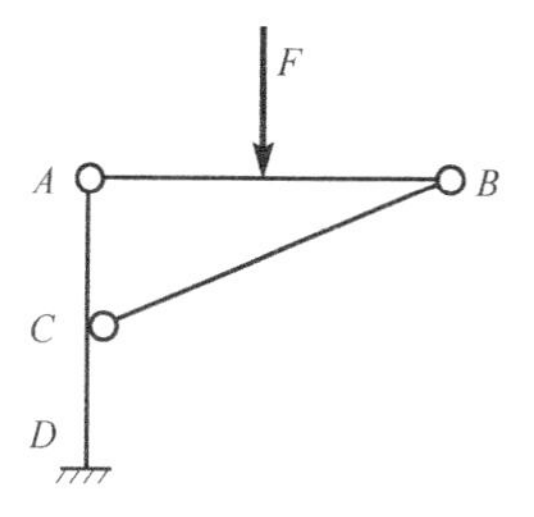

思图 1.1

(5)应变分为正应变 ε 和切应变 γ。

(6)应变为无量纲量。

(7)若物体各部分均无变形，则物体内各点的应变均为零。

(8)若物体内各点的应变均为零，则物体无位移。

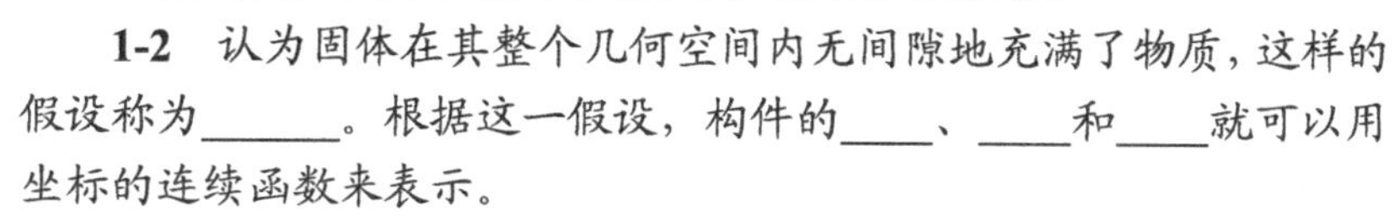

1-2 认为固体在其整个几何空间内无间隙地充满了物质，这样的假设称为______。根据这一假设，构件的____、____和____就可以用坐标的连续函数来表示。

1-3 在拉(压)杆斜截面上，某点处的分布内力集度称为该点处的____，它沿着截面法线方向的分量称为______，而沿截面切线方向的分量称为______。

1-4 求思图 1.2 所示结构中 1-1 和 2-2 截面的内力，并在分离体上画出内力的方向。

1-5 如思图 1.3 所示，直角折杆在 DC 段承受均布载荷 q，求 AB 段上内力矩为零的截面位置。

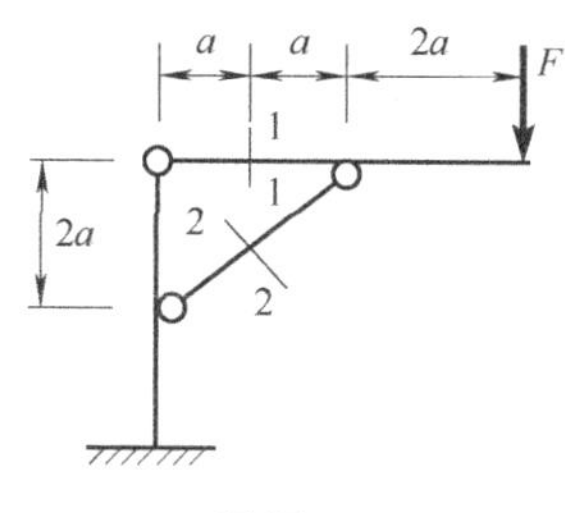

思图 1.2

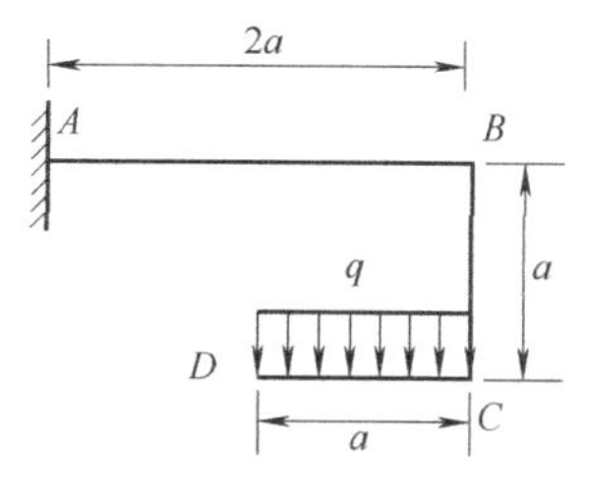

思图 1.3

1-6 求思图 1.4 所示折杆 1-1 和 2-2 截面的内力，并在分离体上画出内力的方向。

1-7 求思图 1.5 所示结构中 1-1 和 2-2 截面的内力，并在分离体上画出内力的方向。

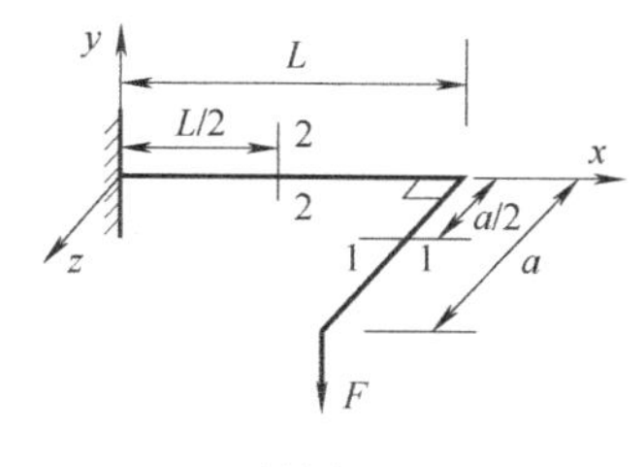

思图 1.4

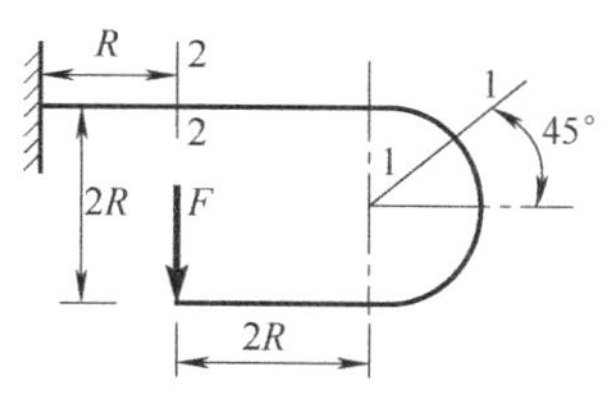

思图 1.5

习　　题

1.1　判断下列说法是否正确。

(1) 确定截面内力的截面法，适用于等截面或变截面、直杆或曲杆、基本变形或组合变形、横截面或任意截面的普遍情况。

(2) 杆件某截面上的内力是该截面上应力的代数和。

(3) 如题图 1.1 所示的结构中，*AB* 杆将发生弯曲与压缩的组合变形。

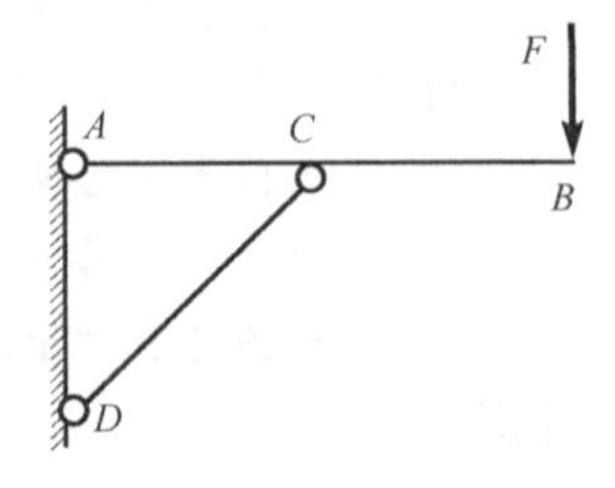

题图 1.1

(4) 根据各向同性假设，可认为材料的弹性常数在各方向都相同。

(5) 根据均匀性假设，可认为构件的弹性常数在各点处都相同。

1.2　根据材料的主要性能，作如下三个基本假设_____，_____，______。

1.3　所谓____，是指材料或构件抵抗破坏的能力。所谓____，是指构件抵抗变形的能力。

1.4　构件的承载能力包括________，________和________三个方面。

1.5　如题图 1.2 所示结构中，杆 1 发生____变形，杆 2 发生____变形，杆 3 发生____变形。

1.6　如题图 1.3 所示的结构中，杆 1 发生____变形，杆 2 发生____变形，杆 3 发生_____变形。

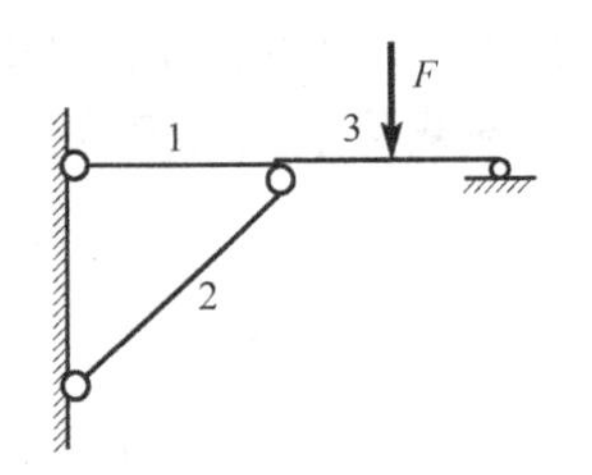

题图 1.2

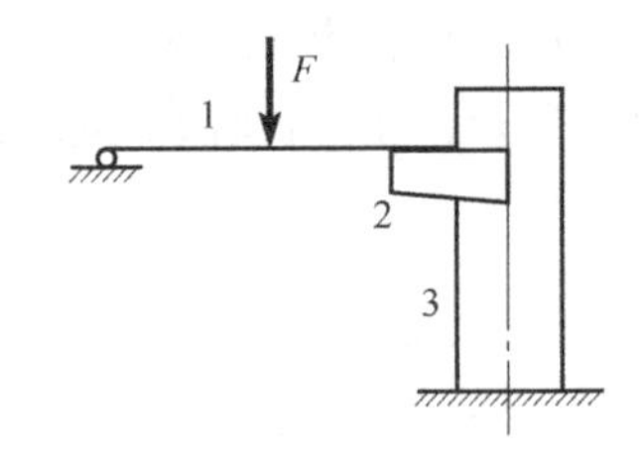

题图 1.3

1.7　如题图 1.4 所示，从构件内点 *A* 处取出一个单元体，构件受力后单元体的位置用虚线表示，则称 du/dx 为____________，dv/dy 为____________，$(\alpha_1+\alpha_2)$ 为________________。

1.8　求如题图 1.5 所示折杆 1-1 和 2-2 截面的内力，并在分离体上画出内力的方向。

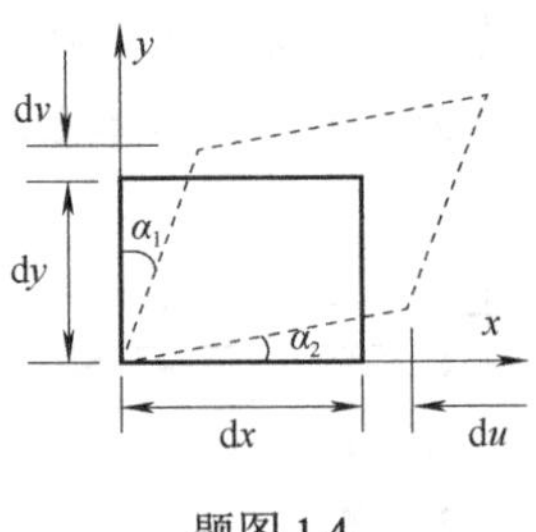

题图 1.4

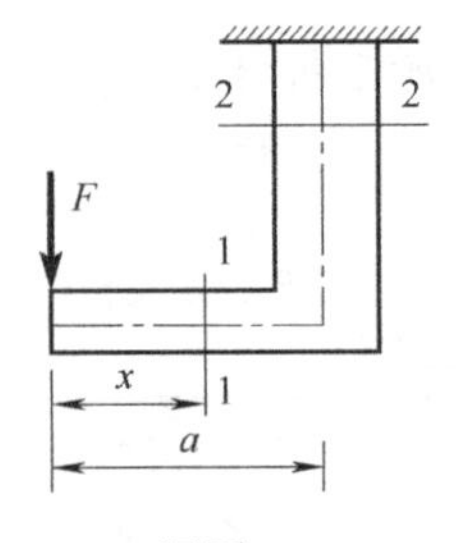

题图 1.5

1.9　题图 1.6(a)、(b)、(c) 分别为构件内某点处取出的单元体，变形后的情况如虚线所示，则单元体 (a) 的切应变 γ=____；单元体 (b) 的切应变 γ=____；单元体 (c) 的切应变 γ=____。

1.10 求如题图 1.7 所示折杆 1-1 和 2-2 截面的内力，并在分离体上画出内力的方向。

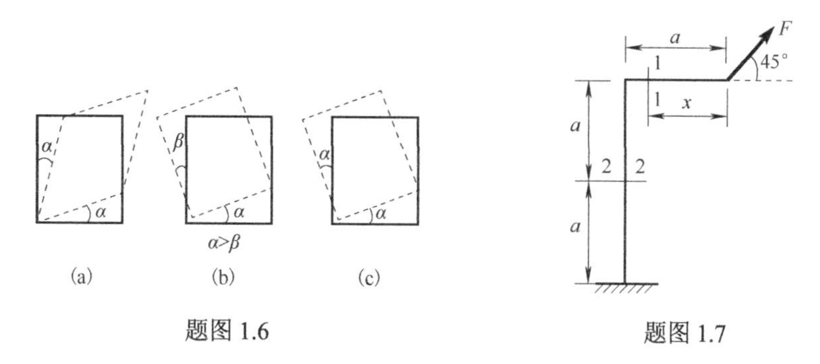

题图 1.6　　题图 1.7

1.11 求如题图 1.8 所示杆 A 端的反力和 1-1 截面的内力，并在分离体上画出支座反力和内力的方向。

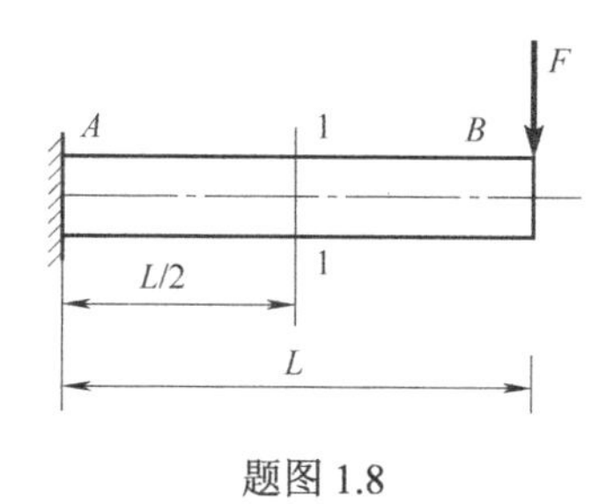

题图 1.8

第 2 章　杆件的拉伸与压缩以及连接件的实用计算

2.1　杆件拉伸与压缩的概念

轴向拉伸或**轴向压缩**是杆件的基本变形之一，轴向拉压杆也是工程实际中的常见构件，为了了解轴向拉压杆的受力特征和变形特征，先考察几个工程实例。

图 2.1(a)为一简易悬臂吊车，当吊起重量为 F 的重物时，受拉构件有钢丝绳 DE 和杆 BC，受力分析分别如图 2.1(b)、(c)所示，其特点都是两端受与轴线重合的拉力作用。

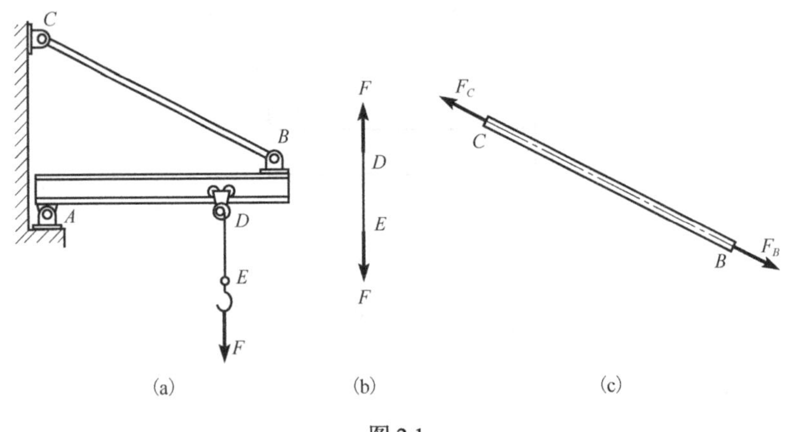

图 2.1

图 2.2(a)为紧固螺栓工作的原理示意图，螺杆受到因紧固螺母而形成的拉力作用，产生轴向的伸长变形。螺母所受的力是关于轴线对称分布的，如图 2.2(b)所示，传递到螺杆上的力可简化为沿螺杆轴线的合力 F，如图 2.2(c)所示。与此例类似，螺旋千斤顶的顶杆为受压杆，如图 2.3(a)所示，其受力简图如图 2.3(b)和图 2.3(c)所示。

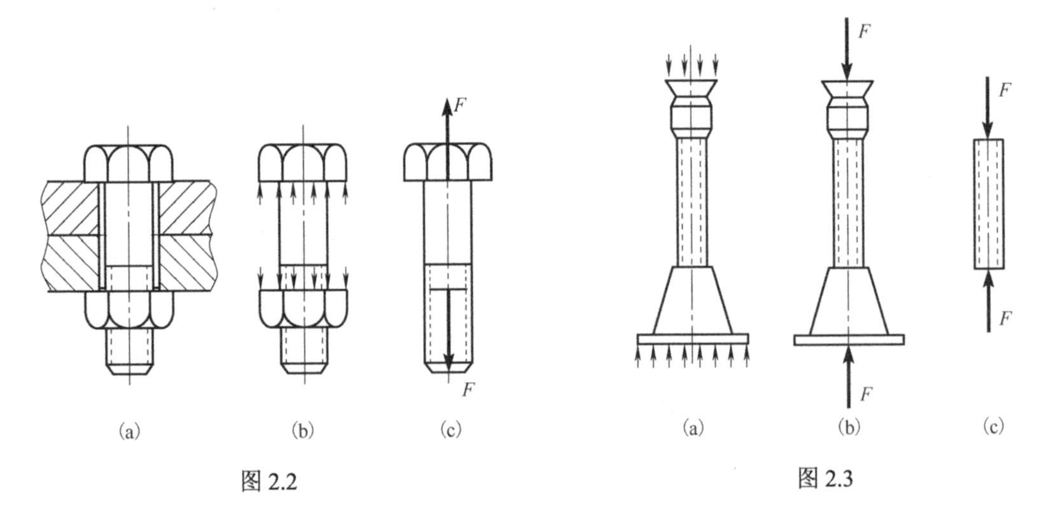

图 2.2　　图 2.3

由以上几个工程实例的受力分析可以看出，虽然轴向拉伸(压缩)杆件端部的连接状况或传力方式各不相同，但其受力的共同特征是，**作用在杆件上外力合力的作用线与杆的轴线重合**。在这种合外力的作用下，杆件的变形特征是，**沿轴线伸长或缩短**，分别如图 2.4(a)、(b)所示。工程中将以轴向拉伸或压缩为主要变形形式的杆件称为**拉压杆**。下面研究拉压杆的内力、应力、变形及强度的计算。

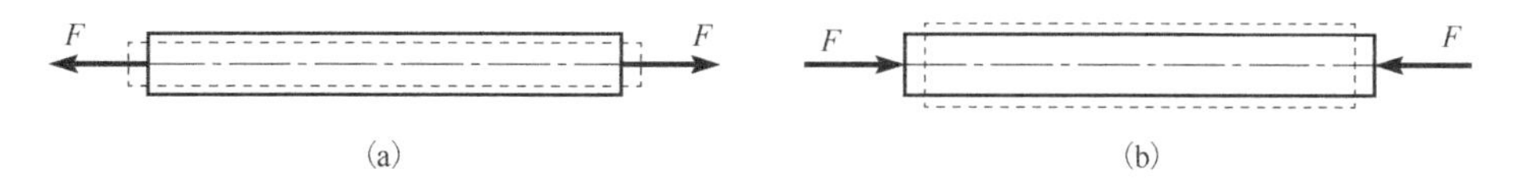

图 2.4

2.2　轴力与轴力图

为导出拉压杆应力计算公式，应首先分析杆的内力。

如图 2.5(a)所示的受拉杆，现欲求横截面 *m-m* 上的内力。

采用截面法，假想将杆沿截面 *m-m* 切开，取左段为研究对象。设作用在截面 *m-m* 上各点分布力系的合力为 F_N，如图 2.5(b)所示，F_N 就是截面 *m-m* 的内力。

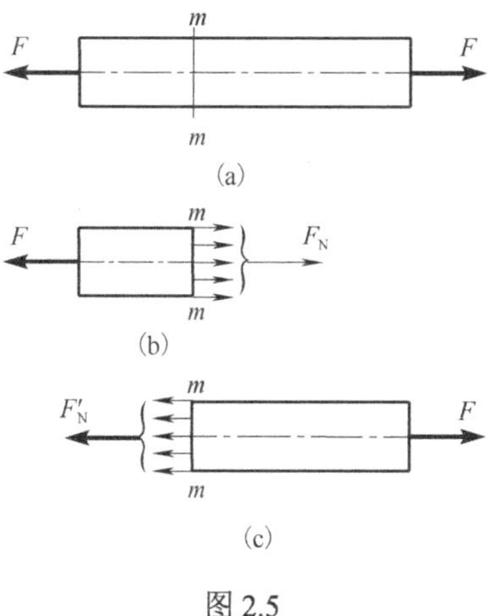

图 2.5

由平衡方程：

$$\sum F_x = 0,\qquad F_N - F = 0$$

得

$$F_N = F \tag{2.1}$$

显然，内力 F_N 与外力 F 构成二力平衡关系，其作用线必与杆轴线重合，将作用线与杆轴线重合的内力称为**轴力**。工程上通常根据变形对内力作正负号规定，既可以使内力具有唯一性表述，又能从数学上对内力的矢量表达简化为代数量。轴力的正负号规定如下：**使杆产生拉伸变形的轴力为正；使杆产生压缩变形的轴力为负**。也就是说，轴力方向与横截面外法向一致(背离截面)为正，反之(指向截面)为负。如图 2.5(b)所示的杆受拉，内力为正，指向背离截面。

式(2.1)表达了截面 *m-m* 上的轴力 F_N 与该截面一侧的外力之间的关系。若取杆件右段为研究对象，如图 2.5(c)所示，按上述过程进行类似计算，也可求得 *m-m* 截面上的轴力为

$$F'_N = F$$

即轴力 F'_N 的大小也等于 F，方向与 F 相反，作用线沿杆轴线。

当杆受多个轴向力作用时，各段的轴力不同，如图 2.6(a)所示，*AB* 段与 *BC* 段的轴力是不相同的，所以求轴力时应分段计算。

欲求 *AB* 段内横截面 *m-m* 的轴力，用截面法将杆沿 *m-m* 截开，设取左段为研究对象，以 F_{N1} 代表该截面上的轴力，受力分析如图 2.6(b)所示。根据平衡条件：

$$\sum F_x = 0,\qquad F_{N1} - F = 0$$

于是有

$$F_{N1}=F$$

欲求 BC 段内横截面 n-n 的轴力，则在 n-n 处截开，仍取左段为研究对象，以 F_{N2} 代表该截面的轴力，受力分析如图 2.6(c)所示。根据平衡条件：

$$\sum F_x=0,\qquad F_{N2}+2F-F=0$$

由此得

$$F_{N2}=-F$$

负号表示 F_{N2} 的实际方向与假设方向相反，指向截面，即为压力。

在多个力作用时，各杆段轴力的大小及正负各异。为了描述轴力随横截面位置的变化规律，可选取一个坐标系，其横坐标 x 表示杆横截面的位置(通常坐标原点与杆端对应，坐标轴与杆轴线重合)，纵坐标 F_N 表示相应横截面的轴力，将各截面的轴力在此坐标系中用图线绘出，此图线称为**轴力图**，如图 2.6(d)所示。

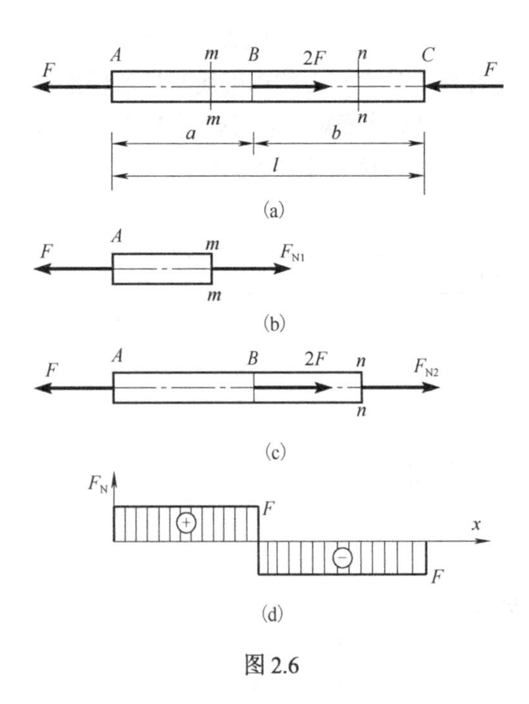

图 2.6

【例 2.1】　试求图 2.7(a)所示直杆各段截面的轴力，并绘制其轴力图。

解：在对杆进行内力、应力和变形计算之前，通常应首先求出约束反力。

(1)求约束反力。

解除约束 A，代之以反力 F_{RA}，取杆的整体 AD 为研究对象，如图 2.7(b)所示，由平衡条件：

$$\sum F_x=0,\qquad F_1-F_2-F_3-F_{RA}=0$$

求得

$$F_{RA}=F_1-F_2-F_3=6\text{kN}$$

(2)计算各段的轴力。

计算 AB 段的轴力。在 AB 段内假想沿 1-1 截面将杆截开，取左段为研究对象，假设该截面上的轴力 F_{N1} 为拉力，如图 2.7(c)所示，由平衡条件：

$$\sum F_x=0,\qquad F_{N1}-F_{RA}=0$$

求得

$$F_{N1}=F_{RA}=6\text{kN}$$

结果为正，表明 F_{N1} 的实际方向与假设方向一致，F_{N1} 为拉力。

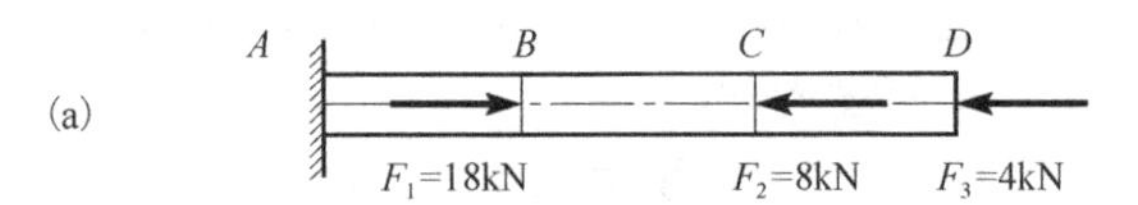

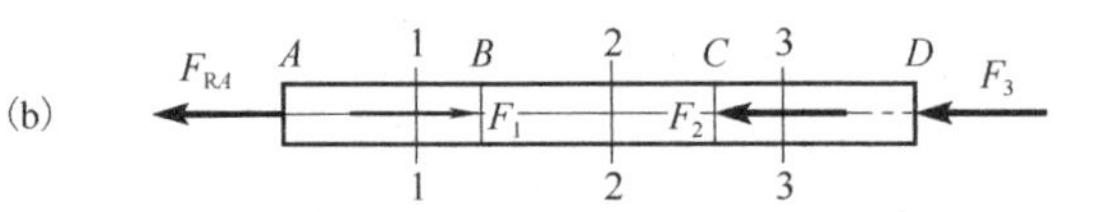

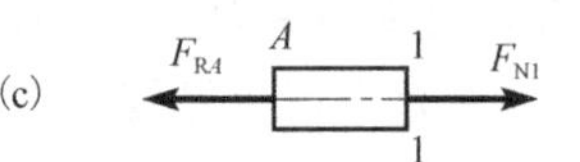

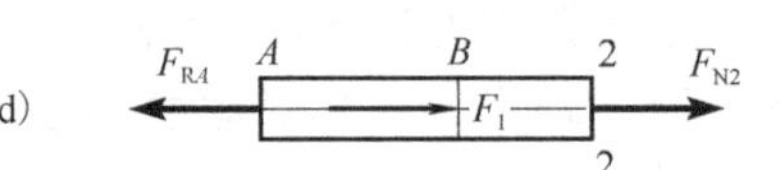

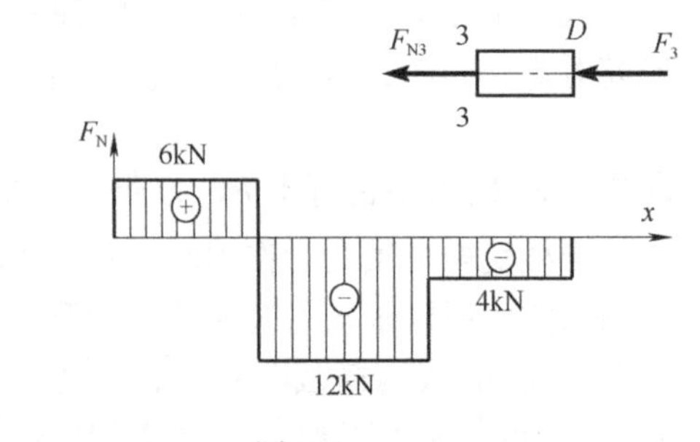

图 2.7

计算 BC 段的轴力。在 BC 段内假想沿 2-2 截面将杆截开，仍取左段为研究对象，并假设该截面上的轴力 F_{N2} 为拉力，如图 2.7(d)所示，由平衡条件：

$$\sum F_x = 0, \quad F_{N2} - F_{RA} + F_1 = 0$$

求得

$$F_{N2} = F_{RA} - F_1 = 6 - 18 = -12(\mathrm{kN})$$

结果为负，表明 F_{N2} 的实际指向与假设方向相反，F_{N2} 为压力。

计算 CD 段的轴力。在 BC 段内假想沿 3-3 截面将杆截开，取右段为研究对象，并假设该截面上的轴力 F_{N3} 为拉力，如图 2.7(e)所示，由平衡条件：

$$\sum F_x = 0, \quad -F_3 - F_{N3} = 0$$

求得

$$F_{N3} = -F_3 = -4\mathrm{kN}$$

结果为负，表明 F_{N3} 的实际指向与假设方向相反，F_{N3} 为压力。

(3)画轴力图。按前述方法，取适当比例绘出轴力图，如图 2.7(f)所示。由图可见，轴力只在外力作用截面处发生变化，各段的轴力不同，但每段内各截面的轴力不变。杆的最大轴力(绝对值)产生在 BC 段内，其值为

$$\left|F_N\right|_{\max} = 12\mathrm{kN}$$

由此例可见：

(1)用截面法求轴力时，如果截面上的轴力假设为正(拉力)，根据平衡条件计算出的轴力为正，则表明杆轴力指向与假设相同，杆受拉；计算出的轴力为负，则表明轴力指向与假设相反，杆受压。

(2)用截面法求轴力时，选取外力较少的一段作为研究对象，可减少计算工作量。

2.3　轴向拉压杆的应力

由 2.2 节的分析可知，仅求出横截面上的轴力，还不能解决杆的强度问题，还需进一步计算出截面上各点的应力。

2.3.1　横截面上的应力

研究拉压杆横截面上的应力，需要解决三个问题：一是截面的各点处产生何种应力(正应力σ或切应力τ)；二是截面上各种应力有何分布规律；三是如何计算各点处的应力数值(计算公式)。

通常可通过观察杆的变形提出假设，并结合变形关系、物理关系和静力平衡关系来确定应力的分布并导出应力计算公式，具体步骤如下。

1．观察变形现象

取一等截面直杆，在其侧表面上画出一组分别平行和垂直于杆轴线的纵向线和横向线，如图 2.8(a)所示，形成矩形网格，然后在杆的两端施加轴向拉力 F，使杆产生拉伸变形，如图 2.8(b)所示。对比变形前后的情况，可以发现如下现象：①各纵向线均匀伸长，各横向线保持为直线，且仍垂直于纵向线(轴线)；②变形后的矩形网格仍为矩形。直杆施加轴向压力时也有类似的现象，不同之处在于各纵向线均匀缩短。

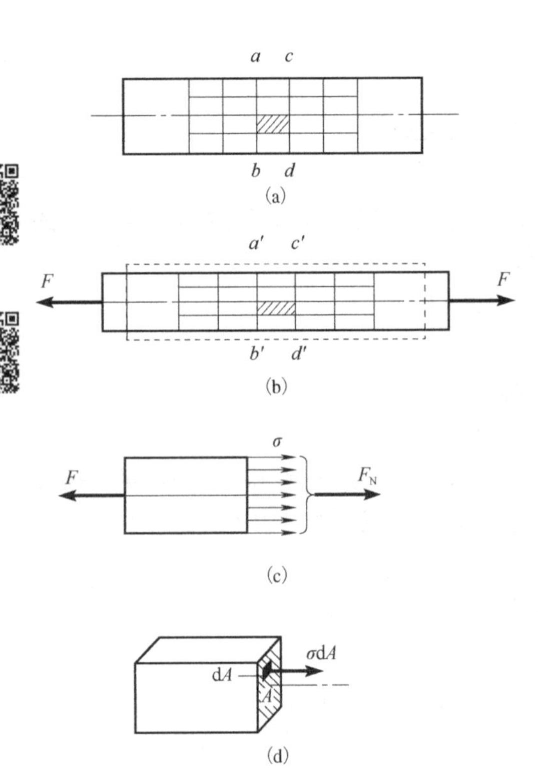

图 2.8

2. 提出假设及判断

根据观察到的变形现象，由表及里进行推论，可作出如下假设及判断。

(1) 由现象①可知，**直杆轴向拉压时，原为平面的横截面，变形后仍保持为平面**，此结论称为平面假设。

(2) 由现象②可知，直杆轴向拉压时，横截面上各点处只产生正应变，不产生切应变。因此判定：直杆轴向拉压时，横截面上只产生正应力 σ，这个判定，回答了前面提出的第一个问题。

3. 推导正应力的分布规律及计算公式

推导正应力的分布规律及计算公式可从以下三个方面的关系进行研究。

1) 变形关系

可以想象地将杆划分为若干单位截面的细杆，则根据平面假设可知，在任意两横截面间，每条单位细杆的伸长都相等，这表明**横截面上各点处的正应变都相等**，即

$$\varepsilon = 常量$$

2) 物理关系

根据胡克定律，在线弹性范围内，一点处的正应力与该点处的正应变成正比，即

$$\sigma = E\varepsilon$$

式中，E 为比例常数。

由于横截面上各点处的正应变相等，而且材料是均匀的，由此推知，横截面上各点处的正应力 σ 相等，即在横截面上，有

$$\sigma = 常量$$

这表明：**直杆受轴向拉压时，正应力 σ 沿横截面均匀分布**，其分布情况如图 2.8(c) 所示。

3) 静力平衡关系

若在横截面上任取一微面积 dA，其上的微内力为 $\sigma \mathrm{d}A$，如图 2.8(d) 所示。设横截面面积为 A，截面上的轴力为 F_N，则横截面上所有微内力 $\sigma \mathrm{d}A$ 之和应等于轴力 F_N，即

$$F_N = \int_A \sigma \mathrm{d}A$$

根据正应力 σ 均匀分布的结论，上式可写为

$$F_N = \sigma \int_A \mathrm{d}A = \sigma A$$

可得

$$\sigma = \frac{F_N}{A} \tag{2.2}$$

式 (2.2) 就是拉压杆横截面上的正应力的计算公式。式 (2.2) 表明，**正应力 σ 与轴力 F_N 成正比，与横截面面积 A 成反比**。这个公式已为大量实验所证实，适用于任意形状横截面的等截面拉压杆。轴向拉伸时，横截面上的正应力 σ 为拉应力；轴向压缩时，横截面上的正应力 σ 为压应力。由式 (2.2) 可知，正应力 σ 的符号随轴力 F_N 的符号而定，即拉应力为正，压应力为负。

值得指出的是，上述利用三方面的关系来分析横截面应力的方法，是材料力学中具有普遍意义的分析方法。

应该指出，当载荷以非均匀方式作用时，在载荷作用点附近的截面上，其应力是非均匀分布的，即加载方式对截面的应力分布是有影响的。但实验研究表明，其影响范围不超过杆横向尺寸的 1～2 倍，这一论断称为**圣维南原理**，这一原理对于其他变形形式也是适用的。根据圣维南原理，在拉压杆中，离外力作用点稍远的截面上，应力分布已趋于均匀。

【例 2.2】 直杆 ABC 如图 2.9(a)所示，已知 $F_1 = 20\text{kN}$，$F_2 = 50\text{kN}$，$d_1 = 20\text{mm}$，$d_2 = 30\text{mm}$，试计算 AB 和 BC 两段横截面上的正应力。

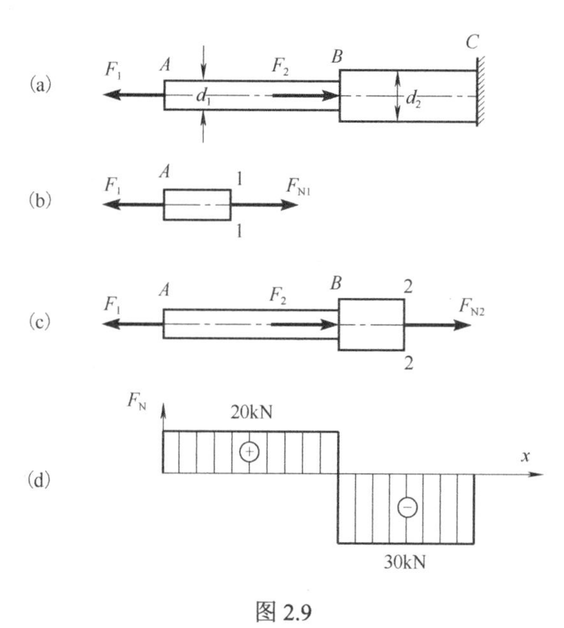

图 2.9

解：(1)计算轴力。

假想沿 1-1 截面截开，取左段为研究对象，如图 2.9(b)所示，由平衡条件可得

$$F_{N1} = F_1 = 20\text{kN}$$

假想沿 2-2 截面截开，仍取左段为研究对象，如图 2.9(c)所示，由平衡条件可得

$$F_{N2} = F_1 - F_2 = -30\text{kN}$$

(2)绘轴力图。

根据轴力 F_{N1} 和 F_{N2} 作轴力图，如图 2.9(d)所示。

(3)计算正应力。

由式(2.2)可知，AB 段内任一横截面 1-1 上的正应力为

$$\sigma_1 = \frac{F_{N1}}{A_1} = \frac{4F_{N1}}{\pi d_1^2} = \frac{4\times 20\times 10^3}{\pi\times 20^2\times 10^{-6}} = 63.7\times 10^6(\text{N/m}^2)$$
$$= 63.7(\text{MPa})\ （拉）$$

同理，BC 段内任一横截面 2-2 上的正应力为

$$\sigma_2 = \frac{F_{N2}}{A_2} = \frac{4F_{N2}}{\pi d_2^2} = \frac{4\times(-30)\times 10^3}{\pi\times 30^2\times 10^{-6}} = -42.4\times 10^6(\text{Pa})$$
$$= -42.4(\text{MPa})\ （压）$$

2.3.2　斜截面上的应力

实验表明，不同的材料在相同的轴向力作用下，发生破坏的截面是不相同的。为了全面了解杆的破坏原因，还需要知道任意斜截面上的应力。

研究图 2.10(a)所示的杆，利用截面法，假想沿任一斜截面 *m-m* 将杆截开，该截面的方位以其外法线 On 与 x 轴的夹角 α 表示，并规定 α 自 x 轴逆时针转向为正，反之为负。设杆的横截面面积为 A，则斜截面 *m-m* 的面积 A_α 为

$$A_\alpha = \frac{A}{\cos\alpha}$$

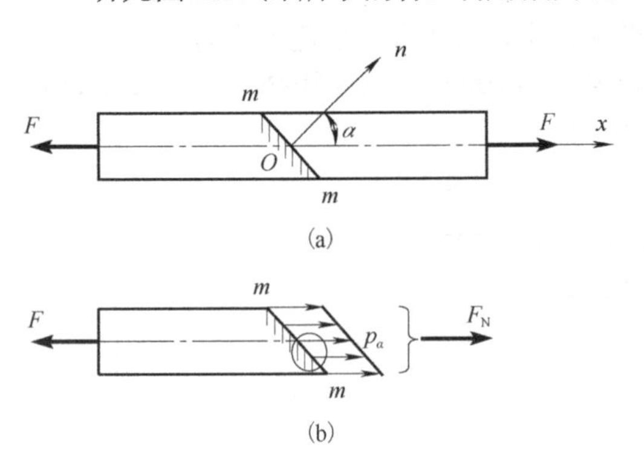

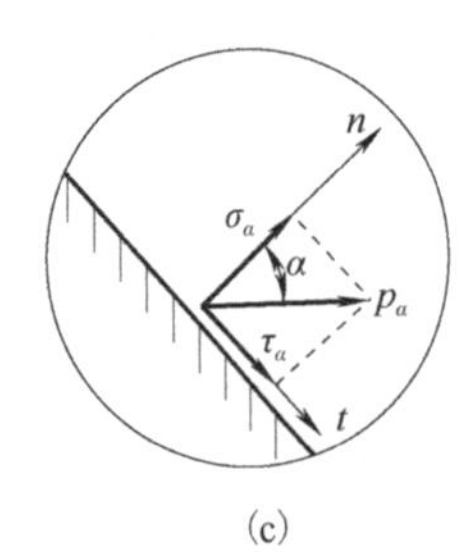

图 2.10

仿照横截面上正应力的推导过程，可推知，斜截面 *m-m* 上的应力 p_α 是均匀分布，如图 2.10(b)所示，且其方向必与杆轴线平行。可得

$$F_N = \int_{A_\alpha} p_\alpha \, dA = p_\alpha A_\alpha = p_\alpha \frac{A}{\cos\alpha}$$

因此，α 截面 *m-m* 上各点处的应力为

$$p_\alpha = \frac{F_N \cos\alpha}{A} = \sigma\cos\alpha$$

式中，$\sigma = \dfrac{F_N}{A}$，为杆横截面上的正应力。

将应力 p_α 分别沿斜截面法向 n 与切向 t 分解，如图 2.10(c)所示，得斜截面上的正应力与切应力分别为

$$\sigma_\alpha = p_\alpha \cos\alpha = \sigma\cos^2\alpha \tag{2.3}$$

$$\tau_\alpha = p_\alpha \sin\alpha = \frac{\sigma}{2}\sin(2\alpha) \tag{2.4}$$

由式(2.3)和式(2.4)，可得如下结论。

(1)拉压杆的任一斜截面上，不仅存在正应力，还存在切应力，其大小和方向都随截面方位角 α 的变化而变化。

(2)过一点所有截面上的应力，与横截面正应力有确定的关系，只要求得横截面上的正应力 σ，则任一斜截面上的正应力 σ_α 和切应力 τ_α 就可完全确定。

(3)分析几个特殊方位的截面，当 $\alpha = 0^\circ$ 时，正应力 σ_α 达到极大值，其值为

$$\sigma_{\max} = \sigma$$

即拉压杆的最大正应力发生在横截面上。

当 $\alpha = \pm 45^\circ$ 时，切应力 τ_α 有极值，其值为

$$|\tau|_{\max} = \frac{\sigma}{2}$$

即拉压杆的最大切应力发生在 $\pm 45^\circ$ 的截面上。

当 $\alpha = \pm 90^\circ$ 时，有

$$\sigma_{90^\circ} = 0, \qquad \tau_{90^\circ} = 0$$

即拉压杆在平行于杆轴的纵向截面上不产生任何应力。

【例 2.3】 如图 2.11(a)所示的轴向受压矩形等截面直杆，其横截面尺寸为 $40\text{mm}\times 10\text{mm}$，载荷 $F=50\text{kN}$。试求斜截面 *m-m* 上的正应力与切应力。

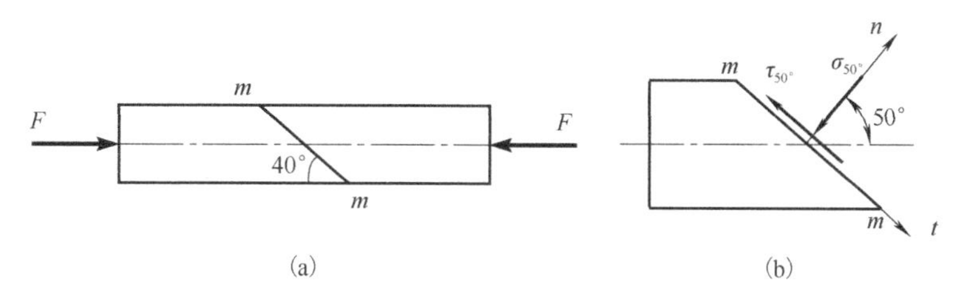

图 2.11

解： 压杆横截面的面积为

$$A = 40\times 10 = 400(\text{mm}^2)$$

横截面上的轴力为

$$F_{\text{N}} = -F = -50\text{kN}$$

横截面上的正应力为

$$\sigma = \frac{F_{\text{N}}}{A} = \frac{-50\times 10^3}{400\times 10^{-6}} = -1.25\times 10^8(\text{Pa}) = -125(\text{MPa})$$

斜截面的方位角为

$$\alpha = 50^\circ$$

按式(2.3)和式(2.4)计算得斜截面上的正应力和切应力分别为

$$\sigma_{50^\circ} = \sigma\cos^2\alpha = -125\cos^2 50^\circ = -51.6(\text{MPa})$$

$$\tau_{50^\circ} = \frac{\sigma}{2}\sin(2\alpha) = \frac{-125}{2}\sin 100^\circ = -61.6(\text{MPa})$$

其方向如图 2.11(b)所示。

2.4　轴向拉压杆的变形

工程中的拉压杆，除应有足够的强度外，有时也需要对其变形加以限制，即杆应有足够的刚度。因此，必须研究杆变形的计算方法。

2.4.1　杆的拉压变形

拉压杆在轴向力作用下，将沿轴线方向发生伸长或缩短，同时杆的横向(与轴线垂直的方向)尺寸将发生缩小或增大，如图 2.12 所示为轴向拉伸杆的变形。

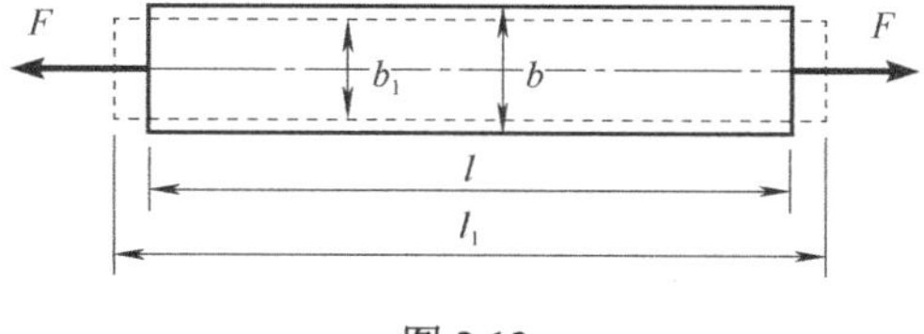

图 2.12

1. 轴向变形

杆沿轴线方向的伸长或缩短，称为**轴向变形或纵向变形**，用Δl表示，它是杆长度尺寸的绝对改变量，即

$$\Delta l = l_1 - l$$

式中，l_1为变形后的杆长，l为杆的原长，如图2.12所示。

显然，杆沿轴线方向的正应变即为

$$\varepsilon = \frac{\Delta l}{l} \tag{2.5}$$

2. 横向变形

杆沿轴线垂直方向尺寸缩小或增大，称为**横向变形**，它是杆横向尺寸的绝对改变量。若原横向尺寸为b，变形后横向尺寸为b_1，如图2.12所示，则横向变形为

$$\Delta b = b_1 - b$$

与其相应的应变称为**横向应变**，用ε'表示，由正应变定义可知

$$\varepsilon' = \frac{\Delta b}{b} = \frac{b_1 - b}{b} \tag{2.6}$$

3. 泊松比

实验表明，在一定的应力范围内，横向应变ε'与纵向应变ε之间保持一定的比例关系，而符号恒相反，即

$$\varepsilon' = -\mu\varepsilon \tag{2.7}$$

式中，比例因数μ称为**泊松比或横向变形因数**。μ为无量纲的量，其值随材料而异，由实验测定。

2.4.2 拉压胡克定律

下面讨论轴向拉压变形的规律和计算。

1. 胡克定律

当拉压杆受轴向力作用后，杆中横截面上产生正应力σ，相应地产生轴向正应变ε。实验表明，在材料线弹性变形范围内，一点处的正应力σ与该点处的正应变ε成正比例关系，即

$$\sigma = E\varepsilon \tag{2.8}$$

式(2.8)称为**胡克定律**，它适用于轴向拉伸和压缩的情况。

由式(2.8)可以看出，正应变ε是一个无量纲的量，因此弹性模量E的量纲与正应力σ的量纲相同，E的常用单位为MPa或GPa。

需要指出的是，弹性模量E和泊松比μ都是表征材料弹性性质的固有常数，与杆所受载荷等外因无关。

2. 拉压杆的变形公式

设杆横截面面积为A，轴向拉力为F，则横截面上的正应力为

$$\sigma = \frac{F}{A} = \frac{F_N}{A}$$

将上式和式(2.5)代入式(2.8)得

$$\frac{F_N}{A} = E\frac{\Delta l}{l}$$

于是得

$$\Delta l = \frac{F_N l}{EA} \tag{2.9}$$

式(2.9)即为拉压杆变形公式，是胡克定律的另一种表达形式。它表明在材料线弹性变形范围内，杆的伸长量Δl与轴力F_N和杆长l成正比，而与EA乘积成反比。

对于式(2.9)，必须注意以下几点。

(1)轴向变形Δl与杆的原长l有关，因此轴向变形Δl不能确切地表明杆的变形程度，只有正应变ε才能衡量和比较杆的变形程度。

(2)式中，EA与杆的轴向变形Δl成反比，反映了杆抵抗拉压变形的能力，故将EA称为杆的**拉压刚度**。

(3)轴向变形Δl的正负号与轴力F_N的正负规定一致，即伸长为正，缩短为负。

(4)该式只适用于在l杆段内F_N、E和A均为常量的变形计算。

如果轴力F_N、横截面面积A或弹性模量E沿轴线分段变化，则应按式(2.9)分段计算每段杆的轴向变形Δl_i，再求其代数和，得全杆总的轴向变形Δl，即

$$\Delta l = \sum_{i=1}^{n} \Delta l_i = \sum_{i=1}^{n} \frac{F_{Ni} l_i}{E_i A_i} \tag{2.10}$$

如果F_N或A沿轴线连续变化，则全杆总的轴向变形Δl应通过积分求得，计算公式为

$$\Delta l = \int_l \mathrm{d}(\Delta l) = \int_l \frac{F_N(x)\mathrm{d}x}{EA(x)} \tag{2.11}$$

【例 2.4】 由两种材料组成的变截面杆如图 2.13(a)所示，所受轴向载荷分别为$F_1 = 6\text{kN}$，$F_2 = F_3 = 4\text{kN}$；各段的长度分别为$l_1 = 1\text{m}$，$l_2 = l_3 = 0.5\text{m}$；各段横截面面积分别为$A_1 = 100\text{mm}^2$，$A_2 = 50\text{mm}^2$，$A_3 = 35\text{mm}^2$。已知两种材料的弹性模量为$E_{钢} = 200\text{GPa}$，$E_{铜} = 95\text{GPa}$。试求杆AB总的轴向变形和D截面的绝对位移。

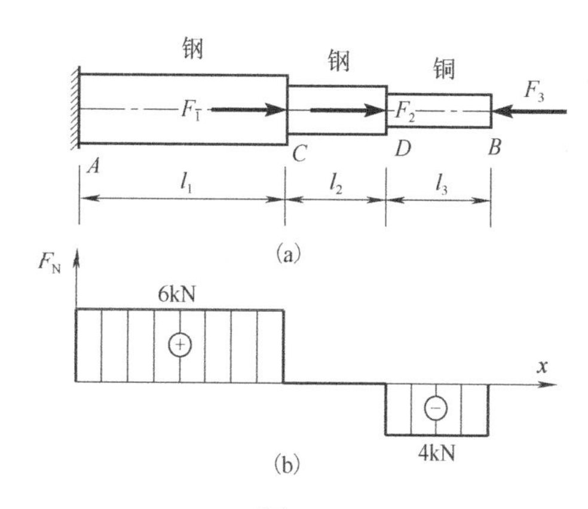

图 2.13

解：(1)计算杆的轴力并作轴力图。由截面法易得各段的轴力为

$$F_{N1} = 6\text{kN}, \quad F_{N2} = 0, \quad F_{N3} = -4\text{kN}$$

其轴力图如图 2.13(b)所示。

(2)计算各段的变形。

$$\Delta l_1 = \frac{F_{N1} l_1}{E_{钢} A_1} = \frac{6\times10^3\times1}{200\times10^9\times100\times10^{-6}} = 3\times10^{-4}(\text{m}) = 0.3(\text{mm})$$

$$\Delta l_2 = \frac{F_{N2} l_2}{E_{钢} A_2} = 0$$

$$\Delta l_3 = \frac{F_{N3} l_3}{E_{铜} A_3} = \frac{-4\times10^3\times0.5}{95\times10^9\times35\times10^{-6}} = -6\times10^{-4}(\text{m}) = 0.6(\text{mm})$$

(3)计算杆AB的轴向变形。

$$\Delta l = \Delta l_1 + \Delta l_2 + \Delta l_3 = 0.3 + 0 - 0.6 = -0.3(\text{mm})$$

结果为负值，表示杆AB在外力作用下缩短。

(4) 计算 D 截面的位移。

由于 A 端固定，D 截面的绝对位移即为 D 截面相对于 A 截面的位移。两截面的相对位移等于该两截面间杆的变形，因此 D 截面的绝对位移为

$$\delta_D=\delta_{DA}=\Delta l_1+\Delta l_2=0.3+0=0.3(\text{mm})$$

所得结果为正，表示 D 截面的位移向右。

由本例可见，变形和位移是两个不同的概念。变形与内力是相互依存的，而位移与内力之间没有绝对的依存关系。例如，AC 段和 DB 段有内力，两段则均有变形，CD 段无内力，则该段无变形，但该段各横截面相对于固定端 A 均有位移。

【例 2.5】 图 2.14(a) 所示为一均质直杆，已知杆长为 l，横截面面积为 A，杆受自重 G 的作用，试求整根杆在自重作用下引起的伸长量 Δl。

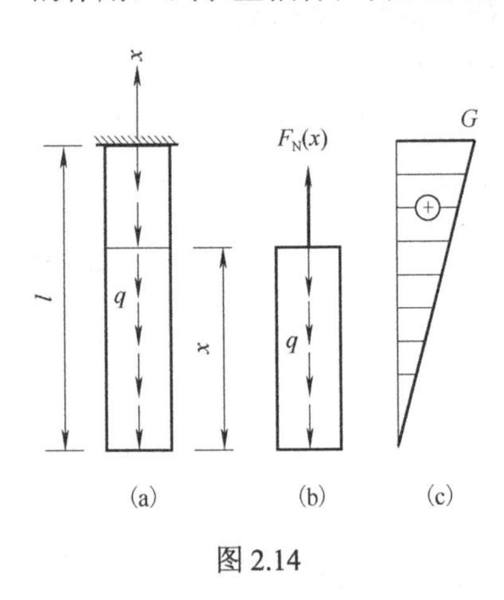

图 2.14

解：(1) 载荷计算。

由于是均质杆，把自重作为均布载荷 q 作用于杆轴线上，如图 2.14(a) 所示，可得

$$q=\frac{G}{l}$$

(2) 轴力计算。

由截面法，设在距下端为 x 处横截面上的轴力为 $F_N(x)$，如图 2.14(b) 所示，根据平衡条件：

$$F_N(x)=qx=\frac{G}{l}x$$

轴力图如图 2.14(c) 所示，是 x 的线性函数。

(3) 变形计算。由式 (2.10) 得

$$\Delta l=\int_0^l\frac{F_N(x)\,\mathrm{d}x}{EA}=\frac{G}{EAl}\int_0^l x\,\mathrm{d}x=\frac{Gl}{2EA}$$

在本例中，如果将杆自重作为集中力作用于重心，所得计算结果与上述结果相同。但需要指出的是，这样的计算方法却是错误的，因为载荷的简化导致上半段杆的应变增加了一倍，而下半段无内力和变形，只有刚性位移，这与实际情况不符。因此，在运用截面法计算内力之前，载荷是不能作任何简化的，只有在截开后使用平衡条件时方可进行简化。

2.5　材料拉伸和压缩时的力学性能

杆的强度和刚度不仅与其形状、尺寸及所受载荷有关，而且还与其材料的力学性能有关。**材料的力学性能**，是指材料在产生变形和承受载荷的能力方面所具有的特性。了解研究材料力学性能的基本方法、实验手段，掌握表达材料力学性能的各种指标，是本课程的重要内容之一。

材料力学性能的各项指标都是通过材料实验测定的，下面介绍材料的拉伸与压缩实验、材料的力学性能和相关的力学性能指标。

2.5.1　材料拉伸时的力学性能

常温、静载条件下的拉伸实验是研究材料力学性能最基本、最常用的实验，采用的国家

标准为《金属材料拉伸实验•第 1 部分：室温实验方法》(GB/T 228.1—2010)。国家标准规定的试件形状如图 2.15 所示，试件尺寸及实验的基本步骤详见附录 II.1，此处重点介绍实验的现象及结果分析。

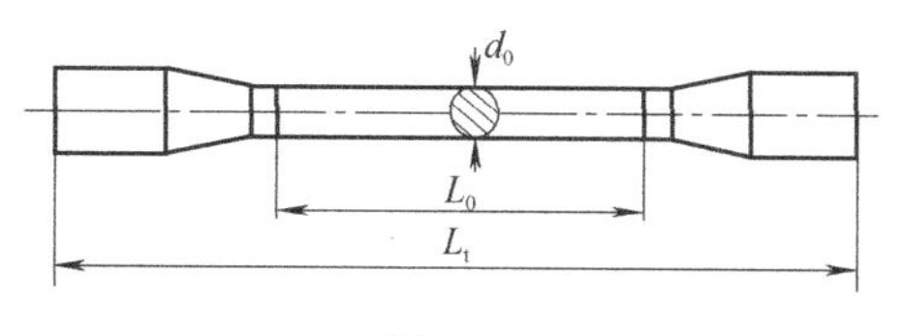

图 2.15

试件安装在电子万能实验机上，受轴向拉伸产生变形，实验机会自动记录下每一时刻拉力 F 的数值及与之对应的伸长变形Δl。如果取纵坐标轴表示拉力 F，横坐标轴表示拉伸变形Δl，则拉力 F 与变形Δl 间的关系曲线如图 2.16(a)所示，称为试件的**拉伸图**。

显然，试件的 F-Δl 曲线与试件的材料、横截面尺寸及其长度有关。为了消除试件尺寸的影响，将表示力的纵坐标 F 除以试件横截面的原始面积 A_0，将表示标距伸长量的横坐标Δl 除以标距的原始长度 l_0，得到材料的应力-应变关系曲线，也称为材料的**应力-应变图**或**σ-ε曲线**，如图 2.16(b)所示，由σ-ε 曲线可以得到反映材料力学性能的多项指标。

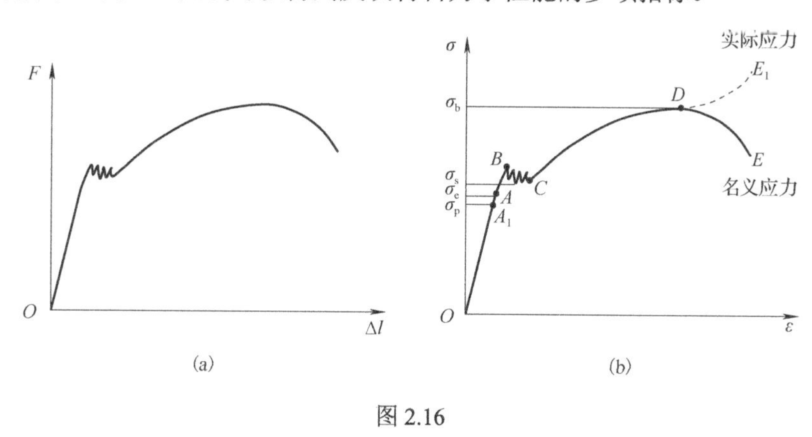

图 2.16

1. 低碳钢拉伸时的力学性能

低碳钢是工程中广泛应用的金属材料，其应力-应变图也具有典型意义，因此首先研究低碳钢的力学性能。

1)加载过程的四个阶段

图 2.16 所示为 Q235 低碳钢的应力-应变图，从图中可以看出，其应力-应变关系呈如下四个阶段。

(1)弹性阶段。

在 OA 段内，如果停止加载，并逐渐卸去载荷，则试件的变形将随之消失，故 OA 段称为弹性阶段。弹性阶段的最高点 A 所对应的应力值，称为**弹性极限**，用 σ_e 表示，它表示材料只产生弹性变形时的应力最高限值。

在弹性阶段的 OA_1 段内，应力-应变图线为一条直线，说明在此段内，应力与应变成正比，称为线弹性阶段，其最高点 A_1 所对应的应力值，称为材料的**比例极限**，用 σ_p 表示。超过比例极限点后，A_1A 段的图线虽不再保持为直线，但变形仍是弹性变形。

σ_p 和 σ_e 的数值非常接近，工程上常不予区别，并多用比例极限 σ_p 当作弹性极限，低碳钢 Q235 的比例极限 $\sigma_p \approx 200\text{MPa}$。

(2) 屈服阶段。

超过弹性极限之后，随着载荷的增加，应力-应变图线出现近似水平段(有微小波动)，即图中的 *BC* 段。在此段内，应力几乎不变，而应变却急剧增长，材料暂时失去抵抗继续变形的能力，此现象称为**屈服**，故该段称为屈服阶段。使材料发生屈服的应力值(一般取段内的最低应力值)，称为材料的**屈服极限**，用 σ_s 表示，Q235 钢的屈服极限 $\sigma_s \approx 235\text{ MPa}$。

如果试件表面非常光滑，则当材料屈服时，可观察到试件表面出现与轴线约呈 45° 的暗细纹，如图 2.17 所示。这是因为在杆的 45° 斜截面上有最大切应力，当材料承受不了最大的切应力时，晶粒之间出现沿该斜截面的相对滑移，宏观现象就是出现这种细纹，所以也称为**滑移线**。

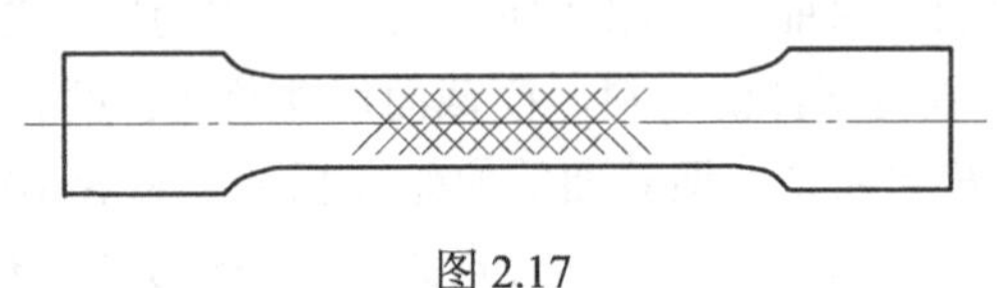

图 2.17

(3) 硬化阶段。

经过屈服阶段之后，材料恢复了对变形的抵抗能力，因此要使材料继续变形，必须增大应力，这种现象称为**应变硬化**，故 *CD* 段也称为硬化阶段，其最高点 *D* 所对应的应力值，称为材料的**强度极限**，用 σ_b 表示。Q235 钢的强度极限 $\sigma_b \approx 380\text{ MPa}$，强度极限是材料所能承受的最大应力。

(4) 颈缩阶段。

当应力增长至最大值 σ_b 之后，试件的某一局部会出现显著的收缩，如图 2.18 所示，这就是**颈缩**现象。

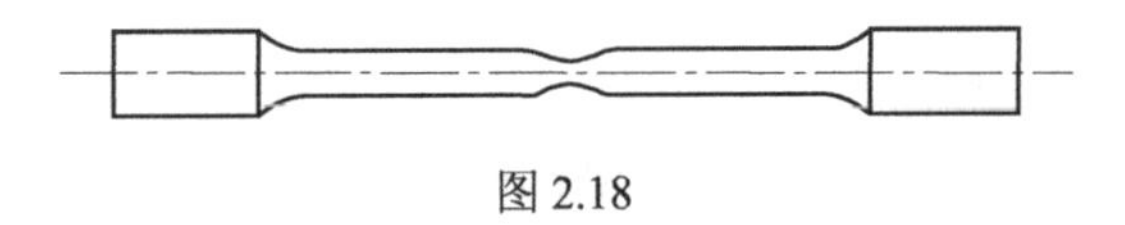

图 2.18

颈缩现象会使颈缩段内的横截面面积显著减小，直至试件最终断裂。在颈缩过程中，虽然试件的实际应力仍然增长，如图 2.16 中虚线段 DE_1 所示，但致使试件继续变形所需的拉力 *F* 反而逐渐减小，用拉力 *F* 除以试件横截面的原始面积 A_0，所得的**名义应力**也逐渐减小，如图 2.16(b) 所示，*DE* 段称为颈缩断裂阶段。

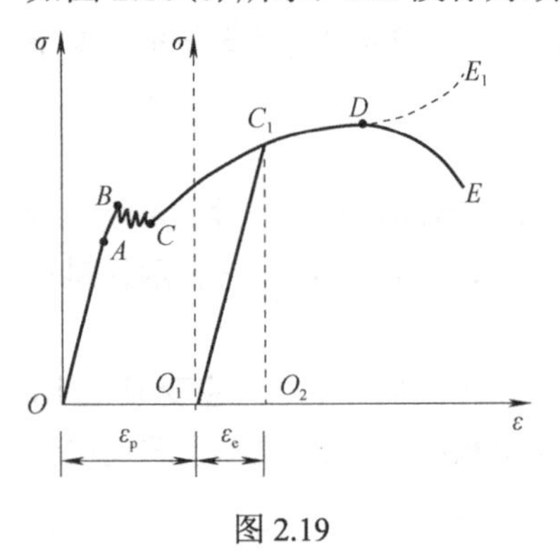

图 2.19

2) 材料在卸载与再加载时的力学行为

在拉伸过程的不同阶段进行卸载和再加载实验，材料将有不同表现。

(1) 在弹性阶段 *OA* 内卸载时，应力-应变图线将沿直线 *AO* 回到点 *O*，如图 2.19 所示，直至应力 σ 降为零，应变 ε 也完全消失。因此，直线 *OA* 既是加载曲线，也是卸载曲线。

(2) 超过弹性极限之后，例如，在硬化阶段某一点 C_1 开始卸载，则卸载曲线为一条直线，并且几乎与 *OA* 平行，如图 2.19 中的 C_1O_1 所示。线段 O_1O_2 代表随卸载而消失的应变，即弹性应变 ε_e；而线段 OO_1 则代表应力减小至零时残留的应变ε_p，称为**塑性应变**或**残余应变**。由此可见，当应力超过弹性极限后，材料的应变包括弹性应变与塑性应变，但在卸载过程中，应力与应变之间仍保持线性关系。

(3) 如果卸载至点O_1后又重新加载，则应力与应变关系又重新按正比例关系增加，图线基本上沿卸载曲线O_1C_1变化，过点C_1后才沿曲线C_1DE变化，并至点E处断裂。与第一次加载的应力-应变图线相比，其比例极限提高，而断裂时的塑性应变降低，这种现象称为**冷作硬化**。工程中常利用冷作硬化来提高某些构件(如钢筋与链条等)在弹性范围内的承载能力。

3) 低碳钢的主要力学性能指标

(1) 强度指标。

屈服极限σ_s和强度极限σ_b是衡量材料强度性能的两个重要指标。当应力达到σ_s时，标志着材料出现了显著的塑性变形，材料虽未断裂，但会因变形过大而影响使用，工程中也通常定义为破坏，所以σ_s是标识塑性材料强度的重要指标；当应力达到σ_b时，标志着材料将失去最终的承载能力(断裂)，而脆性材料一般没有明显的塑性变形，所以σ_b也是标识脆性材料强度的重要指标。

(2) 刚度指标。

在线弹性阶段，正应力与正应变成正比，其比例常数称为材料的**弹性模量**：

$$E=\frac{\sigma}{\varepsilon}=\tan\alpha \tag{2.12}$$

式中，α为直线OA_1的倾角。

弹性模量E表征材料抵抗弹性变形的能力。

(3) 塑性指标。

试件断裂后的残余变形可以作为度量材料承受塑性变形能力的指标，即塑性指标，材料的塑性指标用**伸长率**或**断面收缩率**度量。

设试件断裂时实验段的残余变形为Δl_0，则残余变形Δl_0与实验段原长l_0的比值，称为材料的**伸长率**，并用δ表示，即

$$\delta=\frac{\Delta l_0}{l_0}\times 100\% \tag{2.13}$$

工程中，通常将$\delta \geqslant 5\%$的材料称为延性材料或塑性材料；$\delta<5\%$的材料称为脆性材料。结构钢与硬铝等为塑性材料，Q235 钢的伸长率$\delta \approx 25\%\sim 30\%$；而工具钢、铸铁与陶瓷等则属于脆性材料。

设试件实验段横截面的原始面积为A_0，断裂后断口处的横截面面积为A_1，则**断面收缩率**定义为

$$\psi=\frac{A_0-A_1}{A_0}\times 100\% \tag{2.14}$$

Q235 钢的断面收缩率$\psi \approx 60\%$。

2. 铸铁拉伸时的力学性能

铸铁是典型的脆性材料。从铸铁拉伸的实验中的力学现象及应力-应变图(图 2.20)中可以看出以下 3 个特点。

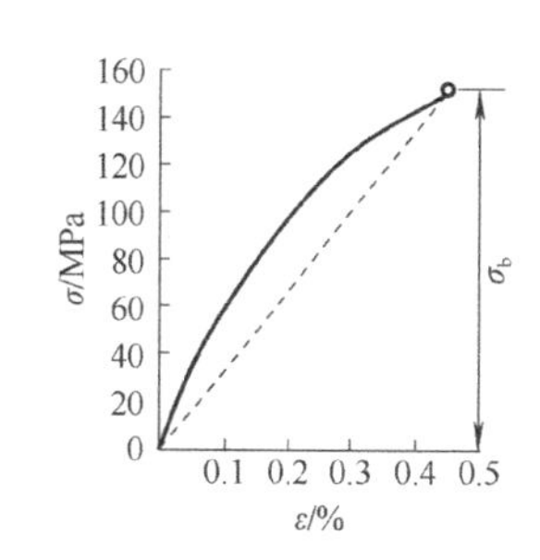

图 2.20

(1) 从试件开始受拉直至断裂，变形始终很小，断裂时的应变小于 0.5%，断口垂直于试件轴线。

(2) 拉伸过程中既无屈服阶段，也无颈缩现象，只能在拉断时测得强度极限σ_b，且其值远低于低碳钢的强度极限。

(3) 应力-应变曲线中没有明显的直线阶段。工程实际中，由于拉应力不大，一般认为材料近似服从胡克定律，并按应力-应变曲线中起点到终点割线的斜率确定此类材料的弹性模量 E（图 2.20 中的虚线），故又称为**割线模量**。

3. 其他金属材料拉伸时的力学性能

对于图 2.21 所示的锰钢与硬铝等金属材料的应力-应变曲线，都有各自的比例极限 σ_p 和强度极限 σ_b，而且断裂前都有较大的塑性变形，属于塑性材料，但不存在明显的屈服阶段。

对这类没有明显屈服阶段的塑性材料，工程上规定产生 0.2%的塑性变形时对应的应力值为其屈服极限，称为材料的**名义屈服极限**，用 $\sigma_{p0.2}$ 表示，如图 2.22 所示。

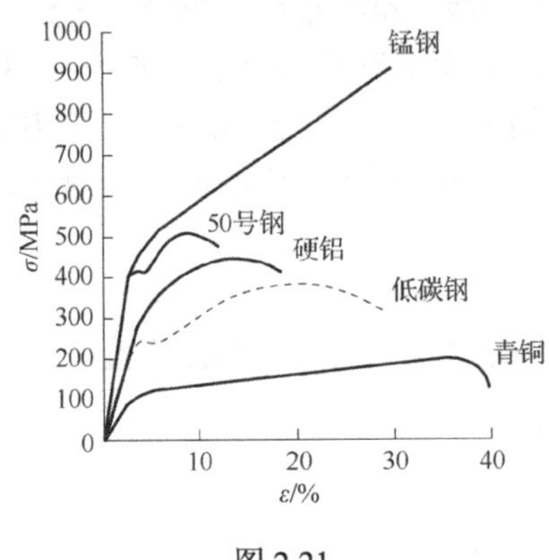

图 2.21

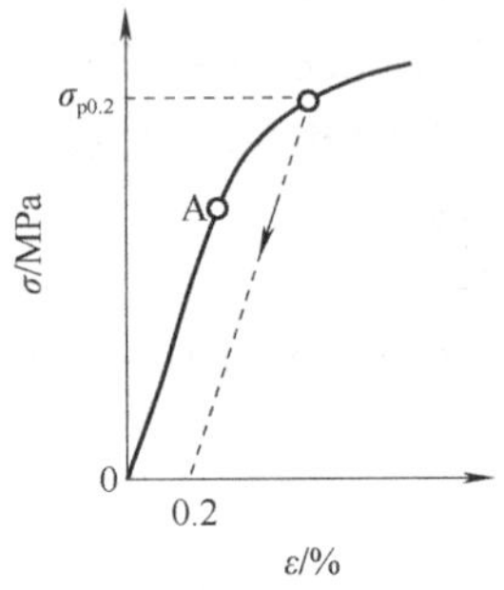

图 2.22

4. 新型材料拉伸时的力学性能

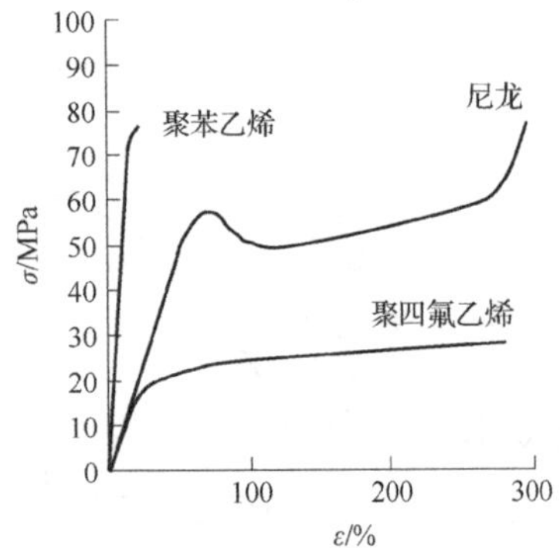

近年来，新型材料在工程中得到广泛应用，复合材料和高分子材料便是典型代表，其力学性能具有特殊性。

复合材料是由两种或两种以上互不相溶的材料通过一定方式组合而成的一种新型材料，它具有强度高、刚度大与密度小的优点。图 2.23 即为某碳纤维环氧树脂基体复合材料沿纤维方向和沿垂直于纤维方向的拉伸应力-应变图。从图中可以看出，材料的力学性能随加力方向变化，即为各向异性；断裂时，塑性变形很小，其他复合材料也具有类似特点。

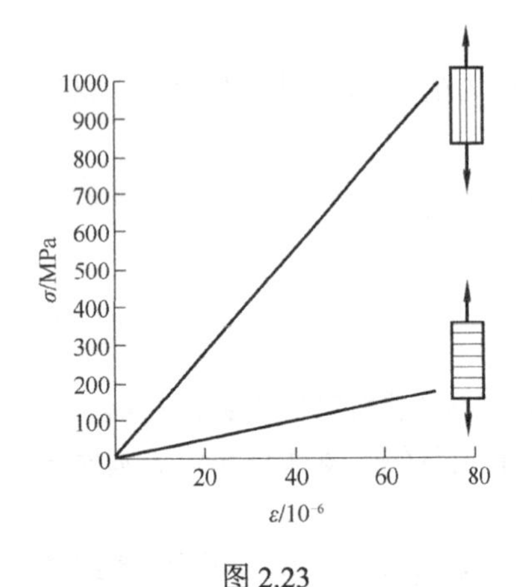

图 2.23

图 2.24

高分子材料是由各类单体分子通过聚合反应而形成的，它具有轻巧、价廉和易于加工成型等优点。图 2.24 所示为几种典型高分子材料的拉伸应力-应变图。有些高分子材料在变形很小时就发生断裂，而有些高分子材料的伸长率可高达 500%～600%。高分子材料的一个显著特点是，随着温度的升高，其应力-应变曲线会发生很大的变化，而且材料会经历脆性、塑性到黏弹性的转变。黏弹性，是指材料的变形不仅与应力的大小有关，而且与应力作用时间有关。

2.5.2　材料压缩时的力学性能

材料受压时的力学性能由压缩实验测定，采用的国家标准为《金属材料室温压缩实验方法》（GB/T 7314—2017）。

压缩实验一般也在万能材料实验机上进行，试件通常采用短试件(详见附录II)。

低碳钢压缩实验的应力-应变曲线如图 2.25 所示，将此曲线与低碳钢拉伸时的应力-应变曲线(图中虚线)相比较可以看出，试件屈服之前，压缩曲线与拉伸曲线基本重合，这说明低碳钢压缩时的弹性模量 E、比例极限 σ_p、屈服极限 σ_s 均与拉伸时基本相同。在屈服之后，两条曲线逐渐分离，压缩曲线一直在上升，试件只产生显著的塑性变形而不断裂。由于低碳钢压缩时的力学性能与拉伸时基本一致，工程中通常只做拉伸实验，不做压缩实验。

脆性材料压缩时的力学性能与拉伸时有较大差异。图 2.26 为铸铁压缩时的应力-应变曲线，与拉伸时的应力-应变曲线(图中虚线)比较，其压缩强度极限 σ_{bc} (c 表示压缩)远高于拉伸强度极限 σ_{bt} (t 表示拉伸)，σ_{bc} 约为 σ_{bt} 的 3～4 倍。

另外，铸铁压缩破坏的形式如图 2.26 所示，断口的方位角约与轴线呈 45°。这说明铸铁压缩时，试件沿最大切应力面发生错动而被剪断。

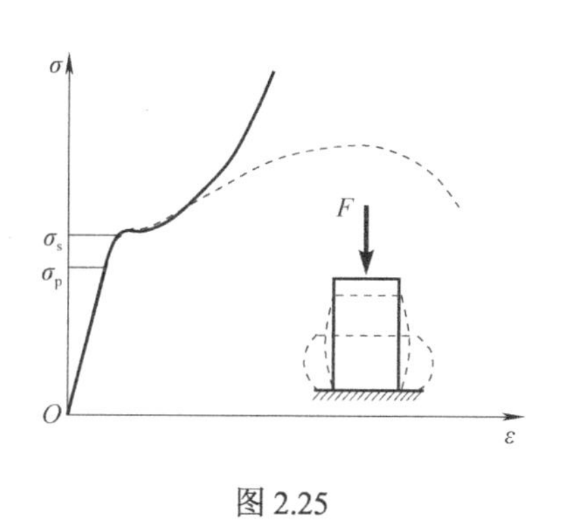

图 2.25

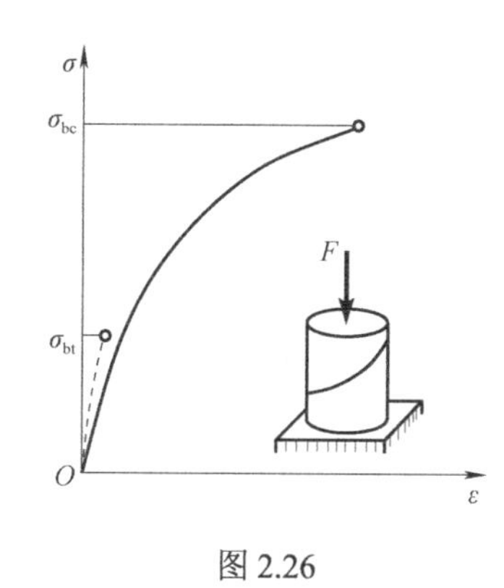

图 2.26

为了便于查阅和比较，现将几种常用金属材料的力学性能列于表 2.1 中，表中所列均为按国家标准测得的数据。

表 2.1　常用金属材料的力学性能

材料名称	牌号	弹性模量 E/GPa	泊松比 μ	屈服极限 σ_s /MPa	拉伸强度极限 σ_{bt} /MPa	压缩强度极限 σ_{bc} /MPa	延伸率 δ_5 /%
普通碳素钢	Q215	190～210	0.24～0.28	215	335～450		26～31
	Q235			235	375～500		21～26
	Q255			255	410～550		19～24
	Q275			275	490～630		15～20
优质碳素钢	25	205		275	450		23
	35			315	530		20
	45			355	600		16
	55			380	645		13
低合金钢	15MnV	200	0.25～0.30	390	530		18
	16Mn			345	510		21
合金钢	20Cr	210		540	835		10
	40Cr			785	980		9
	30CrMnSi			885	1080		10
铸钢	ZG200-400			200	400		25
	ZG270-500			270	500		18
灰铸铁	HT150	60～162	0.23～0.27		150	640～1100	
	HT250				250		
铝合金	2A12	380	0.33	274	412		19

注：δ_5 表示 $l=5d$ 标准试件的延伸率。

2.6　失效与许用应力

研究拉压杆的强度条件时，已初步涉及许用应力的概念。现结合材料的力学性能，在失效、极限应力和安全因数概念的基础上，进一步讨论材料的许用应力。

前述实验表明，当塑性材料横截面上的正应力达到屈服极限σ_s时，试件将产生屈服或产生显著塑性变形，脆性材料横截面上正应力达到强度极限σ_b时，试件将断裂。构件工作时发生屈服和断裂，从强度的观点来看都是一种破坏。因此，应对材料的破坏进行广义的理解，当材料发生屈服或断裂致使构件丧失正常工作能力的现象称为**强度失效**。材料产生强度失效时对应的应力值称为**极限应力**，以σ_u表示。

对于脆性材料，失效形式为断裂，因此其极限应力为强度极限，即

$$\sigma_u = \sigma_b \tag{2.15}$$

对于塑性材料，失效形式为屈服，因此其极限应力为屈服极限，即

$$\sigma_u = \sigma_s \quad 或 \quad \sigma_u = \sigma_{p0.2} \tag{2.16}$$

为了保证构件的强度安全，其危险点处的最大工作应力不允许达到材料的极限应力。在设计构件时，为保证有安全裕度，规定最大工作应力不超过某个规定的应力值，该值低于材料的极限应力，称为材料的**许用应力**，记为$[\sigma]$。材料的许用应力$[\sigma]$，由极限应力σ_u除以一个大于 1 的数n得到，即

$$[\sigma] = \frac{\sigma_u}{n} \tag{2.17}$$

式中，n 称为**安全因数**。一般脆性材料的安全因数取值大于塑性材料，可根据各种材料及其不同工作条件从有关规范或设计手册中查取。

显然，根据许用应力$[\sigma]$建立的强度条件，可以保证构件具有必要的强度储备。由式(2.17)可知，安全因数反映了构件强度储备的程度。同时，安全因数也起着调节安全与经济之间矛盾的作用。因为对同一材料来说，安全因数取值过大，即许用应力过低，将会造成材料的浪费；反之，安全因数偏小，则可能无法使构件的安全得到保证。因此，合理地选定安全因数是很重要的问题，也是一个很复杂的问题，可靠性理论则为安全因数的研究提供了一个平台。

应当指出，构件在交变载荷作用下可能发生**疲劳破坏**，所以疲劳破坏也是构件失效的一种形式。

2.7　拉压强度条件及应用

根据以上分析，为了避免拉压杆在工作时因强度不够而破坏，**杆内的最大应力σ_{max}不得超过材料的许用应力$[\sigma]$**，即要求：

$$\sigma_{max} = \left(\frac{F_N}{A}\right)_{max} \leqslant [\sigma] \tag{2.18}$$

此判据称为拉压杆的**强度条件**，它是保证拉压杆安全可靠工作的必要条件。

式(2.18)中，不等号左端的应力，是在外力作用下，通过计算得出的杆内**最大工作应力**；不等号右端的$[\sigma]$是材料的许用应力，可由实验得到。

利用强度条件，可以解决以下三类强度计算问题。

1. 强度校核

对于等截面拉压杆，如果已知截面尺寸、许用应力和所受外力，可以通过如下公式判断该杆在所受外力作用下能否安全工作。

$$\sigma_{max}=\frac{F_{Nmax}}{A}\leqslant[\sigma] \tag{2.19}$$

2. 选择截面尺寸

如果已知拉压杆所受的外力和许用应力，根据强度条件可以确定该杆所需的横截面面积。对于等截面拉压杆，其所需的横截面面积为

$$A=\frac{F_{N\max}}{[\sigma]} \tag{2.20}$$

3. 确定许可载荷

如果已知拉压杆的截面尺寸和许用应力，根据强度条件可以确定该杆所能承受的最大轴力，其值为

$$F_{Nmax}\leqslant A[\sigma] \tag{2.21}$$

再通过平衡条件，由外载荷与 F_{Nmax} 的关系可进一步求出杆所能承受的最大外载荷，即许可载荷$[F]$。

最后还应指出，如果最大应力 σ_{max} 超过了许用应力$[\sigma]$，但只要差值(即 σ_{max} 与$[\sigma]$之差)较小，例如不超过许用应力的 5%，在工程计算中仍认为是安全的。

【例 2.6】　如图 2.27 所示的张紧器，工作时可能产生的最大张力 $F=30\text{kN}$，套筒与拉杆的材料均为 Q235 钢，许用应力$[\sigma]=160\text{MPa}$，试校核其强度(图中尺寸单位为 mm)。

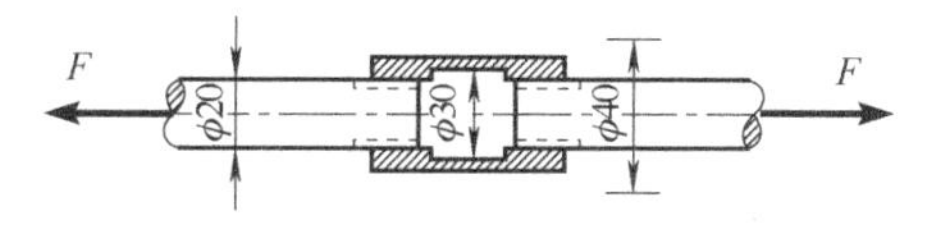

图 2.27

解：套筒与拉杆受轴向拉伸，轴力同为

$$F_N=F=30\,\text{kN}$$

为求最大应力，必须在二者中找出最小截面的横截面面积 A_{min}。

对拉杆，按 $d_1=20\text{mm}$ 计算得

$$A_1=\frac{1}{4}\pi d_1^2=\frac{1}{4}\pi\times20^2=314(\text{mm}^2)$$

对套筒，按外径 $D_2=40\text{mm}$，内径 $d_2=30\text{mm}$ 计算得

$$A_2=\frac{1}{4}\pi(D_2^2-d_2^2)=\frac{1}{4}\pi\times(40^2-30^2)=550(\text{mm}^2)$$

因此

$$A_{min}=A_1=314(\text{mm}^2)$$

故可得

$$\sigma_{max}=\frac{F_N}{A_{min}}=\frac{30\times10^3}{314\times10^{-6}}=95.5\times10^6\ (\text{Pa})=95.5(\text{MPa})<[\sigma]$$

满足强度条件。

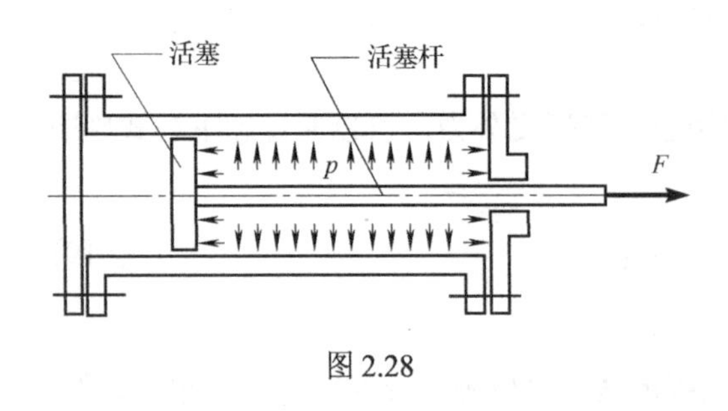

图 2.28

【例 2.7】 如图 2.28 所示的某油缸简图，油缸内径 $D=200\text{mm}$，油压 $p=10\text{MPa}$，活塞杆的材料为 40Cr 合金钢，许用应力 $[\sigma]=330\text{MPa}$，试设计活塞杆的最小直径 d。

解： (1) 外力计算。

作用在活塞杆上的拉力 F 可由作用在活塞上的总压力求得(计算时未扣减活塞杆面积，偏于安全)，即

$$F=p\cdot\frac{1}{4}\pi D^2=10\times10^6\times\frac{1}{4}\times\pi\times200^2\times10^{-6}=3.14\times10^5(\text{N})$$

(2) 内力计算。

由截面法可求得活塞杆各截面的轴力为

$$F_{\text{N}}=F=3.14\times10^5\,\text{N}$$

(3) 强度计算。

由活塞杆的强度条件式(2.19)得

$$\sigma_{\max}=\frac{F_{\text{N}}}{\frac{1}{4}\pi d^2}\leqslant[\sigma]$$

所以

$$d\geqslant\sqrt{\frac{4F_{\text{N}}}{\pi[\sigma]}}=\sqrt{\frac{4\times3.14\times10^5}{\pi\times330\times10^6}}=3.48\times10^{-2}\,\text{m}=34.8(\text{mm})$$

【例 2.8】 如图 2.29(a) 所示的桁架，由杆 AC 和杆 BC 构成，节点 C 受竖向集中力 F 作用。已知两杆的横截面面积均为 $A=100\text{mm}^2$，许用拉应力 $[\sigma_{\text{t}}]=200\text{MPa}$，许用压应力 $[\sigma_{\text{c}}]=150\text{MPa}$，试求该桁架的许可载荷 $[F]$。

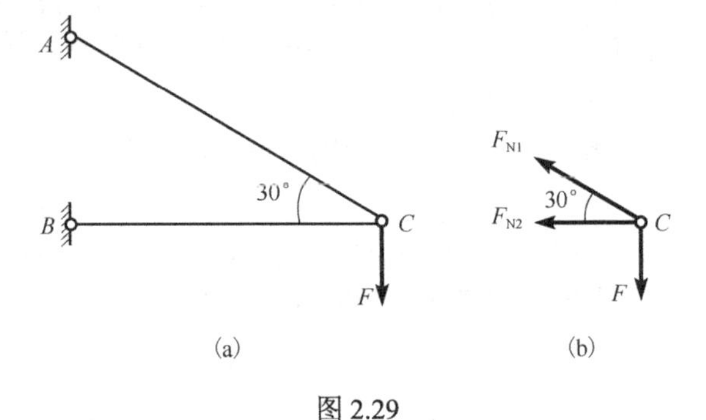

图 2.29

解： (1) 轴力计算。

取节点 C 为研究对象，设 AC 杆和 BC 杆的轴力分别为 F_{N1} 和 F_{N2}，如图 2.29(b) 所示。由平衡条件：

$$\sum F_x=0,\quad -F_{\text{N1}}\cos30^\circ-F_{\text{N2}}=0$$
$$\sum F_y=0,\quad F_{\text{N1}}\sin30^\circ-F=0$$

解得

$$F_{\text{N1}}=2F\,(\text{拉}),\qquad F_{\text{N2}}=-\sqrt{3}F\,(\text{压})$$

(2) 强度计算。

AC 杆的强度条件为

$$\sigma_1=\frac{F_{\text{N1}}}{A}=\frac{2F}{A}\leqslant[\sigma_{\text{t}}]$$

解得

$$F \leqslant \frac{1}{2}A[\sigma_t] = \frac{1}{2} \times 100 \times 10^{-6} \times 200 \times 10^6 = 10000(\text{N}) = 10(\text{kN})$$

BC 杆的强度条件为

$$\sigma_2 = \frac{F_{N2}}{A} = \frac{\sqrt{3}F}{A} \leqslant [\sigma_c]$$

解得

$$F \leqslant \frac{1}{\sqrt{3}}A[\sigma_c] = \frac{1}{\sqrt{3}} \times 100 \times 10^{-6} \times 150 \times 10^6 = 8660(\text{N}) = 8.66(\text{kN})$$

(3)确定许可载荷。

比较两杆的计算结果可得，桁架的许可载荷为

$$[F] = 8.66\text{kN}$$

2.8　应 力 集 中

由前面分析得知，对于轴向拉压的等直杆，除两端受力的局部区域外，横截面上的正应力是均匀分布的。但在工程实际中，因加工与使用等方面的需要，有些构件具有油孔、沟槽、轴肩或螺纹等，这些部位的截面尺寸会发生显著改变，使其横截面上的正应力不再均匀分布。

如图 2.30(a)所示的带小圆孔的板条，若受力前在其表面画出许多细小方格，施加轴向拉力 F，变形后如图 2.30(b)所示。可以观察到，在截面 *m*-*m* 上，靠近孔边的方格变形最大，离开孔边稍远处，方格变形迅速减小，趋于相同。这表明，在 *m*-*m* 截面上，孔边的应力比其他各点的应力大得多，如图 2.31(a)所示。这种因截面尺寸显著变化而引起应力局部增大的现象，称为**应力集中**。由图 2.31(a)所示的应力分布情况可知，应力增大的现象只发生在孔边附近，离孔稍远，应力便急剧下降而趋于平缓，可见，应力集中表现为局部性质。

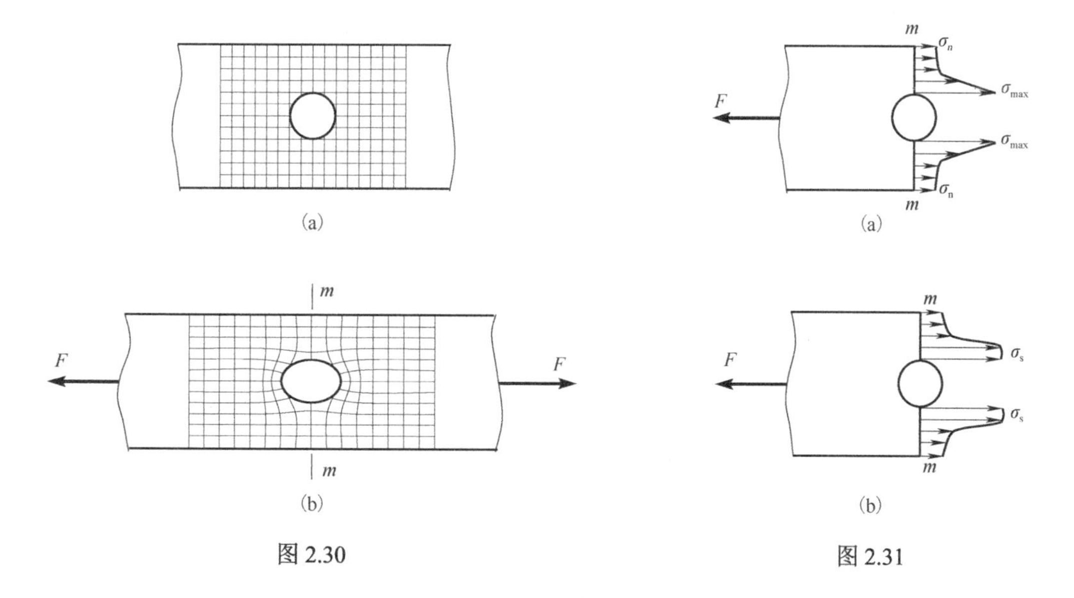

图 2.30　　图 2.31

应力集中的程度用**应力集中因数** K 表示，其定义为

$$K=\frac{\sigma_{\max}}{\sigma_{n}} \tag{2.22}$$

式中，σ_n 为不考虑应力集中影响的名义应力，由轴力除以突变截面(如 m-m 截面)的净面积求得；$\sigma_{\max}$ 为突变截面的局部最大应力。

应力集中对构件强度的影响是显然而见的，但是塑性材料与脆性材料对于应力集中的敏感程度不同，因此在工程计算中也有不同的处理。

对于塑性材料，当最大局部应力达到屈服极限时，局部发生屈服。当载荷继续增加时，截面上的塑性区将逐渐扩大，如图 2.31(b)所示，使应力分布趋于平缓，从而缓和了应力集中的影响。这说明，尽管局部区域出现屈服，但整个构件仍具有承载能力。因此，在静载荷作用下，对于由塑性材料制成的构件，一般可不考虑应力集中的影响。

对于脆性材料，因塑性变形极小，所以当载荷不断增大时，最大局部应力将首先到达强度极限，很快导致整个截面的破坏。可见，应力集中现象大大降低了脆性材料杆的承载能力。

需要指出的是，在动载荷(如交变载荷或冲击载荷)作用下，无论是塑性材料还是脆性材料，应力集中对构件的强度影响都极大。

2.9　连接件的实用计算

工程结构中，需要通过具有连接作用的部件来实现构件的彼此连接，这类部件称为**连接件**。例如，图 2.32(a)所示钢结构中的铆钉连接、图 2.33(a)所示传动机械中轴与轮间的平键连接，其受力分析分别如图 2.32(b)和图 2.33(b)所示。

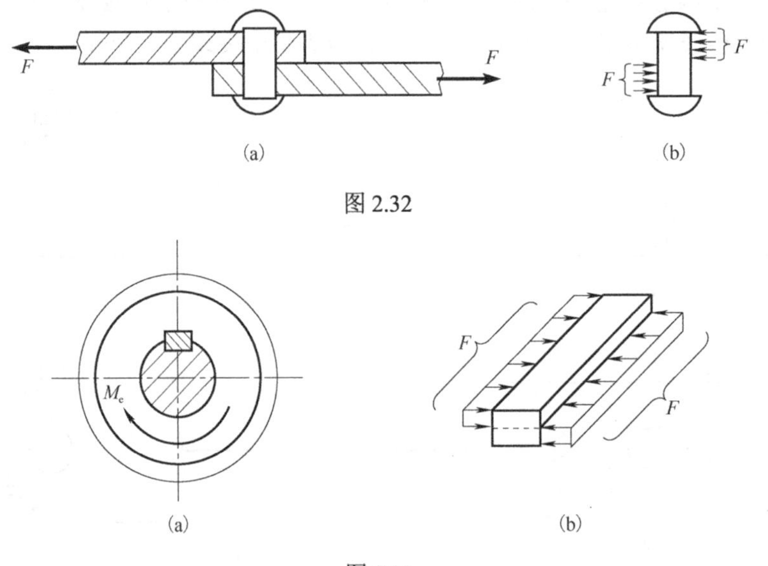

图 2.32

图 2.33

从受力图可以看出，由于连接件(或连接处)的尺寸比较小，且形状各异，受力和变形都比较复杂，要精确计算其应力和变形较困难。但从连接失效形式的可能性出发，以反映其受力基本特征作为简化依据，计算名义应力，并按相同简化原则进行同类构件的破坏实验，确定相应的许用应力，便可得到简单实用的强度计算方法，这种方法称为**实用计算法**。

以图 2.32(a)所示的铆钉连接为例，连接处可能的失效形式有三种：①铆钉因剪切而沿 *m-m* 截面剪断，如图 2.34(a)所示；②钢板在铆钉与钢板的相互接触面上因受到挤压而产生过大塑性变形或被压溃，导致连接松动，如图 2.34(b)所示；③钢板在铆孔截面 *n-n* 处因拉伸强度不足而被拉断，如图 2.34(c)所示。其他连接也有类似失效的可能性。

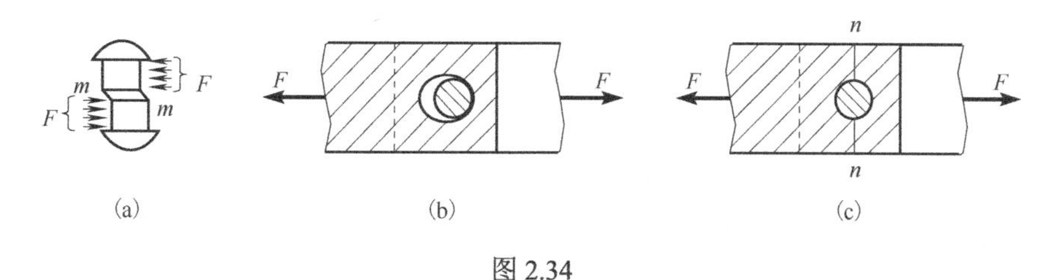

图 2.34

对于第三种情况，可按拉伸强度计算，此处主要介绍连接的剪切与挤压的概念及其假定计算。

2.9.1　连接件的剪切实用计算

连接件剪切变形的受力特征是，在横截面 *m-m* 附近两侧受一对相互平行、等值、反向、作用线相距很近的力作用。变形特征是，在两力作用线之间的横截面发生相对错动，如图 2.35 所示。若变形过大，连接件将在 *ab* 面和 *cd* 面之间的某一截面 *m-m* 处被剪断，*m-m* 截面称为**剪切面**。

为计算受剪构件剪切面上的内力，首先需要判定剪切面的位置，然后应用截面法，求出剪切面上的内力。以图 2.32(a)所示的铆钉连接为例，显然，*m-m* 截面是剪切面，可沿剪切面 *m-m* 将铆钉截开，取下半部分为研究对象，如图 2.36(a)所示。设 *m-m* 面上的内力为 F_S，由平衡条件易得

$$F_S - F = 0, \qquad F_S = F$$

内力 F_S 称为**剪力**，剪力 F_S 是截面分布切应力 τ 的合力，如图 2.36(b)所示。

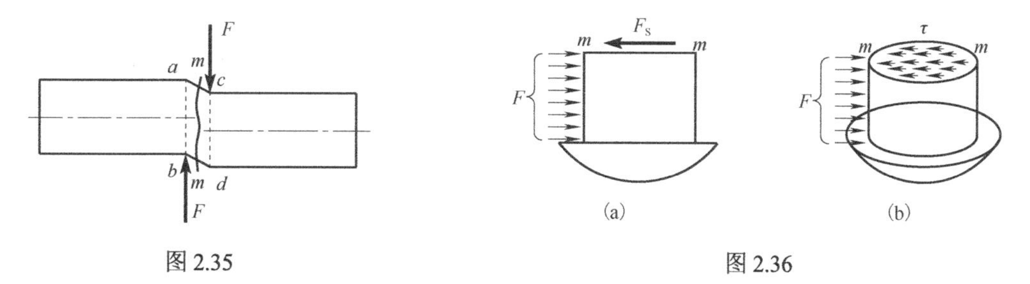

图 2.35　　图 2.36

切应力在截面上的分布规律实际上是比较复杂的，假定计算法中，通常假定**剪切面上的切应力呈均匀分布**。于是，剪切面上的**名义切应力**为

$$\tau = \frac{F_S}{A} \tag{2.23}$$

式中，F_S 为剪切面上的剪力；A 为剪切面的面积。

求得名义切应力后，即可建立剪切强度条件。通过直接实验，并按式(2.23)得到剪切破坏时材料的极限切应力 τ_u，考虑安全因数后得到材料的许用切应力 $[\tau]$。于是，剪切强度条件可表示为

$$\tau = \frac{F_S}{A} \leqslant [\tau] \tag{2.24}$$

式中，许用切应力$[\tau]$可在有关手册中查得。

【例 2.9】 如图 2.37(a)所示，拖车挂钩用销钉连接。已知销钉的材料为 20 号钢，许用切应力$[\tau]=60\text{MPa}$，拖车的拖力 $F=15\text{kN}$，试按剪切强度条件设计销钉的直径 d。

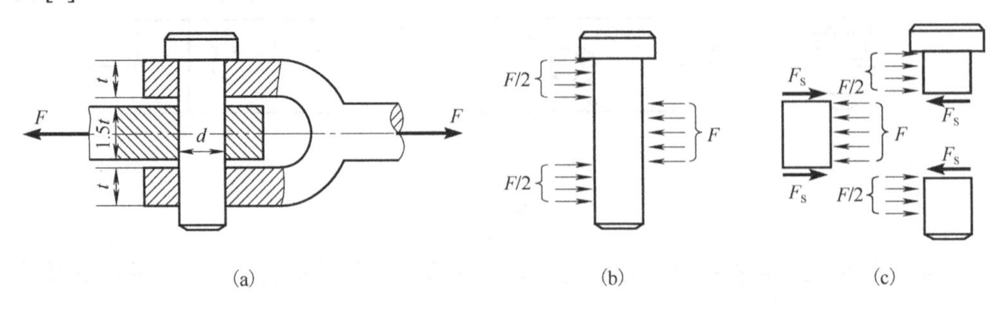

图 2.37

解： 首先计算剪切面上的剪力。由图 2.37(b)所示销钉的受力情况可知，销钉有两个剪切面(称为双剪)。运用截面法将销钉沿剪切面切开，如图 2.37(c)所示，根据平衡条件可得剪切面上的剪力为

$$F_S = \frac{F}{2}$$

销钉剪切面的面积为

$$A = \frac{1}{4}\pi d^2$$

由剪切强度条件式(2.24)，得

$$\tau = \frac{F_S}{A} \leqslant [\tau], \quad 即 \quad \frac{\frac{F}{2}}{\frac{1}{4}\pi d^2} \leqslant [\tau]$$

所以

$$d \geqslant \sqrt{\frac{2F}{\pi[\tau]}} = \sqrt{\frac{2\times 15\times 10^3}{\pi\times 60\times 10^6}} = 0.0126(\text{m}) = 12.6(\text{mm})$$

按直径模数标准选取销钉的直径为 14mm。

2.9.2　连接件的挤压实用计算

连接件在受剪切的同时，一般还会受到**挤压**。挤压是指连接件与被连接构件相互传递压力时，接触面相互受压现象。作用在接触表面上的压力称为**挤压力**，记为 F_b，由挤压力引起的变形称为**挤压变形**。当挤压变形过大时，可能使挤压面产生皱褶(压溃)，产生显著塑性变形，从而导致连接松动或损坏而失效，称为**挤压破坏**。图 2.32(a)所示的铆钉连接的钉孔挤压失效如图 2.38 所示，钉孔受压的一侧被压溃，材料向两边隆起，钉孔已不再是圆形。显然，这样的现象在工程中是不允许的，因此必须进行挤压强度计算。

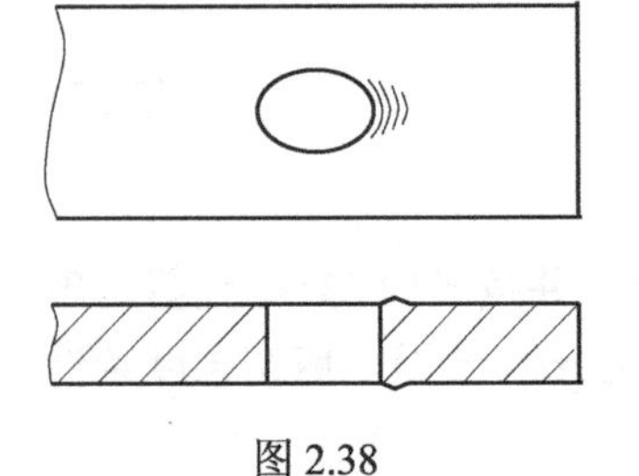

图 2.38

挤压力的作用面称为**挤压面**，由挤压力引起的应力称为**挤压**

应力，记为 σ_{bs}。显然，挤压力可根据连接件所受外力，由平衡条件直接求得。挤压应力在挤压面上的分布规律则比较复杂，通常采用假定计算，即假定**挤压应力在挤压面上是均匀分布的**。于是，挤压面上的名义挤压应力为

$$\sigma_{bs}=\frac{F_b}{A_{bs}} \tag{2.25}$$

式中，F_b 为挤压面上的挤压力；A_{bs} 为挤压面的计算面积。

当挤压面为平面时，挤压面积就是挤压面的实际面积；当挤压面为如图 2.39(a)所示的半圆柱面时，根据理论分析，挤压应力的分布如图 2.39(b)所示，最大挤压应力发生在半圆弧的中央处，其值约为挤压力除以挤压面在直径平面上的投影面积，如图 2.39(c)所示，因此挤压面积应取为挤压面的**径向投影面积**。

求得名义挤压应力后，挤压强度条件可表示为

$$\sigma_{bs}=\frac{F_b}{A_{bs}}\leqslant[\sigma_{bs}] \tag{2.26}$$

式中，许用挤压应力$[\sigma_{bs}]$可在有关手册中查得。

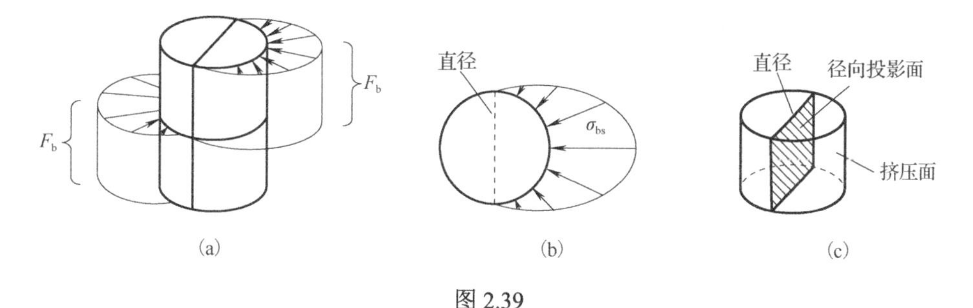

图 2.39

【例 2.10】　在例 2.7 中，若挤压许用应力为$[\sigma_{bs}]=100\text{MPa}$，$t=8\text{mm}$，试校核挤压强度。

解：由图 2.37(b)可知，销钉的上段和下段的挤压力均为 $F/2$，挤压面为圆柱面，计算面积为 td；中段的挤压力为 F，挤压面为圆柱面，其计算面积为 $1.5td$。显然，应取中段进行校核。

由式(2.25)得

$$\sigma_{bs}=\frac{F_b}{A_{bs}}=\frac{F}{1.5td}=\frac{15\times10^3}{1.5\times8\times10^{-3}\times14\times10^{-3}}=89.3(\text{MPa})<[\sigma_{bs}]$$

因此，满足挤压强度条件。

【例 2.11】　如图 2.40 所示，钢板用铆钉连接，承受轴向拉力 F 作用。已知板厚 t=2mm，板宽 b=15mm，铆钉直径 d=4mm，接头边距 a=10mm，材料的许用切应力$[\tau]=100\text{MPa}$，许用挤压应力$[\sigma_{bs}]=300\text{MPa}$，许用拉应力$[\sigma]=160\text{MPa}$。试确定该拉力的许可值。

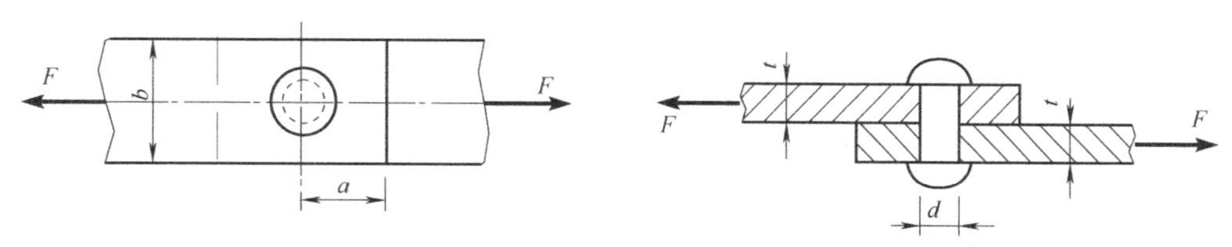

图 2.40

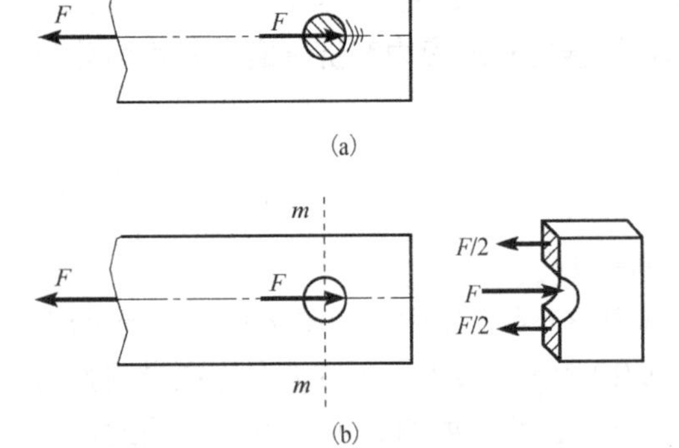

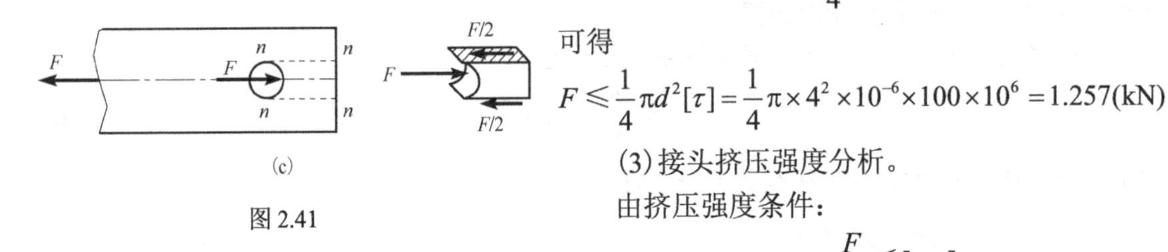

图 2.41

解：(1)连接的失效分析。连接的失效形式有以下四种可能：铆钉沿其横截面被剪断；铆钉与孔壁挤压失效，如图 2.41(a)所示；钢板沿 *m-m* 截面被拉断，如图 2.41(b)所示；钢板沿 *n-n* 截面被剪断，如图 2.41(c)所示。

(2)铆钉剪切强度分析。

由剪切强度条件：

$$\tau_{钉}=\frac{F}{\frac{1}{4}\pi d^2}\leqslant[\tau]$$

可得

$$F\leqslant\frac{1}{4}\pi d^2[\tau]=\frac{1}{4}\pi\times4^2\times10^{-6}\times100\times10^6=1.257(\mathrm{kN})$$

(3)接头挤压强度分析。

由挤压强度条件：

$$\sigma_{\mathrm{bs}}=\frac{F}{td}\leqslant[\sigma_{\mathrm{bs}}]$$

可得

$$F\leqslant td[\sigma_{\mathrm{bs}}]=2\times10^{-3}\times4\times10^{-3}\times300\times10^6=2.4(\mathrm{kN})$$

(4)钢板拉伸强度分析。

由拉伸强度条件：

$$\sigma=\frac{F}{t(b-d)}\leqslant[\sigma]$$

可得

$$F\leqslant t(b-d)[\sigma]=2\times10^{-3}\times(15\times10^{-3}-4\times10^{-3})\times160\times10^6=3.52(\mathrm{kN})$$

(5)钢板的剪切强度分析。

由剪切强度条件：

$$\tau_{板}=\frac{\frac{F}{2}}{ta}\leqslant[\tau]$$

可得

$$F\leqslant2ta[\tau]=2\times2\times10^{-3}\times10\times10^{-3}\times100\times10^6=4(\mathrm{kN})$$

综合以上四方面分析计算结果，比较可得许可拉力为

$$[F]=1.257\mathrm{kN}$$

思　考　题

2-1　判断下列说法是否正确。

(1)强度条件是针对杆的危险截面建立的。

(2)位移是变形的量度。

(3)若两杆几何尺寸相同，轴向拉力相同，材料不同，则它们的应力和变形均相同。

(4) 空心圆杆受轴向拉伸时，在弹性范围内，其外径与壁厚的变形关系是外径增大，壁厚也增大。

(5) 低碳钢的拉伸图和应力-应变曲线都完整地描述了材料的力学性能。

(6) 如思图 2.1 所示，若 AB 杆的材料选用铸铁，BC 杆选用低碳钢，从材料力学性能的观点看是合理的。

(7) 对于塑性材料和脆性材料，在确定许用应力时，应作相同的考虑。

(8) 在确定安全因数时，只需考虑安全方面的要求。

(9) 连接件承受直接剪切时产生的切应力与杆承受轴向拉伸时在斜截面上产生的切应力是相同的。

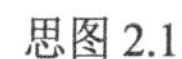

思图 2.1

(10) 连接件产生的挤压应力与一般的压应力是不相同的。

2-2　轴向拉伸与压缩杆的受力特征是____________，变形特征是____________。

2-3　如思图 2.2 所示的各杆中，可以按轴向拉压问题处理的部位是____________。

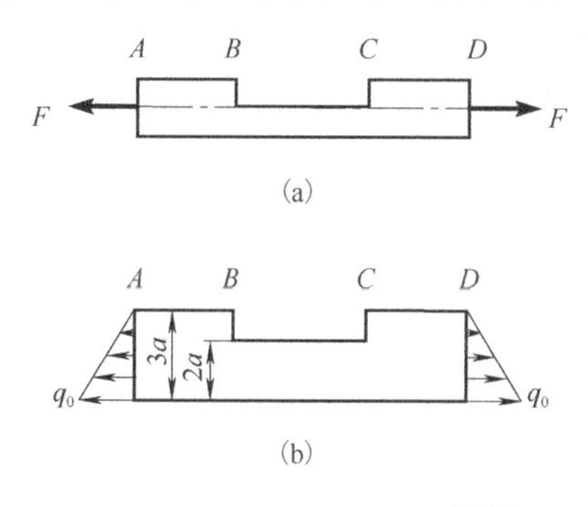

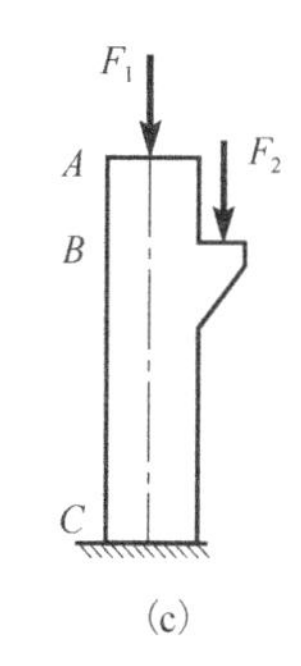

思图 2.2

2-4　轴力正负符号规定的依据是____________。

2-5　建立拉压杆横截面上的正应力公式的核心依据是____________；该计算公式的应用条件是____________。

2-6　分析拉压杆的各截面，最大正应力位于____________截面，其值为____________；最大切应力位于____________截面，其值为____________。

2-7　拉压杆强度条件中不等号的物理意义是____________，强度计算主要解决的三方面问题是(1)__________；(2)__________；(3)__________。

2-8　轴向拉压的胡克定律有____________种表示形式，其应用条件是____________。

2-9　低碳钢在拉伸过程中表现为______________、______________、______________、______________四个阶段，其特征点分别是____________。

2-10　衡量材料的塑性性质的主要指标是____________、____________。

2-11　在拉伸实验时，使用标距为 $5d$ 和 $10d$ 的试件，对____________指标有影响。

2-12　三根试件 a、b、c 的尺寸相同，材料不同，其应力-应变曲线如思图 2.3 所示。强度最高的材料是______________，刚度最大的材料是______________，塑性最好的材料是____________。

2-13　塑性材料对应力集中的敏感程度比脆性材料低的主要原因是____________。

2-14　剪切与挤压假定计算法的根据是____________。

2-15　在应用假定计算法对连接件进行剪切或挤压强度计算时的关键是__________。

2-16　矩形截面木杆，采用如思图 2.4 所示的接头，其剪切面是__________，挤压面是__________。

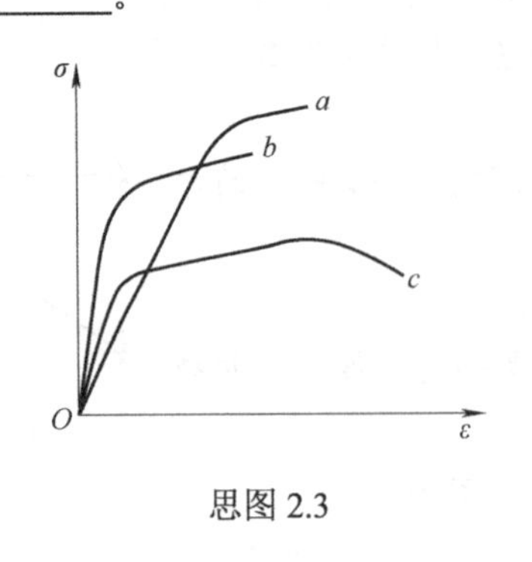

思图 2.3

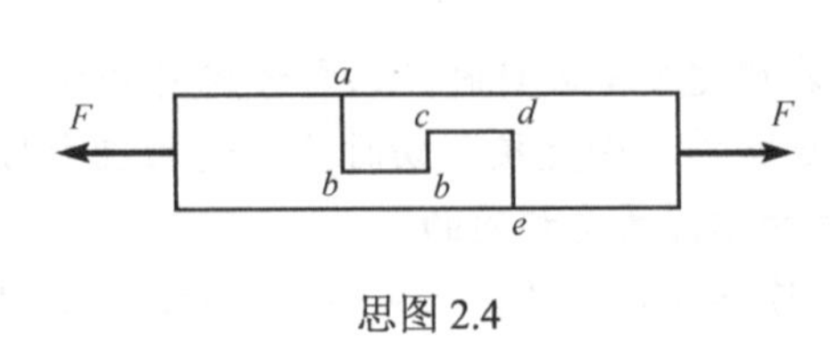

思图 2.4

习　题

2.1　试求题图 2.1 中各杆截面 1-1、2-2、3-3 上的轴力并作轴力图。

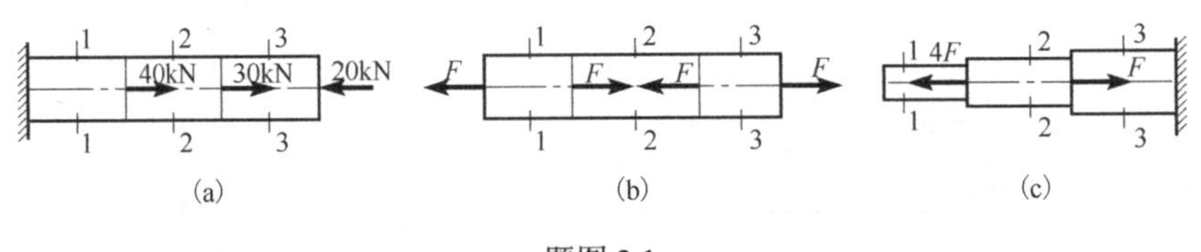

题图 2.1

2.2　试求题图 2.2 所示结构中杆 *AB* 和杆 *BC* 的轴力。

2.3　在题图 2.1(c) 中，若横截面 1-1、2-2、3-3 的直径分别为：$d_1=15\text{mm}$，$d_2=20\text{mm}$，$d_3=24\text{mm}$，$F=8\text{kN}$，试求各截面上的应力。

2.4　题图 2.3 所示结构中，*AB* 和 *CB* 两杆的材料相同，横截面面积之比 $A_1:A_2=2:3$，*B* 铰处作用竖直向下的载荷 *F*，试求使两杆内的应力相等时 α 角的数值。

2.5　作用在题图 2.4(尺寸单位为 mm)所示零件上的拉力 *F*=38kN，试问零件内最大拉应力发生在哪个截面上？其值等于多少？

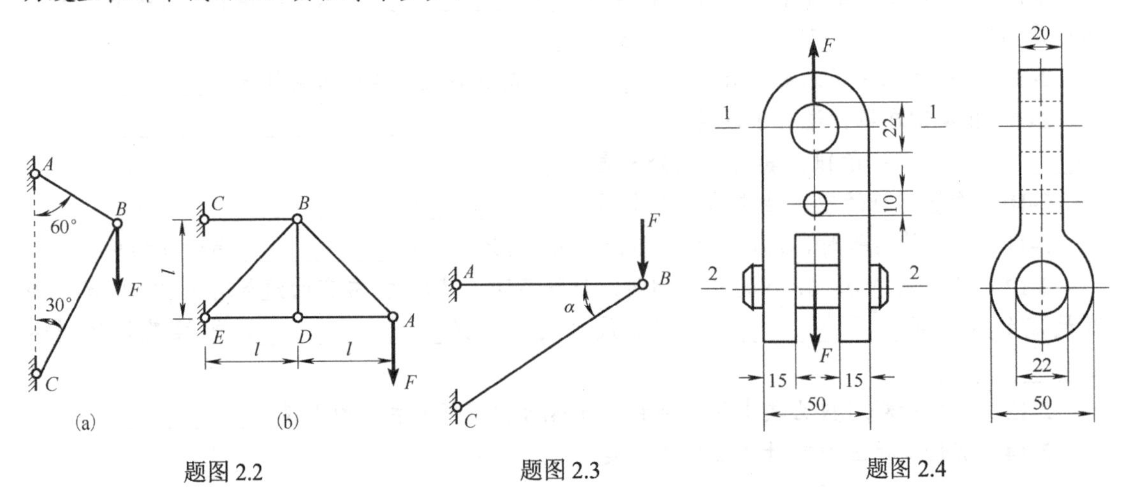

题图 2.2　　题图 2.3　　题图 2.4

2.6　如题图 2.5 所示，横截面面积 A=100mm^2 的等直杆，承受轴向拉力 $F=10\text{kN}$，若以 α 表示斜截面与横截面间的夹角，试求：

(1) 当 $\alpha=0°$、$45°$、$-60°$、$90°$ 时，各截面上的正应力及切应力，并作图表示其方向。

(2) 拉杆内的最大正应力和最大切应力。

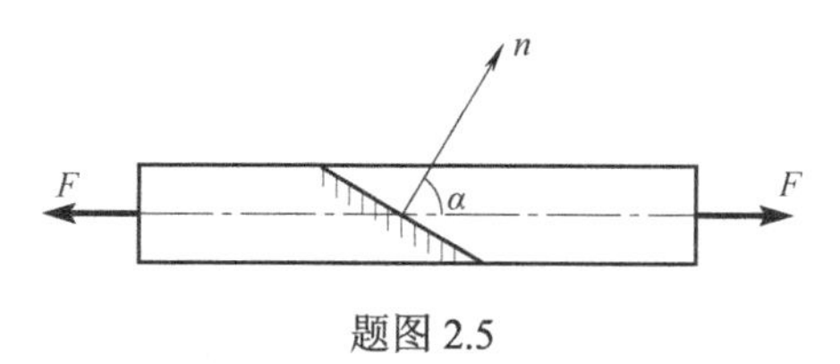

题图 2.5

2.7　某汽缸如题图 2.6 所示，汽缸内的工作气压 $p=1\text{MPa}$，汽缸内径 $D=350\text{mm}$，活塞杆直径 $d=60\text{mm}$。已知活塞杆材料的许用应力 $[\sigma]=40\text{MPa}$，试校核活塞杆的强度。

2.8　如题图 2.7 所示的结构，杆 AB 为 5 号槽钢，许用应力 $[\sigma_s]=160\text{MPa}$；杆 BC 为 h/b=2 的矩形截面木杆，其截面尺寸为 $50\text{mm}\times100\text{mm}$，许用应力 $[\sigma_w]=8\text{MPa}$，结构承受载荷 F=128kN。

(1) 试校核结构的强度。

(2) 若要求两杆的应力同时达到各自的许用应力，BC 杆的截面应取多大？

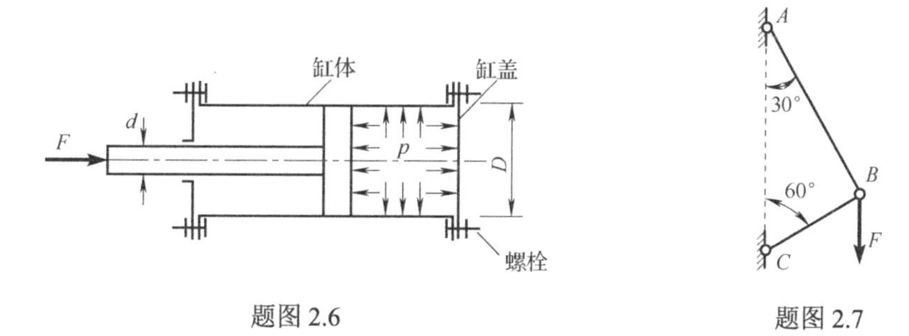

题图 2.6　　　　题图 2.7

2.9　起重机如题图 2.8 所示，钢丝绳 AB 的横截面面积 A=500mm^2，许用应力 $[\sigma]=40\text{MPa}$，试根据钢丝绳的强度，求起重机允许起吊的最大重量 $[F]$。

2.10　题图 2.9 所示结构中，AC、BC 杆均为直径 $d=20\text{mm}$ 的圆截面直杆，材料均为 Q235 钢，其许用应力 $[\sigma]=160\text{MPa}$，求此结构的许可载荷。

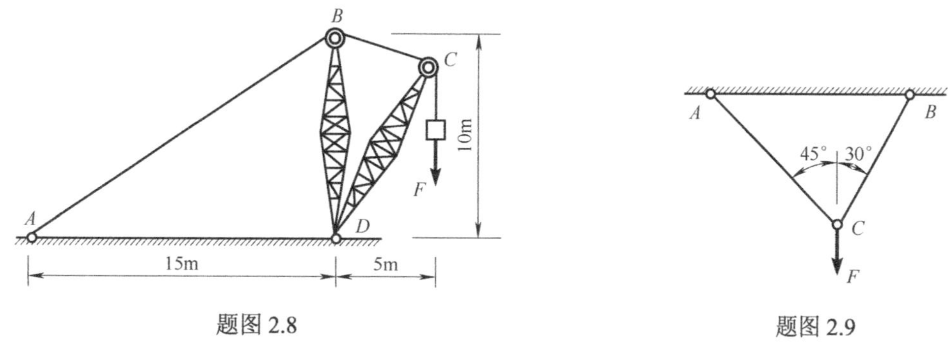

题图 2.8　　　　题图 2.9

2.11　在习题 2.7 中，若汽缸盖与缸体采用直径 $d_1=18\text{mm}$ 的螺栓连接，螺栓材料的许用应力 $[\sigma]=50\text{MPa}$，试求所需螺栓的个数。

2.12 如题图 2.10 所示的对称结构，承受载荷 F 作用，已知杆的许用应力为 $[\sigma]$，若节点 A 和 B 间的距离保持不变。试求：当 θ 为何值时，结构的重量最轻？

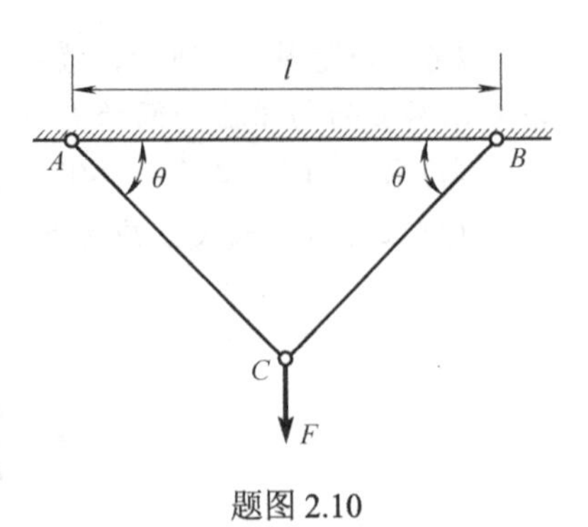

题图 2.10

2.13 如题图 2.11 所示，钢杆的横截面面积 A=200mm^2，材料的弹性模量 E=200GPa，求各段的应变、伸长和全杆的总伸长。

2.14 如题图 2.12 所示的阶梯形截面杆，其弹性模量 E=200GPa，截面面积 $A_1 = 200\ \text{mm}^2$，A_2=250mm^2，A_3=300mm^2，载荷 F_1=25kN，F_2=10kN，F_3=15kN，F_4=30kN。试求每段杆的伸长和全杆的总伸长。

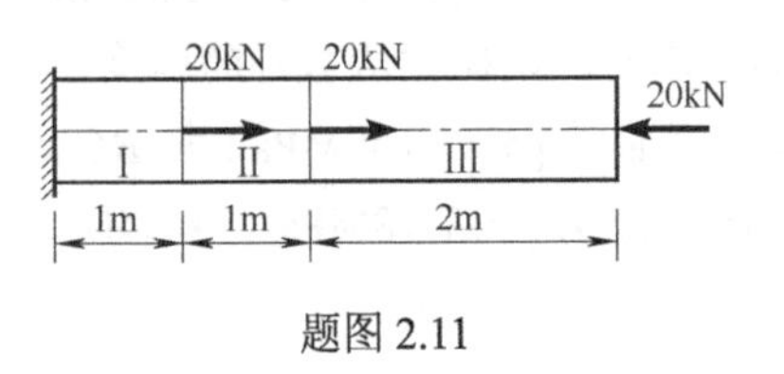

题图 2.11

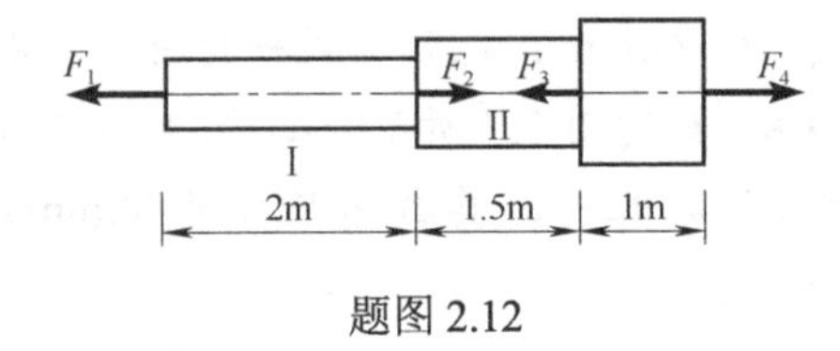

题图 2.12

2.15 如题图 2.13 所示，长度为 l 的圆锥形杆，两端的直径分别为 d_1 和 d_2，弹性模量为 E，两端受拉力 F 作用，求杆的总伸长。

2.16 如题图 2.14 所示，长度为 l、厚度为 t 的平板，两端宽度分别为 b_1 和 b_2，弹性模量为 E，两端受拉力 F 作用，求杆的总伸长。

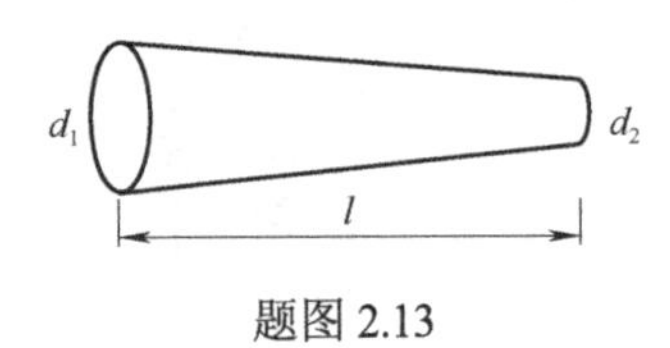

题图 2.13

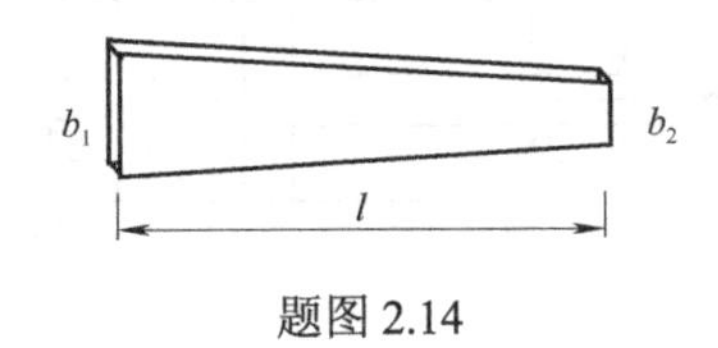

题图 2.14

2.17 如题图 2.15 所示，一个板状试件，其表面沿纵向及横向粘贴两片应变片，用以测量试件的应变。已知：$b = 30\text{mm}$，$h = 4\text{mm}$。实验时，每增加 3kN，测得试件的纵向应变增量 $\Delta\varepsilon_1 = 120\times10^{-6}$，横向应变增量 $\Delta\varepsilon_1 = -38\times10^{-6}$。求试件材料的弹性模量 E 和泊松比 ν。

2.18 如题图 2.16 所示结构，AB 杆为一长度为 l、直径为 d 的圆杆，材料的弹性模量为 E，泊松比为 μ。在点 B 处作用一竖直向下的力 F，其值未知，现测得 AB 杆的直径改变量为 δ。试求 F 力的数值以及 AB 杆的缩短量。

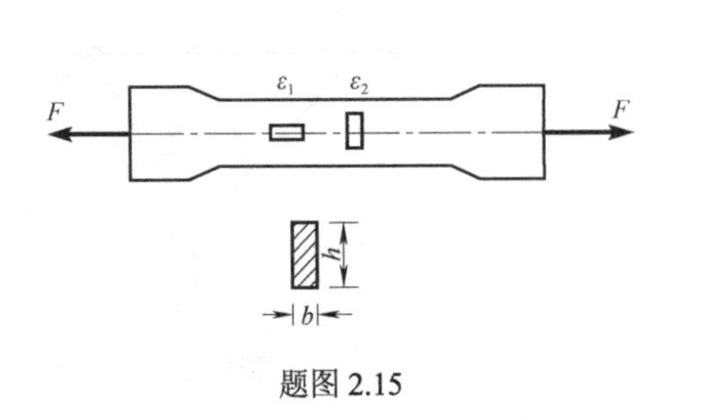

题图 2.15

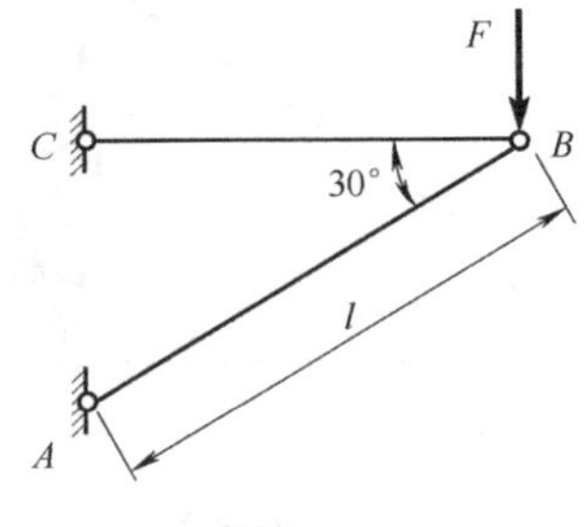

题图 2.16

2.19 如题图 2.17 所示，刚性杆 AB 由两根弹性杆 AC 和 BD 悬吊。已知刚性杆的长度为 l，两弹性杆的拉压刚度分别为 E_1A_1 和 E_2A_2，试求：当刚性杆 AB 保持水平时，E_1A_1/E_2A_2 的值。

2.20　拉伸实验机的结构如题图 2.18 所示。设实验机的 CD 杆与试件 AB 的材料相同，均为低碳钢，其 $\sigma_p = 200\text{MPa}$，$\sigma_s = 240\text{MPa}$，$\sigma_b = 400\text{MPa}$，实验机的最大拉力为 100kN。

(1) 用该实验机进行拉断实验时，试件直径的最大值为多少？

(2) 若设计时取实验机的安全因数 $n = 2$，则 CD 杆的横截面面积应为多少？

(3) 若试件直径 $d = 10\text{ mm}$，现需要测其弹性模量，则所加载荷最大不能超过多少？

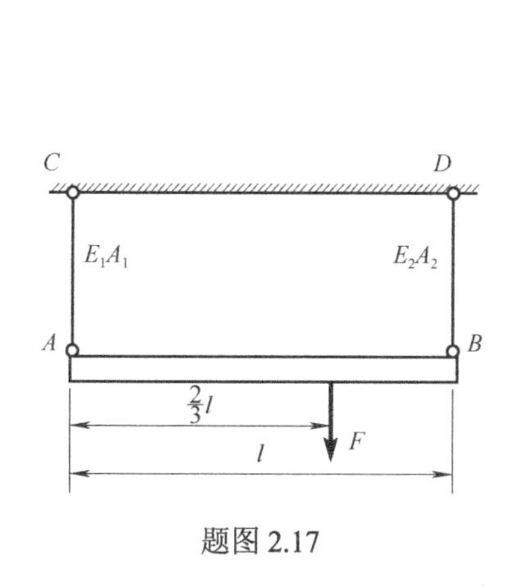

题图 2.17

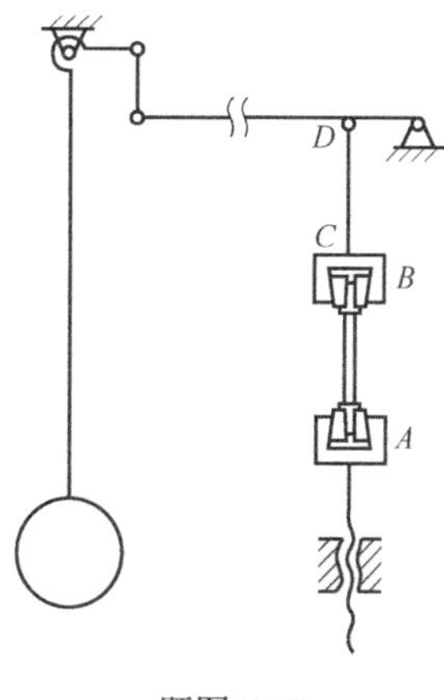

题图 2.18

2.21　一钢试件，弹性模量 $E = 200\text{GPa}$，比例极限 $\sigma_p = 200\text{MPa}$，直径 $d = 10\text{mm}$。当用放大倍数 $K = 500$ 的引伸仪在标距 $l_0 = 100\text{mm}$ 内测量伸长变形时，引伸仪的读数为 25mm。试求此时试件沿轴线方向的正应变、横截面上的应力及所受的拉力。

2.22　材料的应力-应变曲线如题图 2.19 所示(下面一条曲线为低应变区间 OA 的放大详图)，试根据该曲线确定：

(1) 材料的弹性模量 E、比例极限 σ_p、屈服极限 σ_s 和强度极限 σ_b；

(2) 材料的伸长率 δ，并据此判断该材料为塑性材料，还是脆性材料。

2.23　材料的应力-应变曲线如题图 2.20 所示，试根据该曲线确定：

(1) 材料的弹性模量 E、比例极限 σ_p 与屈服极限 $\sigma_{p0.2}$；

(2) 当应力增加到 $\sigma = 350\text{MPa}$ 时，材料的正应变 ε，以及相应的塑性应变 ε_p 和弹性应变 ε_e。

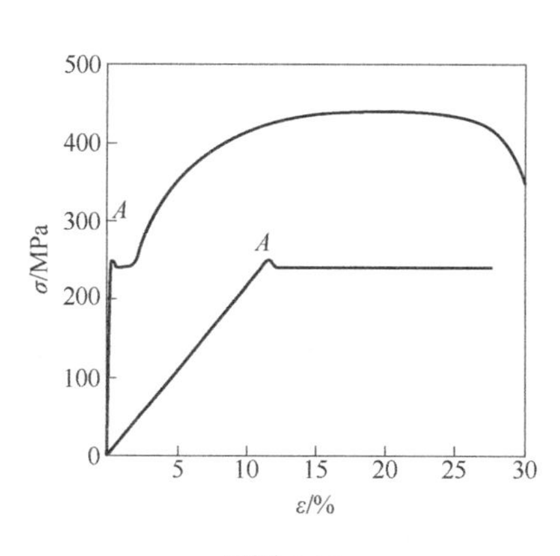

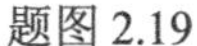

题图 2.19

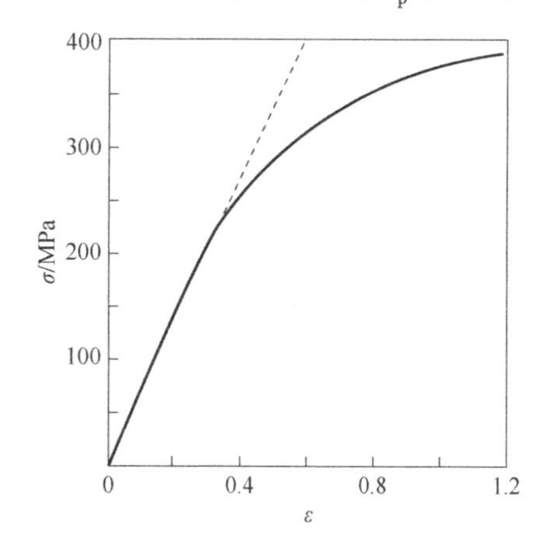

题图 2.20

2.24 如题图 2.21 所示，冲床的冲头在力 F 作用下冲剪钢板。设板厚 $t = 6\text{mm}$，板材料的剪切强度极限 $\tau_b = 360\text{MPa}$，当需要冲剪一个直径 $d = 20\text{mm}$ 的圆孔时，所需的冲力 F 至少应等于多少？

2.25 如题图 2.22 所示，凸缘联轴节传递的力偶矩 $M_e = 200\text{N·m}$，凸缘之间用四只螺栓连接，螺栓内径 $d = 10\text{mm}$，对称地分布在 $D_0 = 80\text{mm}$ 的圆周上。若螺栓的剪切许用应力 $[\tau] = 60\text{MPa}$，试校核螺栓的剪切强度。

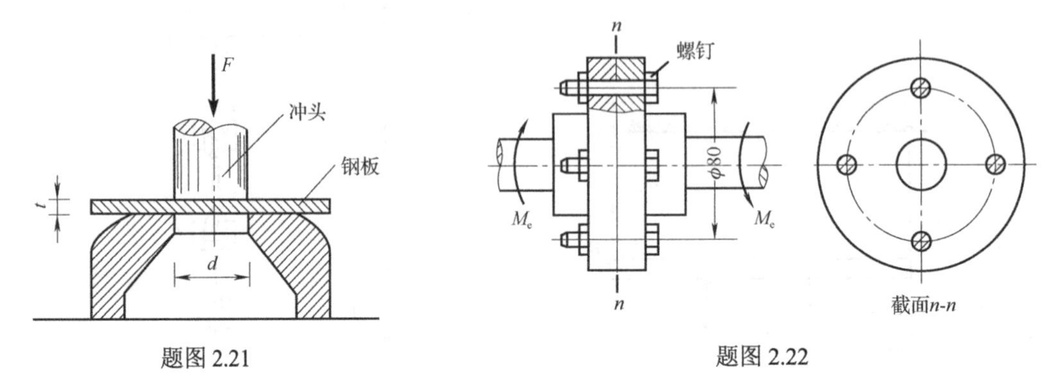

题图 2.21　　题图 2.22

2.26 如题图 2.23 所示的夹剪，销子 C 的直径 $d = 6\text{mm}$。欲剪直径与销子直径相同的铜丝，若力 $F = 200\text{N}$，$a = 30\text{mm}$，$b = 150\text{mm}$，求铜丝与销子横截面上的平均切应力。

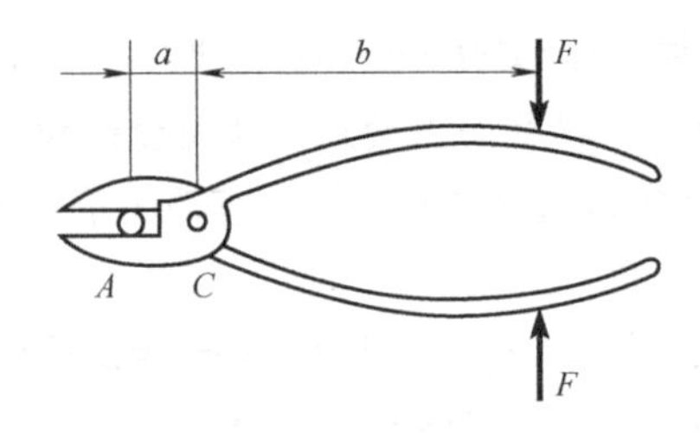

题图 2.23

2.27 齿轮与轴用平键连接，如题图 2.24 所示。已知轴的直径 $d = 70\text{mm}$，键的尺寸 $b \times h \times l = 20\text{mm} \times 12\text{mm} \times 100\text{mm}$，传递的力偶矩 $M_e = 2\text{kN·m}$；平键材料的许用应力 $[\tau] = 80\ \text{MPa}$，$[\sigma_{bs}] = 200\ \text{MPa}$，试校核键的强度。

2.28 已知题图 2.25 所示铆接钢板的厚度 $\delta = 10\text{mm}$，铆钉直径 $d = 18\text{mm}$，铆钉材料的许用应力 $[\tau] = 120\text{MPa}$，$[\sigma_{bs}] = 240\text{MPa}$，载荷 $F = 35\text{kN}$，试对铆钉进行强度校核。

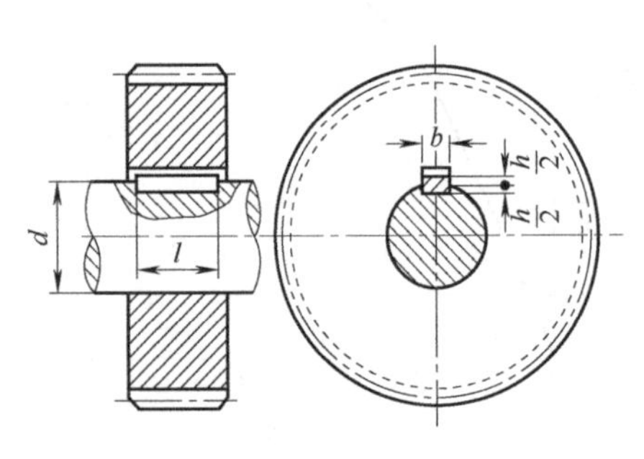

题图 2.24

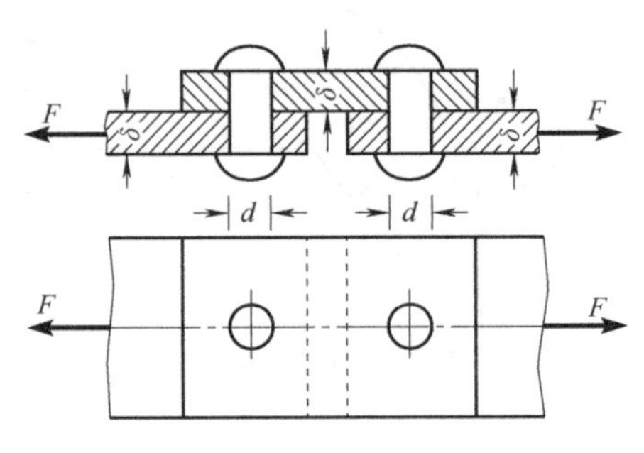

题图 2.25

2.29　如题图 2.26 所示的圆截面杆，承受轴向拉力 F 作用。拉杆的直径为 d，端部帽头的直径为 D，高度为 h，试从强度方面考虑，建立这三项尺寸间的合理比值。设材料的许用应力 $[\sigma]=160\text{MPa}$，$[\tau]=80\text{MPa}$，$[\sigma_{bs}]=240\text{MPa}$。

2.30　在习题 2.28 中，若对称加设两只铆钉，如题图 2.27 所示。设钢板的宽度 $b=80\text{mm}$，厚度仍为 10mm，钢板材料的许用应力 $[\sigma]=180\text{MPa}$，铆钉的许用应力和尺寸仍同习题 2.28，试求该铆接钢板的许可载荷。

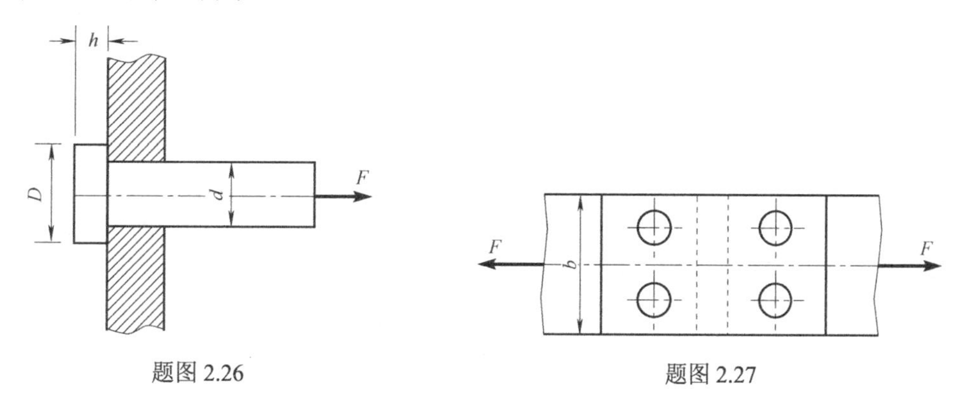

题图 2.26　　　　题图 2.27

第3章　杆件的扭转

3.1　杆件扭转的概念

在第 2 章，我们讨论了杆件轴向拉压变形，现在讨论另一种稍微复杂的基本变形，称为扭转。**扭转**是指直杆受到垂直于轴线平面内的力偶作用，产生各个截面绕轴线相对转动的变形现象。如图 3.1(a)所示，在万向节的十字轴 C、D 两点处作用着大小相等、方向相反的两个力 F_C 和 F_D，使得在万向节的 A、B 两点处产生两个大小相等方向相反的作用力 F_A 和 F_B，如图 3.1(b)所示，这两个力构成一个在垂直于轴线平面内的力偶 M_e'，如图 3.1(c)所示。根据平衡条件知，$M_e' = M_e$，万向节传动轴在这对等值反向力偶的作用下，产生扭转变形。其他产生扭转变形的常用杆件还有汽车传动轴、操舵杆、螺旋桨轴、钻头等。如图 3.2 所示为汽轮机轴。

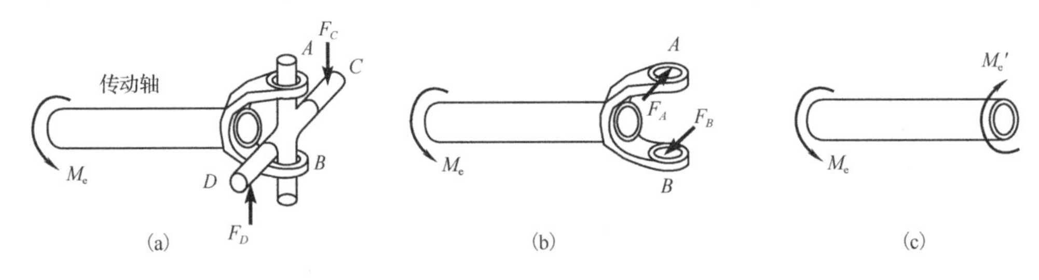

图 3.1

图 3.2

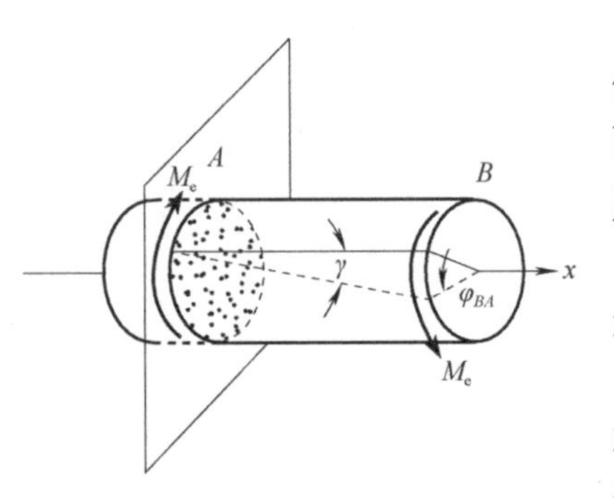

图 3.3

从以上例子可知，杆件扭转变形的受力特征是，外力偶作用在垂直于轴线的平面内；变形特征是，任意两横截面绕轴线相对转动一个角度 φ，称为**相对扭转角**。如图 3.3 所示，φ_{BA} 为 B 截面相对 A 截面的扭转角。

使杆件产生扭转变形的外力偶矩，通常用符号 M_e 表示，单位为 N·m。

工程中，以扭转变形为主要变形形式的杆件通常称为**轴**。为进行工程设计，需要对轴作内力、应力和变形分析，进行强度和刚度计算。

本章着重讨论圆截面轴及空心圆截面轴的扭转问题。下面首先介绍外力偶矩的计算，进而分析轴的内力及应力的分布规律，导出应力和变形的计算公式，进行轴的强度和刚度计算。最后，简要介绍矩形截面杆的扭转应力和变形。

3.2　轴的外力偶矩、扭矩及扭矩图

3.2.1　外力偶矩的计算

分析杆件扭转时的内力、应力和变形前，必须计算出作用在杆件上的外载荷——外力偶矩，下面给出几种常见的计算公式。

(1) 齿轮及摩擦轮传动［图 3.4(a)］，若已知啮合力或摩擦力，则外力偶矩为

$$M_e = FR \tag{3.1}$$

(2) 皮带及链条轮传动[图 3.4(b)]，若已知各边的张力，则外力偶矩为

$$M_e = (F_{T1} - F_{T2})R \tag{3.2}$$

(3) 工程中，轴在传递动力时，常给出轴的转速和传递的功率，因此根据物体定轴转动的动力学关系可求出作用于轴上的外力偶矩。

已知如图 3.4(c) 所示传动轮的传递功率 N (kW) 及转速 n(r/min)，由 $N = M_e\omega = 2\pi n M_e/60$，得外力偶矩为

$$M_e = 9549\frac{N_{(\mathrm{kW})}}{n_{(\mathrm{r/min})}}, \qquad \mathrm{N \cdot m} \tag{3.3a}$$

若功率 N 用马力(hp)表示(1hp = 735.5W)，可以换算为

$$M_e = 7024\frac{N_{(\mathrm{hp})}}{n_{(\mathrm{r/min})}}, \qquad \mathrm{N \cdot m} \tag{3.3b}$$

(a)

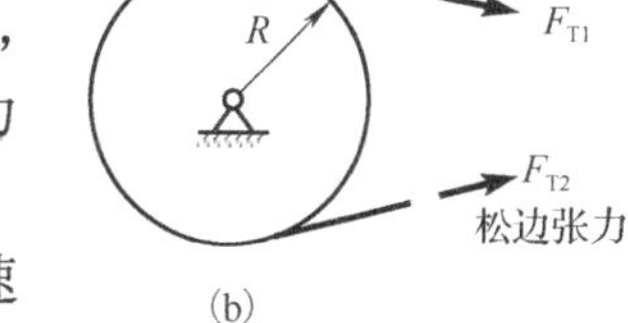

(b)

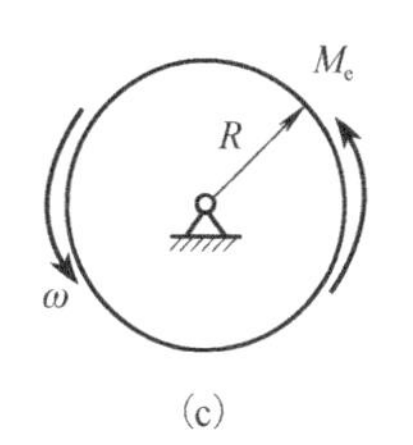

(c)

图 3.4

3.2.2　轴的扭矩与扭矩图

设一根等直圆截面轴，两端受外力偶 M_e 的作用，如图 3.5(a)所示，可用截面法求任意横截面上的内力。

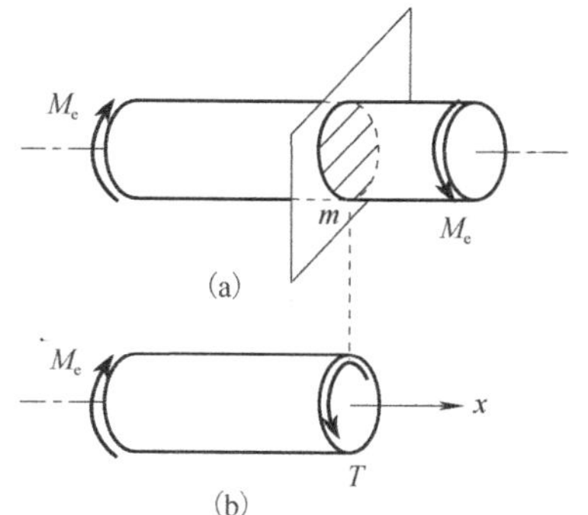

图 3.5

设一假想平面，沿任意横截面 m 将轴截为两段，任取其中一段进行受力分析。因力偶只能与力偶平衡，所以横截面上的内力应是一个力偶，如图 3.5(b)所示，该力偶的作用效果是使截面发生绕轴线的转动，故称为**扭矩**，记为 T，单位为 N·m，扭矩的大小由平衡条件确定。

沿轴线方向设 x 坐标，对 x 轴列力矩平衡方程：

$$\sum M_x = 0, \qquad T - M_e = 0$$

可得

$$T = M_e$$

扭矩的正负规定：扭矩矢的指向与横截面的外法线方向一致时为正，反之为负，如图 3.6(a)所示为正扭矩，而图 3.6(b)所示为负扭矩。

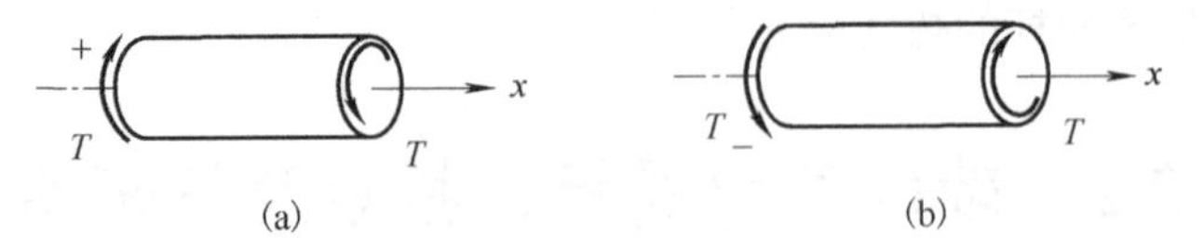

图 3.6

一般地，轴的各个横截面上的扭矩不同。为了确定最大扭矩所在的横截面，通常用图形表示扭矩沿轴线的变化规律，这种图称为**扭矩图**。要绘制扭矩图，可建立一个以 T-x 为坐标轴的直角坐标系，如图 3.7(b)所示，x 轴与轴的轴线平行，其值与各截面的位置相对应，T 轴垂直于 x 轴，其值是横截面上扭矩的代数值。

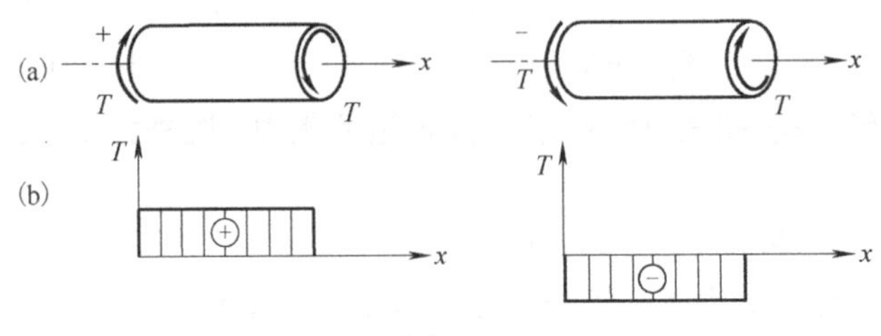

图 3.7

【例 3.1】 如图 3.8(a)所示的传动轴，A 轮为主动轮，其余为从动轮。已知转速 n=300r/min，各轮所传递的功率分别为 N_A=500hp、N_B=N_C=150hp、N_D=200hp。试求各段的扭矩并作扭矩图。

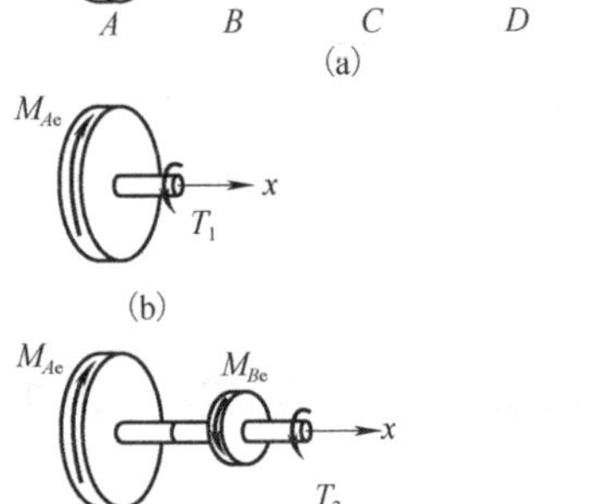

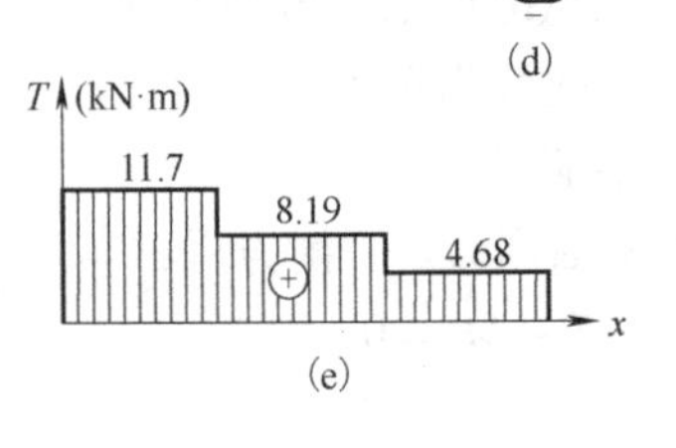

图 3.8

解：(1)计算外力偶矩。

按式(3.3b)，主动轮 A 传递的外力偶矩为

$$M_{Ae}=7024\frac{N_A}{n}=\frac{7024\times500}{300}=11706.67(\mathrm{N\cdot m})\approx11.7(\mathrm{kN\cdot m})$$

其余从动轮转递的外力偶矩分别为

$$M_{Be}=M_{Ce}=7024\frac{N_B}{n}=\frac{7024\times150}{300}$$
$$=3512(\mathrm{N\cdot m})\approx3.51(\mathrm{kN\cdot m})$$

$$M_{De}=7024\frac{N_D}{n}=\frac{7024\times200}{300}$$
$$=4682.67(\mathrm{N\cdot m})\approx4.68(\mathrm{kN\cdot m})$$

(2)计算各段任意横截面的扭矩。

从第 I 段任意横截面截取左边部分进行研究，如图 3.8(b)所示，截面上的扭矩均设为正向。列平衡方程：

$$\sum M_x=0,\quad T_1-M_{Ae}=0$$

求得

$$T_1=11.7\mathrm{kN\cdot m}$$

第 I 段中各横截面的扭矩均为 11.7kN·m。

从第 II 段任意横截面截取左边部分进行研究，如图 3.8(c)所示，由平衡方程：

$$\sum M_x = 0\text{，}\quad T_2 - M_{Ae} + M_{Be} = 0$$

求得

$$T_2 = 8.19\text{kN}\cdot\text{m}$$

第Ⅱ段中各横截面的扭矩均为 8.19kN · m。

从第Ⅲ段任意横截面截取右边部分进行研究，如图 3.8(d) 所示，列平衡方程：

$$\sum M_x = 0\text{，}\quad M_{De} - T_3 = 0$$

求得

$$T_3 = 4.68\text{kN}\cdot\text{m}$$

第Ⅲ段中各横截面的扭矩均为 4.68kN · m。根据以上结果作扭矩图，如图 3.8(e) 所示，从图中容易看出，最大扭矩 $T_{\max}$=11.7kN · m，发生在第 I 段上。

若将轮 A 的位置与轮 B 互换，如图 3.9(a) 所示，用截面法对如图 3.9(b) 所示的分离体列平衡方程：

$$\sum M_x = 0\text{，}\quad T_1 + M_{Be} = 0$$

得第 I 段中各横截面的扭矩：

$$T_1 = -3.51\text{kN}\cdot\text{m}$$

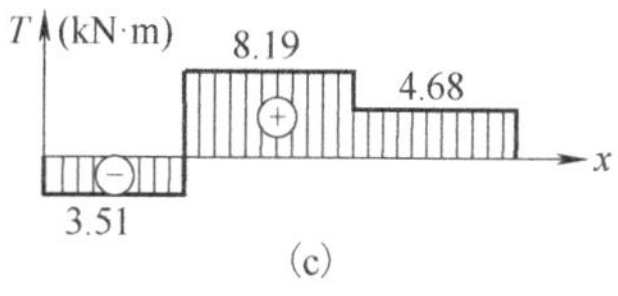

图 3.9

而Ⅱ、Ⅲ段的扭矩不变，扭矩图如图 3.9(c) 所示。显然，将主动轮 A 的位置调整到中间可以降低最大扭矩的数值。实际上，将轮 A 与轮 C 互换为最合理，请读者自作扭矩图。

3.3　切应力互等定理

3.3.1　薄壁圆管的扭转

薄壁圆管如图 3.10 所示，设圆管的壁厚为 δ，平均半径(中线半径)为 r_0 (工程中通常将 $\delta \leqslant r_0/10$ 的圆管称为薄壁圆管)，受外力偶作用。为观察薄壁圆管受外力偶作用的变形特征并判断横截面上的切应力分布，扭转前，在圆管表面沿轴向和周向刻上两组相互正交的平行线，如图 3.10(a) 所示。受扭后可观察到，所有圆周线都不同程度地绕轴线转过一个角度，但圆管沿轴线和周线的长度没有变化，这表示圆管的横截面及包含轴线的纵向截面上都无正应力；所有纵向线都倾斜了一个相同的角度 γ，如图 3.10(b) 所示，变形前刻出的矩形在变形后成为平行四边形。

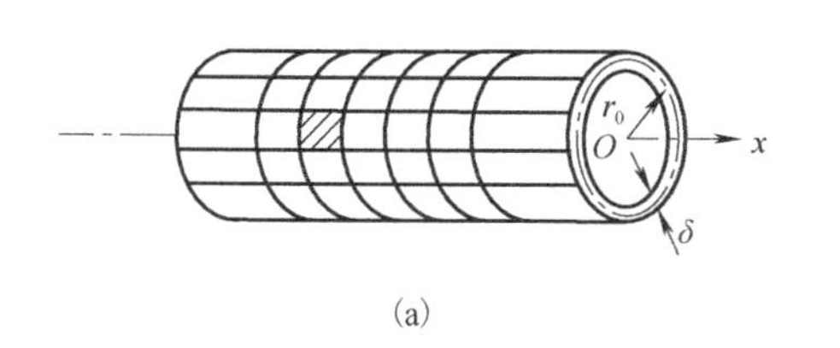

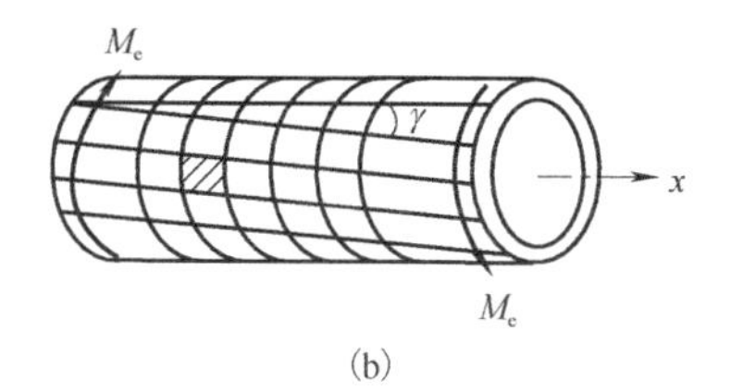

图 3.10

若在图 3.10(a) 所示的管壁阴影矩形格子处过横截面截取一个正六面微元体，变形后微元体发生了倾斜，表明左右两个横截面产生了相对错动，形成的倾斜角度就是切应变γ，如图 3.11(a)所示。由左右两个横截面产生相对错动可以推断，横截面上必存在切应力。由单元体的平衡条件可以判断，单元体各面上的切应力如图 3.11(a)所示。由于管壁很薄，可以假设切应力沿壁厚均匀分布。横截面上沿壁厚取一个微元面 $\mathrm{d}A$，如图 3.11(b)所示，其上的微剪力为 $\tau\mathrm{d}A$，根据静力等效关系，横截面上所有微剪力对圆心 O 点之矩的代数和即为横截面上的扭矩，即

$$T=\int_A r_0\tau\mathrm{d}A=r_0\tau\int_A\mathrm{d}A=r_0A\tau$$

可得

$$\tau=\frac{T}{2\pi r_0^2\delta} \tag{3.4}$$

这就是薄壁圆管受扭时横截面上切应力τ的计算公式。

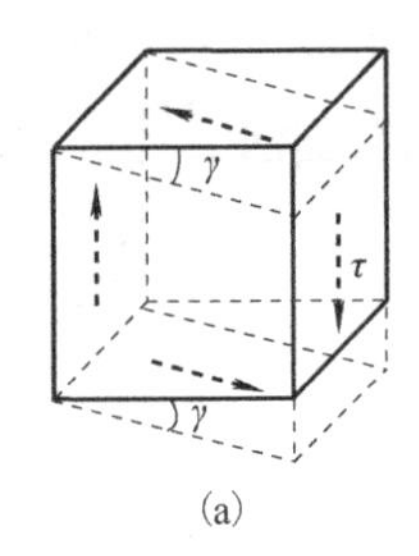

(a)

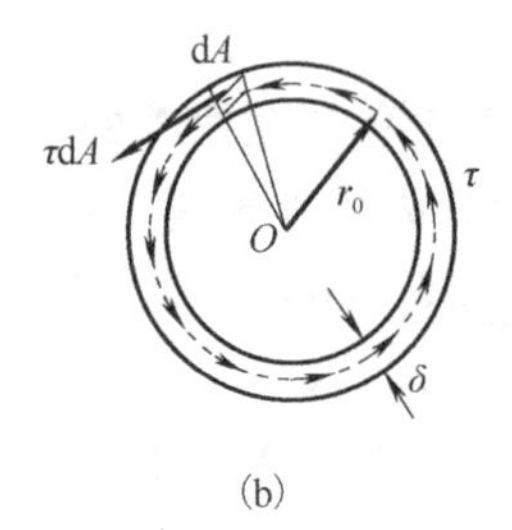

(b)

图 3.11

图 3.11(a)所示的单元体的上下左右四个面上只有切应力而无正应力，这种情形称为**纯剪切**。

3.3.2 切应力互等定理的推导

在构件中取一个受纯剪切的微元立方体，如图 3.12 所示，右侧截面上向下的微剪力为$\tau\mathrm{d}x\mathrm{d}z$，为了保证 z 方向的平衡，在左侧截面上必存在一个向上的微剪力 $\tau_2\mathrm{d}x\mathrm{d}z$，根据$\sum F_z=0$，有

$$\tau_2\mathrm{d}x\mathrm{d}z-\tau\mathrm{d}x\mathrm{d}z=0$$

可得

$$\tau_2=\tau$$

这说明若单元体中一对相互平行的平面上存在切应力，这个力总是等值反向的。这两个面上的微剪力$\tau\mathrm{d}x\mathrm{d}z$和$\tau_2\mathrm{d}x\mathrm{d}z$构成一对微力偶，为了保持平衡，在上、下两个面上必存在两个等值反向的微剪力$\tau_1\mathrm{d}x\mathrm{d}y=\tau_3\mathrm{d}x\mathrm{d}y$，即$\tau_1=\tau_3$，构成微力偶与左右面上的微力偶平衡。

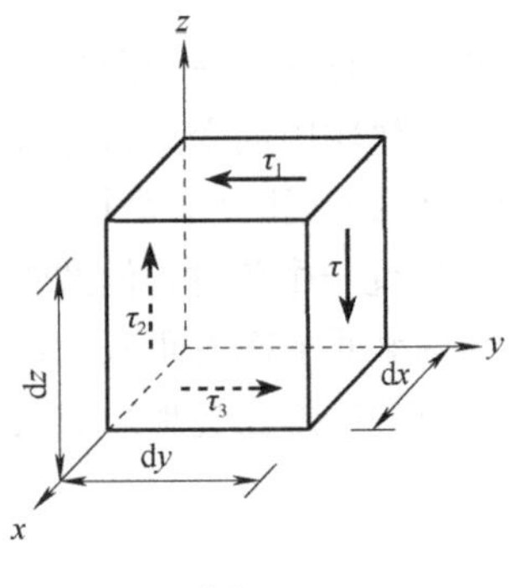

图 3.12

根据$\sum M_x=0$，有

$$\tau_1\mathrm{d}x\mathrm{d}y\mathrm{d}z-\tau\mathrm{d}x\mathrm{d}z\mathrm{d}y=0$$

可得

$$\tau_1=\tau$$

所以

$$\tau_1=\tau_2=\tau_3=\tau$$

这表明，在相互垂直的两个平面上，切应力必然成对出现，而且数值相等，两者都垂直于两个平面的交线，方向共同指向或共同背离这一交线，这就是**切应力互等定理**。需要指出的是，切应力互等定理不仅在纯剪切时满足，在其他应力状态下也同样满足。

3.3.3　剪切胡克定律

用低碳钢薄壁圆管进行扭转实验，可得切应力 τ 与切应变 γ 的关系曲线，如图 3.13 所示。从图中可以看出，其形状与低碳钢拉伸(压缩)时的正应力-正应变关系曲线相似，都存在一个线弹性阶段(实线部分)，此阶段的切应力 τ 与切应变 γ 成比例关系，引入比例因数 G，有

$$\tau = G\gamma \tag{3.5a}$$

此关系即称为**剪切胡克定律**，式中的比例因数 G 称为**切变模量**，由实验测定。可以证明，在线弹性阶段，表征材料特性的三个常数 G、E、μ 之间有如下关系：

$$G = \frac{E}{2(1+\mu)} \tag{3.5b}$$

G 的量纲和单位均与弹性模量 E 相同。

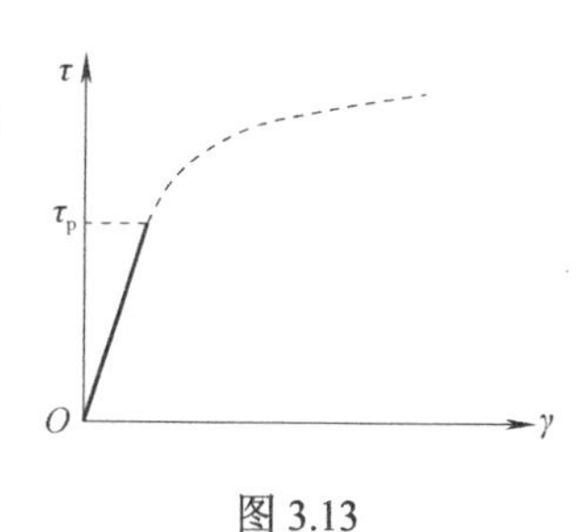

图 3.13

3.4　圆轴扭转时的应力与变形

3.4.1　圆轴横截面上的应力

若在实心圆轴的表面沿轴向和周向刻上两组平行线，扭转后，两组平行线的变形特征与薄壁圆管完全相同(参见图 3.10)。由于圆周线保持为平面曲线，由此可以假设，圆轴的横截面在变形后仍保持为平面，其形状和大小均不改变，此假设称为圆轴扭转的**平面假设**。由于轴的外表面没有切应力，根据切应力互等定理可以断定，横截面上边缘处的切应力一定沿着边缘的切线方向。实心圆轴与薄壁圆管的不同之处在于，从边缘到圆心，横截面上切应力的分布不可能均匀，因为圆心是极对称点，所以圆心处的切应力必为零。因此，问题归结为切应力沿半径如何变化。这样的问题仅用静力等效关系分析是不够的，必须结合变形几何、物理和静力等效三个方面的关系，才能找出横截面上应力的分布规律，导出计算公式。

1. 变形几何分析

圆轴扭转后，外表面上与轴线平行的纵向线段将发生倾斜，如图 3.14(a)中的虚线所示。从圆轴中截取长为 dx 的微段，如图 3.14(b)所示，再从中截取楔形体进行分析，如图 3.14(c)所示。由于右侧截面相对于左侧截面转过一个微扭转角 $\mathrm{d}\varphi$，则点 B 下移到点 B'，轴表面上的纵向线段 AB 倾斜了一个角度 γ，即为点 A 的切应变；同时，在距轴线任意位置 ρ 的纵向微面上，点 H 下移到点 H'，轴内部的纵向线段 EH 也倾斜了一个角度 γ_ρ，γ_ρ 即为点 E 的切应变。从几何上可以看出

$$\gamma_\rho \approx \tan\gamma_\rho = \frac{\overline{HH'}}{\overline{EH}} = \frac{\rho\mathrm{d}\varphi}{\mathrm{d}x}$$

可以写为

$$\gamma_\rho = \rho\frac{\mathrm{d}\varphi}{\mathrm{d}x}$$

式中，dφ/dx 为相距单位距离的两个横截面间的相对扭转角，简称**单位长度扭转角**，用 θ 表示，即

$$\theta = \frac{\mathrm{d}\varphi}{\mathrm{d}x} \tag{3.6}$$

则有

$$\gamma_\rho = \theta\rho \tag{3.7}$$

就一个截面而言，θ 是一个常数，与 ρ 无关。式(3.7)表明，切应变沿半径呈线性变化，边缘处的切应变最大，即

$$\gamma_{\max} = \theta R \tag{3.8}$$

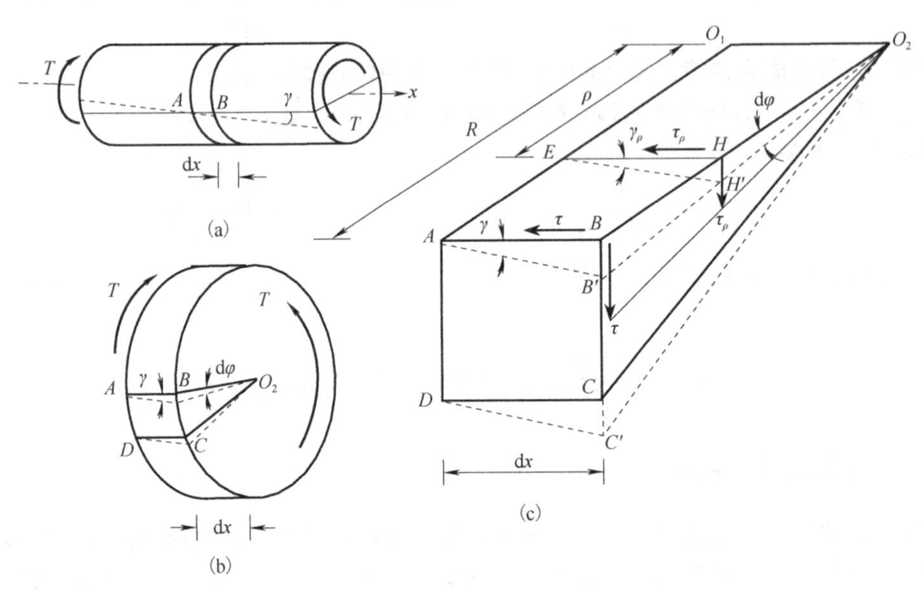

图 3.14

2. 物理关系

根据剪切胡克定律，有 $\tau_\rho = G\gamma_\rho$，将式(3.7)代入，得

$$\tau_\rho = G\theta\rho \tag{3.9}$$

这表明横截面上一点的切应力是该点到轴心距离 ρ 的一次函数，即沿半径呈线性变化，方向垂直于半径。显然，边缘处的切应力为最大，即

$$\tau_{\max} = G\theta R \tag{3.10}$$

而轴心处的切应力的确为零，横截面上切应力分布情况如图 3.15(a)所示。

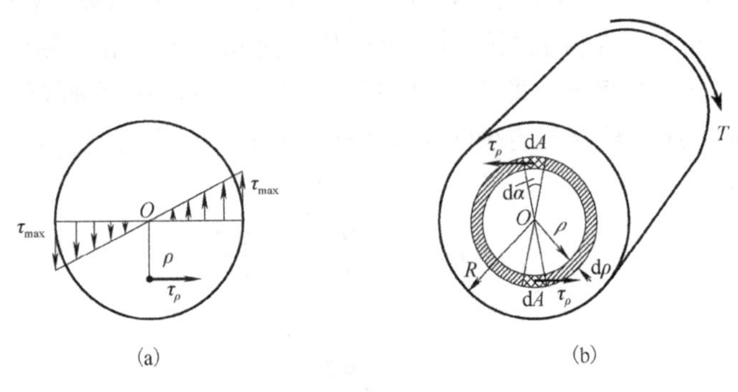

图 3.15

3. 静力等效关系

如图 3.15(b)所示，将横截面划分为无数个微元环，在其中一个微元环上任意取一个微面积 $\mathrm{d}A$，上面作用的微剪力为 $\tau_\rho \mathrm{d}A$。根据静力等效关系，横截面上所有微剪力对轴心之矩的代数和就等于扭矩，即

$$T = \int_A \rho \tau_\rho \mathrm{d}A$$

将式(3.9)代入上式，有

$$T = G\theta \int_A \rho^2 \mathrm{d}A \tag{3.11}$$

式中，令

$$I_\mathrm{p} = \int_A \rho^2 \mathrm{d}A \tag{3.12}$$

I_p 为横截面的几何特征参量，称为横截面对其中心点 O 的**极惯性矩**，其量纲为长度的四次方，常用单位为 cm^4、m^4。将式(3.12)代入式(3.11)，并改写为

$$\theta = \frac{T}{GI_\mathrm{p}} \tag{3.13}$$

再将式(3.13)代入式(3.9)，便得到横截面上半径为 ρ 的圆环上各点的切应力公式为

$$\tau_\rho = \frac{T}{I_\mathrm{p}}\rho \tag{3.14}$$

当 ρ 等于横截面的半径 R 时，便到得横截面上边缘处的切应力，即最大切应力公式为

$$\tau_{\max} = \frac{T}{I_\mathrm{p}}R \tag{3.15}$$

工程中通常采用如下的简化形式：

$$\tau_{\max} = \frac{T}{W_\mathrm{t}} \tag{3.16}$$

式中，$W_\mathrm{t} = I_\mathrm{p}/R$，称为**扭转截面因数**，常用单位为 cm^3、m^3。

对于圆截面轴，设直径为 D，参考图 3.15(b)，其极惯性矩和扭转截面因数分别为

$$I_\mathrm{p} = \int_A \rho^2 \mathrm{d}A = \int_0^{2\pi}\int_0^R \rho^3 \mathrm{d}\rho \mathrm{d}\alpha = \frac{1}{2}\pi R^4 = \frac{\pi d^4}{32} \tag{3.17}$$

$$W_\mathrm{t} = \frac{I_\mathrm{p}}{\frac{D}{2}} = \frac{\pi D^3}{16} \tag{3.18}$$

空心圆轴和实心圆轴的横截面都是极对称的，推导的过程完全相同，切应力和扭转角的公式在形式上也是相同的，而极惯性矩和扭转截面因数及切应力分布情况却有所不同。设空心圆截面的外径为 D、内径为 d，并参考图 3.15(b)，极惯性矩和扭转截面因数分别为

$$I_\mathrm{p} = \int_A \rho^2 \mathrm{d}A = \int_0^{2\pi}\int_{\frac{d}{2}}^{\frac{D}{2}} \rho^3 \mathrm{d}\rho \mathrm{d}\alpha = \frac{\pi}{32}\left(D^4 - d^4\right) = \frac{\pi D^4}{32}(1-\alpha^4) \tag{3.19}$$

$$W_\mathrm{t} = \frac{I_\mathrm{p}}{\frac{D}{2}} = \frac{\pi}{16}D^3\left[1-\left(\frac{d}{D}\right)^4\right] = \frac{\pi D^3}{16}(1-\alpha^4) \tag{3.20}$$

式中，$\alpha = d/D$，为空心圆截面的内外径之比。

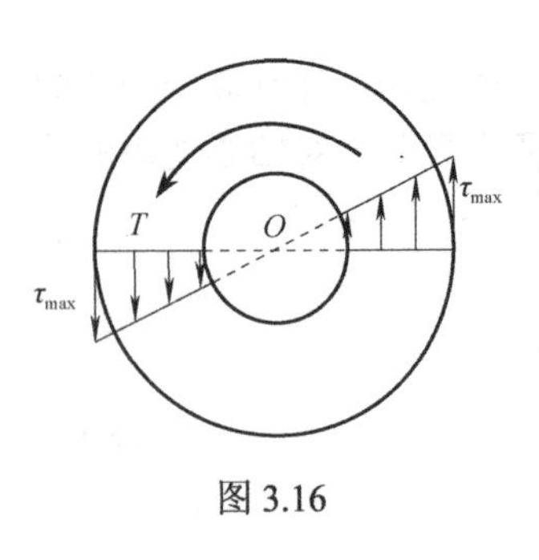

图 3.16

图 3.16 就是空心圆截面轴横截面上的切应力分布示意图，可以看出，空心圆截面比实心圆截面合理，因为实心圆截面圆心附近的材料没有充分发挥效能，应将其掏空以充实外围主要承力部分。

3.4.2　任意两横截面间的相对扭转角

由式(3.6)知，单位长度扭转角为

$$\theta=\frac{\mathrm{d}\varphi}{\mathrm{d}x}$$

则相距 dx 距离的两个横截面之间的相对扭转角为

$$\mathrm{d}\varphi=\theta\mathrm{d}x$$

而距离为 l 的两个横截面之间的相对扭转角为

$$\varphi=\int_{l}\theta\mathrm{d}x$$

将 $\theta=\dfrac{T}{GI_{\mathrm{p}}}$ 代入上式，有

$$\varphi=\int_{0}^{l}\frac{T}{GI_{\mathrm{p}}}\mathrm{d}x \tag{3.21}$$

对于等截面圆轴，若在 l 的范围内，扭矩为常数，且由一种材料制成，则式(3.21)可写为

$$\varphi=\frac{T}{GI_{\mathrm{p}}}\int_{0}^{l}\mathrm{d}x=\frac{Tl}{GI_{\mathrm{p}}} \tag{3.22}$$

单位长度扭转角可写为

$$\theta=\frac{T}{GI_{\mathrm{p}}} \tag{3.23}$$

式(3.22)和式(3.23)中，φ 的单位用弧度(rad)表示；θ 的单位为弧度/米(rad/m)；GI_{p} 称为圆轴的**扭转刚度**，反映圆轴抵抗扭转变形的能力。

【例 3.2】　如图 3.17 所示，一直径为 d_1 的实心圆轴和一个外径 d_2 为内径 2 倍的空心圆轴受相同的扭矩 T 作用，若使两根轴的最大切应力相等，问空心圆截面的面积应为实心圆截面面积的百分之多少？

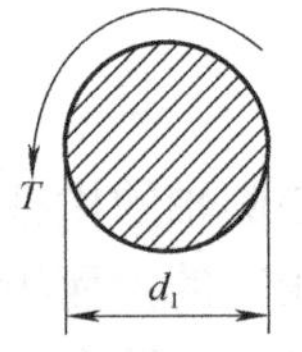

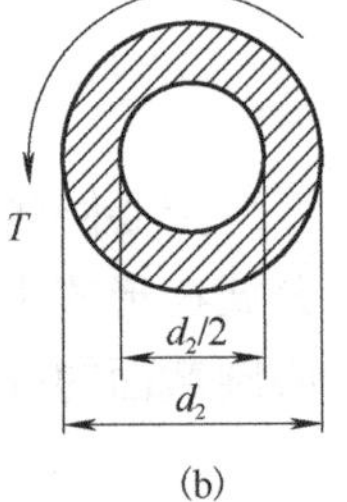

图 3.17

解：根据式(3.16)和(3.18)可得实心圆轴的最大切应力为

$$\tau_{1\max}=\frac{T}{W_{1\mathrm{t}}}=\frac{16T}{\pi d_1^3}$$

根据式(3.16)和式(3.20)可得空心圆轴的最大切应力为

$$\tau_{2\max}=\frac{T}{W_{2\mathrm{t}}}=\frac{16T}{\pi d_2^3\left[1-\left(\dfrac{1}{2}\right)^4\right]}=\frac{16^2T}{15\pi d_2^3}$$

为使两根轴的最大切应力相等，必须有

$$\frac{16T}{\pi d_1^3}=\frac{16^2T}{15\pi d_2^3}$$

即

$$d_2=\left(\frac{16}{15}\right)^{\frac{1}{3}}d_1=1.022d_1$$

空心圆轴的横截面积为

$$A_2=\frac{\pi d_2^2}{4}\left[1-\left(\frac{1}{2}\right)^2\right]=\frac{3}{16}\pi d_2^2=\frac{3\pi}{16}\times1.022^2d_1^2$$

则空心圆截面与实心圆截面的横截面积之比为

$$\frac{A_2}{A_1}=\frac{\frac{3\pi}{16}\times1.022^2d_1^2}{\frac{\pi}{4}d_1^2}=0.783$$

可见，在同等强度的条件下，空心圆截面的面积只有实心圆截面面积的 78.3%，意味着采用空心圆轴可省下 21.7%的材料，所以空心截面较为合理。

【例 3.3】　工程施工中广泛使用螺旋钻机打孔，如图 3.18 所示。钻杆为空心钢轴，如果外径 d_1=150mm，内径 d_2=105mm，切变模量为 G=75GPa，已测得施加的外力偶矩为 17kN·m，试确定：(1)钻杆外表面的切应力；(2)钻杆内表面的切应力；(3)钻杆单位长度扭转角；(4)钻杆横截面上沿半径方向切应力的分布图。

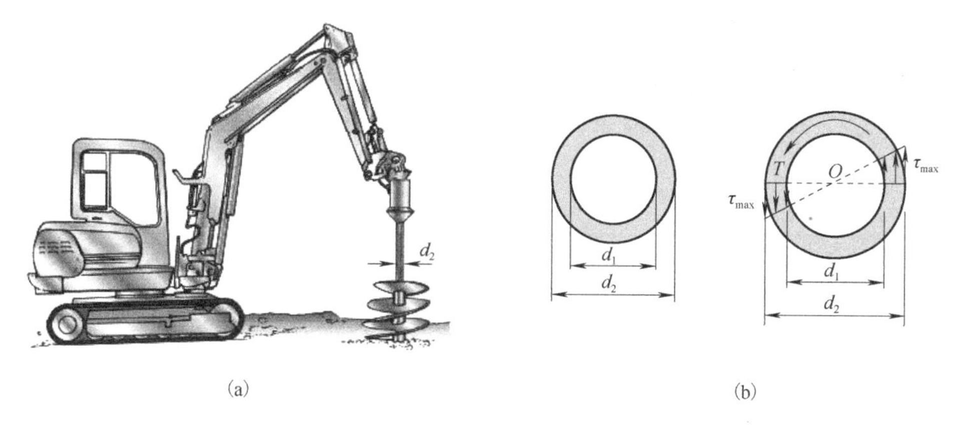

图 3.18

解：钻杆可简化为两端受到外力偶矩为 17kN·m 的等直空心圆轴，产生扭转变形。

圆轴扭矩为

$$T=17\text{kN}\cdot\text{m}$$

内外径比值为

$$\alpha=\frac{105}{150}=0.7$$

极惯性矩为

$$I_\text{p}=\frac{\pi d_1^4(1-\alpha^4)}{32}=\frac{\pi(150\times10^{-3})^4(1-0.7^4)}{32}=3.78\times10^{-5}(\text{m}^4)$$

扭转截面因数为

$$W_\text{t}=\frac{I_\text{p}}{d_1/2}=5.04\times10^{-4}\,\text{m}^3$$

(1) 钻杆外表面的切应力为最大切应力，由式(3.16)得

$$\tau_{\max}=\frac{T}{W_{\mathrm{t}}}=\frac{17\times10^{3}}{5.04\times10^{-4}}=33.73(\mathrm{MPa})$$

(2) 钻杆内表面的切应力，由式(3.14)得

$$\tau_{内}=\frac{Td_2/2}{I_{\mathrm{p}}}=\frac{17\times10^{3}\times(105\times10^{-3})/2}{3.78\times10^{-5}}=23.61(\mathrm{MPa})$$

也可根据横截面上切应力呈线性分布的特点来求：

$$\tau_{内}=\frac{\tau_{\max}d_2}{d_1}=23.61\mathrm{MPa}$$

(3) 钻杆单位长度扭转角，可由式(3.23)求出：

$$\theta=\frac{T}{GI_{\mathrm{p}}}=\frac{17\times10^{3}}{75\times10^{9}\times3.78\times10^{-5}}=0.006(\mathrm{rad/m})$$

(4) 钻杆横截面上沿半径方向的切应力分布如图 3.18(b)所示。

3.5　圆轴扭转的强度条件和刚度条件

3.5.1　强度条件

等截面圆轴受扭时，扭矩最大的横截面为危险截面，危险截面边缘上的任一点皆为整个轴中最危险的点。那么，轴的强度条件就是该危险点的最大工作切应力 $\tau_{\max}$ 不得超过材料的许用切应力 $[\tau]$，即

$$\tau_{\max}\leqslant[\tau] \tag{3.24}$$

式(3.24)称为**扭转切应力强度条件**。

根据式(3.16)，上述强度条件写为

$$\frac{T_{\max}}{W_{\mathrm{t}}}\leqslant[\tau] \tag{3.25}$$

据此强度条件可用于三方面的强度计算：

(1) 强度校核，直接应用式(3.25)计算；

(2) 截面形状的选择及尺寸的计算，将式(3.25)改写为

$$W_{\mathrm{t}}\geqslant\frac{T_{\max}}{[\tau]} \tag{3.26}$$

(3) 确定许可载荷，将式(3.25)改写为

$$T_{\max}\leqslant W_{\mathrm{t}}[\tau] \tag{3.27}$$

需要指出的是，对于塑性材料，许用切应力 $[\tau]$ 通常由拉伸实验来测定，通过测定 σ_{s} 来计算 τ_{s}，再除以安全因数得到，一般可采用 $[\tau]=(0.5\sim0.6)[\sigma]$。

最后还应指出，对于用塑性材料制成的圆轴，由于切应力的作用，扭转时会沿横截面断裂。而对于用脆性材料制成的圆轴，当最大切应力达到强度极限 τ_{b} 时，圆轴并不会沿横截面错断。受纯扭的圆轴的表面上一点处于纯剪切应力状态，如图 3.19(b)所示，由应力状态分析(见第 6 章)可知，在其−45°(或+45°)斜截面上的拉应力最大，脆性材料耐压而不耐拉，因此圆轴将沿−45°(或+45°)螺旋面被拉断，如图 3.19(a)所示。

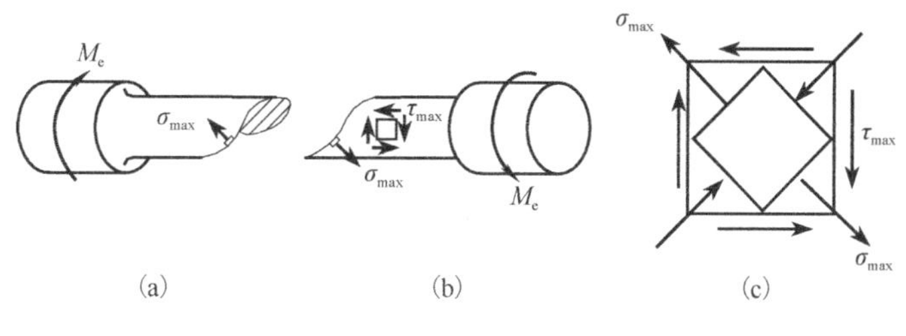

图 3.19

3.5.2 刚度条件

对于较长的轴，即使在线弹性范围内，两端截面的相对扭转角也可能过大而影响正常的使用。机械工程中对传动轴的扭转变形有严格的限制，要求每单位长度的最大相对扭转角 θ_{max} 不得超过所能容许的限度$[\theta]$，即

$$\theta_{max}=\frac{T_{max}}{GI_p}\leqslant[\theta] \tag{3.28}$$

式中，$[\theta]$称为**许用单位长度扭转角**，由工程所需的精度要求决定，可查相应的规范。工程中，$[\theta]$的单位通常采用度/米［(°)/m］，而 θ 的单位为弧度/米(rad/m)，经过换算后，刚度条件可写为

$$\theta_{max}=\frac{T_{max}}{GI_p}\times\frac{180^\circ}{\pi}\leqslant[\theta] \tag{3.29}$$

式(3.28)和式(3.29)称为**扭转刚度条件**。

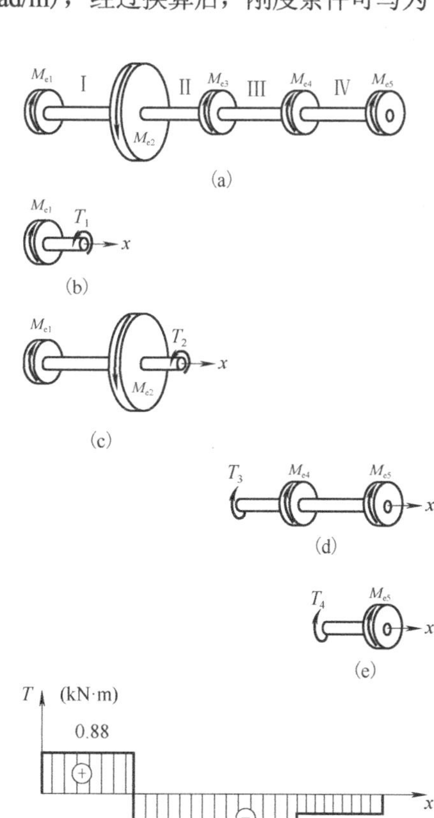

图 3.20

【例 3.4】 如图 3.20(a)所示的等直传动轴，已知其转速 n=200r/min，主动轮 2 传递的功率为 N_2=80hp，其余从动轮传递的功率分别为 N_1=25hp、N_3=15hp、N_4=30hp 及 N_5=10hp。若材料的许用切应力$[\tau]$=20MPa，单位长度许用扭转角$[\theta]$=0.5°/m，切变模量 G=8.2×10^4MPa，试确定此轴的直径。

解：首先按式(3.3b)计算外力偶矩，即

$$M_{e1}=7.024\frac{N_1}{n}=\frac{7.024\times25}{200}=0.88(\text{kN}\cdot\text{m})$$

$$M_{e2}=7.024\frac{N_2}{n}=\frac{7.024\times80}{200}=2.81(\text{kN}\cdot\text{m})$$

$$M_{e3}=7.024\frac{N_3}{n}=\frac{7.024\times15}{200}=0.53(\text{kN}\cdot\text{m})$$

$$M_{e4}=7.024\frac{N_4}{n}=\frac{7.024\times30}{200}=1.05(\text{kN}\cdot\text{m})$$

$$M_{e5}=7.024\frac{N_5}{n}=\frac{7.024\times10}{200}=0.35(\text{kN}\cdot\text{m})$$

然后，用截面法计算各段任意截面的扭矩，对图 3.20(b)所示的左段列平衡方程：

$$\sum M_x=0,\quad T_1-M_{e1}=0$$

得第 I 段任意截面的扭矩：

$$T_1=0.88\text{kN}\cdot\text{m}$$

对图 3.20(c)所示左段列平衡方程：

$$\sum M_x = 0 , \quad T_2 - M_{e1} + M_{e2} = 0$$

得第II段任意截面的扭矩：

$$T_2 = -1.93\text{kN}\cdot\text{m}$$

对图 3.20(d)所示右段列平衡方程：

$$\sum M_x = 0 , \quad T_3 + M_{e4} + M_{e5} = 0$$

得第III段任意截面的扭矩：

$$T_3 = -1.40\text{kN}\cdot\text{m}$$

对图 3.20(e)所示右段列平衡方程：

$$\sum M_x = 0 , \quad T_4 + M_{e5} = 0$$

得第IV段任意截面的扭矩：

$$T_4 = -0.35\text{kN}\cdot\text{m}$$

根据以上结果作扭矩图，如图 3.20(f)所示。

按最大扭矩值 $T_{\max}$=1.93kN·m，根据强度条件［式(3.26)及式(3.18)］设计整个轴的直径，即

$$\frac{\pi d^3}{16} \geqslant \frac{T_{\max}}{[\tau]}$$

得

$$d \geqslant \sqrt[3]{\frac{16T_{\max}}{\pi[\tau]}} = \sqrt[3]{\frac{16\times1.92\times10^3}{\pi\times20\times10^6}} = 0.0788(\text{m})$$

即：整个轴的直径不得小于 7.88cm。

最后校核轴的刚度，根据刚度条件［式(3.29)］，有

$$\theta_{\max} = \frac{32\times1.93\times10^3}{8.2\times10^4\times10^6\times\pi\times0.0788^4}\times\frac{180^\circ}{\pi} = 0.36(^\circ/\text{m}) < [\theta]$$

这表明，根据强度条件选择直径大于 7.88cm 的圆轴，同时满足了所给定的刚度要求。如果此时刚度条件不满足，则要按刚度条件设计圆轴直径。

【例 3.5】 如图 3.21 所示的空心圆截面传动轴，外径 $D = 95\text{mm}$，内外径之比 $\alpha = 0.8$，受矩为 M_e 的外力偶作用，许用扭转切应力 $[\tau] = 70\text{MPa}$，试确定该圆轴的许用外力偶矩 $[M_e]$。

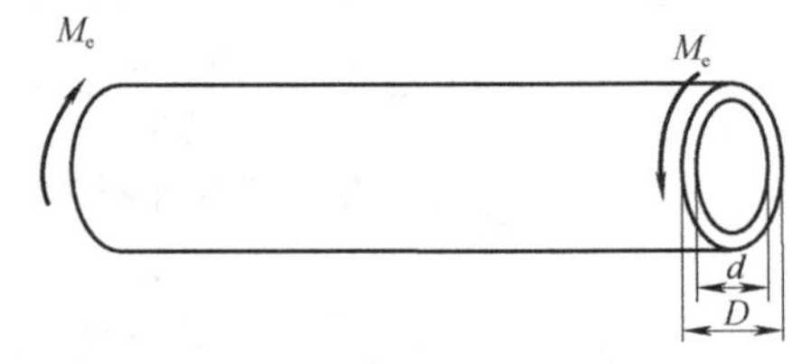

图 3.21

解：对于空心圆截面轴，根据式(3.20)计算扭转截面因数：

$$W_t = \frac{\pi D^3}{16}(1-\alpha^4) = \frac{\pi\times95^3\times10^{-9}}{16}(1-0.8^4) = 9.94\times10^4(\text{mm}^3) = 9.94\times10^{-5}(\text{m}^3)$$

显然，横截面上的扭矩 $T_{\max} = M_e$。

根据强度条件［式(3.27)］得

$$T_{\max} \leqslant [\tau]W_t$$

有

$$M_e \leqslant [\tau]W_t = 70\times10^6\times9.94\times10^{-5} = 6.96\times10^3(\text{N}\cdot\text{m}) = 6.96(\text{kN}\cdot\text{m})$$

取许用外力偶矩为

$$[M_e] = 6.96\text{kN}\cdot\text{m}$$

【例 3.6】 如把例 3.5 中的传动轴改为直径为 d_1 的实心轴，要求它与原来的空心轴强度相同，试确定其直径，并比较实心轴和空心轴的重量。

解：由题意，可令

$$\tau_{\max}=\frac{T_{\max}}{W_{1t}}=\frac{[M_e]}{\frac{\pi d_1^3}{16}}=[\tau]$$

得实心轴直径：

$$d_1=\sqrt[3]{\frac{16[M_e]}{\pi[\tau]}}=\sqrt[3]{\frac{16\times 6.96\times 10^3}{\pi\times 70\times 10^6}}=7.97\times 10^{-2}(\text{m})=79.7(\text{mm})$$

实心轴横截面面积为

$$A_1=\frac{\pi d_1^2}{4}=\frac{\pi\times 79.7^2}{4}=4988.92(\text{mm}^2)$$

空心轴横截面面积为

$$A=\frac{\pi}{4}(D^2-d^2)=\frac{\pi D^2}{4}(1-\alpha^2)=\frac{\pi\times 95^2}{4}(1-0.8^2)=2551.76(\text{mm}^2)$$

两轴重量之比等于横截面面积之比：

$$\frac{A}{A_1}=\frac{2551.76}{4988.92}=0.5107=51.07\%$$

计算结果再一次说明，空心圆截面轴更经济、合理。

3.6　矩形截面杆的自由扭转

圆轴扭转时，外表上的纵向直线变成螺旋线，横截面的边缘线(横截面与柱面的交线)保持为平面圆，横截面保持为平面。而矩形截面杆扭转时，由图 3.22 可以观察到，横截面与四个外表面的交线将扭曲为空间曲线，由此可以断定横截面将不再保持为平面，而成为起伏的空间曲面，这种现象称为**翘曲**，所有非圆截面杆在扭转时都会发生翘曲。

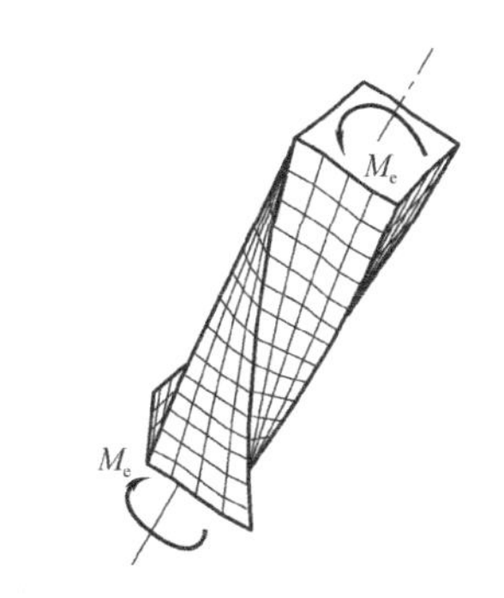

图 3.22

如果所有横截面的同步翘曲不受制约，那么在横截面上不会产生正应力，而只有切应力，这种情况称为**自由扭转**。而实际上，翘曲总会受到端部约束的阻碍，导致横截面上产生正应力，这种情况称为**约束扭转**。由约束扭转所引起的轴向正应力通常都比较小，这里不作讨论。

对于横截面上的切应力分布情况可以作如下判断：①由于外表面不受力，根据切应力互等定理可知，横截面边缘处的切应力必沿着周边并形成环流，环绕方向与扭矩一致；②根据切应力互等定理，四个角点处的切应力必为零；③中心点 O 为上下、左右对称点，所以切应力也必为零，切应力分布情况如图 3.23 所示。

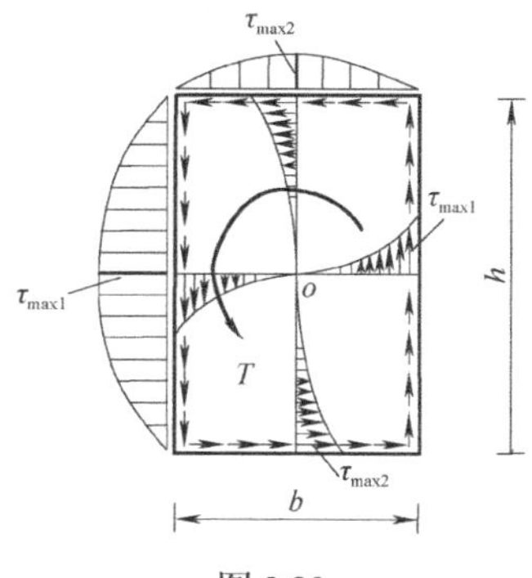

图 3.23

下面给出弹性力学中利用**堆沙法**或**薄膜法**得到的模拟解。

(1) 对称轴上各点的切应力垂直于对称轴。

(2) 对角线上各点的切应力不垂直于对角线，其他各点的切应力也不垂直于该点与中心点的连线。

(3) 横截面长边中点处的切应力最大，短边中点处的切应力相对较小。切应力及单位长度扭转角的计算公式分别为

$$\tau_{\max 1}=\frac{T}{W_{\mathrm{t}}}=\frac{T}{\alpha hb^2} \tag{3.30}$$

$$\theta=\frac{T}{GI_{\mathrm{t}}}=\frac{T}{G\beta hb^3} \tag{3.31}$$

$$\tau_{\max 1}=\gamma\tau_{\max 2} \tag{3.32}$$

式中，W_{t} 和 I_{t} 仅仅是为了写成与圆截面相当的形式而已，并无相似的几何意义，分别称为**相当扭转截面因数和相当极惯性矩**；α、β 和 γ 为通过模拟法测得的因数，与高宽比 (h/b) 有关，可从表 3.1 中查取。

表 3.1　矩形截面杆在纯扭转时的因数 α、β 和 γ

h/b	1	1.2	1.5	1.75	2	2.5	3	4	6	8	10	∞
α	0.208	0.219	0.231	0.239	0.246	0.258	0.267	0.282	0.299	0.307	0.312	0.333
β	0.141	0.166	0.196	0.214	0.229	0.249	0.263	0.281	0.299	0.307	0.312	0.333
γ	1	0.93	0.859	0.82	0.795	0.766	0.753	0.745	0.743	0.742	0.742	0.742

高宽比大于 10 以上 $(h/b>10)$ 的矩形称为狭长矩形，此时 α、β 和 γ 近似为

$$\alpha=\beta=\frac{1}{3},\qquad \gamma=0.74$$

相当扭转截面因数和相当极惯性矩分别为

$$I_{\mathrm{t}}=\frac{1}{3}ht^3 \tag{3.33}$$

$$W_{\mathrm{t}}=\frac{1}{3}ht^2 \tag{3.34}$$

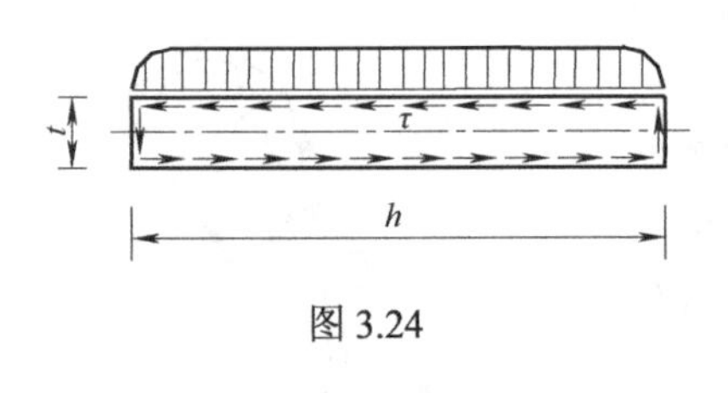

图 3.24

式中，t 为狭长矩形的短边长度。横截面上的切应力分布情况如图 3.24 所示。除角点附近以外，横截面上长边边缘处的切应力近似呈均匀分布。

【例 3.7】 由同一种材料制成的圆截面杆和正方形截面杆如图 3.25 所示(设圆杆直径为 d，方杆边长为 a)，若两者所承受的扭矩相同，试求在同等强度条件下两者的横截面面积之比。

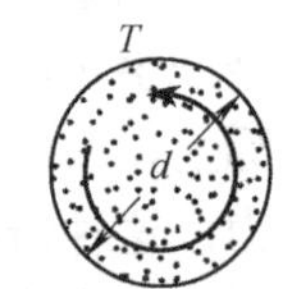

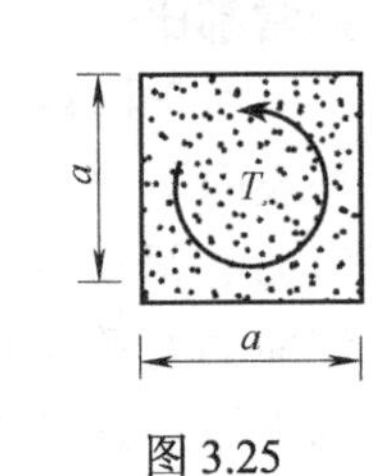

图 3.25

解： 由式(3.16)得，圆截面杆的最大切应力为

$$\tau_{\max 1}=\frac{T}{W_{\mathrm{t}}}=\frac{16T}{\pi d^3}$$

由式(3.30)，正方形截面杆的最大切应力为

$$\tau_{\max 2}=\frac{T}{W_{\mathrm{t}}}=\frac{T}{\alpha a^3}$$

式中，按高宽比 $(a/a=1)$ 查表 3.1 得，$\alpha=0.208$。

根据等强度的要求，两杆横截面上的最大切应力应该相等，即

$$\tau_{\max 1}=\tau_{\max 2}$$

即

$$\frac{16T}{\pi d^3}=\frac{T}{0.208a^3}$$

得

$$d=\sqrt[3]{\frac{16\times 0.208}{\pi}}a=1.019a$$

则两杆横截面面积之比为

$$\frac{A_1}{A_2}=\frac{\frac{\pi d^2}{4}}{a^2}=\frac{\pi\times 1.019^2}{4}=0.816$$

以上结果表明，在同等强度条件下，圆杆横截面积小于正方形截面杆，所以圆杆更加经济合理。但正方形截面杆也有便于用钳具加载的特点。

思　考　题

3-1　判断下列说法是否正确。

(1) 如思图 3.1 所示的微元体，已知右侧截面上存在与 z 方向呈 θ 角的切应力 τ，则左侧截面上必存在方向相反的切应力 τ'。

(2) 从一段受纯扭的圆轴中沿直径纵截面切出分离体，如思图 3.2 所示，根据切应力互等定理可知，纵截面上必存在沿轴线方向的切应力 τ'，所有微剪力的总和将构成力偶，由于该力偶的作用面与横截面垂直，该力偶矩无法与横截面上的扭矩平衡，分离体将发生转动。

(3) 仅从强度方面考虑，例 3.1 中的传动轮轮 A 与轮 C 位置互换为最合理的布置。

(4) 单元体上同时存在正应力和切应力时，切应力互等定理不成立。

(5) 空心圆轴的外径为 D、内径为 d，其极惯性矩和扭转截面因数分别为

$$I_p=\frac{\pi D^4}{32}-\frac{\pi d^4}{32},\qquad W_t=\frac{\pi D^3}{16}-\frac{\pi d^3}{16}$$

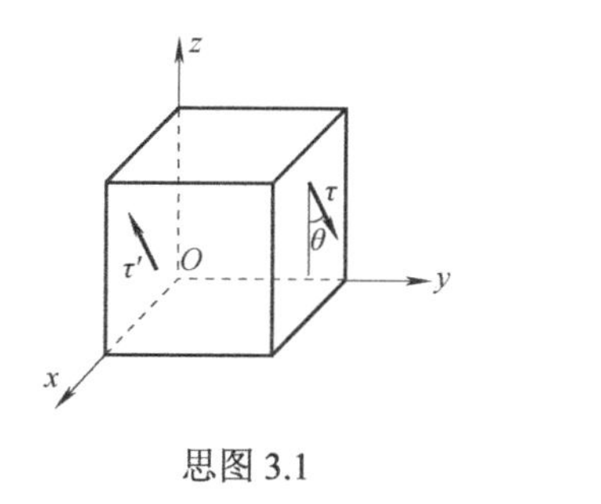

思图 3.1

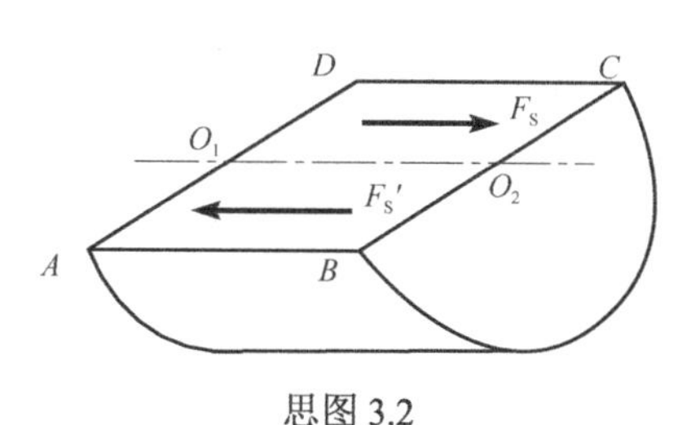

思图 3.2

3-2　如思图 3.3 所示，试绘出圆轴横截面和纵截面上的扭转切应力分布图。

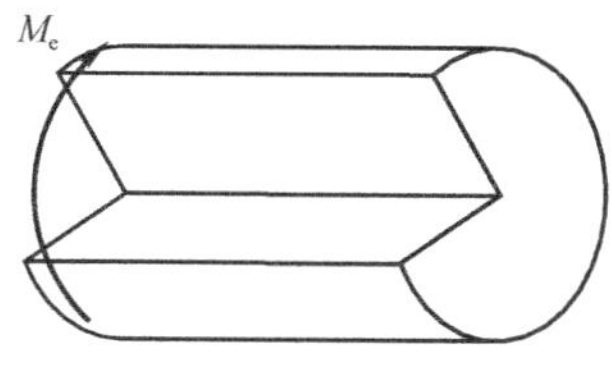

思图 3.3

3-3 思图 3.4 中，T 为横截面上的扭矩，试画出图示各截面上的切应力分布图。

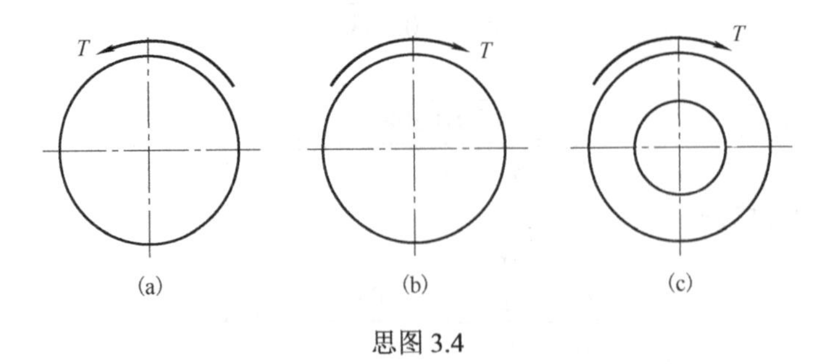

思图 3.4

3-4 保持扭矩不变，圆轴的直径增大一倍，则最大切应力减小________倍。

3-5 在圆轴的表面画上一个小圆圈，扭转后，小圆圈变形为__________。

3-6 两根由不同材料制成的圆轴，其直径和长度均相同，所受扭矩也相同，两者的最大切应力__________，单位长度扭转角___________。

习 题

3.1 如题图 3.1 所示，试绘出各轴的扭矩图，并写出最大扭矩值。

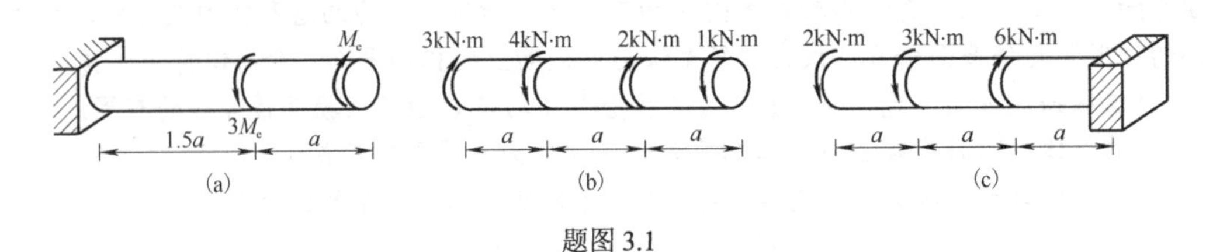

题图 3.1

3.2 如题图 3.2 所示为一阶梯形传动轴，上面装有三个皮带轮。主动轮 I 输出的功率为 N_1=50hp，从动轮 II 传递的功率为 N_2=30hp，从动轮 III 传递的功率为 N_3=20hp，轮轴做匀速转动，转速 n=200r/min，试作轴的扭矩图。

3.3 如题图 3.3 所示的传动轴，转速 n=350r/min，主动轮 II 输出的功率为 N_2=70kW，从动轮 I 和 III 传递的功率为 N_1=N_3=20kW，从动轮 IV 传递的功率为 N_4=30kW。(1) 试作轴的扭矩图；(2) 若将轮 II 和轮 III 的位置互换，试比较扭矩图有何变化。

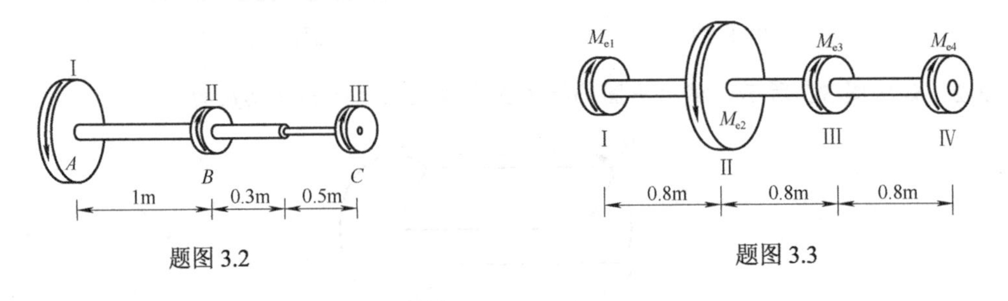

题图 3.2　　题图 3.3

3.4　如题图 3.4 所示的等直杆受均布力偶作用，m_e为分布力偶集度，单位为 kN·m/m，试作扭矩图。

3.5　试作题图 3.5 所示等直杆的扭矩图，图中 m_e 为分布力偶集度，单位为 kN·m/m。

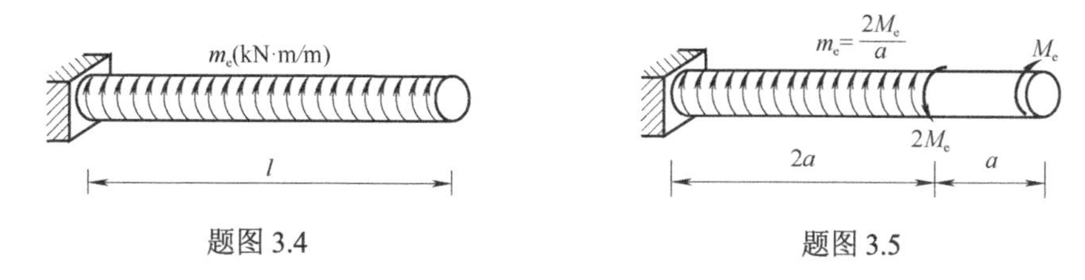

题图 3.4　　题图 3.5

3.6　如题图 3.6 所示的实心圆轴，直径 d=10cm，自由端所受外扭矩 M_e=14kN·m。(1) 试计算横截面上点 E(ρ=3cm) 的切应力以及横截面上的最大切应力；(2) 若材料的切变模量 G=0.79×10^{5}MPa，试求 B 截面相对于 A 截面，以及 C 截面相对于 A 截面的相对扭转角。

3.7　如题图 3.7 所示的等直圆轴，已知 d=4cm，a=40cm，G= 0.8×10^{5}MPa，φ_{DB} =1°。试求：

(1) 最大切应力；

(2) 截面 A 相对于 C 截面的扭转角。

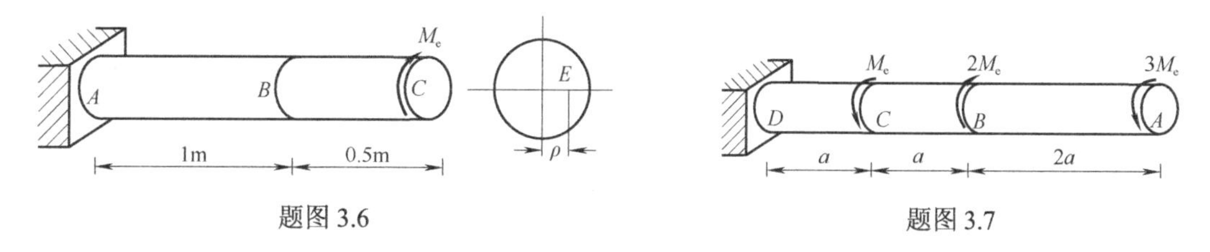

题图 3.6　　题图 3.7

3.8　如题图 3.8 所示的传动轴的转速 n=120r/min，从飞轮 A 输入的功率 N_1=60kW，此功率的一半通过伞齿轮输出，另一半由 B 轮输出。已知两伞齿轮的节圆直径分别为 D_1=600mm、D_2=240m，各轴直径分别为 d_1=100mm、d_2=60mm、d_3=80mm，许用切应力[τ]=20MPa。试校核各轴的扭转剪切强度。

3.9　如题图 3.9 所示的薄壁圆管，平均半径 r_0=30mm，壁厚 δ=2mm，长度 l =300mm。当扭矩 M_x=1.2kN·m 时，测得左右两截面的相对扭转角 φ=0.76°，试计算材料的切变模量 G 以及横截面上的切应力。

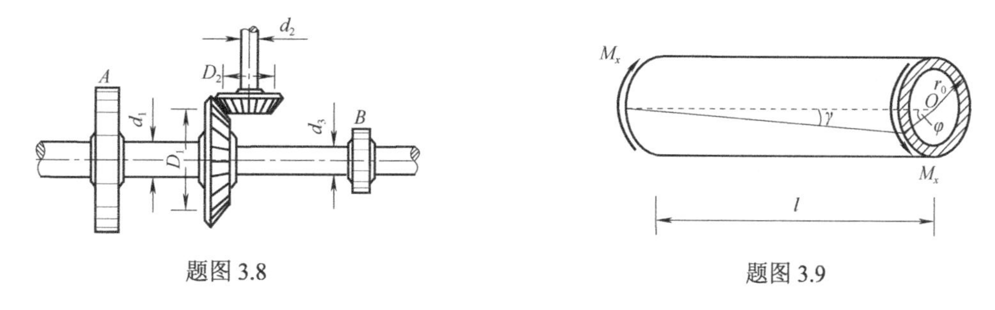

题图 3.8　　题图 3.9

3.10　如题图 3.10 所示的实心圆轴，直径 d=50mm，自由端所受外扭矩 M_e =12kN·m。扭转后，轴表面上一点 A 沿周向移动到点 A'，测量得 A 与 A'之间的弧距 S=6.3mm，已知材料的弹性模量 E=2.0×10^{5}MPa，试求切变模量 G 和横向变形因数 μ。

3.11　如题图 3.11 所示的阶梯形圆轴，d_1=70mm，d_2=50mm，轮Ⅱ为主动轮，转速 n=100r/min。已知材料许用切应力[τ]=80MPa，试求主动轮所能输入的最大功率(kW)。

题图 3.10　　题图 3.11

3.12　如题图 3.12 所示，直径为 d_1 的实心圆轴与内外径之比 d_2/D_2=0.6 的空心圆轴通过牙嵌连接，已知转速 n=100r/min，传递的功率 N=8.5kW，许用切应力[τ]=80MPa，试求两个轴的横截面面积。

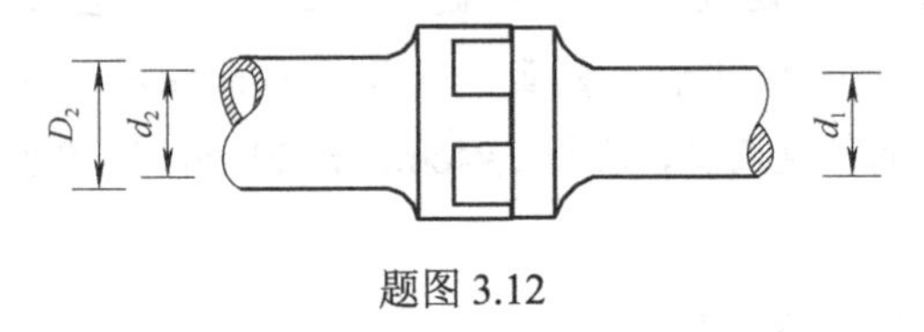

题图 3.12

3.13　如题图 3.13 所示，空心圆轴的内外径之比 d_2/D_2=0.8，实心圆轴的直径为 d_1，两者所用材料相同，所受扭矩也相同。试求当两根轴的最大切应力同时达到许用切应力时的重量比和刚度比。

3.14　如题图 3.14 所示，一左端固定的等直圆杆，其上作用着满分布力偶，分布集度为 m_e，试推导 B 截面相对于固定端的相对扭转角 φ 的计算公式。

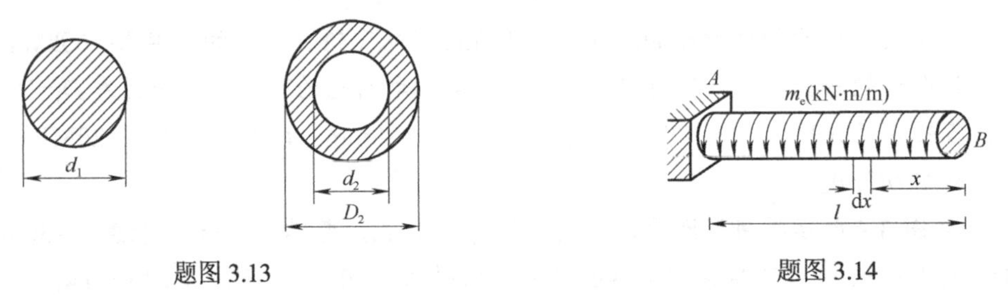

题图 3.13　　题图 3.14

3.15　某阶梯形圆轴受力情况如题图 3.15 所示，外扭矩 M_A=18kN·m，M_B=32kN·m，M_C=14kN·m。AE 段为空心圆截面，外径 D=140mm，内径 d=100mm；BC 段为实心圆截面，直径 d=100mm。已知[τ]=80MPa，[θ]=1.2°/m，$G = 0.8\times10^5$MPa，试校核此轴的强度和刚度。

3.16　如题图 3.16 所示的圆截面轴，两端刚性固结。中部 C 截面上作用一外扭矩 M_e=3.8kN·m，直径 d=60mm，材料切变模量 G=0.8×10^5MPa，试绘扭矩图并计算最大切应力及 C 截面的转角。

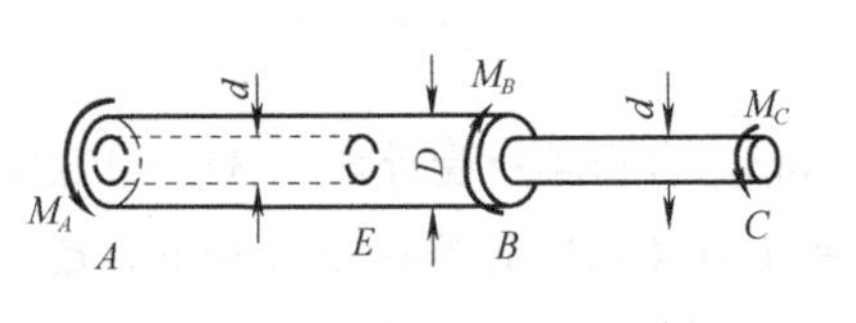

题图 3.15

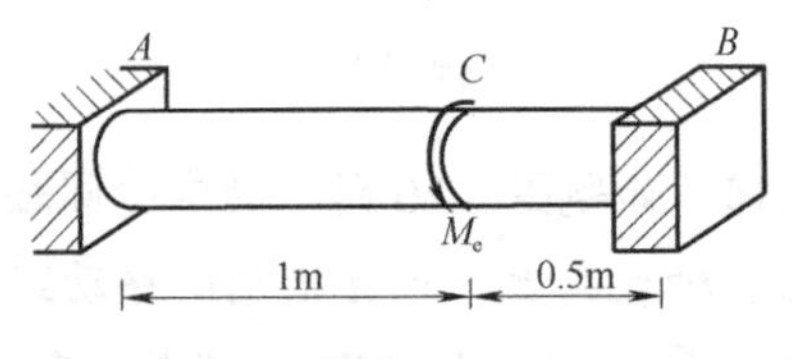

题图 3.16

3.17　如题图 3.17 所示的圆截面轴，两端刚性固结，其直径 d=60mm。材料的许用切应力[τ]=50MPa，许用单位扭转角[θ]=0.35°/m，材料切变模量 G=0.8×10^5MPa，试确定许用外力偶矩[M_e]并作扭矩图。

3.18　如题图 3.18 所示的阶梯形圆轴，两端刚性固结。左段直径 d_1=60mm，右段直径 d_2=40mm，在变截面处作用一个外扭矩 M_e。材料单位长度扭转角[θ]=0.35°/m，切变模量 G=0.8×10^5MPa，试确定许可外扭矩[M_e]。

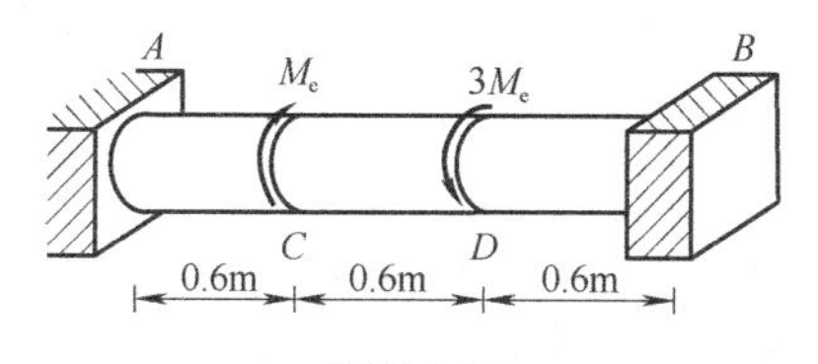

题图 3.17

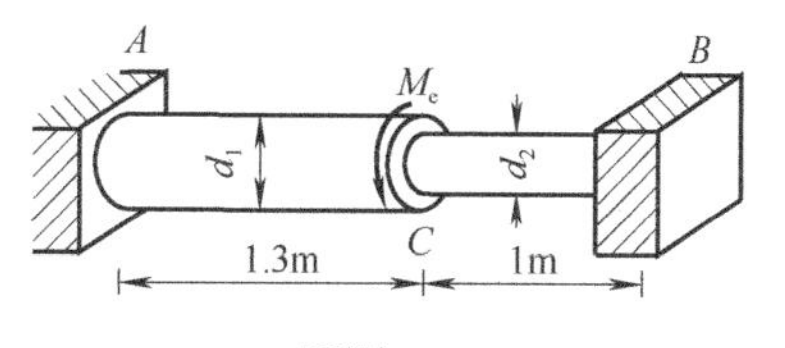

题图 3.18

3.19　如题图3.19所示的矩形截面杆，高宽分别为 h=90mm，b=60mm，两端所受的外扭矩为 M_e=2kN·m，材料的切变模量 G= 0.8×10^5MPa，试求：

(1) 杆内最大切应力的数值、位置及方向；

(2) 短边中点处的切应力；

(3) 杆的单位距离扭转角。

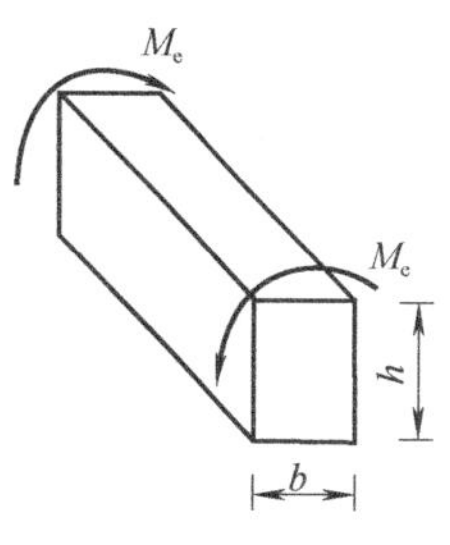

题图 3.19

3.20　由同一种材料制成的圆截面杆和正方形截面杆如图 3.25 所示，若两者所承受的扭矩相同。试求在横截面相等的条件下，两者最大切应力之比和扭转刚度之比(设圆杆直径为 d，方杆边长为 a)。

第 4 章　杆件的弯曲内力与弯曲应力及弯曲强度

4.1　杆件弯曲受力的概念

在第 2 章和第 3 章我们讨论了杆件轴向拉压和扭转变形，现在讨论另一种更为复杂的基本变形，称为弯曲。例如，举重运动中的杠杆，体操运动中的单杠、双杠、高低杠都会产生弯曲变形，如图 4.1 所示。

图 4.1

如图 4.2 所示，工厂中常见的桥式起重机(行车)可沿轨道前后运动，起吊货物左右运动，以实现货物的吊运工作。行车由梁、电葫芦和重物、轨道组成，可简化为如图 4.3(a)所示的图形。行车梁的力学模型可简化为如图 4.3(b)所示的简支梁，其中轨道处的约束简化为固定铰链约束和活动铰链约束，梁的自重简化为沿梁轴线分布的线载荷 q，电葫芦及其起吊重物简化为一个集中载荷 F。

图 4.2

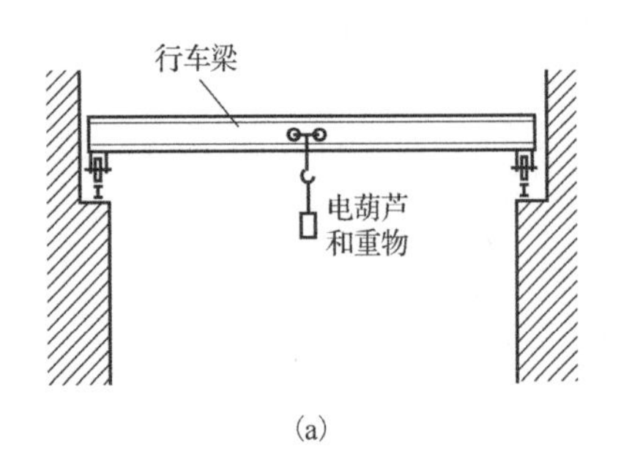

(a)

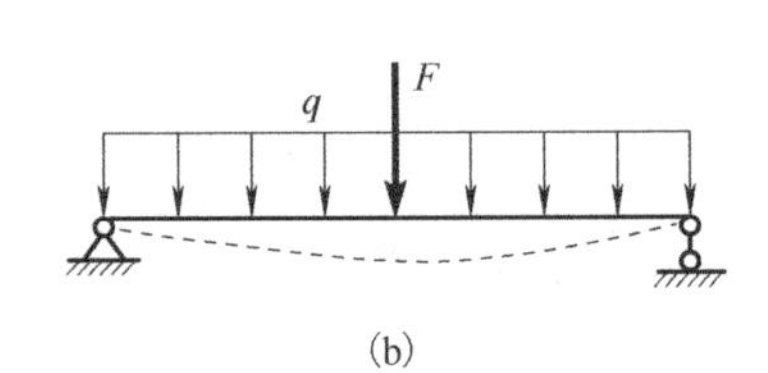

(b)

图 4.3

可以发现，作用在行车梁上的外载荷作用线都垂直于梁的轴线。行车梁的轴线在产生弯曲变形后由直线变成了曲线，这类以弯曲变形为主的杆件称为**梁**。类似的例子还有如图 4.4(a)所示的车轴以及图 4.5(a)所示的挑梁等。

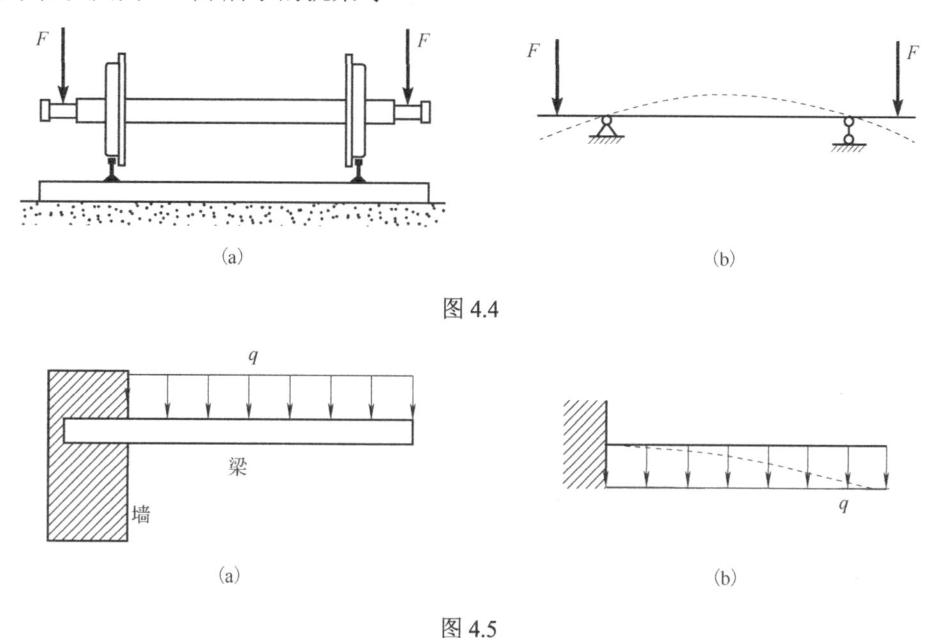

图 4.4

图 4.5

梁的受力特征是作用在梁上的所有外力都垂直于杆件的轴线，变形特征是梁的轴线由直线变为曲线。

在进行工程设计时必须确定梁横截面的形状和尺寸、许可承载的大小、变形的大小等，故需要对梁横截面上的内力、应力和变形进行分析，建立相应的理论，以便进行强度和刚度计算。

梁的简化力学模型通常用轴线表示，根据约束的不同性质，梁的约束一般可简化为固定铰支座、活动铰支座和固定端。如图 4.3(a)所示的行车梁可简化为如图 4.3(b)所示的一端为固定铰支座、另一端为可动铰支座的梁，称为**简支梁**；如图 4.4(a)所示，车轴简化为图 4.4(b)所示的梁，称为**外伸梁**，外伸梁也可单边外伸；如图 4.5(a)所示的挑梁简化为图 4.5(b)所示的梁，称为**悬臂梁**。这些梁是静定的，故统称为**静定梁**。梁上的载荷一般简化为集中载荷、分布载荷和集中力偶。

工程中，梁的横截面通常采用对称形状，如矩形、梯形、圆形、工字形、T 形、Π 形等，如图 4.6 所示。这些梁存在一个纵向对称面，如图 4.7 所示的矩形截面悬臂梁中的阴影面。若所有外力均作用在此纵向对称平面内，则梁的轴线变形后仍位于纵向对称面内，这样的弯曲称为**对称弯曲**。一般地，若所有外力和梁变形后的轴线位于同一平面(不一定在纵向对称面)，这样的弯曲则称为**平面弯曲**，显然，对称弯曲是平面弯曲的特例。

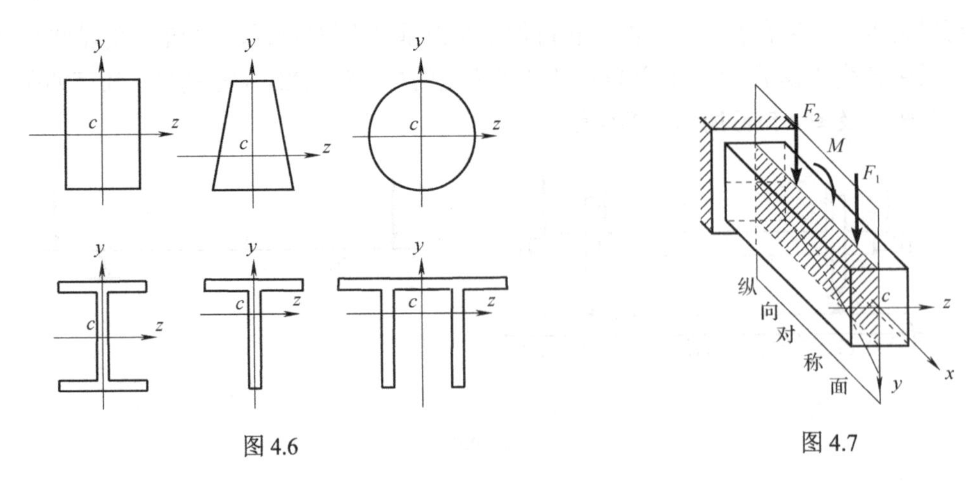

图 4.6　　　　图 4.7

本章只讨论对称弯曲，并介绍对称弯曲的弯曲内力、弯曲正应力和切应力、弯曲强度计算。

4.2 梁的剪力与弯矩以及剪力图与弯矩图

4.2.1 梁的剪力与弯矩

梁受外力作用，其内部将产生内力，截面上的内力根据平衡方程用截面法确定。如图 4.8(a)所示的简支梁，受一个垂直于轴线的横力 F 作用，支座反力 F_A、F_B 由平衡方程求得。

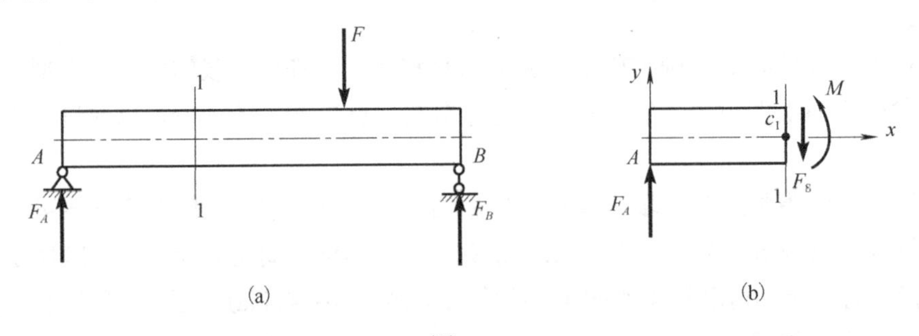

图 4.8

沿任意横截面 1-1 假想将梁截为两部分，可任取其一研究，取左边部分，如图 4.8(b)所示，由于梁整体平衡，则其部分也必定平衡。如图 4.8(b)所示的梁段上外力只有 F_A，为保证 y 方向的平衡，1-1 截面上必存在一个方向与 F_A 相反的力，该力有使梁沿横截面产生剪切错动的趋势，所以称为**剪力**，记为 F_S。F_S 和 F_A 大小相等、方向相反，构成一个力偶，而力偶只能与力偶平衡，因此在横截面上必定还存在一个力偶 M，此力偶使横截面产生转动而引起梁的弯曲，故称为**弯矩**。F_S 和 M 就是梁的弯曲内力，其大小由平衡方程确定，F_S 和 M 的正负按梁的变形情况规定如下。

1) 剪力的正负

对于某一段梁，其左侧截面的剪力向上为正、向下为负；右侧截面的剪力向下为正、向上为负。还可以解释为，使梁段顺时针转动的剪力为正、使梁段逆时针转动的剪力为负，如图 4.9 所示。

2)弯矩的正负

对于某一段梁，使梁段向下凹(下部受拉)的弯矩为正；使梁段向上凸(上部受拉)的弯矩为负，如图 4.10 所示。

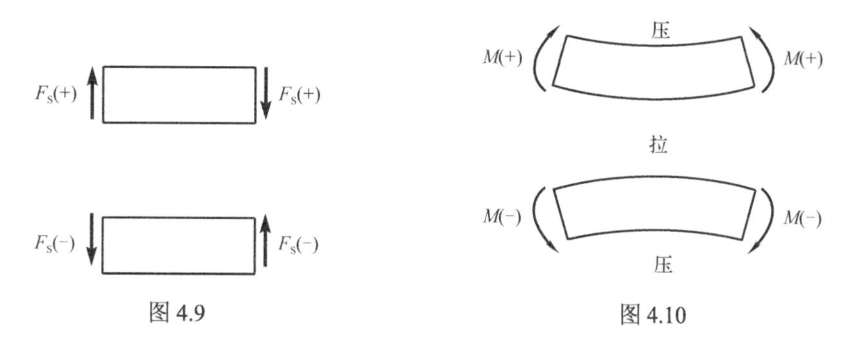

图 4.9　　　　图 4.10

【例 4.1】　如图 4.11(a)所示的简支梁，受一个垂直于轴线的横力作用，将此梁分为两段，试求两段任意截面上的内力。

解：(1)作简支梁受力分析，求支座反力 F_A、F_B。由梁的平衡方程求得支座 A、B 的约束反力：

$$F_A=\frac{b}{l}F, \qquad F_B=\frac{a}{l}F$$

(2)用截面法求内力。以点 A 为坐标原点，设坐标系如图 4.11(a)所示，在 AC 段中沿距 A 端距离为 x 的 1-1 截面截取左侧部分研究，截面内力都设为正，如图 4.11(b)所示。列平衡方程：

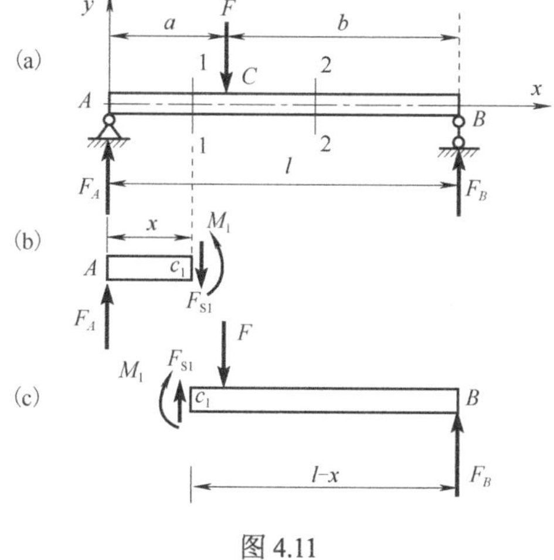

图 4.11

$$\sum F_y=0, \qquad F_A-F_{S1}=0$$

对截面形心 c_1 的力矩列平衡方程：

$$\sum M_{c_1}(F)=0, \qquad M_1-F_Ax=0$$

从而可得 AC 段任意横截面的内力：

$$F_{S1}=F_A=\frac{b}{l}F \quad (0<x<a)$$

$$M_1=F_Ax=\frac{b}{l}Fx \quad (0\leqslant x\leqslant a)$$

若沿 1-1 截面截取右侧部分来研究，截面内力也都设为正，如图 4.11(c)所示。列平衡方程：

$$\sum F_y=0, \qquad F_{S1}-F+F_B=0$$

对截面形心 c_1 的力矩列平衡方程：

$$\sum M_{c_1}(F)=0, \qquad -M_1-F(a-x)+F_B(l-x)=0$$

从而可得 AC 段任意横截面的内力：

$$F_{S1}=-F_B+F=\frac{b}{l}F \quad (0<x<a)$$

$$M_1=F_B(l-x)-F(a-x)=\frac{b}{l}Fx \quad (0\leqslant x\leqslant a)$$

显然，由 1-1 截面两侧梁段所得，同一截面的内力值应该相等。

从以上计算结果可以看出如下**两个规律**。

(1)任意横截面上的剪力在数值上等于该截面一侧(左或右)梁段上所有外力的代数和。使梁段顺时针转动的外力在该截面产生正剪力，反之则产生负剪力。

(2)任意横截面上的弯矩在数值上等于该截面一侧梁段上所有外力对该截面形心之矩的代数和。使梁段下部受拉的力(力偶)产生正弯矩，反之则产生负弯矩。

根据以上规则，可以直接得出 2-2 截面的内力，设 2-2 截面距 A 端的距离为 x，有

$$F_{S2}=-F_B=-\frac{a}{l}F \quad (a\leqslant x\leqslant l)$$

$$M_2=F_B(l-x)=\frac{a}{l}F(l-x) \quad (a\leqslant x\leqslant l)$$

【例 4.2】 如图 4.12(a)所示的简支梁，受一集中力偶作用，力偶将梁分为两段，试求各段任意横截面上的内力。

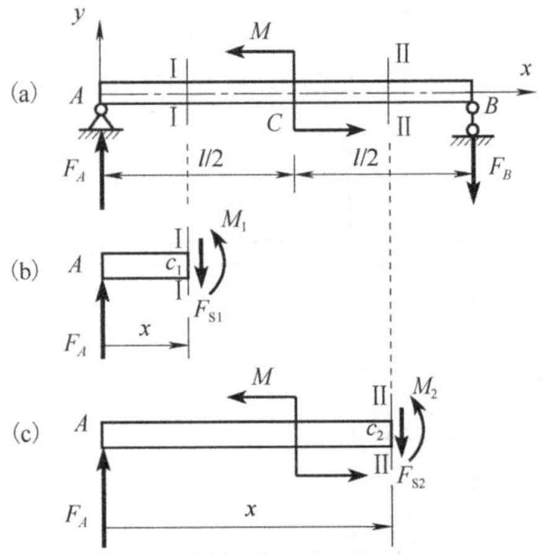

图 4.12

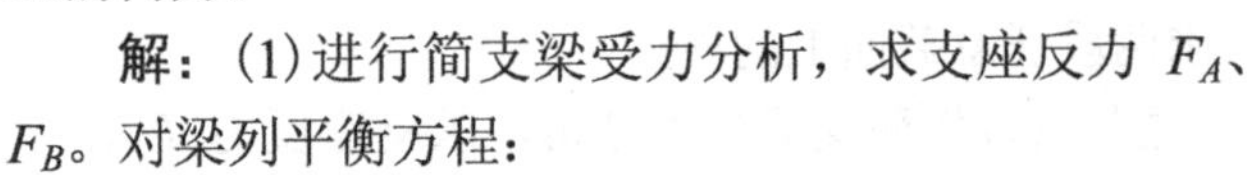

解：(1)进行简支梁受力分析，求支座反力 F_A、F_B。对梁列平衡方程：

$$\sum M_B(F)=0, \quad M-F_A\times l=0$$

得

$$F_A=\frac{M}{l}$$

因为力偶只能与力偶平衡，F_A、F_B 必构成力偶，所以

$$F_B=F_A=\frac{M}{l}$$

(2)求内力。设坐标系如图 4.12(a)所示，在 AC 段中沿距 A 端距离为 x 的 I-I 截面截取左侧部分来研究，截面内力都设为正，如图 4.12(b)所示。由平衡方程：

$$\sum F_y=0, \quad F_A-F_{S1}=0$$

和

$$\sum M_{c_1}(F)=0, \quad M_1-F_Ax=0$$

得 AC 段任意横截面上的内力：

$$F_{S1}=F_A=\frac{M}{l} \quad (0<x\leqslant l/2)$$

$$M_1=F_Ax=\frac{M}{l}x \quad (0\leqslant x<l/2)$$

在 CB 段中沿距 A 端距离为 x 的Ⅱ-Ⅱ截面截取左侧部分来研究，截面内力都设为正，见图 4.12(c)，由平衡方程：

$$\sum F_y=0, \quad F_A-F_{S2}=0$$

和

$$\sum M_{c_2}=0, \quad M_2+M-F_Ax=0$$

得 CB 段任意横截面的内力为

$$F_{S2}=F_A=\frac{M}{l} \quad (l/2\leqslant x<l)$$

$$M_2=F_Ax-M=-\frac{M}{l}(l-x) \quad (l/2<x\leqslant l)$$

如果以Ⅱ-Ⅱ截面右侧梁段上的外力来求该截面的内力，根据上述规律可直接为

$$F_{S2}=F_B=\frac{M}{l}$$

$$M_2=-F_B(l-x)=-\frac{M}{l}(l-x)$$

利用以上归纳的两条规律，以后不必再截取分离体和列平衡方程，可直接写出任意截面的剪力和弯矩。

【例 4.3】 如图 4.13 所示的悬臂梁，试直接写出各标注截面的剪力值和弯矩值。

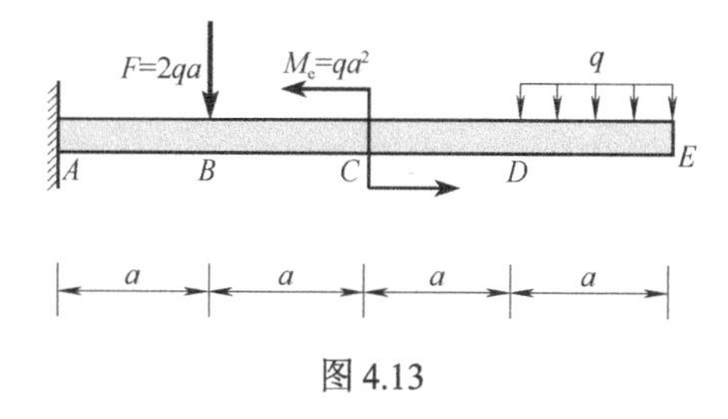

图 4.13

解：根据两条规律，可得点 E 处无限靠近的左侧截面内力为

$$F_{SE}^-=0, \quad M_E^-=0$$

D 截面内力：

$$F_{SD}=qa, \quad M_D=-\frac{1}{2}qa^2$$

点 C 无限靠近的左右两侧截面内力：

$$F_{SC}^-=F_{SC}^+=qa$$

$$M_C^-=qa^2-\frac{3}{2}qa^2=-\frac{1}{2}qa^2, \quad M_C^+=-\frac{3}{2}qa^2$$

点 B 无限靠近的左右两侧截面内力：

$$F_{SB}^-=3qa^2, \quad F_{SB}^+=qa$$

$$M_B^-=M_B^+=qa^2-\frac{5}{2}qa^2=-\frac{3}{2}qa^2$$

A 端无限靠近的右侧截面内力：

$$F_{SA}^+=3qa$$

$$M_A^+=-2qa^2+qa^2-\frac{7}{2}qa^2=-\frac{9}{2}qa^2$$

从以上结果能够发现这些截面内力值的特点，请读者自行归纳总结。

4.2.2　梁的剪力图与弯矩图

从前面的例题可知，梁横截面上的剪力和弯矩一般随截面位置的变化而变化，是横截面位置坐标 x 的函数，表示为

$$\begin{cases}F_S=F_S(x)\\M=M(x)\end{cases}$$

上式分别称为梁的**剪力方程**和**弯矩方程**，或统称为梁的**内力方程**，它们表达了剪力和弯矩沿轴线的变化规律。

以对应梁各横截面位置的 x 轴为横坐标、内力为纵坐标建立坐标系，可画出剪力和弯矩沿梁轴线的变化曲线，分别称为**剪力图**和**弯矩图**。由剪力图和弯矩图可以方便地确定梁中的最大剪力和弯矩及其所在截面的位置，这是对梁进行强度、刚度分析的重要依据。

【例 4.4】 如图 4.14(a)所示的悬臂梁，在自由端受一集中力 F 作用，试作此梁的内力图。

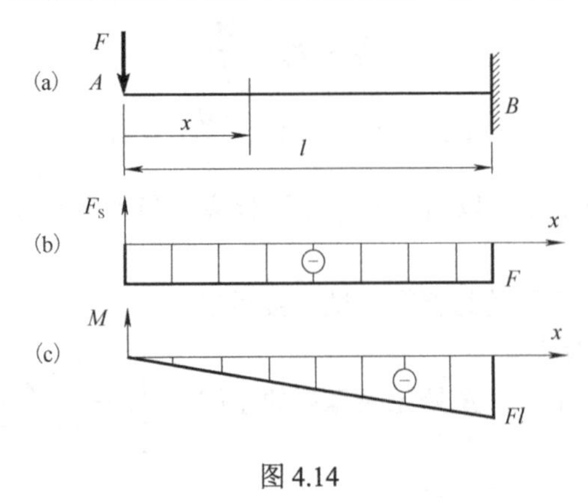

图 4.14

解：为统一起见，均将梁的左端定为 x 轴的原点，坐标指向右。应用简便方法，直接写出距原点为 x 的任意横截面上的剪力和弯矩，便得到梁的剪力方程和弯矩方程：

$$F_S(x)=-F \quad (0\leqslant x\leqslant l) \tag{a}$$

$$M(x)=-Fx \quad (0\leqslant x\leqslant l) \tag{b}$$

然后根据式(a)和式(b)表示的线形作剪力、弯矩图，如图 4.14(b)、(c)所示。

式(a)表明，整段梁各横截面上的剪力均为$-F$，所以剪力图线画在 x 轴的下方，图形为一条水平直线，如图 4.14(b)所示。式(b)表明，弯矩是截面位置 x 的线性函数，自由端的弯矩值为零，无限靠近固端截面上的弯矩值为$-Fl$，所以图形是一条斜直线，画在 x 轴的下方，如图 4.14(c)所示。另外可以看出，无限靠近固定端的剪力和弯矩在数值上就等于固定端约束反力的数值。

【例 4.5】 如图 4.15(a)所示，悬臂梁受集度为 q 的均布载荷作用，试作此梁的内力图。

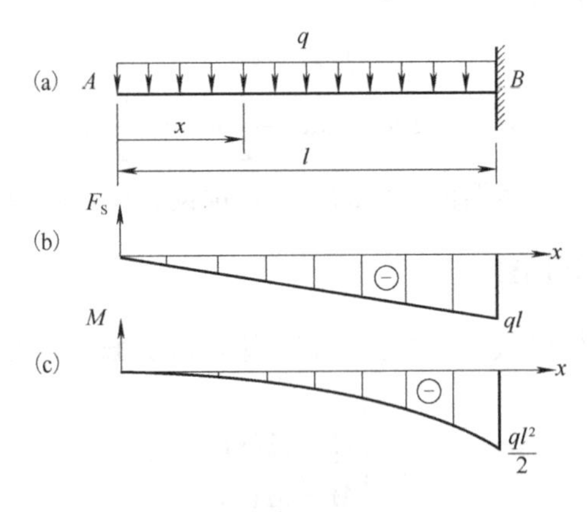

图 4.15

解：运用简便方法，直接写出梁的剪力方程和弯矩方程：

$$F_S(x)=-qx \quad (0\leqslant x\leqslant l) \tag{a}$$

$$M(x)=-qx\cdot\frac{x}{2}=-\frac{1}{2}qx^2 \quad (0\leqslant x\leqslant l) \tag{b}$$

式(a)表明，剪力沿截面线性变化，自由端的剪力为零，无限靠近固定端横截面上的剪力为$-ql$，所以图形为一条斜直线，画在 x 轴的下方，如图 4.15(b)所示。

式(b)表明，弯矩沿截面按抛物线规律变化，自由端的弯矩为零，无限靠近固定端横截面上的弯矩值为$-ql^2/2$，图形画在 x 轴的下方，如图 4.15(c)所示。

以 x 轴为基准，正值画在上方，负值画在下方，并在图上注明正负号。**图上注明正负号后，可以略去坐标轴，标注特殊截面的内力值时也可省去正负号**。另外还可看出，自由端无集中力时，该处的剪力为零；自由端无集中力偶时，该处的弯矩值为零。

【例 4.6】　如图 4.16(a)所示的简支梁，受一集中力 F 作用，试作此梁的内力图。

解：首先由梁的平衡条件求得支座反力：

$$F_A=\frac{b}{l}F\text{，}\qquad F_B=\frac{a}{l}F$$

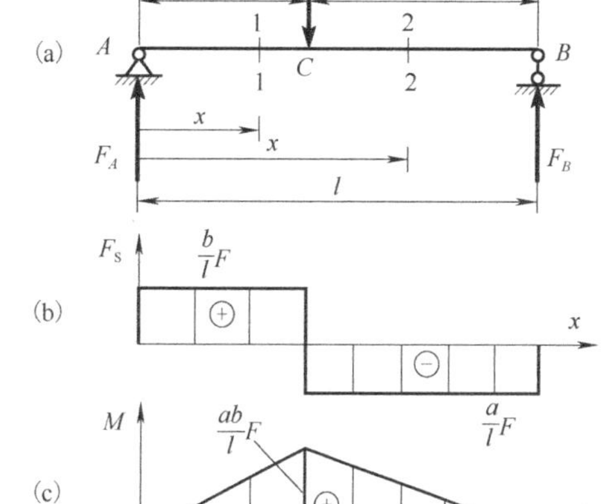

图 4.16

然后写出各段梁的内力方程

AC 段：只看 1-1 截面左边的力，有

$$F_{S1}(x)=F_A=\frac{b}{l}F \tag{a}$$

$$M_1(x)=F_Ax=\frac{b}{l}Fx \tag{b}$$

CB 段：只看 2-2 截面右边的力，有

$$F_{S2}(x)=-F_B=-\frac{a}{l}F \tag{c}$$

$$M_2(x)=F_B(l-x)=\frac{a}{l}F(l-x) \tag{d}$$

由式(a)和式(c)可知，两段剪力方程都是常数，图形都是水平直线，AC 段在 x 轴的上方，CB 段在 x 轴的下方，如图 4.16(b)所示。由式(b)和式(d)可知，两段弯矩都是 x 的线性函数，图形为斜率不同的斜直线；两端截面处因无集中力偶，弯矩为零，分段截面 C 处的弯矩值为 abF/l，所以用直线连接三个点便得弯矩图，如图 4.16(c)所示。

从内力图可以看出，在集中力作用点，无限靠近的两侧横截面上的剪力值不相等，即剪力图不连续，发生突变，突变跳跃值就等于集中力的数值，而弯矩值却是相等的。

【例 4.7】　如图 4.17(a)所示的简支梁，受集度为 q 的均布载荷作用，试作此梁的内力图。

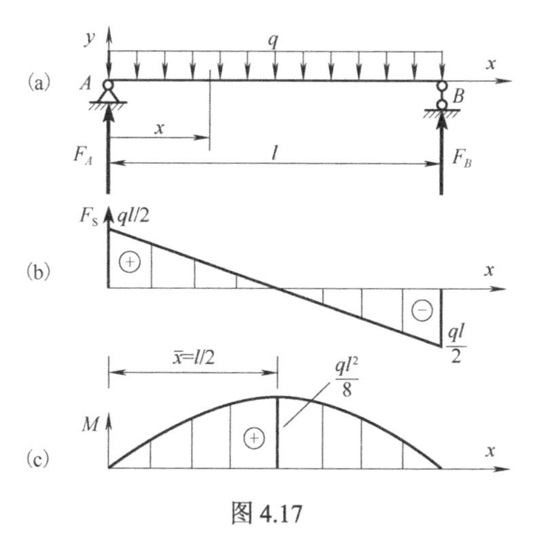

图 4.17

解：由平衡条件求得支座反力为

$$F_A=F_B=\frac{ql}{2}$$

写出距左端 A 为 x 的任意横截面上的剪力和弯矩，便得梁的剪力方程和弯矩方程：

$$F_S(x)=F_A-qx=\frac{1}{2}ql-qx\quad(0\leqslant x\leqslant l) \tag{a}$$

$$M(x)=F_Ax-qx\cdot\frac{x}{2}=\frac{1}{2}qlx-\frac{1}{2}qx^2\quad(0\leqslant x\leqslant l) \tag{b}$$

式(a)表明，各截面的剪力随 x 线性变化，图形呈斜直线，无限靠近两端截面上剪力的绝对值相等而符号相反，用直线连接两点便得剪力图，如图 4.17(b)所示。

式(b)表明，弯矩图为抛物线，令弯矩方程关于 x 的一阶导数等于零，即

$$\frac{\mathrm{d}M(x)}{\mathrm{d}x}=F_A-qx=\frac{1}{2}ql-qx=0$$

得极值点坐标：

$$\bar{x}=\frac{l}{2}$$

在极值点，弯矩的二阶导数为

$$\left.\frac{\mathrm{d}^2M(x)}{\mathrm{d}x^2}\right|_{x=\frac{l}{2}}=-q<0$$

表明此处有极大值：

$$M_{\max}=M(\bar{x})=\frac{1}{8}ql^2$$

在两端点，弯矩值为零，用曲线连接两端点和极值点便得弯矩图，如图 4.17(c)所示。从此例可以发现，弯矩方程关于 x 的一阶导数等于剪力方程；在弯矩的极值点处，剪力值为零，这个结论是否具有普遍意义将在 4.3 节中讨论。

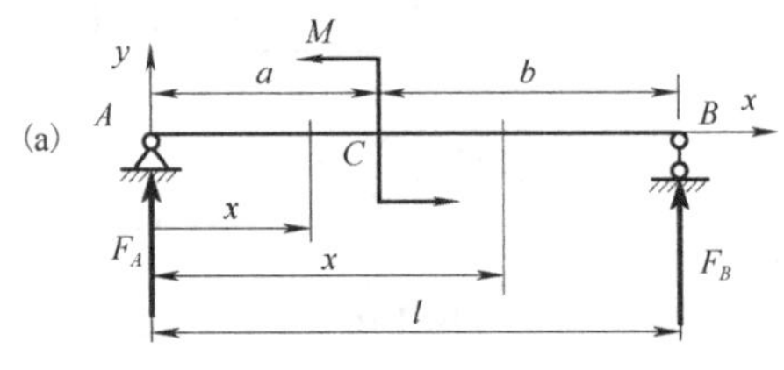

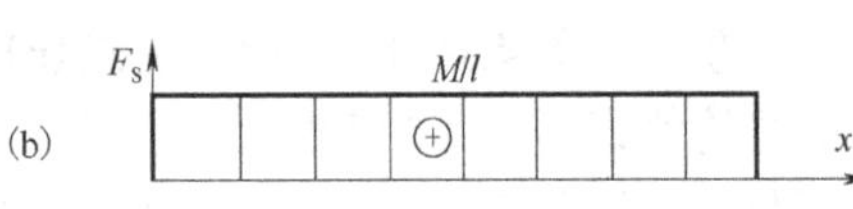

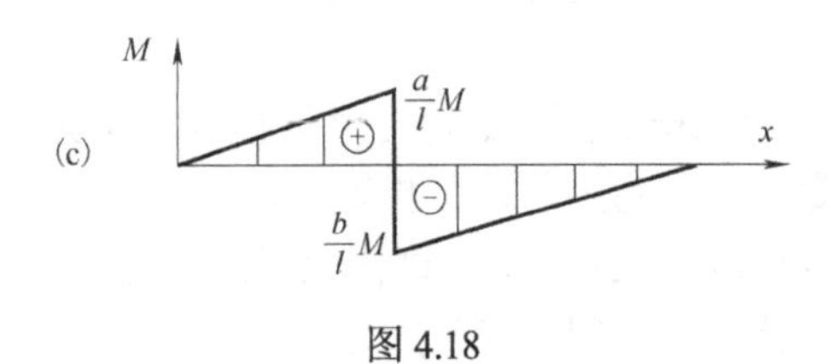

图 4.18

【例 4.8】 如图 4.18(a)所示的简支梁，受一集中力偶 M 作用，试作此梁的内力图。

解： 由平衡方程求得支座反力为

$$F_A=\frac{M}{l},\qquad F_B=-F_A=-\frac{M}{l}$$

分别写出两段梁的内力方程。

AC 段：

$$F_{S1}(x)=F_A=\frac{M}{l}\quad(0\leqslant x\leqslant a)\tag{a}$$

$$M_1(x)=F_Ax=\frac{M}{l}x\quad(0\leqslant x<a)\tag{b}$$

CB 段：

$$F_{S2}(x)=F_A=-F_B=\frac{M}{l}\quad(a\leqslant x\leqslant l)\tag{c}$$

$$M_2(x)=F_Ax-M=F_B(l-x)=-\frac{M}{l}(l-x)\quad(a<x\leqslant l)\tag{d}$$

由式(a)和式(c)可看出，两段的剪力方程为同一常数，所以两段图形为同一条水平直线。由式(b)和式(d)可知，两段的弯矩呈线性变化，图形为斜率相同的两条斜直线；两端点处的弯矩为零；在集中力偶作用点无限靠近的两侧，截面弯矩值不相同，即弯矩图不连续，发生突变，突变跳跃值就等于集中力偶矩的数值，而剪力图是光滑连续的。

4.3　剪力、弯矩与载荷集度之间的微分关系

4.3.1　剪力、弯矩与载荷集度

设某段梁上作用着连续分布的载荷 $q(x)$，如图 4.19(a)所示，规定向上为正、向下为负。

从中任取一微段进行受力分析，如图 4.19(b)所示，在微段长度 dx 范围内可忽略载荷的变化而视为均布载荷；右侧截面的内力相对左侧截面多一项增量。

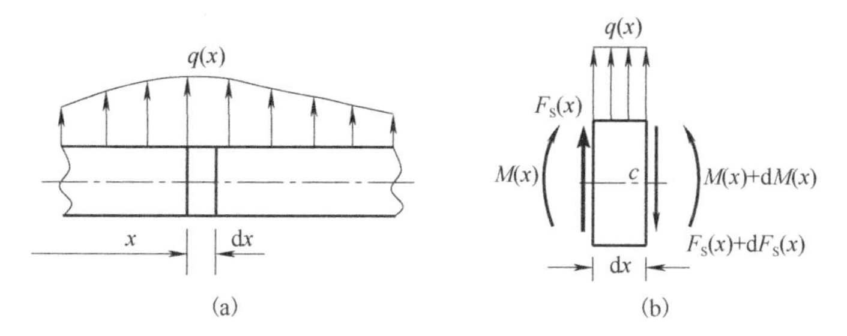

图 4.19

对分离体列平衡方程：

$$\sum F_y = 0\,, \qquad F_{\mathrm{S}}(x) - \left[F_{\mathrm{S}}(x) + \mathrm{d}F_{\mathrm{S}}(x)\right] + q(x)\mathrm{d}x = 0$$

得

$$\frac{\mathrm{d}F_{\mathrm{S}}(x)}{\mathrm{d}x} = q(x) \tag{4.1}$$

即，**剪力方程关于 x 的一阶导数等于载荷分布函数**。

再对右侧截面形心 c 列力矩平衡方程：

$$\sum M_c(F) = 0\,, \qquad \left[M(x) + \mathrm{d}M(x)\right] - M(x) - F_{\mathrm{S}}(x)\mathrm{d}x + \frac{1}{2}q(x)(\mathrm{d}x)^2 = 0$$

式中，$(\mathrm{d}x)^2$ 为高阶无穷小量，可以略去，便得

$$\frac{\mathrm{d}M(x)}{\mathrm{d}x} = F_{\mathrm{S}}(x) \tag{4.2}$$

即，**弯矩方程关于 x 的一阶导数等于剪力方程**。

将式(4.2)代入式(4.1)又可得

$$\frac{\mathrm{d}^2M(x)}{\mathrm{d}x^2} = q(x) \tag{4.3}$$

即，**弯矩方程关于 x 的二阶导数等于分布载荷函数**。

以上推导表明，上述微分关系是普遍成立的。若载荷分段连续，那么微分关系则分段成立。

4.3.2　微分关系的运用

由高等数学可知，一阶导数的几何意义是曲线的切线斜率，所以**剪力图上某点处的切线斜率等于梁上对应该点处的分布载荷集度数值；弯矩图上某点处的切线斜率等于剪力图上对应该点处的剪力数值**。此外，二阶导数的正、负可用来判断曲线的凸凹方向。

根据上述微分关系，若已知某段梁上的载荷分布情况，便可知其内力方程的形式以及内力图的基本形状。现将弯矩、剪力与载荷间的关系以及剪力图和弯矩图的一些基本特征归纳整理为**表 4.1**，以备作图时查用。

表 4.1 载荷、内力方程及图形的关系

载荷	内力方程	图形
某段上无载荷 $q(x)=0$	剪力 $F_S(x)=$常数	水平线
	弯矩为 x 的一次函数 $M(x)\sim x$	斜直线 或
均布载荷段 $q(x)=$常数	$F_S(x)\sim x$	斜直线 或
	弯矩为 x 的二次函数 $M(x)\sim x^2$	抛物线
线性分布载荷段 $q(x)\sim x$	剪力为 x 的二次函数 $F_S(x)\sim x^2$	抛物线
	弯矩为 x 的三次函数 $M(x)\sim x^3$	三次抛物线
载荷向下 $q(x)<0$	$\dfrac{dF_S(x)}{dx}<0$	剪力图斜率为负
	$\dfrac{d^2M(x)}{dx^2}<0$	弯矩图向上凸 或
	在 $F_S(x)=0$ 处	弯矩图有极大值
载荷向上 $q(x)>0$	$\dfrac{dF_S(x)}{dx}>0$	剪力图斜率为正
	$\dfrac{d^2M(x)}{dx^2}>0$	弯矩图向下凹 或
	在 $F_S(x)=0$ 处	弯矩图有极小值

注：表中不可能罗列所有的规律和特点，建议读者在做题过程中不断地归纳和总结。

在了解了内力图的基本形状和特征之后，作图的关键在于确定特殊截面的内力值。**特殊截面**是指梁的左右端截面、集中力作用点对应的截面、集中力偶作用点对应的截面，以及分布载荷的起点和终点对应的截面等。从前面的例题中已经分析了这些特殊截面内力值的特点，归纳如下。

(1) 自由端。在靠近自由端的截面上，剪力值等于自由端处的集中力数值，若无集中力，则剪力为零；自由端的弯矩值等于自由端处的集中力偶矩的数值，若无集中力偶，则弯矩为零。

(2) 集中力作用点。在集中力作用点对应的截面两侧，剪力图有突变，突变跳跃值等于集中力的数值；弯矩值不变，弯矩图呈现折角点。

(3) 集中力偶作用点。在集中力偶作用点对应的截面两侧，弯矩图有突变，突变跳跃值等于集中力偶矩的数值；剪力图光滑连续。

(4) 分布载荷的端点。在分布载荷的端点，剪力图和弯矩图一般会发生转折，呈现折角点。

在确定了特殊截面的内力值之后，根据微分关系及表 4.1 所示的载荷-图形关系，可直接绘出梁的内力图。除特殊情况外，一般无须再写出内力方程。

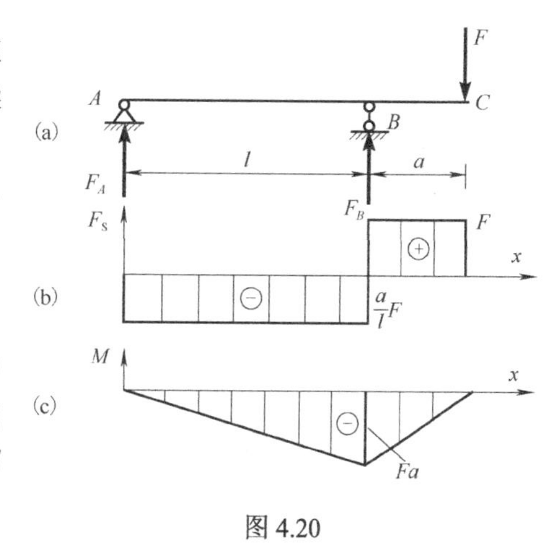

图 4.20

【例 4.9】　如图 4.20(a)所示的右端外伸梁，在外伸端作用一集中力 F，试利用微分关系直接画出梁的内力图。

解：进行简支梁受力分析，求支座反力 F_A、F_B。由梁的平衡方程求得支座 A、B 的约束反力：

$$F_A=-\frac{a}{l}F\quad（实际方向向下）,\qquad F_B=F+\frac{a}{l}F$$

AB 段内无载荷，剪力图为水平线，即各截面的剪力均等于 A 端右侧截面的剪力 F_A。BC 段内也无载荷，剪力图也为水平线，各截面的剪力值均等于 C 端左侧截面的剪力 F。由此可作出梁的剪力图，如图 4.20(b)所示；B 截面左右两侧的剪力差等于 F_B。

由于两段梁的剪力图均为水平线，两段梁的弯矩图均为斜直线。两端点处无集中力偶，弯矩为零，B 截面的弯矩为$-Fa$，用两条斜直线连接三个点便得弯矩图，如图 4.20(c)所示，在 B 截面处有折角点。另外可看出，剪力图为正，则弯矩图的斜率为正，剪力图为负，则弯矩图的斜率为负。

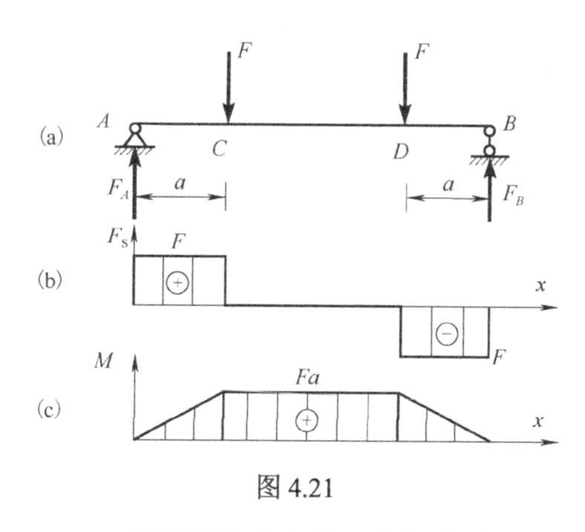

图 4.21

【例 4.10】　如图 4.21(a)所示的简支梁，两个相等的集中力 F 关于梁中线对称作用，试利用微分关系作梁的内力图。

解：由对称性和平衡条件，可知支座反力为

$$F_A=F_B=F$$

AC 段内无载荷，剪力图为水平线，各截面的剪力均等于 A 端右侧截面的剪力 F_A。

CD 段内无载荷，剪力图应为水平线，因 C 截面右侧的剪力为零，所以各截面的剪力均为零；DB 段的剪力图应与 AC 段的剪力图反对称；据此可作梁的剪力图，如图 4.21(b)所示。

A 截面无集中力偶，弯矩为零；AC 段的弯矩图为正斜率斜直线，点 C 的弯矩为 Fa；CD 段剪力为零，则弯矩图为水平线，各截面的弯矩均为 Fa；DB 段的弯矩图应与 AC 段的弯矩图对称；据此可作梁的弯矩图，如图 4.21(c)所示。

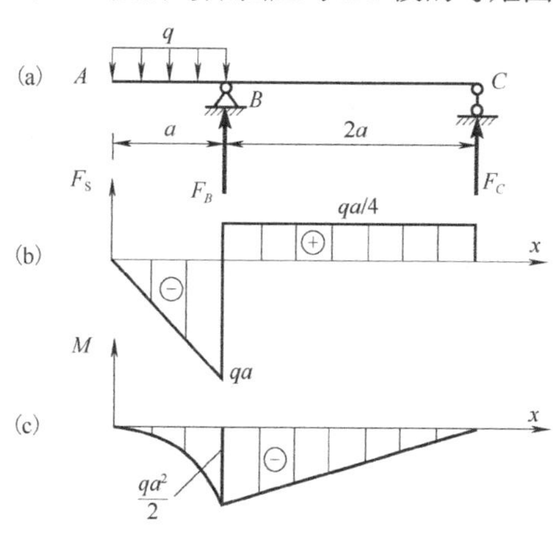

图 4.22

【例 4.11】　如图 4.22(a)所示，左端外伸梁，外伸部分受集度为 q 的均布载荷作用，试利用微分关系作梁的内力图。

解：由平衡条件求得支座反力为

$$F_B=\frac{5}{4}qa$$

$$F_C=-\frac{1}{4}qa\quad（实际方向向下）$$

AB 段受向下的均布载荷，所以剪力图的斜率为负，斜直线从左到右向下斜。A 端无集中力，剪力为零；B 截面左侧的剪力为$-qa$，用直线连接两点便得

AB 段的剪力图。

BC 段内无载荷，剪力图为水平线，各截面的剪力均等于 *C* 端左侧截面的剪力值 $qa/4$，整个梁的剪力图如图 4.22(b)所示。

AB 段的弯矩图为向上凸的抛物线。*A* 端无集中力偶，弯矩为零；*B* 截面的弯矩为$-qa^2/2$；*A* 截面的剪力为零，所以弯矩图在该点有极大值；用曲线连接两点便得 *AB* 段的弯矩图。

BC 段的弯矩图为正斜率斜直线，*C* 端无集中力偶，弯矩为零，整个梁的弯矩图如图 4.22(c)所示。

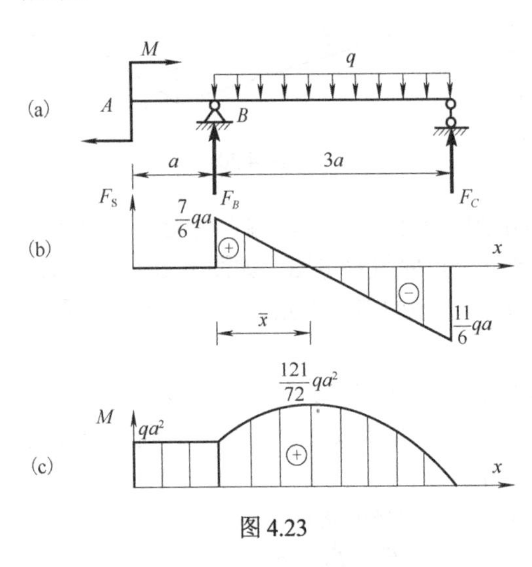

图 4.23

【例 4.12】　如图 4.23(a)所示的左端外伸梁，外伸端 *A* 作用一个集中力偶 $M=qa^2$，*BC* 段所受均布载荷的分布集度为 *q*。试利用微分关系作梁的内力图。

解：由平衡方程求支座反力得

$$F_B=\frac{7}{6}qa\ ,\qquad F_C=\frac{11}{6}qa$$

利用微分关系作内力图。*AB* 段内无载荷，且 *A* 端无集中力，所以剪力为零；*BC* 段受向下的均布载荷，剪力图为从左到右向下的斜直线，*B* 截面右侧的剪力为 $7qa/6$，*C* 端截面左侧的剪力为 $-11qa/6$，用直线连接两点便得剪力图，如图 4.23(b)所示。

AB 段的剪力为零，弯矩图为水平线，*A* 端有集中力偶，弯矩就等于力偶矩，所以各截面的弯矩均为 qa^2。*BC* 段的弯矩图为抛物线，*B* 截面的弯矩为 qa^2，*C* 端无集中力偶，则弯矩为零。利用三角形的相似性，由剪力图可得

$$\frac{\bar{x}}{3a-x}=\frac{\frac{7}{4}qa}{\frac{11}{6}qa}$$

得极值点距 *B* 的距离：

$$\bar{x}=\frac{7}{6}a$$

极大值弯矩为

$$M(\bar{x})=qa^2+\frac{7}{6}qa\times\frac{7}{6}a-\frac{1}{2}q\times\left(\frac{7}{6}a\right)^2=\frac{121}{72}qa^2$$

用曲线连接三个点便得弯矩图，如图 4.23(c)所示。注意，极大值弯矩不一定就是整个梁中的最大弯矩。

【例 4.13】　如图 4.24(a)所示的悬臂梁，*AB* 段受均布载荷，点 *B* 作用一个集中力偶 $M=qa^2$。试作此梁的内力图。

解：可从左边开始作图，无需求固定端的约束反力。

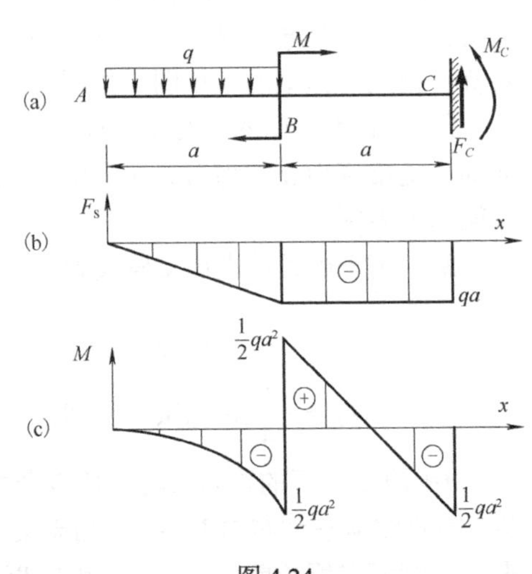

图 4.24

AB 段受到向下的均布载荷，剪力图为斜直线，

A 端剪力为零，点 B 的剪力为$-qa$；BC 段内无载荷，剪力图为水平线。固定端左侧截面上的剪力数值就等于固定端反力的数值，如图 4.24(b)所示。

AB 段的弯矩图为向上凸的抛物线，A 端无集中力偶，弯矩为零；B 截面左侧的弯矩为$-qa^2/2$；因 A 截面的剪力为零，所以弯矩图在该点有极大值，用曲线连接两点便得 AB 段的弯矩图。BC 段剪力为常数，弯矩图为斜直线，B 截面右侧的弯矩为 $qa^2/2$，固定端弯矩为$-qa^2/2$，用直线连接两点便得弯矩图，如图 4.24(c)所示。

4.4　平面刚架和平面曲杆的内力

4.4.1　平面刚架的内力

某些工程结构由几根直杆通过连接组成，各杆在其连接点的夹角一般为直角，始终保持不变，这种连接点称为**刚节点**，如图 4.25 所示的 A、B 处。由刚节点连接形成的框架结构称为**刚架**，各直杆和外力均可简化在同一平面内的刚架为**平面刚架**，如图 4.26 所示。常见的平面刚架有多种形式，如悬臂式、简支式、三铰式和复杂式等，如图 4.27 所示。平面刚架横截面的内力往往有轴力 F_N、剪力 F_S 和弯矩 M。

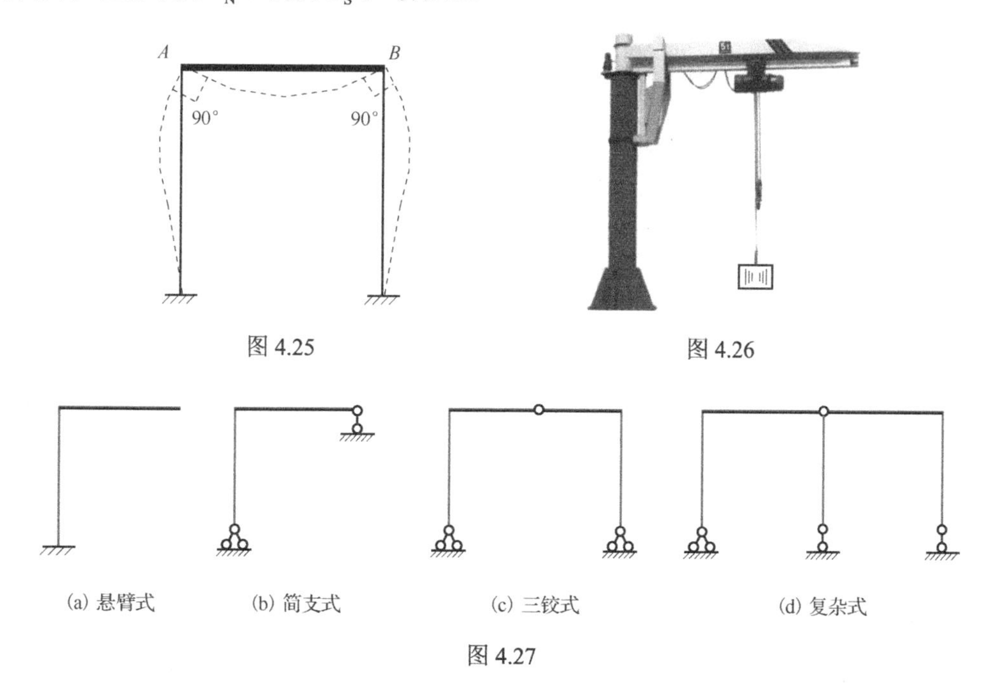

图 4.25　　图 4.26

(a) 悬臂式　(b) 简支式　(c) 三铰式　(d) 复杂式

图 4.27

求平面刚架横截面的内力时，采用截面法。可对结构分段设坐标，分段列出内力方程，根据内力方程来画内力图。画轴力图和剪力图时，正值画在刚架的外侧，负值画在内侧。画弯矩图时，正值画在刚架的受压一侧(外侧)，负值画在刚架的受拉一侧(内侧)，都要注明正、负号。也可以假想站在刚架的内侧，分别面对每段杆，将其视为杆和梁，遵循前面画内力图的规则来画刚架的内力图。

【例 4.14】 如图 4.28(a)所示的平面刚架，A 端受一个水平力作用($F=qa$)，AB 段受集度为 q 的均布载荷作用，试作此平面刚架的内力图。

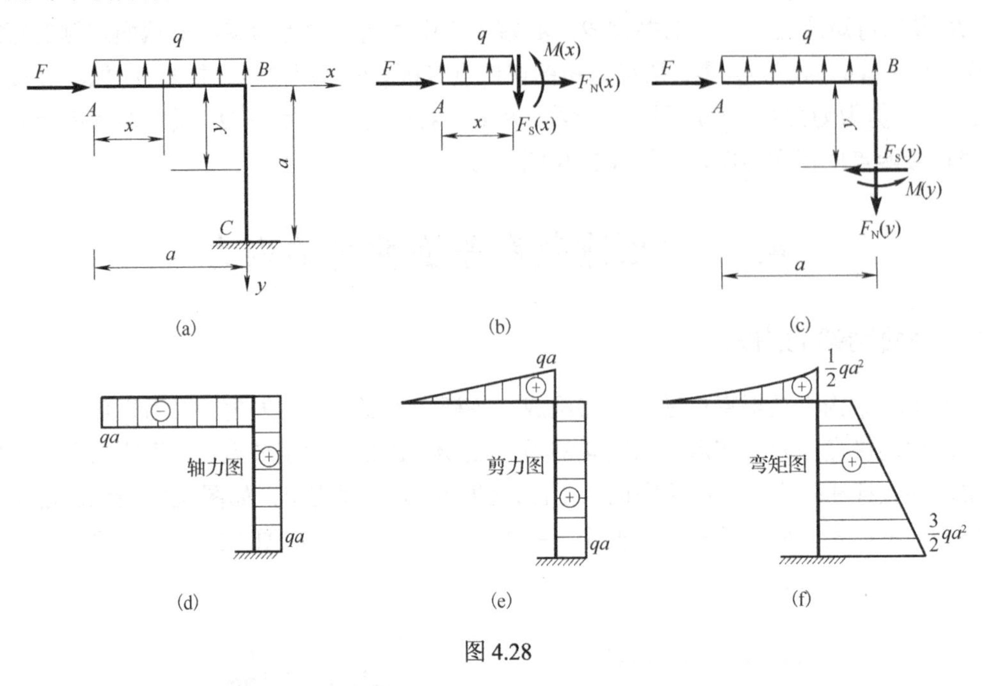

图 4.28

解： 分段设坐标，以点 A 为原点，沿 AB 设 x 轴；再以点 B 为原点，沿 BC 设 y 轴。

(1) AB 段。在任意 x 截面截取左边部分进行受力分析，如图 4.28(b)所示，由平衡条件可得 AB 段的内力方程。

轴力方程：

$$F_N(x) = -F = -qa$$

剪力方程：

$$F_S(x) = qx$$

弯矩方程：

$$M(x) = \frac{1}{2}qx^2 \quad (0 \leqslant x \leqslant a)$$

(2) BC 段。在任意 y 截面截取上边部分进行受力分析，如图 4.28(c)所示，由平衡条件可得 AB 段的内力方程。

轴力方程：

$$F_N(y) = qa$$

剪力方程：

$$F_S(y) = F = qa$$

弯矩方程：

$$M(y) = Fy + \frac{1}{2}qa^2 = qay + \frac{1}{2}qa^2 \quad (0 \leqslant y \leqslant a)$$

(3) 根据内力方程画出相应的内力图，如图 4.28(d)～(f)所示。注意：假想站在刚架的内侧，分别面对每段杆，将其视为梁后，也可以利用微分关系画剪力图和弯矩图。在刚节点处若没有外力偶作用，则此处左、右截面的弯矩总是相等的。

4.4.2　平面曲杆的内力

工程中某些构件(吊钩、拱形结构等)的轴线为平面曲线，可简化为平面杆件，称为**平面曲杆**，如图 4.29 所示。当外力与平面曲杆均在同一平面内时，曲杆的内力有轴力、剪力和弯矩，求解时仍采用截面法。

图 4.29

【例 4.15】　如图 4.30(a)所示为一端固定的曲杆，形状为圆环的四分之一，半径为 R，自由端受曲杆平面内向下的集中力 F 作用，试画出该曲杆的内力图。

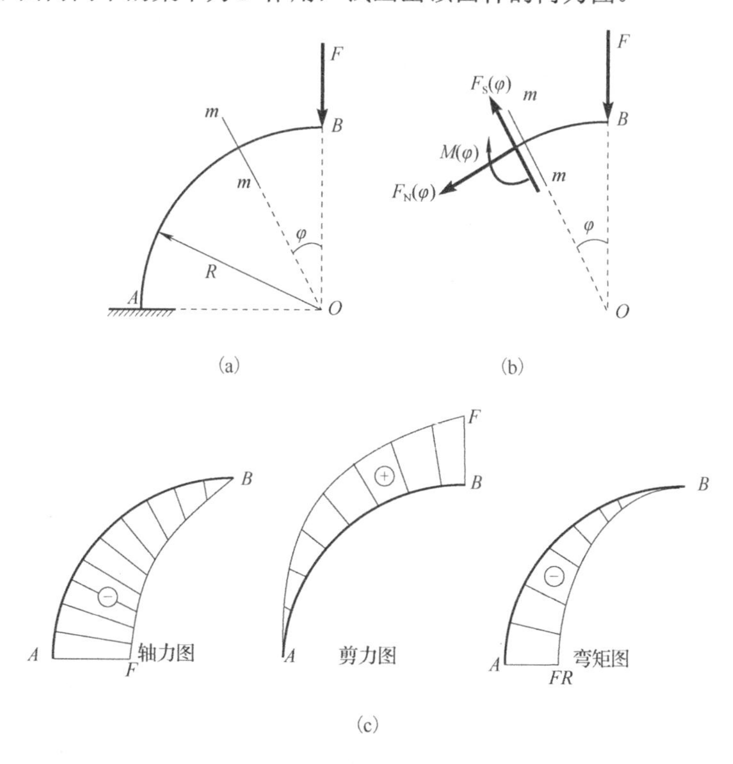

图 4.30

解：取圆心 O 为极点，以 OB 为极轴的极坐标，用 φ 表示横截面的位置，如图 4.30(b)所示。用截面法求 m-m 截面内力，取右段分析写出 φ 截面的内力方程。

轴力方程：

$$F_N(\varphi) = -F\sin\varphi$$

剪力方程：

$$F_S(\varphi) = F\cos\varphi$$

弯矩方程：

$$M(\varphi)=-FR\sin\varphi$$

平面曲杆内力图的画法与平面刚架一致，正内力画在曲杆外侧，负内力画在曲杆内侧，其轴力、剪力和弯矩图如图 4.30(c)所示。

4.5　梁的弯曲正应力

下面先讨论对称弯曲中最简单的纯弯曲问题，推导纯弯曲时的弯曲正应力公式，再将其推广到横力弯曲问题中。

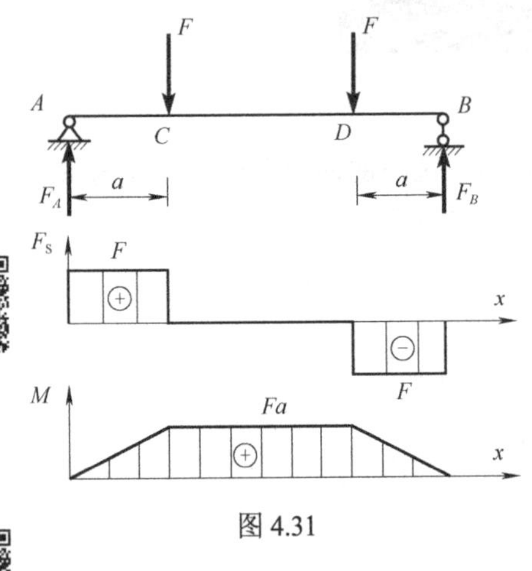

图 4.31

4.5.1　纯弯曲时梁横截面上的正应力

纯弯曲是指梁段的各横截面上只存在弯矩而没有剪力的情形。如图 4.31 所示的简支梁，CD 段的各个横截面上只有弯矩而无剪力，此段梁就属于纯弯曲，其轴线弯曲为圆弧。由剪力和弯矩的关系知，纯弯曲梁段上的弯矩为常数。

在 C、D 之间任意截取一梁段，弯曲前，在梁上刻上两组正交直线，一组与轴线平行，另一组与轴线垂直，如图 4.32(a)所示。弯曲变形后可以观察到，与轴线垂直的横向线仍然保持为直线，且与弯曲后的轴线保持正交，如图 4.32(b)所示。由此推断，弯曲后横截面依然保持为平面，此推断称为弯曲变形的**平面假设**。

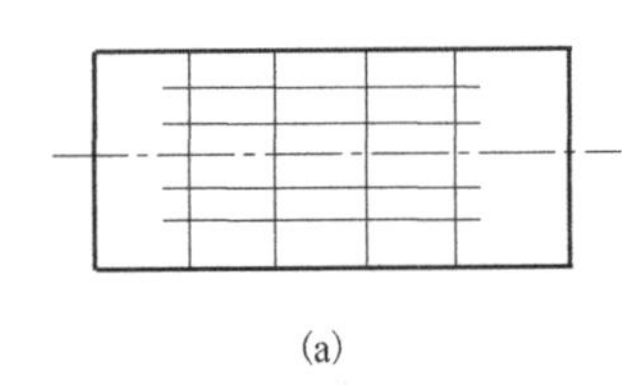

(a)

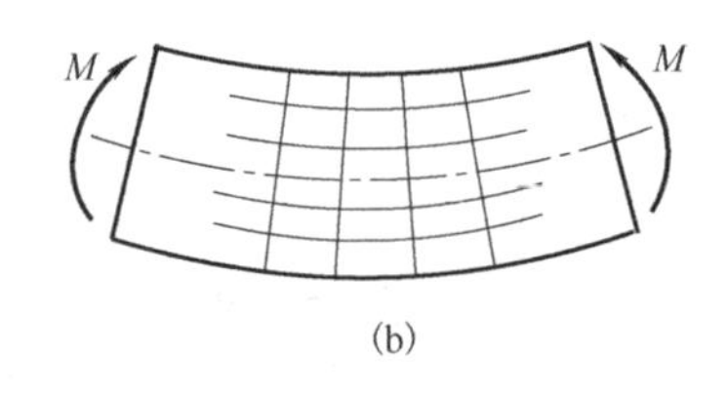

(b)

图 4.32

还可观察到，梁弯曲后与轴线平行的纵向线间的距离保持不变。若将梁假想为由薄板层叠而成，则说明各层之间无挤压，各层只是单向受力，称为**单向受力假设**。纵向直线弯曲为圆弧，靠近上边缘的线段缩短而靠近下边缘的线段伸长。由此推断，梁横截面的上部存在着压应力，而下部存在着拉应力。显然，正应力不可能均匀分布，而是从上到下发生了由负到正的变化，其具体的分布规律及与弯矩的关系需通过变形几何关系、物理关系和静力等效关系来揭示。

1. 变形几何关系

取一微段进行分析，如图 4.33(a)所示。梁变形后，横截面保持为垂直于轴线的平面，且轴线弯曲为圆弧，相距 dx 的两个横截面之间将形成一个夹角 dθ，如图 4.33(b)所示，下半部层线 a-a 伸长并弯曲为圆弧 $\overset{\frown}{aa}$，而上半部层线 b-b 缩短并弯曲为圆弧 $\overset{\frown}{bb}$。各层线从上到下由缩短变为伸长，则其间必有一层既不伸长也不缩短，这一层称为**中性层**，用 O_1-O_2 层线表示。

设中性层的曲率半径为ρ，a-a 层距中性层的距离为y，则 a-a 层线的轴向线应变为

$$\varepsilon=\frac{aa-O_1O_2}{O_1O_2}=\frac{(\rho+y)\mathrm{d}\theta-\rho\mathrm{d}\theta}{\rho\mathrm{d}\theta}=\frac{y}{\rho} \tag{4.4}$$

式中，曲率半径ρ与截面上的弯矩、截面的几何性质以及材料的力学性质有关，而与y无关，所以可以得到如下结论：**横截面上各点的轴向线应变是该点距中性层的距离 y 的线性函数。** 距中性层越远，线应变的绝对值越大，越靠近中性层，应变的绝对值就越小，中性层上的轴向线应变为零。

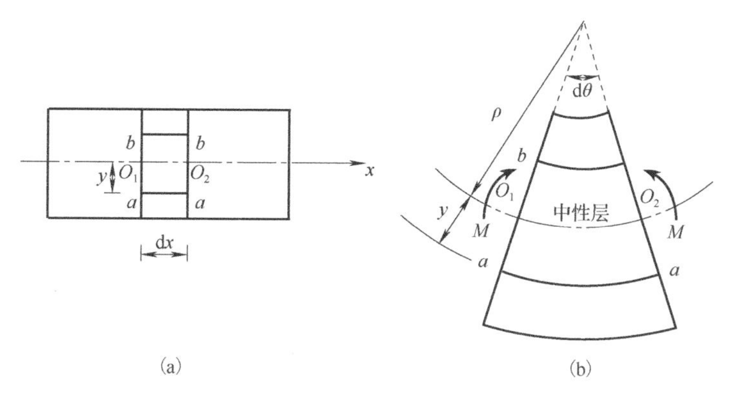

图 4.33

2. 物理关系

图 4.31 所示的纯弯曲梁段（CD 段）上，横截面上各点为**单向受拉或单向受压**。根据胡克定律：

$$\sigma=E\varepsilon \tag{4.5}$$

将式（4.4）中的ε代入式（4.5），得横截面上各点正应力的分布规律：

$$\sigma=\frac{E}{\rho}y \tag{4.6}$$

可见，横截面上各点的正应力也是该点距中性层距离 y 的线性函数，距中性层最远点处的正应力绝对值最大，中性层上的正应力为零，如图 4.34 所示。

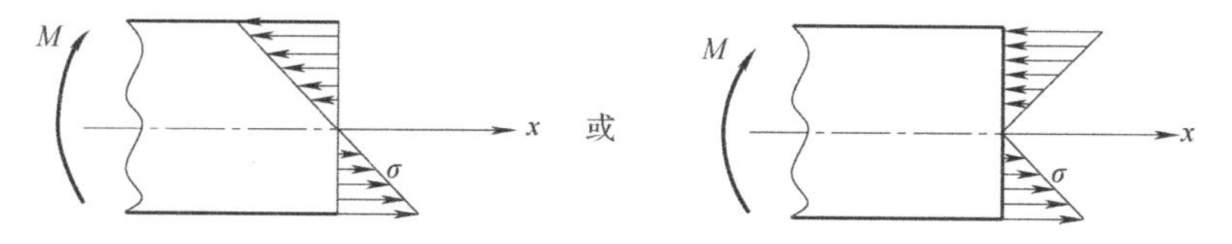

图 4.34

3. 静力等效关系

以上推导中还有两点没有确定，一是中性层的具体层面位置，二是中性层的曲率半径与弯矩、截面的几何性质以及材料性质之间的关系，这些问题可由静力等效关系解决。

横截面与中性层的交线为**中性轴**，表示为 z 轴。在横截面上距中性轴的距离为 y 的点处取一个微面积 dA，微面积上的法向内力为σdA，如图 4.35 所示。

首先，由于整个横截面上只有弯矩而没有轴力，横截面上沿轴向（x 方向）内力的总和为零，即

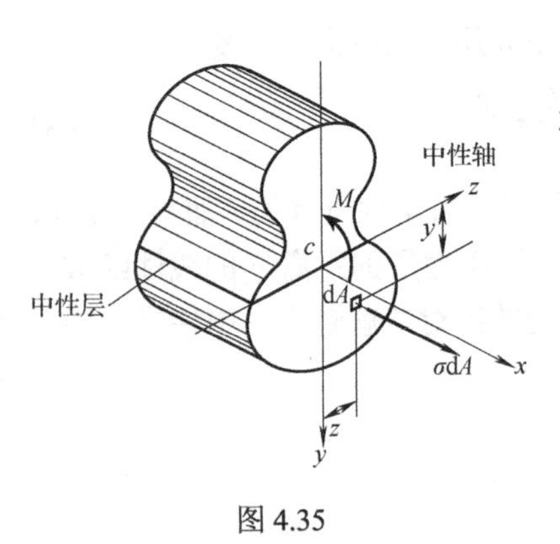

图 4.35

$$\int_A \sigma \mathrm{d}A = F_{\mathrm{N}} = 0$$

将式(4.6)代入上式，得到

$$\frac{E}{\rho}\int_A y\mathrm{d}A = 0$$

式中，$\int_A y\mathrm{d}A = S_z$，为横截面对中性轴的静矩，故上式可写为

$$\frac{E}{\rho}S_z = 0$$

对于弯曲的梁来说，E/ρ 不可能为零，只可能有

$$S_z = 0$$

可得横截面形心 c 的纵坐标为

$$y_c = \frac{\int_A y\mathrm{d}A}{A} = \frac{S_z}{A} = 0$$

这表明中性轴(中性层)必过形心 c。

其次，所有点的法向内力对 y 轴之矩的代数和应等于横截面上以 y 轴为转轴的侧弯矩 M_y，即

$$M_y = \int_A z\sigma \mathrm{d}A$$

将式(4.6)代入上式，得到

$$M_y = \frac{E}{\rho}\int_A zy\mathrm{d}A$$

式中，$\int_A zy\mathrm{d}A = I_{yz}$，为横截面对坐标轴 y、z 的惯性积，故

$$M_y = \frac{E}{\rho}I_{yz}$$

由于 y 轴是对称轴，则横截面对 y、z 轴的惯性积 I_{yz} 为零，即

$$M_y = \frac{E}{\rho}I_{yz} = 0$$

说明横截面上无侧弯矩，这充分说明，只要所有的载荷作用在纵向对称面内，对称截面梁便不会产生侧弯曲，从而保证了梁的对称弯曲。

最后，所有点的轴向内力对中性轴 z 之矩的代数和就应等于横截面上的弯矩，即

$$M_z = \int_A y\sigma \mathrm{d}A = M$$

将式(4.6)代入上式，得到

$$\frac{E}{\rho}\int_A y^2\mathrm{d}A = M$$

式中，$\int_A y^2\mathrm{d}A = I_z$，为横截面对 z 轴的惯性矩。由此，便得到中性层曲率为

$$\frac{1}{\rho} = \frac{M}{EI_z} \tag{4.7}$$

式中，EI_z 称为**弯曲刚度**。显然，若保持弯矩不变，则 EI_z 越大，曲率半径越大，即弯曲程度越小。将式(4.7)代入 $\sigma = Ey/\rho$，便得到横截面上任意点的**纯弯曲正应力**公式：

$$\sigma = \frac{My}{I_z} \tag{4.8}$$

由式(4.8)可以看出，弯曲正应力与弯矩和点到中性轴的距离成正比，与横截面对中性轴的惯性矩成反比。当弯矩 M 为正时，中性层以下的 y 坐标为正，应力为正，即下部受拉；中性层以上的 y 坐标为负，应力为负，即上部受压。当弯矩 M 为负时，中性层以下的 y 坐标为正，应力则为负，即下部受压；中性层以上的 y 坐标为负，应力则为正，即上部受拉。由式(4.8)还可以看出，弯曲正应力与梁的材料无关。

实际计算中不一定要进行代数计算，只需计算应力的绝对值，可以通过弯矩的转向以及变形的情况来判断是拉应力还是压应力。以弯曲的轴线为参考，凸边的应力为拉应力，凹边的应力为压应力。

4.5.2　纯弯曲理论在横力弯曲中的应用

如果在梁的纵向对称截面上作用着垂直于轴线的集中载荷、分布载荷以及力偶，梁弯曲后横截面上的内力一般同时存在弯矩和剪力，这样的弯曲称为**横力弯曲**。

横力弯曲时，由于剪力的存在，梁的横截面将不再保持为平面而发生翘曲，平面假设不再成立。但对于足够长的等截面直梁(通常梁跨度大于 5 倍梁高)，横力弯曲时，横截面上的正应力仍可按纯弯曲的正应力公式(4.8)进行计算，只是在这种情况下，弯矩不再为常数，一般是截面位置 x 的函数。

横力弯曲正应力公式为

$$\sigma_x = \frac{M(x)y}{I_z} \tag{4.9}$$

【例 4.16】　24b 号工字钢梁受力如图 4.36(a)所示，试求梁上的最大拉应力和最大压应力。

解：先由平衡方程求出支座反力为

$$F_A = 160\text{kN}, \quad F_B = 132\text{kN}$$

作弯矩图，如图 4.36(c)所示。可见，C 截面的弯矩值最大，为

$$M_{\max} = 64\text{kN}\cdot\text{m}$$

查型钢表，得 24b 号工字钢的惯性矩和截面尺寸分别为

$$I_z = 4570\text{cm}^4$$

$$y_{\max} = 12\text{cm}$$

最大拉应力发生在 C 截面的下边缘，根据式(4.8)，有

$$\sigma_{\max,t} = \frac{M_{\max} y_{\max}}{I_z} = \frac{64\times10^3\times12\times10^{-2}}{4570\times10^{-8}} = 168(\text{MPa})$$

最大压应力发生在 C 截面的上边缘，有

$$\sigma_{\max,c} = \frac{M_{\max} y_{\max}}{I_z} = \frac{64\times10^3\times12\times10^{-2}}{4570\times10^{-8}} = 168(\text{MPa})$$

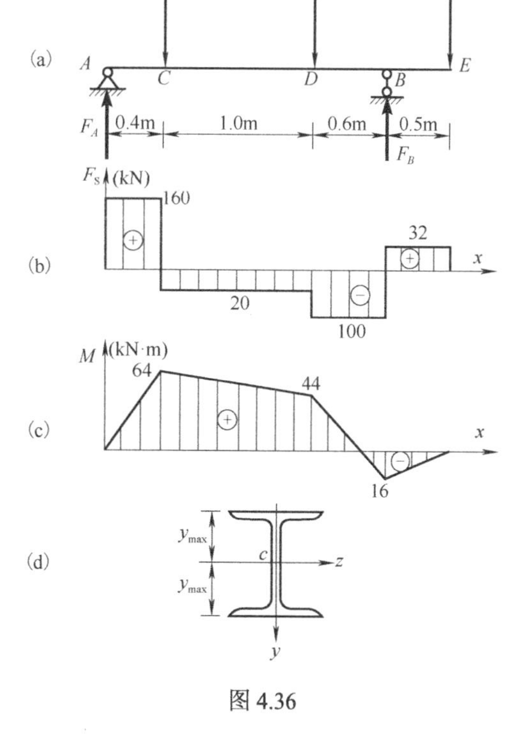

图 4.36

由本例可以看出，对于上下截面对称的梁，其最大拉应力和最大压应力发生在同一个截面上，而且数值也相同。

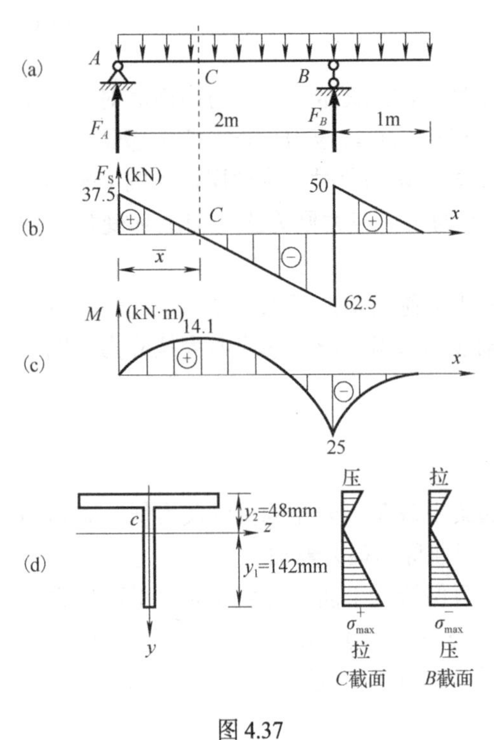

图 4.37

【例 4.17】 T 形截面梁受力如图 4.37(a)所示，已知截面对中性轴的惯性矩 I_z=2610cm^4。试求梁上的最大拉应力和最大压应力，并指明产生于何处。

解： 由平衡条件求得支座反力为

$$F_A = 37.5\text{kN}, \quad F_B = 112.5\text{kN}$$

作剪力和弯矩图，如图 4.37(b)和(c)所示。

AB 段弯矩极值点坐标 $\bar{x} = 0.75\text{m}$，对应的截面记为 C，极值弯矩为

$$M(\bar{x}) = M_C = 14.1\text{kN}\cdot\text{m}$$

故 B 截面的弯矩为 $M_B = -25\text{kN}\cdot\text{m}$，$C$ 截面的弯矩为 $M_C = 14.1\text{kN}\cdot\text{m}$。

因 T 形截面中性轴不是对称轴，求梁上的最大拉应力和最大压应力时要分别考虑最大正弯矩和最大负弯矩两个截面(截面 B、C)上的最大应力，再比较确定。

B 截面上，最大拉应力发生在上边缘，最大压应力发生在下边缘，如图 4.37(d)所示，分别为

$$\sigma^+_{\max, B} = \frac{|M_B| \times y_2}{I_z} = \frac{25\times10^3\times48\times10^{-3}}{2610\times10^{-8}} = 45.98(\text{MPa})$$

$$\sigma^-_{\max, B} = \frac{|M_B| \times y_1}{I_z} = \frac{25\times10^3\times142\times10^{-3}}{2610\times10^{-8}} = 136.02(\text{MPa})$$

C 截面上，最大拉应力发生在下边缘，最大压应力发生在上边缘，如图 4.37(d)所示，分别为

$$\sigma^+_{\max,C} = \frac{M_C y_1}{I_z} = \frac{14.1\times10^3\times142\times10^{-3}}{2610\times10^{-8}} = 76.71(\text{MPa})$$

$$\sigma^-_{\max,C} = \frac{M_C y_2}{I_z} = \frac{14.1\times10^3\times48\times10^{-3}}{2610\times10^{-8}} = 25.93(\text{MPa})$$

因此，梁上最大拉应力发生在 C 截面的下边缘，有

$$\sigma^+_{\max} = \sigma^+_{\max,C} = 76.71(\text{MPa})$$

最大压应力发生在 B 截面的下边缘，有

$$\sigma^-_{\max} = \sigma^-_{\max,B} = 136.02(\text{MPa})$$

由本例可以看出，对于上下截面不对称的梁，同一截面上最大拉应力和最大压应力不相等，梁的最大拉应力和最大压应力发生在较大弯矩处而不一定发生在同一个截面上。一般要同时考虑最大正弯矩和最大负弯矩所在的两个截面，分别计算对应的最大拉应力和最大压应力，然后再将结果进行比较，以确定梁上最大拉应力和最大压应力的数值及其发生位置。

4.6　梁的弯曲切应力

在横力弯曲中，横截面上同时存在弯矩和剪力两个内力分量。一般情况下，正应力是决定梁强度的主要因素，切应力的影响比较小，可以忽略，但对于短梁或薄壁梁，切应力不可忽略。因其计算公式推导稍复杂，在此只介绍几个常用截面梁的最大切应力公式。

4.6.1　矩形截面梁的弯曲切应力

设一矩形截面梁的高度为 h，宽度为 b，在横截面的 y 方向有剪力 F_S，如图 4.38 所示，对矩形截面梁的切应力分布作如下两个假设。

(1) 横截面任意一点的切应力方向与剪力一致；

(2) 横截面上距中性轴等距处，各点的切应力相等。

由这两个假设出发，可以得到距中性轴为 y 处的弯曲切应力的计算式(推导过程从略，可参考文献[1])为

$$\tau=\frac{F_S S_z^*}{I_z b} \tag{4.10}$$

式中，S_z^* 为截面上距中性轴为 y 的横线以外的面积对中性轴 z 的静矩，式(4.10)也适用于其他截面形式。

对于矩形截面，切应力沿横截面高度方向呈二次抛物线变化，如图 4.39 所示，距中性轴 y 处的切应力为

$$\tau=\frac{F_S}{2I_z}\left(\frac{h^2}{4}-y^2\right) \tag{4.11a}$$

由此式可知，横截面上、下边缘处的切应力为零，而在中性轴上，切应力最大，其值为

$$\tau_{\max}=\frac{3}{2}\frac{F_S}{A} \tag{4.11b}$$

式中，A 为矩形截面面积。

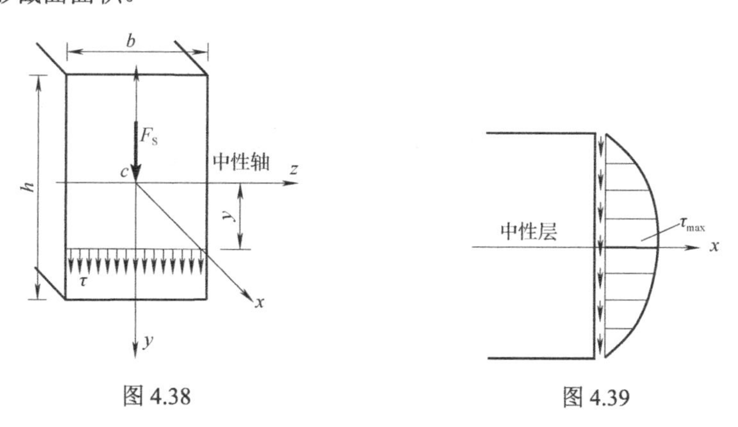

图 4.38　　　图 4.39

4.6.2　工字形截面梁腹板上的弯曲切应力

如图 4.40 所示，工字形截面上、下短宽的矩形通常称为翼缘，中间窄高的矩形通常称为

腹板。截面上的剪力绝大部分由腹板承担，翼缘上承担的剪力很少，故翼缘上的切应力远小于腹板上的切应力，可以不必考虑。

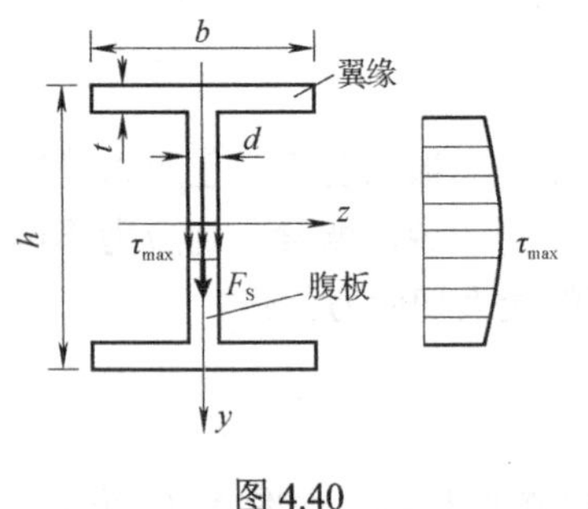

图 4.40

分析表明，腹板上的切应力 τ 方向与剪力 F_s 方向一致，沿腹板高度也按抛物线规律分布。当腹板厚度 d 远小于翼缘宽度 b 时，最大切应力与最小切应力的差值很小，所以腹板上的切应力可近似视为均匀分布。最大切应力发生在中性轴上，近似等于剪力在腹板面积上的平均值，即

$$\tau_{max} = \frac{F_S}{(h-2t)d} = \frac{F_S}{A_0} \tag{4.12}$$

式中，A_0 为工字形截面腹板面积。

4.6.3　圆形及圆环形截面梁的最大弯曲切应力

由计算可知，圆形或圆环形截面的最大切应力仍发生在中性轴上，如图 4.41 和图 4.42 所示。圆形截面的最大切应力 τ_{max} 方向与剪力 F_S 方向一致，为

$$\tau_{max} = \frac{4}{3}\frac{F_S}{A} \tag{4.13}$$

圆环形截面的最大切应力 τ_{max} 方向与剪力 F_S 方向一致，为

$$\tau_{max} = 2\frac{F_S}{A} \tag{4.14}$$

式中，A 分别为圆形和圆环形截面面积。

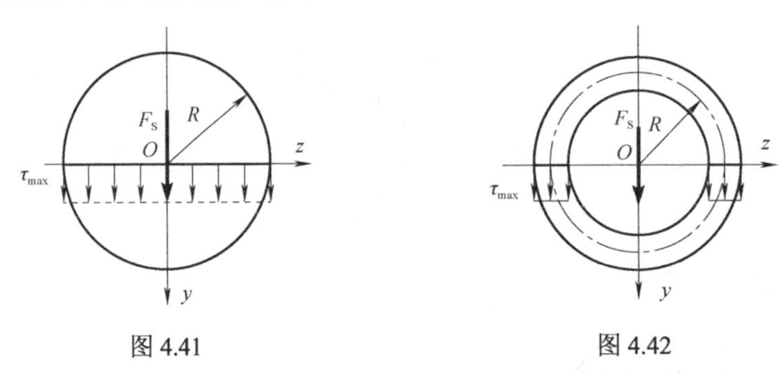

图 4.41　　图 4.42

4.7　梁的弯曲强度计算

4.7.1　梁的弯曲正应力强度计算

从前面的分析已知，对称弯曲梁的最大弯曲正应力发生在横截面的上(或下)边缘处，而上、下边缘处的切应力又等于零，所以可以类似于轴向拉压问题建立梁的弯曲正应力强度条件：

$$\sigma_{max} = \frac{M_{max}y_{max}}{I_z} \leqslant [\sigma] \tag{4.15}$$

令

$$W_z = \frac{I_z}{y_{max}} \tag{4.16}$$

则式(4.16)可以写为

$$\sigma_{\max}=\frac{M_{\max}}{W_z}\leqslant[\sigma] \tag{4.17}$$

式中，W_z称为**弯曲截面因数**，单位通常采用 m^3、mm^3。对于上、下对称的截面，因上、下边缘距中性层的距离相等，所以最大拉应力与最大压应力数值相等。

常用的相对中性轴上、下对称的截面有如下几种。

矩形截面：设高度为 h，宽度为 b，弯曲截面因数为

$$W_z=\frac{I_z}{y_{\max}}=\frac{\dfrac{bh^3}{12}}{\dfrac{h}{2}}=\frac{bh^2}{6}$$

圆形截面：设直径为 d，弯曲截面因数为

$$W_z=\frac{I_z}{y_{\max}}=\frac{\dfrac{\pi d^4}{64}}{\dfrac{d}{2}}=\frac{\pi d^3}{32}$$

圆管形截面：设外径为 D，内径为 d，$\alpha=d/D$，弯曲截面因数为

$$W_z=\frac{I_z}{y_{\max}}=\frac{\dfrac{\pi\left(D^4-d^4\right)}{64}}{\dfrac{D}{2}}=\frac{\pi D^3}{32}\left[1-\left(\frac{d}{D}\right)^4\right]=\frac{\pi D^3}{32}(1-\alpha^4)$$

各种型钢截面的惯性矩和弯曲截面因数可从型钢表中查到，材料的弯曲许用应力$[\sigma]$可从相关工程规范或设计手册中查到。

类似于轴向拉、压和扭转，弯曲正应力强度条件式(4.17)也可用于三个方面的强度计算。

(1)若已知梁中的最大弯矩 $M_{\max}$、弯曲截面因数 W_z 和许用应力$[\sigma]$，可直接用式(4.17)校核梁是否满足强度条件。

(2)若已知最大弯矩 $M_{\max}$ 和许用应力$[\sigma]$，可将式(4.17)写为

$$W_z\geqslant\frac{M_{\max}}{[\sigma]} \tag{4.18}$$

式(4.18)可用于确定、选择或设计截面的尺寸。

(3)若已知弯曲截面因数 W_z 和许用应力$[\sigma]$，可将式(4.17)写为

$$M_{\max}\leqslant[\sigma]W_z \tag{4.19}$$

式(4.19)可用于确定梁所能承受的最大弯矩，进而确定梁的许可载荷。

实际计算时，应注意以下几点。

(1)式(4.17)～式(4.19)只适用于截面与中性轴对称的梁。

(2)对于截面与中性轴不对称的梁，应按式(4.15)进行强度计算。若梁为脆性材料，由于拉伸与压缩强度不相同，则应按式(4.15)分别进行计算。

【例 4.18】　用铸铁制成的 T 形截面梁，其受力如图 4.43(a)所示，已知铸铁的拉伸、压缩许用应力分别为 $[\sigma_t]=30\text{MPa}$、$[\sigma_c]=60\text{MPa}$；截面对中性轴的惯性矩 $I_z=763\text{cm}^4$，$y_1=8.8\text{cm}$，$y_2=5.2\text{cm}$，试校核此梁的强度。

解： (1)作弯矩图。先求支座反力，由平衡条件可得

$$F_A = 2.5\text{kN}, \qquad F_B = 10.5\text{kN}$$

作弯矩图如图 4.43(b)所示，在 C 截面和 B 截面，分别有最大的正弯矩和最大的负弯矩：

$$M_C = 2.5\text{kN}\cdot\text{m}, \qquad M_B = -4\text{kN}\cdot\text{m}$$

(2)强度校核。由于截面关于 z 轴不对称，B、C 两个截面均可能是危险截面。

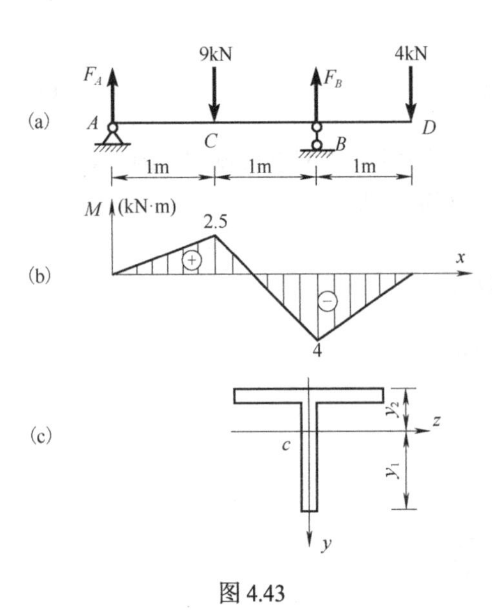

图 4.43

B 截面上的最大拉应力发生在上边缘，其大小为

$$\sigma_{\max,B}^{+} = \frac{M_B y_2}{I_z} = \frac{4\times10^3\times5.2\times10^{-2}}{763\times10^{-8}} = 27.3(\text{MPa})$$

B 截面上的最大压应力发生在下边缘，其值为

$$\sigma_{\max,B}^{-} = \frac{M_B y_1}{I_z} = \frac{4\times10^3\times8.8\times10^{-2}}{763\times10^{-8}} = 46.1(\text{MPa})$$

C 截面上的最大拉应力发生在下边缘，其大小为

$$\sigma_{\max,C}^{+} = \frac{M_C y_1}{I_z} = \frac{2.5\times10^3\times8.8\times10^{-2}}{763\times10^{-8}} = 28.8(\text{MPa})$$

C 截面上的最大压应力发生在上边缘，其大小为

$$\sigma_{\max,C}^{-} = \frac{M_C y_2}{I_z} = \frac{2.5\times10^3\times5.2\times10^{-2}}{763\times10^{-8}} = 17.04(\text{MPa})$$

对比最大正应力可知，整个梁的最大拉应力发生在 C 截面的下边缘，进行强度校核，有

$$\sigma_{\max,C}^{+} = 28.8(\text{MPa}) < [\sigma_t]$$

而最大压应力发生在 B 截面的下边缘，进行强度校核，有

$$\sigma_{\max,B}^{-} = 46.1(\text{MPa}) < [\sigma_c]$$

结果表明，此梁的拉、压强度条件均满足，具有足够的弯曲强度。

【例 4.19】 截面型号为 20a 号的工字钢梁受力如图 4.44(a)所示，已知钢材的许用应力 $[\sigma]$=160MPa，试求此梁的许可载荷$[F]$。

解： 首先求支座反力，由平衡条件得

$$F_A = \frac{F}{3}, \qquad F_B = -\frac{F}{3}$$

作弯矩图，如图 4.44(b)所示，最大弯矩为

$$M_{\max} = \frac{2}{3}F$$

查表可知 20a 工字钢截面的弯曲截面因数为

$$W_z = 237\text{cm}^3$$

根据强度条件式(4.19)，得此梁所能承受的最大弯矩为

$$\begin{aligned} M_{\max} &\leqslant [\sigma]W_z \\ &= 160\times10^6\times237\times10^{-6} \\ &= 37920(\text{N}\cdot\text{m}) = 37.92(\text{kN}\cdot\text{m}) \end{aligned}$$

即

$$F = \frac{3}{2}M_{\max} \leqslant 56.88\text{kN}$$

图 4.44

取等号得，此梁的许可载荷$[F]$=56.88kN。

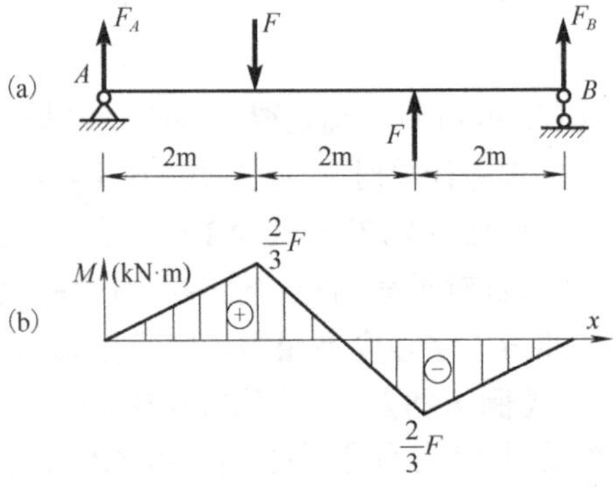

【例 4.20】　图 4.45 所示的简支梁由两根槽钢焊接成工字形截面，梁上的均布载荷分布集度 q=5kN/m；此外，左端还作用一个力偶 M_0=7.5kN · m；若已知钢材的许用应力[σ]=120MPa，试选择此梁的槽钢型号。

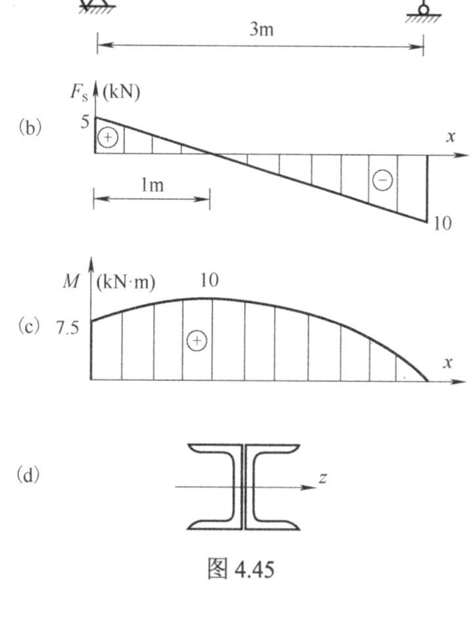

图 4.45

解：首先由平衡条件求得支座反力为

$$F_A = 5\text{kN}\,,\qquad F_B = 10\text{kN}$$

作剪力图和弯矩图，分别如图 4.45(b)和(c)所示，由此判断最大弯矩发生在距 A 截面为 1m 的截面上：

$$M_{\max} = 10\text{kN}\cdot\text{m}$$

根据强度条件式(4.17)可求得梁所必需的最小弯曲截面因数：

$$W_z \geqslant \frac{M_{\max}}{[\sigma]} = \frac{10\times10^3}{120\times10^6} = 83.3\times10^{-6}(\text{m}^3) = 83.3(\text{cm}^3)$$

单个槽钢所必需的最小弯曲截面因数则为

$$W_{1z} = \frac{1}{2}W_z \geqslant 41.7(\text{cm}^3)$$

查槽钢型钢表，符合要求的最小型号为 12.6 号槽钢，其弯曲截面因数为 W_{1z}=62.137cm^3，比最小值大 49%，从而造成材料的浪费。若采用 10 号槽钢，其弯曲截面因数 W_{1z}=39.7cm^3，则梁的弯曲截面因数为 W_z=2W_{1z}=79.4cm^3。如此，梁中的最大正应力为

$$\sigma_{\max} = \frac{M_{\max}}{W_z} = \frac{10\times10^3}{79.4\times10^{-6}} = 125.9(\text{MPa})$$

超过许可值的百分比为

$$\frac{125.9-120}{120}\times100\% = 4.9\%$$

对于钢结构，工程规范中允许的工作应力最多只能超过许用应力的 5%，所以上述问题中采用 10 号槽钢是可以接受的。

4.7.2　梁的弯曲切应力强度计算

一般，对于等截面梁，最大切应力发生在最大剪力 F_{Smax} 所在截面的中性层上，而中性层处的弯曲正应力为零，中性层上各点的应力与圆轴扭转时的应力情况类似，见图 4.39。因此，可以类似建立**梁的弯曲切应力强度条件**，即

$$\tau_{\max} \leqslant [\tau] \tag{4.20}$$

式中，[τ]为材料的剪切许用应力。

在进行梁的强度计算时，应同时满足弯曲正应力强度条件式(4.15)和切应力强度条件式(4.20)。

从受集中力作用的简支梁的内力图可以看出：在外力不变的情况下，梁越长，则最大弯矩值也就越大，而最大剪力的数值却不变。对于受均布载荷的梁，最大弯矩值按梁长度的平方增加，而最大剪力的数值按梁长度的一次方增加。因此，对于足够长的梁，其强度主要由弯曲正应力控制，而不必进行切应力强度计算。但在几种特殊情况下，必须校核梁的切应力强度。

(1) 相对于截面高度而言长度较短的梁。梁越短，可承受的力越大，剪力也越大。

(2) 载荷靠近支座的梁。载荷越靠近支座，弯矩就越小，剪力的作用就突显出来了。

(3) 一般来说，型钢的厚度都能满足切应力强度条件，通常可以不进行切应力强度计算。对于焊接的组合截面钢梁，如工字形梁，当截面的腹板厚度与梁高之比小于型钢截面的相应比值时，横截面上可能产生较大的切应力。

(4) 根据切应力互等定理，在梁的纵截面上存在层间切应力。对于木梁，木材顺纹方向的抗剪切性能较差，在横力作用下会产生纵向剪切破坏而导致分层。

【例 4.21】 图 4.46 所示的工字形截面梁由三块等厚钢板焊接而成，钢板的厚度 $t=8\text{mm}$，许用应力$[\sigma]=140\text{MPa}$、$[\tau]=70\text{MPa}$。试按弯曲正应力强度条件确定腹板的高度和翼板的宽度，并校核剪切强度。

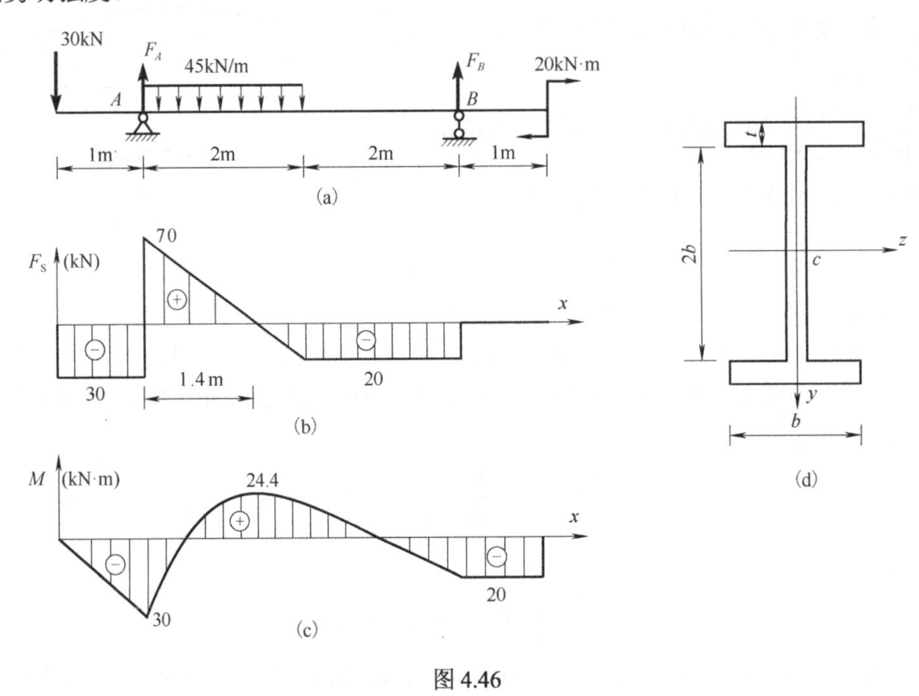

图 4.46

解：(1) 首先求支座反力。由平衡方程$\sum M_A(F)=0$和$\sum M_B(F)=0$，可得

$$F_A=100\text{kN}, \quad F_B=20\text{kN}$$

(2) 作剪力图、弯矩图，分别如图 4.46(b)、(c)所示。可以看出，A 截面为危险截面，最大剪力和弯矩的数值分别为

$$F_{\text{Smax}}=70\text{kN}, \quad M_{\max}=30\text{kN}\cdot\text{m}$$

(3) 由附录Ⅰ计算截面的惯性矩和弯曲截面因数。

$$I_z=2\left[\frac{b\times 8^3}{12}+8\times b\times(4+b)^2\right]+\frac{8\times(2b)^3}{12}=21b^3+128b^2+341b$$

$$W_z=\frac{21b^3+128b^2+341b}{8+b} \tag{a}$$

(4) 根据弯曲正应力强度条件，梁的弯曲截面因数必须满足如下条件：

$$W_z\geqslant\frac{M_{\max}}{[\sigma]}=\frac{30\times10^3}{140\times10^6}=2.14\times10^{-4}(\text{m}^3)=2.14\times10^5(\text{mm}^3) \tag{b}$$

将式(a)代入式(b)，有

$$\frac{21b^3+128b^2+341b}{8+b}\geqslant 2.14\times 10^5$$

求得

$$b\geqslant 102(\text{mm})$$

取翼板的宽度为 102mm，则腹板的高度为 204mm。据此，截面对中性轴的惯性矩为

$$I_z=2\left[\frac{b\times 8^3}{12}+8\times b\times(4+b)^2\right]+\frac{8\times(2b)^3}{12}=2.37\times 10^7\text{mm}^4$$

(5)剪切强度校核。

$$\tau_{\max}=\frac{F_{\text{Smax}}}{A_0}=\frac{F_{\text{Smax}}}{2bt}=\frac{70\times 10^3}{2\times 102\times 10^{-3}\times 8\times 10^{-3}}=42.89(\text{MPa})<[\tau]=70\text{MPa}$$

此梁满足剪切强度条件。

4.8　梁的合理强度设计

4.8.1　载荷及支座的合理配置

一般来说，梁的强度主要由最大正应力控制，而正应力与弯矩有关，所以在保证梁的承载能力的前提下，最大设计弯矩值越小越合理。通过改变加载方式或调整约束的位置，可以降低梁的最大弯矩值。例如，简支梁在中点受单位集中载荷作用，如图 4.47(a)所示，此时梁中的最大弯矩 $M_{\max}$=0.25N·m。若增加一个忽略自重的次梁，如图 4.47(b)所示，将一个集中力分散为两个集中力，则梁中的最大弯矩降为 $M_{\max}$=0.125N·m，相对于前者下降了 50%。同时还可以看到，最大剪力的数值并没有改变。

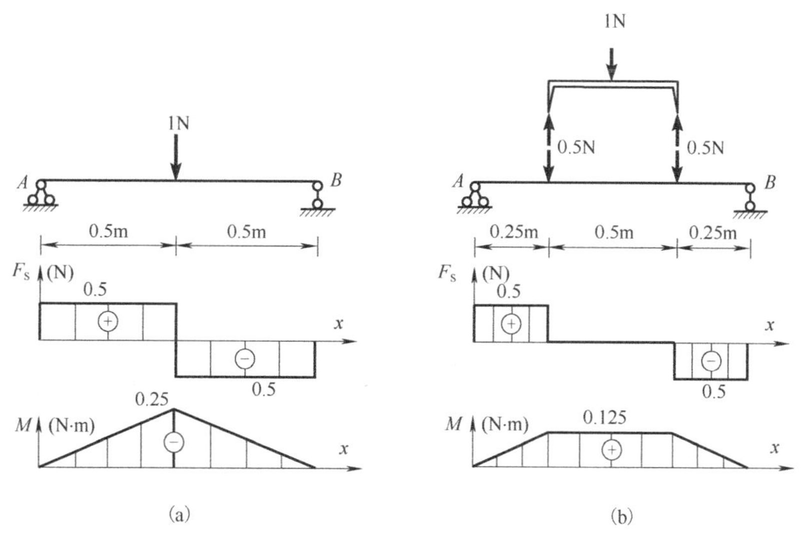

图 4.47

又例如，简支梁受载荷集度为一个单位的均布载荷作用，如图 4.48(a)所示。此时，梁中的最大弯矩为 M_{max}=0.125N·m。若将两支座向内移动 1/10 跨长，如图 4.48(b)所示，则梁中的最大弯矩降为 M_{max}=0.075N·m，相对于前者下降了 40%。同时，最大剪力下降了 20%。

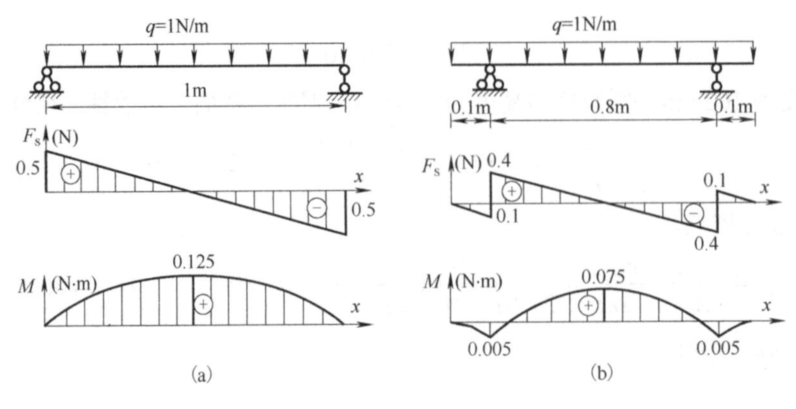

图 4.48

另外，利用以上方法还可以设计最佳配置方案，使得正应力和切应力同时达到许可值，即弯剪等强度。

4.8.2　梁截面的合理设计

结合例 4.22 来分析梁截面的合理设计。

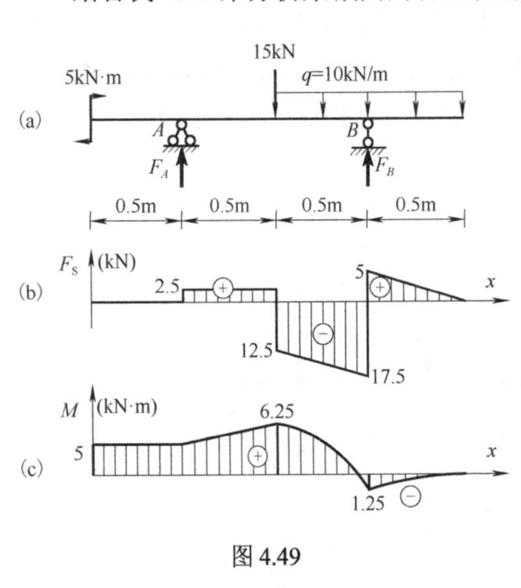

图 4.49

【例 4.22】　一两端外伸梁如图 4.49(a)所示，若已知钢材的许用应力[σ]=160MPa，试分别设计以下几种形状的截面尺寸(如果是型钢，则给出其型号)，并比较其经济性：(1)矩形(h/b=2)；(2)圆形；(3)工字钢；(4)圆管形(D/d=2)；(5)薄壁圆管(D/d=1.1)。

解：先求得支座反力为

$$F_A = 2.5\text{kN}，\quad F_B = 22.5\text{kN}$$

作剪力图和弯矩图，分别如图 4.49(b)、(c)所示，最大弯矩值为

$$M_{max} = 6.25\text{kN}\cdot\text{m}$$

根据强度条件式(4.17)，求得梁所必需的最小弯曲截面因数，为

$$W_z \geqslant \frac{M_{max}}{[\sigma]} = \frac{6.25\times10^3}{160\times10^6}$$

$$= 39\times10^{-6}(\text{m}^3) = 39(\text{cm}^3)$$

根据题目的要求，分别对不同截面进行设计。

(1)矩形(h/b=2)。由

$$W_z = \frac{I_z}{y_{max}} = \frac{\dfrac{bh^3}{12}}{\dfrac{h}{2}} = \frac{h^3}{12} = 39(\text{cm}^3)$$

解得梁高 $h = 7.76\text{cm}$，梁宽 $b = 3.88\text{cm}$，横截面面积 $A_1 = 30.11\text{cm}^2$。

(2)圆形。由

$$W_z = \frac{I_z}{y_{\max}} = \frac{\dfrac{\pi d^4}{64}}{\dfrac{d}{2}} = \frac{\pi d^3}{32} = 39(\text{cm}^3)$$

解得截面直径 d=7.35cm，横截面面积 A_2=42.4cm^2。

(3)工字钢。查型钢表，选择 10 号工字钢，W_z =49cm^3，横截面面积 A_3=14.3cm^2。

(4)圆管形(D/d=2)。由

$$W_z = \frac{I_z}{y_{\max}} = \frac{\dfrac{\pi\left(D^4 - d^4\right)}{64}}{\dfrac{D}{2}} = \frac{\pi D^3}{32}\left[1 - \left(\frac{1}{2}\right)^4\right] = 39(\text{cm}^3)$$

解得圆管外径 D=7.51cm，内径 d= 3.76cm，横截面面积 A_4=33.3cm^2。

(5)薄壁圆管(D/d =1.1)。类似于圆管形，可得 D=10.78cm 、d=9.80cm，横截面面积 A_5=15.8cm^2。

仅考虑构件的强度，则在满足同样强度条件的前提下，横截面面积越小，材料用量越省，也就越经济、合理。从此例计算结果容易看出：工字形截面最好，其次是薄壁圆管、矩形和圆管形，圆形截面最差，原因在于其截面积更多地分布于中性层附近，而按弯曲应力分布规律知，在中性轴附近，应力较小，材料未能充分发挥作用。

从强度条件式(4.15)可知，给定载荷后，梁的抗弯性能决定于其弯曲截面因数 W_z ，W_z 越大，工作应力就越小，安全性就越高。一般，W_z 与截面高度的平方成正比，所以可以通过增加高度、减小宽度来提高 W_z。截面的合理性是指：在保持截面面积不变的条件下提高 W_z；或者在保证 W_z 不变的前提下，尽可能减小截面的面积。例如，对于例 4.22 中的矩形截面，可以通过增加高度、减小宽度来提高 W_z；对于圆管形截面，可以增大直径、减小厚度。但是，不可能无限制地减小宽度和厚度，太薄将会导致失稳。

提高 W_z 的方法很多，总的原则是尽可能使截面的面积分布远离中性层。以矩形截面为例，由于上、下边缘处承受的正应力最大，总弯矩的 87.5%是由靠近上、下边缘 50%的面积承担的，而在靠近中性层 50%的区域中承担的弯矩只占 12.5%，这部分材料没有得到充分利用。因此，在总面积不变的条件下，可以减少靠近中性层的面积，以充实上、下两边缘的面积，如将矩形变形为工字形等。

由不同材料制成的梁，其截面的合理性也不能一概而论。对于塑性材料，应使用上下对称的截面以达到拉压等强度条件。而对于脆性材料，为了达到拉压等强度条件(拉压应力同时达到许可值)，就应该采用上、下不对称截面。

在实际工程中，合理性并不是一个单纯的力学问题，而是一个综合了安全性、经济性、使用性和工艺性的系统工程，只强调某一方面的合理性都是不科学的。

4.8.3　梁外形的合理设计

一般情况下，梁各个截面上的内力(剪力和弯矩)不相同，若根据最大弯矩设计截面的尺寸，那么除危险截面外，其他横截面上的工作应力都小于材料的许用应力，这显然是不经济的。为了充分利用材料、节约材料的用量、减轻构件的自重，在功能和工艺允许的条件下，应当尽量采用变截面等强度设计。以矩形截面悬臂梁为例，如图 4.50(a)所示，若设定宽度 b 不变，高度为变量 $h(x)$，根据正应力强度条件：

$$\sigma_{\max}=\frac{M(x)}{W(x)}=\frac{Fx}{\dfrac{bh^2(x)}{6}}\leqslant[\sigma]$$

取等号，得梁高 $h(x)$随 x 变化的方程：

$$h(x)=\sqrt{\frac{6Fx}{b[\sigma]}}$$

这是一个抛物线方程。理论上讲，梁的外形设计成抛物线形是最合理的，如图 4.50(b)所示。但考虑到加工的难度及可能性，可以设计成如图 4.50(c)所示的楔形，或如图 4.50(d)所示的阶梯形，也可以设计成如图 4.50(e)所示的阶梯组合截面，但须用螺栓将各层紧密联结以抵抗层间剪切。按等强度条件设计的梁称为**等强度梁**。

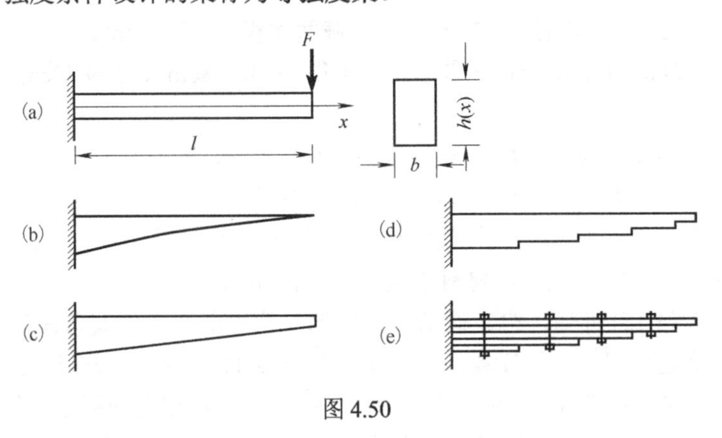

图 4.50

4.9　工程应用举例

【例 4.23】　某车间安装的桥式起重机如图 4.2 所示。在设计中，大梁选用了工字钢。大梁上的小车和电葫芦的总重量 F_1=6.70kN，起吊重量 F_2=50kN，大梁跨度 l=9.5m，工字钢材料的许用应力$[\sigma]$=140MPa。为保证起重机既安全工作又经济合理，设计人员如何选择工字钢的型号？若考虑大梁自重 q=67.6kg/m 时，选择的结果又如何？

解：该类问题是强度计算中的截面设计问题。选择工字钢的型号，需要查附录Ⅲ中的型钢规格表，此处可用弯曲截面因数 W_z 作为查找的参数。

1)不考虑自重

(1)确定危险截面。起重机大梁可简化为如图 4.51(a)所示的简支梁，电葫芦处在跨中时大梁最危险，且跨中是危险截面。

$$F=F_1+F_2=56.70\text{kN}$$

(2)画大梁的弯矩图，如图 4.51(b)所示，跨中截面最大弯矩为

$$M_{F\max}=\frac{Fl}{4}=134.66(\text{kN})$$

(3) 由正应力强度条件式(4.17)，可得到弯曲截面因数：

$$W_z \geqslant \frac{M_{\max}}{[\sigma]} = \frac{134.66\times10^3}{140\times10^6}$$

$$= 962\times10^{-6}(\mathrm{m}^3) = 962(\mathrm{cm}^3)$$

(4) 由 W_z=962cm^3，查型钢规格表，选择工字钢型号为 36c 号工字钢。

2) 考虑自重

把自重作为均布载荷作用在大梁上，如图 4.51(c) 所示，可画出对应的弯矩图，如图 4.51(d) 所示。自重产生的最大弯矩为

$$M_{q\max} = \frac{qgl^2}{8}$$

大梁危险截面仍在跨中，采用叠加法，如图 4.51(e) 所示，最大弯矩为

$$M_{\max} = M_{F\max} + M_{q\max} = \frac{Fl}{4} + \frac{qgl^2}{8} = 142.13(\mathrm{kN})$$

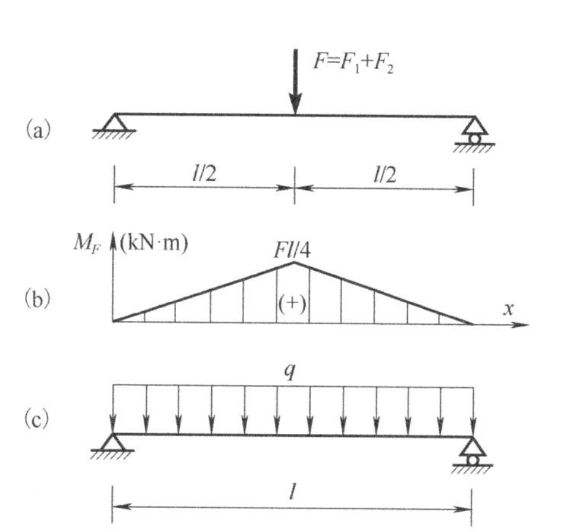

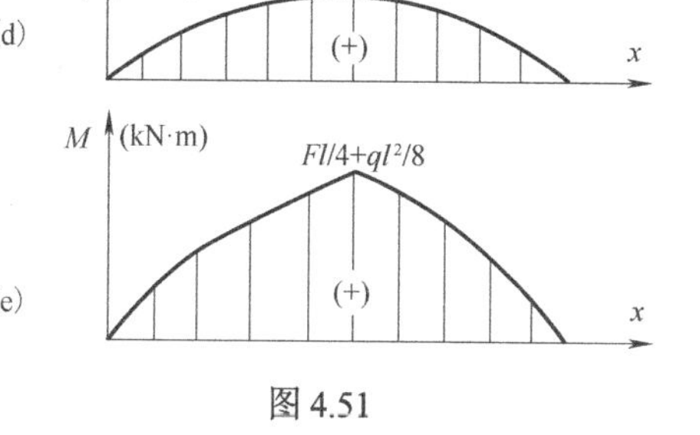

图 4.51

再由正应力强度条件可得

$$W_z \geqslant \frac{M_{\max}}{[\sigma]} = \frac{142.13\times10^3}{140\times10^6} = 1015\times10^{-3}(\mathrm{m}^3) = 1015(\mathrm{cm}^3)$$

由 W_z=1015cm^3，查型钢表，选择 W_z 大于或等于 1015cm^3 的工字钢型号，如 40a 号工字钢，W_z=1090cm^3，满足设计要求。

【例 4.24】 有一栋房子需要修建一个观景小阳台，如图 4.52(a)所示。该木制小阳台设计了三根相同的悬臂梁来支撑地板，每根梁长度 L_1=2.0m，宽度为 b，高度为 h，且 h=4b/3。阳台地板尺寸为 L_1xL_2，L_2=2.5m。作用在整个阳台地板上的载荷估计不超过 5.5kPa(包括阳台自重，但不包括悬臂梁的重量)，而梁的重量集度为 1.2kN/m。悬臂梁的许可弯曲应力 [σ]=15MPa，假设中间的悬臂梁承担 50%的载荷，其他两根梁各承担 25%的载荷。假如你是设计工程师，请确定 b 和 h 的尺寸。

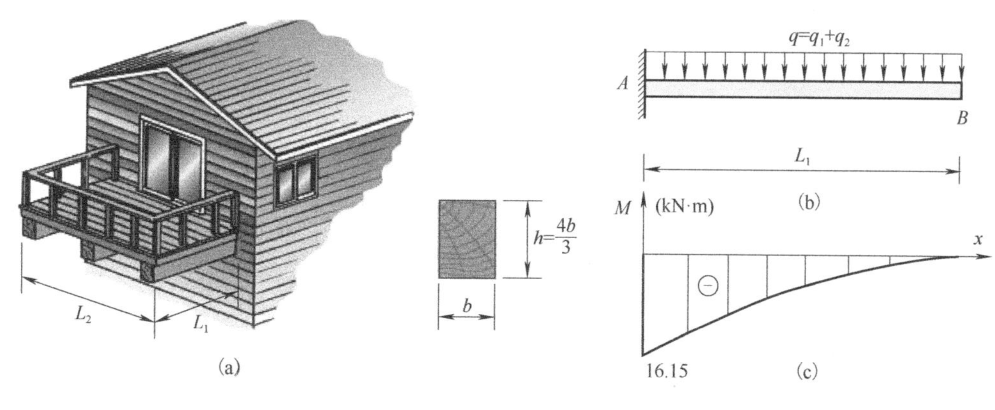

图 4.52

解： 三根悬臂梁的自重相同，且中间的一根承担 50%的载荷，故选其作为研究对象，计

算简图如图 4.52(b)所示。

作用在整个阳台地板上的设计载荷的合力为

$$F = 5.5\times10^3 \times L_1 \times L_2 = 5.5\times10^3 \times 2.0\times 2.5 = 27.5(\text{kN})$$

可简化为沿长度 L_1 分布的均匀线载荷 q_1，即

$$q_1 = \frac{F\times 50\%}{L_1} = \frac{F}{4} = 6.875(\text{kN/m})$$

自重集度为

$$q_2 = 1.2\text{kN/m}$$

故中间的悬臂梁上的载荷集度为

$$q = q_1 + q_2 = 8.075\text{kN/m}$$

对于该简单悬臂梁，弯矩图如图 4.52(c)所示，易知危险截面在固定端 A，最大弯矩为

$$M_{\max} = qL_1^2/2 = 2q = 16.15\text{kN}\cdot\text{m}$$

由正应力强度条件式(4.17)可得弯曲截面因数：

$$W_z = \frac{bh^2}{6} = \frac{8b^3}{27}$$

再由公式：

$$W_z \geqslant \frac{M_{\max}}{[\sigma]}$$

可计算悬臂梁横截面尺寸为

$$b \geqslant \sqrt[3]{\frac{27M_{\max}}{8[\sigma]}} = \sqrt[3]{\frac{27\times16.15\times10^3}{8\times15\times10^6}} = 0.154(\text{m}) = 15.4(\text{cm})$$

$$h = \frac{4b}{3} \geqslant 20.53\text{cm}$$

在工程中往往取整数尺寸，易于加工，故可取 b=16cm，h=22cm。

【例 4.25】　高速公路边汽车服务站的标志牌由两根空心圆截面的铝柱支撑，如图 4.53(a)所示。铝柱设计可抵抗标志牌上 p=3.6kPa 的风载荷作用，铝柱和标志牌尺寸为 h_1=3.0m，h_2=1.5m，b=3.0m。为防止铝柱管壁失稳，空心圆截面的内壁厚度 t 设计为外直径 d 的 1/10。

(1)若铝材的许可弯曲正应力[σ]=52MPa，请确定铝柱所需的最小直径。

(2)若铝材的许可弯曲切应力[τ]=14MPa，铝柱所需的最小直径又为多少？

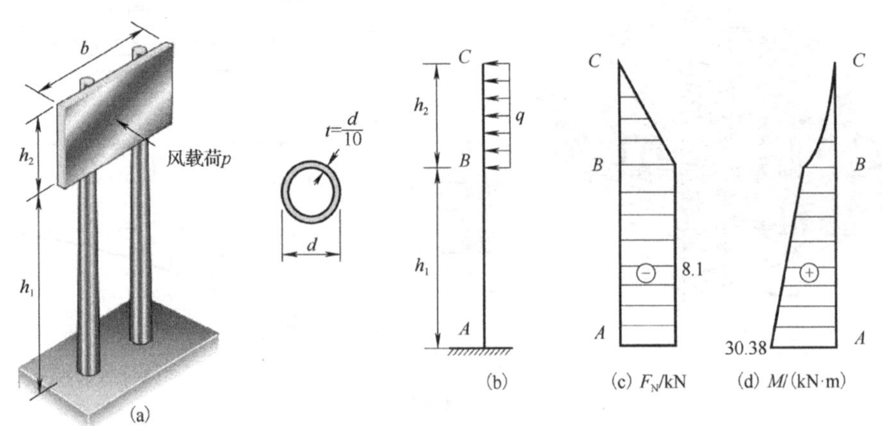

图 4.53

解：标志牌结构和载荷都与纵向中心呈轴对称，选一根铝柱进行计算即可。由于铝柱是小锥度空心圆杆，在确定最小直径时，可简化为等截面直杆，计算简图如图 4.53(b)所示。

风载荷的合力为风压与标志牌面积的乘积，作用在标志牌形心：

$$F = pA = pbh_2 = 3.6\times10^3\times3\times1.5 = 16.2(\text{kN})$$

分配到每一根铝柱上的载荷为其 1/2，可简化为沿高度 h_2 分布的均匀线载荷 q：

$$q = \frac{F}{2h_2} = \frac{16.2}{2\times1.5} = 5.4(\text{kN/m})$$

铝柱内直径为

$$d' = d - 2t = 4d/5$$

铝柱可看成一个横力弯曲的悬臂梁，其剪力、弯矩图分别如图 4.53(c)、(d)所示。危险截面为 A，其上剪力为

$$F_S = qh_2 = 5.4\times10^3\times1.5 = 8.1(\text{kN})$$

弯矩为

$$M_{\max} = qh_2(h_1 + h_2/2) = 5.4\times10^3\times1.5\times(3+1.5/2) = 30.38(\text{kN}\cdot\text{m})$$

(1)若铝材的许可弯曲正应力$[\sigma]$=52MPa，由正应力强度条件式(4.17)，可得到弯曲截面因数：

$$W_z \geqslant \frac{M_{\max}}{[\sigma]}$$

式中，

$$W_z = \frac{\pi d^3\left[1-\left(\dfrac{d'}{d}\right)^4\right]}{32}$$

因此，铝柱所需的最小直径为

$$d \geqslant \sqrt[3]{\frac{32M_{\max}}{[\sigma]\pi\left[1-\left(\dfrac{d'}{d}\right)^4\right]}} = \sqrt[3]{\frac{32\times30.38\times10^3}{52\times10^6\times\pi\times(1-0.8^4)}} = 0.216(\text{m}) = 21.60(\text{cm})$$

(2)若铝材的许可弯曲切应力$[\tau]$=14MPa，由切应力强度条件式(4.20)进行计算。

铝柱横截面可视为圆环，最大切应力位于中性轴上：

$$\tau_{\max} = 2\tau_{平均} = 2\times\frac{F_S}{\pi\ (d^2 - d_1'^2)/4} = 2\times\frac{4\times F_S}{\pi d^2(1-0.8^2)} \leqslant [\tau]$$

铝柱所需的最小直径为

$$d \geqslant \sqrt{\frac{2\times4\times F_S}{\pi(1-0.8^2)[\tau]}} = \sqrt{\frac{2\times4\times8.1\times10^3}{\pi\times(1-0.8^2)\times14\times10^6}} = 0.064(\text{m}) = 6.40(\text{cm})$$

因此，铝柱的最小直径选二者中较大的，即

$$d \geqslant 21.60\text{cm}$$

由以上几个工程实例可知，在解决工程问题时，首先需要抽象出力学模型，进行受力分析，得出计算简图，然后再根据材料力学理论与方法进行强度、刚度或稳定性计算。读者可以主动了解、观察和发现身边以及工程中的力学现象或力学问题，结合课程中学到的知识进行探索、分析和创造，这样既能提高学习兴趣，又能培养发现问题、寻找解决问题的方法和途径、独立创新的能力。

思　考　题

4-1　判断下列说法是否正确。

(1) 任意横截面上的剪力在数值上等于其右侧梁段上所有载荷的代数和，向上的载荷在该截面产生正剪力，向下的载荷在该截面产生负剪力。

(2) 在思图 4.1 所示的悬臂梁的 B 截面处，剪力图发生突变，弯矩图连续而不光滑。

(3) 如思图 4.2 所示的左端外伸梁中，当力偶 m 的位置改变时，支座反力发生变化，所以剪力图和弯矩图也将发生变化。

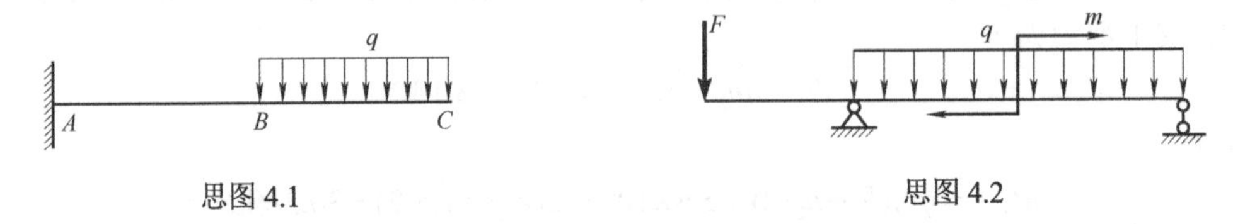

思图 4.1　　思图 4.2

(4) 如思图 4.3 所示的对称外伸梁，其所受载荷相对于中央截面呈反对称，则梁中央 C 截面上的弯矩必等于零，而剪力必定不等于零。

(5) 如思图 4.4 所示 T 形截面铸铁梁，有 (a)、(b) 两种截面放置方式，两种放置方式的承载能力相同。

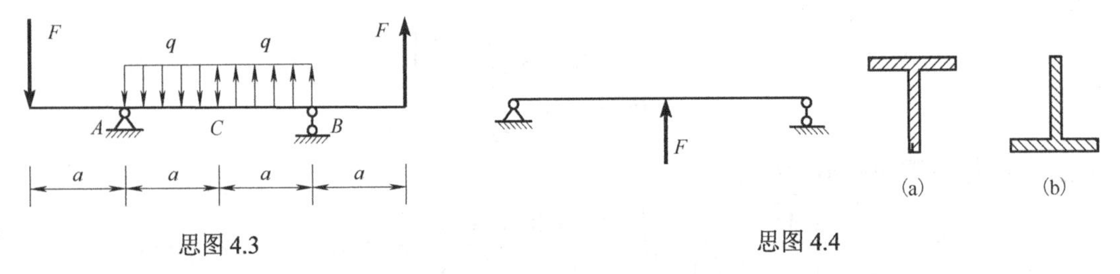

思图 4.3　　思图 4.4

(6) 对称截面梁，无论在何种约束形式下，其弯曲正应力均与材料的性质无关。

4-2　简支梁的受力情况相对于梁的中央截面呈反对称，如思图 4.5 所示，则剪力图形状特征为__________，弯矩图形状特征为__________。

4-3　如思图 4.6 所示的梁，剪力为零的截面距右端的距离 $x=$__________。

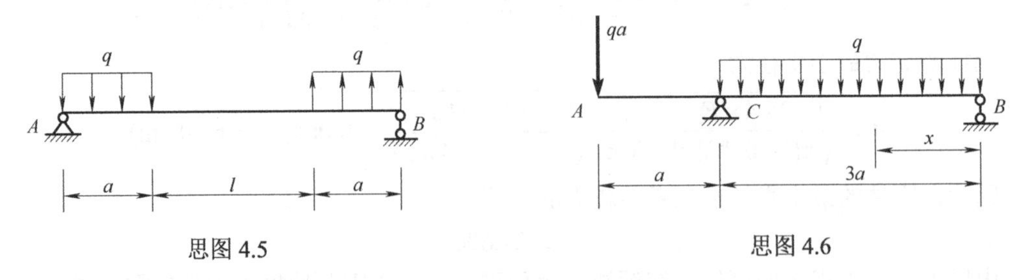

思图 4.5　　思图 4.6

4-4　直径为 d 的钢丝绕在直径为 D 的圆筒上，若钢丝仍处于弹性范围内，此时钢丝的最大弯曲正应力 $\sigma_{\max}=$__________；为了减小弯曲正应力，应减小__________的直径或增大__________的直径。

4-5　如思图 4.7 所示的各种截面形状的梁，在铅垂对称平面内弯曲，试分别绘出弯曲正应力沿高度的分布图(假设弯矩为正)。

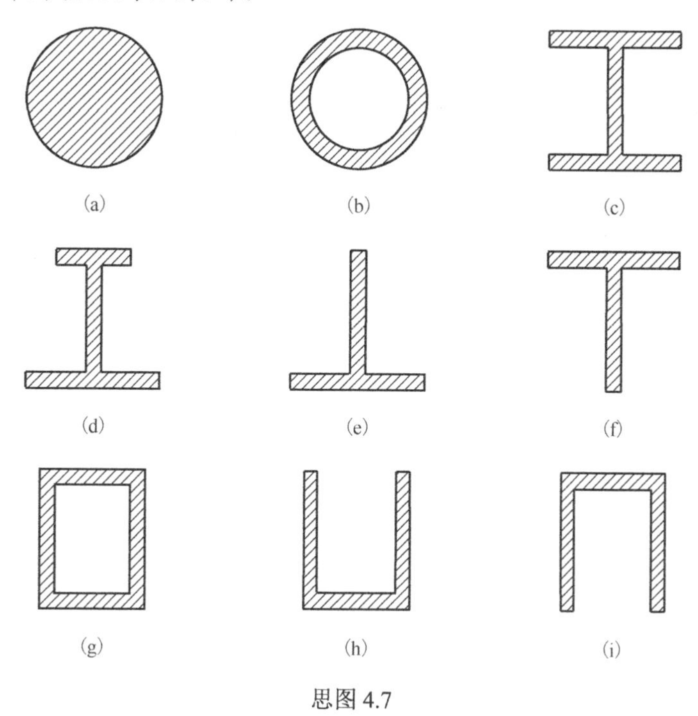

思图 4.7

4-6　边长为 a 的正方形截面梁，按思图 4.8 所示的两种不同方式放置，在相同弯矩作用下，两者最大正应力之比 $(\sigma_{\max})_a/(\sigma_{\max})_b =$ ________。

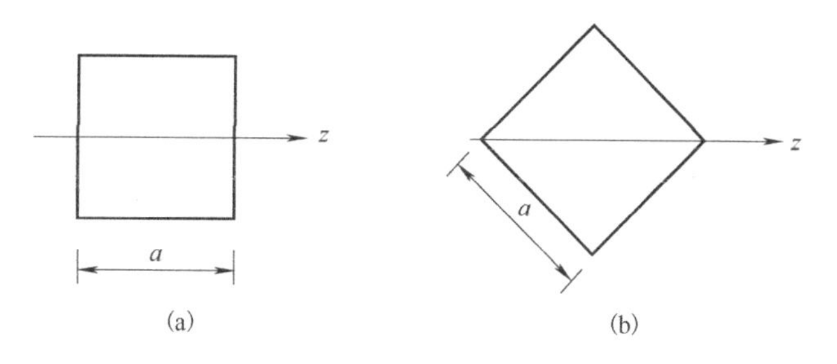

思图 4.8

4-7　圆截面梁，保持弯矩不变，若直径增加一倍，则其最大正应力是原来的____倍。

4-8　由四根 80mm×10mm 的等边角钢按思图 4.9 所示的三种方式组成不同截面的梁，仅从抗弯的角度讲，在相同弯矩的作用下，弯曲正应力强度最高的是______，最低的是______。

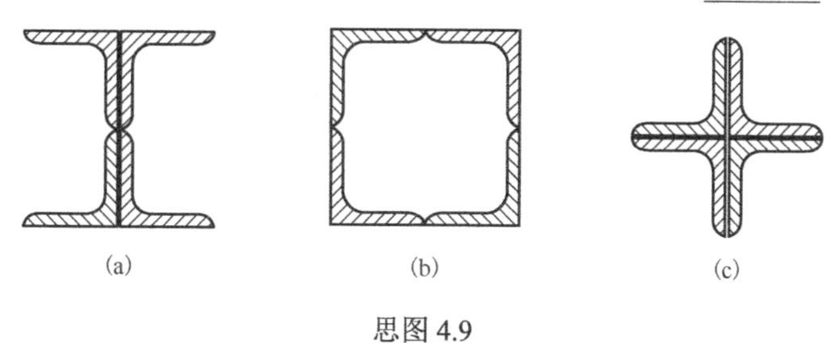

思图 4.9

习　　题

4.1　求题图 4.1 中各梁指定截面上的剪力和弯矩。

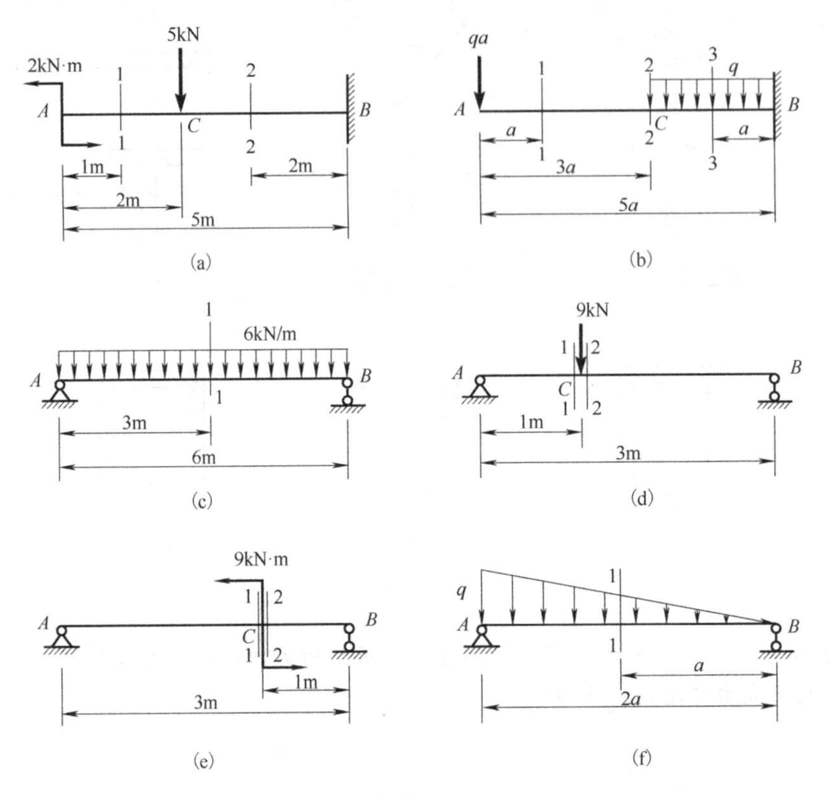

题图 4.1

4.2　如题图 4.2(a)～(h)所示，写出下列各梁的剪力方程和弯矩方程，并作出剪力图和弯矩图。

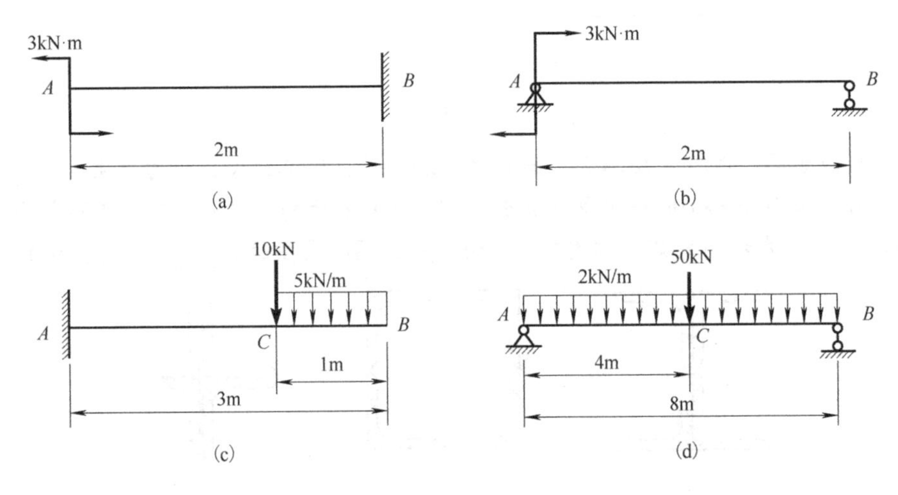

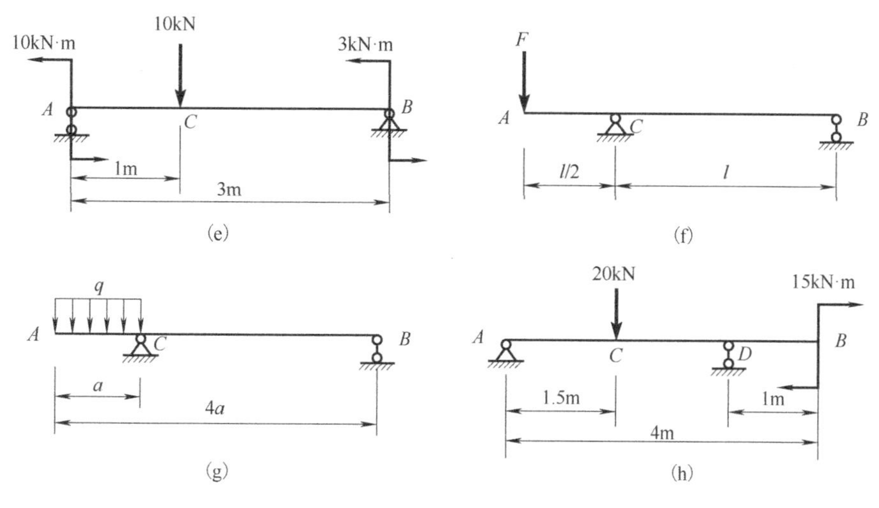

题图 4.2

4.3 如题图 4.3(a) ~ (l) 所示，用微分关系作出下列各梁的剪力图和弯矩图。

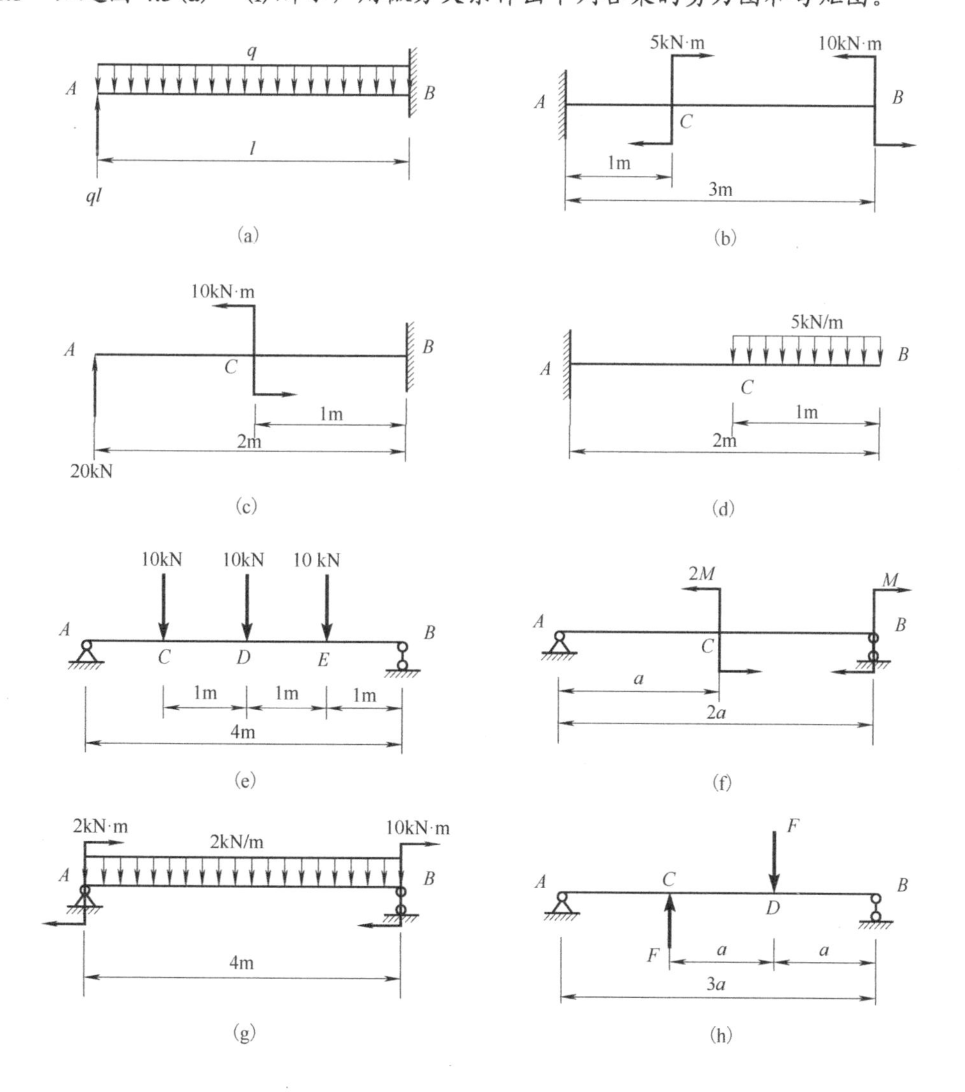

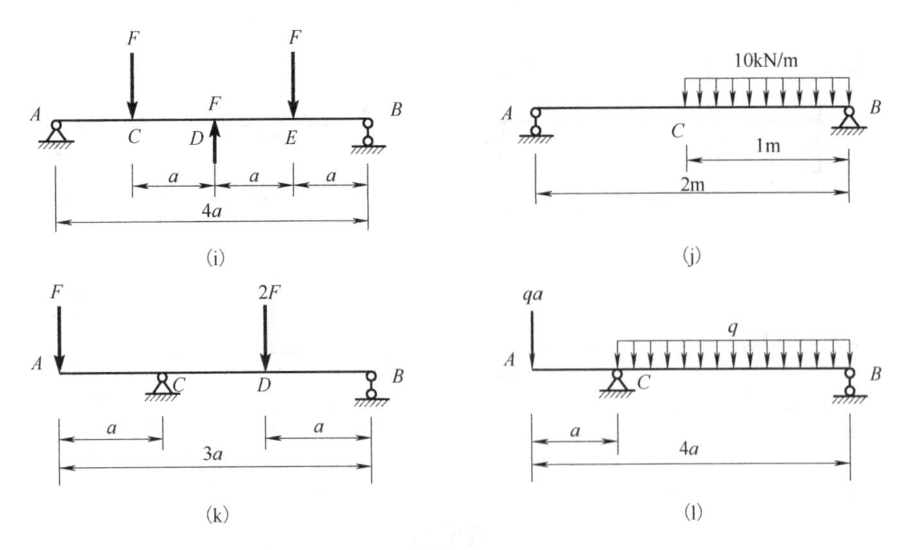

题图 4.3

4.4　如题图 4.4 所示，试作下列具有中间铰的梁的剪力图和弯矩图。

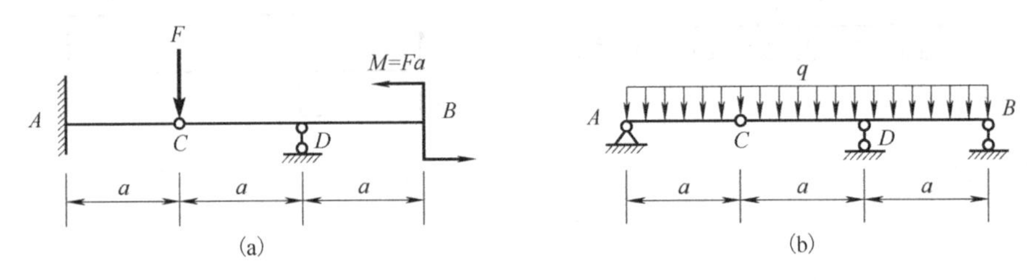

题图 4.4

4.5　如题图 4.5 所示，试根据简支梁的弯矩图作出梁的剪力图和载荷图。

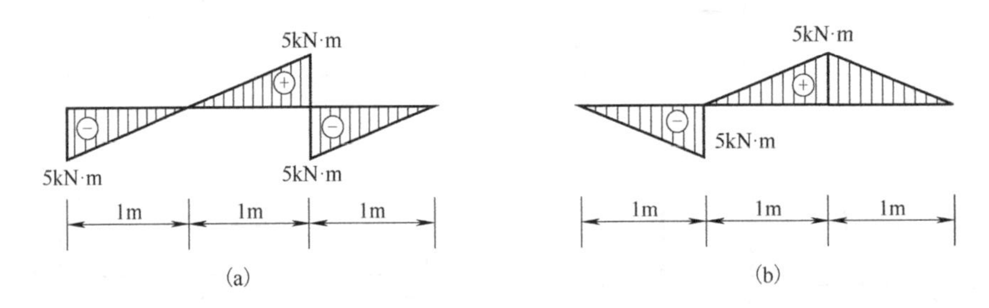

题图 4.5

4.6　如欲使题图 4.6 所示外伸梁的跨度中点处的弯矩值等于支点处的负弯矩值，则支座到端点的距离 a 与梁长 l 之比 a/l 应等于多少？

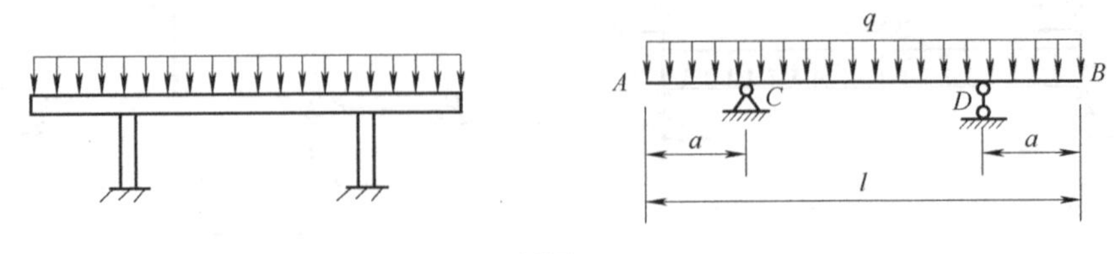

题图 4.6

4.7　作题图 4.7 所示刚架的内力图(轴力图、剪力图和弯矩图)。

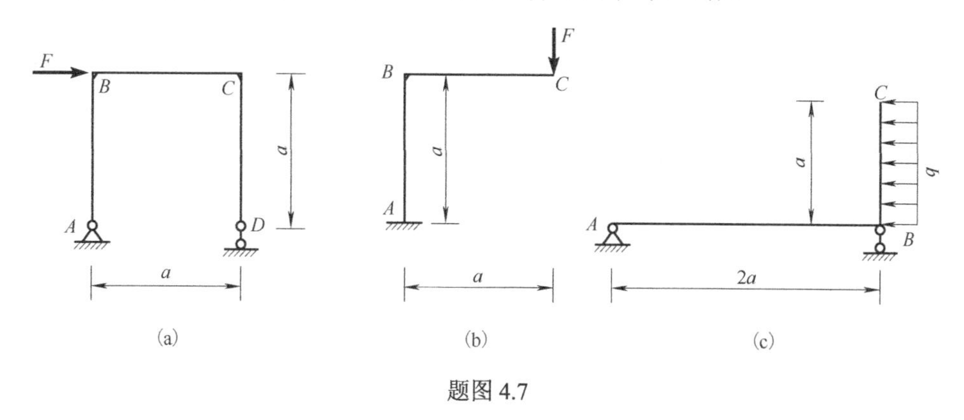

题图 4.7

4.8　如题图 4.8 所示的矩形截面悬臂梁，试求梁中的最大正应力。

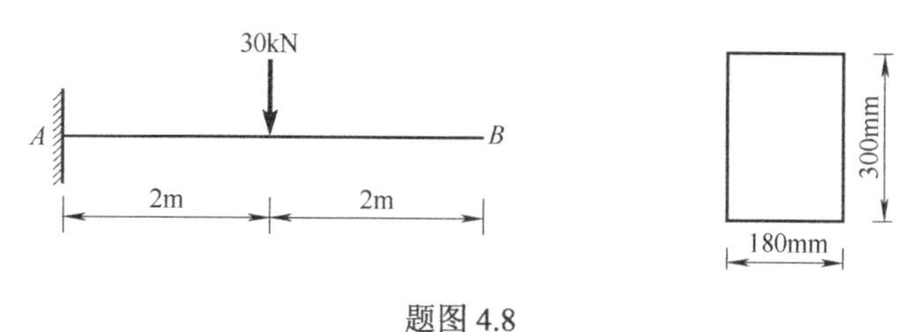

题图 4.8

4.9　试求题图 4.9 所示工字形截面悬臂梁 A、B、C 三截面上的最大正应力(尺寸单位为 mm)。

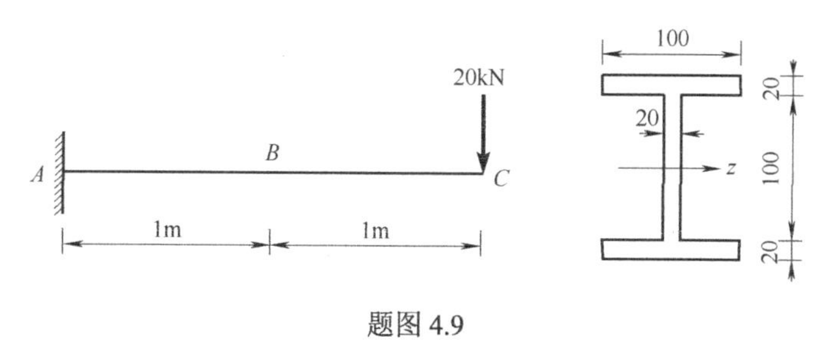

题图 4.9

4.10　如题图 4.10 所示的右端外伸梁，截面为矩形，所受载荷如图所示，试求梁中的最大拉应力，并指明其所在的截面和位置(尺寸单位为 mm)。

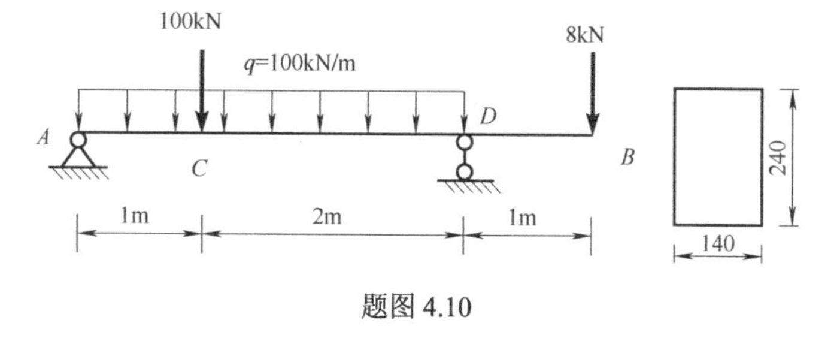

题图 4.10

4.11　如题图 4.11 所示，两端外伸梁由 25a 号工字钢制成，其跨长 $l = 6\text{m}$，承受满均布载荷 q 的作用。若要使 C、D、E 三截面上的最大正应力均为 140MPa，试求外伸部分的长度 a 及载荷集度 q 的数值。

4.12　当载荷 F 直接作用在梁跨中点时，梁内的最大正应力超过许可值的 30%。为了消除这种过载现象，可配置如题图 4.12 所示的次梁 CD，试求次梁的最小跨度 a。

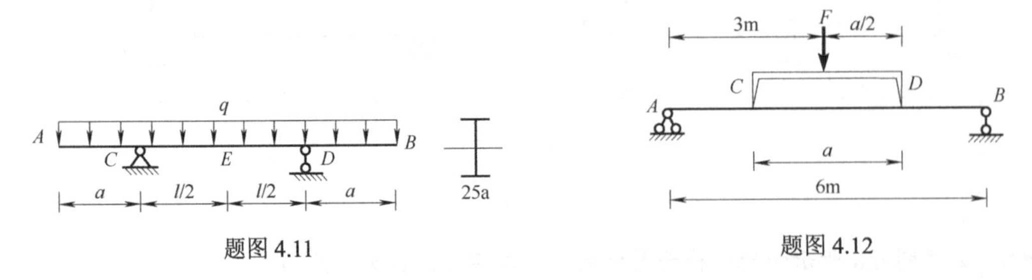

题图 4.11　　　　题图 4.12

4.13　如题图 4.13 所示，用 20 号槽钢进行纯弯曲实验，槽钢水平横置并绕 z 轴弯曲。若测得底部纵向线上相距 100mm 的两点 A、B 之间的距离改变量为$\Delta l = 4.7\times10^{-4}\text{mm}$，钢材的 E= $2.0\times10^{5}\text{MPa}$，试求梁所受的弯矩。

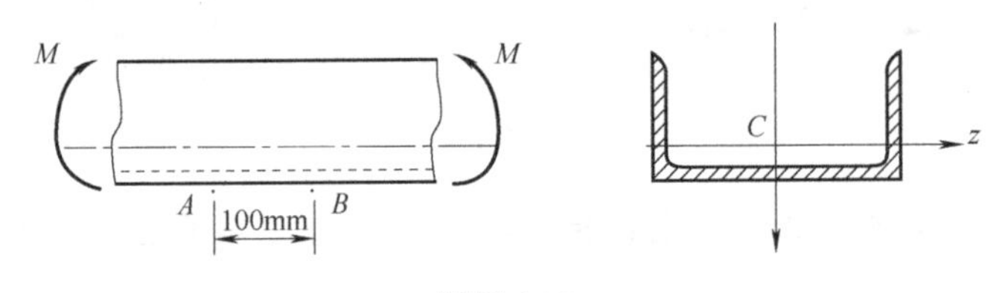

题图 4.13

4.14　上下不对称工字形截面铸铁梁的受力情况如题图 4.14 所示，已知铸铁的拉伸许用应力$[\sigma_t]$=30MPa，压缩许用应力$[\sigma_c]$ =80MPa，试求此梁的许用载荷(尺寸单位为 mm)。

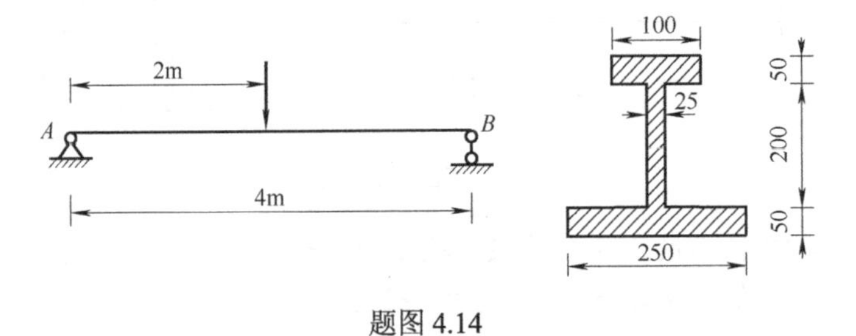

题图 4.14

4.15　T 形截面简支梁受力如题图 4.15 所示，若拉伸许用应力$[\sigma_t]$ = 80MPa，压缩许用应力$[\sigma_c]$ =160MPa，试求此梁的许用分布载荷集度 q(尺寸单位为 mm)。

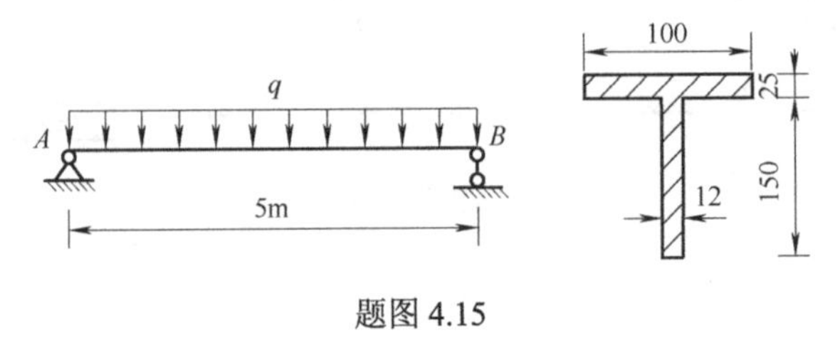

题图 4.15

4.16　槽形截面铸铁梁所受载荷如题图 4.16 所示，已知铸铁的拉伸强度极限 σ_{bt} =150MPa，压缩强度极限 σ_{bc} =630MPa，试求此梁的实际工作安全因数(尺寸单位为 mm)。

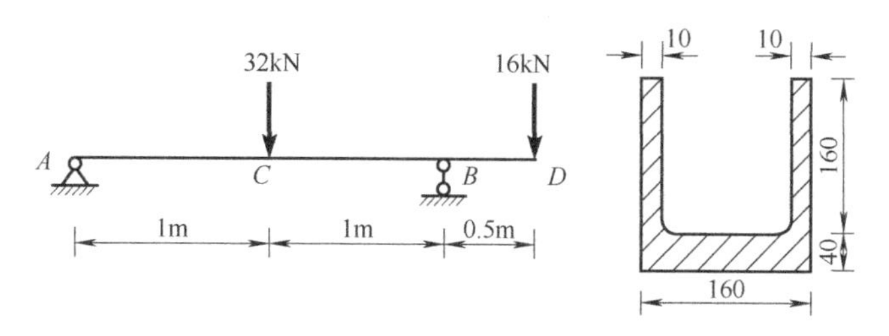

题图 4.16

4.17　如题图 4.17 所示，二梁(a)和(b)的材料相同、载荷位置相同，但截面形状不同，其许用载荷之比等于多少？

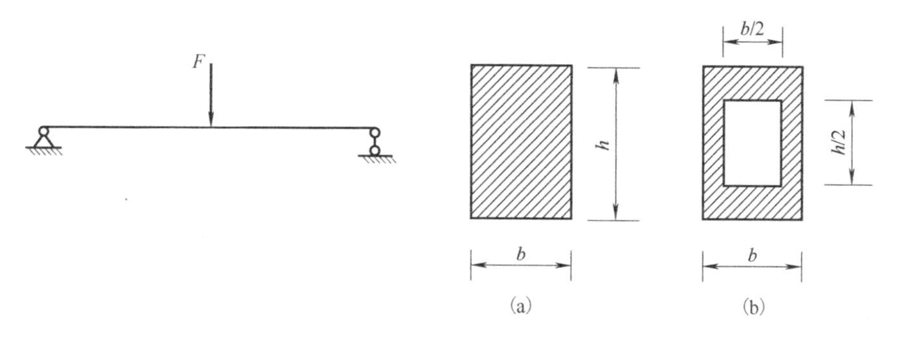

题图 4.17

4.18　如题图 4.18 所示的 T 形截面铸铁梁，为使截面上的最大拉应力和最大压应力同时达到材料的拉伸许用应力$[\sigma_t]$和压缩许用应力$[\sigma_c]$，应如何设计 y_1 和 y_2 的比值？

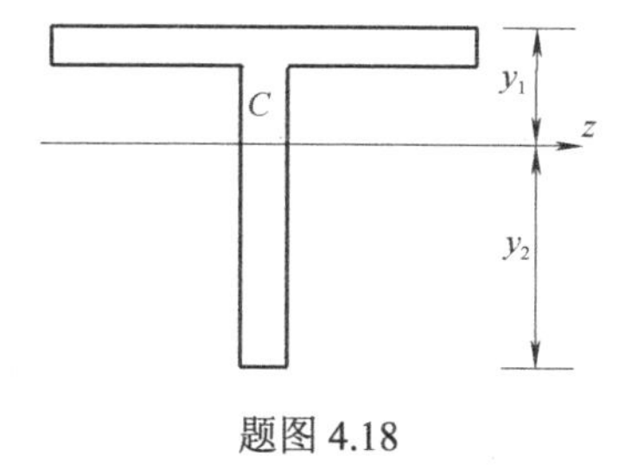

题图 4.18

4.19　如题图 4.19 所示，两座钢梁的几何尺寸和材料均相同，而约束不同，按正应力强度条件，图(b)的承载能力是图(a)的多少倍？

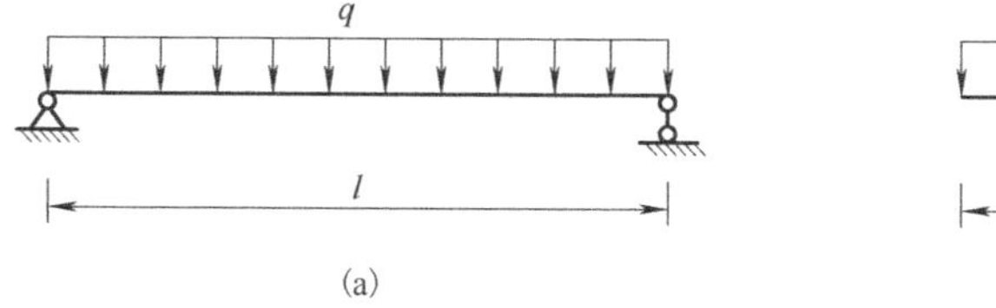

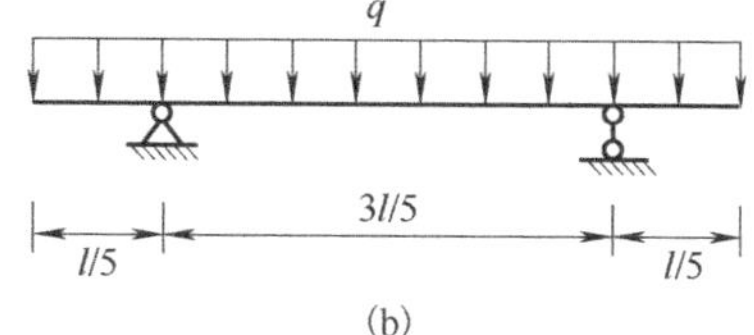

题图 4.19

4.20　试求题图 4.9 所示悬臂梁中的最大切应力。

4.21　简支梁 AB 承受如题图 4.20 所示的集中载荷，若钢梁是由两个槽钢组合而成的工字形截面梁，钢材的许用正应力$[\sigma]$=170MPa。不计自重，试选择槽钢的型号。

4.22　如题图 4.21 所示的简支梁，试求其 D 截面上 a、b、c 三点处的切应力。

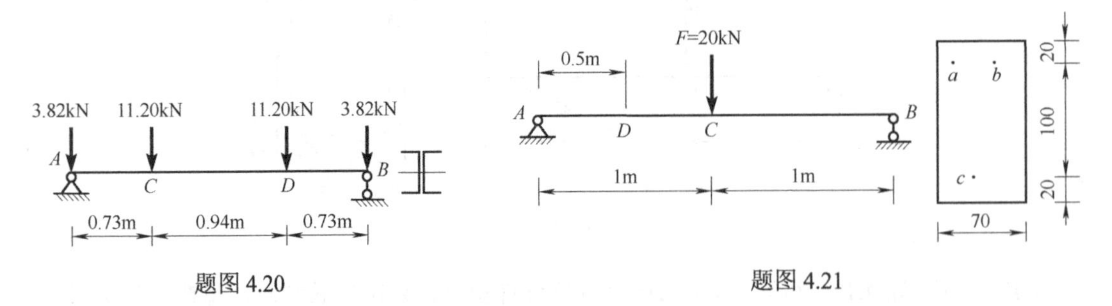

题图 4.20　　题图 4.21

4.23　如题图 4.22 所示，两横截面所受剪力相同，两者的最大切应力之比等于多少？

4.24　如题图 4.23 所示的悬臂梁由三块截面为矩形的木板胶合而成，胶合缝的许用切应力$[\tau]=0.35$MPa，试按胶合缝的剪切强度求此梁的许用载荷$[F]$(尺寸单位：mm)。

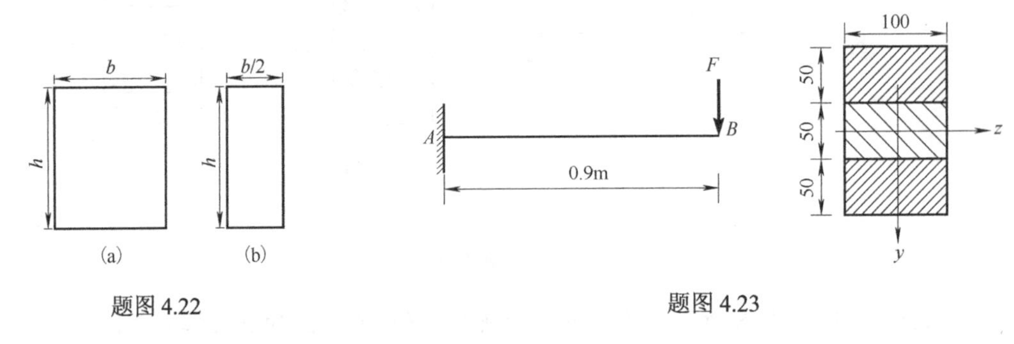

题图 4.22　　题图 4.23

4.25　如题图 4.24 所示，左端外伸梁由圆木制成，已知圆木的直径 d = 145mm，所受载荷如图所示，试求梁中的最大切应力。

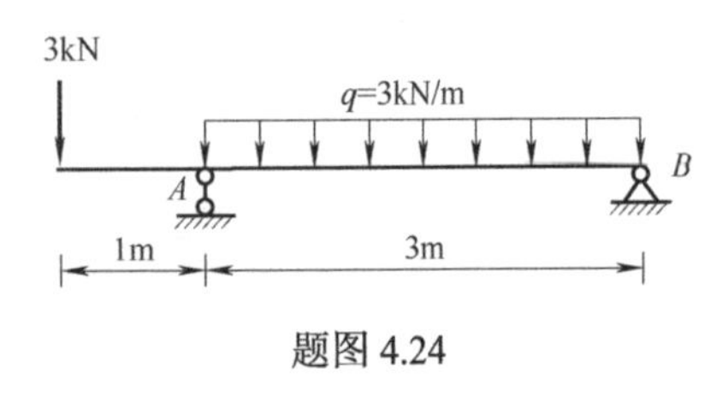

题图 4.24

4.26　简支梁 AB 承受题图 4.25 所示的载荷，钢材的许用正应力$[\sigma]$=170MPa、许用切应力$[\tau]$=100MPa。不计自重，试选择工字钢的型号并进行切应力强度校核。

4.27　外伸梁承受的载荷如题图 4.26 所示，钢材的许用正应力$[\sigma]$=170MPa、许用切应力$[\tau]$=100MPa。不计自重，试选择工字钢的型号并进行切应力强度校核。

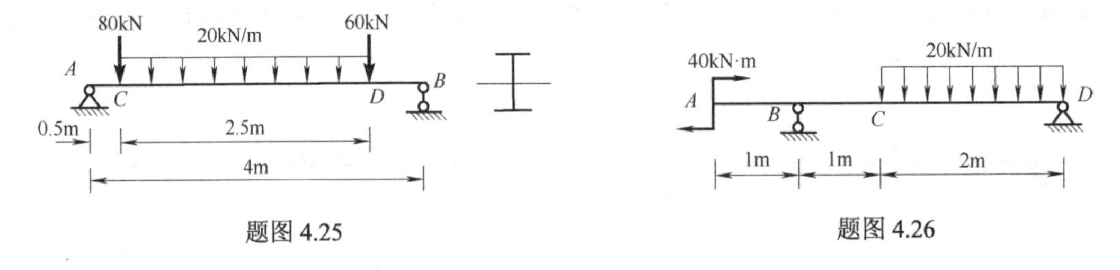

题图 4.25　　题图 4.26

第 5 章　杆件的弯曲变形

5.1　杆件弯曲变形的概念

工程上，对于受弯构件，不仅要求其有足够的强度，而且根据实际工作的需要，还要对其变形给予必要的限制，即要求构件具有足够的刚度。例如，图 5.1(a)所示的车床，如果被加工的工件变形过大，工件尺寸将无法达到设计要求，如图 5.1(b)所示。又如，图 5.2 所示机床的齿轮轴，变形过大时，就会导致齿轮啮合不良以及轴与轴承的配合欠佳，致使传动不平稳，加速齿轮和轴承的磨损，产生噪音，影响其加工精度。再如，吊车梁的变形过大时，便会引起小车“爬坡”、车体振动。对于精密机器和仪器，为了保证其正常工作，就更需要对其构件变形加以限制。

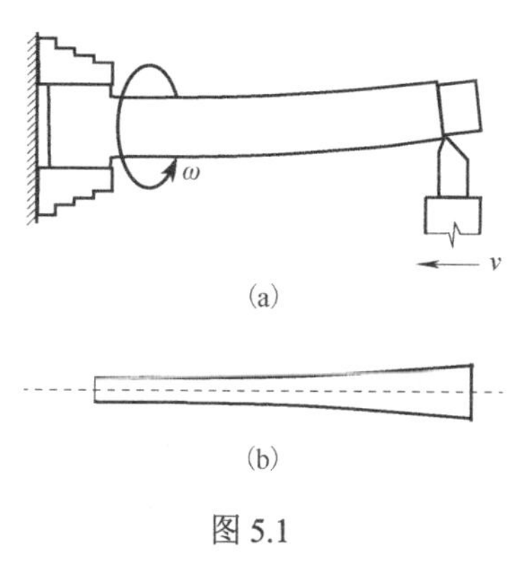

图 5.1

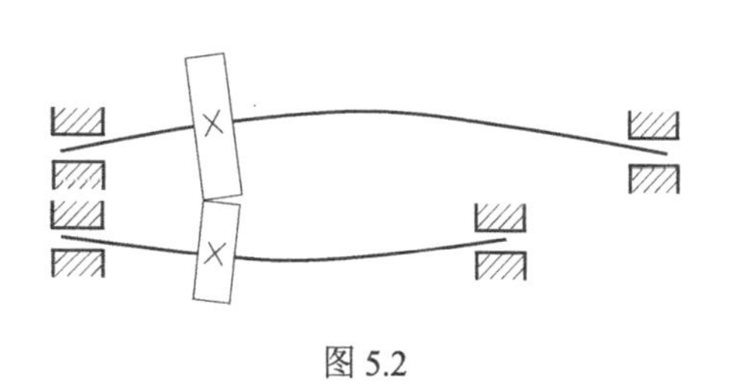

图 5.2

与上述情况相反，在有些情况下，又需要使构件产生较大的变形来满足某些特定的需要。如图 5.3 所示车辆上使用的叠板弹簧，正是利用其变形较大的特点，以减小车身的颠簸，达到减振的目的。

为了限制或利用梁的弯曲变形，就需要掌握弯曲变形的计算方法。此外，弯曲变形的计算也是解决超静定梁和压杆稳定等问题的基础。

由第 4 章内容可知，如果作用在梁上的外力均位于梁的纵向对称面内，且垂直于梁轴线，则梁变形后的轴线会变成一条连续光滑的平面曲线，并位于该对称面内，这条曲线称为梁的**挠曲线**，如图 5.4 所示。

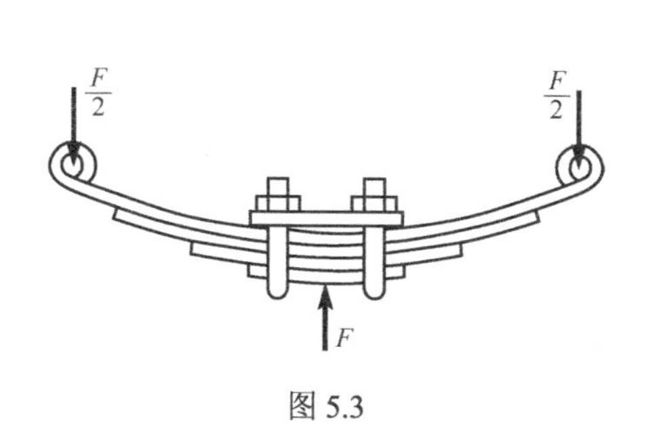

图 5.3

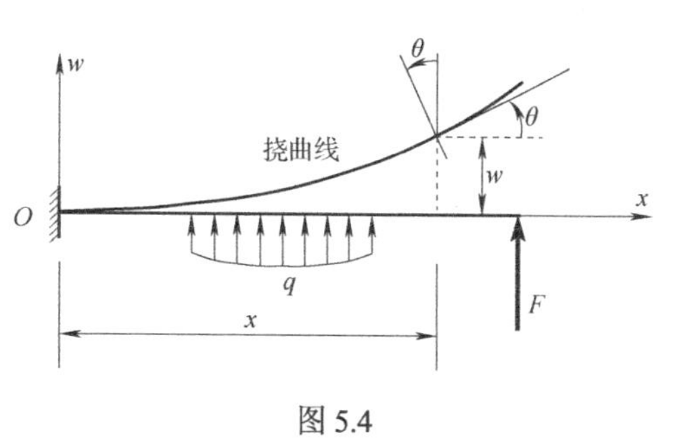

图 5.4

细长梁的变形主要与弯矩有关，剪力对其变形的影响很小，一般可忽略不计。因此，当梁发生弯曲变形时，仍可假定各横截面保持为平面，且与梁轴正交，并绕中性轴转动，梁的变形可用横截面形心的线位移和横截面绕形心转动的角位移描述。

当梁弯曲时，横截面的形心在垂直于梁轴方向产生的线位移称为**挠度**，并用 w 表示，图 5.4 所示的坐标系，向上为正，单位为 mm、m；由于梁轴线的长度保持不变，截面形心也存在轴向线位移，但在小变形的条件下，截面形心的轴向线位移远小于其横向线位移，所以忽略不计。

不同截面的挠度一般不同，如果沿变形前的梁轴建立坐标轴 x，则

$$w = w(x) \tag{5.1a}$$

式(5.1a)为挠度关于截面位置的变化规律，称为梁的**挠曲线方程**。

横截面绕中性轴的角位移称为**转角**，并用 θ 表示，对于图 5.4 所示的坐标系，逆时针转向为正，单位为弧度。由平截面假设可知，梁弯曲时横截面仍保持平面并与轴线正交。因此，任一横截面的转角 θ 也等于挠曲线在该截面处的切线与 x 轴的夹角，如图 5.4 所示。

在工程实际中，θ 一般都很微小，故可认为

$$\theta \approx \tan\theta = \frac{\mathrm{d}w}{\mathrm{d}x}$$

即

$$\theta(x) = w'(x) \tag{5.1b}$$

式(5.1b)也称为**转角方程**

由以上讨论可以看出，**挠曲线方程在任一截面 x 处的函数值，等于该截面的挠度；挠曲线上任一点的切线斜率(即挠曲线方程在该点处的一阶导数)等于该点处横截面的转角**。可见，如能求得梁的挠曲线方程 $w = w(x)$，就很容易求得梁的挠度和转角，因此计算梁的变形时的关键在于确定挠曲线方程。

5.2　梁变形的基本方程

5.2.1　梁的挠曲线微分方程

在推导纯弯曲梁的正应力计算公式时，已导出梁轴线上任意点处曲率与弯矩的关系式(未设定坐标时，I_z 可用 I 代替)：

$$\frac{1}{\rho} = \frac{M}{EI}$$

当梁的跨度远大于横截面高度时，剪力对梁变形的影响甚微，故上式也可用于横力弯曲。在这种情况下，由于弯矩 M 与曲率半径 ρ 均为 x 的函数，上式变为

$$\frac{1}{\rho(x)} = \frac{M(x)}{EI}$$

由高等数学可知，平面曲线 $w = w(x)$ 上任一点的曲率为

$$\frac{1}{\rho(x)} = \pm\frac{\dfrac{\mathrm{d}^2 w}{\mathrm{d}x^2}}{\left[1+\left(\dfrac{\mathrm{d}w}{\mathrm{d}x}\right)^2\right]^{3/2}}$$

将其代入式(a)得

$$\frac{\dfrac{\mathrm{d}^2w}{\mathrm{d}x^2}}{\left[1+\left(\dfrac{\mathrm{d}w}{\mathrm{d}x}\right)^2\right]^{3/2}}=\pm\frac{M(x)}{EI} \tag{5.2}$$

式(5.2)称为**挠曲线微分方程**，它是一个二阶非线性常微分方程。在数学上求解这样的方程是相当困难的，但在小变形条件下，由于梁的转角很小，$\left(\dfrac{\mathrm{d}w}{\mathrm{d}x}\right)^2$的值远小于 1，式(5.2)可简化为

$$\frac{\mathrm{d}^2w}{\mathrm{d}x^2}=\pm\frac{M(x)}{EI} \tag{5.3}$$

式(5.3)称为**挠曲线近似微分方程**，它已简化为一个二阶线性常微分方程。实践表明，由该方程得到的挠度与转角，在工程应用中的精度已足够。至于方程(5.3)中的正负号，应由坐标系的选取和弯矩的符号来确定。坐标系已经在图 5.4 中选定，弯矩的符号已在第 4 章中作了规定，因此方程(5.3)中的符号即可唯一确定。

如果选用 w 轴正向向上的坐标系，当梁段承受正弯矩时，挠曲线下凹，$\dfrac{\mathrm{d}^2w}{\mathrm{d}x^2}$为正，如图 5.5(a)所示；反之，当梁段承受负弯矩时，挠曲线上凸，$\dfrac{\mathrm{d}^2w}{\mathrm{d}x^2}$为负，如图 5.5(b)所示。可见，弯矩 M 与$\dfrac{\mathrm{d}^2w}{\mathrm{d}x^2}$恒为同号，所以方程(5.3)的右端应取正号，故挠曲线近似微分方程为

$$\frac{\mathrm{d}^2w}{\mathrm{d}x^2}=\frac{M(x)}{EI}$$

即

$$EIw''=M(x) \tag{5.4}$$

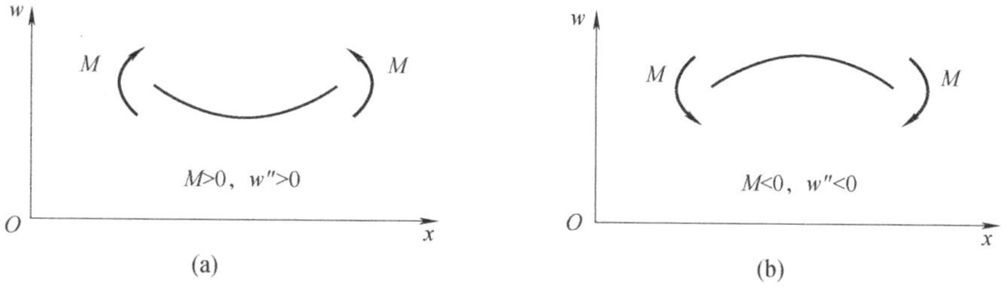

图 5.5

应当指出，由于 x 轴的方向既不影响弯矩的正负号，也不影响$\dfrac{\mathrm{d}^2w}{\mathrm{d}x^2}$的正负号，式(5.4)同样适用于 x 轴正向向左的坐标系。

5.2.2　计算梁变形的积分法

对于等截面直梁，弯曲刚度 EI 不变，可将挠曲线近似微分方程相继积分两次，得到转角方程和挠曲线方程：

$$EIw'(x)=EI\theta(x)=\int M(x)\mathrm{d}x+C \tag{5.5}$$

$$EIw(x)=\iint M(x)\mathrm{d}x\mathrm{d}x+Cx+D \tag{5.6}$$

式中，C 和 D 为积分常数，需要由梁的位移**边界条件**和**连续条件**确定。

位移边界条件是指梁上的某些截面的位移已知的条件，一般由梁的支承条件提供。例如，在固定端处，横截面的挠度与转角均为零，即

$$w=0\,,\qquad \theta=0$$

在铰支座处，横截面的挠度为零，即

$$w=0$$

位移连续条件是指挠曲线方程为分段函数时，在分段交界处，挠曲线应满足连续光滑的条件。当梁上作用集中力、集中力偶或间断分布载荷时，弯矩方程需分段列出，相应梁段的挠曲线方程和转角方程虽各不相同，但相邻梁段(如 1、2 梁段)交界处的挠度和转角必须对应相等，即

$$w_1=w_2\,,\quad \theta_1=\theta_2$$

积分常数确定后，将其代入式(5.5)和式(5.6)，即可得到梁的挠曲线方程和转角方程：

$$w=w(x)$$

$$\theta=\theta(x)=\frac{\mathrm{d}w(x)}{\mathrm{d}x}=w'(x)$$

由此可得到任一横截面的挠度与转角。

由以上分析可以看出，梁的位移不仅与梁的弯曲刚度及弯矩有关，而且与梁位移的边界条件及连续条件有关。这种通过对梁的挠曲线近似微分方程直接积分得到梁的挠曲线方程和转角方程，进而求出梁任一横截面的挠度与转角的方法称为**积分法**。

【例 5.1】 悬臂梁 AB，在自由端 B 作用一集中力 F，如图 5.6 所示。设弯曲刚度 EI 为常量，试求该梁的转角方程和挠曲线方程，并确定最大转角$|\theta|_{\max}$和最大挠度$|w|_{\max}$。

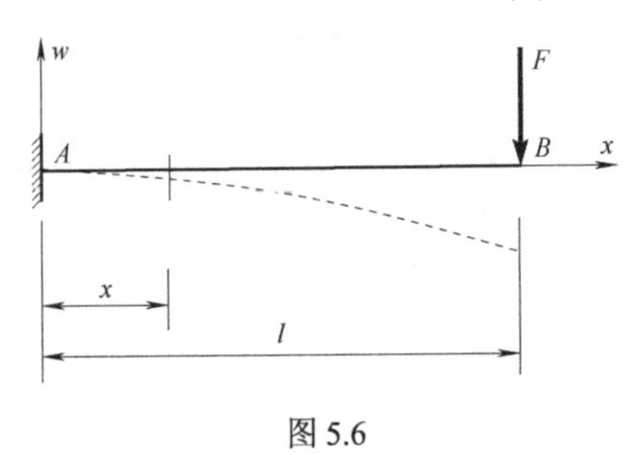

图 5.6

解： 以梁固定端 A 为原点，取一直角坐标系，设 x 轴正向向右，w 轴正向向上。

(1) 列弯矩方程。

在距原点 x 处取截面，列出弯矩方程：

$$M(x)=-F(l-x)=-Fl+Fx \tag{a}$$

(2) 列挠曲线近似微分方程并积分。

将弯矩方程代入式(5.4)，可得

$$EIw''=-Fl+Fx \tag{b}$$

通过两次积分，得

$$EIw' = -Flx + \frac{F}{2}x^2 + C \tag{c}$$

$$EIw = -\frac{Fl}{2}x^2 + \frac{F}{6}x^3 + Cx + D \tag{d}$$

(3) 确定积分常数。

悬臂梁在固定端 ($x=0$) 处的转角和挠度均为零，即

$$\theta_A = w'(0) = 0\,, \qquad w_A = w(0) = 0$$

将这两个边界条件代入式(c)和式(d)，得

$$C = 0\,, \qquad D = 0$$

(4) 确定转角方程和挠曲线方程。

将求得的积分常数 C 和 D 代入式(c)和式(d)，得到梁的转角方程和挠曲线方程为

$$\theta = w' = \frac{1}{EI}\left(-Flx + \frac{F}{2}x^2\right) = -\frac{Fx}{2EI}(2l - x) \tag{e}$$

$$w = \frac{1}{EI}\left(-\frac{Fl}{2}x^2 + \frac{F}{6}x^3\right) = -\frac{Fx^2}{6EI}(3l - x) \tag{f}$$

(5) 求最大转角和最大挠度。

由图 5.6 可以看出，自由端 B 处的转角和挠度最大。以 $x=l$ 代入式(e)和式(f)，可得

$$\theta_B = -\frac{Fl^2}{2EI}\ (\circlearrowright)\,, \qquad |\theta|_{\max} = \frac{Fl^2}{2EI}$$

$$w_B = -\frac{Fl^3}{3EI}\ (\downarrow)\,, \qquad |w|_{\max} = \frac{Fl^3}{3EI}$$

所得结果中，若转角为负值，说明横截面绕其中性轴作顺时针方向转动；若挠度为负值，说明 B 端的位移向下。

【例 5.2】 如图 5.7 所示的简支梁，在全梁上受集度为 q 的均布载荷作用。设 EI 为常量，试求此梁的转角方程和挠度方程，并确定最大转角 $|\theta|_{\max}$ 和最大挠度 $|w|_{\max}$。

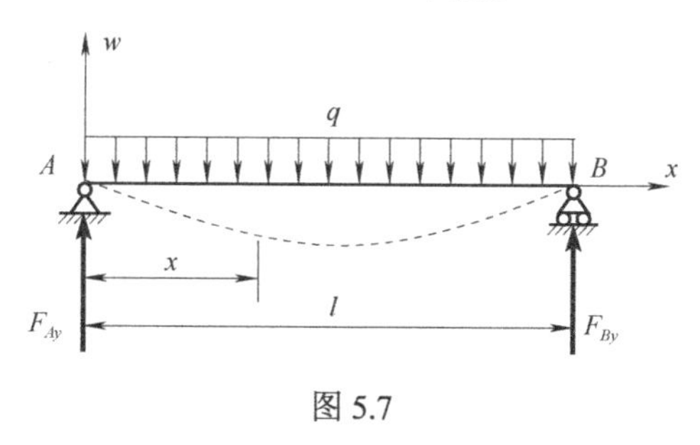

图 5.7

解： 以梁左端 A 为原点，取一直角坐标系，设 x 轴正向向右，w 轴正向向上。

(1) 列弯矩方程。

$$M(x) = \frac{ql}{2}x - \frac{q}{2}x^2 \tag{a}$$

(2) 列挠曲线近似微分方程并积分。

$$EIw'' = \frac{ql}{2}x - \frac{q}{2}x^2 \tag{b}$$

通过两次积分得

$$EIw' = \frac{ql}{4}x^2 - \frac{q}{6}x^3 + C \tag{c}$$

$$EIw = \frac{ql}{12}x^3 - \frac{q}{24}x^4 + Cx + D \tag{d}$$

(3) 确定积分常数。

简支梁的边界条件是，在两支座处 ($x = 0$、l) 的挠度等于零，即

$$w_A = w(0) = 0, \qquad w_B = w(l) = 0$$

将这两个边界条件代入式(d)，得

$$C = -\frac{ql^3}{24}, \qquad D = 0$$

(4) 确定转角方程和挠曲线方程。

将积分常数 C、D 代入式(c)和式(d)得

$$\theta = w' = \frac{1}{EI}\left(\frac{ql}{4}x^2 - \frac{q}{6}x^3 - \frac{ql^3}{24}\right) = -\frac{q}{24EI}(l^3 - 6lx^2 + 4x^3) \tag{e}$$

$$w = \frac{1}{EI}\left(\frac{ql}{12}x^3 - \frac{q}{24}x^4 - \frac{ql^3}{24}x\right) = -\frac{qx}{24EI}(l^3 - 2lx^2 + x^3) \tag{f}$$

(5) 求最大转角和最大挠度。

梁上载荷和边界条件均对称于梁跨中点 C，故梁的挠曲线也必对称。因此，最大挠度必在梁的中点处，以 $x = \frac{l}{2}$ 代入式(f)，得

$$w_C = -\frac{q \cdot \frac{l}{2}}{24EI}\left(l^3 - \frac{l^3}{2} + \frac{l^3}{8}\right) = -\frac{5ql^4}{384EI} \ (\downarrow)$$

式中，负号表示梁中点的挠度向下，故有

$$|w|_{\max} = \frac{5ql^4}{384EI}$$

由图 5.7 可见，在两支座处横截面的转角相等，且为最大，由式(e)可得

$$\theta_A = \theta(0) = -\frac{ql^3}{24EI} \ (\circlearrowright)$$

$$\theta_B = \theta(l) = +\frac{ql^3}{24EI} \ (\circlearrowleft)$$

式中，负号表示截面为顺时针方向转动；正号表示截面为反时针方向转动。

$$|\theta|_{\max} = \frac{ql^3}{24EI}$$

以上两例中，仅需对全梁列出一个挠曲线近似微分方程，便可进行积分并确定积分常数。但当分段列出梁的挠曲线近似微分方程时，积分后，每段均将出现两个积分常数，为确定这些积分常数，除了利用边界条件外，还需利用分段处的连续条件。如图 5.8 所示的简支梁，集中力 F 将全梁分为 AC 和 CB 两段，这时两段梁的挠曲线近似微分方程及其积分分别如下。

AC 段 $(0 \leqslant x \leqslant a)$：

$$EIw_1'' = \frac{Fb}{l}x$$

$$EIw_1' = \frac{Fb}{2l}x^2 + C_1$$

$$EIw_1 = \frac{Fb}{6l}x^3 + C_1x + D_1$$

CB 段 $(a \leqslant x \leqslant l)$：

$$EIw_2'' = \frac{Fb}{l}x - F(x-a)$$

$$EIw_2' = \frac{Fb}{2l}x^2 - \frac{F(x-a)^2}{2} + C_2$$

$$EIw_2 = \frac{Fb}{6l}x^3 - \frac{F(x-a)^3}{6} + C_2x + D_2$$

积分后一共出现四个积分常数，需要四个已知的变形条件才能确定。

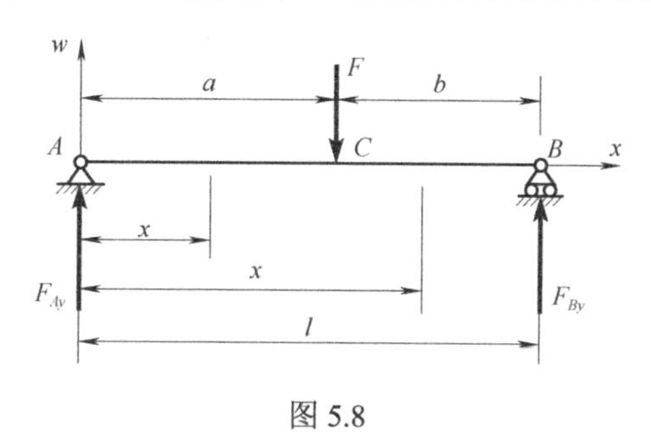

图 5.8

简支梁的边界条件有两个，即

$$w_A = w_1(0) = 0, \qquad w_B = w_2(l) = 0$$

分段处的连续条件有两个，即

$$w_1(a) = w_2(a), \qquad w_1'(a) = w_2'(a)$$

用这两个边界条件和两个连续条件可以确定四个积分常数，积分常数确定后，就可以得到两梁段的转角方程和挠曲线方程。接下来的演算与前面两例类似，读者可自行演算，其结果为

$$w_1 = \frac{Fbx}{6lEI}\left(x^2 - l^2 + b^2\right) \quad (0 \leqslant x \leqslant a)$$

$$w_2 = \frac{Fa(l-x)}{6lEI}\left(x^2 + a^2 - 2lx\right) \quad (a \leqslant x \leqslant l)$$

5.3　计算梁变形的叠加法

积分法是计算梁变形的基本方法，但在工程实际中，梁上一般都同时作用若干个载荷，此时若采用积分法，其计算工作量大且计算过程烦琐。基于小变形条件下力的独立作用原理和位移是变形的累加结果的概念，用**叠加法**计算梁的变形就相对简便。

将各种简单载荷作用下梁的挠度和转角公式及挠曲线的方程式列于表 5.1，以备查用。

表 5.1　梁的挠曲线方程、挠度与转角

序号	梁的简图	挠曲线方程	挠度和转角
1	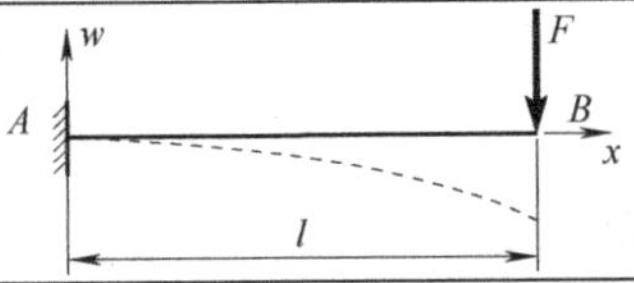	$w=\frac{Fx^2}{6EI}(x-3l)$	$w_B=-\frac{Fl^3}{3EI}$ $\theta_B=-\frac{Fl^2}{2EI}$
2	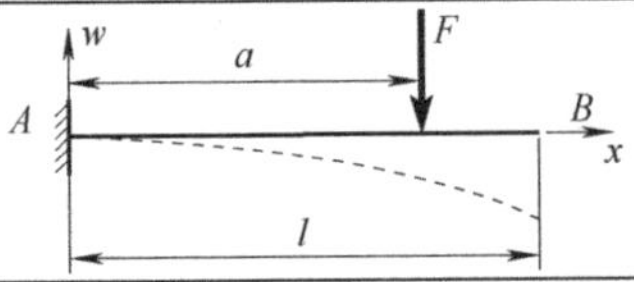	$w=\frac{Fx^2}{6EI}(x-3a)\quad(0\leqslant x\leqslant a)$ $w=\frac{Fa^2}{6EI}(a-3x)\quad(a\leqslant x\leqslant l)$	$w_B=-\frac{Fa^2}{6EI}(3l-a)$ $\theta_B=-\frac{Fa^2}{2EI}$
3	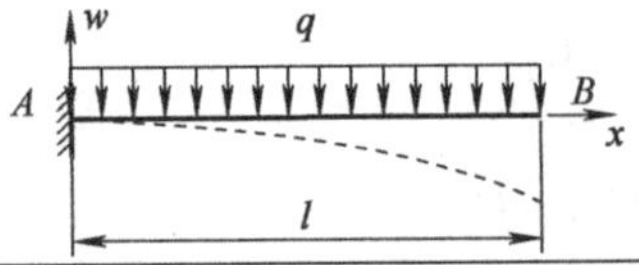	$w=\frac{qx^2}{24EI}(4lx-6l^2-x^2)$	$w_B=-\frac{ql^4}{8EI}$ $\theta_B=-\frac{ql^3}{6EI}$
4	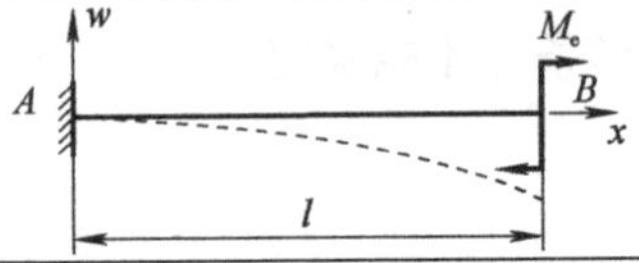	$w=-\frac{M_ex^2}{2EI}$	$w_B=-\frac{M_el^2}{2EI}$ $\theta_B=-\frac{M_el}{EI}$
5	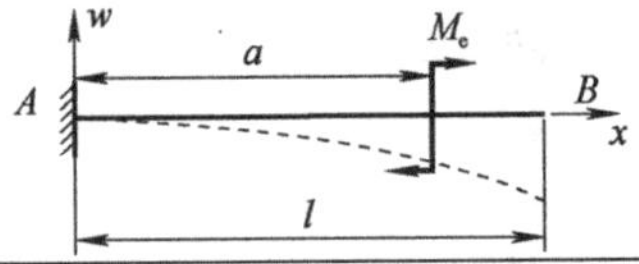	$w=-\frac{M_ex^2}{2EI}\quad(0\leqslant x\leqslant a)$ $w=-\frac{M_ea}{EI}\left(\frac{a}{2}-x\right)\quad(a\leqslant x\leqslant l)$	$w_B=-\frac{M_ea}{EI}\left(l-\frac{a}{2}\right)$ $\theta_B=-\frac{M_ea}{EI}$
6	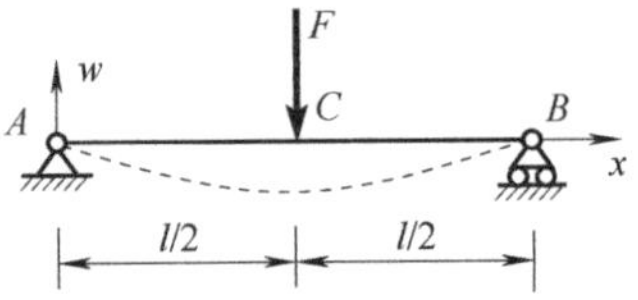	$w=-\frac{Fx}{12EI}\left(x^2-\frac{3l^2}{4}\right)\quad\left(0\leqslant x\leqslant\frac{l}{2}\right)$	$\lvert w\rvert_{max}=\frac{Fl^3}{48EI}$ (在 $0\leqslant x\leqslant\frac{l}{2}$ 处) $\theta_A=-\theta_B=-\frac{Fl^2}{16EI}$
7	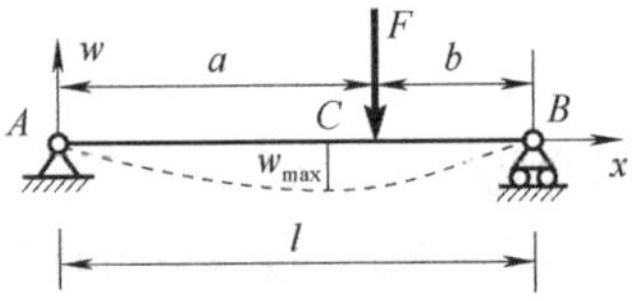	$w=\frac{Fbx}{6lEI}\left(x^2-l^2+b^2\right)\quad(0\leqslant x\leqslant a)$ $w=\frac{Fa(l-x)}{6lEI}\left(x^2+a^2-2lx\right)\quad(a\leqslant x\leqslant l)$	$\lvert w\rvert_{max}=\frac{Fb(l^2-a^2)^{3/2}}{9\sqrt{3}lEI}$ (在 $x=\sqrt{\frac{l^2-b^2}{3}}$ 处) $\theta_A=-\frac{Fb(l^2-b^2)}{6lEI}$ $\theta_B=\frac{Fa(l^2-a^2)}{6lEI}$
8	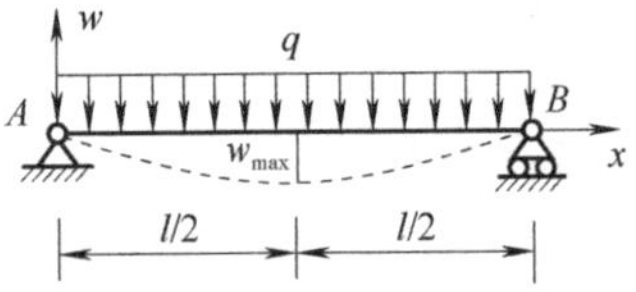	$w=\frac{qx}{24EI}\left(2lx^2-x^3-l^3\right)$	$\lvert w\rvert_{max}=\frac{5ql^4}{384EI}$ (在 $0\leqslant x\leqslant\frac{l}{2}$ 处) $\theta_A=-\theta_B=-\frac{ql^3}{24EI}$
9	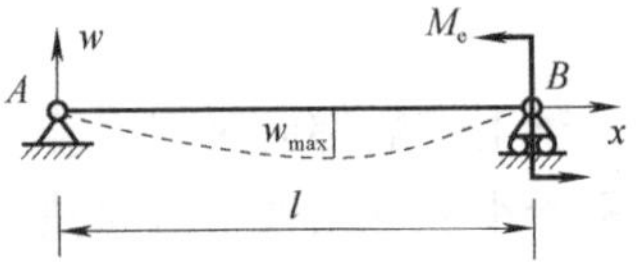	$w=-\frac{M_ex}{6lEI}\left(l^2-x^2\right)$	$\lvert w\rvert_{max}=\frac{M_el^2}{9\sqrt{3}EI}$ (在 $x=\frac{l}{\sqrt{3}}$ 处) $\theta_A=-\frac{M_el}{6EI}$ $\theta_B=\frac{M_el}{3EI}$

续表

序号	梁的简图	挠曲线方程	挠度和转角
10		$w=\dfrac{M_e x}{6lEI}\left(l^2-3b^2-x^2\right)$ $(0\leqslant x\leqslant a)$ $w=\dfrac{M_e(l-x)}{6lEI}(3a^2-2lx+x^2)$ $(a\leqslant x\leqslant l)$	$w_1=\dfrac{M_e(l^2-3b^2)^{3/2}}{9\sqrt{3}lEI}$ (在 $x=\sqrt{l^2-3b^2}/\sqrt{3}$ 处) $w_2=-\dfrac{M_e(l^2-3a^2)^{3/2}}{9\sqrt{3}lEI}$ (在 $x=\sqrt{l^2-3a^2}/\sqrt{3}$ 处) $\theta_A=\dfrac{M_e(l^2-3b^2)}{6lEI}$ $\theta_B=\dfrac{M_e(l^2-3a^2)}{6lEI}$ $\theta_C=\dfrac{M_e(l^2-3a^2-3b^2)}{6lEI}$

5.3.1 载荷叠加法

在小变形的条件下，且当梁内应力不超过比例极限时，挠曲线近似微分方程是线性的，而梁内任一横截面的弯矩又与载荷为线性齐次关系。因此，当梁上同时作用几个载荷时，挠曲线近似微分方程的解，必等于各载荷单独作用时挠曲线近似微分方程的解的线性组合，由此求得的挠度与转角也一定与载荷为线性齐次关系。

根据以上分析，几个载荷共同作用于梁上所产生的变形就等于每一载荷单独作用所产生的变形的叠加，这就是计算梁变形的**载荷叠加法**。

如图 5.9 所示的梁，若设载荷 q、F 与 M_e 单独作用时截面 A 的挠度分别为 w_q、w_F 与 w_{M_e}，则当它们共同作用时，该截面的挠度为

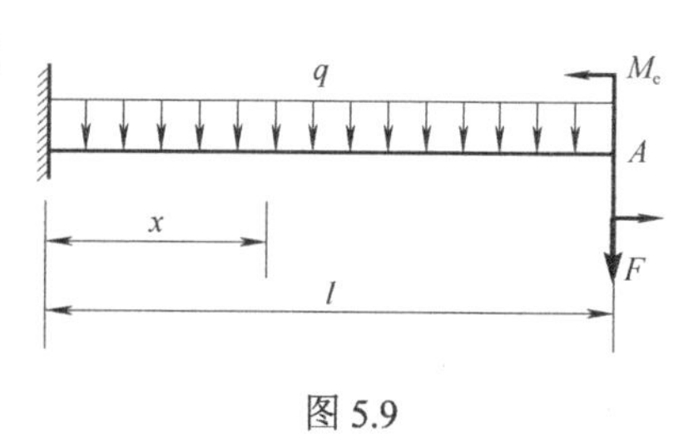

图 5.9

$$w=w_q+w_F+w_{M_e}$$

【例 5.3】 简支梁承受载荷情况如图 5.10(a)所示，试用叠加法求梁跨中点的挠度 w_C，以及支座处截面转角 θ_A 和 θ_B。

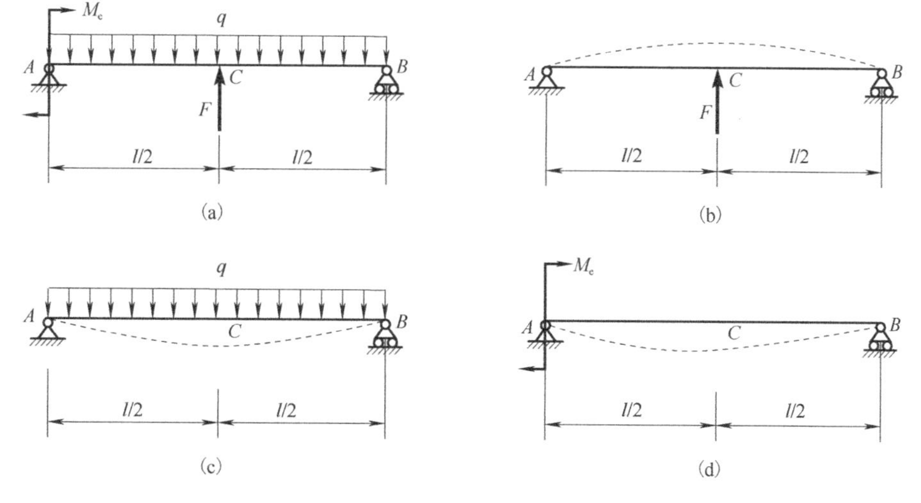

图 5.10

解：(1)求点 C 的挠度 w_C。

根据叠加原理，点 C 的挠度应等于集中力 F、均布载荷 q 和集中力偶 M_e 分别单独作用于简支梁时在点 C 引起的挠度的代数和。

当梁中点受集中力 F 作用时，如图 5.10(b)所示，查表 5.1 第 6 行得，点 C 的挠度为

$$w_{C,F}=\frac{Fl^3}{48EI}\ (\uparrow)$$

当梁上受均布载荷 q 作用时，如图 5.10(c)所示，查表 5.1 第 8 行得，点 C 的挠度为

$$w_{C,q}=-\frac{5ql^4}{384EI}\ (\downarrow)$$

当梁左端 A 点处受集中力偶 M_e 的作用时，如图 5.10(d)所示，查表 5.1 第 9 行得，点 C 的挠度为

$$w_{C,M_e}=-\frac{M_el^2}{16EI}\ (\downarrow)$$

故点 C 的总挠度为

$$w_C=w_{C,F}+w_{C,q}+w_{C,M_e}=\frac{Fl^3}{48EI}-\frac{5ql^4}{384EI}-\frac{M_el^2}{16EI}$$

(2)求 A、B 截面的转角 θ_A、θ_B。

查表 5.1 得，在集中力 F 作用下，在简支梁 A、B 截面引起的转角分别为

$$\theta_{A,F}=\frac{Fl^2}{16EI}\ (\circlearrowleft),\qquad \theta_{B,F}=-\frac{Fl^2}{16EI}\ (\circlearrowright)$$

查表 5.1 得，在均布载荷 q 作用下，在简支梁 A、B 截面引起的转角分别为

$$\theta_{A,q}=-\frac{ql^2}{24EI}\ (\circlearrowright),\qquad \theta_{B,q}=\frac{ql^2}{24EI}\ (\circlearrowleft)$$

查表 5.1 得，在集中力偶 M_e 作用下，在简支梁 A、B 截面引起的转角分别为

$$\theta_{A,M_e}=-\frac{M_el}{3EI}\ (\circlearrowright),\qquad \theta_{B,M_e}=\frac{M_el}{6EI}\ (\circlearrowleft)$$

故 A、B 截面的总转角分别为

$$\theta_A=\theta_{A,F}+\theta_{A,q}+\theta_{A,M_e}=\frac{Fl^2}{16EI}-\frac{ql^3}{24EI}-\frac{M_el}{3EI}$$

$$\theta_B=\theta_{B,F}+\theta_{B,q}+\theta_{B,M_e}=-\frac{Fl^2}{16EI}+\frac{ql^3}{24EI}+\frac{M_el}{6EI}$$

需要注意的是，查表 5.1 时，要根据外力的实际方向来确定变形的正负号，切忌盲目照抄公式。

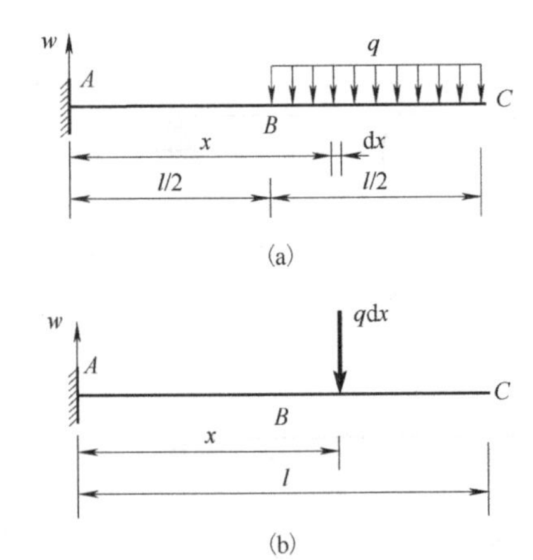

图 5.11

【例 5.4】 弯曲刚度为 EI 的悬臂梁，BC 段受均布载荷 q 作用，如图 5.11(a)所示，试计算自由端 C 截面的挠度。

解：分布载荷可视为由无限多个微小集中载荷组成，所以可以利用载荷叠加法计算。

如图 5.11(b)所示，在距固定端 x 处的微载荷为 $q\mathrm{d}x$，查表 5.1 第 2 行可得，在 $q\mathrm{d}x$ 作用下，梁自由端的挠度为

$$\mathrm{d}w_C=-\frac{q\mathrm{d}x\cdot x^2}{6EI}(3l-x)=-\frac{q}{6EI}x^2(3l-x)\mathrm{d}x$$

由此可得在均布载荷作用下，梁自由端的挠度为

$$w_C = \int \mathrm{d}w_C = \int_{l/2}^{l} -\frac{q}{6EI}x^2(l-x)\mathrm{d}x = -\frac{41ql^4}{384EI}\ (\downarrow)$$

另外，此题尚可采用载荷叠加法的其他技巧求解，请读者自行练习。

5.3.2　逐段分析求和法

为了直接利用表 5.1 计算梁的变形，对于表中没有列出的某些类型的梁，除了可以对载荷进行处理外，也可以根据位移是杆件各部分变形累加的结果的概念，对梁段进行处理，即把梁视为由若干梁段构成，分别按表 5.1 中的公式计算在相同载荷作用下各梁段的变形在同一截面上引起的位移，然后逐段叠加，即采用**逐段分析求和法**，也称为**区段叠加法**，下面举例予以阐明。

【例 5.5】　试用逐段分析求和法计算例 5.4。

解： 视梁 AC 由悬臂梁 AB 与固定在截面 B 上的悬臂梁 BC 构成，因此截面 C 的挠度是在载荷 q 作用下，因梁段 AB 变形引起的挠度 $w_{C,AB}$ 和因梁段 BC 变形引起的挠度 $w_{C,BC}$ 的叠加，如图 5.12(a) 所示。

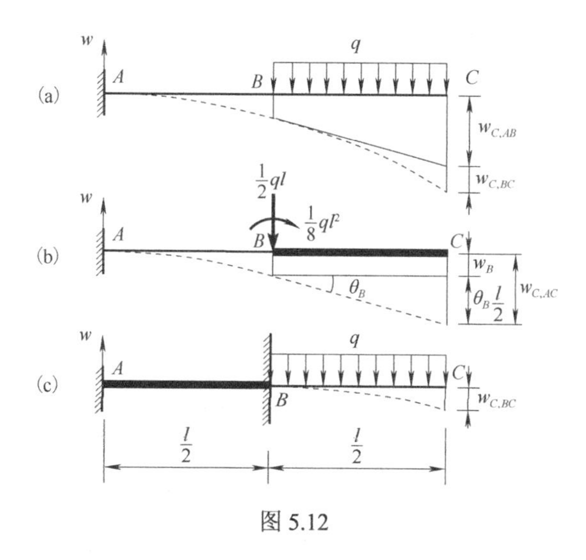

图 5.12

对于 $w_{C,AB}$ 的计算，由于此时只考虑梁段 AB 的变形，可视梁段 BC 为刚杆，将载荷 q 平移到截面 B，得作用在该截面的集中力 $\frac{1}{2}ql$ 和附加力偶矩 $\frac{1}{8}ql^2$，如图 5.12(b) 所示。$w_{C,AB}$ 由两部分构成，一部分是截面 C 随平移后的载荷在截面 B 产生的竖直位移，另一部分是截面 C 绕截面 B 的刚体转动位移，即

$$w_{C,AB} = w_B + \theta_B \cdot \frac{l}{2}$$

由载荷叠加法，查表 5.1 中的第 1 行和第 4 行可得

$$w_B = -\frac{\left(\frac{1}{2}ql\right)\left(\frac{l}{2}\right)^3}{3EI} - \frac{\left(\frac{1}{8}ql^2\right)\left(\frac{l}{2}\right)^2}{2EI} = -\frac{7ql^4}{192EI}\ (\downarrow)$$

$$\theta_B=-\frac{\left(\frac{1}{2}ql\right)\left(\frac{l}{2}\right)^2}{2EI}-\frac{\left(\frac{1}{8}ql^2\right)\left(\frac{l}{2}\right)}{EI}=-\frac{ql^3}{8EI}\ (\circlearrowright)$$

因此

$$w_{C,AB}=w_B+\theta_B\cdot\frac{l}{2}=-\frac{7ql^4}{192EI}-\frac{ql^3}{8EI}\left(\frac{l}{2}\right)=-\frac{19ql^4}{192EI}\ (\downarrow)$$

对于 $w_{C,BC}$ 的计算，由于此时只考虑梁段 BC 的变形，可将梁段 AB 视为刚体，变成 C 截面为固定端的悬臂梁 BC，如图 5.12(c)所示，于是直接查表 5.1 中的第 3 行可得

$$w_{C,BC}=-\frac{q\left(\frac{l}{2}\right)^4}{8EI}=-\frac{ql^4}{128EI}\ (\downarrow)$$

故截面 C 的总挠度为

$$w_C=w_{C,AB}+w_{C,BC}=-\frac{19ql^4}{192EI}-\frac{ql^4}{128EI}=-\frac{41ql^4}{384EI}\ (\downarrow)$$

上述分析方法的要点是，在计算各梁段的变形在待求处引起的位移时，除研究的梁段发生变形外，其余各梁段均视为刚体。因此，该方法又称为**逐段刚化法**，特别适用于外伸梁和阶梯变截面梁的变形计算。

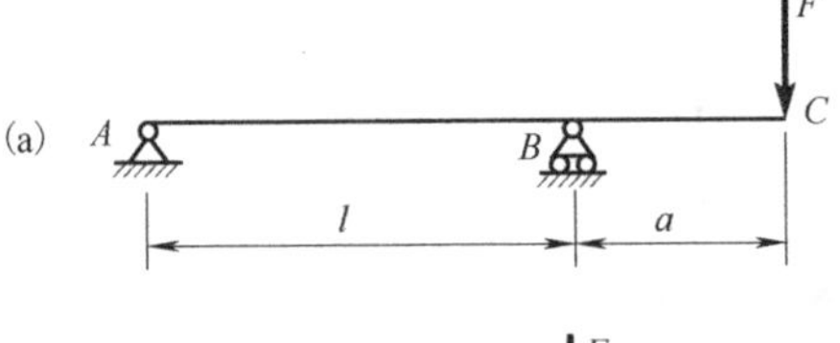

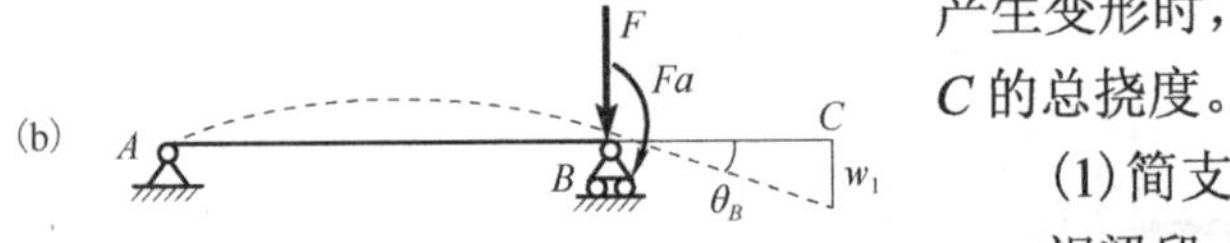

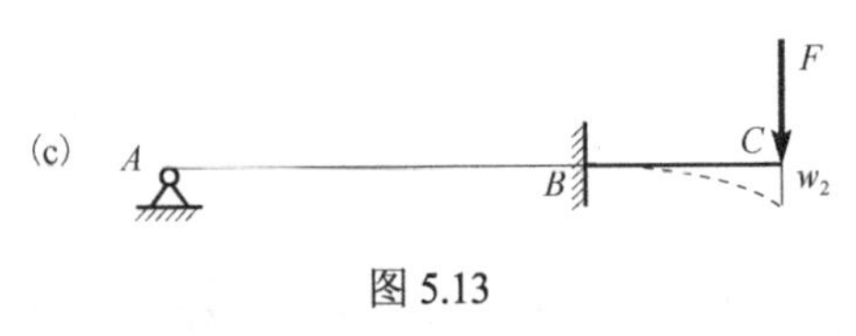

图 5.13

【例 5.6】 等截面外伸梁承受的载荷如图 5.13(a)所示，试计算外伸端 C 截面的挠度。

解：可将该梁看作由简支梁 AB 与固定端在横截面 B 上的悬臂梁 BC 组成，当简支梁 AB 与悬臂梁 BC 产生变形时，均在截面 C 引起挠度，其总和即为截面 C 的总挠度。

(1) 简支梁 AB 的变形在截面 C 引起的挠度。

视梁段 BC 为刚体，将载荷 F 平移到截面 B，得作用在该截面的集中力 F 与附加力偶 Fa，如图 5.13(b)所示，由于此时 BC 可视为刚性转动，截面 C 的相应挠度为

$$w_1=\theta_B a=-\frac{Fal}{3EI}\cdot a=-\frac{Fa^2l}{3EI}\ (\downarrow)$$

(2) 悬臂梁 BC 的变形在截面 C 引起的挠度。

视梁段 AB 为刚体，如图 5.13(c)所示，在载荷 F 作用下，悬臂梁 BC 的端点挠度为

$$w_2=-\frac{Fa^3}{3EI}\ (\downarrow)$$

(3) 截面 C 的总挠度。

$$w_C=w_1+w_2=-\frac{Fa^2}{3EI}(a+l)\ (\downarrow)$$

需要指出的是，载荷叠加法与逐段分析求和法都是综合应用已有的计算结果，在实际求解时，一般是将两种方法联合应用，所以又将二者统称为叠加法。

5.4　梁的刚度条件和合理刚度设计

5.4.1　梁的刚度条件

工程上，对于弯曲构件，除了要满足强度条件外，还要满足刚度要求，对其弯曲变形加以限制，所以需要进行刚度计算，其刚度条件为

$$|w|_{\max} \leqslant [w] \tag{5.7}$$

$$|\theta|_{\max} \leqslant [\theta] \tag{5.8}$$

式中，$[w]$为许用挠度；$[\theta]$为许用转角。

$[w]$和$[\theta]$由具体工作条件来确定，对于不同的构件有不同的规定，可从相应的设计规范或手册中查得。例如，对跨度为l的桥式起重机梁，其许用挠度为

$$[w]=\frac{l}{750} \sim \frac{l}{500}$$

又如，对于一般用途的轴，其许用挠度为

$$[w]=\frac{3l}{10000} \sim \frac{5l}{10000}$$

再如，在安装齿轮或滑动轴承处，轴的许用转角为

$$[\theta]=0.001\,\text{rad}$$

在设计计算中，一般是根据强度条件或构造上的需要，先确定构件的截面尺寸，然后再进行刚度校核。

【例 5.7】 如图 5.14(a)所示为一台起重重量为 50kN 的单梁桥式吊车。已知电葫芦重 5kN，吊车梁跨度$l=9.2\text{m}$，采用 45a 号工字钢，许用挠度$[w]=\dfrac{l}{500}$，试校核该吊车梁的刚度。

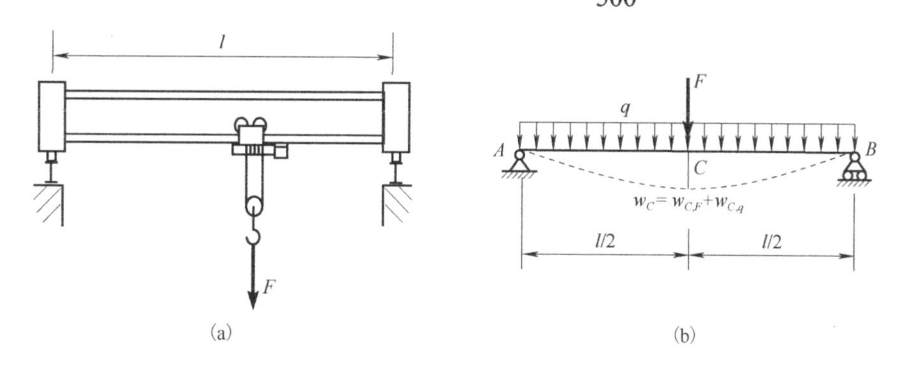

图 5.14

解：将吊车梁简化为如图 5.14(b)所示的简支梁。电葫芦的轮压近似地视为集中力F，并作用于梁的中点(此时由F引起的挠度最大)；梁的自重视为均布载荷，集度为q。

(1)计算有关数据，即

$$F=50+5=55(\text{kN})$$

查型钢表得

$$q=80.42\,\text{kg}\cdot\text{f/m}=8.04\,\text{kN/m}$$

$$I=32200\,\text{cm}^4=3.22\times10^{-4}\,\text{m}^4$$

材料的弹性模量为

$$E = 200\text{GPa}$$

(2) 计算最大挠度。

因 F 和 q 产生的最大挠度均位于梁的中点 C，查表 5.1 得

$$w_{C,F} = -\frac{Fl^3}{48EI} = -\frac{55\times10^3\times9.2^3}{48\times200\times10^9\times3.22\times10^{-4}}$$

$$= -1.39\times10^{-2}(\text{m}) = -1.39(\text{cm}) \quad (\downarrow)$$

$$w_{C,q} = -\frac{5ql^4}{384EI} = -\frac{5\times8.04\times10^3\times9.2^4}{384\times200\times10^9\times3.22\times10^{-4}}$$

$$= -1.16\times10^{-3}(\text{m}) = -0.116(\text{cm}) \quad (\downarrow)$$

由叠加法，得梁的最大挠度为

$$w_{\max} = -1.39 - 0.116 \approx -1.5(\text{cm})$$

(3) 校核刚度。

吊车梁的许可挠度为

$$[w] = \frac{l}{500} = \frac{9.2}{500} = 1.84\times10^{-2}(\text{m}) = 1.84(\text{cm})$$

比较梁的最大挠度，已知

$$|w|_{\max} = 1.56\text{cm} < 1.84\text{cm} = [w]$$

因此，该吊车梁满足刚度要求。

5.4.2　梁的合理刚度设计

综合前述对梁变形的讨论结果，对其挠度和转角可统一地表示为如下形式：

$$\text{位移} = \frac{\text{载荷}}{\text{系数}}\cdot\frac{l^n}{EI} \tag{5.9}$$

从式(5.9)可以看出，影响挠度和转角的主要因素有梁的长度 l、弯曲刚度 EI 和梁上作用载荷的类别及其分布状况。因此，要提高梁的刚度，减小梁的变形，应从上述三个方面采取措施。

1. 缩短梁的长度，增加支承约束

式(5.9)中上角标 n 的取值与载荷的类型有关，如位移为挠度，载荷类型为集中力偶、集中力和均布载荷时，n 分别为 2、3 和 4。可见，梁的跨度对于梁的变形影响较大。因此，如果条件允许，应尽量减小梁的跨度，使梁的变形减小。

当梁的挠度过大时，可通过增加支撑或约束来减小挠度。例如，在图 5.15(a) 所示的简支梁跨中增设一个铰支座 C［图 5.15(b)］，其最大挠度仅为增设前的 2.5%。当然，增加支承或约束，减小了梁的变形，但也使梁变为了超静定梁。

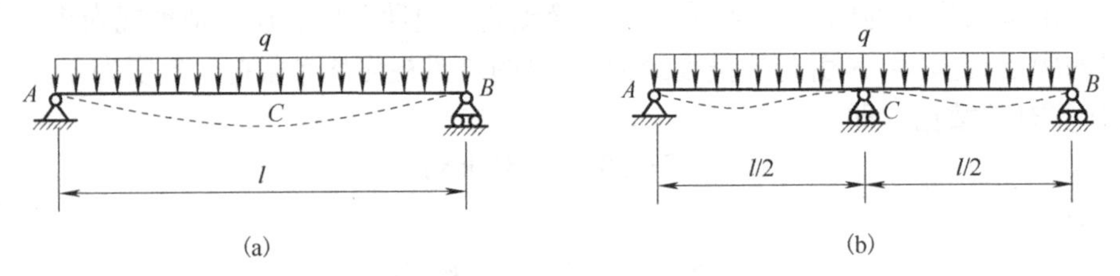

图 5.15

2. 增大梁的弯曲刚度，选用合理截面

梁的弯曲刚度 EI 与梁的变形成反比，因此提高梁的弯曲刚度同样也可以减小梁的变形。由于各种钢材(包括各种普通碳素钢、优质合金钢)的弹性模量 E 的数值相差很小，通过选择优质钢材来提高梁的弯曲刚度的效果并不明显，设法增大截面的惯性矩 I 才是提高梁的弯曲刚度的有效途径，即选用合理截面，以较小的截面面积取得较大的惯性矩。例如，自行车架由圆管焊接而成，不仅增加了车架的强度，也提高了车架的弯曲刚度。

对一些刚度不足的构件，也可以通过增大惯性矩来减小其变形，如在工字梁上、下翼缘处加焊钢板等。

3. 调整加载方式，改善结构设计

通过调整加载方式，降低梁的弯矩值，也可减小梁的变形。例如，如图 5.16(a)所示的跨中受集中力作用的简支梁，将集中力改变为作用在全梁上的均布载荷，如图 5.16(b)所示，其最大挠度仅为调整前的 62.5%。

改善结构设计，合理安排支撑或约束，可大幅度降低弯矩值，从而显著减小梁的变形。图 5.17(a)所示为跨度为 l 的简支梁，承受均布载荷 q 作用，如果将梁两端的铰支座各向内移动 $l/4$，如图 5.17(b)所示，则其最大挠度仅为调整前的 8.75%。

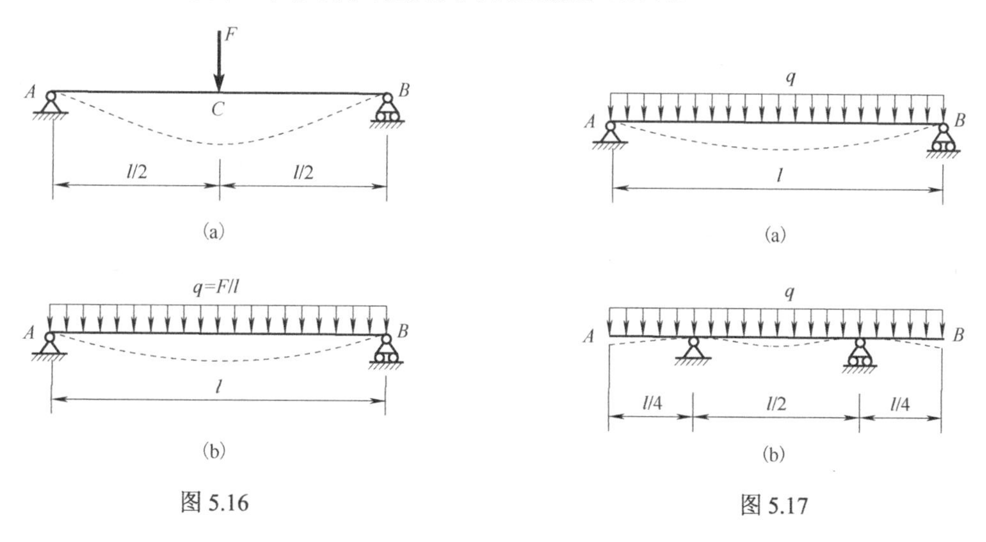

图 5.16　　　　图 5.17

从上述讨论可见，对梁进行合理刚度设计与第 4 章所述的对梁进行合理强度设计有异曲同工之处，但需要指出的是，梁的合理刚度设计与梁的合理强度设计是两种不同性质的问题，因此解决问题的出发点及方法也不尽相同。

思　考　题

5-1　根据梁的变形与弯矩的关系，判断下列说法是否正确。

(1) 正弯矩产生正转角，负弯矩产生负转角。

(2) 弯矩最大的截面转角最大，弯矩为零的截面转角为零。

(3) 弯矩突变的截面转角也有突变。

(4) 弯矩为零处，挠曲线曲率必为零。

(5)梁的最大挠度必产生于最大弯矩处。

(6)选用优质钢材是提高梁弯曲刚度的有效途径。

5-2　梁的转角和挠度之间的关系是________________________。

5-3　梁的挠曲线近似微分方程的应用条件是____________________。

5-4　挠曲线的大致形状是根据________________画出的，判断挠曲线的凹凸性与拐点位置的根据是__________________。

5-5　用积分法求梁的变形时，梁的边界条件及连续条件起________作用。

5-6　梁在纯弯时的挠曲线是圆弧曲线，但用积分法求得的挠曲线却是抛物线，其原因是______________________。

5-7　两悬臂梁，其横截面和材料均相同，在梁的自由端作用有大小相等的集中力，但其中一梁的长度为另一梁的二倍，则长梁自由端的挠度是短梁的________倍，转角是短梁的________倍。

5-8　应用叠加原理的条件是________________________。

5-9　应用叠加法计算梁的变形时，______________________情况下可直接叠加，________________________情况下可逐段求和。

习　　题

5.1　写出题图 5.1 所示梁的位移边界条件和连续条件。

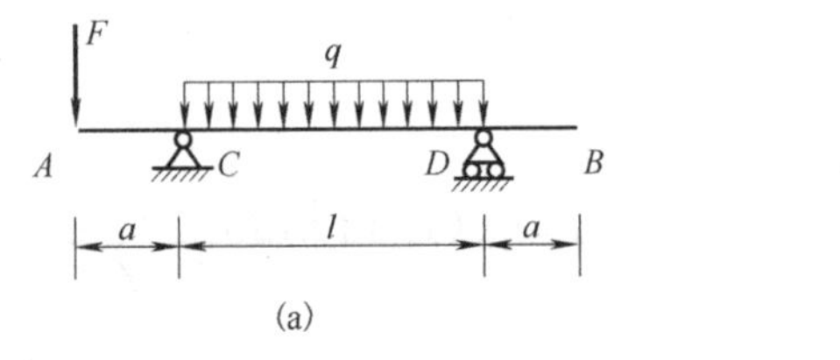

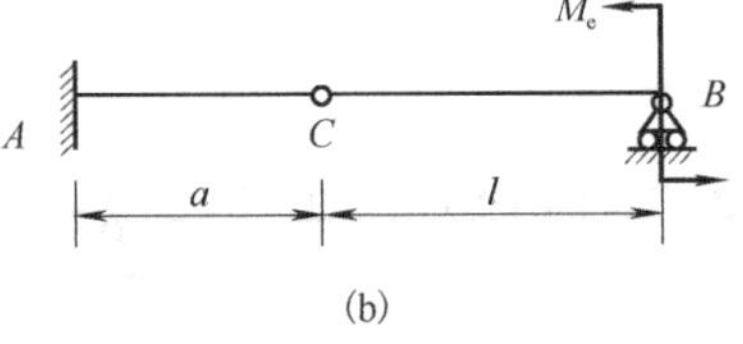

题图 5.1

5.2　用积分法求题图 5.2 所示各梁的挠曲线方程，并求指定截面的转角或挠度（EI 为常数）。

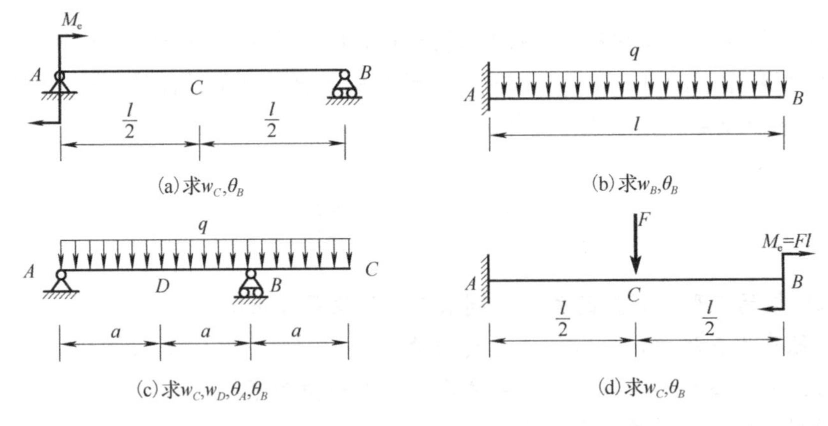

题图 5.2

5.3　题图 5.3 所示的简支梁承受三角形分布载荷作用，EI= 常数。试用积分法求该梁 A、B 处的转角和梁的最大挠度。

5.4　如题图 5.4 所示，梁的 B 截面置于弹簧上，弹簧刚度为 k，试求点 A 处的挠度(EI 为已知常数)。

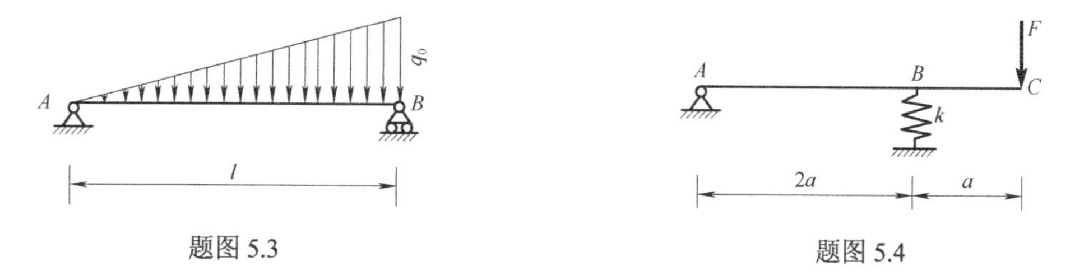

题图 5.3　　题图 5.4

5.5　用叠加法求题图 5.5 所示各梁指定截面的转角或挠度(EI 为常数)。

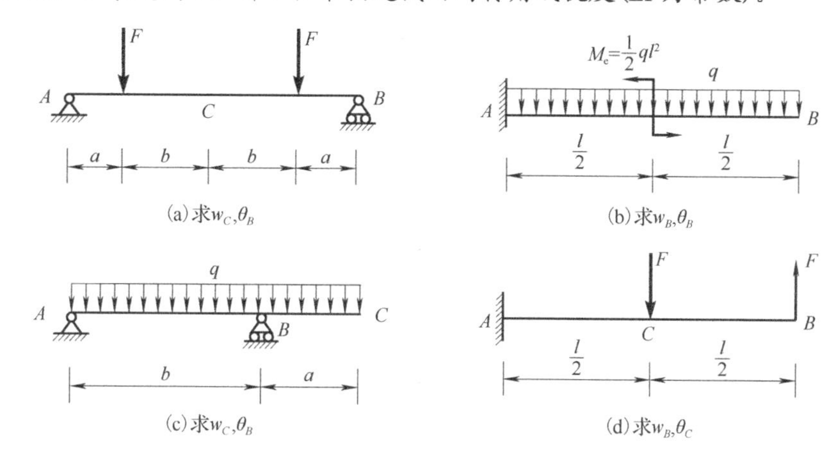

题图 5.5

5.6　求题图 5.6 所示的各梁中间铰点 C 的位移和 B 截面的转角(EI 为常数)。

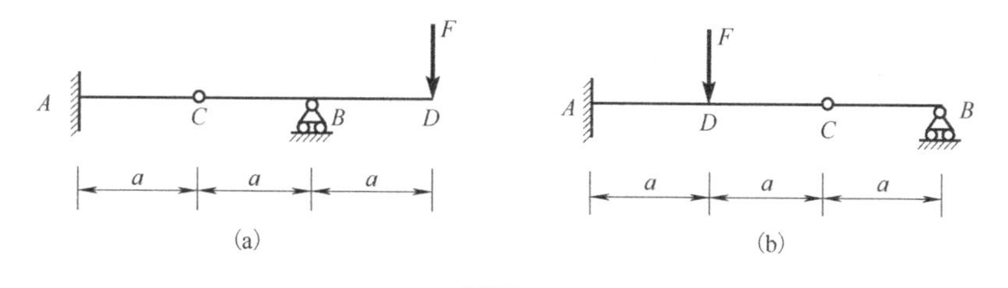

题图 5.6

5.7　如题图 5.7 所示的梁，EI 为常数，试求载荷 F 作用处的挠度和转角。

5.8　如题图 5.8 所示的外伸梁，两端承受载荷 F 作用，EI 为常数，试问:

(1) 当 x/l 为何值时，梁跨中 C 的挠度与自由端的挠度数值相等。

(2) 当 x/l 为何值时，梁跨中 C 的挠度最大。

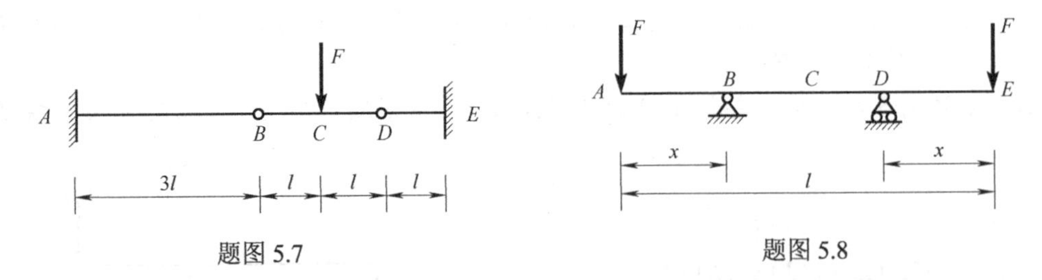

题图 5.7　　题图 5.8

5.9 试用逐段分析求和法计算题图 5.9 所示变截面梁自由端的转角和挠度。

5.10 如题图 5.10 所示的悬臂梁，有载荷 F 沿梁移动，欲使载荷移动时载荷始终保持相同的高度，试问应将梁轴线预弯成怎样的曲线(设 EI=常数)？

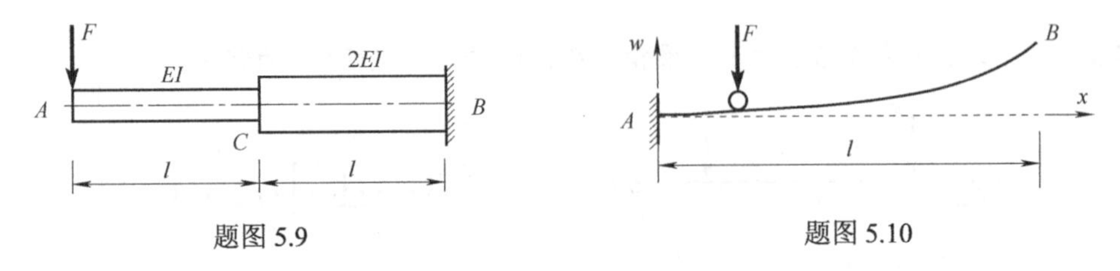

题图 5.9　　题图 5.10

5.11 如题图 5.11 所示，求直角折杆自由端 C 截面的铅垂位移和水平位移(设 EI 为常数)。

5.12 位于水平面内的直角折杆 ABC，B 处为一轴承，允许 AB 轴的端截面在轴承内自由转动，但不能上下移动。已知 $F=60\text{kN}$，$E=210\text{GPa}$，$G=0.4E$，折杆尺寸如题图 5.12 所示(尺寸单位为 mm)，试求截面 C 的铅垂位移。

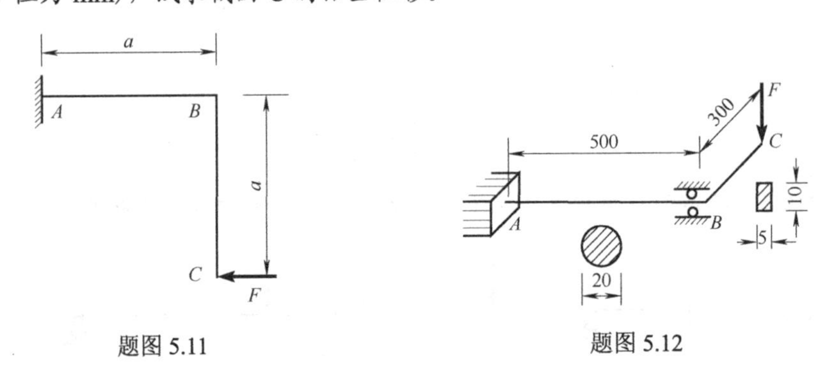

题图 5.11　　题图 5.12

5.13 如题图 5.13 所示的圆截面轴，两端用轴承支承，承受载荷 $F=10\text{kN}$ 作用。若轴承处的许用转角 $[\theta]=0.05\text{rad}$，材料的弹性模量 $E=200\text{GPa}$，试根据刚度要求确定轴的直径。

5.14 由两根槽钢组成的简支梁如题图 5.14 所示，已知其许用应力 $[\sigma]=100\text{MPa}$，许用挠度 $[w]=l/1000$，弹性模量 $E=206\text{GPa}$。试选定槽钢的型号，并对自重影响进行校核。

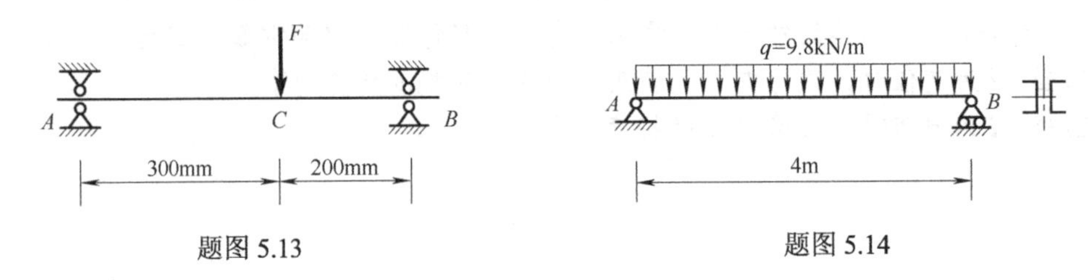

题图 5.13　　题图 5.14

第6章　应力状态分析

6.1　应力状态概述

6.1.1　一点的应力状态

在前面章节中，导出了杆件在基本变形条件下的应力计算公式。由圆轴扭转时横截面上的切应力计算公式$\tau = T\rho/I_{\mathrm{p}}$和梁弯曲时横截面上的正应力计算公式$\sigma = My/I_z$可以看出，构件不同横截面上的应力一般是不同的，同一横截面上不同点的应力一般也不同。因此，构件上某一点的应力不仅与包含该点所在的横截面位置有关，还与横截面上该点所在位置有关，即构件上不同点的应力一般不同。就一点而言，通过这一点的截面除了横截面外还可以有其他不同的方位。例如，由轴向拉压杆斜截面上的应力计算公式$\sigma_\alpha = \sigma\cos^2\alpha$，$\tau_\alpha = \dfrac{\sigma}{2}\sin(2\alpha)$可以看出，过同一点不同方位斜截面上的应力也是不同的，如图6.1中过点A m-m斜截面上的正应力和切应力。

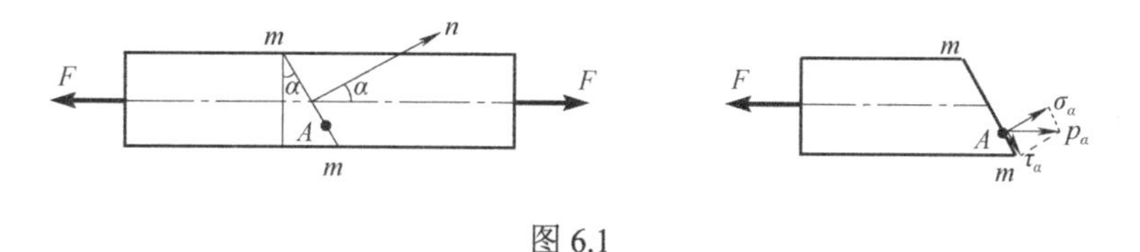

图6.1

综上所述，一般而言，受力构件内不同横截面上的应力不同，同一横截面上不同点的应力不同，同一点的不同方位斜截面上的应力不同。**一点的应力状态**，就是**过受力构件内一点所有截面上应力情况的集合**，因此研究一点的应力随截面方位变化的规律就要研究一点的应力状态。

6.1.2　研究应力状态的目的

前面在研究轴向拉伸(或压缩)、扭转、弯曲等基本变形构件的强度问题时已经得出，这些构件横截面上的危险点处只有正应力或只有切应力，并建立了相应的强度条件：

$$\sigma_{\max} \leqslant [\sigma] \quad , \quad \tau_{\max} \leqslant [\tau]$$

但是在工程实际中，还存在着的大量更复杂的强度问题。例如，工字形截面梁受横力弯曲时，其横截面的翼缘与腹板交界点处，就同时存在较大的正应力和切应力，如图6.2所示；飞机螺旋桨的轴在工作时，因同时承受拉伸和扭转的组合变形，其横截面的危险点处就同时存在因轴力引起的正应力和因扭矩引起的切应力；传递动力的轴，其横截面的危险点处也常常同时存在因弯矩引起的正应力和因扭矩引起的切应力，甚至还可能存在由其他内力引起的应力。这类构件危险点的应力状

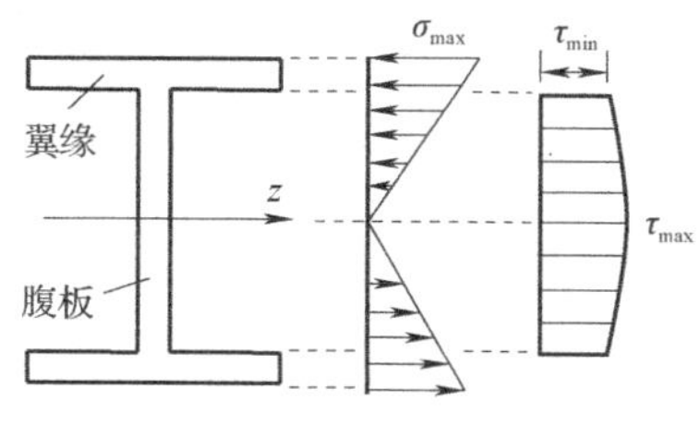

图6.2

态一般称为复杂应力状态(准确定义见后)。对于这类构件，能否用上述强度条件分别对正应力和切应力进行强度计算呢？实践证明，不能，因为这些截面上的正应力和切应力并不是分别对构件的破坏起作用，而是有所联系的。因而，我们应该综合考虑它们的影响，从而建立复杂应力状态的强度条件，进行强度计算。为此，首先需要了解引起构件破坏的主要因素是什么。

我们知道，不同的受力构件可能表现出不同的破坏形式，例如，构件在拉压、扭转、弯曲等基本变形情况下，并不都是产生沿构件的横截面破坏。在拉伸实验中，低碳钢屈服破坏时在与试件轴线呈 45° 的方向出现滑移线；在铸铁的压缩或扭转实验中，试件却沿着与轴线呈接近 45° 的斜截面或螺旋面发生断裂破坏，这表明构件的破坏还与斜截面上的应力有关。因此，为了解释构件的各种破坏现象，了解引起构件各种破坏现象的原因，还必须研究构件各个不同斜截面上的应力，对于应力非均匀分布的构件，则必须研究危险点在各个截面上的应力情况，即应力状态。

因此，研究一点的应力状态，不仅可以解释构件的各种破坏现象，了解引起构件各种破坏现象的原因，还是建立复杂应力状态的强度条件的基础。此外，应力状态理论在材料的强度分析、实验应力分析、断裂力学、岩石力学和地质力学等方面都有广泛的应用。

6.1.3　研究一点应力状态的方法

要研究一点的应力状态，首先需要围绕受力构件上所要研究的点(一般是构件上的危险点)截取一个**边长为无限小的正六面体**，称为**单元体**。单元体三个方向的边长 dx、dy、dz 均为无穷小量，故可认为单元体代表的是一个点。

单元体各侧面上一般都有应力，如图 6.3 所示。为了表示单元体各侧面上的应力，建立坐标系 $Oxyz$，则单元体各侧面上的应力可用不同的角标加以区分。应力角标标识的规律，可通过分析图 6.4 所示法线为 x 方向的平面上点 A 的应力得知。设点 A 的全应力为 p_A，将 p_A 沿法向及切向分解，得到正应力分量 σ_x 和切应力分量 τ_x，再将 τ_x 沿 y 和 z 方向分解得 τ_{xy} 和 τ_{xz} 两个分量，即得到点 A 在该平面上的三个应力分量 σ_x、τ_{xy} 和 τ_{xz}。切应力 τ_{xy} (或 τ_{xz}) 有两个角标，第一个角标 x 表示切应力作用平面的法线方向平行于 x 轴，第二个角标 y(或 z) 表示切应力的指向平行于 y 轴(或 z 轴)，因为正应力 σ_x 的指向与该平面的法线方向(x 轴方向)平行，所以用一个角标 x 表示就足够了，单元体各侧面上应力的角标都按此规律进行标注。

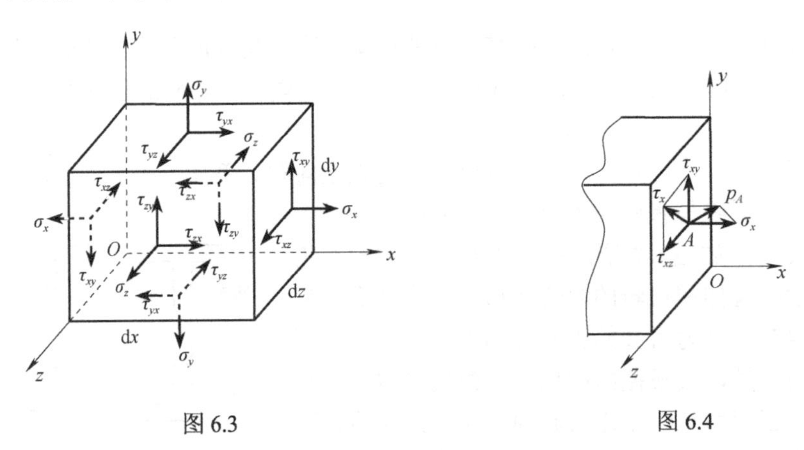

图 6.3　　　　　　　　　　　　　　　　图 6.4

因单元体各侧面的面积为无穷小，故可认为单元体每个侧面上的应力均匀分布；因单元体相互平行的一对侧面的距离为无限短，故可认为其上的同类应力大小相等，所以单元体的三对平面上一般共有九个应力分量。由切应力互等定理可知，$\tau_{xy}=\tau_{yx}$，$\tau_{yz}=\tau_{zy}$，$\tau_{zx}=\tau_{xz}$，因此单元体上独立的应力分量有六个：σ_x、σ_y、σ_z、τ_{xy}、τ_{yz}和τ_{zx}。

研究一点的应力状态，要求所截取的**单元体各侧面上的应力均为已知**，这样的单元体称为**原始单元体**，应该通过应力已知的截面截取原始单元体。由于前面已经研究了基本变形杆件横截面上任一点的应力计算，我们可以用一对距离为无穷小的横截面和两对与其垂直的纵截面截取原始单元体。如图6.5(a)所示的受轴向拉伸的杆，要截取包含点A的原始单元体时，注意到轴向拉杆横截面上的应力为$\sigma=F_N/A$，纵截面上无应力，故可围绕点A用一对横截面和两对相互垂直的纵截面(即前后面和上下面)截取到原始单元体，如图6.5(b)所示，由于其前后面上无应力，为表达简便，可用如图6.5(c)所示的平面图表示。

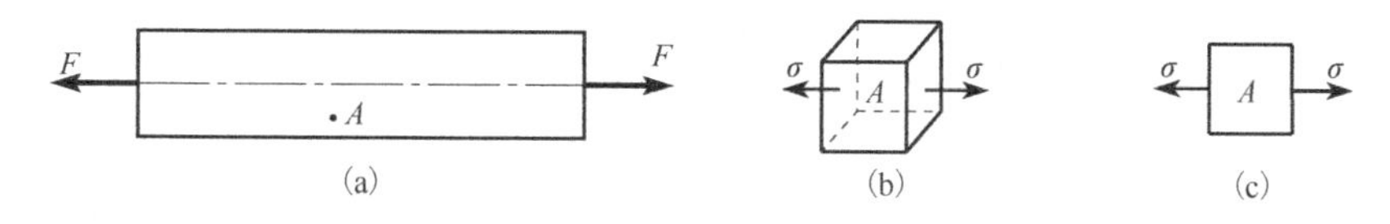

图6.5

研究一点的应力状态，就是研究单元体各截面上的应力情况。如果受力构件处于平衡状态，显然从构件中截取的单元体也必然满足平衡条件，因此在已知单元体中三对互相垂直平面(每对平面为距离为无穷小的平行平面)上的应力的条件下，就可以利用截面法和静力平衡方程，来分析单元体各截面上的应力，这就是研究应力状态的**单元体分析法**。

6.1.4　主应力和应力状态分类

一般情况下，单元体中三对相互垂直的平面上既有正应力又有切应力，但可以证明，通过受力构件内的任意点一定可以截取到一个特殊单元体，在其**三对相互垂直的平面上的切应力等于零**，这样的单元体称为**主单元体**，如图6.6所示。将**切应力等于零的平面**称为**主平面**，很显然主单元体是通过主平面截取的，**主平面上的正应力**称为**主应力**，**主平面的法线方向**(**主应力的方向**)称为**主方向**。一般情况下，主单元体上有三个不同的主应力，通常分别用σ_1、σ_2、σ_3表示，并按其代数值的大小排列来命名，即$\sigma_1\geqslant\sigma_2\geqslant\sigma_3$，分别称为**第一、二、三主应力**。

根据主应力的不同情况，将应力状态分为三类。如果构件某点处主单元体上的**三个主应力均不为零**，则该点的应力状态称为**三向应力状态**或**空间应力状态**；如果有**两个主应力不为零**，则称为**二向应力状态**或**平面应力状态**；如果**只有一个主应力不为零**，则称为**单向应力状态**或**简单应力状态**。其中，二向(平面)应力状态和三向(空间)应力状态统称为**复杂应力状态**。例如，轴向拉(压)杆、纯弯曲梁内除中性层外的任意一点、横力弯曲梁的上下边缘各点，都属于单向应力状态；而横力弯曲梁除上下边缘点以外的其他点、受扭圆轴除轴线外的各点都属于二向应力状态；某些以点接触传递作用力的齿轮，接触点处属于三向应力状态。如图6.7(a)所示的导轨，在导轨与滚轮的接触处，导轨表层的单元体A在垂直方向直接受压，同时引起横向膨胀，但横向膨胀受到周围材料的约束，造成四侧受压，所以单元体A处于三向受压状态，如图6.7(b)所示。

本章主要介绍二向应力状态的应力分析，简略介绍三向应力状态分析，此外还介绍广义胡克定律和复杂应力状态的应变能，这些是研究复杂应力状态下的强度条件的基础。

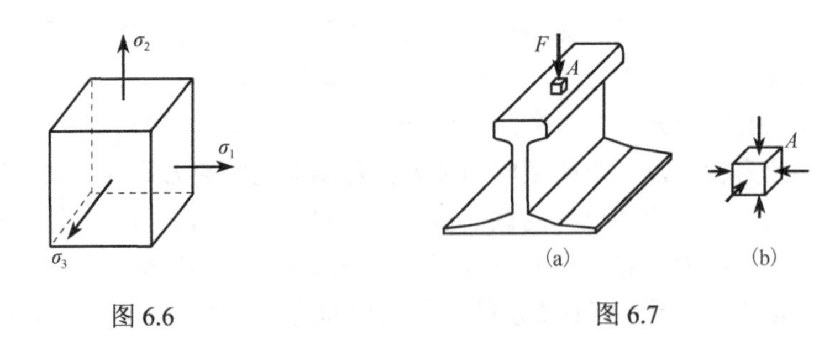

图 6.6　　图 6.7

6.2　平面应力状态分析

平面应力状态是实际工程中最常遇到的一种应力状态。如图 6.8 所示的单元体是平面应力状态的最一般情况，此时单元体与 z 轴垂直的平面(简称 z 面)上的正应力和切应力均为零。对于与 x 轴垂直的平面(简称 x 面)和与 y 轴垂直的平面(简称 y 面)上的正应力和切应力，用一个角标表示它们所在平面的法线方向即可，不会引起混淆。例如，用 σ_x 和 τ_x 分别表示单元体 x 面上的正应力和切应力，用 σ_y 和 τ_y 分别表示 y 面上的正应力和切应力。由切应力互等定理可知 $\tau_y=\tau_x$，因此 τ_y 不是一个独立量。平面应力状态的三个独立应力分量为 σ_x、σ_y 和 τ_x。平面应力状态分析的主要内容就是：在已知 σ_x、σ_y 和 τ_x 的条件下，求单元体内垂直于 z 面(主平面)的任一斜截面上的应力，确定该点的主应力、主方向和最大切应力等。

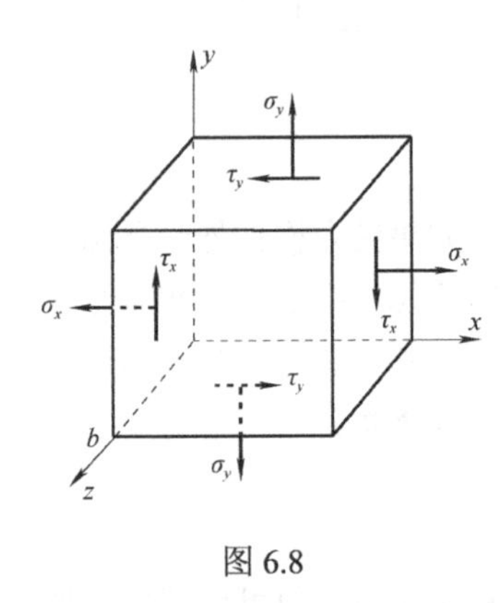

图 6.8

6.2.1　求单元体斜截面上应力的解析法

设一平面应力状态的原始单元体如图6.9(a)所示，已知 σ_x、σ_y、$\tau_x(=\tau_y)$，现求此单元体垂直于 z 面(平行于 z 轴)的任一斜截面 ef 上的应力。为了方便求解，可作正视图进一步简化为平面单元体进行研究，如图 6.9(b)所示。斜截面 ef 的方位用其外法线 n 与 x 轴的夹角 α 表示，ef 面可简称为 α 面。为求 α 面上的正应力 σ_α 和切应力 τ_α，可用截面法将平面单元体沿截面 ef 切开，取三角形单元体 ebf 为研究对象。设截面 ef 的面积为 $\mathrm{d}A$，则截面 eb 和 bf 的面积分别为 $\mathrm{d}A\cos\alpha$ 和 $\mathrm{d}A\sin\alpha$，单元体 ebf 的受力如图 6.9(c)所示，分别列沿斜截面法向 n 轴和切向 t 轴的平衡方程：

$$\sum F_{\mathrm{n}}=0,\quad \sigma_\alpha \mathrm{d}A+(\tau_x\mathrm{d}A\cos\alpha)\sin\alpha-(\sigma_x\mathrm{d}A\cos\alpha)\cos\alpha+(\tau_y\mathrm{d}A\sin\alpha)\cos\alpha-(\sigma_y\mathrm{d}A\sin\alpha)\sin\alpha=0$$

$$\sum F_{\mathrm{t}}=0,\quad \tau_\alpha \mathrm{d}A-(\tau_x\mathrm{d}A\cos\alpha)\cos\alpha-(\sigma_x\mathrm{d}A\cos\alpha)\sin\alpha+(\tau_y\mathrm{d}A\sin\alpha)\sin\alpha+(\sigma_y\mathrm{d}A\sin\alpha)\cos\alpha=0$$

解得

$$\sigma_\alpha=\sigma_x\cos^2\alpha+\sigma_y\sin^2\alpha-(\tau_x+\tau_y)\sin\alpha\cos\alpha \tag{a}$$

$$\tau_\alpha=(\sigma_x-\sigma_y)\sin\alpha\cos\alpha+\tau_x\cos^2\alpha-\tau_y\sin^2\alpha \tag{b}$$

将切应力互等定理 $\tau_x=\tau_y$ 及三角函数关系

$$\cos^2\alpha=\frac{1+\cos(2\alpha)}{2}\ ,\quad \sin^2\alpha=\frac{1-\cos(2\alpha)}{2}\ ,\quad \sin2\alpha=2\sin\alpha\cos\alpha$$

代入式(a)和式(b)，可得

$$\sigma_\alpha = \frac{\sigma_x + \sigma_y}{2} + \frac{\sigma_x - \sigma_y}{2}\cos(2\alpha) - \tau_x \sin(2\alpha) \tag{6.1}$$

$$\tau_\alpha = \frac{\sigma_x - \sigma_y}{2}\sin(2\alpha) + \tau_x \cos(2\alpha) \tag{6.2}$$

式(6.1)和式(6.2)即为平面应力状态下求斜截面上应力的一般公式。

由式(6.1)和式(6.2)可知，只要已知原始单元体上的应力σ_x、σ_y、τ_x，就可求得平面应力状态下垂直于 z 面的任意斜截面上的正应力σ_α和切应力τ_α，并且正应力和切应力都是斜截面方位角α的函数，它们随截面的方位不同而改变。

应该注意的是，式(6.1)和式(6.2)中的应力和方位角都是代数值，其符号规定如下：正应力σ以拉应力为正，压应力为负；切应力τ以绕单元体内任一点顺时针转向时为正，反之为负；方位角α以从 x 轴正向逆时针转到斜截面的外法线 n 时为正，反之为负。图 6.9 中表示的σ_x、σ_y、τ_x、σ_α、τ_α和α均为正值。

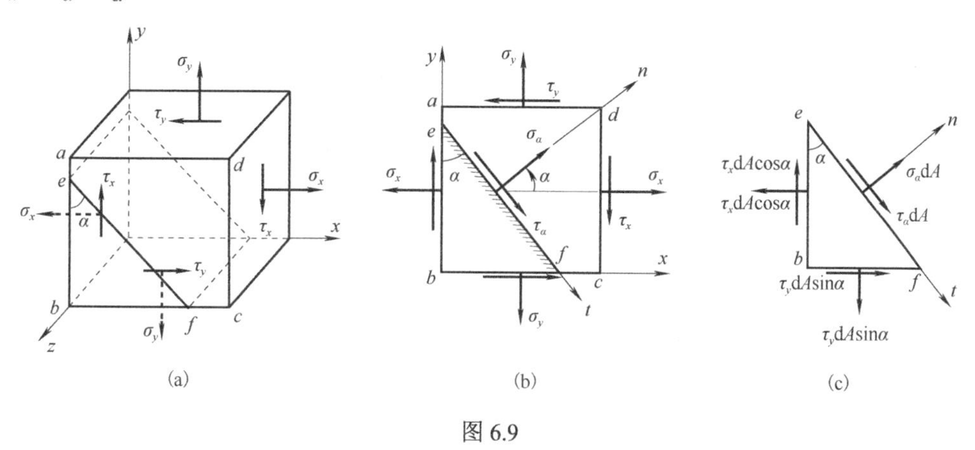

图 6.9

【例 6.1】　原始单元体如图 6.10(a)所示，试求指定斜截面上的应力并绘出其方向。

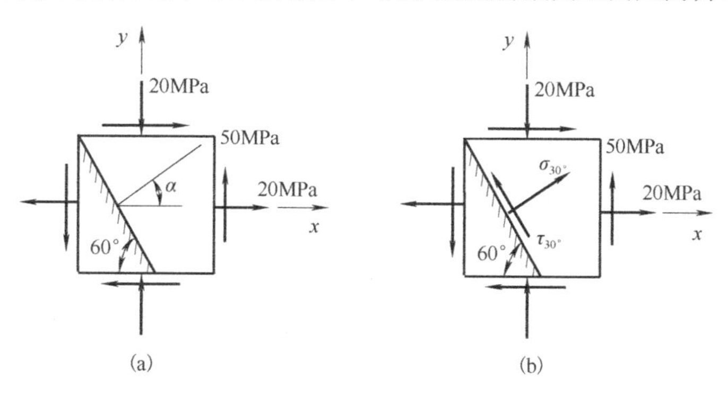

图 6.10

解：按应力和方位角的符号规定，此题中的σ_x=20MPa，σ_y=−20MPa，τ_x=−50MPa，指定斜截面方位角$\alpha = 30°$。将这些数据分别代入式(6.1)和式(6.2)，得

$$\sigma_{30°} = \frac{20+(-20)}{2} + \frac{20-(-20)}{2}\cos 60° - (-50)\sin 60° = 20\times 0.5 + 50\times 0.866 = 53.3(\text{MPa})$$

$$\tau_{30^\circ}=\frac{20-(-20)}{2}\sin 60^\circ+(-50)\cos 60^\circ=20\times 0.866-50\times 0.5=-7.68(\mathrm{MPa})$$

所得正应力σ_{30°为正值，表明其是拉应力；切应力τ_{30°为负值，表明其绕三角形单元体内任一点为逆时针转向，其方向如图 6.10(b)所示。

6.2.2　求单元体斜截面上应力的图解法

1. 应力圆

由式(6.1)和式(6.2)可以看出，应力σ_α和τ_α均是斜截面方位角α的函数，而且σ_α与τ_α之间存在确定的函数关系。将式(6.1)与式(6.2)分别改写成如下形式：

$$\sigma_\alpha-\frac{\sigma_x+\sigma_y}{2}=\frac{\sigma_x-\sigma_y}{2}\cos(2\alpha)-\tau_x\sin(2\alpha)$$

$$\tau_\alpha-0=\frac{\sigma_x-\sigma_y}{2}\sin(2\alpha)+\tau_x\cos(2\alpha)$$

以上两式等号两边各自平方后相加，便可消去α，得

$$\left(\sigma_\alpha-\frac{\sigma_x+\sigma_y}{2}\right)^2+\left(\tau_\alpha-0\right)^2=\left(\frac{\sigma_x-\sigma_y}{2}\right)^2+\tau_x^2$$

这个方程表达了σ_α与τ_α之间的关系。若以正应力σ为横坐标轴，以切应力τ为纵坐标轴建立坐标系，则上式表达的是在σ-τ坐标系中一个以σ_α和τ_α为变量的圆方程，圆心坐标为

$$\left(\frac{\sigma_x+\sigma_y}{2},0\right)$$

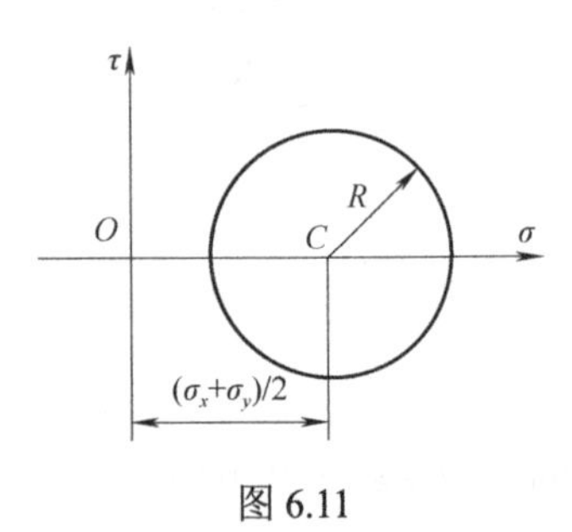

图 6.11

圆的半径为

$$R=\sqrt{\left(\frac{\sigma_x-\sigma_y}{2}\right)^2+\tau_x^2}$$

此圆称为应力圆或莫尔(Mohr)圆，如图 6.11 所示，圆周上任一点的横坐标和纵坐标分别等于单元体相应斜截面上的正应力σ_α和切应力τ_α。

2. 应力圆的绘制和应用

以图 6.12 所示的原始单元体为例(设$\sigma_x>\sigma_y>0$)，介绍应力圆的绘制方法以及如何由应力圆求出α斜截面上的正应力σ_α和切应力τ_α。

(1)选取适当比例，建立σ-τ坐标系。

(2)由单元体x面上的应力(σ_x，τ_x)在σ-τ坐标系内确定点D，即$\overline{OF}=\sigma_x$，$\overline{FD}=\tau_x$；由y面上的应力(σ_y，τ_y)确定点E，同样$\overline{OG}=\sigma_y$，$\overline{GE}=\tau_y$，由切应力互等定理和切应力的符号规定可知，$\tau_y=-\tau_x$，故有$\overline{GE}=-\overline{FD}$。

(3)连接D、E两点的直线与σ轴交于点C，以C为圆心，以$\overline{CD}$或$\overline{CE}$为半径画圆，此圆即为单元体的应力圆(莫尔圆)。这是因为，点C的横坐标为

$$\overline{OC}=\overline{OG}+\overline{GC}=\overline{OG}+\frac{\overline{OF}-\overline{OG}}{2}=\frac{\sigma_x+\sigma_y}{2}\tag{6.3}$$

点C的纵坐标为 0，可见点C在σ-τ坐标系内的坐标就是应力圆的圆心坐标，而$\overline{CD}$的长度为

$$\overline{CF}=\overline{GC}=\frac{\overline{OF}-\overline{OG}}{2}=\frac{\sigma_x-\sigma_y}{2} \tag{6.4}$$

$$\overline{CD}=\sqrt{\overline{CF}^2+\overline{FD}^2}=\sqrt{\left(\frac{\sigma_x-\sigma_y}{2}\right)^2+\tau_x^2} \tag{6.5}$$

可见，$\overline{CD}$ 的长度就等于应力圆的半径 R。

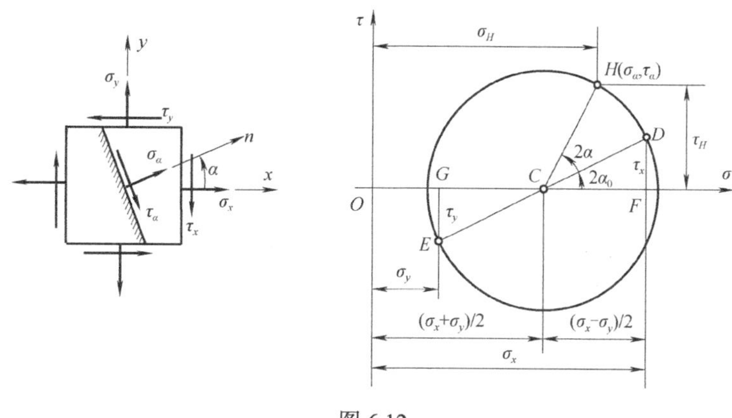

图 6.12

(4) 应力圆绘制好以后，即可按如下方法求出α斜截面上的应力：以应力圆上的点 D 为起点，按与单元体上α相同的转向，沿圆周转 2α 得到点 H，则点 H 的横坐标和纵坐标分别为α斜截面的正应力σ_α和切应力τ_α，这是因为点 H 的横坐标和纵坐标分别为

$$\begin{aligned}\sigma_H&=\overline{OC}+\overline{CH}\cos(2\alpha_0+2\alpha)=\overline{OC}+\overline{CD}\cos(2\alpha_0+2\alpha)\\&=\overline{OC}+\overline{CD}\cos(2\alpha_0)\cos(2\alpha)-\overline{CD}\sin(2\alpha_0)\sin(2\alpha)\\&=\overline{OC}+\overline{CF}\cos(2\alpha)-\overline{FD}\sin(2\alpha)\end{aligned} \tag{6.6}$$

$$\begin{aligned}\tau_H&=\overline{CH}\sin(2\alpha_0+2\alpha)=\overline{CD}\sin(2\alpha_0+2\alpha)\\&=\overline{CD}\sin(2\alpha_0)\cos(2\alpha)+\overline{CD}\cos(2\alpha_0)\sin(2\alpha)\\&=\overline{FD}\cos(2\alpha)+\overline{CF}\sin(2\alpha)\end{aligned} \tag{6.7}$$

将式(6.3)和式(6.4)代入式(6.6)和式(6.7)，注意 $\overline{FD}=\tau_x$，并与式(6.1)和式(6.2)比较，可得

$$\sigma_H=\frac{\sigma_x+\sigma_y}{2}+\frac{\sigma_x-\sigma_y}{2}\cos(2\alpha)-\tau_x\sin(2\alpha)=\sigma_\alpha$$

$$\tau_H=\frac{\sigma_x-\sigma_y}{2}\sin(2\alpha)+\tau_x\cos(2\alpha)=\tau_\alpha$$

这就证明了，点 H 的横坐标和纵坐标分别为α斜截面上的正应力和切应力。

3. 应力圆与单元体对应关系

通过上述讨论，可进一步得到应力圆与单元体的三个对应关系，如下所述。

(1) **点面对应**：应力圆上点的坐标与单元体内某截面上的应力对应。例如，点 D 的坐标对应 x 面上的应力；点 E 的坐标对应 y 面上的应力；点 H 的坐标对应α面上的应力等。

(2) **转向相同**：应力圆上点的转向与单元体截面法线的转向相同。例如，从应力圆上的点 D 到点 H 是逆时针转，则从单元体 x 面的法线到α面的法线也是逆时针转。

(3) **转角两倍**：应力圆上的点转过的角度是单元体截面法线转过角度的两倍。例如，从应力圆上的点 D 到点 H 转 2α角，则从单元体 x 面的法线到α面的法线转α角；从点 D 到点 E 转

180°，则从 x 面的法线到 y 面的法线转 90° 等。

利用应力圆与单元体的对应关系，再结合前面的应力关系式，就可以根据单元体上已知截面上的应力方便地求出其他任意截面上的应力。

【例 6.2】　如图 6.13(a)所示的单元体，已知 x 面和 y 面的应力(单位为 MPa)，试用图解法(应力圆法)求单元体 m-m 截面上的应力。

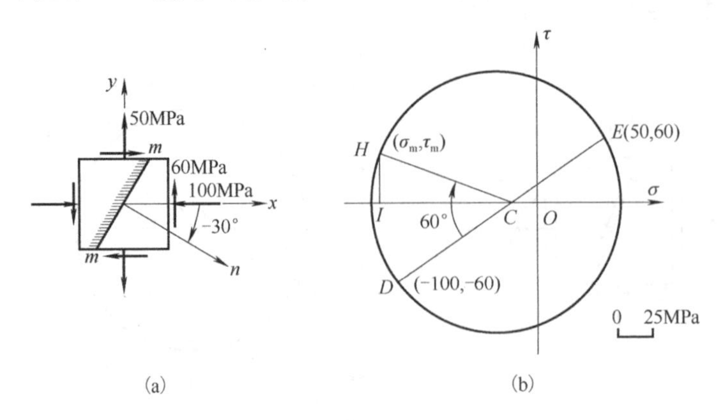

图 6.13

解：(1)选定应力值与坐标值的比例尺，建立σ-τ坐标系。

(2)绘应力圆。

根据 x 面的应力(–100，–60)确定点 D，再根据 y 面的应力(50，60)确定点 E，连接 DE，交σ轴于点 C，以 C 为圆心，以 CD 或 CE 为半径画圆，得到与单元体对应的应力圆，如图 6.13(b)所示。显然，点 C 的坐标为((–100+50)/2，0)，即(–25，0)，而 $\overline{CD}$ 或 $\overline{CE}$ 的值为 $\sqrt{(50+25)^2+60^2}=96.05(\text{MPa})$。

(3)求 m-m 截面上的应力。

注意到单元体上是从 x 面顺时针方向转 30° 到 m-m 面，所以在应力圆上也应从点 D 沿顺时针方向转 60° 至点 H，所得点 H 的坐标即为截面 m-m 上的应力。

按选定的比例尺，量得 $\overline{OI}=-115\text{MPa}$ (负值说明是压应力)，$\overline{IH}=35\text{MPa}$，即 m-m 截面上的正应力与切应力分别为

$$\sigma_m=-115\text{MPa}\quad,\qquad \tau_m=35\text{MPa}$$

此题还可以利用应力圆计算：因为点 C 的横坐标为 $(\sigma_x+\sigma_y)/2=(-100+50)/2=-25\text{MPa}$，即 $\overline{OC}=25\text{MPa}$，所以中间结果为

$$\angle DCI=\arctan\frac{60}{100-\overline{OC}}=38.66°$$

$$\angle ICH=60°-\angle DCI=21.34°$$

$$\overline{CH}=\overline{CD}=\sqrt{(100-\overline{OC})^2+60^2}=96.05(\text{MPa})$$

$$\overline{CI}=\overline{CH}\cos 21.34°=96.05\cos 21.34°=89.46(\text{MPa})$$

得

$$\sigma_m=-\overline{OI}=-(\overline{CI}+\overline{OC})=-(89.46+25)=-114.46(\text{MPa})$$

$$\tau_m=\overline{IH}=\overline{CH}\sin 21.34°=96.05\sin 21.34°=34.95(\text{MPa})$$

此结果比直接量取更精确。

利用应力圆分析点的应力状态，具有直观方便的特点，但单纯用作图的方法求解应力状态问题，需要精确作图，而且总会有误差。若理解了应力圆与单元体各面上应力的关系，利用应力圆的直观性进行分析，并结合公式进行计算，可以方便准确地求出结果，而且不必死记应力状态分析的相关计算公式。

6.2.3　平面应力状态下的极值应力与主应力

应力圆包含了平面应力状态的全部信息，所以由应力圆不仅可以方便地确定单元体任意斜截面上的应力，还可以确定单元体的主应力、主方向和极值切应力等。

1. **主应力**

平面应力状态的应力圆如图 6.14(a)所示，可见应力圆上点 A 和点 B 的横坐标(代表正应力)分别具有最大值和最小值，因为它们是图 6.9(a)所示单元体垂直于 z 面(单元体的前后面)的各截面中的最大正应力和最小正应力，所以其分别是正应力的极大值和极小值，由图 6.14(a)可得

$$\sigma'_{\max}=\overline{OA}=\overline{OC}+\overline{CA}=\overline{OC}+\overline{CD}=\frac{\sigma_x+\sigma_y}{2}+\sqrt{\left(\frac{\sigma_x-\sigma_y}{2}\right)^2+\tau_x^2}$$

$$\sigma'_{\min}=\overline{OB}=\overline{OC}-\overline{CB}=\overline{OC}-\overline{CD}=\frac{\sigma_x+\sigma_y}{2}-\sqrt{\left(\frac{\sigma_x-\sigma_y}{2}\right)^2+\tau_x^2}$$

故有

$$\left\{\begin{matrix}\sigma'_{\max}\\ \sigma'_{\min}\end{matrix}\right.=\frac{\sigma_x+\sigma_y}{2}\pm\sqrt{\left(\frac{\sigma_x-\sigma_y}{2}\right)^2+\tau_x^2}\tag{6.8}$$

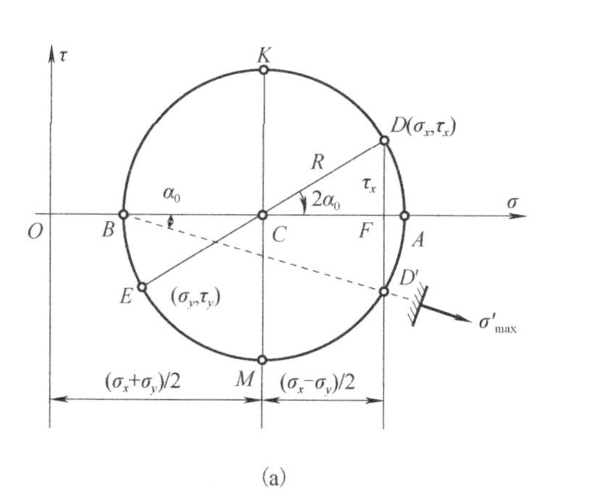

(a)

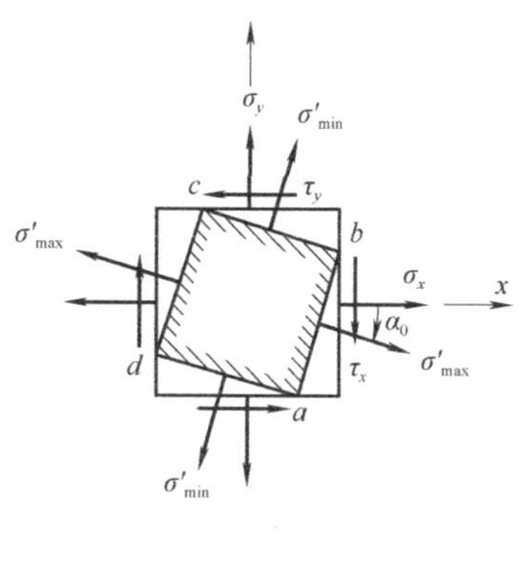

(b)

图 6.14

又因为 A、B 两点的纵坐标值(代表切应力)等于零，即两个极值正应力所在截面上的切应力为零或两个极值正应力所在截面是主平面，所以式(6.8)中的两个极值正应力就是两个主应力，式(6.8)为求解两个主应力的解析式。

单元体前后面(z 面)上的应力为零，切应力为零说明前后面是主平面，正应力为零(σ_z=0)说明其上的主应力为零。平面应力状态的三个主应力分别为 $\sigma'_{\max}$、$\sigma'_{\min}$ 和 0，具体它们分别是第几主应力，则需根据它们代数值的大小排列来命名，即 $\sigma_1\geqslant\sigma_2\geqslant\sigma_3$。对图 6.14 所示的平面

应力状态，显然$\sigma'_{\max} > \sigma'_{\min} > 0$，所以其三个主应力分别为$\sigma_1 = \sigma'_{\max}$，$\sigma_2 = \sigma'_{\min}$，$\sigma_3 = \sigma_z = 0$。

将式(6.8)等号两边相加可得

$$\sigma'_{\max} + \sigma'_{\min} = \sigma_x + \sigma_y \tag{6.9}$$

式(6.9)说明，对于平面应力状态，单元体两个相互垂直平面上的正应力之和等于两个主应力之和，利用此关系可以校核主应力的计算结果是否正确。

通过更深入的研究可以得到，无论什么应力状态，单元体三个相互垂直平面上的正应力之和恒为常数，称为**正应力不变量**，即

$$\sigma_1 + \sigma_2 + \sigma_3 = \sigma_x + \sigma_y + \sigma_z \tag{6.10}$$

利用此关系可以校核任何应力状态下的主应力的计算结果是否正确。

最后需要说明的是，由式(6.8)计算出的两个主应力并不一定是单元体所有截面上正应力的最大值、最小值，后面可以证明，单元体的最大、最小正应力分别是第一、三主应力，即$\sigma_{\max} = \sigma_1$，$\sigma_{\min} = \sigma_3$。

2. 主方向

主平面的法线方向或主应力的方向，即主方向也可以从应力圆上确定。设在应力圆上由点D(对应x面)到点A(对应主平面)顺时针转过的圆心角为$2\alpha_0$，则根据应力圆与单元体的对应关系可知，在单元体中，将x面的法线方向(x轴)也按顺时针方向转过α_0角，就确定了主平面的法线方向。由图6.14(a)中的几何关系可以看出：

$$\tan(2\alpha_0) = -\frac{\overline{FD}}{\overline{CF}}$$

上式右边有负号是因为，按转角的符号规定，顺时针转的α_0应为负值。将$\overline{CF} = \frac{\sigma_x - \sigma_y}{2}$，$\overline{FD} = \tau_x$代入上式可得

$$\tan(2\alpha_0) = -\frac{2\tau_x}{\sigma_x - \sigma_y} \tag{6.11}$$

式(6.11)即为求主方向的解析式，由此式可得到两个相差 90° 的角度，即α_0和$\alpha'_0 = \alpha_0 \pm 90°$，哪个角度代表$\sigma'_{\max}$的方向，哪个角度代表$\sigma'_{\min}$的方向尚需加以判别，判别的方法如下：①将求得的两个角度分别代入式(6.11)，根据计算结果即可加以判别；②正确画出相应的应力圆，根据应力圆与单元体的三个对应关系即可加以判别；③用单元体右侧面(x面)上的切应力τ_x的指向加以判别，即τ_x指向哪个象限(第一象限或第四象限)，则$\sigma'_{\max}$必在该象限内。例如，若τ_x指向第四象限，则α_0和α'_0中哪个是第四象限角度，哪个就代表$\sigma'_{\max}$的方向，另一个角度就代表$\sigma'_{\min}$的方向，当仅用解析式进行计算时，用此方法判别比较方便。

另外，两个主方向相差90°，表明两个主平面相互垂直或两个主应力相互垂直，图6.14(b)所示的主平面ab(或cd)与主平面bc(或da)相互垂直，其与前后面(z面)共同组成此应力状态的主单元体。

利用圆心角是圆周角两倍的关系，主方向也可由直线BD'所示的方位确定，即

$$\tan\alpha_0 = \frac{\overline{FD'}}{\overline{BF}} = -\frac{\tau_x}{\sigma_x - \sigma_{\min}} = -\frac{\tau_x}{\sigma_{\max} - \sigma_y} \tag{6.12}$$

3. 极值切应力

由应力圆还可以确定极值切应力及其所在截面的方位。由图 6.14(a)可知，应力圆上点 K 和点 M 的纵坐标值(代表切应力)分别具有最大值和最小值，因为它们是单元体垂直于 z 面的各截面中的最大值和最小值，所以其分别是切应力的极大值和极小值，在数值上都等于应力圆的半径，分别为

$$\begin{cases}\tau'_{\max} \\ \tau'_{\min}\end{cases} = \pm\sqrt{\left(\frac{\sigma_x-\sigma_y}{2}\right)^2+\tau_x^2} \tag{6.13}$$

其所在截面也相互垂直，并与主平面呈 45° 夹角。再由式(6.8)可得，式(6.13)也可写成

$$\begin{cases}\tau'_{\max} \\ \tau'_{\min}\end{cases} = \pm\frac{\sigma'_{\max}-\sigma'_{\min}}{2} \tag{6.14}$$

需要说明的是，式中的 $\tau'_{\max}$ 和 $\tau'_{\min}$ 分别是切应力的极大值和极小值，并不一定是最大值和最小值，后面可以证明，无论处于什么应力状态，单元体的最大切应力和最小切应力均可用下式计算：

$$\begin{cases}\tau_{\max} \\ \tau_{\min}\end{cases} = \pm\frac{\sigma_1-\sigma_3}{2}$$

【例 6.3】 原始单元体如图 6.15(a)所示，试用解析法求：(1)指定斜截面上的应力，并绘出其方向；(2)主应力的大小和方向，并在单元体上绘出主平面位置及主应力方向；(3)最大切应力。

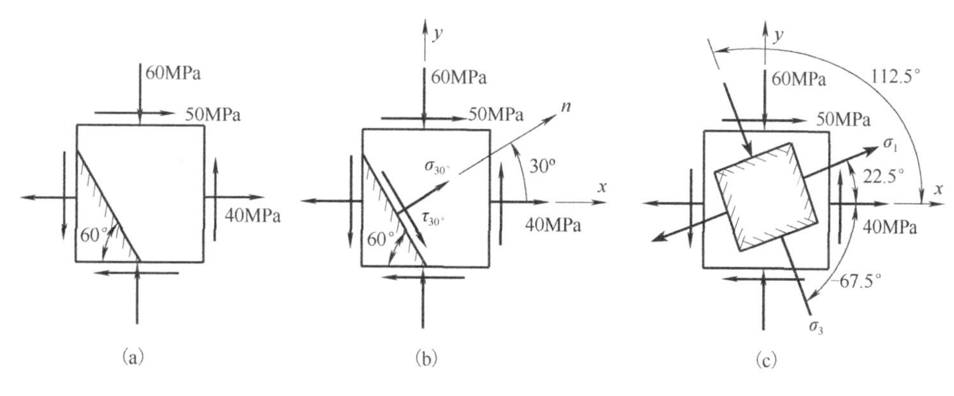

图 6.15

解：(1)求指定斜截面上的应力，并绘出其方向。

将 $\sigma_x = 40\text{MPa}$，$\sigma_y = -60\text{MPa}$，$\tau_x = -50\text{MPa}$，$\alpha = 30°$ 代入式(6.1)和式(6.2)得

$$\sigma_{30°} = \frac{40+(-60)}{2}+\frac{40-(-60)}{2}\cos 60° - (-50)\sin 60° = 58.3(\text{MPa})$$

$$\tau_{30°} = \frac{40-(-60)}{2}\sin 60° + (-50)\cos 60° = 18.3(\text{MPa})$$

所得正应力 $\sigma_{30°}$ 为正值，表明其是拉应力，切应力 $\tau_{30°}$ 为正值，表明其绕三角形单元体内任一点为顺时针转向，其方向如图 6.15(b)所示。

(2)求主应力的大小和方向，并在单元体上绘出主平面位置及主应力方向。

将 $\sigma_x = 40\text{MPa}$，$\sigma_y = -60\text{MPa}$，$\tau_x = -50\text{MPa}$ 代入式(6.8)得

$$\begin{cases}\sigma'_{\max}\\ \sigma'_{\min}\end{cases}=\frac{\sigma_x+\sigma_y}{2}\pm\sqrt{\left(\frac{\sigma_x-\sigma_y}{2}\right)^2+\tau_x^2}=\frac{40-60}{2}\pm\sqrt{\left(\frac{40+60}{2}\right)^2+(-50)^2}$$

$$=\begin{cases}60.71(\text{MPa})\\ -80.71(\text{MPa})\end{cases}$$

因为单元体前后面为主平面，其上的正应力$\sigma_z=0$为主应力之一，根据其代数值的大小排列顺序可得

$$\sigma_1=60.71\text{MPa}，\quad \sigma_2=\sigma_z=0，\quad \sigma_3=-80.71\text{MPa}$$

不难得到，$\sigma_1+\sigma_2+\sigma_3=\sigma_x+\sigma_y+\sigma_z=-20\text{MPa}$，可见满足正应力不变量关系，故主应力的大小正确。

主方向由式(6.11)确定：

$$\tan(2\alpha_0)=-\frac{2\tau_x}{\sigma_x-\sigma_y}=-\frac{2\times(-50)}{40-(-60)}=1$$

$$\alpha_0=22.5^\circ，\ \alpha'_0=\alpha_0\pm90^\circ=\begin{cases}112.5^\circ\\ -67.5^\circ\end{cases}$$

由图 6.15(b)可见，单元体右侧面(x面)上的切应力τ_x指向第一象限，因为$\alpha_0=22.5^\circ$是第一象限的角，因此$\alpha_0=22.5^\circ$代表$\sigma'_{\max}$(即σ_1)的方向，那么α'_0就代表$\sigma'_{\min}$(即σ_3)的方向。主平面位置及主应力方向如图 6.15(c)所示。

(3)最大切应力。

单元体的最大切应力为

$$\tau_{\max}=\frac{\sigma_1-\sigma_3}{2}=\frac{60.71-(-80.71)}{2}=70.71(\text{MPa})$$

【例 6.4】 如图 6.16(a)所示的矩形截面简支梁，受均布载荷作用，试绘出 m-m 横截面上 a、b、c、d 和 e 各点处应力状态的单元体及对应的应力圆，并分析主应力情况。

解： 求出截面 m-m 上的弯矩 M 和剪力 F_S 的值后，由公式$\sigma=\dfrac{My}{I_z}$和$\tau=\dfrac{F_S S_z^*}{I_z b}$可求出各点的正应力和切应力。计算表明：截面上边缘的点 a 处于单向压应力状态；下边缘的点 e 处于单向拉应力状态；中性轴上的点 c，除前后两个面无应力外，其余四个面只有切应力而无正应力，这样的应力状态称为纯剪切应力状态，这是一种特殊的二向应力状态；介于 ac 间的点 b 和 ce 间的点 d，横截面上同时存在正应力和切应力。各点的应力状态如图 6.16(b)所示，各点的主单元体如图 6.16(c)所示。

根据由横截面剖切得到的单元体和计算的应力值，绘出各点的应力圆，如图 6.16(d)所示。单向应力状态实际上是二向应力状态的一种特例，也可用应力圆表示，其特点是总有一个主应力位于坐标原点，另一个主应力若是拉应力，则应力圆在τ轴的右侧，反之在左侧。纯剪切应力状态下，应力圆的特点是两个主应力的绝对值与最大和最小切应力的绝对值相等，所以圆心位于坐标原点。其余点应力状态下，对应的应力圆对称于σ轴，同时各纵截面上只有切应力，所以对应的应力点总是落在τ轴上。分析应力圆可得，除单向应力状态外，任一点处主应力及其方位角的计算公式为

$$\sigma_1=\frac{1}{2}(\sigma+\sqrt{\sigma^2+4\tau^2})>0$$

$$\sigma_3=\frac{1}{2}(\sigma-\sqrt{\sigma^2+4\tau^2})<0$$

$$\sigma_2=0$$

$$\tan(2\alpha_0)=-\frac{2\tau}{\sigma}$$

以上公式表明，梁内任一点处的两个主应力中，其一必为拉应力，而另一个必为压应力。

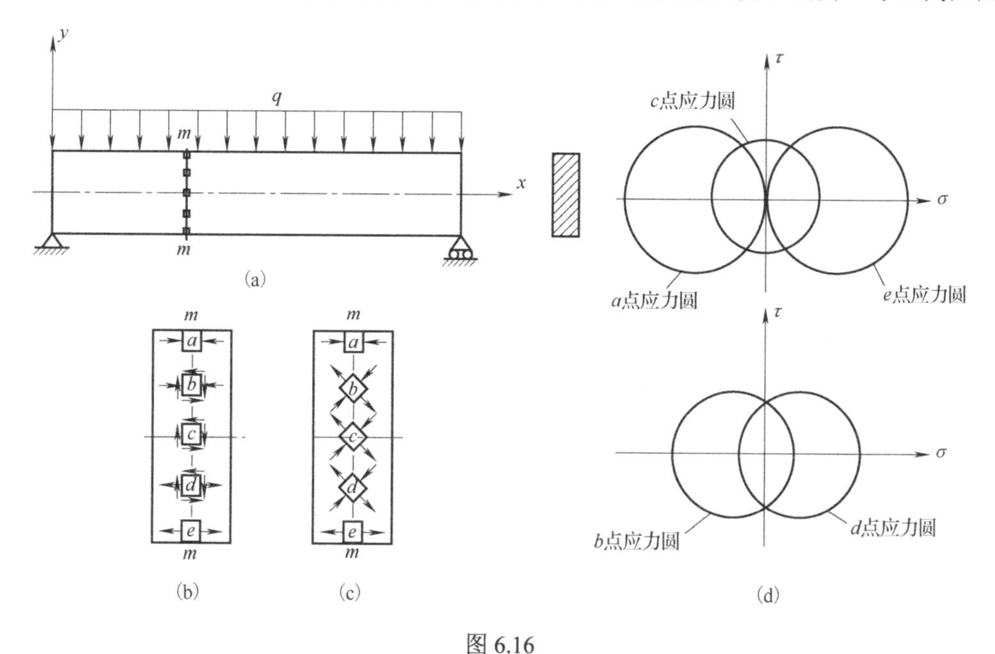

图 6.16

【例 6.5】　试分析圆轴扭转时的应力状态，并讨论铸铁试样受扭时的破坏现象。

解：圆轴受扭时，横截面边缘处的切应力最大，其值为

$$\tau=\frac{T}{W_t}$$

在圆轴的表层按图 6.17(a)所示取出单元体 $ABCD$，单元体各面上的应力如图 6.17(b)所示，其中

$$\sigma_x=\sigma_y=0\,,\qquad \tau_x=-\tau_y=\tau$$

这就是例 6.4 中讨论的纯剪切应力状态。由图 6.17(d)所示的应力圆可得

$$\sigma_1=\tau\,,\qquad \sigma_2=0\,,\qquad \sigma_3=-\tau$$

应力圆上，主应力与切应力极值的夹角为 90°，所以在单元体上相差 45°。由 x 轴量起，按顺时针方向转 45°可得主应力 σ_1 所在的主平面；按逆时针方向转 45°可得主应力 σ_3 所在的主平面。

圆截面铸铁试样扭转时，表层各点的 σ_1 方向与轴线方向的夹角为 45°，如图 6.17(a)所示。由于铸铁的拉伸强度较低，试件将因 σ_1 的拉伸在表层某处最先开始沿垂直于 σ_1 的方向开裂，并沿该方向断开，最终形成一个倾角为 45°的螺旋面断口，如图 6.17(c)所示。

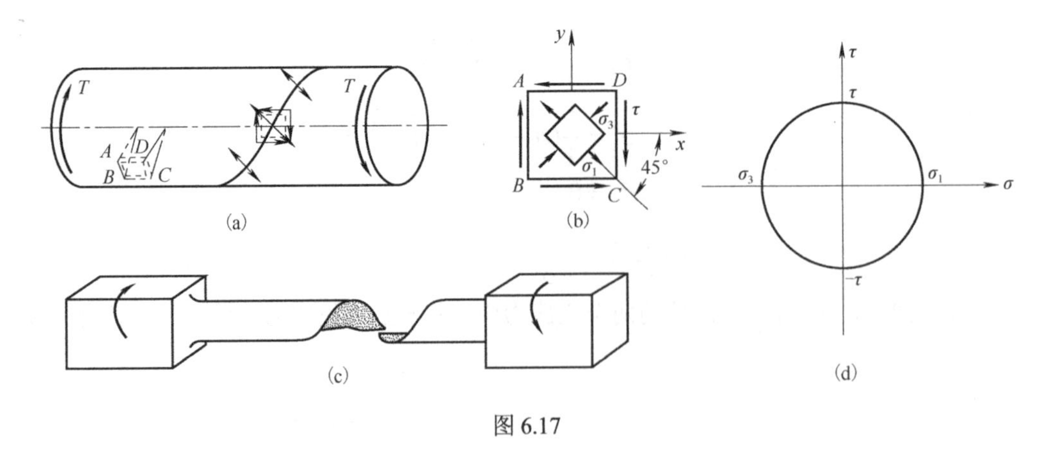

(a)　(b)　(c)　(d)

图 6.17

6.3　三向应力状态下的最大应力

6.3.1　三向应力状态下的应力圆

三向应力状态的分析比二向应力状态复杂，但一般情况下，要对危险点处于三向应力状态的构件进行强度计算，只需要知道危险点处的最大正应力和最大切应力即可。为此，也可以用应力圆进行分析，比较直观和方便。本节仅对主单元体进行讨论。

设主单元体如图 6.18(a)所示，已知主应力σ_1、σ_2和σ_3，先分析与σ_3平行的任意斜截面上的应力。用一假想平面将单元体沿与σ_3平行的任意斜截面截开，研究左边部分，如图 6.18(d)所示，因截割前的单元体平衡，截下的三角体上的力也应该满足平衡条件。这部分前后两个面上由σ_3产生的合力满足等值反向共线，总是能自行平衡，所以对斜截面上的应力没有影响，斜截面上的应力σ和τ仅与主应力σ_1和σ_2有关，可以用分析二向应力状态的方法进行分析。在σ-τ平面内，与这类斜截面对应的点，必位于以$\overline{BA}$为直径所确定的应力圆上，如图 6.18(e)所示。同理，与主应力σ_2或σ_1平行的各截面，如图 6.18(b)或图 6.18(c)所示阴影面上的应力，由以$\overline{CA}$为直径和以$\overline{BC}$为直径所画的应力圆确定。根据每一个三向应力状态，都可以画出三个相应的应力圆，这样的三个应力圆就称为**三向应力圆**。可以证明，单元体上与三个主应力均不平行的任意斜截面上的应力由图 6.18(e)所示的应力圆阴影区域内各点的坐标确定。

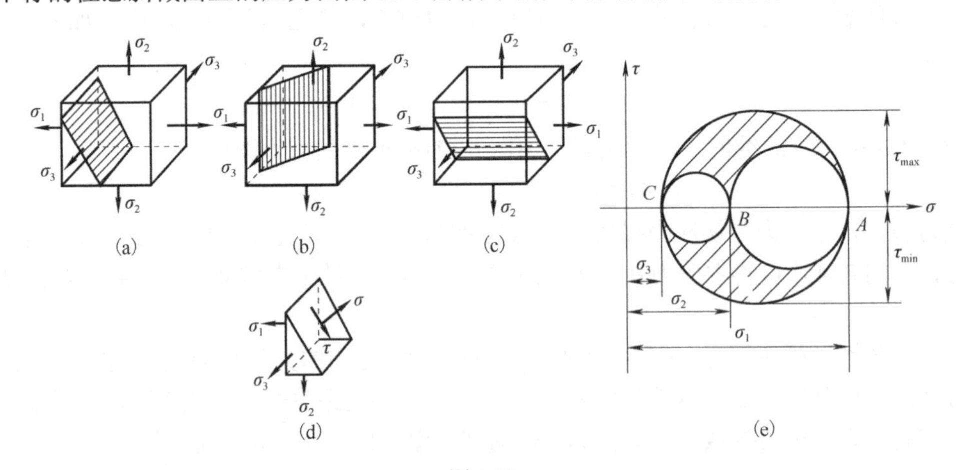

(a)　(b)　(c)　(d)　(e)

图 6.18

6.3.2　最大主应力和最大切应力

由三向应力圆可见，阴影区域内各点的横坐标都小于σ_1而大于σ_3，各点的纵坐标都小于τ_{max}而大于τ_{min}。因此，对于三向应力状态，最大和最小正应力以及最大和最小切应力分别为

$$\sigma_{max}=\sigma_1\quad,\qquad \sigma_{min}=\sigma_3\,,$$
$$\left\{\begin{matrix}\tau_{max}\\ \tau_{min}\end{matrix}\right.=\pm\frac{\sigma_1-\sigma_3}{2}\tag{6.15}$$

最大切应力作用面的外法线方向与σ_1和σ_3呈45°角，此结论同样适用于单向和二向应力状态。

【例 6.6】　如图 6.19(a)所示的应力状态，应力$\sigma_x=80\text{MPa}$，$\tau_x=35\text{MPa}$，$\sigma_y=20\text{MPa}$，$\sigma_z=-40\text{MPa}$，试画出三向应力圆，并求主应力、最大正应力与最大切应力。

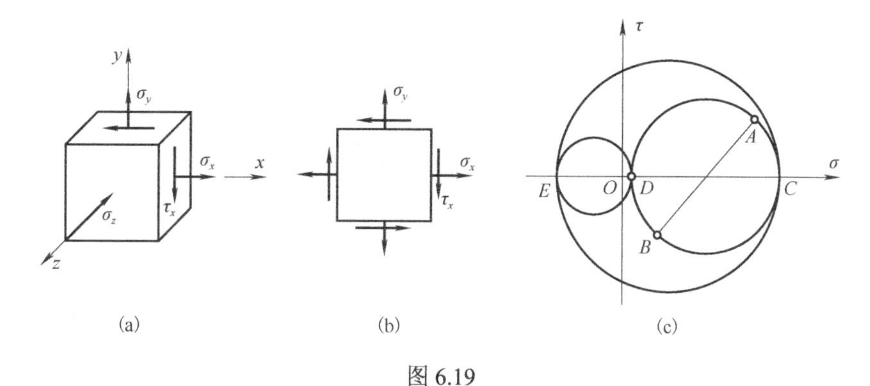

图 6.19

解：(1)画三向应力圆。对图示应力状态，已知σ_z为主应力，其他两个主应力可由图6.19(b)所示的σ_x、σ_y和τ_x确定。

如图 6.19(c)所示，在σ-τ平面内，由坐标(80，35)和(20，−35)可分别定出点A和点B，连接AB，取AB连线与σ轴的交点为圆心，以AB为直径画圆，圆与σ轴交于点C和点D，其横坐标分别为

$$\sigma_C=96.1\text{MPa}\,,\qquad \sigma_D=3.9\text{MPa}$$

根据z面上的应力(−40，0)定出点E，再分别以$\overline{ED}$、及$\overline{EC}$为直径画圆，即得三向应力圆。

(2)求主应力、最大正应力和最大切应力。

由上述分析知，主应力为

$$\sigma_1=\sigma_C=96.1\text{MPa}$$
$$\sigma_2=\sigma_D=3.9\text{MPa}$$
$$\sigma_3=\sigma_E=-40\text{MPa}$$

由于$\sigma_z=-40\text{MPa}$，是主应力之一，其他两个主应力也可根据图 6.19(b)，由式（6.8）求得，即

$$\left\{\begin{matrix}\sigma'_{\max}\\ \sigma'_{\min}\end{matrix}\right. = \frac{\sigma_x+\sigma_y}{2} \pm \sqrt{\left(\frac{\sigma_x-\sigma_y}{2}\right)^2+\tau_x^2}$$

$$= \frac{80+20}{2} \pm \sqrt{\left(\frac{80-20}{2}\right)^2+(35)^2} = \left\{\begin{matrix}96.1(\text{MPa})\\ 3.9(\text{MPa})\end{matrix}\right.$$

根据其代数值的大小排列顺序可得

$$\sigma_1=\sigma'_{\max}=96.1\text{MPa}，\quad \sigma_2=\sigma'_{\min}=3.9\text{MPa}，\quad \sigma_3=\sigma_z=-40\text{MPa}$$

不难得到$\sigma_1+\sigma_2+\sigma_3=\sigma_x+\sigma_y+\sigma_z=60\text{MPa}$，可见满足正应力不变量关系，故主应力的大小正确。

由式(6.15)可得，最大正应力与最大切应力分别为

$$\sigma_{\max}=\sigma_1=96.1(\text{MPa})$$

$$\tau_{\max}=\frac{\sigma_1-\sigma_3}{2}=\frac{96.1+40}{2}=68.1(\text{MPa})$$

6.4 广义胡克定律

由前面章节中已得出杆件在单向拉伸或压缩情况下，线弹性范围内正应力与正应变的关系式为

$$\sigma=E\varepsilon \text{ 或 } \varepsilon=\frac{\sigma}{E}$$

这是拉压胡克定律。在扭转情况下，线弹性范围内切应力与切应变的关系为

$$\tau=G\gamma \text{ 或 } \gamma=\frac{\tau}{G}$$

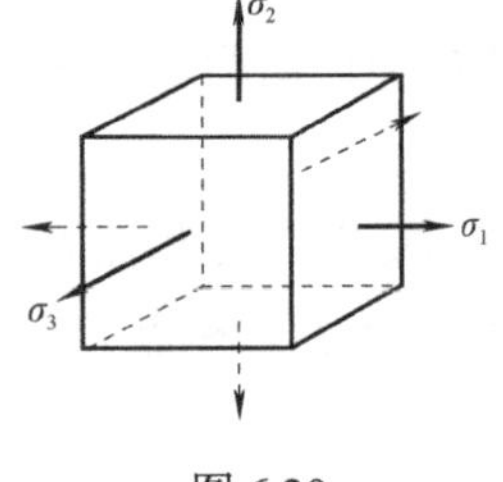

图 6.20

这是剪切胡克定律。此外，轴向正应变ε会引起横向正应变ε'，它们之间的关系为

$$\varepsilon'=-\mu\varepsilon=-\mu\frac{\sigma}{E}$$

对于用主单元体表示的三向应力状态，如图 6.20 所示，有σ_1、σ_2、σ_3三个主应力，可以将其看作三组单向应力的组合。每个单向应力作用引起的纵向和横向的应力-应变关系如表 6.1 所示。

表 6.1　每个单向应力作用引起的纵向和横向的应力-应变关系

作用应力	σ_1方向正应变	σ_2方向正应变	σ_3方向正应变
σ_1单独作用	$\varepsilon'_1=\frac{\sigma_1}{E}$	$\varepsilon'_2=-\mu\frac{\sigma_1}{E}$	$\varepsilon'_3=-\mu\frac{\sigma_1}{E}$
σ_2单独作用	$\varepsilon''_1=-\mu\frac{\sigma_2}{E}$	$\varepsilon''_2=\frac{\sigma_2}{E}$	$\varepsilon''_3=-\mu\frac{\sigma_2}{E}$
σ_3单独作用	$\varepsilon'''_1=-\mu\frac{\sigma_3}{E}$	$\varepsilon'''_2=-\mu\frac{\sigma_3}{E}$	$\varepsilon'''_3=\frac{\sigma_3}{E}$

将三个单向应力引起的正应变在每个方向进行叠加，如σ_1方向的正应变为

$$\varepsilon_1=\varepsilon'_1+\varepsilon''_1+\varepsilon'''_1=\frac{\sigma_1}{E}-\mu\frac{\sigma_2}{E}-\mu\frac{\sigma_3}{E}=\frac{1}{E}\left[\sigma_1-\mu\left(\sigma_2+\sigma_3\right)\right]$$

采用同样方法求出σ_2和σ_3方向的正应变，最终得

$$\begin{cases} \varepsilon_1 = \dfrac{1}{E}[\sigma_1 - \mu(\sigma_2 + \sigma_3)] \\ \varepsilon_2 = \dfrac{1}{E}[\sigma_2 - \mu(\sigma_3 + \sigma_1)] \\ \varepsilon_3 = \dfrac{1}{E}[\sigma_3 - \mu(\sigma_1 + \sigma_2)] \end{cases} \tag{6.16}$$

这就是**广义胡克定律**，它给出了各向同性材料在线弹性范围内应力与应变之间的一般关系。式中，ε_1、ε_2、ε_3分别对应σ_1、σ_2、σ_3，称为**第一、第二、第三主应变**。应用式(6.16)时，σ_1、σ_2、σ_3应以代数值代入，求出ε_1、ε_2、ε_3，正值表示伸长，负值表示缩短。单向和二向应力状态可作为三向应力状态的特例，式(6.16)仍然适用。

研究表明，若单元体的各面上既有正应力，又有切应力时，对各向同性材料，在弹性范围内，正应力只与正应变有关，而切应力只与切应变有关，因此广义胡克定律为

$$\begin{cases} \varepsilon_x = \dfrac{1}{E}\left[\sigma_x - \mu\left(\sigma_y + \sigma_z\right)\right], & \gamma_{xy} = \dfrac{\tau_{xy}}{G} \\ \varepsilon_y = \dfrac{1}{E}\left[\sigma_y - \mu\left(\sigma_z + \sigma_x\right)\right], & \gamma_{yz} = \dfrac{\tau_{yz}}{G} \\ \varepsilon_z = \dfrac{1}{E}\left[\sigma_z - \mu\left(\sigma_x + \sigma_y\right)\right], & \gamma_{zx} = \dfrac{\tau_{zx}}{G} \end{cases} \tag{6.17}$$

【例 6.7】　如图 6.21(a)所示的槽形刚体，开有宽度和深度同为 10mm 的槽，槽内紧密无隙地放置一个边长 a=10mm 的立方铝块，铝块的顶面承受合力为 F=8kN 的均布压力作用。铝的弹性模量 E=70GPa，泊松比μ=0.33，试求铝块的三个主应力和相应的主应变。

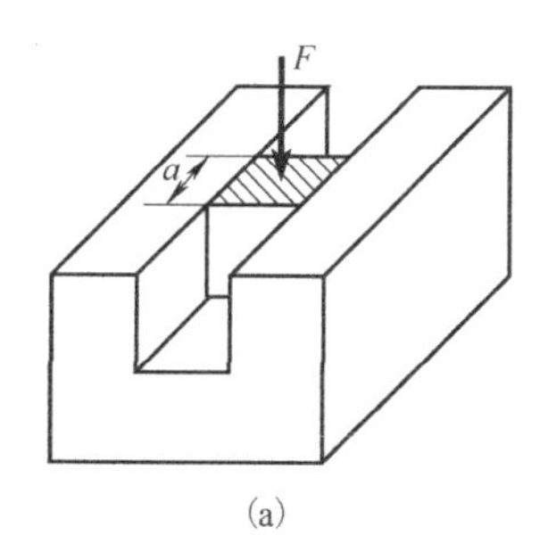

(a)

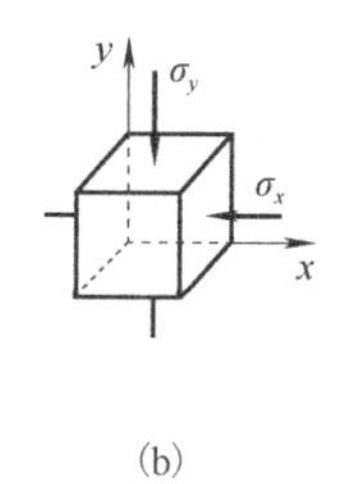

(b)

图 6.21

解：(1)应力分析。

铝块在压力 F 的作用下，除顶面直接受压外，还因其侧向(x 方向)的变形受阻而引起侧向压应力σ_x，如图 6.21(b)所示，所以铝块处于二向应力状态，而且

$$\varepsilon_x = 0 \tag{a}$$

铝块顶面的压应力为

$$\sigma_y = \frac{F}{a^2} = -\frac{8\times10^3}{10^2} = -80(\text{MPa}) \tag{b}$$

根据广义胡克定律，有

$$\varepsilon_x = \frac{\sigma_x}{E} - \mu\frac{\sigma_y}{E}$$

将式(b)代入上式，再将上式代入式(a)，解得

$$\sigma_x = \mu\sigma_y = 0.33\times(-80) = -24.6(\text{MPa})$$

因图示坐标平面上的切应力都等于零，所以其上的正应力就是主应力，按代数值排序得

$$\sigma_1 = 0\text{，}\quad \sigma_2 = -26.4\text{MPa}\text{，}\quad \sigma_3 = -80\text{MPa}$$

(2)应变分析。

根据广义胡克定律可得

$$\varepsilon_1=\frac{1}{E}\left[\sigma_1-\mu(\sigma_2+\sigma_3)\right]=\frac{0.33}{70\times10^9}(26.4\times10^6+80\times10^6)=5.02\times10^{-4}$$

$$\varepsilon_2=\frac{1}{E}(\sigma_2-\mu\sigma_3)=\frac{1}{70\times10^9}(-26.4\times10^6+0.33\times80\times10^6)=0$$

$$\varepsilon_3=\frac{1}{E}(\sigma_3-\mu\sigma_2)=\frac{1}{70\times10^9}(-80\times10^6+0.33\times26.4\times10^6)=-1.02\times10^{-3}$$

6.5　三向应力状态下的应变能密度

弹性体在外力作用下发生变形，同时在体内储存了能量，这种因变形而产生的能量称为**应变能**，用V表示。在线弹性范围内，材料的应变能与外力在材料变形过程中做的功W在数值上相等，称为**功能原理**。对单向应力状态，取单元体如图 6.22 所示，假设左侧固定，则单元体受右侧x方向的拉力$\sigma\mathrm{d}y\mathrm{d}z$作用，对应的变形为$\varepsilon\mathrm{d}x$。根据功能原理，单元体储存的应变能为

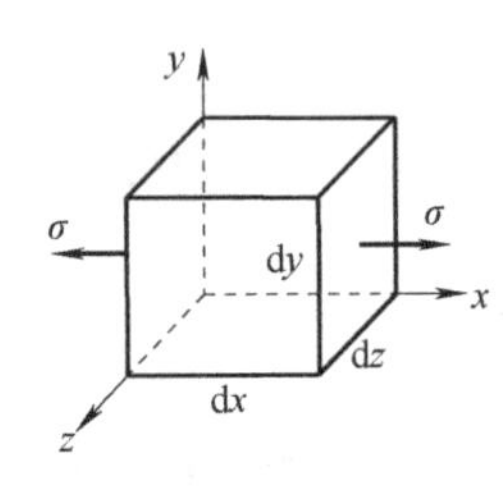

图 6.22

$$V=W=\frac{1}{2}(\sigma\mathrm{d}y\mathrm{d}z)(\varepsilon\mathrm{d}x)=\frac{1}{2}\sigma\varepsilon\mathrm{d}x\mathrm{d}y\mathrm{d}z \tag{6.18}$$

定义弹性体的**应变能密度为**单位体积内的应变能，用v表示，则单向应力状态下弹性体的应变能密度为

$$v=\frac{V}{\mathrm{d}x\mathrm{d}y\mathrm{d}z}=\frac{1}{2}\sigma\varepsilon \tag{6.19}$$

在二向或三向应力状态下，弹性应变能与外力做的功在数值上仍相等，而且只取决于外力和变形的最终值，与加力的先后次序无关。因此，对于图 6.23(a)所示的三向应力状态，当材料服从胡克定律并且各力按比例增加时，单元体各个方向的应力均与应变成正比，因而与每一个主应力对应的应变能密度仍可按式(6.19)计算，然后进行叠加，得到三向应力状态下的应变能密度为

$$v=\frac{1}{2}\sigma_1\varepsilon_1+\frac{1}{2}\sigma_2\varepsilon_2+\frac{1}{2}\sigma_3\varepsilon_3 \tag{6.20}$$

将广义胡克定律式(6.16)代入式(6.20)，整理后得

$$v=\frac{1}{2E}\left[\sigma_1^2+\sigma_2^2+\sigma_3^2-2\mu(\sigma_1\sigma_2+\sigma_2\sigma_3+\sigma_3\sigma_1)\right] \tag{6.21}$$

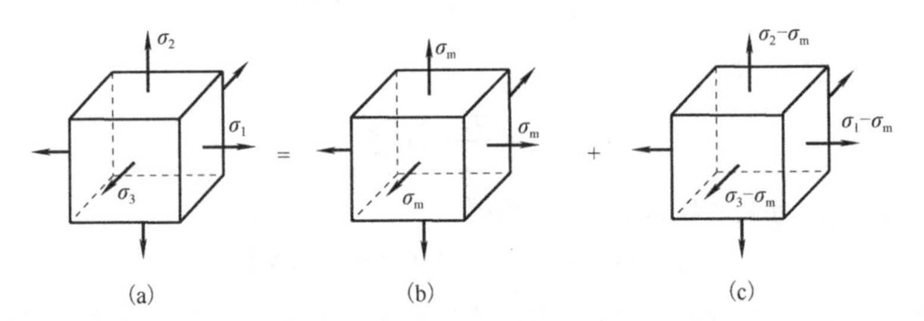

图 6.23

一般单元体的变形可分为两种：①体积改变，即由原来的立方体变为较大或较小的立方体；②形状改变，即由原来的正立方体变为体积相同的平行六面体。因此，图 6.23(a)所示的单元体受力可以分解为图 6.23(b)和(c)两种情况。

(1)图 6.23(b)所示的单元体各面上有大小相等的应力。

$$\sigma_m = \frac{1}{3}(\sigma_1 + \sigma_2 + \sigma_3) \tag{6.22}$$

式中，σ_m 是三个主应力的**平均应力**，对应三个方向上的应变相同，都等于**平均应变**：

$$\varepsilon_m = \frac{\sigma_m}{E}(1-2\mu) \tag{6.23}$$

这种单元体只发生体积改变，不会发生形状改变。单元体因体积改变引起的应变能密度称为**体积改变能密度**，用 v_V 表示：

$$v_V = \frac{1}{2}\sigma_m\varepsilon_m + \frac{1}{2}\sigma_m\varepsilon_m + \frac{1}{2}\sigma_m\varepsilon_m = \frac{3}{2}\sigma_m\varepsilon_m \tag{6.24}$$

把式(6.22)和式(6.23)代入式(6.24)后，得

$$v_V = \frac{1-2\mu}{6E}(\sigma_1 + \sigma_2 + \sigma_3)^2 \tag{6.25}$$

(2)图 6.23(c)所示单元体上作用的三个主应力之和等于零，说明单元体只会发生形状改变，不会发生体积改变。单元体因形状改变引起的应变能密度称为**畸变能密度**，用 v_d 表示。因此，单元体总的应变能密度 v 就由体积改变能密度 v_V 和畸变能密度 v_d 两部分组成，即

$$v = v_V + v_d$$

式中，畸变能密度为

$$v_d = v - v_V \tag{6.26}$$

将式(6.21)和式(6.25)代入式(6.26)，整理后得

$$v_d = \frac{1+\mu}{6E}\left[(\sigma_1 - \sigma_2)^2 + (\sigma_2 - \sigma_3)^2 + (\sigma_3 - \sigma_1)^2\right] \tag{6.27}$$

思　考　题

6-1　判断下列说法是否正确。

(1)单元体最大正应力面上的切应力恒等于零。

(2)单元体最大切应力面上的正应力恒等于零。

(3)单元体切应力为零的截面上，正应力必有最大值或最小值。

(4)根据切应力互等定理，若某一单元体两个面上切应力数值相等，符号相反，则此两平面必定相互垂直。

(5)单元体最大和最小切应力所在截面上的正应力，总是大小相等，符号相反。

(6)受力构件内任一点处，至少存在一对相互垂直的截面，其上的切应力等于零。

(7)受力构件内任一点处，都存在一对相互垂直的截面，其上的正应力等于零。

(8)受力构件内任一点处，若只有一对相互平行截面上的正应力和切应力同时等于零，则该点必是单向应力状态。

(9)若构件某横截面上的轴力 F_N=0，则该横截面上的正应力必处处为零。

(10) 梁受横力弯曲时，在同时有剪力和弯矩存在的横截面上，各点沿横截面法线方向的正应力都不是主应力。

(11) 等圆截面轴受扭转时，轴内任一点沿任意方向都只有切应力，而无正应力。

(12) 若某点在任何截面方向上的正应力都相等，则该点在任何方向上的切应力都等于零。

(13) 主方向是主应力所在截面的法线方向。

(14) 由一点的应力，可以求出该点的应变。

(15) 有应力作用的方向上可以没有变形。

(16) 无应力作用的方向必无变形。

(17) 若受力构件中某点沿某方向上的线应变为零，则该方向上的正应力必为零。

(18) 若受力构件中某点处某相互垂直方向的切应变为零，则该方向上的切应力必为零。

(19) 若各向同性材料一点处的三个主应力之和为零，则该点的体积改变能密度等于零。

(20) 各向同性材料在受三向均匀拉伸或压缩时，其畸变能密度恒等于零。

6-2　一点的应力状态是指________________________________，一点的应力状态可以用__________________________________表示，研究一点应力状态的目的是__________________________________。

6-3　主应力是指__________________；主平面是指__________________；主单元体是指________________________。

6-4　对任意应力单元体，当________________________时是单向应力状态；当________________时是二向应力状态；当________________时是三向应力状态；当________________时是纯剪切应力状态。

6-5　在二向应力状态下，求任意斜截面上正应力的公式是____________________；切应力的公式是________________________。

6-6　应力单元体与应力圆的对应关系是：__________；__________；__________。

6-7　应力单元体上最大或最小切应力所在平面的法向与主平面的法向相差______度。

6-8　圆心在原点的应力圆对应__________________应力状态。

6-9　纯剪切应力状态下，单元体中有正应力存在的任意两个相互垂直的截面上，其正应力值必满足__________________。

6-10　对思图 6.1 所示的受力构件，试画出表示点 A 应力状态的单元体。

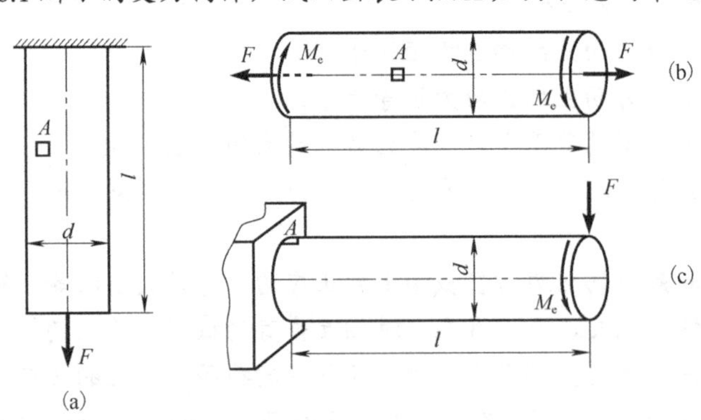

思图 6.1

6-11 处于纯剪切应力状态的单元体，其体积改变能密度等于________________；若单元体的体积改变能密度等于零，则单元体任意相互垂直截面上的正应力之和等于_______。

6-12 分析讨论：平衡的概念是分析应力状态的基本方法，试利用平衡概念和边界上单元体平衡的条件，分析思图6.2所示的受轴向拉伸的矩形截面锥形杆的横截面上是否存在切应力。

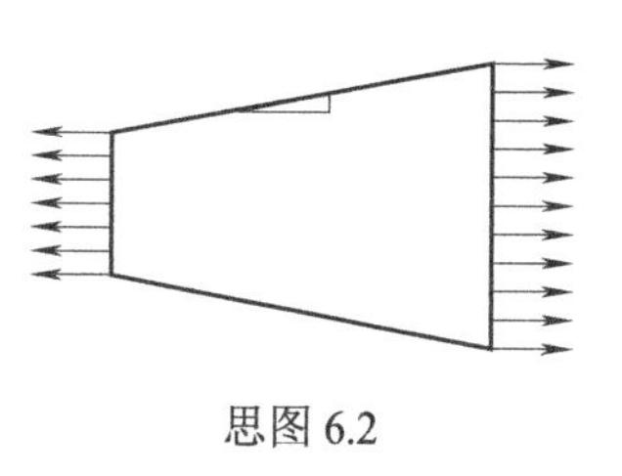

思图 6.2

习 题

6.1 已知题图6.1(a)中，杆的直径 d=20mm，F=15kN，M_e=30N·m。题图6.1(b)中，杆的直径 d=20mm，F=0.2kN，M_e=40N·m，l=200mm，试算出各杆点 A 单元体上的应力。

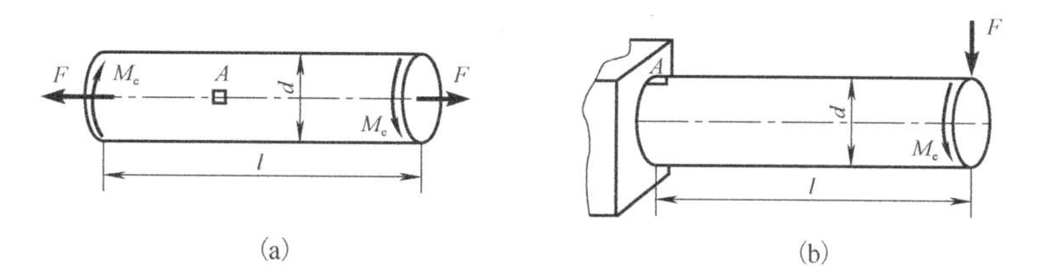

题图 6.1

6.2 如题图6.2所示为一个处于平面应力状态下的单元体及其应力圆，试在应力圆上用点表示单元体上1-0、2-0、3-0、4-0各截面的位置和应力。

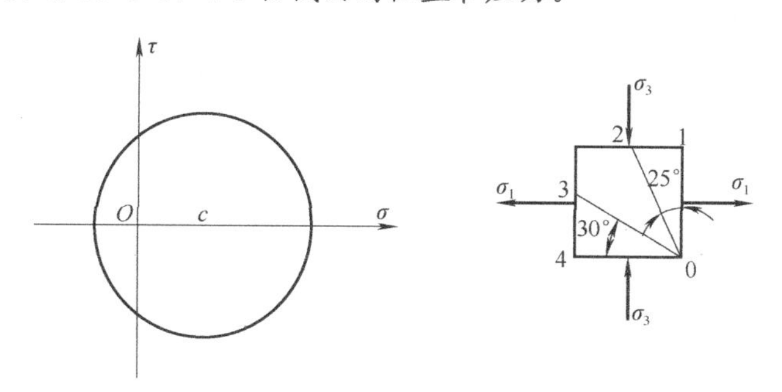

题图 6.2

6.3 如题图6.3所示，为一个处于平面应力状态下的单元体及其应力圆，试在单元体上表示出对应于应力圆上1、2、3、4、5、6各点的截面位置和应力的指向。

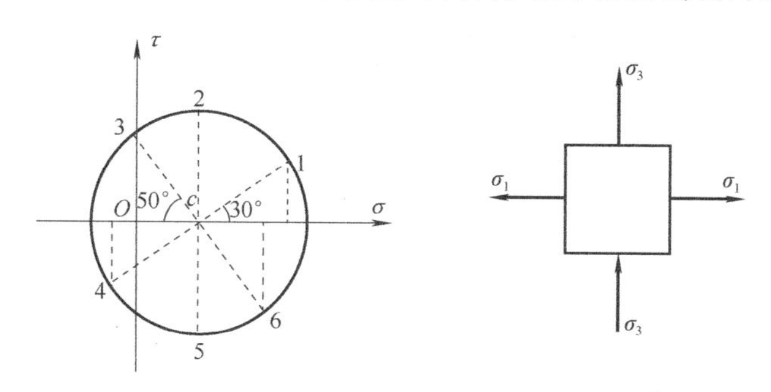

题图 6.3

6.4 试求题图6.4中各单元体指定斜截面上的应力σ_α、τ_α及单元体中的最大切应力τ_{max}(应力单位：MPa)。

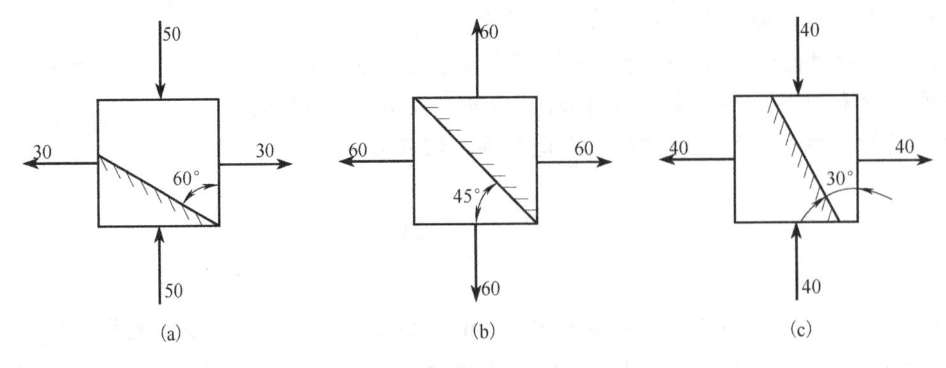

题图 6.4

6.5 应力状态如题图 6.5 所示，试计算各单元体指定斜截面上的正应力σ_α及切应力τ_α(应力单位：MPa)。

6.6 如题图 6.6 所示，矩形截面梁某截面上的弯矩和剪力分别为M=10kN · m，F_S =120kN。试绘出截面上 1、2、3、4 各点的应力状态单元体，并求其主应力(尺寸单位为 mm)。

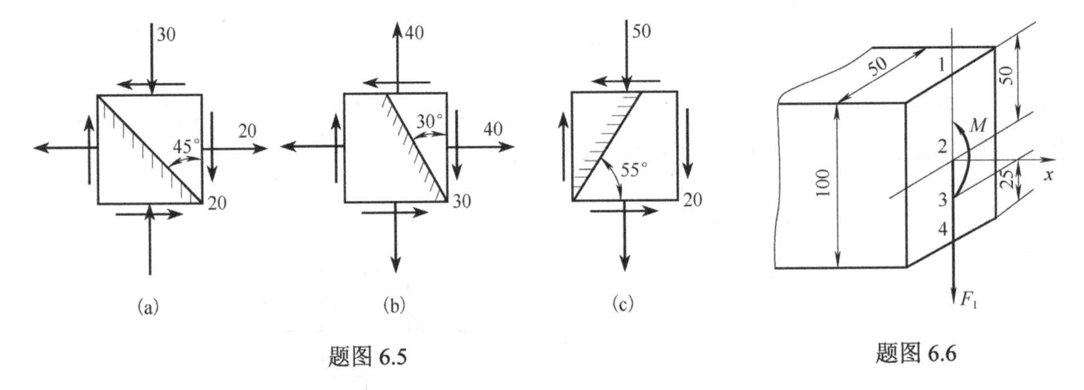

题图 6.5　　　　题图 6.6

6.7 应力状态如题图 6.7 所示，试计算各单元体的主应力大小及主平面方位，并在单元体上绘出主平面位置和主应力方向(应力单位：MPa)。

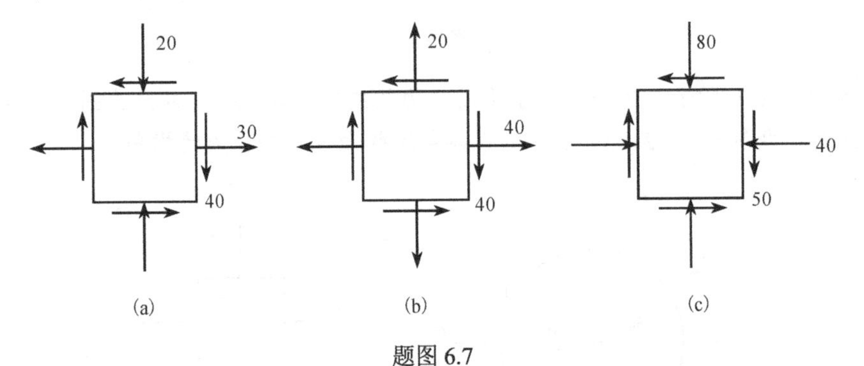

题图 6.7

6.8　如题图 6.8 所示的二向应力状态，试作应力圆，并求主应力(应力单位：MPa)。

6.9　已知应力状态如题图 6.9 所示，试画二向应力圆，并求出主应力及最大切应力。

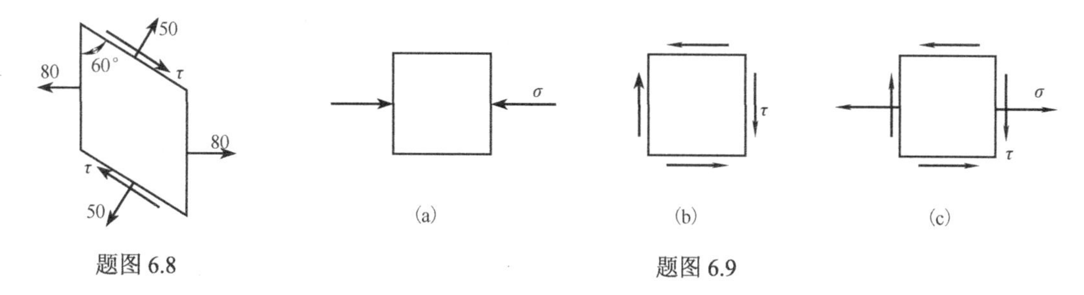

题图 6.8　　题图 6.9

6.10　已知应力状态如题图 6.10 所示，试画三向应力圆，并求主应力、最大正应力与最大切应力(应力单位：MPa)。

6.11　已知应力状态如题图 6.11 所示，试求主应力的大小(应力单位：MPa)。

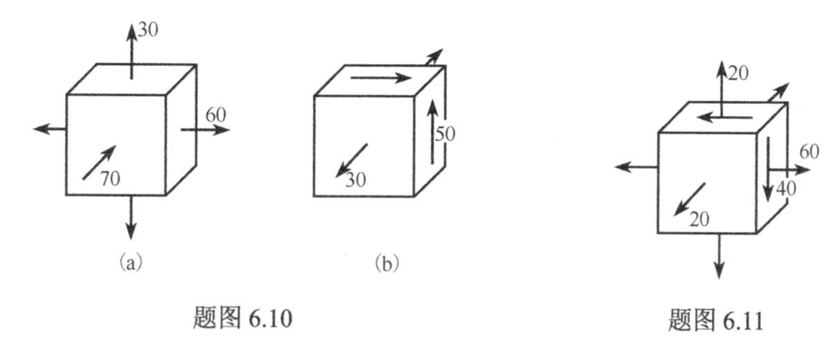

题图 6.10　　题图 6.11

6.12　列车通过钢桥时，用应变仪测得钢桥横梁点 A 的应变为 $\varepsilon_x = 0.0004$，$\varepsilon_y = -0.00012$，如题图 6.12 所示。试求点 A 在 x 和 y 方向的正应力，设 E=200GPa，μ=0.3。

6.13　边长为 10mm 的立方铝块紧密无隙地放置于刚性模内，铝块上受 F=6kN 的压力作用，如题图 6.13 所示，设铝块的泊松比 μ=0.33，E=70GPa，试求铝块的三个主应力。

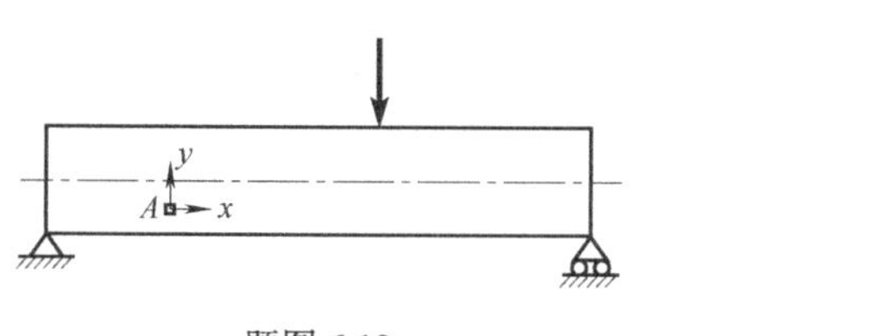

题图 6.12

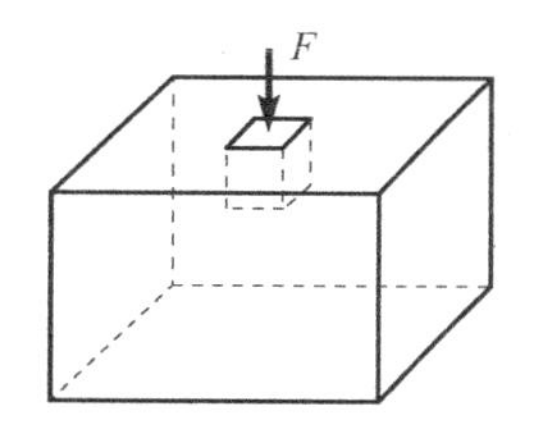

题图 6.13

第 7 章　强度理论与组合变形

7.1　强度理论概述

构件的强度计算，就是根据构件强度失效(破坏)的条件或规律，建立保证其安全工作的极限条件，并以此为依据，判断构件在已知载荷作用下是否会发生失效，或设计合适的截面尺寸，或选择合适的材料，或确定其能承受的极限载荷。

材料力学中研究的杆件，一般其内力分量沿杆长不是处处相同的，所以强度分析的首要任务就是判断强度最先失效的危险截面。而危险截面上的应力分布也不都是均匀的，所以还要找出最可能先发生强度失效的危险点，也就是确定危险截面上的危险点。而强度失效不仅与材料及应力大小有关，还与应力状态有关，因此确定了危险点后，还需要根据危险点的应力状态和材料特性判断其失效的形式，从而选择合适的强度计算准则。

如果构件的危险点处于单向应力状态或纯剪切应力状态，容易通过实验确定其破坏的极限应力，再将实验测得的极限应力除以安全因数得到有一定安全裕度的能保证构件安全工作的最大允许应力，即许用应力，并建立用最大工作应力与许用应力相比较的强度条件。实践证明，这样建立的强度条件对于危险点为单向应力状态和纯剪切应力状态的情况是适用的。

实际工程中的构件，危险点的应力状态是多种多样的，如果仍用建立单向应力状态或纯剪切应力状态下强度条件的方法来建立复杂应力状态下的强度条件显然不可行。这不仅是由于实现二向或三向应力状态的实验本身比较复杂，而且三个主应力σ_1、σ_2和σ_3之间的数值组合可有无数种，通过实验来得到极限应力是不现实的。我们需要知道在一般应力状态下，构件会发生什么形式的失效？何时失效？如何建立强度条件？显然，仅通过实验已不能回答这些问题，必须研究材料或构件在复杂应力状态下的破坏或失效规律，才能建立相应的强度条件。

大量强度破坏现象和实验表明，材料在常温、静荷作用下的强度失效形式主要有两种，即断裂和屈服。例如，铸铁试件在拉伸和扭转时的破坏，就属于断裂；而低碳钢试件的拉伸和压缩破坏，则属于屈服。长期以来，人们分析和研究了大量的破坏现象，发现材料的失效是有规律的，根据这些失效规律提出的关于造成材料失效主要因素的种种假说或学说，称为**强度理论**。强度理论的主要用途是根据材料失效的规律和原因，利用简单应力状态的实验结果来建立复杂应力状态的强度条件。

强度理论是推测材料失效原因的假说，其正确性必须经受实验与实践的检验。事实上，每种强度理论都有其局限性，往往适用于某种材料的强度理论，并不适用于另一种材料，在某种受力和环境条件下适用的理论对另一种受力和环境条件又不适用。例如，在 17 世纪主要使用的是砖、石和铸铁等脆性材料，观察到的破坏现象也多属脆性断裂，因此当时提出的强度理论主要适用于材料的脆性断裂。19 世纪以来，工程中大量使用低碳钢、铜及合金等塑性材料，这使人们对塑性变形的机理有了较多认识，又提出了以屈服或显著塑性变形为失效准则的强度理论。随着各种性能不同的新材料不断出现和应用，必然要提出相应的新的强度理论，所以这仍是一个不断发展的领域。

作为对强度理论的初步了解和应用，本章介绍工程中常用的四个强度理论：最大拉应力理论、最大拉应变理论、最大切应力理论与畸变能密度理论，都只适用于常温、静载荷条件和均匀、连续、各向同性材料，但对强度失效的解释各有不同。

7.2　关于断裂的强度理论

7.2.1　最大拉应力理论(第一强度理论)

最大拉应力理论最早由伽利略于 1638 年提出，后由英国的 Rankine 加以明确。最大拉应力理论认为：无论处于什么样的应力状态，最大拉应力是引起材料脆性断裂的主要因素。也就是说，只要发生脆性断裂，其共同的原因是危险点处的最大拉应力 σ_1 达到材料单向拉伸断裂时的最大拉应力极限值 σ_b。

根据这一理论，材料脆性断裂的条件为

$$\sigma_1=\sigma_b$$

将强度极限 σ_b 除以安全因数 n，得到许用应力 $[\sigma]$，所以按第一强度理论建立的强度条件为

$$\sigma_1\leqslant\frac{\sigma_b}{n}=[\sigma] \tag{7.1}$$

铸铁、玻璃、石膏等脆性材料在单向、二向拉伸的应力状态下的实验结果与这一理论吻合较好。而当存在压应力时，只要最大压应力的绝对值不超过最大拉应力的值或超过不多时，这一理论与实验结果也大致接近。在三向拉伸应力状态，无论是脆性材料还是塑性材料，实验结果与这一理论的值都相当接近，可见，最大拉应力理论不仅适用于脆性材料，而且还适用于三向拉伸应力状态下的塑性材料。但是这一理论没有考虑其他两个主应力的影响，对于没有拉应力的情况，如单向或两向压缩时，不能应用。

7.2.2　最大拉应变理论(第二强度理论)

最大拉应变理论认为：无论处于什么样的应力状态，最大拉应变是引起材料脆性断裂的主要因素。也就是说，无论处于何种应力状态，只要发生脆性断裂，其共同的原因都是危险点处的最大拉应变 ε_1 达到材料单向拉伸断裂时的最大拉应变值 ε_{1u}。

根据这一理论，脆性断裂的条件为

$$\varepsilon_1=\varepsilon_{1u} \tag{7.2}$$

对于灰口铸铁等脆性材料，从开始受力直到断裂，其应力-应变关系近似符合胡克定律，而材料在复杂应力状态下的最大拉应变为

$$\varepsilon_1=\frac{1}{E}\left[\sigma_1-\mu\left(\sigma_2+\sigma_3\right)\right] \tag{7.3}$$

单向拉伸断裂时的最大拉应变为

$$\varepsilon_{1u}=\frac{\sigma_b}{E} \tag{7.4}$$

将式(7.3)和式(7.4)代入式(7.2)，得到用主应力表示的脆性断裂破坏条件：

$$\sigma_1-\mu\left(\sigma_2+\sigma_3\right)=\sigma_b$$

同样，将强度极限 σ_b 除以安全因数 n，得到许用应力 $[\sigma]$，所以按第二强度理论建立的强度条件为

$$\sigma_1-\mu(\sigma_2+\sigma_3)\leqslant\frac{\sigma_b}{n}=[\sigma] \tag{7.5}$$

这一理论将主应力的某一综合值与材料单向拉伸时的许用应力进行比较，形式上比第一强度理论完善，但脆性金属、砖、石等脆性材料的拉断实验结果却并不支持这一理论，而脆性材料在双拉一压的应力状态下或一拉二压状态下且压应力的绝对值超过拉应力值时，实验结果与这一理论大致符合。石料、混凝土等脆性材料的试块受轴向压缩时，若在实验机与试块的接触面上添加润滑剂以减小摩擦力，试块会沿垂直于压力的方向开裂，这也可用此理论进行解释。

一般来说，最大拉应力理论适用于以拉应力为主的脆性材料，而最大拉应变理论适用于以压应力为主的情况。

【例 7.1】　从某铸铁构件的危险点处取出一单元体，如图 7.1(a)所示，若铸铁的许用应力 $[\sigma]=40\text{MPa}$，泊松比 $\mu=0.25$。当单元体 z 面上的正应力 σ_z 分别等于 25MPa 和 −35MPa 时，试求该点的主应力并校核构件的强度。

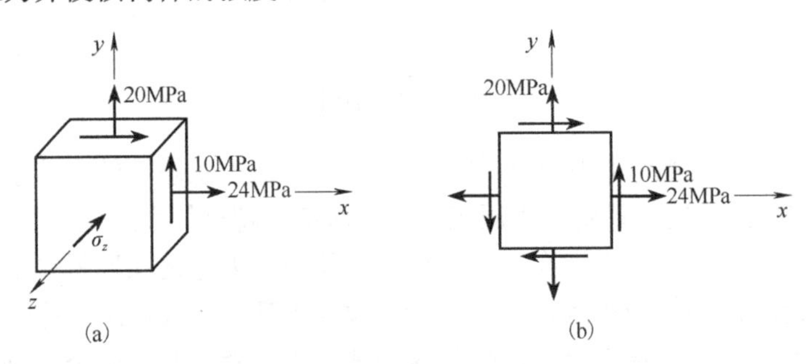

图 7.1

解：(1)求主应力。

因为单元体 z 面上没有切应力，所以 z 面是主平面，则 $\sigma_z=25\text{MPa}$ 或 -35MPa 为主应力之一。无论 σ_z 等于多少，另外两个主应力均可通过 x 面和 y 面的应力确定，此时可对着 z 面作正视图，将单元体简化为二向应力状态来处理，如图 7.1(b)所示。

由图 7.1(b)可得

$$\sigma_x=24\text{MPa}, \quad \tau_x=-10\text{MPa}, \quad \sigma_y=20\text{MPa}$$

代入式(6.8)得

$$\left\{\begin{matrix}\sigma'_{\max}\\ \sigma'_{\min}\end{matrix}\right.=\frac{24+20}{2}\pm\sqrt{\left(\frac{24-20}{2}\right)^2+(-10)^2}=\left\{\begin{matrix}32.2(\text{MPa})\\ 11.8(\text{MPa})\end{matrix}\right.$$

根据主应力按代数值的大小排列顺序来命名的规定，可知：

当 $\sigma_z=25\text{MPa}$ 时，有

$$\sigma_1=32.2\text{MPa}, \quad \sigma_2=25\text{MPa}, \quad \sigma_3=11.8\text{MPa}$$

当 $\sigma_z=-35\text{MPa}$ 时，有

$$\sigma_1=32.2\text{MPa}, \quad \sigma_2=11.8\text{MPa}, \quad \sigma_3=-35\text{MPa}$$

(2) 校核构件的强度。

可见当 $\sigma_z = 25\text{MPa}$ 时，构件的危险点处于三向拉应力状态，因此可采用最大拉应力理论进行强度校核，即

$$\sigma_1 = 32.2\text{MPa} < [\sigma] = 40\text{MPa}$$

因此，该铸铁构件的强度足够。

当 $\sigma_z = -35\text{MPa}$ 时，因铸铁为脆性材料，危险点处于二拉一压应力状态且压应力的绝对值超过了拉应力值，可采用最大拉应变理论进行强度校核，即

$$\sigma_1 - \mu(\sigma_2 + \sigma_3) = 32.2 - 0.25 \times (11.8 - 35) = 38(\text{MPa}) < [\sigma] = 40\text{MPa}$$

因此，该铸铁构件的强度足够。

7.3　关于屈服的强度理论

7.3.1　最大切应力理论（第三强度理论）

最大切应力理论认为：无论处于什么样的应力状态，最大切应力是引起材料屈服的主要因素。也就是说，无论何种应力状态下，只要发生屈服，其共同的原因都是危险点处的最大切应力 $\tau_{\max}$ 达到材料单向拉伸屈服时的最大切应力极限值 τ_s 。

根据这一理论，材料的屈服条件为

$$\tau_{\max} = \tau_s \tag{7.6}$$

材料在复杂应力状态下的最大切应力为

$$\tau_{\max} = \frac{\sigma_1 - \sigma_3}{2} \tag{7.7}$$

单向拉伸屈服时的最大切应力为

$$\tau_s = \frac{\sigma_s}{2} \tag{7.8}$$

将式 (7.7) 和式 (7.8) 代入式 (7.6)，得到用主应力表示的屈服破坏条件为

$$\sigma_1 - \sigma_3 = \sigma_s$$

将屈服极限 σ_s 除以安全因数 n，得到许用应力 $[\sigma]$，所以按第三强度理论建立的强度条件为

$$\sigma_1 - \sigma_3 \leqslant \frac{\sigma_s}{n} = [\sigma] \tag{7.9}$$

对于塑性材料，这一理论与实验结果吻合较好，因此在工程中得到了广泛的应用。此理论的缺点是未考虑主应力 σ_2 的作用，而实验表明，σ_2 对材料的屈服有一定的影响。

7.3.2　畸变能密度理论（第四强度理论）

畸变能密度理论又称为形状改变比能理论，该理论认为：无论处于什么样的应力状态，畸变能密度是引起材料屈服的主要因素。也就是说，无论在何种应力状态下，只要发生屈服，其共同的原因都是危险点处的畸变能密度 v_d 达到材料单向拉伸屈服时畸变能密度的极限值 $(v_d)_s$ 。

根据这一理论，材料的屈服条件为

$$v_d = (v_d)_s \tag{7.10}$$

在复杂应力状态下，有

$$v_{\rm d}=\frac{1+\mu}{6E}\left[(\sigma_1-\sigma_2)^2+(\sigma_2-\sigma_3)^2+(\sigma_3-\sigma_1)^2\right] \tag{7.11}$$

而在单向拉伸屈服时，$\sigma_1=\sigma_{\rm s}$，$\sigma_2=\sigma_3=0$，则

$$(v_{\rm d})_{\rm s}=\frac{1+\mu}{3E}\sigma_{\rm s}^2 \tag{7.12}$$

将式(7.11)和式(7.12)代入式(7.10)，得到用主应力表示的屈服破坏条件为

$$\sqrt{\frac{1}{2}\left[(\sigma_1-\sigma_2)^2+(\sigma_2-\sigma_3)^2+(\sigma_3-\sigma_1)^2\right]}=\sigma_{\rm s}$$

将屈服极限 $\sigma_{\rm s}$ 除以安全因数 n，得到许用应力$[\sigma]$，所以按第四强度理论建立的强度条件为

$$\sqrt{\frac{1}{2}\left[(\sigma_1-\sigma_2)^2+(\sigma_2-\sigma_3)^2+(\sigma_3-\sigma_1)^2\right]}\leqslant[\sigma] \tag{7.13}$$

这一理论是从能量角度建立材料的屈服破坏准则，而且综合考虑了三个主应力的影响。实验证明，对于碳素钢、合金钢等塑性材料，相比第三强度理论，该理论与实验结果的吻合更好。其他大量实验结果表明，这一理论能很好地描述铜、镍、铝等大量工程韧性材料的屈服状态，只是数学表达式比第三强度理论更加复杂。

第三和第四强度理论在机械制造业中都得到了广泛的应用。这里要特别强调的是，不同的强度理论适用于不同的情况，具体应用时，首先应根据材料的力学性能及所处的应力状态确定其可能的失效类型，再选用相应的准则。一般，铸铁、石料、混凝土、玻璃等脆性材料，在常温、静载荷条件下常发生脆断破坏，宜采用第一或第二强度理论；而钢、铜、铝等塑性材料则常发生塑性失效，宜采用第三或第四强度理论。脆性材料在三向压缩的应力状态下会出现塑性屈服，应采用第三或第四强度理论；塑性材料在三向拉伸应力状态下会出现脆性断裂，这时应采用第一强度理论。

以上分析结果表明，根据强度理论建立构件的强度条件时，形式上是将主应力的某种组合与材料单向拉伸时的许用应力进行比较，这种主应力的组合值称为**相当应力**。如果将各种强度理论的强度条件写成以下统一的形式：

$$\sigma_{{\rm r}i}\leqslant[\sigma]\quad(i=1,2,3,4) \tag{7.14}$$

则式中的 $\sigma_{{\rm r}i}$ 就是相当应力，对应第一至第四强度理论，$\sigma_{{\rm r}i}$ 的具体表达式如下：

$$\begin{cases}\sigma_{\rm r1}=\sigma_1\\ \sigma_{\rm r2}=\sigma_1-\mu(\sigma_2+\sigma_3)\\ \sigma_{\rm r3}=\sigma_1-\sigma_3\\ \sigma_{\rm r4}=\sqrt{\frac{1}{2}\left[(\sigma_1-\sigma_2)^2+(\sigma_2-\sigma_3)^2+(\sigma_3-\sigma_1)^2\right]}\end{cases} \tag{7.15}$$

【例 7.2】 用低碳钢制成的蒸汽锅炉壁厚δ=10mm，内径 D =1000mm，蒸汽压力 p=3MPa，如图 7.2(a)、(b)所示，许用应力$[\sigma]$=160MPa，试校核锅炉强度。

解：(1)计算蒸汽锅炉圆筒部分横截面上的应力σ'。由圆筒及其受力的对称性可知，圆筒底部蒸汽压力的合力 F 的作用线与圆筒的轴线重合，如图 7.2(c)所示。因此，可认为圆筒横截面上各点处的正应力σ'相等，所以σ'可按轴向拉伸的公式求得

$$\sigma'=\frac{F}{A}\approx\frac{p\times\frac{\pi D^2}{4}}{\pi D\delta}=\frac{pD}{4\delta}=\frac{3\times1}{4\times10\times10^{-3}}=75(\text{MPa})$$

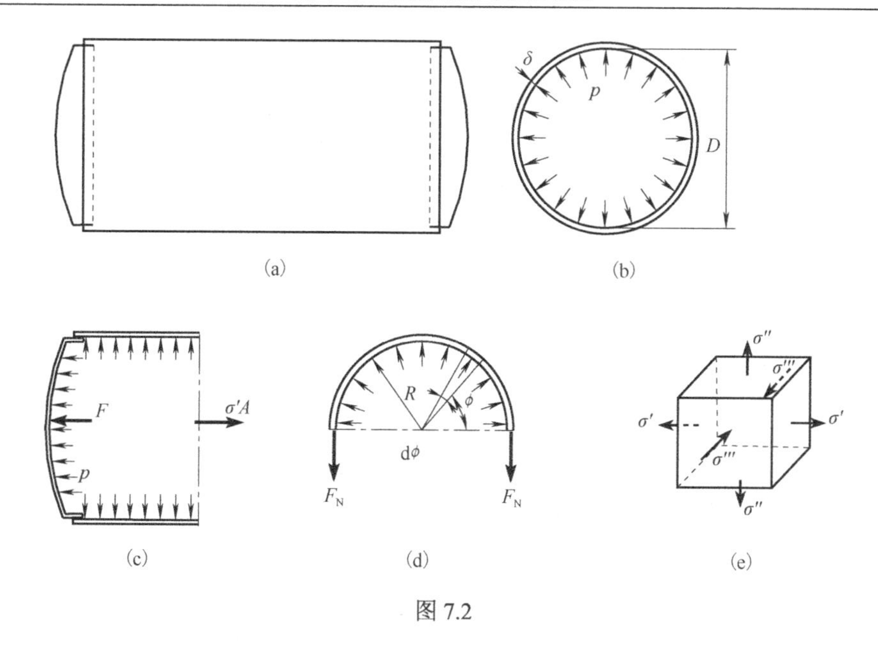

图 7.2

(2) 计算蒸汽锅炉圆筒部分纵截面上的应力 σ''。为求出圆筒部分纵截面上的正应力 σ''，假想从圆筒上截取单位长的一段，再沿其纵向截分为两个相等的部分，取上半部分研究，如图 7.2(d) 所示。由于圆筒上、下部分对称，纵截面上没有切应力。对于这种 $\delta \ll D$ 的薄壁圆筒,可以认为纵截面上各点处的正应力 σ'' 相等。由圆筒上半部分的平衡方程可求得

$$\sigma'' = \frac{pD}{2\delta} = \frac{3\times 1}{2\times 10\times 10^{-3}} = 150(\text{MPa})$$

(3) 求径向应力 σ'''。蒸汽锅炉的内表面上作用有压强为 p 的压力，因此内表面上任一点处沿半径方向的正应力为

$$\sigma''' = -p$$

锅炉圆筒壁上任一点的应力状态如图 7.2(e) 所示，显然 σ'、σ''、σ''' 都是主应力，且 σ'' 的值比 p 大得多，故可以忽略 σ'''，将单元体视为平面应力状态。

低碳钢是塑性材料，由第四强度理论，有

$$\sigma_{r4} = \sqrt{\frac{1}{2}[(\sigma_1-\sigma_2)^2+(\sigma_2-\sigma_3)^2+(\sigma_3-\sigma_1)^2]}$$

$$= \sqrt{\frac{1}{2}[(150-75)^2+(75-0)^2+(0-150)^2]} = 130(\text{MPa}) < [\sigma]$$

由第三强度理论，有

$$\sigma_{r3} = \sigma_1 - \sigma_3 = 150 - 0 = 150(\text{MPa}) < [\sigma]$$

可见，第三和第四强度理论的强度条件都能满足。

7.4　组合变形概述

前面介绍过，杆件发生什么样的变形与其所受的外力密切相关，例如，当外力(或外力系的合力)的作用线与杆的轴线重合时，杆发生轴向拉(压)基本变形；当外力偶的作用面垂直于杆轴线时，杆发生扭转基本变形；当外力(或分布力)的作用线垂直于杆轴线、外力偶作用面

通过杆轴线时，杆发生弯曲基本变形。

可以把满足以上特点的外力称为基本变形外力，反之称为非基本变形外力。实际工程中，杆件所受的外力情况一般比较复杂，并非都是基本变形外力，可能还有非基本变形外力，因此杆件的变形往往并非某种单一的基本变形，而是包含两种或多种基本变形的复杂变形，由两种或两种以上基本变形组合而成的复杂变形称为**组合变形**。

如图 7.3(a)所示的厂房支柱，自重 W 是基本变形外力，引起轴向压缩基本变形，但房梁等的作用力 F 是非基本变形外力，其作用线虽然与支柱的轴线平行，但并不与轴线重合，此时可采用力线平移定理将外力 F 向截面形心点 O 平移，得到一个力 $F_O(=F)$ 和一个附加力偶 M，如图 7.3(b)所示。由图可见，F_O 的作用线与支柱的轴线重合，引起轴向压缩基本变形，力偶 M 的作用面通过支柱的轴线，引起弯曲基本变形，所以厂房支柱将发生轴向压缩与弯曲的组合变形。同理，如图 7.4(a)所示的水平面内的直角曲拐 ABC，对于 AB 段，作用力 F_C 是非基本变形外力，采用力线平移定理将 F_C 向 B 截面平移，得到一个力 $F_B(=F_C)$ 和一个力偶 M_B，如图 7.4(b)所示。F_B 的作用线与 AB 段的轴线垂直，引起弯曲基本变形，力偶 M_B 的作用面垂直于 AB 段的轴线，引起扭转基本变形，所以曲拐 AB 段将发生弯曲与扭转的组合变形。而对于图 7.5 所示的悬臂梁，F_1 引起梁在铅垂面内发生弯曲基本变形，F_2 引起梁在水平面内发生弯曲基本变形，所以悬臂梁将发生两个相互垂直平面内的弯曲组合变形。

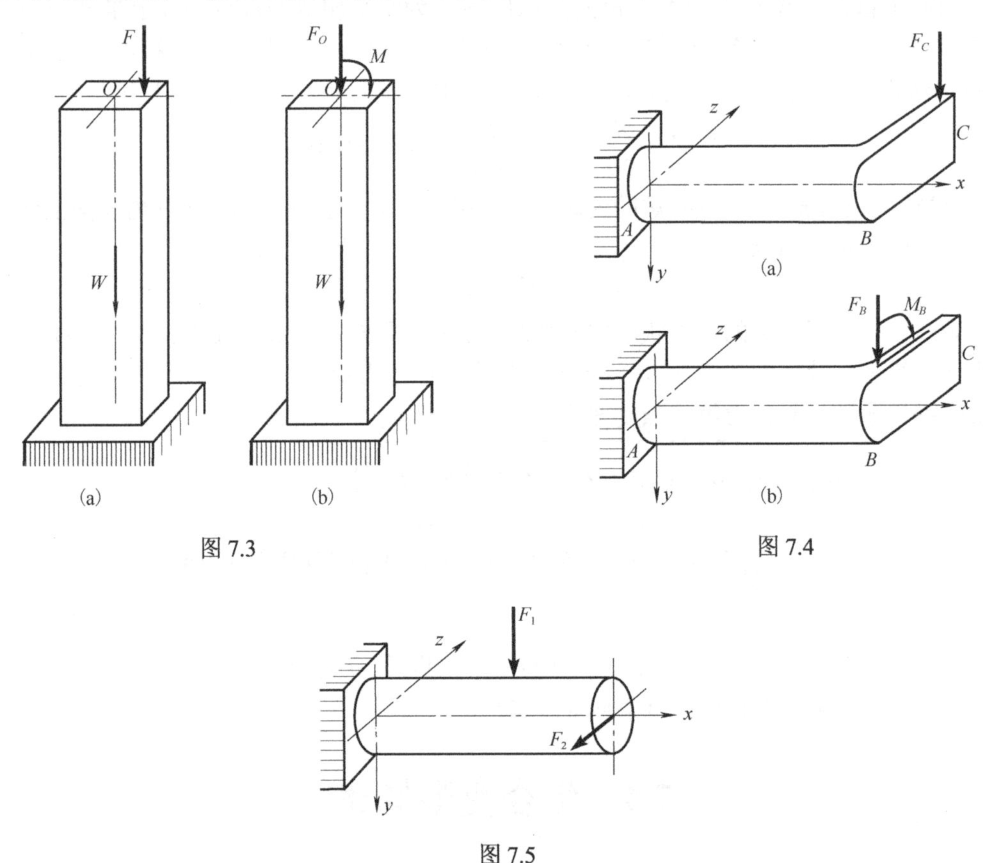

图 7.3

图 7.4

图 7.5

研究表明，在线弹性范围内和小变形条件下，组合变形中的每种基本变形所引起的应力和变形等是各自独立，互不影响的，因此解决组合变形问题的基本方法是叠加法。

组合变形强度计算的基本方法和步骤如下。

(1) 外力分析。根据静力等效原理，将作用于杆件上的非基本变形外力向杆的轴线简化或分解，使其变为几组基本变形外力，每组基本变形外力只产生一种基本变形。

(2) 内力分析。分别算出每一种基本变形所对应的内力，大多数情况下需要画出内力图，找出危险截面的位置并求出该截面上的内力。

(3) 应力分析。由基本变形应力公式，分析每种内力在危险截面上引起的应力分布规律，由叠加原理找到危险点的位置，然后在危险点处取原始单元体并计算该单元体上的应力，最后求出主应力。

(4) 强度计算。根据危险点的应力状态和杆件所采用的材料种类，选取适当的强度理论进行强度计算。

下面将介绍杆件的拉(压)-弯组合变形、弯-扭组合变形和两个相互垂直平面内的弯曲组合变形的强度计算。

7.5　拉伸(压缩)与弯曲组合变形强度计算

拉伸(压缩)与弯曲的组合变形是工程中常见的一种组合变形。根据杆件的受力情况，通常又可分为轴向力和横向力同时作用引起的拉伸(压缩)与弯曲组合变形，以及因偏心拉伸或压缩引起的拉伸(压缩)与弯曲组合变形。如图 7.6 所示的横梁的 AC 段，在横向力 F_{Ay}、F_{Cy} 的作用下发生弯曲变形，同时在轴向力 F_{Ax}=F_{Cx} 的作用下发生轴向压缩变形，所以横梁的 AC 段承受轴向力和横向力同时作用引起的压弯组合变形。图 7.7 所示的钻床受一对钻孔力 F_{P} 的作用，因该对钻孔力没有通过立柱的横截面形心，所以立柱承受偏心载荷作用，将它们向立柱的横截面形心简化后，得到两组内力分量，一组引起轴向拉伸基本变形，另一组引起弯曲基本变形，所以钻床立柱承受着偏心拉伸引起的拉弯组合变形。下面通过例题具体说明拉(压)弯组合变形的强度计算。

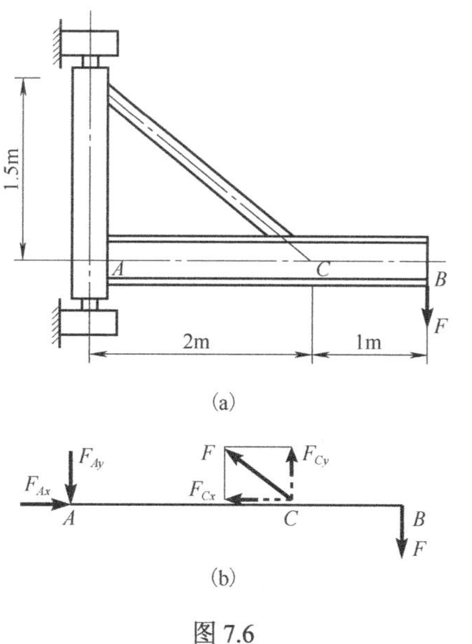

图 7.6

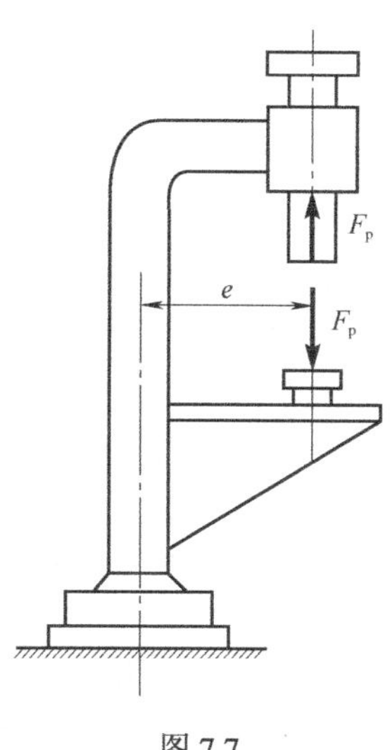

图 7.7

【例 7.3】 如图 7.8(a)所示，悬臂式起重机横梁 AC 用 25a 号工字钢制成，其横截面面积 A=48.5cm^2，弯曲截面系数 W=401.88cm^3，已知梁长 l=4m，θ=30°，电葫芦自重及起吊重量总和为 F=24kN，材料的许用应力[σ]=100MPa。试校核横梁 AC 的强度。

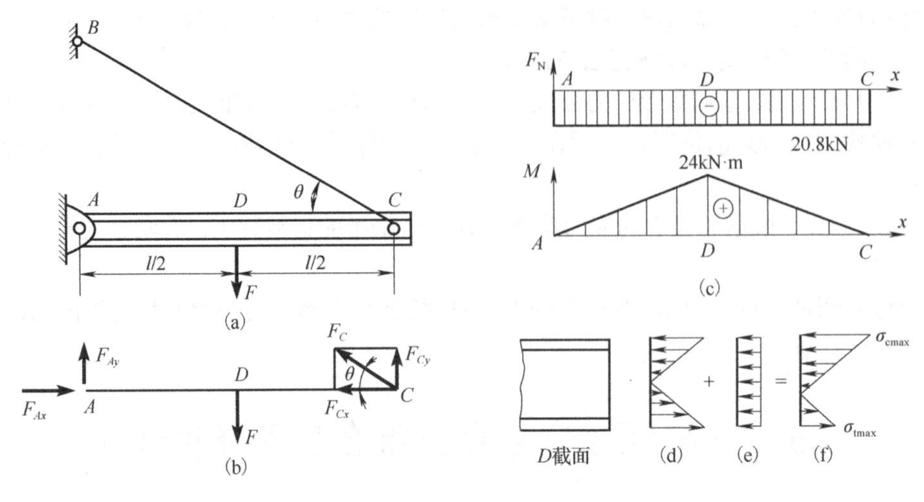

图 7.8

解：(1)外力分析。

取横梁 AC 为研究对象，其受力图如图 7.8(b)所示，F_C 为二力杆 BC 的拉力，将其分解为 F_{Cx} 和 F_{Cy} 两个分力，则由平衡方程：

$$\sum M_A = 0, \qquad F_{Cy} \times 4 - F \times 2 = 0$$

得

$$F_{Cy} = 12\text{kN}$$

于是

$$F_{Cx} = \frac{F_{Cy}}{\tan 30^\circ} = \frac{12}{0.577} = 20.8(\text{kN})$$

又由平衡方程 $\sum F_x = 0$，$\sum F_y = 0$，可得

$$F_{Ax} = 20.8\text{kN}, \qquad F_{Ay} = 12\text{kN}$$

可见 F_{Ay}、F_{Cy} 和 F 使横梁 AC 产生弯曲变形，F_{Ax} 和 F_{Cx} 使横梁 AC 产生轴向压缩变形，因此横梁 AC 产生压缩与弯曲的组合变形。

(2)内力分析。

根据梁的受力情况和上面所求的数值，可绘出梁的轴力图和弯矩图，如图 7.8(c)所示，可见横梁 AC 的中点 D 截面具有与其他截面相同的轴力并具有最大的弯矩，故 D 截面是危险截面，其上的轴力和弯矩(均取绝对值)分别为

$$F_{\text{N}} = 20.8\text{kN}, \qquad M_{\max} = \frac{Fl}{4} = 24(\text{kN}\cdot\text{m})$$

(3)应力分析。

根据前面所学，我们知道最大弯矩 $M_{\max}$ 在 D 截面上引起线性分布的正应力如图 7.8(d)所示，轴力 F_{N} 引起的均匀分布的压应力如图 7.8(e)所示，两者叠加后，得到 D 截面上的正应力分布，如图 7.8(f)所示，可见 D 截面的上边缘点具有最大的压应力，下边缘点具有最大的

拉应力，所以 D 截面的上、下边缘点是危险点，其应力分别为

$$\sigma_{\text{cmax}}=\left|-\frac{F_{\text{N}}}{A}-\frac{M_{\max}}{W_z}\right|=\left|-\frac{20.8\times10^3}{48.5\times10^{-4}}-\frac{24\times10^3}{401.88\times10^{-6}}\right|=64.01(\text{MPa})$$

$$\sigma_{\text{tmax}}=\left|-\frac{F_{\text{N}}}{A}+\frac{M_{\max}}{W_z}\right|=\left|-\frac{20.8\times10^3}{48.5\times10^{-4}}+\frac{24\times10^3}{401.88\times10^{-6}}\right|=55.43(\text{MPa})$$

(4) 强度计算。

由于 D 截面的上、下边缘点(危险点)均为单向应力状态，可以采用轴向拉压基本变形的强度条件进行强度计算。因为工字钢的拉伸与压缩强度相同，故只校核正应力绝对值最大处的强度即可，即

$$\sigma_{\text{cmax}}=64.3\text{MPa}<[\sigma]=100\text{MPa}$$

表明横梁 AC 的强度是足够的。

【例 7.4】 如图 7.9 所示，钻床钻孔时的钻孔力 F_{p}=15kN，F_{p} 的作用线到立柱轴线的距离(偏心距)e=400mm，铸铁立柱的直径 d=125mm，许用拉应力$[\sigma]$=35MPa，试校核立柱的强度。

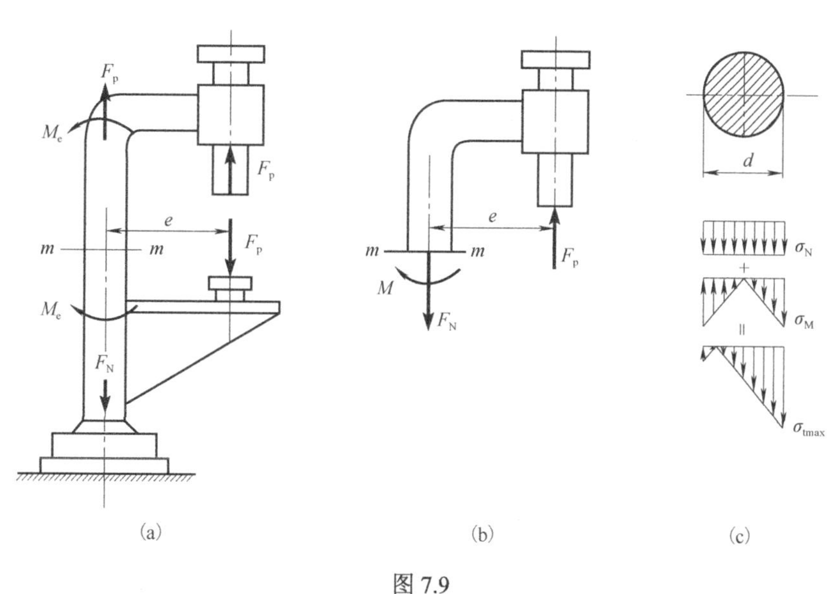

图 7.9

解： (1) 外力分析。

由于钻孔力与立柱的轴线平行而不重合，钻床立柱受偏心拉伸作用。采用力线平移定理将一对力 F_{p} 向立柱轴线平移，可得到一对力 F_{p} 使立柱产生轴向拉伸变形，以及一对力偶矩 $M_{\text{e}}=eF_{\text{p}}$ 使立柱产生弯曲变形，如图 7.9(a) 所示，因此立柱产生拉伸与弯曲的组合变形。

(2) 内力分析。

因为立柱各横截面上的内力(轴力和弯矩)均相同，故立柱的任意横截面均是危险截面。任取立柱 m-m 截面以上部分为研究对象，如图 7.9(b) 所示，由截面法求得其上的轴力 F_{N} 和弯矩 M 分别为

$$F_{\text{N}}=F_{\text{p}}=15\text{kN}$$

$$M=M_{\text{e}}=eF_{\text{p}}=6(\text{kN}\cdot\text{m})$$

(3) 应力分析。

轴力 F_N 在 *m-m* 截面上产生均匀分布的拉应力，弯矩 M 产生线性分布的弯曲正应力，两者叠加可以得到 *m-m* 截面上的正应力分布图，如图 7.9(c) 所示。可见，截面的右边缘点是危险点，因为此处具有最大拉应力，其值为

$$\sigma_{\text{tmax}} = \sigma_N + \sigma_M = \frac{F_N}{A} + \frac{M}{W_z} = \frac{4F_N}{\pi d^2} + \frac{32M}{\pi d^3}$$

$$= \frac{4\times 15\times 10^3}{\pi\times 0.125^2} + \frac{32\times 6\times 10^3}{\pi\times 0.125^3} = 32.3(\text{MPa})$$

(4) 强度计算。

由于危险点为单向应力状态，可以采用轴向拉伸基本变形的强度条件进行强度计算，即

$$\sigma_{\text{tmax}} = 32.3\text{MPa} < [\sigma] = 35\text{MPa}$$

因此，立柱的强度满足要求。

7.6　扭转与弯曲组合变形强度计算

机械设备中的轴类零件，在受扭时大多伴随弯曲，在弯曲内力较小时可以只按扭转进行分析，但在弯曲内力和应力较大时就应按弯扭组合变形进行分析。本节通过圆轴弯扭组合变形的实例分析进一步介绍强度理论的应用。

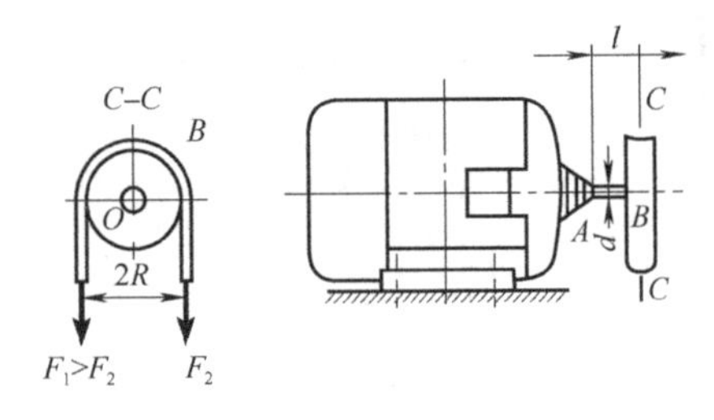

图 7.10

图 7.10 为电机的示意图，电机轴的外伸端装有一个皮带轮，皮带两边的拉力分别为 F_1 和 $F_2(F_1 > F_2)$，轮和轴的自重不计，分析轴的应力情况。

(1) 外力分析。

以轴的外伸端为研究对象，将皮带的拉力向其作用面的轴心简化，得到集中力

$$F = F_1 + F_2$$

和一个力偶

$$M_e = (F_1 - F_2)R$$

轴的受力简化模型如图 7.11(a) 所示，为弯扭组合变形。

(2) 内力分析。

根据受力简图画出弯矩和扭矩图，如图 7.11(b)、(c) 所示。比较可见，固支端 A 是危险截面。

(3) 应力分析。

画出 A 截面上的应力分布，如图 7.12(a) 所示，在距中性轴 z 轴最远的 1、2 两点，分别有因弯矩产生的最大拉应力和最大压应力，其值为

$$\sigma = \frac{Fl}{W_Z} \tag{7.16}$$

圆轴的周边有因扭矩产生的最大切应力，其值为

$$\tau = \frac{T}{W_t} = \frac{M_e}{W_t} \tag{7.17}$$

因此，1、2 两点的正应力 σ 和切应力 τ 都是最大值，是危险截面 A 上的危险点。自 1、2 点

截取的单元体如图 7.12(b)、(c)所示，都是二向应力状态，其主应力都为

$$\begin{cases}\begin{cases}\sigma_1\\ \sigma_3\end{cases}=\dfrac{1}{2}\left(\sigma\pm\sqrt{\sigma^2+4\tau^2}\right)\\ \sigma_2=0\end{cases}\tag{7.18}$$

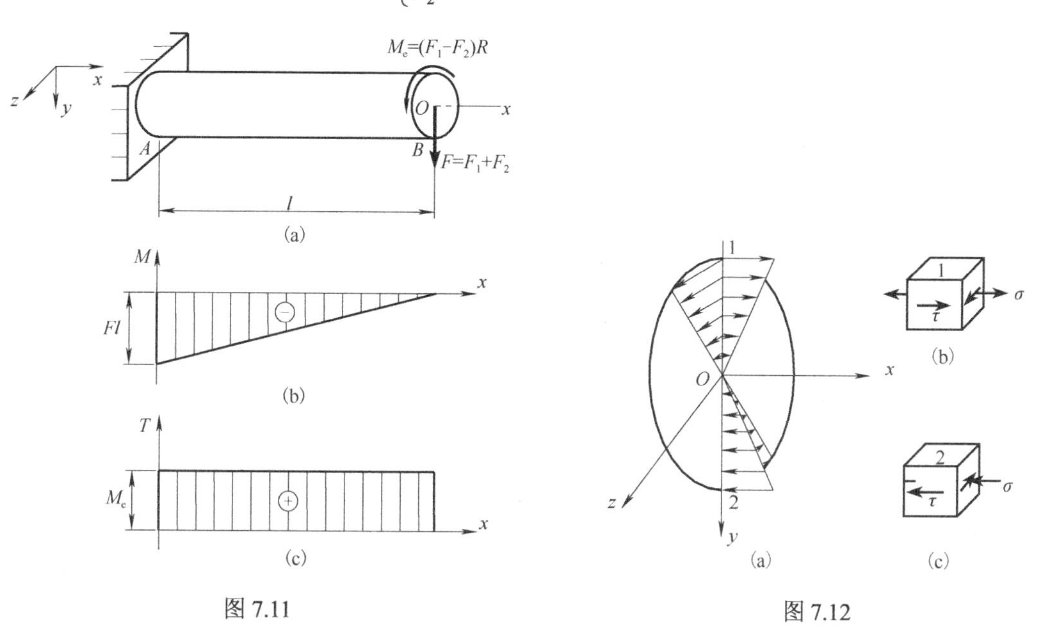

图 7.11　　图 7.12

(4)强度计算。

因轴类零件多是用塑性材料制成，所以应按第三或第四强度理论进行强度计算。按第三强度理论，其强度条件为

$$\sigma_{r3}=\sigma_1-\sigma_3\leqslant[\sigma]$$

将式(7.18)代入得

$$\sigma_{r3}=\sqrt{\sigma^2+4\tau^2}\leqslant[\sigma]\tag{7.19}$$

注意到圆截面的抗扭截面系数 W_t 是弯曲截面系数 W_z 的 2 倍，将式(7.16)和式(7.17)代入式(7.19)，得到弯扭组合变形时按第三强度理论建立的圆轴强度条件为

$$\sigma_{r3}=\frac{1}{W_z}\sqrt{M^2+T^2}\leqslant[\sigma]\tag{7.20}$$

若按第四强度理论，其强度条件为

$$\sigma_{r4}=\sqrt{\frac{1}{2}\left[\left(\sigma_1-\sigma_2\right)^2+\left(\sigma_2-\sigma_3\right)^2+\left(\sigma_3-\sigma_1\right)^2\right]}\leqslant[\sigma]$$

将式(7.18)代入，化简得

$$\sigma_{r4}=\sqrt{\sigma^2+3\tau^2}\leqslant[\sigma]\tag{7.21}$$

将式(7.16)和式(7.17)代入式(7.21)，得到弯扭组合变形时按第四强度理论建立的圆轴的强度条件

$$\sigma_{r4}=\frac{1}{W_z}\sqrt{M^2+0.75T^2}\leqslant[\sigma]\tag{7.22}$$

采用式(7.19)或式(7.21)进行强度计算时，在第 3 个步骤“应力分析”中只需求危险点的

应力分量，而不必再求危险点的主应力，使计算过程得到简化。

值得注意是：对于塑性材料的圆截面杆(或空心圆截面杆)的弯扭组合变形，可全部省去第3个步骤“应力分析”的内容，在进行外力分析，内力分析后，直接将危险截面的内力(扭矩和弯矩)代入式(7.20)或式(7.22)进行强度计算，从而使问题的解决得到很大简化。

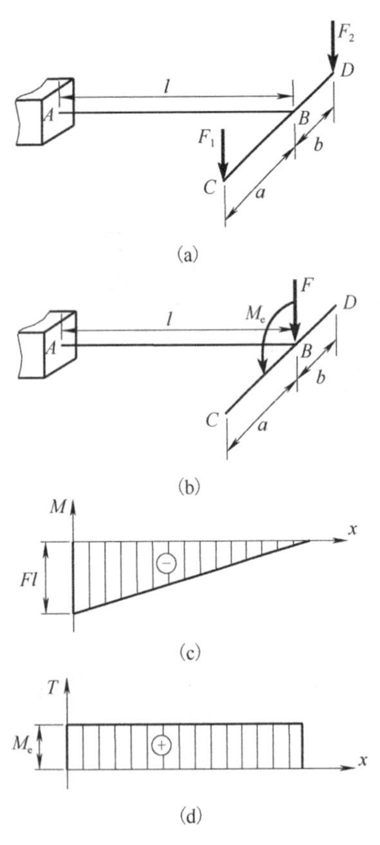

图 7.13

【例 7.5】 空心圆杆 AB 与 CD 杆垂直，二杆在水平面内焊接成整体结构，受力如图 7.13(a)所示。已知 AB 杆的外径 $D=140\text{mm}$，内外径之比 $\alpha=d/D=0.8$，材料为塑性材料，其许用应力 $[\sigma]=200\text{MPa}$，$F_1=15\text{kN}$，$F_2=10\text{kN}$，$l=1.2\text{m}$，$a=0.6\text{m}$，$b=0.3\text{m}$。试校核 AB 杆的强度。

解： (1)外力分析。

采用力线平移定理，将力 F_1 和 F_2 向点 B 平移，可得到一个使 AB 杆产生弯曲变形的力 F 和一个使 AB 杆产生扭转变形的力偶矩 M_e，如图 7.13(b)所示，因此 AB 杆产生弯曲与扭转的组合变形，其中

$$F=F_1+F_2=25\text{kN}，\quad M_e=aF_1-bF_2=6\text{kN}\cdot\text{m}$$

(2)内力分析。

根据 AB 杆的受力情况和上面所求的数值，可绘出 AB 杆的弯矩图和扭矩图，如图 7.13(c)、(d)所示。可见 AB 杆的 A 截面(固定端截面)具有最大的弯矩并具有与其他截面相同的扭矩，故 A 截面是危险截面，其上的弯矩和扭矩(均取绝对值)分别为

$$M_A=M_{\max}=Fl=30\text{kN}\cdot\text{m}，\quad T_A=M_e=6\text{kN}\cdot\text{m}$$

(4)强度计算。

对于塑性材料的空心圆截面杆的弯扭组合变形，可不用进行应力分析，直接采用式(7.20)或式(7.22)进行强度计算。

若采用第三强度理论，则由式(7.20)可得

$$\sigma_{r3}=\frac{1}{W_z}\sqrt{M^2+T^2}=\frac{32}{\pi D^3(1-\alpha^4)}\sqrt{M_A^2+T_A^2}$$
$$=\frac{32}{\pi\times0.14^3(1-0.8^4)}\sqrt{(30\times10^3)^2+(6\times10^3)^2}$$
$$=192.36\times10^6(\text{Pa})=192.36(\text{MPa})<[\sigma]=200(\text{MPa})$$

若采用第四强度理论，则由式(7.22)可得

$$\sigma_{r4}=\frac{1}{W_z}\sqrt{M^2+0.75T^2}=\frac{32}{\pi D^3(1-\alpha^4)}\sqrt{M_A^2+0.75T_A^2}$$
$$=\frac{32}{\pi\times0.14^3(1-0.8^4)}\sqrt{(30\times10^3)^2+0.75\times(6\times10^3)^2}$$
$$=191.43\times10^6(\text{Pa})=191.43(\text{MPa})<[\sigma]=200(\text{MPa})$$

可见，不论采用第三强度理论，还是采用第四强度理论，AB 杆的强度都是足够的。

【例 7.6】 图 7.14(a)为一传动轴的示意图，轴的左端通过联轴器与电动机相联，电动机传递给轴的外力偶矩为 $M_e = 540\text{N}\cdot\text{m}$。将作用于齿轮 E 上的力分解为切于节圆的力 F_τ 和沿半径的力 F_n。F_n 的作用线与传动轴的轴线正交，$F_n = 7033\text{N}$，$D = 400\text{mm}$，$l = 1000\text{mm}$，$a = 300\text{mm}$，轴的许用应力 $[\sigma] = 80\text{MPa}$，试按第三强度理论设计轴的直径。

解： (1)将各力向轴简化，图 7.14(b)为简化的受力模型，由平衡方程：

$$\sum M_x = 0 \text{，} \quad \frac{F_\tau D}{2} - M_e = 0$$

解得 $F_\tau = 2700\text{N}$。

由图 7.14(b)可见，外力偶矩 M_e 和 $F_\tau D/2$ 引起传动轴的扭转，同时 F_n 引起轴在 xz 平面内的弯曲，F_τ 引起轴在 xy 平面内的弯曲，所以轴受弯扭组合变形。

(2)根据轴的计算简图，分别绘出轴的扭矩图、铅垂平面 xz 内的 M_y 弯矩图、水平面 xy 内的 M_z 弯矩图，如图 7.14(c)所示。轴在 BE 段内各截面上的扭矩都相等，而 M_y 和 M_z 都在截面 E 上达到最大值，所以截面 E 是危险截面。对于圆截面轴，因其具有极对称性，所以包含轴线的任意纵向面都是纵向对称面，可以把 $M_{y\max}$ 和 $M_{z\max}$ 按矢量合成，合成弯矩的作用平面仍然是纵向对称面，仍可按对称弯曲计算，合弯矩的大小为

$$M = \sqrt{M_{y\max}^2 + M_{z\max}^2} = \frac{ab}{l}\sqrt{F_n^2 + F_\tau^2} \tag{a}$$

(3)按第三强度理论建立圆轴的强度条件为

$$\frac{1}{W_z}\sqrt{M^2 + T^2} \leqslant [\sigma]$$

因为 $W_z = \dfrac{\pi d^3}{32}$，所以

$$d \geqslant \left(\frac{32\sqrt{M^2 + T^2}}{\pi[\sigma]}\right)^{\frac{1}{3}} \tag{b}$$

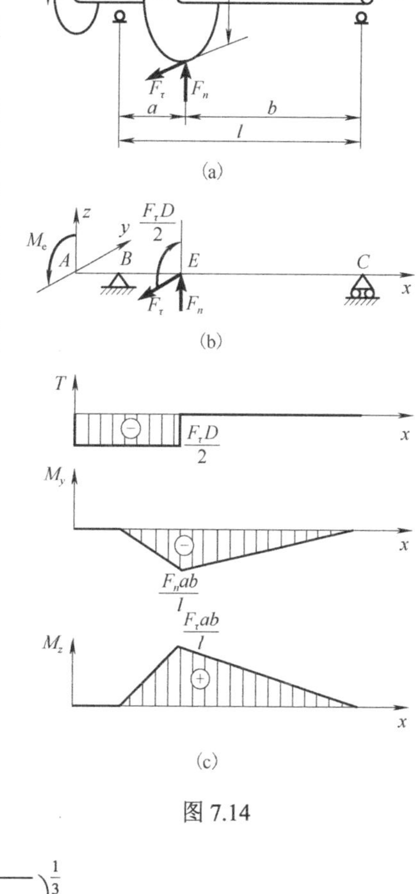

图 7.14

将式(a)、$T = M_e$ 和有关数据代入式(b)，解得

$$d \geqslant \left(\frac{32\sqrt{\dfrac{0.3^2 \times 0.7^2}{1^2} \times (7033^2 + 2700^2) + 540^2}}{\pi \times 80 \times 10^6}\right)^{\frac{1}{3}} = 0.0597(\text{m})$$

轴的直径可取为 $d = 60\text{mm}$。

7.7　两个相互垂直平面内的弯曲组合变形强度计算

在前面第 4、5 章中研究过，对于横截面具有对称轴的梁，当所有横向外力或外力偶作用在梁的纵向对称面内时，梁发生对称弯曲，此时梁变形后的挠曲线是一条位于此纵向对称面

内的平面曲线。工程实际中，有时会遇到双对称截面梁(如矩形截面梁、工字形截面梁等)在两个相互垂直的纵向对称面(形心主惯性平面)内同时承受横向外力或外力偶作用的情况。例如，支承在屋架上的工字形截面檩条梁，可简化为受均布载荷作用的简支梁，如图 7.15(a)所示，均布载荷集度 q 与形心主惯性轴 y 呈一角度 φ，此时可将 q 向形心主惯性轴 y、z 两个方向分解为 q_y 和 q_z，如图 7.15(b)所示，则此檩条梁可视为在 xy 和 xz 两个互相垂直的纵向对称面内同时受到均布载荷 q_y 和 q_z 的作用，显然梁在 q_y 和 q_z 单独作用下，将分别在 xy 和 xz 两个互相垂直的平面内发生对称弯曲。

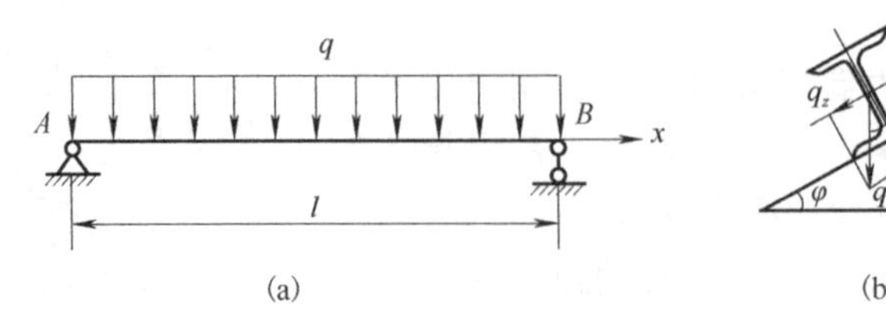

图 7.15

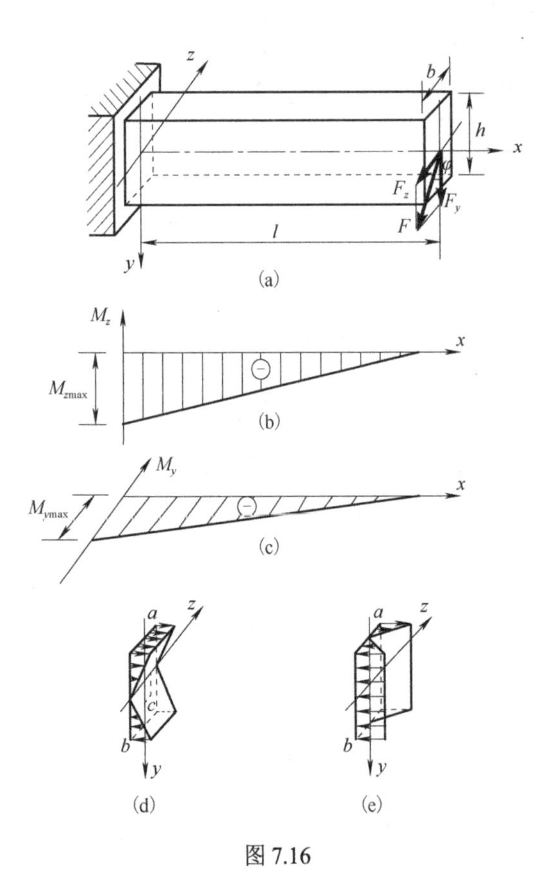

图 7.16

现以矩形截面梁为例，说明两个互相垂直平面内的弯曲组合变形的强度计算方法。图 7.16(a)所示为一矩形截面悬臂梁，设梁长度为 l，截面高度为 h，宽度为 b，自由端受一集中力 F 作用，F 通过截面形心且与形心主轴 y 呈一角度 φ，忽略剪力的影响，试对其强度进行计算。

（1）外力分析。

将 F 力沿形心惯性主轴 y、z 分解为 F_y 和 F_z 两个分力，其值为

$$F_y = F\cos\varphi\,,\qquad F_z = F\sin\varphi$$

F_y 和 F_z 对梁的作用效果与 F 等效。显然在 F_y 单独作用下，梁在 xy 面内发生平面弯曲，在 F_z 单独作用下，梁在 xz 面内发生平面弯曲。这样，在 F 作用下，梁的斜弯曲就可看作在 F_y 和 F_z 单独作用下，梁在两个互相垂直的平面内发生平面弯曲的组合。

(2)内力分析。

为了便于区分，将 F_y 和 F_z 引起的弯矩分别用 M_z 和 M_y 表示(弯矩的角标表示中性轴的方向)。由 F_y 和 F_z 单独作用时引起的弯矩图分别如图 7.16(b)和(c)所示，可见两种情况下弯矩 M_z 和 M_y 在固定端截面同时达到最大值，因此固定端截面是危险截面，其相应的弯矩(绝对值)分别为

$$M_{z\max} = lF_y = lF\cos\varphi$$
$$M_{y\max} = lF_z = lF\sin\varphi$$

(3)应力分析。

F_y 单独作用时，z 轴为中性轴，由梁的变形可知，危险截面(固定端截面)上的弯矩 $M_{z\max}$ 引起的正应力分布为：在中性轴的上部各点受拉，下部各点受压，中性轴上各点的应力为零，沿截面高度按线性规律分布，如图 7.16(d)所示。危险截面上任一点 $c(y, z)$ 的应力计算式为

$$\sigma' = -\frac{M_{z\max} y}{I_z}$$

同理，F_z 单独作用下，y 轴为中性轴，危险截面(固定端截面)上的弯矩 $M_{y\max}$ 引起的正应力分布如图 7.16(e)所示。点 c 的应力计算式为

$$\sigma'' = \frac{M_{y\max} z}{I_y}$$

于是，由叠加原理，在 F_y 和 F_z 共同作用下(弯矩 $M_{z\max}$ 和 $M_{y\max}$ 的共同作用下)，危险截面上任一点 c 处的正应力为

$$\sigma = \sigma' + \sigma'' = -\frac{M_{z\max} y}{I_z} + \frac{M_{y\max} z}{I_y} \tag{7.23}$$

显然，由图 7.16(d)、(e)可知，叠加后危险截面上的点 a 具有最大的拉应力，点 b 具有最大的压应力，所以危险截面上的 a、b 点是危险点，其应力值分别为

$$\sigma_{\text{tmax}} = \frac{M_{z\max}}{W_z} + \frac{M_{y\max}}{W_y} \tag{7.24}$$

$$\sigma_{\text{cmax}} = \left| -\frac{M_{z\max}}{W_z} - \frac{M_{y\max}}{W_y} \right| \tag{7.25}$$

(4)强度计算。

由于危险截面上的 a、b 点(危险点)均处于单向应力状态，可以采用轴向拉压基本变形的强度条件进行强度计算，故强度条件为

$$\sigma_{\text{tmax}} \leqslant [\sigma_{\text{t}}], \qquad \sigma_{\text{cmax}} \leqslant [\sigma_{\text{c}}] \tag{7.26}$$

若此梁为圆形截面，则弯矩 $M_{z\max}$ 引起的最大拉、压应力点分别在危险截面的 a、b 点，弯矩 $M_{y\max}$ 引起的最大拉、压应力点分别在 c、d 点，两弯矩引起的最大拉、压应力点并不重合，如图 7.17 所示。此时可将作用面相互垂直的弯矩 $M_{z\max}$ 和 $M_{y\max}$ 进行矢量合成(弯矩按右手法则用矢量表示)，合弯矩的大小为

$$M_{\max} = \sqrt{M_{z\max}^2 + M_{y\max}^2}$$

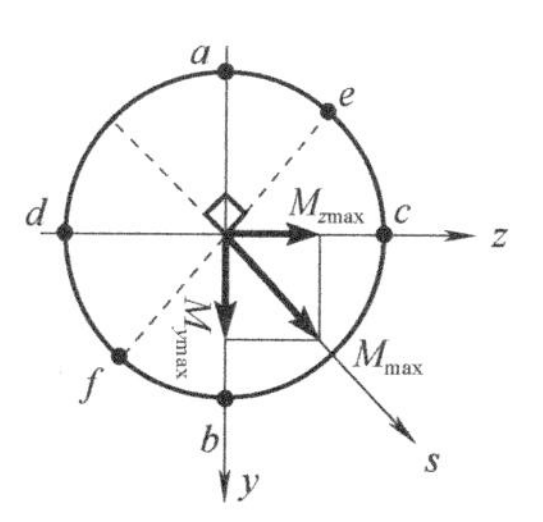

图 7.17

由于过圆截面形心的任一轴均为形心主惯性轴，合弯矩矢与形心主惯性轴一致，因此可作为平面弯曲来处理，即最大拉、压应力点将分别发生在距离 s 轴(中性轴)的最远点，点 e 具有最大拉应力，点 f 具有最大压应力，其值为

$$\sigma_{\text{tmax}} = \sigma_{\text{cmax}} = \frac{M_{\max}}{W_s} = \frac{\sqrt{M_{z\max}^2 + M_{y\max}^2}}{W_s} \tag{7.27}$$

实际上，对于任何 $I_z = I_y$ 的截面梁(如正方形截面梁)，对每个截面的应力计算均可作为平面弯曲用合弯矩来处理，危险截面的最大拉、压应力也可采用式(7.27)计算。

【例 7.7】 如图 7.15 所示，架于两屋架间的檩条梁 AB 为 16 号工字钢，受屋面传来的载荷 $q=3.5\text{kN/m}$，上弦杆的坡度 $\varphi=20°$，屋架的间距 $l=4\text{m}$，钢材的许用应力 $[\sigma]=160\text{MPa}$，试校核檩条梁的强度。

解：(1)外力分析。

由于均布载荷集度 q 通过梁的横截面形心，但不与纵向对称轴 y 重合，而夹角 $\varphi=20°$，可将 q 沿 y、z 轴分解为 q_y 和 q_z，即

$$q_y=q\cos\varphi, \qquad q_z=q\sin\varphi$$

q_y 和 q_z 将分别使檩条梁在互相垂直的 xy 和 xz 平面内发生平面弯曲。

(2)内力分析。

由第 4 章可知，分别在均布载荷 q_y 和 q_z 单独作用下，简支梁 AB 的最大弯矩均发生在梁的跨中截面，所以檩条梁的跨中截面是危险截面，最大弯矩值分别为

$$M_{z\max}=\frac{q_y l^2}{8}=\frac{q\cos\varphi l^2}{8}, \qquad M_{y\max}=\frac{q_z l^2}{8}=\frac{q\sin\varphi l^2}{8} \tag{7.28}$$

(3)应力分析。

根据最大弯矩 $M_{z\max}$ 和 $M_{y\max}$ 分别单独作用时在危险截面上引起的正应力分布规律和叠加原理可知，在图 7.15(b)中，工字形截面的右上角点和左下角点为危险点，右上角点具有最大的拉应力，左下角点具有最大的拉压应力，其值可由式(7.24)或式(7.25)计算得到：

$$\sigma_{t\max}=\sigma_{c\max}=\frac{M_{z\max}}{W_z}+\frac{M_{y\max}}{W_y}$$

查型钢表可得，16 号工字钢的 $W_z=141\text{cm}^3$，$W_y=21.2\text{cm}^3$，并将已知量和式(7.28)代入上式得

$$\begin{aligned}\sigma_{t\max}=\sigma_{c\max}&=\frac{ql^2}{8}\left(\frac{\cos\varphi}{W_z}+\frac{\sin\varphi}{W_y}\right)\\&=\frac{3.5\times10^3\times4^2}{8}\left(\frac{\cos20°}{141\times10^{-6}}+\frac{\sin20°}{21.2\times10^{-6}}\right)\\&=159.6\times10^6(\text{Pa})=159.6(\text{MPa})\end{aligned}$$

(4)强度计算。

由于危险点为单向应力状态，采用轴向拉、压基本变形的强度条件进行强度计算，即

$$\sigma_{t\max}=\sigma_{c\max}=159.6\text{MPa}<[\sigma]=160\text{MPa}$$

故此檩条梁满足强度条件。

7.8 工程应用举例

在现代城市的道路中，L 形交通标志杆被广泛采用，见图 7.18(a)。由于其结构简单，悬臂长，可以满足宽阔道路的标志牌、信号灯和监控探头等的悬挂要求。实际工程中的 L 形交通标志杆主要由等壁厚变截面的立柱和悬臂杆组成，如图 7.18(b)所示。立柱与悬臂杆之间由法兰盘通过 8 个螺栓连接，如图 7.18(c)所示。立柱和悬臂杆的横截面均为边长为 a、壁厚为 t 的正八边形薄壁封闭截面，如图 7.18(d)所示，立柱与混凝土基础由多个螺栓固定。

本节将研究 L 形交通标志杆在自重、标志牌自重和标志牌上风载作用下，立柱和悬臂杆

危险截面上的应力计算公式以及法兰盘连接螺栓的应力计算公式，为 L 形交通标志杆的设计和使用提供理论依据。

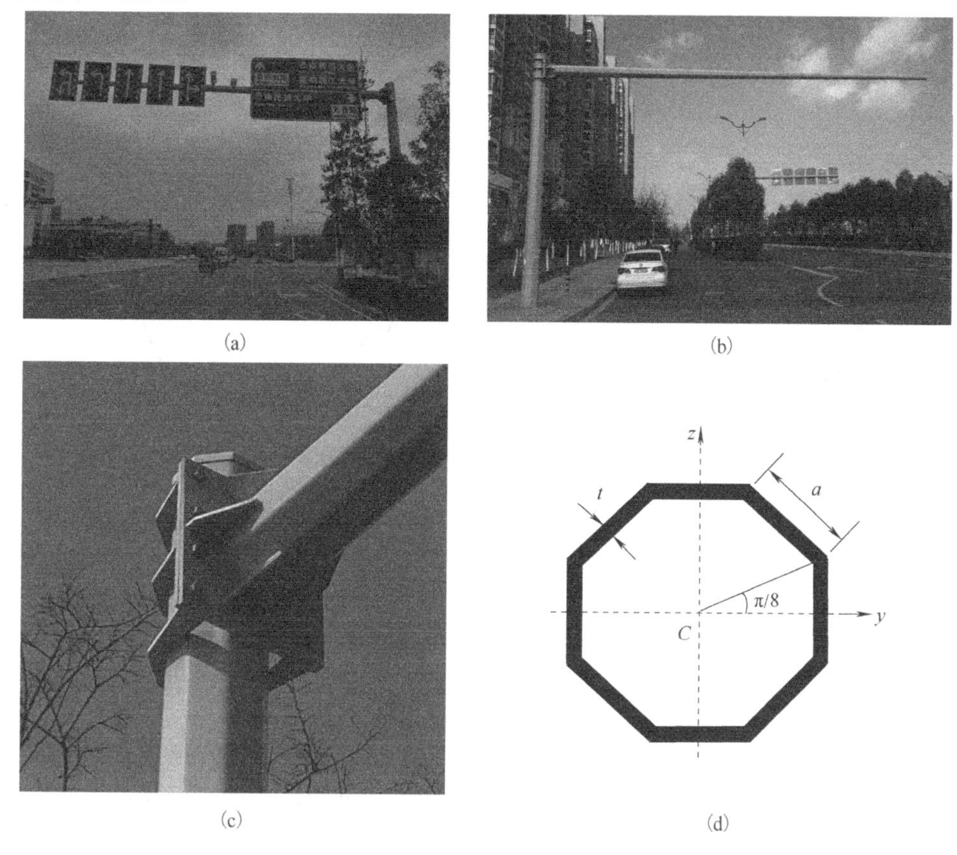

图 7.18

7.8.1　力学模型的建立

工程问题往往比较复杂，为了能应用工程力学的相关理论进行计算，要对问题进行必要的简化，建立力学模型，其原则是突出问题的主要方面并尽可能接近实际情况。因此，对 L 形交通标志杆作如下简化。

(1) L 形交通标志杆的立柱和悬臂杆仍为等壁厚变截面杆。

(2) 将立柱和悬臂杆的正八边形薄壁封闭截面简化为等壁厚的空心圆截面，如图 7.19(a)、(b) 所示。

空心圆的平均直径 $\bar{d}$ 为正八边形的内切圆直径 d_1 和外接圆直径 d_2 的平均值，则空心圆的内径 d 和外径 D 与正八边形的边长 a 之间的关系计算如下。

由图 7.19(a) 可得

$$d_1 = \frac{a}{\tan\frac{\pi}{8}} - 2t, \qquad d_2 = \frac{a}{\sin\frac{\pi}{8}} \tag{a}$$

则有

$$d = \bar{d} - t = \frac{d_1 + d_2}{2} - t, \qquad D = \bar{d} + t = \frac{d_1 + d_2}{2} + t$$

将式(a)代入上式得

$$d=\frac{a}{2}\left(\frac{1}{\sin\frac{\pi}{8}}+\frac{1}{\tan\frac{\pi}{8}}\right)-2t\,,\qquad D=\frac{a}{2}\left(\frac{1}{\sin\frac{\pi}{8}}+\frac{1}{\tan\frac{\pi}{8}}\right) \tag{7.29}$$

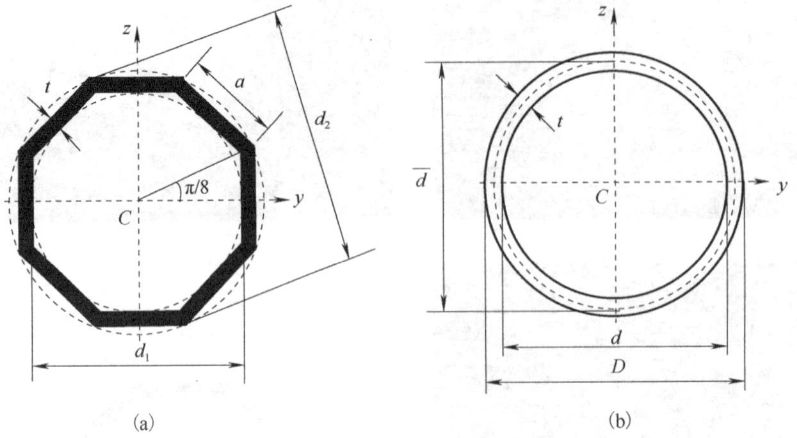

(a)　(b)

图 7.19

(3) 立柱与地面连接部分简化为固定约束，法兰盘螺栓连接处视为刚节点，立柱与悬壁杆简化为一个整体。

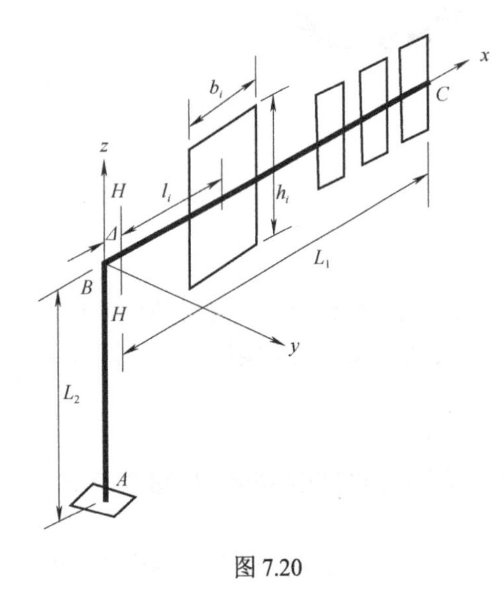

图 7.20

根据以上简化建立的力学模型如图 7.20 所示，所要解决的力学问题是在自重及风载作用下求悬臂杆 H 截面和立柱 A 截面的应力以及螺栓剪切面上的切应力。

图 7.20 中，L_1 为悬臂杆 HC 的长度；b_i 为标志牌的宽度；h_i 为标志牌的高度；l_i 为标志牌形心到 H 截面的距离；L_2 为立柱 AB 的长度；$\varDelta$ 为法兰盘长度。

7.8.2　外力计算

1. 悬臂杆、立柱的横截面面积和体积

悬臂杆是锥形，其横截面面积随位置的不同而变化，由图 7.21 可得距 H 截面为 x 处横截面的外径 D 为

$$D=D_H-sx$$

式中，

$$s=\frac{D_H-D_C}{L_1}$$

x 处的横截面面积为

$$A(x)=\frac{\pi D^2}{4}-\frac{\pi(D-2t_1)^2}{4}=\pi t_1(D_H-t_1-sx)$$

式中，t_1 为悬臂杆 HC 段壁厚；D_H 为 H 截面外径；D_C 为 C 截面外径。

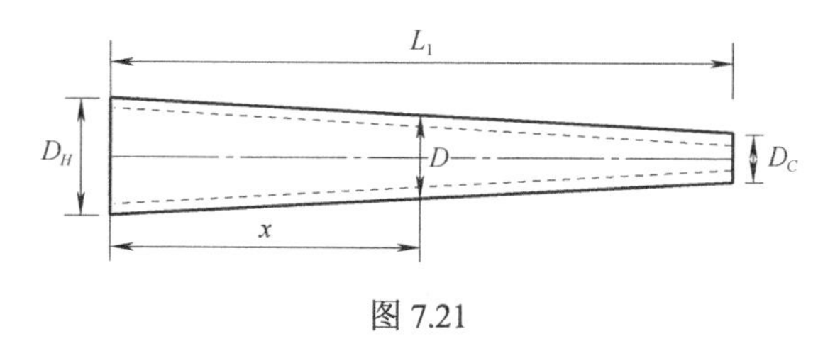

图 7.21

悬臂杆的体积为

$$V_1=\int_0^{L_1}A(x)\mathrm{d}x=\int_0^{L_1}\pi t_1(D_H-t_1-sx)\mathrm{d}x=\frac{1}{2}\pi t_1L_1(D_H+D_C-2t_1) \tag{7.30}$$

同理立柱的体积为

$$V_2=\frac{1}{2}\pi t_2L_2(D_A+D_B-2t_2) \tag{7.31}$$

式中，t_2 为立柱 AB 段壁厚；D_A 为 A 截面外径；D_B 为 B 截面外径。

2. 悬臂杆自重分布集度和自重、立柱的自重

悬臂杆自重分布集度为

$$q(x)=\gamma A\ (x)=\gamma\pi t_1(D_H-t_1-sx) \tag{7.32}$$

式中，γ为材料的重度$(\mathrm{kN/m^3})$。

由式(7.32)可得悬臂杆 C 截面和 H 截面自重的分布集度分别为

$$q_C=\gamma\pi t_1(D_C-t_1)\ ,\qquad q_H=\gamma\pi t_1(D_H-t_1) \tag{7.33}$$

由式(7.30)可得悬臂杆自重为

$$W_1=\gamma V_1=\frac{1}{2}\gamma\pi t_1L_1(D_H+D_C-2t_1) \tag{7.34}$$

由式(7.31)可得立柱的自重为

$$W_2=\gamma V_2=\frac{1}{2}\gamma\pi t_2L_2(D_A+D_B-2t_2) \tag{7.35}$$

3. 标志牌上的风载

$$P_i=pA_i=pb_ih_i\quad(i=1,2,3,\cdots,n) \tag{7.36}$$

式中，p 为标志牌风压$(\mathrm{kN/m^2})$；n 为标志牌数量。

悬臂杆所受的主动力如图 7.22 所示，其中 Q_i 为标志牌自重，由图可见悬臂杆将发生水平和竖直双向横力弯曲变形，立柱将发生轴向压缩、双向弯曲(yz 面内为横力弯曲)和扭转的组合变形，法兰盘上的螺栓发生剪切变形。

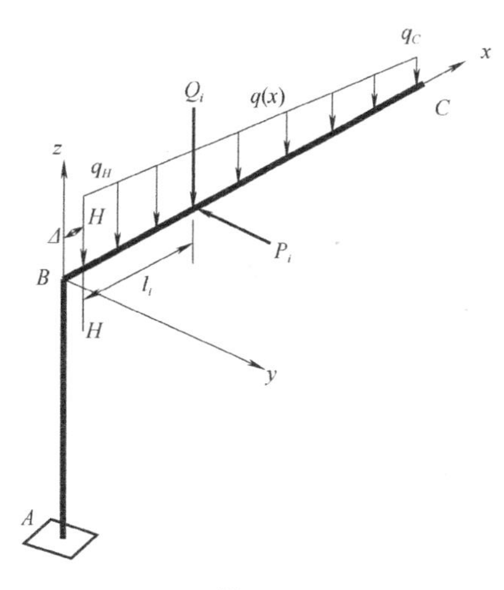

图 7.22

7.8.3　内力计算

1. 悬臂杆 H 截面上的弯矩

xz 面内的弯矩为

$$M_{Hy}=\frac{1}{2}q_CL_1^2+\frac{1}{2}(q_H-q_C)L_1\times\frac{1}{3}L_1+\sum_{i=1}^{n}Q_il_i$$

$$=\frac{1}{6}(q_H+2q_C)L_1^2+\sum_{i=1}^{n}Q_il_i$$

xy 面内的弯矩为

$$M_{Hz}=\sum_{i=1}^{n}P_i l_i$$

则合弯矩为

$$M_H=\sqrt{M_{Hy}^2+M_{Hz}^2}=\sqrt{\left[\frac{1}{6}(q_H+2q_C)L_1^2+\sum_{i=1}^{n}Q_i l_i\right]^2+\left(\sum_{i=1}^{n}P_i l_i\right)^2} \tag{7.37}$$

2. 悬臂杆 H 截面上的剪力

xz 面内和 xy 面内的剪力分别为

$$F_{SHz}=W_1+\sum_{i=1}^{n}Q_i\text{，}\qquad F_{SHy}=\sum_{i=1}^{n}P_i$$

合剪力为

$$F_{SH}=\sqrt{F_{SHz}^2+F_{SHy}^2}=\sqrt{\left(W_1+\sum_{i=1}^{n}Q_1\right)^2+\left(\sum_{i=1}^{n}P_i\right)^2} \tag{7.38}$$

3. 立柱 A 截面上的轴力

$$F_{NA}=W_1+\sum_{i=1}^{n}Q_i+W_2 \tag{7.39}$$

4. 立柱 A 截面上的弯矩

xz 面内的弯矩为

$$M_{Ay}=\frac{1}{6}(q_H+2q_C)L_1(L_1+\varDelta)+\sum_{i=1}^{n}Q_i(l_i+\varDelta)$$

yz 面内的弯矩为

$$M_{Ax}=\sum_{i=1}^{n}P_i L_2$$

则合弯矩为

$$M_A=\sqrt{M_{Ay}^2+M_{Ax}^2}=\sqrt{\left[\frac{1}{6}(q_H+2q_C)L_1(L_1+\varDelta)+\sum_{i=1}^{n}Q_i(l_i+\varDelta)\right]^2+\left(\sum_{i=1}^{n}P_i L_2\right)^2} \tag{7.40}$$

5. 立柱 A 截面上的剪力

$$F_{SA}=\sum_{i=1}^{n}P_i \tag{7.41}$$

6. 立柱 A 截面上的扭矩

$$T_A=\sum_{i=1}^{n}P_i(l_i+\varDelta) \tag{7.42}$$

7. 法兰盘中每个螺栓剪切面上的剪力

xz 面和 xy 面内的剪力分别为

$$F_{Sz}=\frac{1}{8}\left(W_1+\sum_{i=1}^{n}Q_i\right)\text{，}\qquad F_{Sy}=\frac{1}{8}\sum_{i=1}^{n}P_i$$

合剪力为

$$F_S=\sqrt{F_{Sz}^2+F_{Sy}^2}=\frac{1}{8}\sqrt{\left(W_1+\sum_{i=1}^{n}Q_i\right)^2+\left(\sum_{i=1}^{n}P_i\right)^2} \tag{7.43}$$

7.8.4　应力计算

1. 悬臂杆 *H* 截面上的最大正应力

$$\sigma_{H\max}=\frac{M_H}{W_H}=\frac{32M_H}{\pi D_H^3(1-\alpha_H^4)} \tag{7.44}$$

式中，$\alpha_H=\dfrac{D_H-2t_1}{D_H}$。

2. 悬臂杆 *H* 截面上的最大切应力

$$\tau_{H\max}=2\frac{F_{SH}}{A_H}=\frac{8F_{SH}}{\pi D_H^2(1-\alpha_H^2)} \tag{7.45}$$

3. 立柱 *A* 截面上的最大正应力

$$\sigma_{A\max}=\frac{F_{NA}}{A_A}+\frac{M_A}{W_A}=\frac{4F_{NA}}{\pi D_A^2(1-\alpha_A^2)}+\frac{32M_A}{\pi D_A^3(1-\alpha_A^4)} \tag{7.46}$$

式中，$\alpha_A=\dfrac{D_A-2t_2}{D_A}$。

4. 立柱 *A* 截面上的最大切应力

立柱 *A* 截面上的最大弯曲切应力为

$$\tau_{bA\max}=2\frac{F_{SA}}{A_A}$$

立柱 *A* 截面上的最大扭转切应力为

$$\tau_{tA\max}=\frac{T_A}{W_{tA}}$$

则最大切应力为

$$\tau_{A\max}=2\frac{F_{SA}}{A_A}+\frac{T_A}{W_{tA}}=\frac{8F_{SA}}{\pi D_A^2(1-\alpha_A^2)}+\frac{16T_A}{\pi D_A^3(1-\alpha_A^4)} \tag{7.47}$$

若忽略弯曲切应力的影响，可对立柱 *A* 截面用第三或第四强度理论的相当应力进行强度计算，即

$$\sigma_{r3}=\sqrt{\sigma_{A\max}^2+4\tau_{tA\max}^2}\quad 或 \quad \sigma_{r4}=\sqrt{\sigma_{A\max}^2+3\tau_{tA\max}^2} \tag{7.48}$$

5. 法兰盘中每个螺栓剪切面上的切应力

$$\tau=\frac{F_S}{A_0}=\frac{4F_S}{\pi d_0^2} \tag{7.49}$$

式中，d_0为螺栓内径。

以上理论计算中，考虑了 L 形交通标志杆变截面的几何特性、约束条件及各种载荷，应用工程力学理论导出了工程中所关注的关键部位的应力计算一般公式。这些公式适用于悬挂各种标志牌的情形，灵活实用，为工程应用提供了理论依据，具体举例如下。

【例 7.8】　如图 7.23 所示为 L 形交通标志杆，立柱 *AB* 和悬臂杆 *HC* 均为等壁厚正八边形变截面杆。悬臂杆上挂有 1 块$3\text{m}\times2.4\text{m}$、重量为 1.393kN 的标志牌和 4 块$1\text{m}\times1.5\text{m}$、重量均为 0.2255kN 的标志牌，其上所受风压$p=0.63\text{kN/m}^2$，各标志牌形心到 *H-H* 截面的距离$l_1=2.4\text{m}$，$l_2=4.9\text{m}$，$l_3=6.4\text{m}$，$l_4=7.9\text{m}$，$l_5=9.4\text{m}$，悬臂杆长度$L_1=10\text{m}$，壁厚$t_1=8\text{mm}$，粗端 *H* 截面的边长$a_H=0.12\text{m}$，细端 *C* 截面的边长$a_C=0.1\text{m}$。立柱长度$L_2=7.5\text{m}$，壁厚$t_2=14\text{mm}$，粗端 *A* 截面的边长$a_A=0.16\text{m}$，细端 *B* 截面的边长$a_B=0.12\text{m}$，立柱底部简化为

固定端。立柱与悬臂杆之间由长度$\Delta=0.301\text{m}$的法兰盘通过 8 个螺栓连接，8 个螺栓水平放置，螺栓内径为$d_0=21\text{mm}$。设材料的重度为$\gamma=78.5\text{kN/m}^3$，试求悬臂杆H截面和立柱A截面的应力以及螺栓横截面上的切应力。

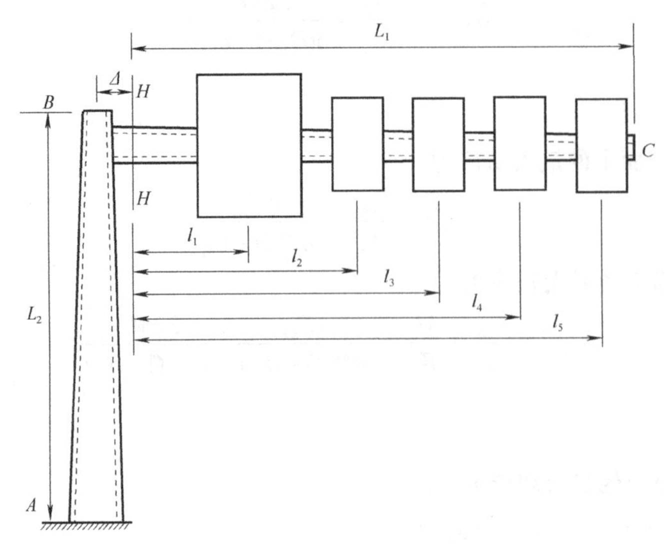

图 7.23

解：(1)外力计算。

由式(7.29)可得，立柱和悬臂杆简化为等壁厚空心圆截面后，两端的外径分别为

$$D_A=\frac{a_A}{2}\left(\frac{1}{\sin\dfrac{\pi}{8}}+\frac{1}{\tan\dfrac{\pi}{8}}\right)=\frac{0.16}{2}\left(\frac{1}{\sin\dfrac{\pi}{8}}+\frac{1}{\tan\dfrac{\pi}{8}}\right)=0.4022(\text{m})$$

同理可得，$D_B=D_H=0.3016\text{m}$，$D_C=0.2514\text{m}$。

由式(7.33)可得，悬臂杆C截面和H截面的自重分布集度分别为

$$q_C=\gamma\pi t_1(D_C-t_1)=78.5\pi\times0.008\times(0.2514-0.008)=0.4802(\text{kN/m})$$

$$q_H=\gamma\pi t_1(D_H-t_1)=78.5\pi\times0.008\times(0.3016-0.008)=0.5793(\text{kN/m})$$

由式(7.34)可得悬臂杆的自重为

$$W_1=\frac{1}{2}\gamma\pi t_1L_1(D_H+D_C-2t_1)$$

$$=\frac{1}{2}\times78.5\pi\times0.008\times10\times(0.3016+0.2514-2\times0.008)=5.2973(\text{kN})$$

由式(7.35)可得立柱的自重为

$$W_2=\frac{1}{2}\gamma\pi t_2L_2(D_A+D_B-2t_2)$$

$$=\frac{1}{2}\times78.5\pi\times0.014\times7.5\times(0.4022+0.3016-2\times0.014)=8.7498(\text{kN})$$

由式(7.36)可得大、小标志牌上的风载分别为

$$P_1=pb_1h_1=0.63\times3\times2.4=4.536(\text{kN})$$

$$P_2=P_3=P_4=P_5=pb_2h_2=0.63\times1\times1.5=0.945(\text{kN})$$

(2)内力计算。

由式(7.37)可得悬臂杆H截面上的合弯矩为

$$M_H=\sqrt{\left[\frac{1}{6}(q_H+2q_C)L_1^2+\sum_{i=1}^{n}Q_il_i\right]^2+\left(\sum_{i=1}^{n}P_il_i\right)^2}$$

$$=\sqrt{\begin{aligned}&\left[\frac{1}{6}(0.5793+2\times0.4802)\times10^2+1.393\times2.4+0.2255(4.9+6.4+7.9+9.4)\right]^2\\&+\left[4.536\times2.4+0.945(4.9+6.4+7.9+9.4)\right]^2\end{aligned}}$$

$$=\sqrt{(35.454)^2+(37.9134)^2}=51.908(\text{kN}\cdot\text{m})$$

由式(7.38)可得悬臂杆 H 截面上的合剪力为

$$F_{SH}=\sqrt{\left(W_1+\sum_{i=1}^{n}Q_1\right)^2+\left(\sum_{i=1}^{n}P_i\right)^2}$$

$$=\sqrt{(5.2973+1.393+4\times0.2255)^2+(4.536+4\times0.945)^2}$$

$$=\sqrt{(7.5923)^2+(8.316)^2}=11.261(\text{kN})$$

由式(7.39)可得立柱 A 截面上的轴力为

$$F_{NA}=W_1+\sum_{i=1}^{n}Q_i+W_2=5.2973+1.393+4\times0.2255+8.7498=16.342(\text{kN})$$

由式(7.40)可得立柱 A 截面上的合弯矩为

$$M_A=\sqrt{\left[\frac{1}{6}(q_H+2q_C)L_1(L_1+\varDelta)+\sum_{i=1}^{n}Q_i(l_i+\varDelta)\right]^2+\left(\sum_{i=1}^{n}P_iL_2\right)^2}$$

$$=\sqrt{\begin{aligned}&\left[\begin{aligned}&\frac{1}{6}(0.5793+2\times0.4802)\times10\times(10+0.301)+1.393\times(2.4+0.301)\\&+0.2255\times(4.9+6.4+7.9+9.4+4\times0.301)\end{aligned}\right]^2\\&+\left[7.5\times(4.536+4\times0.945)\right]^2\end{aligned}}$$

$$=\sqrt{(36.917)^2+(62.37)^2}=72.477(\text{kN}\cdot\text{m})$$

由式(7.41)可得立柱 A 截面上的剪力为

$$F_{SA}=\sum_{i=1}^{n}P_i=4.536+4\times0.945=8.316(\text{kN})$$

由式(7.42)可得立柱 A 截面上的扭矩为

$$T_A=\sum_{i=1}^{n}P_i(l_i+\varDelta)=4.536\times(2.4+0.301)+0.945\times(4.9+6.4+7.9+9.4+4\times0.301)$$

$$=40.417(\text{kN}\cdot\text{m})$$

由式(7.43)可得法兰盘中每个螺栓剪切面上的合剪力

$$F_S=\frac{1}{8}\sqrt{\left(W_1+\sum_{i=1}^{n}Q_i\right)^2+\left(\sum_{i=1}^{n}P_i\right)^2}$$

$$=\frac{1}{8}\sqrt{(5.2973+1.393+4\times0.2255)^2+(4.536+4\times0.945)^2}$$

$$=\frac{1}{8}\sqrt{7.5923^2+8.316^2}=1.4076(\text{kN})$$

(3) 应力计算。

由式(7.44)可得悬臂杆 H 截面上的最大正应力为

$$\sigma_{H\max}=\frac{32M_H}{\pi D_H^3(1-\alpha_H^4)}=\frac{32\times 51.908}{\pi\times 0.3016^3\times(1-0.94695^4)}=98.38(\text{MPa})$$

式中，$\alpha_H=\dfrac{D_H-2t_1}{D_H}=\dfrac{0.3016-2\times 0.008}{0.3016}=0.94695$。

由式(7.45)可得悬臂杆 H 截面上的最大切应力

$$\tau_{H\max}=\frac{8F_{SH}}{\pi D_H^2(1-\alpha_H^2)}=\frac{8\times 11.261}{\pi\times 0.3016^2\times(1-0.94695^2)}=3.052(\text{MPa})$$

由式(7.46)可得立柱 A 截面上的最大正应力

$$\begin{aligned}\sigma_{A\max}&=\frac{4F_{NA}}{\pi D_A^2(1-\alpha_A^2)}+\frac{32M_A}{\pi D_A^3(1-\alpha_A^4)}\\&=\frac{4\times 16.342}{\pi\times 0.4022^2\times(1-0.9304^2)}+\frac{32\times 72.477}{\pi\times 0.4022^3\times(1-0.9304^4)}\\&=0.9571+45.258=46.22(\text{MPa})\end{aligned}$$

式中，$\alpha_A=\dfrac{D_A-2t_2}{D_A}=\dfrac{0.4022-2\times 0.014}{0.4022}=0.9304$。

由式(7.47)可得立柱 A 截面上的最大切应力

$$\begin{aligned}\tau_{A\max}&=\frac{8F_{SA}}{\pi D_A^2(1-\alpha_A^2)}+\frac{16T_A}{\pi D_A^3(1-\alpha_A^4)}\\&=\frac{8\times 8.316}{\pi\times 0.4022^2\times(1-0.9304^2)}+\frac{16\times 40.417}{\pi\times 0.4022^3(1-0.9304^4)}\\&=0.9744+12.622=13.5964(\text{MPa})\end{aligned}$$

由式(7.48)可得立柱 A 截面危险点第三或第四强度理论的相当应力分别为

$$\sigma_{r3}=\sqrt{\sigma_{A\max}^2+4\tau_{tA\max}^2}=\sqrt{46.22^2+4\times 12.622^2}=52.67(\text{MPa})$$

$$\sigma_{r4}=\sqrt{\sigma_{A\max}^2+3\tau_{tA\max}^2}=\sqrt{46.22^2+3\times 12.622^2}=51.13(\text{MPa})$$

由式(7.49)可得法兰盘上每个螺栓剪切面上的切应力

$$\tau=\frac{4F_S}{\pi d_0^2}=\frac{4\times 1.4076}{\pi\times 0.021^2}=4.064(\text{MPa})$$

思　考　题

7-1　判断下列说法是否正确。

(1) 强度理论是确定材料失效的一些条件。

(2) 不同的强度理论适用于不同的材料和不同的应力状态。

(3) 第一强度理论认为，无论是拉应力还是压应力，最大主应力是引起脆性断裂的主要原因。

(4) 第二强度理论认为，最大拉应变是引起各种材料破坏的主要原因。

(5) 第三强度理论认为，最大切应力是引起屈服的主要原因。

(6) 第四强度理论认为，最大畸变能是引起屈服的主要原因。

(7) 只要是脆性材料，都可以用第一或第二强度理论进行强度计算。

(8) 只要是塑性材料，都可以用第三或第四强度理论进行强度计算。

(9) 任何一种强度理论都不适用于纯剪切应力状态。

(10) 两种或两种以上基本变形的叠加称为组合变形。

(11) 矩形截面杆承受拉弯组合变形时，因其危险点的应力状态是单向应力，所以不必根据强度理论建立相应的强度条件。

(12) 圆形等截面杆承受拉弯组合变形时，其上任一点的应力状态都是单向拉伸应力状态。

(13) 矩形等截面杆承受压弯组合变形时，其上任一点的应力状态都是单向应力状态。

(14) 圆形等截面杆承受弯扭组合变形时，除轴线上的点外，其余任一点的应力状态都是复杂应力状态。

(15) 圆形等截面杆承受弯扭组合变形时，只能用第三强度理论建立其强度条件。

(16) 圆形等截面杆承受弯扭组合变形时，除轴线上的点外，杆内任一点的主应力必有 $\sigma_1 > 0$, $\sigma_3 < 0$。

7-2　当材料处于______________应力状态时，应该用强度理论进行强度计算。

7-3　金属材料失效主要有_____种形式，分别是__________，所以相应地就有____类强度理论。

7-4　如果塑性材料处于三向拉伸的应力状态，应该用第_____强度理论进行强度计算。

7-5　铸铁制的水管在冬天常有冻裂现象，这是因为____________________。

7-6　将沸水倒入厚玻璃杯中，如果发生破坏，则必是先从外侧开裂，这是因为____________________________。

7-7　矩形截面杆的两种受力情况如思图 7.1 所示，则图 (a) 所示杆的危险点在_________；图 (b) 所示杆的危险点在_________________；图____所示杆的最大拉应力比图_____所示杆的最大拉应力大。

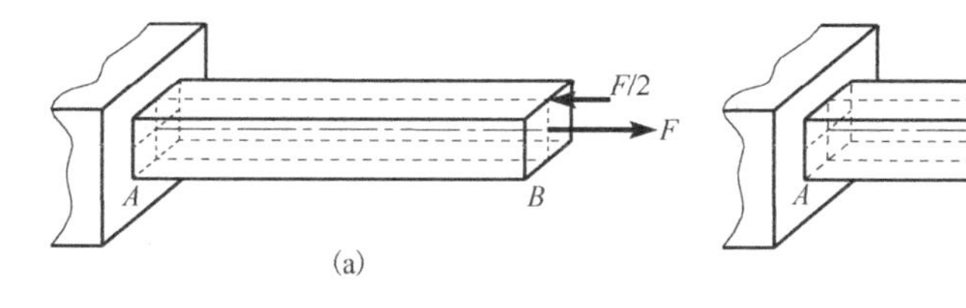

思图 7.1

7-8　如思图 7.2 所示，折杆中各杆件的变形形式分别如下：图 (a) 中的 AB 段是________________，CB 段是_________________，DB 段是_____________；图 (b) 中的 AB 段是______________，BC 段是___________________，CD 段是__________________。

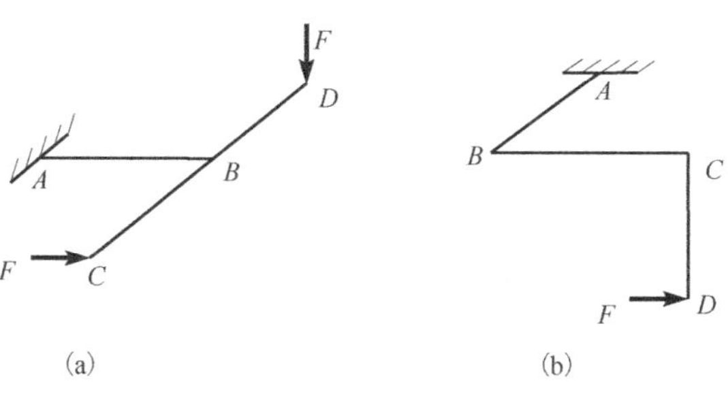

思图 7.2

7-9　圆形截面杆承受弯扭组合变形，用横截面上的应力表示第三强度理论的强度条件是________；第四强度理论的强度条件是________。

7-10　圆形截面杆承受弯扭组合变形，用内力表示第三强度理论的强度条件是________；第四强度理论的强度条件是________。

7-11　采用塑性材料制作的圆形截面折杆及其受力如思图 7.3 所示，杆的横截面面积为 A，弯曲截面系数为 W_z，则图 (a) 的危险点在________，对应的强度条件为________；图 (b) 的危险点在________，对应的强度条件为________；试分别画出两图危险点的应力状态。

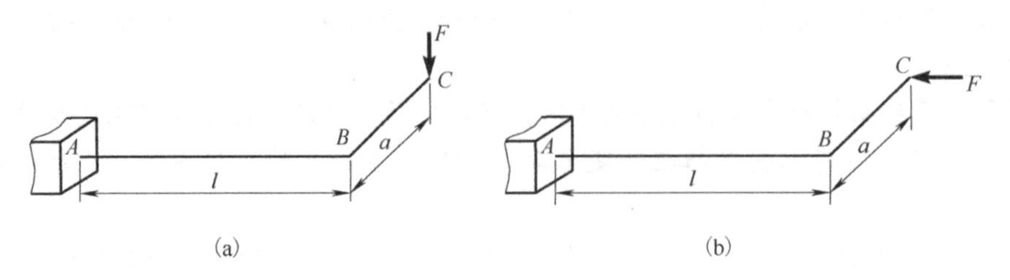

思图 7.3

习　题

7.1　已知某铸铁构件危险点处的主应力 $\sigma_1 = 24\text{MPa}$，$\sigma_2 = 0$，$\sigma_3 = -36\text{MPa}$，铸铁的许用拉应力 $[\sigma_t] = 35\text{MPa}$，许用压应力 $[\sigma_c] = 120\text{MPa}$，材料的泊松比 $\nu = 0.3$，试按第一强度理论和第二强度理论校核其强度。

7.2　火车行驶时，钢轨上与车轮接触点处的应力状态是三向压缩，主应力分别为 $\sigma_1 = -650\text{MPa}$，$\sigma_2 = -700\text{MPa}$，$\sigma_3 = -900\text{MPa}$，若钢轨的许用应力 $[\sigma] = 250\text{MPa}$，试用第三强度理论和第四强度理论校核其强度。

7.3 对题图 7.1 所示的各应力状态(单位：MPa)，试求出四个常用强度理论的相当应力，设横向变形因数 $\mu = 0.25$。

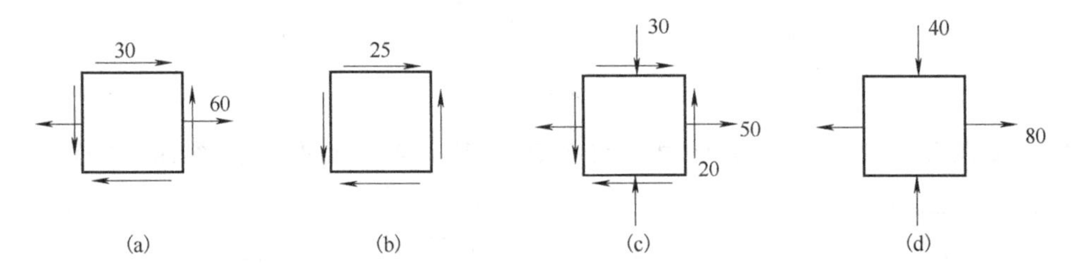

题图 7.1

7.4　试比较题图 7.2 所示正方形棱柱体在下列两种情况下的相当应力 σ_{r3}，其中弹性模量 E 和横向变形因数 μ 均为已知。(1) 棱柱体轴向受压；(2) 棱柱体在刚性方模中轴向受压。

7.5　如题图 7.3 所示，铸铁薄壁圆管的外径为 200mm，壁厚 $\delta = 15\text{mm}$，管内压力 $p = 4\text{MPa}$，管外轴向压力 $F = 200\text{kN}$。铸铁的拉伸许用应力为 $[\sigma_t] = 30\text{MPa}$，横向变形因数 $\mu = 0.25$。试用第一和第二强度理论校核薄管的强度。

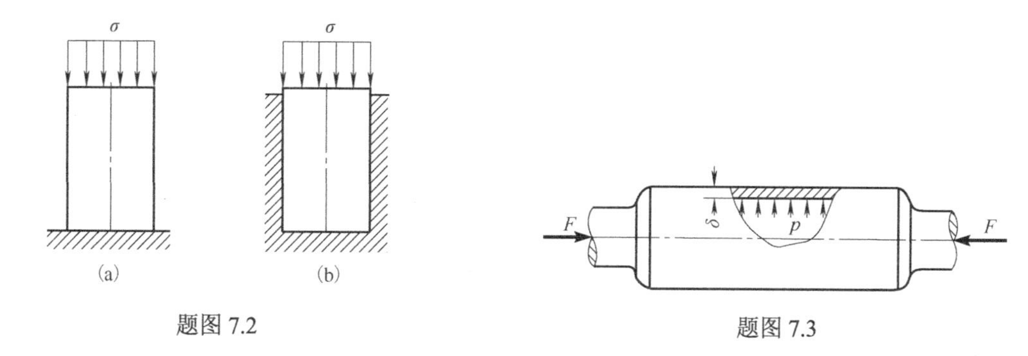

题图 7.2　　　　　　　　　　　　　　　　题图 7.3

7.6 钢制圆柱形薄壁容器，直径为 800mm，壁厚为 4mm，$[\sigma]=120\text{MPa}$，试用强度理论确定可能承受的管内压力 p。

7.7 题图 7.4 所示的简支梁，用 28a 号工字钢制成，$F=100\text{kN}$，$a=0.8\text{m}$，$l=3\text{m}$，材料的许用正应力$[\sigma]=160\text{MPa}$，许用切应力$[\tau]=100\text{MPa}$。试按第四强度理论对梁进行全面校核。

7.8 如题图 7.5 所示，起重架的最大起吊重量(包括行走的小车等)为 F=40kN，横梁 AC 由两根 18 号槽钢组成，材料为 Q235 钢，许用应力$[\sigma]=120\text{MPa}$。试校核梁的强度。

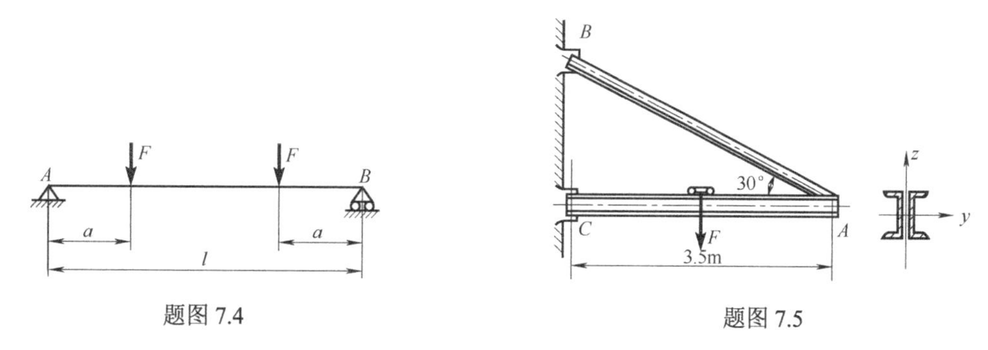

题图 7.4　　　　　　　　　　　　　　　　题图 7.5

7.9 如题图 7.6 所示，立柱的横截面为正方形，边长为 a，顶部截面中心受一轴向压力 F 的作用，若在柱右侧的中部开一槽，槽深为 $a/4$，求以下各项。

(1)开槽前后杆内最大压应力值及其所在位置。

(2)若在杆的左侧再对称地开一个槽，应力将如何变化？

7.10 如题图 7.7 所示，钻床的立柱由铸铁制成，$F=15\text{kN}$，许用拉应力$[\sigma_t]=35\text{MPa}$。试确定立柱所需直径 d。

7.11 如题图 7.8 所示，直杆受偏心压力 F 作用，已知 $b=60\text{mm}$，$h=100\text{mm}$，$E=200\text{GPa}$，若测得 a 点竖直方向的线应变 $\varepsilon=-2\times10^{-5}$，试求力 F。

7.12 如题图 7.9 所示的传动轴，转速 $n=110\text{r/min}$，传递功率 $P=11\text{kW}$，胶带的紧边张力为其松边张力的 3 倍。若许用应力$[\sigma]=70\text{MPa}$，试根据第三强度理论确定该传动轴外伸段的许可长度 l。

7.13 如题图 7.10 所示的轮轴，已知 $F=100\text{N}$，$D=0.5\text{m}$，$D_1=0.7\text{m}$，$[\sigma]=100\text{MPa}$。试按第三强度理论设计轴的直径 d。

7.14 如题图 7.11 所示，弯拐圆截面部分的直径 $d=50\text{mm}$，在自由端受力 F 作用。试求 A 截面危险点的主应力、最大切应力以及该点第四强度理论的相当应力 σ_{r4}。

7.15 如题图 7.12 所示，手摇绞车轴直径 $d=30\text{mm}$，材料为 Q235 钢，$[\sigma]=80\text{MPa}$，试按第三强度理论求绞车的最大起吊重量 F。

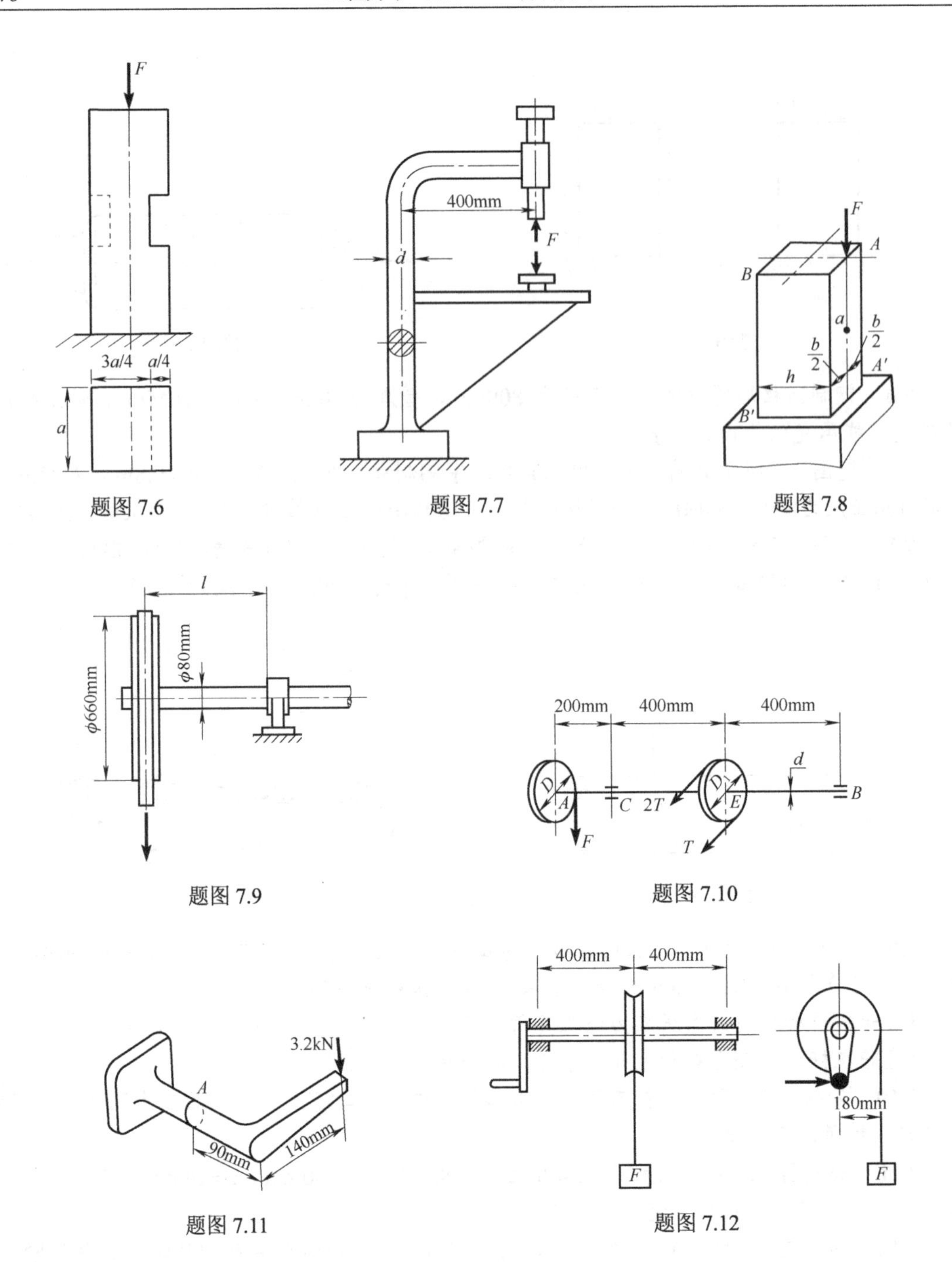

题图 7.6

题图 7.7

题图 7.8

题图 7.9

题图 7.10

题图 7.11

题图 7.12

第 8 章　压杆的稳定性

8.1　压杆稳定性的概念

在第 2 章对轴向压缩杆件的研究中，是从强度的观点出发的，即认为只要满足压缩强度条件，就可以保证压杆的正常工作。这样的观点，对于短粗的压杆来说是正确的，但对于细长的压杆就不适用了。例如，一根横截面尺寸为 30mm×5mm 的矩形截面松木杆，按图 8.1 所示方向施加轴向压力。设材料的许用压应力为 $[\sigma_c]=40\text{MPa}$，若杆很短(设为 30mm)，如图 8.1(a)所示，则按强度条件可得，松木杆所能承受的轴向压力为 $F=[\sigma_c]A=40\times10^6\times0.03\times0.005=6000\text{N}$。但若杆很长时(设为 1000mm)，则由实验可知，当压力 F 小于 30N 时，杆就会突然产生显著的弯曲变形而丧失工作能力，如图 8.1(b)所示，如果再稍增大压力，杆就会被折断。这表明，细而长的受压直杆(简称细长压杆)之所以丧失工作能力，是因为其轴线不能保持原有直线形状的平衡状态。当作用于细长压杆上的轴向压力达到或超过某一极限值时，杆轴线突然产生显著的弯曲变形而失去原有的直线平衡状态，这种现象称为**丧失稳定性**，简称**失稳**。杆件的**稳定性**，就是指杆件保持原有平衡状态的能力。上例还表明，细长压杆的承载能力远低于短粗压杆的承载能力，因此研究细长压杆的稳定性就显得更加重要。

工程结构中有很多细长受压的杆件，如图 8.2 所示的内燃机配气机构中的挺杆，当它推动摇臂打开气门时，就承受着压力；千斤顶的螺杆、建筑物中的立柱等都是较细长的受压杆。由工程中的无数实例可知，致使压杆失稳的压力极限值往往比强度破坏的极限值小，而且因稳定性丧失导致的破坏具有突发性、整体性，常会造成灾难性后果。因此，要保证细长压杆安全工作，应重点考虑其稳定性问题，对于一般压杆，设计时也应该进行稳定性计算。

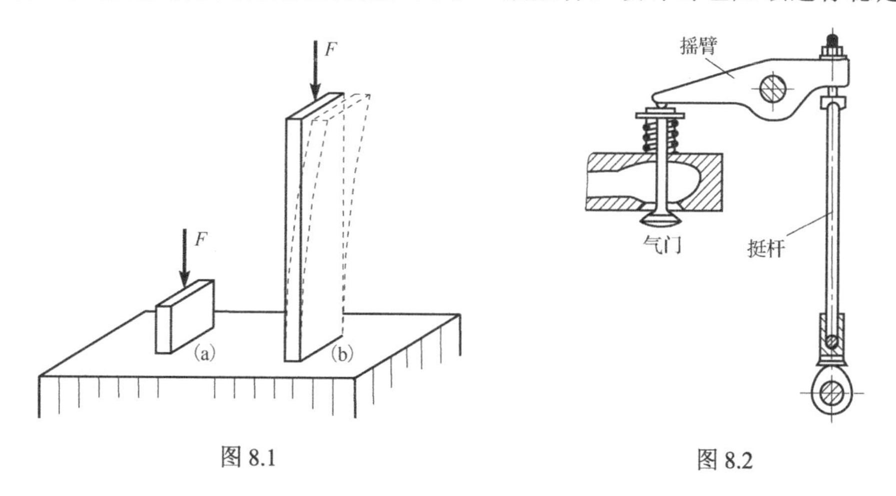

图 8.1　　　　图 8.2

现以图 8.3 所示的两端铰支的细长压杆为例来说明弹性杆件的平衡稳定性问题。设杆上所受的压力与杆件的轴线重合，当压力较小时，杆件保持直线形状的平衡状态，如图 8.3(a)所示。当压力逐渐增加，但小于某一极限值时，杆仍保持着直线形状的平衡状态，这时若施加一个微小的侧向干扰力，杆会暂时偏离直线平衡状态，如图 8.3(b)所示，当干扰力撤除后，

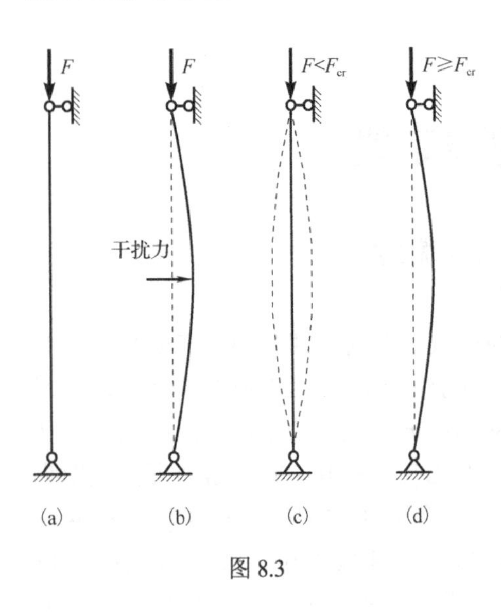

图 8.3

杆仍能恢复到直线平衡状态，如图 8.3(c)所示，称这时压杆的直线平衡状态是**稳定的**。若压力继续增加到某一极限值时，再用微小的侧向干扰力使它偏离直线平衡状态，则干扰力解除后，压杆不能再恢复其原有的直线形状，但能保持曲线形状的平衡，如图 8.3(d)所示，则称此时压杆的直线平衡状态是**不稳定的**。使压杆由稳定的直线平衡状态过渡到不稳定平衡状态的极限压力值，称为**临界压力或临界力**，记为 F_{cr}。压杆由直线平衡状态变为曲线平衡状态的过程就称为**失稳或屈曲**。压杆失稳后，增加微小的压力将导致弯曲变形显著加大，说明此时压杆已丧失承载能力。

除压杆外，其他弹性构件或结构也存在失稳问题，其中轻型薄壁结构的失稳现象最为明显。例如，薄壁圆筒受均匀外压作用，当外压力达到某一临界值时，圆筒的横截面会由圆形突然变为图 8.4(a)虚线所示的椭圆形。板条或工字梁在最大弯曲刚度平面弯曲时，会因载荷达到临界值而发生侧向弯曲失稳，并伴随着扭转变形出现，如图 8.4(b)所示。薄壁圆管在扭矩作用下，也会因屈曲而发生局部皱折。对于一般构件，当载荷增大时，构件或结构不能保持原有的平衡状态而突然变化到另一种平衡状态的现象也称为**失稳或屈曲**。

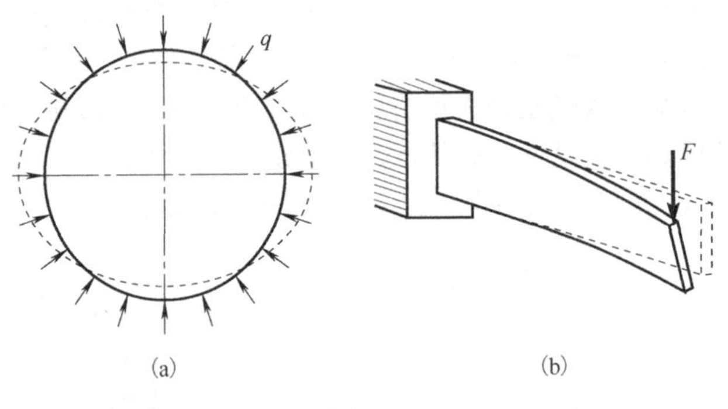

图 8.4

解决稳定问题的关键是确定临界载荷，只要控制构件的工作载荷小于临界载荷，即可保证构件不会失稳，本章只讨论压杆的稳定性问题。

8.2　细长压杆的临界压力

8.2.1　两端铰支细长压杆的临界压力

由以上分析可知，只有当轴向压力达到临界值 F_{cr} 时，压杆才会由直线平衡状态转变为曲线平衡状态，所以临界压力 F_{cr} 是使压杆保持微弯平衡状态的最小压力。要确定临界压力 F_{cr}，可从研究杆件在压力 F 作用下处于微弯的平衡状态入手。如图 8.5 所示，一长度为 l、两端铰支的细长杆，设杆件的材料均匀，初始轴线为直线，承受轴向压力 F 的作用。

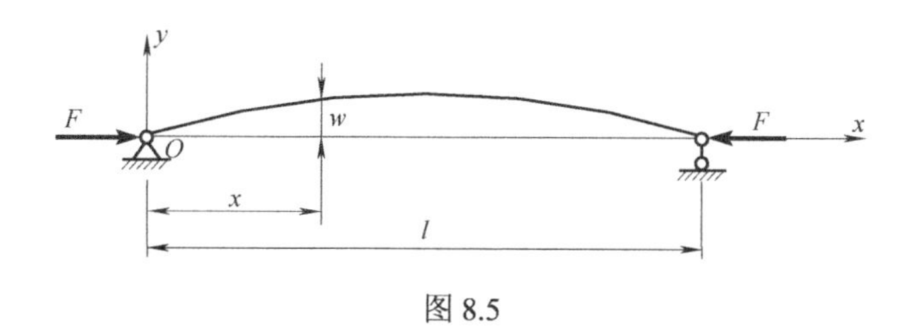

图 8.5

如图 8.5 所示的坐标系，设杆在微弯平衡状态时距杆端为 x 的任意横截面的挠度为 w，则该截面上弯矩 M 的绝对值为 $|Fw|$。若压力 F 只取绝对值，则 w 为正时，挠曲线凸向上，弯矩 M 为负；而 w 为负时，挠曲线凸向下，M 为正，即 M 与 w 的符号总是相反，故有

$$M(x) = -Fw \tag{8.1}$$

当杆内应力不超过材料的比例极限时，压杆的挠曲线近似微分方程为

$$\frac{\mathrm{d}^2 w}{\mathrm{d}x^2} = \frac{M(x)}{EI} \tag{8.2}$$

将式(8.1)代入式(8.2)得

$$\frac{\mathrm{d}^2 w}{\mathrm{d}x^2} = -\frac{Fw}{EI} \tag{8.3}$$

令

$$k^2 = \frac{F}{EI} \tag{8.4}$$

代入式(8.3)并写为

$$\frac{\mathrm{d}^2 w}{\mathrm{d}x^2} + k^2 w = 0 \tag{8.5}$$

式(8.5)是一个二阶齐次线性常微分方程，其通解为

$$w = A\sin(kx) + B\cos(kx) \tag{8.6}$$

式中，A、B 是积分常数，由压杆的位移边界条件确定。

两端铰支压杆的位移边界条件为

$$x = 0 \text{ 和 } x = l \text{ 处，} \quad w = 0$$

代入式(8.6)可得

$$B = 0, \qquad A\sin(kl) = 0$$

若要 $A\sin(kl) = 0$，必有 A=0 或 $\sin(kl) = 0$。因 B 已等于零，如果 A 也等于零，则有 $w \equiv 0$，这意味着杆件轴线上任意点的挠度都为零，压杆保持为直线。而这与压杆失稳，轴线微弯的假设情形矛盾，所以只能是

$$\sin(kl) = 0$$

要满足这一条件，应有

$$kl = n\pi \quad (n=1,2,\cdots) \tag{8.7}$$

由此求得

$$k = \frac{n\pi}{l}$$

将其代入式(8.4)得

$$F=\frac{n^2\pi^2 EI}{l^2}$$

式中，n 是 0，1，2，…等整数中的任一个整数。上式表明，理论上使压杆保持曲线平衡的压力是多值的，但其中只有使压杆保持微弯的最小压力，才是临界压力 F_{cr}。若取 n=0，必有 F=0，这表示杆上无压力，自然不符合要求。只有取 n=1，才是压力的最小值，所以临界压力为

$$F_{cr}=\frac{\pi^2 EI}{l^2} \tag{8.8}$$

这就是计算两端铰支细长杆临界压力的公式，常称为两端铰支细长压杆临界载荷的**欧拉公式**。若压杆两端的约束是球铰，则允许压杆在任意纵向平面内发生弯曲变形，在轴向压力作用下，微弯一定发生在抗弯性能最弱的纵向平面内，所以式(8.3)中的 I 应是横截面最小的轴惯性矩，式(8.8)改写为

$$F_{cr}=\frac{\pi^2 EI_{min}}{l^2}$$

当 n=1 时，$k=\frac{\pi}{l}$，再注意到 B=0，于是式(8.6)简化为

$$w=A\sin\frac{\pi x}{l} \tag{8.9}$$

式(8.9)是两端铰支细长压杆的挠曲线方程，可见，压杆过渡到曲线平衡后，轴线变成半个正弦波曲线，A 是压杆中点($x=l/2$ 处)的挠度。

8.2.2 两端非铰支细长压杆的临界压力

压杆两端的约束除了可以简化为铰支端外，还有其他情况。例如，如图 8.6 所示的千斤顶螺杆，其下端可以简化为固定端，上端能与顶起的重物共同产生侧向位移，所以可以简化为自由端，这样就简化为下端固定、上端自由的压杆。又如发动机的连杆，其两端的约束是图 8.7 所示的柱状铰，在垂直于轴销的平面内(xz 平面)，轴销对杆的约束相当于铰支，所以连杆在这个平面内应简化为两端铰支的压杆；而在轴销平面内(xy 平面)，轴销对杆的约束接近于固定端，所以连杆在这个平面内应简化为两端固定的压杆。

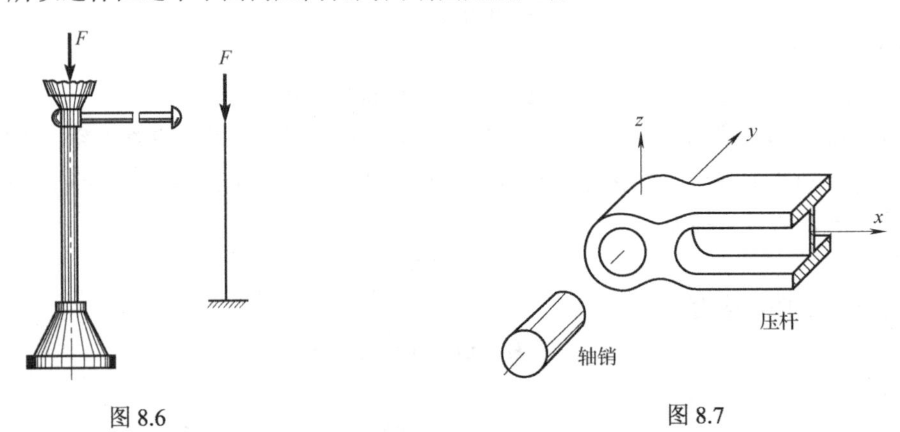

图 8.6　　　　图 8.7

对于各种杆端约束不同的细长压杆，其临界压力的计算公式可按上节相同的方法导出，也可以用比较简单的类比法求出。例如，设一端固定、一端自由的压杆在临界压力作用下的微弯平衡状态如图 8.8 所示，若把挠曲线对称地向下延伸一倍，如图中双点划线所示，将

图 8.8 与图 8.5 比较可见，一端固定、一端自由的压杆的挠曲线，相当于刚度相同、长度为 $2l$，但两端是铰支的细长压杆挠曲线的一半，其临界压力也相同，所以，一端固定、一端自由，长度为 l 的压杆的临界压力为

$$F_{cr}=\frac{\pi^2 EI}{(2l)^2} \tag{8.10}$$

两端固定、长度为 l 的细长压杆失稳时，其挠曲线的形状如图 8.9 所示。在距两端各为 $l/4$ 的 C、D 两点处，挠曲线出现拐点，弯矩等于零，因而可将这两点看作中间铰。而长度为 $l/2$ 的中间部分 CD 的变形与两端铰支、长度为 l 的细长压杆的变形相同，如此比较可得，两端固定细长压杆临界压力的公式为

$$F_{cr}=\frac{\pi^2 EI}{\left(\frac{l}{2}\right)^2} \tag{8.11}$$

式中，F_{cr} 虽然表达的是中间部分 CD 的临界压力，但因 CD 是压杆的一部分，杆件的部分失稳就意味着整体失稳，所以此处的 F_{cr} 就是整体杆件的临界压力。

对于一端固定、另一端铰支的细长压杆，其失稳后微弯平衡状态的挠曲线如图 8.10 所示。分析表明，在 C 截面处存在拐点，可近似地把长度约为 $0.7l$ 的 BC 部分看作两端铰支的压杆，得到临界压力的计算公式为

$$F_{cr}=\frac{\pi^2 EI}{(0.7l)^2} \tag{8.12}$$

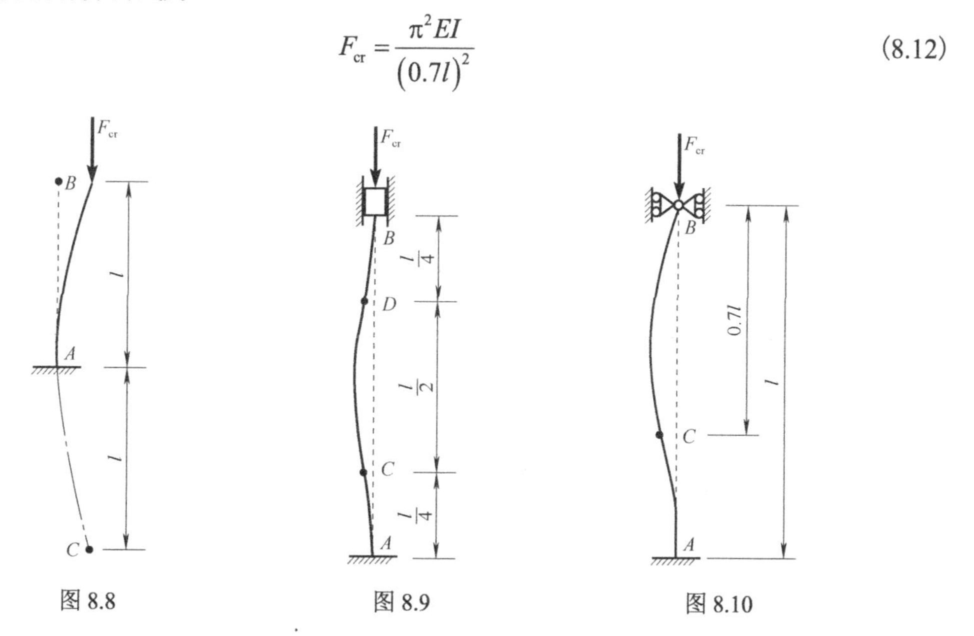

图 8.8　　图 8.9　　图 8.10

可以看出，前面分析的几种临界压力的计算公式相似，只是分母 l 前的因数不同，为方便记忆，写成统一的形式：

$$F_{cr}=\frac{\pi^2 EI}{(\mu l)^2} \tag{8.13}$$

式(8.13)称为**欧拉公式的普遍形式**，式中的 μl 是折算成两端铰支杆的长度，称为**相当长度**或**有效长度**，其中 μ 称为**长度因数**，反映杆端约束对临界压力的影响。前面讨论过的四种情况，长度因数分别如下。

两端铰支：　$\mu=1$

一端固定、一端自由：　$\mu=2$

两端固定：　$\mu=0.5$

一端固定、一端铰支：　$\mu=0.7$

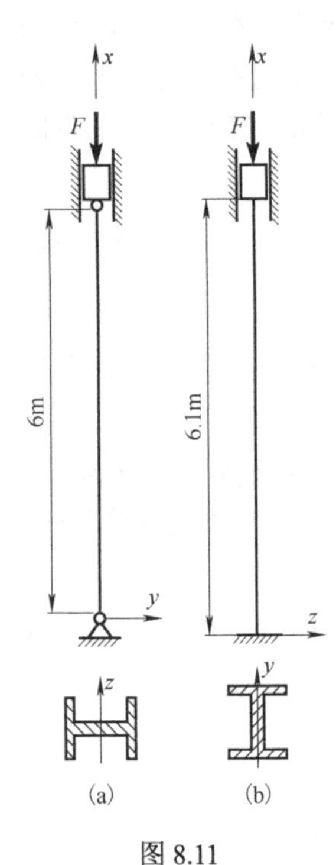

图 8.11

【例 8.1】 一工字形截面立柱，在 *xy* 平面内弯曲时可简化为两端铰支的细长压杆［图 8.11(a)］，在 *xz* 平面内弯曲时可简化为两端固定的细长压杆［图 8.11(b)］，材料的弹性模量 $E=200\text{GPa}$，工字形截面对 *z* 轴和 *y* 轴的惯性矩分别为 $I_z=632\text{cm}^4$ 和 $I_y=158\text{cm}^4$，试求立柱的临界载荷。

解： 由题中可知，立柱无论是在哪个平面内弯曲时均为细长压杆，所以两种情况下的临界载荷均可采用欧拉公式计算。

当立柱在 *xy* 平面内弯曲时（*z* 轴为中性轴），两端为铰支，长度因数 $\mu=1$，则由式(8.13)可得

$$F_{\text{crz}}=\frac{\pi^2EI_z}{(\mu l)^2}=\frac{\pi^2\times200\times10^9\times632\times10^{-8}}{(1\times6)^2}=346.53(\text{kN})$$

当立柱在 *xz* 平面内弯曲时（*y* 轴为中性轴），两端为固定，长度因数 $\mu=0.5$，则由式(8.13)可得

$$F_{\text{cry}}=\frac{\pi^2EI_y}{(\mu l)^2}=\frac{\pi^2\times200\times10^9\times158\times10^{-8}}{(0.5\times6.1)^2}=335.26(\text{kN})$$

由计算结果可知，立柱会首先在 *xz* 平面内失稳，故立柱的临界载荷为

$$F_{\text{cr}}=F_{\text{cry}}=335.26(\text{kN})$$

8.3 欧拉公式的适用范围及中、小柔度压杆的临界应力

8.3.1 临界应力与柔度

压杆处于临界状态时横截面上的平均应力，称为压杆的**临界应力**，用 σ_{cr} 表示。8.2 节中已得出计算临界压力的欧拉公式，将 F_{cr} 除以压杆的横截面面积 *A*，便得到细长压杆临界应力的计算公式：

$$\sigma_{\text{cr}}=\frac{F_{\text{cr}}}{A}=\frac{\pi^2EI}{A(\mu l)^2}\tag{8.14}$$

式中，比值 *I*/*A* 仅与截面的形状及尺寸有关，用 i^2 表示，即

$$i=\sqrt{\frac{I}{A}}\tag{8.15}$$

式中，*i* 为截面的惯性半径。

将式(8.15)代入式(8.14)得

$$\sigma_{cr}=\frac{\pi^2 E}{\left(\frac{\mu l}{i}\right)^2} \tag{8.16}$$

令

$$\lambda=\frac{\mu l}{i} \tag{8.17}$$

得

$$\sigma_{cr}=\frac{\pi^2 E}{\lambda^2} \tag{8.18}$$

式(8.18)称为**欧拉临界应力公式**。

λ称为压杆的**柔度**或**长细比**，是一个无量纲量，它综合反映了压杆的长度 l、杆端约束条件(μ)和截面几何性质(i)对临界应力的影响。式(8.18)表明，细长压杆的临界应力与柔度的平方成反比，柔度越大，临界应力越小，故当压杆在不同的平面内弯曲时，若其柔度值不同，则应该用最大柔度值计算临界应力(或临界压力)，即

$$\sigma_{cr}=\frac{\pi^2 E}{\lambda_{max}^2}$$

8.3.2　欧拉公式的适用范围

式(8.18)是欧拉公式(8.13)的另一种表达形式，两者并无实质上的差别。欧拉公式是由挠曲线近似微分方程导出的，材料服从胡克定律是此微分方程的基础，因此欧拉公式只适用于临界应力 σ_{cr} 不超过材料比例极限 σ_p 的情况，也就是说，欧拉公式的适用范围为

$$\sigma_{cr}=\frac{\pi^2 E}{(\lambda)^2}\leqslant\sigma_p \quad 或 \quad \lambda\geqslant\sqrt{\frac{\pi^2 E}{\sigma_p}} \tag{8.19}$$

由式(8.19)可见，只有当压杆的柔度λ大于或等于极限值 $\sqrt{\frac{\pi^2 E}{\sigma_p}}$ 时，欧拉公式才能使用。用 λ_p 表示这一极限值，即

$$\lambda_p=\sqrt{\frac{\pi^2 E}{\sigma_p}} \tag{8.20}$$

则仅当 $\lambda\geqslant\lambda_p$ 时，欧拉公式才成立，这就是欧拉公式的适用范围。满足 $\lambda\geqslant\lambda_p$ 的压杆称为**大柔度压杆**，前面提到的细长杆，实际上就是大柔度压杆。

式(8.20)表明，λ_p 与材料的力学性能有关，材料不同，λ_p 的数值也不同。例如，Q235 钢的弹性模量 $E=200\text{GPa}$，比例极限 $\sigma_p=200\text{MPa}$，代入式(8.20)得

$$\lambda_p=\sqrt{\frac{\pi^2\times 200\times 10^9}{200\times 10^6}}\approx 99$$

所以，用 Q235 钢制成的压杆，只有当 $\lambda\geqslant 99$ 时，才能使用欧拉公式计算其临界压力或临界应力。而对于 $E=70\text{GPa}$、$\sigma_p=175\text{MPa}$ 的铝合金，其柔度极限值为

$$\lambda_p=\sqrt{\frac{\pi^2\times 70\times 10^9}{175\times 10^6}}\approx 62.8$$

因此，用这类铝合金制成的压杆，只有当 $\lambda\geqslant 62.8$ 时，才能用欧拉公式。

8.3.3 临界应力的经验公式

工程实际中，也有不少压杆的柔度小于λ_p，其临界应力σ_{cr}超过材料的比例极限σ_p。这种压杆的失稳发生在应力超过比例极限后，所以属于非线弹性稳定问题。工程中一般采用经验公式计算此类压杆的临界应力，而经验公式的依据是大量的实验与分析，常见的经验公式有直线型经验公式和抛物线型经验公式。

对于由合金钢、铝合金、铸铁和松木等材料制作的非细长压杆，采用如下直线型经验公式计算临界应力：

$$\sigma_{cr}=a-b\lambda \tag{8.21}$$

式中，a和b都是与材料性能有关的常数，单位为MPa，表8.1给出了几种常用材料的a和b。

表8.1　直线型经验公式中几种常用材料的参数取值

材料类型	a/MPa	b/MPa	λ_p	λ_0
Q235钢 ($\sigma_b\geqslant 372$MPa, $\sigma_s=235$MPa)	304	1.12	100	61.4
优质碳钢 ($\sigma_b\geqslant 471$MPa, $\sigma_s=306$MPa)	461	2.57	100	60
硅钢 ($\sigma_b\geqslant 353$MPa, $\sigma_s=353$MPa)	577	3.74	100	60
铬钼钢	980	5.29	55	0
铸铁	332	1.45	80	0
硬铝	372	2.14	50	0
松木	39	0.20	59	0

对于柔度很小的短杆，如压缩实验中采用的金属短柱或水泥块，受压时并不会出现大柔度杆那样的弯曲变形，不存在失稳问题，主要是因为压应力达到或超过强度破坏极限而造成破坏，因此σ_{cr}应小于材料压缩强度极限σ_{cu}。例如，塑性材料的压缩极限应力为屈服应力σ_s，故应有

$$\sigma_{cr}=a-b\lambda<\sigma_s \quad 或 \quad \lambda>\frac{a-\sigma_s}{b}$$

取其极限，得

$$\lambda_0=\frac{a-\sigma_s}{b} \tag{8.22}$$

式中，λ_0是使用直线型经验公式时所需的最小柔度值，若$\lambda\leqslant\lambda_0$，压杆不存在稳定性问题，则应按压缩强度进行计算，即

$$\sigma_{cr}=\frac{F_N}{A}\leqslant\sigma_s$$

对于脆性材料，只要将式中的σ_s改为σ_b便可。

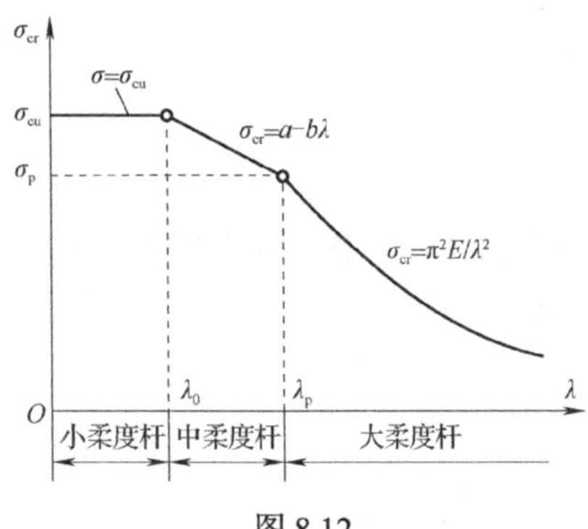

图8.12

综上所述，可以根据其柔度的大小将压杆分为三类，分别按不同的公式计算其临界力或临界应力。$\lambda\geqslant\lambda_p$的压杆称为**大柔度杆**或**细长杆**，按欧拉公式计算其临界力和临界应力；$\lambda_0<\lambda<\lambda_p$的压杆称为**中柔度杆**或**中长杆**，按式(8.21)等经验公式计算其临界应力；$\lambda\leqslant\lambda_0$的压杆称为**小柔度杆**或**短粗杆**，应按强度问题处理。上述临界应力随柔度变化的关系曲线用图8.12表示，称为**临界应力总图**。

对于结构钢、低合金结构钢等材料制作的非细长压杆，可用抛物线型经验公式计算临界应力，该公式的一般表达式为

$$\sigma_{cr} = a_1 - b_1\lambda^2 \tag{8.23}$$

式中，a_1 和 b_1 也是与材料性能有关的常数，单位为 MPa，如 Q235 钢，$a_1 = 235\text{MPa}$，$b_1 = 0.0068\text{MPa}$；对于 16Mn 钢，$a_1 = 343\text{MPa}$，$b_1 = 0.00161\text{MPa}$。在我国的钢结构设计规范中，规定中小柔度杆的临界应力也按式(8.23)进行计算。仿照上面的分析，也可由欧拉公式和抛物线型经验公式绘出临界应力总图。

【例 8.2】　图 8.13(a)所示为一矩形截面的受压钢制连杆，长度 $l = 7\text{m}$，宽度 $b = 12\text{cm}$，高度 $h = 20\text{cm}$，其支承情况如下：在 xy 平面内弯曲时可视为两端铰支［图 8.12(b)］，在 xz 平面内弯曲时可视为一端固定、一端铰支［图 8.12(c)］，钢材的弹性模量 $E = 200\text{GPa}$，比例极限 $\sigma_p = 200\text{MPa}$，试确定连杆的临界压力和临界应力并分析截面的合理性。

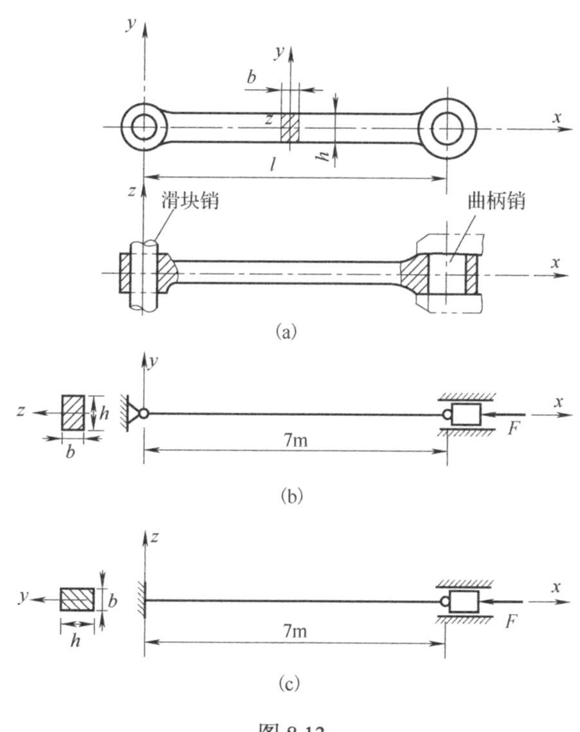

图 8.13

解：(1)计算连杆的柔度值。

连杆在 xy 平面内弯曲时(z 轴为中性轴)，两端为铰支，长度因数 $\mu_z = 1$，惯性半径为

$$i_z = \sqrt{\frac{I_z}{A}} = \sqrt{\frac{bh^3/12}{bh}} = \frac{h}{2\sqrt{3}} = \frac{20}{2\sqrt{3}} = 5.77(\text{cm})$$

则柔度值为

$$\lambda_z = \frac{\mu_z l}{i_z} = \frac{1\times 700}{5.77} = 121.31$$

连杆在 xz 平面内弯曲时(y 轴为中性轴)，为一端固定、一端铰支，长度因数 $\mu_y = 0.7$，惯性半径为

$$i_y=\sqrt{\frac{I_y}{A}}=\sqrt{\frac{hb^3/12}{bh}}=\frac{b}{2\sqrt{3}}=\frac{12}{2\sqrt{3}}=3.46(\text{cm})$$

则柔度值为

$$\lambda_y=\frac{\mu_y l}{i_y}=\frac{0.7\times700}{3.46}=141.62>\lambda_z$$

因为$\lambda_y>\lambda_z$，所以连杆将先在 xz 平面内发生弯曲而丧失稳定性。

(2)计算连杆的临界压力和临界应力。

根据以上计算和分析可知，应该用λ_y计算连杆的临界应力。由式(8.20)可得

$$\lambda_{\text{p}}=\sqrt{\frac{\pi^2E}{\sigma_{\text{p}}}}=\sqrt{\frac{\pi^2\times200\times10^9}{200\times10^6}}=99.35<\lambda_y$$

可见，此连杆为大柔度杆，则可用欧拉公式计算连杆的临界应力，由式(8.18)得

$$\sigma_{\text{cr}}=\frac{\pi^2E}{\lambda_y^2}=\frac{\pi^2\times200\times10^9}{141.62^2}=98.42(\text{MPa})$$

连杆的临界压力为

$$F_{\text{cr}}=\sigma_{\text{cr}}A=98.42\times10^6\times0.12\times0.2=2362.08(\text{kN})$$

(3)截面合理性分析。

若满足在 xy 和 xz 平面内失稳时的临界力相等，则说明此连杆横截面尺寸较合理，而这就要求$\lambda_z=\lambda_y$，即$\dfrac{l}{\sqrt{I_z/A}}=\dfrac{0.7l}{\sqrt{I_y/A}}$，所以有$I_z=2.04I_y$。

8.4　压杆的稳定实用计算及合理设计

压杆稳定计算包括稳定性校核、截面尺寸设计和确定许用载荷三方面，具体有两种方法：安全因数法和折减因数法。通常情况下，稳定性校核和确定许用载荷采用安全因数法，截面设计采用折减因数法。

8.4.1　安全因数法

由前面的分析可知，保证压杆不失稳的关键是限制轴向压力的值。对于大柔度压杆，临界压力F_{cr}可用欧拉公式直接算出。对于中柔度压杆，可由经验公式先求出临界压应力σ_{cr}，再乘以压杆的横截面面积求得临界压力F_{cr}。而对于小柔度压杆，则进行强度计算，用临界压力F_{cr}除以**稳定安全因数**$[n_{\text{st}}]$得到稳定许可压力$[F]$，所以压杆的**稳定性条件**为

$$F\leqslant\frac{F_{\text{cr}}}{[n_{\text{st}}]}=[F] \tag{8.24}$$

此条件也可写成

$$n=\frac{F_{\text{cr}}}{F}=\frac{\sigma_{\text{cr}}}{\sigma}\geqslant n_{\text{st}} \tag{8.25}$$

式中，n 是临界压力F_{cr}与工作压力 F 的比值，称为**工作安全因数**，按式(8.25)进行压杆稳定计算的方法称为**安全因数法**。

稳定安全因数$[n_{st}]$一般高于强度安全因数，因为除了遵循类似确定强度安全因数的一般原则外，还要考虑一些难以避免的因素，如杆件的初弯曲、压力偏心、材料不均匀和支座的缺陷等，这些都会严重影响压杆的稳定性，使临界压力降低。但同样是这些因素，对强度的影响就不如对稳定性的影响严重。

稳定安全因数的取值可从有关设计规范的手册中查得，表 8.2 为几种常见钢制压杆的稳定安全因数$[n_{st}]$。

表 8.2　几种常见钢制压杆的稳定安全因数

实际压杆	金属结构中的衬杆	矿山、冶金设备中的压杆	机床丝杠	精密丝杆	水平长丝杆	磨床油缸活塞杆	低速发动机挺杆	高速发动机挺杆	拖拉机转向纵、横推杆
$[n_{st}]$	1.8～3.0	4～8	2.5～4	>4	>4	2～5	4～6	2～5	>5

应当注意，压杆的稳定性取决于整体杆件的弯曲刚度，而杆截面的局部削弱(如存在铆钉孔或油孔等)对整体变形的影响很小，所以稳定性计算时仍可用未削弱横截面的面积和惯性矩。而对于受削弱的横截面，则应进行强度校核。

用安全因数法进行压杆稳定性计算的一般步骤如下：计算压杆的柔度，判断属于哪一类压杆，然后选择对应的公式计算临界应力σ_{cr}，再计算临界压力F_{cr}，最后用稳定性条件进行稳定性校核或确定许用载荷。

【例 8.3】　空气压缩机的活塞杆由 45 号钢制成，两端可简化为铰支座，材料参数如下：$\sigma_s = 350\text{MPa}$，$\sigma_p = 280\text{MPa}$，$E = 210\text{GPa}$。杆长$l = 703\text{mm}$，直径$d = 45\text{mm}$，最大工作压力$F_{max} = 41.6\text{kN}$，稳定安全因数$[n_{st}]$取 8～10，试校核其稳定性。

解：(1)计算λ，判断属于哪类压杆。由式(8.20)求出：

$$\lambda_p = \sqrt{\frac{\pi^2 E}{\sigma_p}} = \sqrt{\frac{\pi^2 \times 210 \times 10^9}{280 \times 10^6}} = 86$$

因活塞杆两端为铰支座，故$\mu = 1$。活塞杆横截面为圆形，则

$$i = \sqrt{\frac{I}{A}} = \sqrt{\frac{\pi d^4/64}{\pi d^2/4}} = \frac{d}{4}$$

故柔度为

$$\lambda = \frac{\mu l}{i} = \frac{1 \times 703 \times 4}{45} = 62.5$$

因为$\lambda < \lambda_p$，所以不能用欧拉公式计算临界压力。由表 8.1 查得优质碳钢的参数为，a=461MPa，b=2.57MPa。由式(8.22)可得

$$\lambda_0 = \frac{a - \sigma_s}{b} = \frac{461 - 350}{2.57} = 43.2$$

可见

$$\lambda_0 < \lambda < \lambda_p$$

因此，活塞杆是中柔度压杆。

(2)计算临界压力。活塞杆的临界应力由直线型经验公式确定为

$$\sigma_{cr} = a - b\lambda = 461 - 2.57 \times 62.5 = 300.4(\text{MPa})$$

所以临界压力为

$$F_{\mathrm{cr}}=\sigma_{\mathrm{cr}}A=300.4\times\frac{\pi\times45^2}{4}=477766(\mathrm{N})\approx478(\mathrm{kN})$$

(3) 稳定校核。活塞杆的工作安全因数为

$$n=\frac{F_{\mathrm{cr}}}{F_{\max}}=\frac{478}{41.6}=11.5$$

显然，$n>[n_{\mathrm{st}}]$，活塞杆满足稳定性要求。

8.4.2　折减因数法

在起重机械、桥梁和房屋结构的设计和工程中，常采用折减因数法对压杆进行稳定性计算，其特点是以强度的许用应力作为基本的许用应力，同时考虑影响压杆稳定性的各种因素，用一个折减的因数与之相乘得到稳定许用应力，因此这种方法称为折减因数法，对应的稳定性条件为

$$\sigma\leqslant\varphi[\sigma] \tag{8.26}$$

式中，σ 是压杆的工作压应力；$[\sigma]$ 为许用压应力；φ 是一个小于 1 的因数，称为**稳定因数**或**折减因数**，其值与压杆的柔度和所用的材料有关。各种轧制与焊接钢构件的稳定因数，可查阅《钢结构设计规范》(GB 50017—2014)，木制受压构件的稳定因数，可查阅《木结构设计标准》(GB 50005—2017)。

8.4.3　压杆的合理设计

由以上分析可知，影响压杆稳定性的主要因素有：横截面的形状和尺寸、压杆的长度、约束条件和材料的性能。因此，要合理设计压杆，提高其稳定性，就应该重点考虑这几方面的优化。

1. 合理选择压杆的截面形状

细长杆和中柔度杆的临界应力都与柔度 λ 有关，柔度越小，临界应力的值就越高。而压杆的柔度为

$$\lambda=\frac{\mu l}{i}=\mu l\sqrt{\frac{A}{I}}$$

可见，对于长度和约束条件确定的压杆，在横截面面积不变的条件下，应尽量选择惯性矩较大的截面形状，以减小压杆的柔度，提高稳定性。例如，空心的环形截面就比实心圆截面合理，因为在横截面面积相同时，环形截面的 I 和 i 都比实心圆截面大得多。又如，由工字钢、角钢或槽钢等型钢组成的组合截面，如图 8.14 所示，比单一型钢截面更合理。

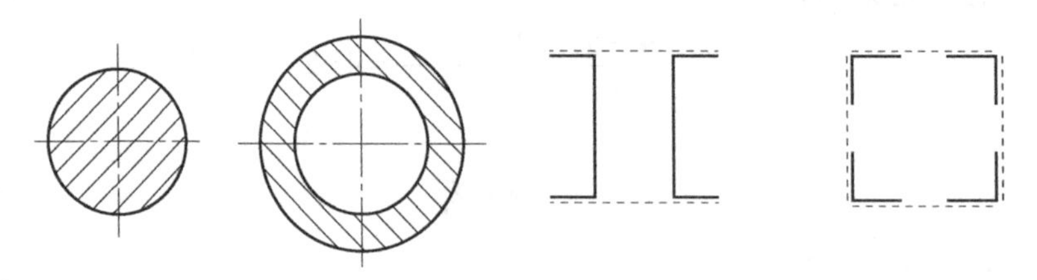

图 8.14

工程实际中，为使上述组合截面的压杆或组合柱能成为一个整体杆件，在各组成杆件之间，需采用缀板、缀条等连接，如图 8.15 所示。至于缀板、缀条等的设计，在《钢结构设计

规范》(GB 50017—2014) 中有专门规定。

2. 合理选择压杆的约束并尽量减小杆长

因为压杆的临界压力与相当长度 μl 的平方成反比，所以在结构许可的条件下，增强压杆的约束和尽量减小压杆长度，对于提高压杆的稳定性影响极大。图 8.16 为空气压缩机的结构示意图，如果把活塞与活塞杆在 A 处的固支改为压力通过 B 处传递，则受压长度可由 l 减为 l_1，从而大大提高活塞杆的抗失稳能力。

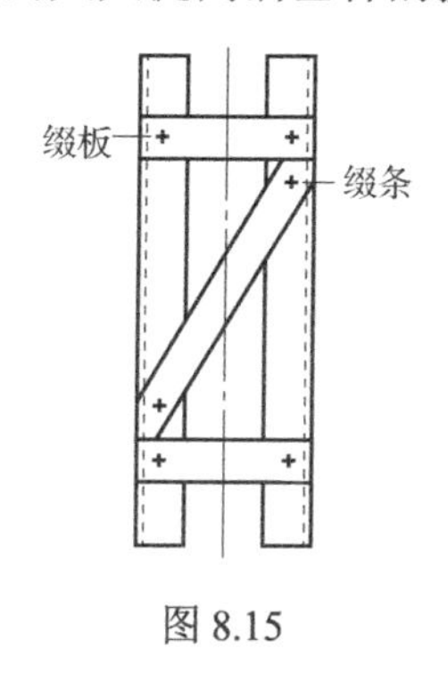

图 8.15

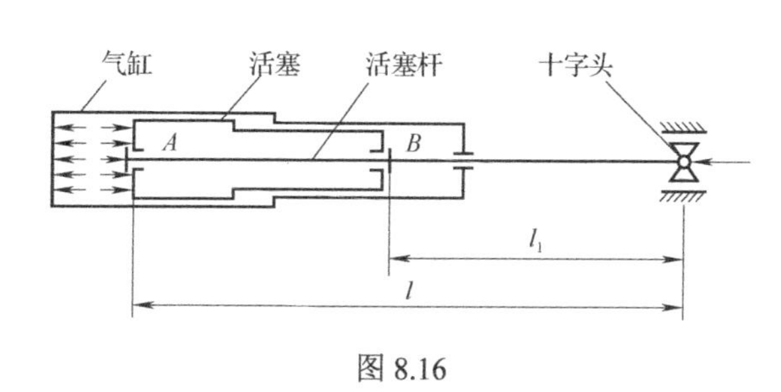

图 8.16

3. 合理选择材料

细长压杆的临界应力，与材料的弹性模量 E 有关。显然，选择弹性模量较高的材料，可以提高细长杆的稳定性。然而，对钢材而言，各种钢材的弹性模量大致相同，因此，如果仅从稳定性考虑，不必选用高强度钢来制作细长杆。而中柔度杆的临界应力与材料的比例极限、压缩极限应力等有关，故强度高的材料，其临界应力相应也高。因此，对于中柔度杆，选用高强度的材料显然有利于提高稳定性。

思　考　题

8-1　判断下列说法是否正确。

(1) 引起压杆失稳的主要原因是外界的干扰力。

(2) 临界压力是压杆丧失承载能力时的最小轴向压力。

(3) 用同一材料制成的压杆，其柔度越大，就越容易失稳。

(4) 压杆的临界应力值总是与其材料的弹性模量成正比。

(5) 两根压杆，只要其材料和柔度都相同，则临界力和临界应力也都相同。

(6) 只有在压杆横截面上的工作应力不超过材料比例极限的前提下，才能用欧拉公式计算其临界压力。

(7) 只要压杆的工作应力等于或大于材料的比例极限，压杆就会丧失稳定。

(8) 压杆失稳时，轴线所在平面是随机的。

(9) 大柔度杆、中柔度杆和小柔度杆的分类依据是杆的柔度值。

(10) 压杆的合理截面与梁的合理截面要求相同。

8-2　稳定平衡是指______________________________，不稳定平衡是指______________________________。

8-3　影响细长压杆临界力大小的主要因素有______，______，______，______。

8-4　对于不同的杆端约束，长度因数μ有不同的值。两端铰支杆的μ等于________，一端固定、一端自由杆的μ等于________，两端固定杆的μ等于________，一端固定、一端铰支杆的μ等于________。

8-5　压杆的柔度λ综合反映了压杆的__________，__________和__________对压杆临界应力的影响。

8-6　如果以柔度λ的大小对压杆进行分类，则________________的杆称为大柔度杆或细长杆，__________的杆称为中柔度杆，______________的杆称为小柔度杆或短粗杆。

8-7　细长压杆的临界应力用__________________公式计算，中柔度杆的临界应力用公式计算，短粗杆的临界应力用_____________公式计算。

8-8　两端为球铰支承的压杆，其横截面形状分别如思图 8.1 所示，试画出压杆失稳时横截面绕其转动的轴。

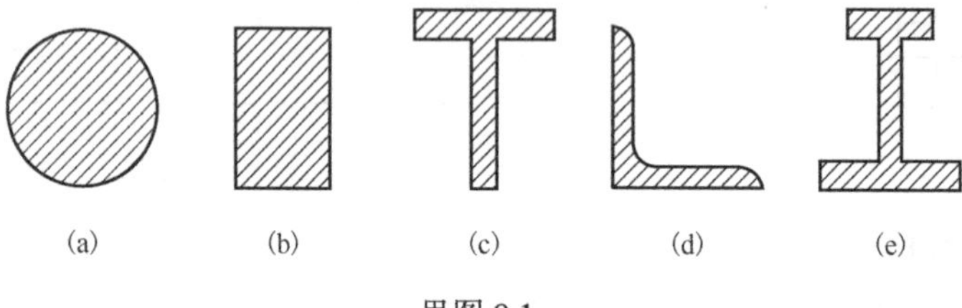

思图 8.1

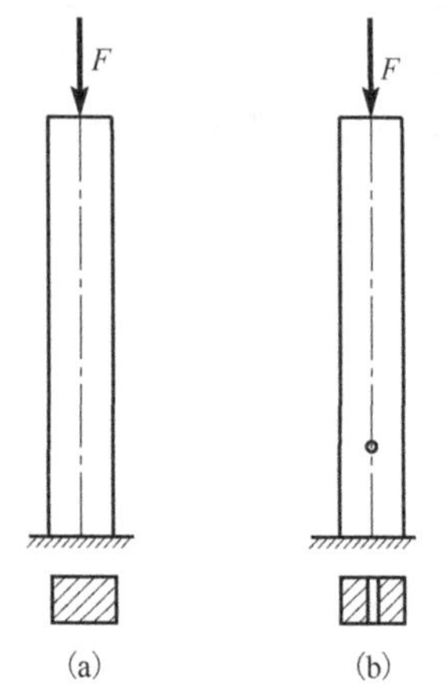

思图 8.2

8-9　两根细长压杆的材料、长度、横截面面积、杆端约束均相同，一杆的横截面形状为正方形，另一杆的为圆形，则先丧失稳定的是______横截面的杆。

8-10　两根矩形截面压杆的材料、长度和横截面尺寸均相同，且两杆均为一端固定、一端自由，如思图 8.2 所示，但杆(b)上钻有一个直径为 d 的小孔，则比较两杆的强度为________________________，比较两杆的稳定性为__________________________。

8-11　进行强度分析与稳定性分析时，在建立平衡关系和失效准则方面有何不同？

8-12　强度、刚度失效与稳定性失效有何差别？

8-13　思图 8.3 所示结构中，*AB* 杆在哪几种情况下受压？哪种情况下最容易发生失稳？

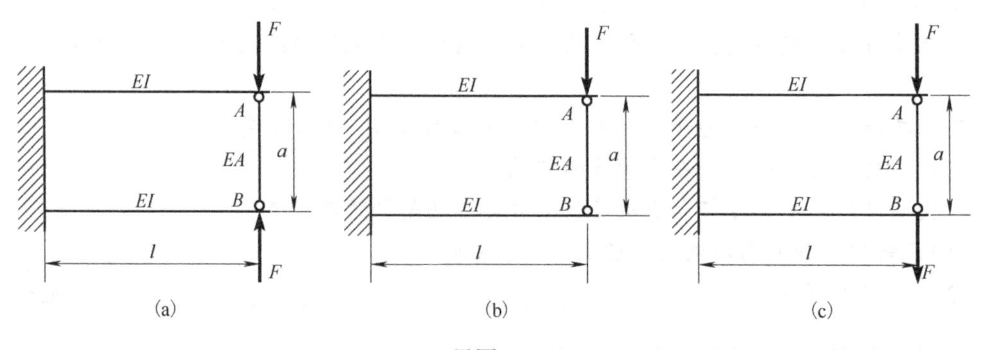

思图 8.3

习　题

8.1　如题图 8.1 所示的两端球形铰支细长压杆，弹性模量 $E = 200\text{GPa}$ 。试用欧拉公式计算其临界压力。

(1) 圆形截面，$d = 30\text{mm}$ ，$l = 1.2\text{m}$ ；

(2) 矩形截面，$h = 2b = 50\text{mm}$ ，$l = 1.2\text{m}$ ；

(3) 16 号工字钢，$l = 2.0\text{m}$ 。

8.2　如题图 8.2 所示，圆截面压杆的材料都是 Q235 钢，$E = 200\text{GPa}$ ，直径均为 $d = 160\text{mm}$ ，求各杆的临界压力。

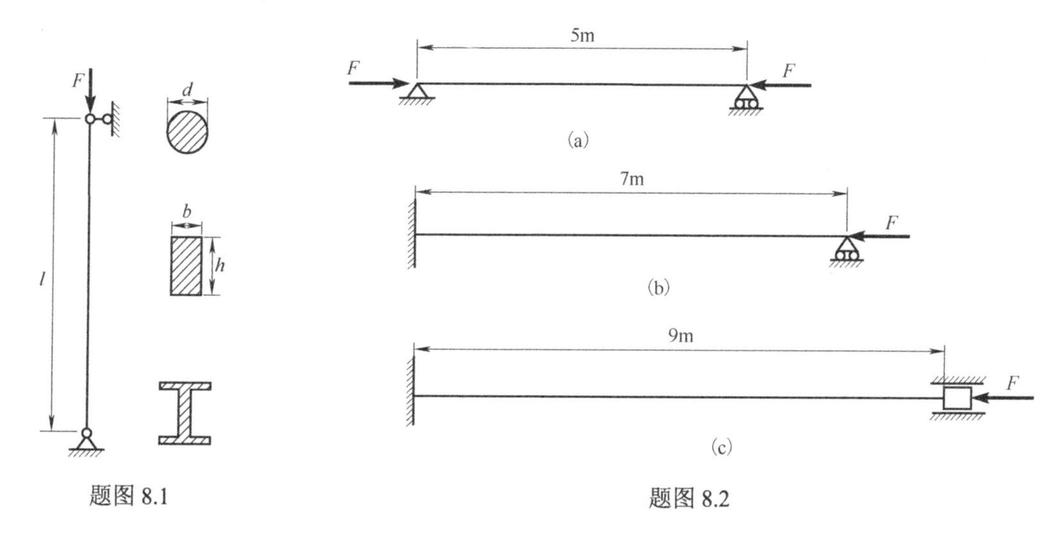

题图 8.1　　　题图 8.2

8.3　飞机起落架中斜撑杆如题图 8.3 所示。杆为空心圆管，外径 $D = 52\text{mm}$ ，内径 $d = 44\text{mm}$ ，$l = 950\text{mm}$ 。材料为高强度钢 30CrMnSiNi2A，$\sigma_b = 1600\text{MPa}$ ，$\sigma_p = 1200\text{MPa}$ ，$E = 210\text{GPa}$ 。试求这一斜撑杆的 F_{cr} 和 σ_{cr} 。

8.4　如题图 8.4 所示的正方形桁架，各杆截面的弯曲刚度均为 EI，且均为细长杆。试问当载荷 F 为何值时，结构中的个别杆件将失稳？如果将 F 的方向改为向内的压力，则使杆件失稳的载荷 F 又为何值？

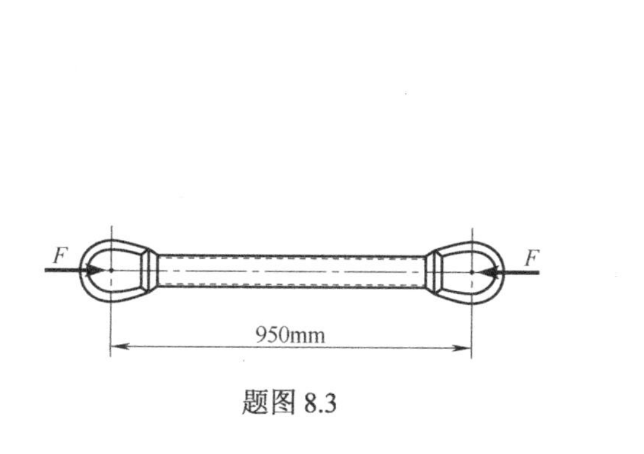

题图 8.3

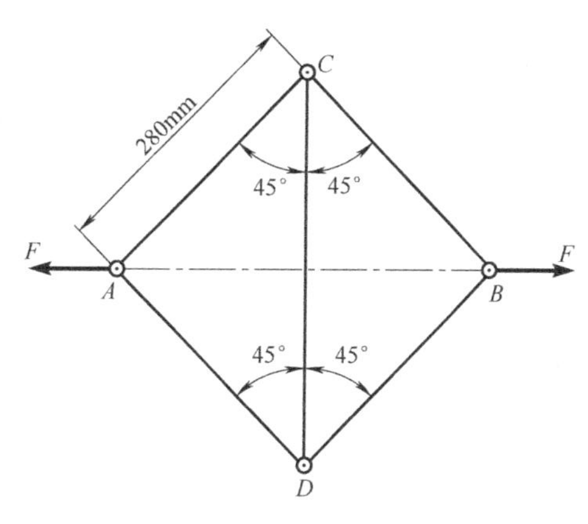

题图 8.4

8.5　如题图 8.5 所示的活塞杆，用硅钢制成，其直径 $d=40\text{mm}$，外伸部分的最大长度 $l=1\text{m}$，弹性模量 $E=210\text{GPa}$，$\lambda_p=100$。试确定活塞杆的临界压力。

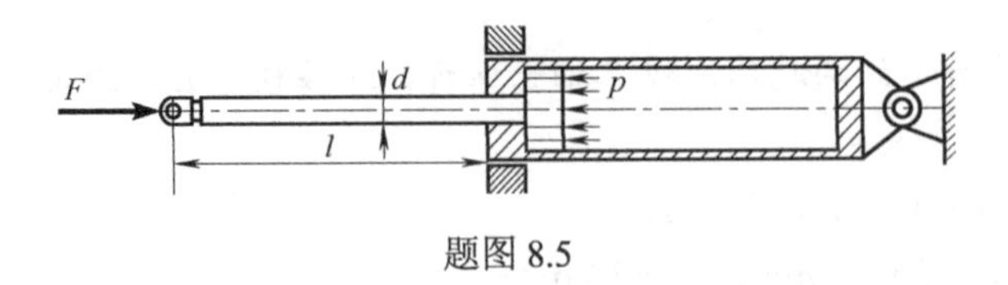

题图 8.5

8.6　如题图 8.6 所示的压杆，材料相同，横截面的形状有四种形式，但其面积均为 $A=3.2\times10^3\text{mm}^2$，弹性模量 $E=70\text{GPa}$，$\lambda_p=50$，$\lambda_0=0$，中柔度杆的临界应力公式为 $\sigma_{cr}=382-2.18\lambda(\text{MPa})$。试计算它们的临界压力，并比较其稳定性。

8.7　如题图 8.7 所示的蒸汽机活塞杆 AB 承受轴向压力 $F=120\text{kN}$，杆长 $l=1.8\text{m}$，杆的横截面为圆形，直径 $d=75\text{mm}$。材料为 Q275 钢，$E=210\text{GPa}$，$\sigma_p=240\text{MPa}$。规定稳定安全因数$[n_{st}]=8$，试校核活塞杆的稳定性。

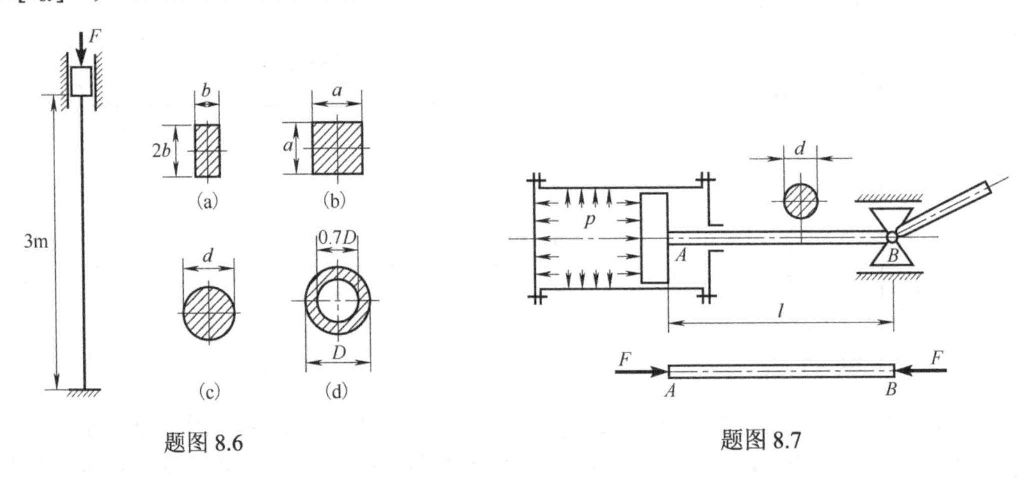

题图 8.6　　　　题图 8.7

8.8　一根 28a 号工字钢压杆，材料为 Q275 钢，$E=206\text{GPa}$，长度 $l=7\text{m}$，$\sigma_p=200\text{MPa}$，两端固定，规定稳定安全因数$[n_{st}]=2$。试求此压杆的许可轴向载荷$[F]$。

8.9　某立柱横截面如题图 8.8 所示，由四根 80mm×80mm×6mm 的角钢组成，柱长 $l=6\text{m}$。立柱两端为铰支，承受 $F=450\text{kN}$ 的轴向压力作用。角钢的材料是 Q235 钢，许用压应力 $[\sigma]=170\text{MPa}$，试确定横截面的边宽 a。

8.10　如题图 8.9 所示结构由横梁 AC 与立柱 BD 组成，横梁和立柱的材料均是低碳钢，弹性模量 $E=200\text{GPa}$，比例极限 $\sigma_p=200\text{MPa}$。试问当载荷集度 $q=20\text{N/mm}$ 时，截面 B 的挠度为何值？

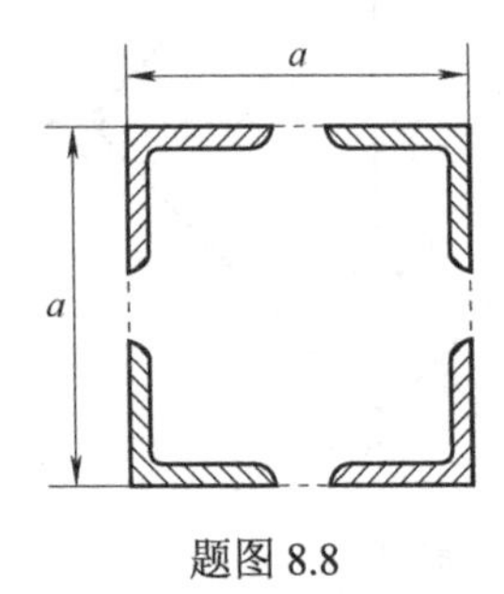

题图 8.8

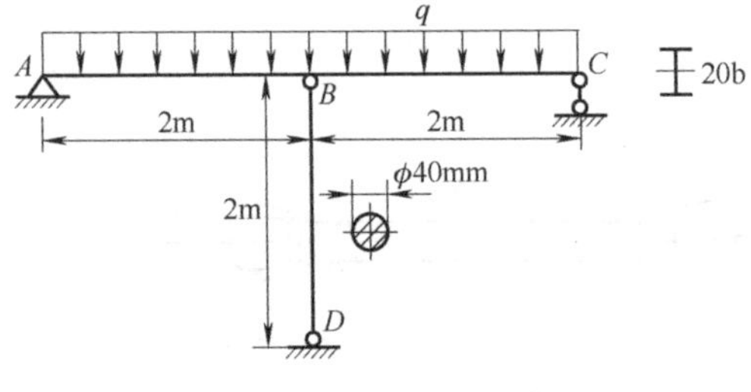

题图 8.9

第9章　能量方法

9.1　能量方法的概念

前面分别讨论了杆件在拉压、扭转和弯曲时的变形计算。但在工程实际中，许多杆件处于组合变形状态，此外一些结构，如桁架、刚架、曲杆等，杆件的受力都比较复杂，如果需要计算其中某指定截面的位移，用前面简单变形的方法计算，然后叠加，会使问题变得十分复杂，甚至可能无法计算。这类问题一般需要采用计算位移的普遍方法——**能量方法**来计算。

在外力作用下，构件发生弹性变形，其内部将储存能量。与此同时，外力作用点必然会产生沿外力作用方向的**相应位移**，从而使外力做功。构件因弹性变形而储存的能量称为**弹性应变能**(若无特殊说明，简称为应变能)，通常用 V 表示，外力做功通常用 W 表示。

根据能量守恒定律，当外力由零开始缓慢增加(即静载荷)时，构件始终处于平衡状态，如果其动能的变化及其他形式的能量的损耗很小，可忽略不计。在此情况下，储存在构件内的应变能在数值上等于外力所做的功，即

$$V = W \tag{9.1}$$

此关系称为**功能原理**。

利用上述功、能、相应位移的概念及其关系来分析和计算构件或结构变形的方法称为**能量方法**(简称**能量法**)。本章主要讨论能量法中的一些基本原理，然后以线弹性结构位移计算为例来说明其应用。

9.2　杆件弹性应变能

9.2.1　线弹性体上的外力做功

在外力作用下，如果弹性体的变形很小，且材料服从胡克定律，则弹性体的内力、应力和位移均与外力成正比，满足上述条件的弹性体称为**线弹性体**，现在讨论线弹性体外力做功的计算。

以图 9.1(a)所示悬臂梁为例，梁上所受外力 f 由零缓慢增加到终值 F，相应位移 δ 也由零渐增至终值 Δ。设在加载过程中的某一时刻，外力为 f，相应位移为 δ，如果使外力产生一增量 $\mathrm{d}f$，则相应位移也随之产生一增量 $\mathrm{d}\delta$，外力在相应位移增量上所做的功为

$$\mathrm{d}W = (f + \mathrm{d}f)\mathrm{d}\delta \approx f\,\mathrm{d}\delta$$

该式忽略了 $\mathrm{d}f$ 在 $\mathrm{d}\delta$ 上做的功(高阶微量)。

外力 f 从零到 F 的整个过程所做的总功为

$$W = \int \mathrm{d}W = \int_0^{\Delta} f\,\mathrm{d}\delta$$

由于外力与其相应位移成线性关系，如图 9.1(b)所示，则上式的值应等于图中斜直线下的三角形面积，即

$$W = \frac{1}{2}F\Delta \tag{9.2}$$

式(9.2)表明，**外力功等于载荷的终值 F 与相应位移的终值Δ的乘积的一半**。

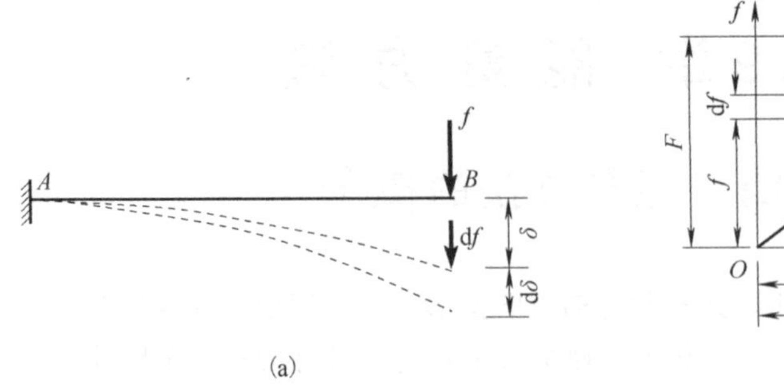

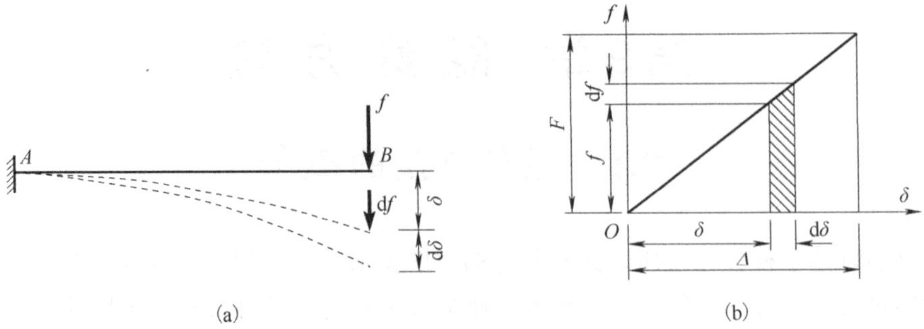

图 9.1

需要指出，式(9.2)中的外力 F 可以理解为**广义力**，既可以为集中力又可以为集中力偶，而Δ则为**广义位移**，表示与广义力相对应的线位移或角位移。例如，与集中力相对应的位移是线位移，与集中力偶相对应的位移是角位移。

如果在线性弹性体上，作用有多个广义力，而且这些广义力都是由零缓慢增加达到最终值，如图 9.2 所示，在这些广义力共同作用下，每个广义力 F_i 的作用点处都产生与 F_i 相应的广义位移 Δ_i。可以证明，作用于该弹性体上所有外力 $F_1,F_2,\cdots,F_i,\cdots,F_n$ 在其相应位移 $\Delta_1,\Delta_2,\cdots,\Delta_i,\cdots,\Delta_n$ 上所做的总功应为

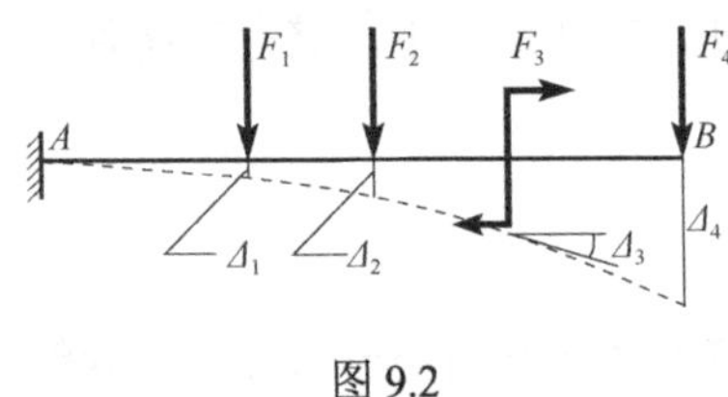

图 9.2

$$W=\sum_{i=1}^{n}\frac{1}{2}F_i\Delta_i \tag{9.3}$$

也就是说，**在线性弹性体上，所有广义力所做的总功恒等于各广义力在其相应位移上所做功的代数和**。

上述关系和结论称为**克拉比隆定理**，该定理说明了外力功的一个重要性质：**外力功只与外力和位移的终值有关，而与各外力加载次序无关**。

9.2.2　杆件拉压、扭转和弯曲时的应变能

根据功能原理 $W=V$，杆件拉压、扭转和弯曲时的弹性应变能 V 可以通过外力功 W 求得。

1．轴向拉压

如图 9.3 所示，当杆件受轴向拉压时，在线弹性范围内，轴向变形Δl 与外力 F 成正比，此时外力做功为

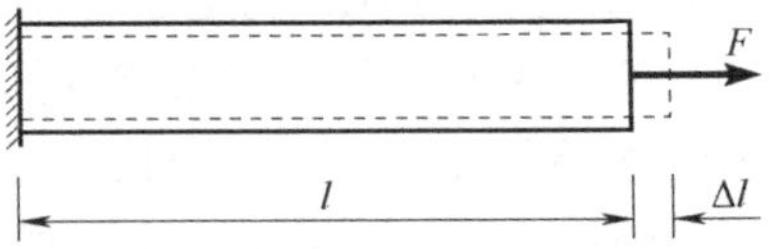

$$W=\frac{1}{2}F\Delta l$$

图 9.3

由功能原理：

$$V=W=\frac{1}{2}F\Delta l$$

由于

$$F=F_{\mathrm{N}},\qquad \Delta l=\frac{F_{\mathrm{N}}l}{EA}$$

故

$$V=\frac{F_{\mathrm{N}}^2 l}{2EA} \tag{9.4a}$$

若轴力 F_N 或拉压刚度 EA 沿杆轴线变化，则可首先计算 dx 微段内的应变能，然后对全杆积分即可得到整个杆件的应变能，即

$$V=\int_l \frac{F_N^2(x)dx}{2EA(x)} \tag{9.4b}$$

若结构为由 m 根杆组成的桁架，则整个桁架内的应变能为

$$V=\sum_{k=1}^{m}\frac{F_{Nk}^2 l_k}{2(EA)_k} \tag{9.4c}$$

2. 圆轴扭转

在线弹性范围内，图 9.4 所示受圆轴的端面扭转角 φ 与外力偶 M_e 成正比，此时外力偶做的功为

$$W=\frac{1}{2}M_e\varphi$$

则

$$V=W=\frac{1}{2}M_e\varphi$$

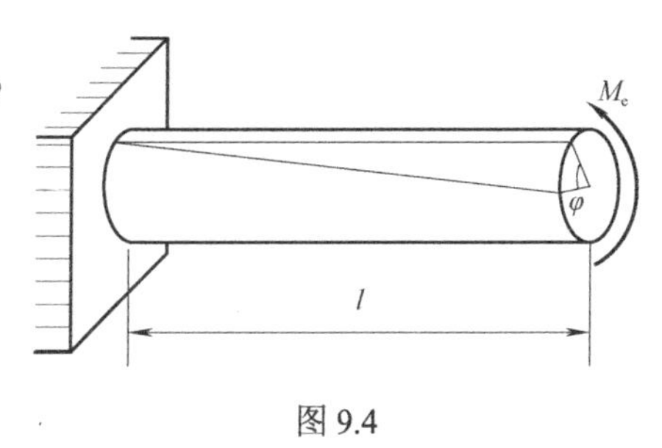

图 9.4

此轴的扭矩和扭转角分别为

$$T=M_e, \qquad \varphi=\frac{Tl}{GI_p}$$

将其代入上式得

$$V=\frac{T^2 l}{2GI_p} \tag{9.5a}$$

同理，如果扭矩 T 或扭转刚度 GI_p 沿轴线变化，则圆轴的应变能可写为

$$V=\int_l \frac{T^2(x)dx}{2GI_p(x)} \tag{9.5b}$$

3. 梁的弯曲

一般情况下，梁在弯曲时，横截面上有弯矩，也有剪力，且均为 x 的函数。因此，为研究梁的应变能，从梁上取一如图 9.5(a)所示的微段进行计算。

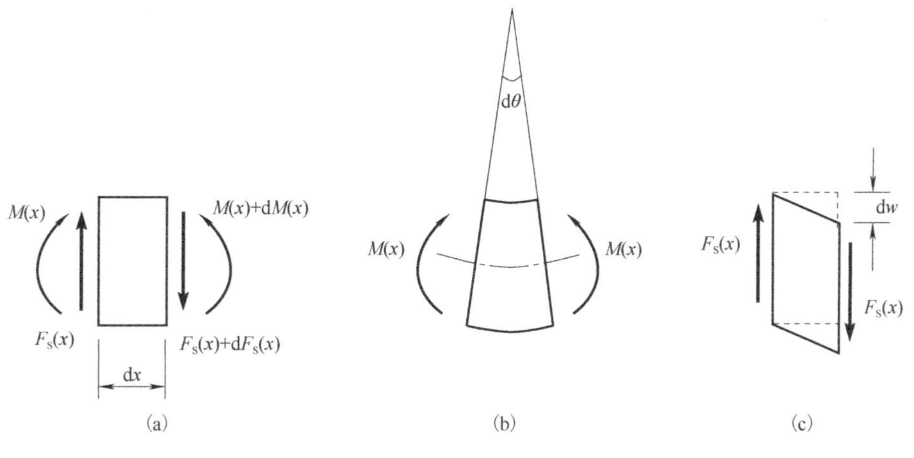

图 9.5

在弯矩 $M(x)$作用下，微段 $\mathrm{d}x$ 的两端截面产生相对转动，如图 9.5(b)所示，相对转角为

$$\mathrm{d}\theta = \frac{M(x)\mathrm{d}x}{EI}$$

就微段而言，$M(x)$可视为外力偶，$\mathrm{d}\theta$ 即为相应的角位移，因此 $M(x)$做的功为

$$\mathrm{d}W = \frac{1}{2}M(x)\mathrm{d}\theta$$

这里，忽略了弯矩增量 $\mathrm{d}M(x)$在相应位移上所做的功(高阶微量)。

在剪力 $F_S(x)$ 作用下，微段 $\mathrm{d}x$ 的两端截面产生相对错动，如图 9.5(c)所示，使剪力在位移 $\mathrm{d}w$ 上做功。对于细长梁，剪力所做的功与弯矩做的功相比极小，可忽略不计。因此，微段梁上的应变能可近似地表示为

$$\mathrm{d}V = \mathrm{d}W = \frac{1}{2}M(x)\mathrm{d}\theta = \frac{M^2(x)\mathrm{d}x}{2EI}$$

对于整个梁，上式对全梁积分即得到应变能：

$$V = \int_l \frac{M^2(x)\mathrm{d}x}{2EI} \tag{9.6a}$$

纯弯曲等截面梁是上述梁的特例，这时 $M(x)$、EI 为常量，故其应变能为

$$V = \frac{M^2 l}{2EI} \tag{9.6b}$$

9.2.3　杆件应变能一般公式

对于组合变形圆截面杆件，所取微段如图 9.6 所示。在微段端截面上同时存在轴力 $F_N(x)$、扭矩 $T(x)$、弯矩 $M(x)$和剪力 $F_S(x)$，它们分别只在各自引起的位移上做功，且各内力之间互不影响。如果略去剪力做的功，则微段的应变能为

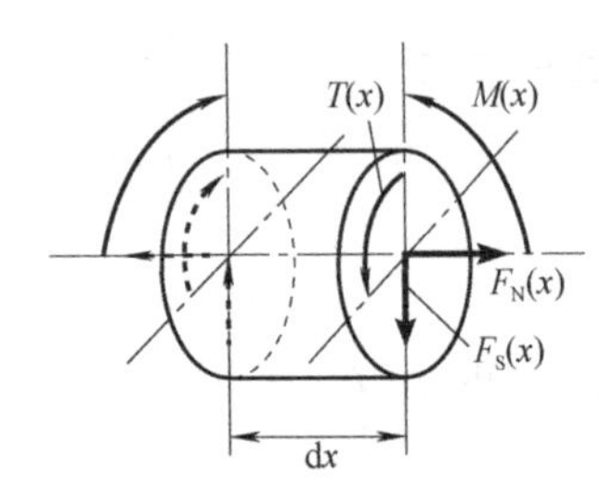

图 9.6

$$\mathrm{d}V = \mathrm{d}W = \frac{1}{2}F_N(x)\mathrm{d}(\Delta l) + \frac{1}{2}T(x)\mathrm{d}\varphi + \frac{1}{2}M(x)\mathrm{d}\theta$$
$$= \frac{F_N^2(x)\mathrm{d}x}{2EA} + \frac{T^2(x)\mathrm{d}x}{2GI_p} + \frac{M^2(x)\mathrm{d}x}{2EI}$$

整个杆件的应变能由上式对杆长 l 积分得到，即

$$V = \int_l \frac{F_N^2(x)\mathrm{d}x}{2EA} + \int_l \frac{T^2(x)\mathrm{d}x}{2GI_p} + \int_l \frac{M^2(x)\mathrm{d}x}{2EI} \tag{9.7}$$

对于弯曲和轴向拉压组合变形，杆件不受圆截面的限制，式(9.7)简化为

$$V = \int_l \frac{F_N^2(x)\mathrm{d}x}{2EA} + \int_l \frac{M^2(x)\mathrm{d}x}{2EI} \tag{9.8}$$

【例 9.1】　如图 9.7 所示，悬臂梁在自由端 C 处受集中力 F 作用，已知 AB 段横截面对中性轴的惯性矩 $I_2 = 2I$，BC 段横截面对中性轴的惯性矩 $I_1 = I$，且 $l_1 = l_2 = l$。试计算点 C 的挠度 w_C。

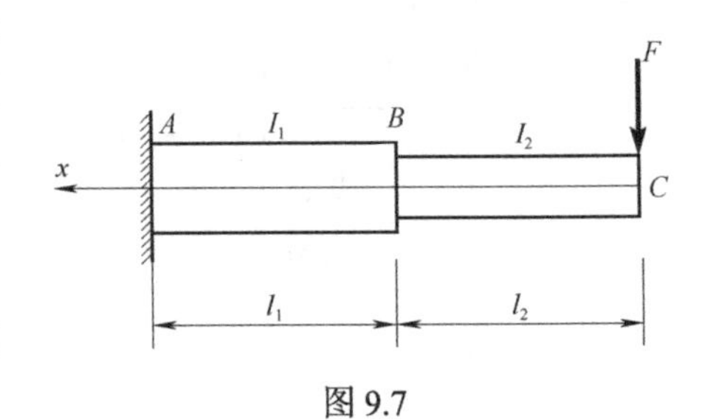

图 9.7

解： 用功能原理计算点 C 的挠度 w_C。

(1) 计算应变能。为简单起见，将坐标原点取在点 C，所列弯矩方程为

$$M(x)=-Fx$$

因 AB 段和 BC 段横截面的惯性矩不相同，需分段积分求梁的应变能，由式(9.6a)得

$$V=\int_l \frac{M^2(x)\mathrm{d}x}{2EI_i}=\int_0^l \frac{(-Fx)^2\,\mathrm{d}x}{2EI_1}+\int_l^{2l}\frac{(-Fx)^2\mathrm{d}x}{2EI_2}=\frac{F^2l^3}{6EI}+\frac{7F^2l^3}{12EI}=\frac{3F^2l^3}{4EI}$$

(2)计算外力功，可得

$$W=\frac{1}{2}Fw_C$$

(3)计算 w_C。由功能原理 $W=V$ 可得

$$\frac{1}{2}Fw_C=\frac{3F^2l^3}{4EI}$$

故得点 C 挠度为

$$w_C=\frac{3Fl^3}{2EI}\ (\downarrow)$$

结果为正值，表明 w_C 与 F 方向一致。

从例 9.1 易见，用功能原理求解比第 5 章中采用的叠加法求解简单。但是，如果需要求点 B 的挠度 w_B，由于点 B 处没有载荷，w_B 无法反映到外力功的表达式中，无法直接利用功能原理求解。

9.3 互等定理

由克拉比隆定理可知，弹性体外力功只与外力与位移的终值有关，而与各外力加载次序无关，根据这一重要性质，可以导出线性弹性体的功的互等定理和位移互等定理，它们是材料力学中的普遍定理，在材料力学与结构分析中具有重要作用。

以图 9.8 所示的简支梁代表任意线弹性体。设在简支梁上作用一组力 F_1 和 F_2 [图 9.8(a)]，都由零缓慢增加到最终值。引起两力作用点沿力作用方向上的位移分别为 Δ_1 和 Δ_2，力 F_1 和 F_2 完成的功分别为 $\frac{1}{2}F_1\Delta_1+\frac{1}{2}F_2\Delta_2$。然后在此简支梁上再作用另一组由零缓慢增加达到最终值的力 F_3 和 F_4，引起 F_3 和 F_4 作用点沿力作用方向上的位移分别为 Δ_3 和 Δ_4 [图 9.8(b)]，与此同时，还引起 F_1 和 F_2 作用点沿作用方向上的位移 Δ_1' 和 Δ_2'，且在此位移过程中，力 F_1 和 F_2 的大小不变，因此除 F_3 和 F_4 完成的功 $\left(\frac{1}{2}F_3\Delta_3+\frac{1}{2}F_4\Delta_4\right)$ 外，F_1 和 F_2 又完成了数量为 $F_1\Delta_1'+F_2\Delta_2'$ 的功。综上，按先作用第一组力 F_1 和 F_2，后作用第二组力 F_3 和 F_4 的加载次序，外力在整个加载过程中做的功为

$$W_1=\frac{1}{2}F_1\Delta_1+\frac{1}{2}F_2\Delta_2+\frac{1}{2}F_3\Delta_3+\frac{1}{2}F_4\Delta_4+F_1\Delta_1'+F_2\Delta_2'$$

如果按先作用第二组力 F_3 和 F_4，后作用第一组力 F_1 和 F_2 的加载次序，如图 9.8(c)、(d) 所示，仿上述步骤，又可求出外力做的功为

$$W_2=\frac{1}{2}F_1\Delta_1+\frac{1}{2}F_2\Delta_2+\frac{1}{2}F_3\Delta_3+\frac{1}{2}F_4\Delta_4+F_3\Delta_3'+F_4\Delta_4'$$

式中，Δ_3' 和 Δ_4' 是作用第一组力 F_1 和 F_2 时，引起 F_3 和 F_4 作用点沿作用线方向的位移。

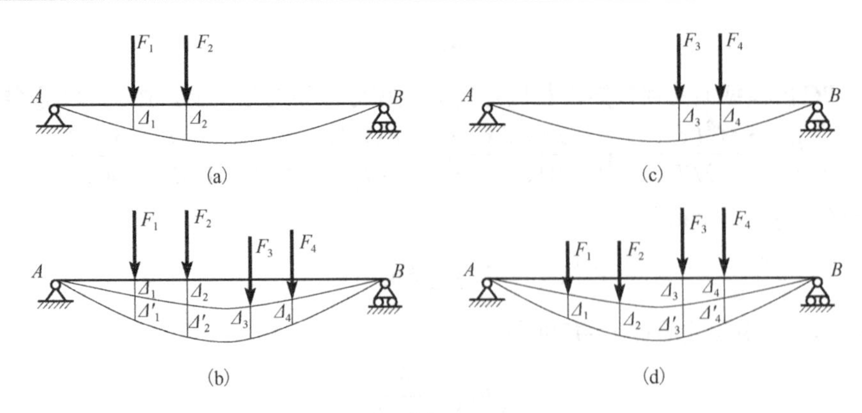

图 9.8

由于外力功只与外力与位移的终值有关，而与各外力加载次序无关，故 $W_1 = W_2$，从而得出

$$F_1\varDelta_1' + F_2\varDelta_2' = F_3\varDelta_3' + F_4\varDelta_4' \tag{9.9}$$

以上结果可以推广到更多力的情况，式(9.9)表明，**在线弹性体上，第一组力在第二组力引起的位移上所做的功等于第二组力在第一组力引起的位移上所做的功**，这就是**功的互等定理**。

如果第一组只有一个力(如 F_1)，第二组也只有一个力(如 F_3)，并且 $F_1 = F_3 = F$，则由式(9.9)得

$$\varDelta_1' = \varDelta_3' \tag{9.10}$$

式(9.10)表明，**在线弹性体上，两个数值相等的力，第一个力在第二个力方向上引起的位移等于第二个力在第一个力方向上引起的位移**，这就是**位移的互等定理**。需要指出的是，上述互等定理中的力和位移应理解为广义力和广义位移。

【例 9.2】 如图 9.9 所示的简支梁 AB，在 B 截面处作用集中力偶 $M_e = 5\text{kN·m}$ 时，在跨中 C 处用千分表测得其挠度为 $w_C = 1.8\text{mm}$，试计算跨中 C 处作用集中力 $F = 20\text{kN}$ 时，B 截面的转角 θ_B。

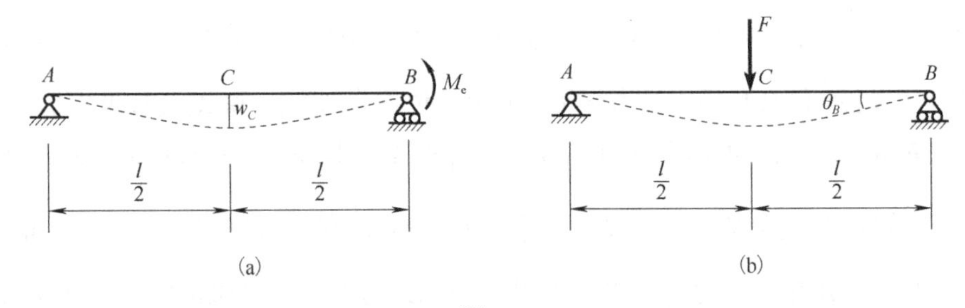

图 9.9

解：由功的互等定理，可知

$$M_e\theta_B = Fw_C$$

因此可得

$$\theta_B = \frac{F}{M_e}w_C = \frac{20}{5}\times 1.8\times 10^{-3} = 7.2\times 10^{-3}(\text{rad})$$

9.4 卡氏定理

从 9.2 节讨论可知，直接利用功能原理计算构件的位移是有局限性的，只有当构件上作用唯一的载荷，而且所求位移恰为该载荷作用点处的相应位移时，直接运用功能原理才是有效的。

如果有目的地将功能原理的表达式作适当的处理，则可适用于一般情况下的位移计算，由此派生出各种定理或方法，**卡氏定理**和**莫尔积分**便是重要的计算原理和方法。

现仍以简支梁为例来推证卡氏定理。设梁上作用有广义力 $F_1,F_2,\cdots,F_i,\cdots,F_n$，在各力作用点处引起相应广义位移 $\Delta_1,\Delta_2,\cdots,\Delta_i,\cdots,\Delta_n$，如图 9.10(a)所示。现求 F_i 作用点沿 F_i 方向上的位移 Δ_i。

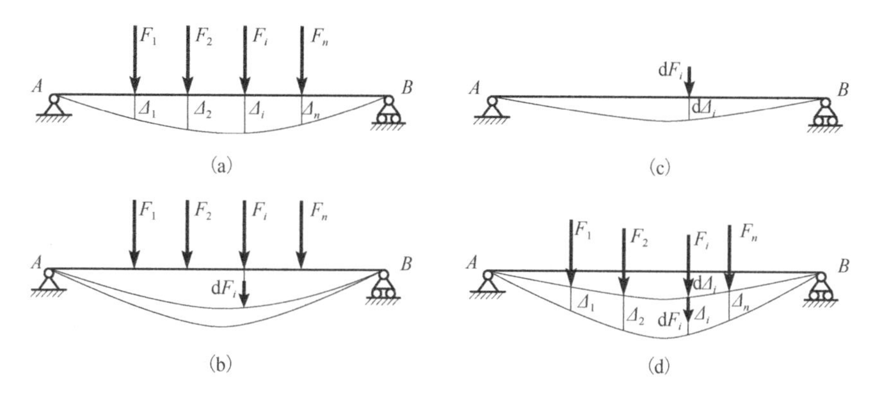

图 9.10

当各广义力作用于梁上后，由功能原理，梁的应变能为

$$V=\frac{1}{2}F_1\Delta_1+\frac{1}{2}F_2\Delta_2+\cdots+\frac{1}{2}F_i\Delta_i+\frac{1}{2}F_n\Delta_n \tag{9.11}$$

显然，应变能 V 可视为各广义力的函数，即 $V=V(F_1,F_2,\cdots,F_i,\cdots,F_n)$。

如果使外力 F_i 发生一个增量 dF_i，如图 9.10(b)所示，则应变能 V 必产生一个相应的增量：

$$dV=\frac{\partial V}{\partial F_i}dF_i$$

此时梁的应变能为

$$V_{总}=V+dV=V+\frac{\partial V}{\partial F_i}dF_i \tag{9.12}$$

现将上述加载次序调换一下，先作用增量 dF_i，再作用 $F_1,F_2,\cdots,F_i,\cdots,F_n$。梁上首先作用 dF_i，并产生相应位移 $d\Delta_i$，如图 9.10(c)所示，dF_i 做功为

$$W_1=\frac{1}{2}dF_i d\Delta_i$$

然后再作用 $F_1,F_2,\cdots,F_i,\cdots,F_n$，并产生相应位移 $\Delta_1,\Delta_2,\cdots,\Delta_i,\cdots,\Delta_n$，如图 9.10(d)所示，则各外力做功为

$$W_2=\frac{1}{2}F_1\Delta_1+\frac{1}{2}F_2\Delta_2+\cdots+\frac{1}{2}F_i\Delta_i+\frac{1}{2}F_n\Delta_n \tag{9.13}$$

与此同时，dF_i 以常力再次在 Δ_i 上做功：

$$W_3 = dF_i\Delta_i$$

由功能原理可得

$$V'_{总} = W_1 + W_2 + W_3$$

比较式(9.11)式和式(9.13)可得，$W_2 = V$，考虑 W_1 为高阶微量(可以忽略)，所以

$$V'_{总} = V + dF_i\Delta_i \tag{9.14}$$

因外力功或应变能与加载次序无关，则 $V_{总} = V'_{总}$，即

$$V + \frac{\partial V}{\partial F_i}dF_i = V + dF_i\Delta_i$$

故

$$\Delta_i = \frac{\partial V}{\partial F_i} \tag{9.15}$$

上式虽然是由简支梁任意横截面的铅垂位移公式导出的，但该式具有普遍意义：若将弹性体系的应变能表达为广义力 $F_1,F_2,\cdots,F_i,\cdots,F_n$ 的函数，则应变能对任一广义力 F_i 的偏导数，等于 F_i 作用点沿 F_i 作用线方向上的位移 Δ_i，这便是卡氏第二定理，通常称为**卡氏定理**。

利用卡氏定理可以得到构件各种单独变形以及组合变形时的位移计算公式，由式(9.7)可知杆件的应变能为

$$V = \int_l \frac{F_N^2(x)dx}{2EA} + \int_l \frac{T^2(x)dx}{2GI_p} + \int_l \frac{M^2(x)dx}{2EI}$$

代入卡氏定理，得

$$\Delta_i = \frac{\partial V}{\partial F_i} = \frac{\partial}{\partial F_i}\left[\int_l \frac{F_N^2(x)dx}{2EA} + \int_l \frac{T^2(x)dx}{2GI_p} + \int_l \frac{M^2(x)dx}{2EI}\right]$$

式中，求导与积分参数无关，可先求导后积分，所以

$$\Delta_i = \frac{\partial V}{\partial F_i} = \int_l \frac{F_N(x)}{EA}\cdot\frac{\partial F_N(x)}{\partial F_i}dx + \int_l \frac{T(x)}{GI_p}\cdot\frac{\partial T(x)}{\partial F_i}dx + \int_l \frac{M(x)}{EI}\cdot\frac{\partial M(x)}{\partial F_i}dx \tag{9.16}$$

对于平面弯曲梁和小曲率梁，可不考虑轴力，式(9.16)简化为

$$\Delta_i = \frac{\partial V}{\partial F_i} = \int_l \frac{M(x)}{EI}\cdot\frac{\partial M(x)}{\partial F_i}dx \tag{9.17}$$

对于由 m 根杆组成的刚架，可不考虑轴力，式(9.16)简化为

$$\Delta_i = \frac{\partial V}{\partial F_i} = \sum_{k=1}^{m}\int_l \frac{M_k(x)}{(EI)_k}\cdot\frac{\partial M_k(x)}{\partial F_i}dx \tag{9.18}$$

对于由 m 根杆组成的桁架，由式(9.4c)，$V = \sum\limits_{k=1}^{m}\frac{F_{Nk}^2 l_k}{2(EA)_k}$，所以

$$\Delta_i = \frac{\partial V}{\partial F_i} = \sum_{k=1}^{m}\frac{F_{Nk}l_k}{(EA)_k}\cdot\frac{\partial F_{Nk}}{\partial F_i} \tag{9.19}$$

对于扭转圆轴，式(9.16)简化为

$$\Delta_i = \frac{\partial V}{\partial F_i} = \int_l \frac{T(x)}{GI_p}\cdot\frac{\partial T(x)}{\partial F_i}dx \tag{9.20}$$

需要说明的是，当所求位移位置上没有沿位移方向的外力作用时，可以在该位置上沿所求位移方向附加一个广义力 F'，然后在所有力(包括 F')作用下应用卡氏定理，最后在所得结果中令 $F'=0$，便可得到所求位移。

【例 9.3】 如图 9.11(a)所示的刚架，试求点 A 的竖向位移 Δ_{VA} 和点 B 的水平位移 Δ_{HB}。设弯曲刚度 EI 为常数。

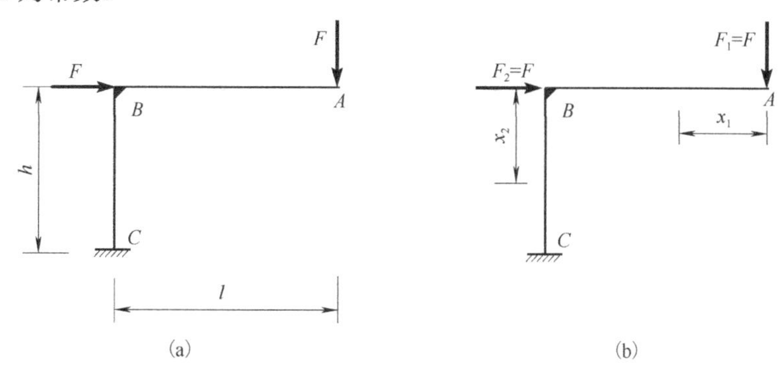

图 9.11

解： 为将作用于所求位移位置上的外力区分开来，设竖向力 $F_1 = F$，水平力 $F_2 = F$。为分段列弯矩方程，分别设置坐标系，如图 9.11(b)所示。

(1) 分段列出弯矩方程(设弯矩内侧受拉为正)，并计算相应的偏导数。

在 AB 段：

$$M_1(x_1) = -F_1 x_1, \quad \frac{\partial M_1}{\partial F_1} = -x_1, \quad \frac{\partial M_1}{\partial F_2} = 0$$

在 BC 段：

$$M_2(x_2) = -F_1 l - F_2 x_2, \quad \frac{\partial M_2}{\partial F_1} = -l, \quad \frac{\partial M_2}{\partial F_2} = -x_2$$

(2) 代入卡氏定理计算位移。

$$\begin{aligned}\Delta_{VA} = \Delta_1 = \frac{\partial V}{\partial F_1} &= \int_0^l \frac{M_1(x_1)}{EI} \cdot \frac{\partial M_1(x_1)}{\partial F_1} dx_1 + \int_0^h \frac{M_2(x_2)}{EI} \cdot \frac{\partial M_2(x_2)}{\partial F_1} dx_2 \\ &= \frac{1}{EI}\int_0^l (-F_1 x_1)(-x_1) dx_1 + \frac{1}{EI}\int_0^h (-F_1 l - F_2 x_2)(-l) dx_2 \\ &= \frac{Fh}{6EI}(2l^2 + 6lh + 3h^2) \quad (\downarrow)\end{aligned}$$

$$\begin{aligned}\Delta_{HB} = \Delta_2 = \frac{\partial V}{\partial F_2} &= \int_0^l \frac{M_1(x_1)}{EI} \cdot \frac{\partial M_1(x_1)}{\partial F_2} dx_1 + \int_0^h \frac{M_2(x_2)}{EI} \cdot \frac{\partial M_2(x_2)}{\partial F_2} dx_2 \\ &= 0 + \frac{1}{EI}\int_0^h (-F_1 l - F_2 x_2)(-x_2) dx_1 = \frac{Fh^2}{6EI}(3l + 2h) \quad (\rightarrow)\end{aligned}$$

【例 9.4】 如图 9.12(a)所示的悬臂梁，受均布载荷作用，试求自由端 B 截面的挠度和转角，设弯曲刚度 EI 为常数。

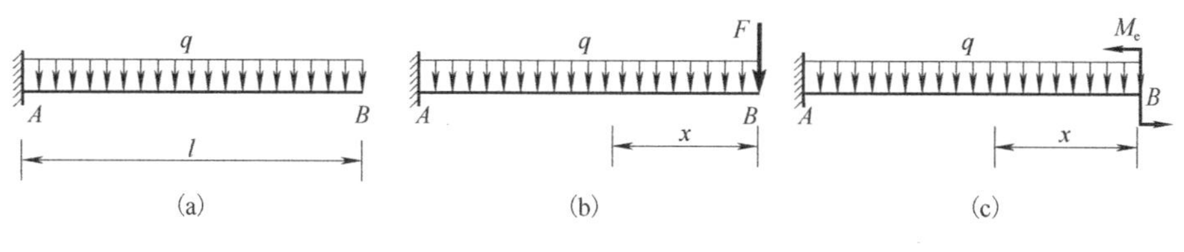

图 9.12

解：在所求位移位置上没有与之对应的外力，需要通过附加外力进行计算。

(1)为计算 B 截面的竖向位移，在 B 端附加一个竖向集中力 F，设置坐标系，如图 9.12(b)所示，列出弯矩方程(设弯矩下侧受拉为正)，并计算相应的偏导数：

$$M(x)=-Fx-\frac{1}{2}qx^2, \qquad \frac{\partial M}{\partial F}=-x$$

代入卡氏定理可得

$$\Delta_{VB}=\frac{\partial V}{\partial F}=\int_l \frac{M(x)}{EI}\cdot\frac{\partial M(x)}{\partial F}\mathrm{d}x=\frac{1}{EI}\int_0^l\left(-Fx-\frac{1}{2}qx^2\right)(-x)\mathrm{d}x$$
$$=\frac{1}{EI}\left(\frac{1}{3}Fl^3+\frac{1}{8}ql^4\right)$$

令 $F=0$ 便可得到 B 截面的实际挠度为

$$w_B=\frac{ql^4}{8EI} \quad (\downarrow)$$

(2)为计算 B 截面的转角，在 B 端附加一个集中力偶 M_e，设置坐标系，如图 9.12(c)所示，列出弯矩方程(设弯矩下侧受拉为正)，并计算相应的偏导数：

$$M(x)=M_e-\frac{1}{2}qx^2, \qquad \frac{\partial M}{\partial M_e}=1$$

代入卡氏定理可得

$$\theta_B=\frac{\partial V}{\partial M_e}=\int_l \frac{M(x)}{EI}\cdot\frac{\partial M(x)}{\partial M_e}\mathrm{d}x=\frac{1}{EI}\int_0^l\left(M_e-\frac{1}{2}qx^2\right)\mathrm{d}x=\frac{1}{EI}\left(M_e l-\frac{1}{6}ql^3\right)$$

令 $M_e=0$ 便可得到 B 截面的实际转角为

$$\theta_B=-\frac{ql^3}{6EI} \quad (\circlearrowright)$$

式中，负号表示转角的实际转向与附加力偶的转向相反。

9.5 莫尔积分

与卡氏定理类似，利用外力功或应变能与加载次序无关的性质，由功能原理还可以导出在结构位移计算中普遍应用的计算方法——**莫尔积分**。

9.5.1 莫尔积分的推导

仍以简支梁为例，导出莫尔积分。设简支梁上作用载荷 $F_1,F_2,\cdots,F_n$，在各力作用点处引起的相应位移为 $\Delta_1,\Delta_2,\cdots,\Delta_n$，如图 9.13(a)所示。现求梁上任一横截面点 C 处的竖向位移 Δ，为了在外力功表达式中显含未知位移 Δ，在点 C 处虚加一方向与所求位移 Δ 同向，数值为 1 的力 $\bar{F}$，即 $\bar{F}=1$，称为**单位力**。

当梁上单独作用实际载荷 $F_1,F_2,\cdots,F_n$ 时，如图 9.13(a)所示，设梁的弯矩方程为 $M(x)$，则梁的应变能为

$$V_F=\int_l \frac{M^2(x)\mathrm{d}x}{2EI}$$

当梁上单独作用单位力 $\bar{F}$ 时，如图 9.13(b)所示，设梁的弯矩方程为 $\bar{M}(x)$，则梁的应变

能为

$$V_{\bar{F}}=\int_l \frac{\bar{M}^2(x)\mathrm{d}x}{2EI}$$

当梁上同时作用实际载荷 $F_1,F_2,\cdots,F_n$ 和单位力 $\bar{F}$ 时，如图 9.13(c)所示，根据叠加原理，梁的弯矩方程应为 $M(x)+\bar{M}(x)$，则梁的应变能为

$$V=\int_l \frac{\left[M(x)+\bar{M}(x)\right]^2\mathrm{d}x}{2EI}=\int_l \frac{M^2(x)\mathrm{d}x}{2EI}+\int_l \frac{\bar{M}^2(x)\mathrm{d}x}{2EI}+\int_l \frac{M(x)\bar{M}(x)}{EI}\mathrm{d}x$$

即

$$V=V_F+V_{\bar{F}}+\int_l \frac{M(x)\bar{M}(x)}{EI}\mathrm{d}x$$

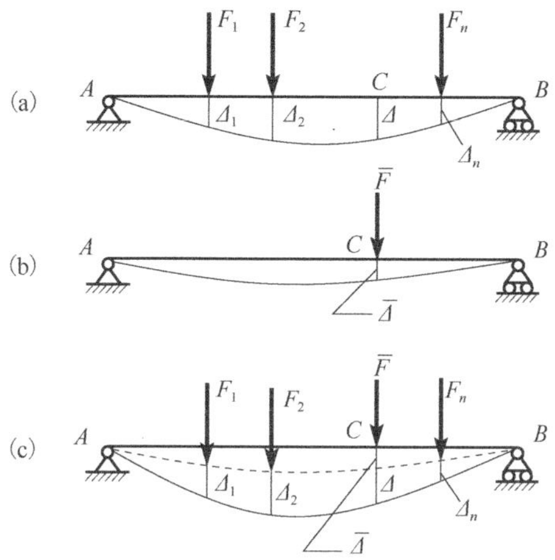

图 9.13

现假设先将单位力 $\bar{F}$ 作用在梁点 C，则梁的挠曲线如图 9.13(c)的虚线所示，点 C 的位移为 $\bar{\Delta}$；然后再将实际载荷 $F_1,F_2,\cdots,F_n$ 作用到梁上，则梁的挠曲线变化到如图 9.13(c)的实线位置。

在整个加载过程中，实际载荷 $F_1,F_2,\cdots,F_n$ 所产生的应变能仍然是 V_F，而单位力 $\bar{F}$ 所产生的应变能除 $V_{\bar{F}}$ 外，还因作用 $F_1,F_2,\cdots,F_n$ 时，使已作用在梁上的单位力 $\bar{F}$ 以常力在Δ上再次做功 $\bar{F}\Delta$，所以单位力 $\bar{F}$ 所产生的应变能应为

$$V'_{\bar{F}}=V_{\bar{F}}+\bar{F}\Delta$$

因此，在整个加载过程中，梁的总应变能

$$V_1=V_F+V_{\bar{F}}+\bar{F}\Delta$$

因应变能与加载次序无关，则 $V_1=V$，即

$$V_F+V_{\bar{F}}+\bar{F}\Delta=V_F+V_{\bar{F}}+\int_l \frac{M(x)\bar{M}(x)}{EI}\mathrm{d}x$$

所以

$$\bar{F}\Delta=\int_l \frac{M(x)\bar{M}(x)}{EI}\mathrm{d}x$$

式中，$\bar{F}=1$，于是点 C 的竖向位移为

$$\Delta=\int_l \frac{M(x)\bar{M}(x)}{EI}\mathrm{d}x \tag{9.21}$$

式(9.21)便是莫尔积分的表达式，又称为**莫尔定理**。由于该方法采用了虚加单位力的方式，又称为**单位载荷法**。此外，莫尔积分还可以由卡氏定理或虚功原理导出。

需要指出的是，式(9.21)不仅能求梁任意横截面的竖向位移，也可用来计算任意横截面的转角。此时，只要在所求截面施加一个矩值为1的力偶(单位力偶)，式中的$\bar{M}(x)$则为由单位力偶所引起的弯矩，Δ则为该截面的转角。因此，式(9.21)中的Δ应理解为广义位移，而$\bar{M}(x)$则是由广义位移所对应的广义单位力引起的弯矩，$M(x)$为实际载荷引起的弯矩。

9.5.2　莫尔积分的应用

莫尔积分是由简支梁任意横截面的铅垂位移公式导出的，对于一般变形形式的弹性体系，类似式(9.21)的推导，可得到结构在各种变形时的位移计算的一般公式。

用莫尔积分计算结构位移的一般公式为

$$\Delta=\int_l \frac{F_{\mathrm{N}}(x)\bar{F}_{\mathrm{N}}(x)}{EA}\mathrm{d}x+\int_l \frac{M(x)\bar{M}(x)}{EI}\mathrm{d}x+\int_l \frac{T(x)\bar{T}(x)}{GI_{\mathrm{p}}}\mathrm{d}x \tag{9.22}$$

对于弯曲梁和小曲率曲梁，可不考虑轴力，式(9.22)简化为

$$\Delta=\int_l \frac{M(x)\bar{M}(x)}{EI}\mathrm{d}x \tag{9.23}$$

对于由m根杆组成的刚架，可不考虑轴力，式(9.22)简化为

$$\Delta=\sum_{k=1}^{m}\int_l \frac{M_k(x)\bar{M}_k(x)}{EI}\mathrm{d}x \tag{9.24}$$

对于平面桁架，式(9.22)可简化为

$$\Delta=\sum_{k=1}^{m}\int_l \frac{F_{\mathrm{N}}(x)\bar{F}_{\mathrm{N}}(x)}{EA}\mathrm{d}x=\sum_{k=1}^{m}\frac{F_{\mathrm{N}k}\bar{F}_{\mathrm{N}k}l_k}{(EA)_k} \tag{9.25}$$

对于扭转圆轴，式(9.22)可简化为

$$\Delta=\int_l \frac{T(x)\bar{T}(x)}{GI_{\mathrm{p}}}\mathrm{d}x \tag{9.26}$$

式中，Δ为广义位移；$M(x)$、$F_{\mathrm{N}}(x)$(或$F_{\mathrm{N}k}$)、$T(x)$分别为实际载荷引起的弯矩、轴力和扭矩；$\bar{M}(x)$、$\bar{F}_{\mathrm{N}}(x)$(或$\bar{F}_{\mathrm{N}k}$)、$\bar{T}(x)$分别为单位广义力引起的弯矩、轴力和扭矩。

欲求结构上某一点处的位移(线位移或角位移)，仅需在该点处沿所求位移方向(或转向)虚加一个单位广义力(线位移对应单位集中力，角位移对应单位集中力偶)，分别列出实际载荷和广义单位力单独作用时产生的内力方程，代入相应的莫尔积分公式计算便可得到所求位移。若所得结果为正，表示所求位移与单位广义力的方向(或转向)一致，反之，则表明所求位移与单位广义力的方向(或转向)相反。

【例 9.5】　简支梁如图9.14(a)所示，试求横截面A的转角θ_A。

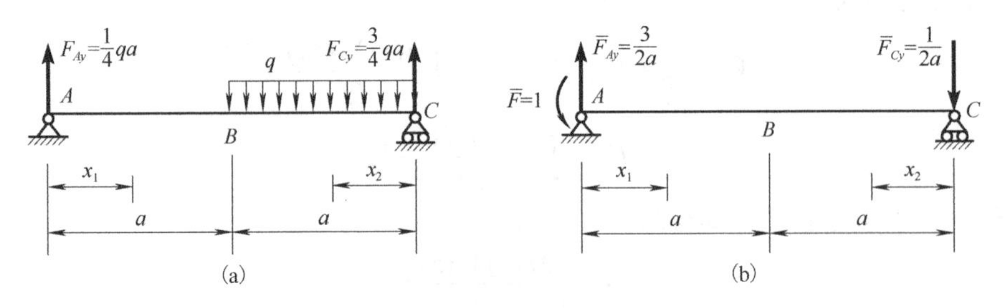

图 9.14

解：计算截面 A 的转角 θ_A，需在截面 A 处施加一个单位集中力偶 $\bar{F}=1$，如图 9.14(b) 所示。

(1) 求支座反力。在载荷作用下，梁的支座反力由平衡方程求得

$$F_{Ay}=\frac{1}{4}qa\ (\uparrow),\qquad F_{Cy}=\frac{3}{4}qa\ (\uparrow)$$

在单位力偶作用下，梁的支座反力为

$$\bar{F}_{Ay}=\frac{1}{2a}\ (\uparrow),\qquad \bar{F}_{Cy}=\frac{1}{2a}\ (\downarrow)$$

(2) 分段列弯矩方程。根据梁上载荷情况，将梁分为 AB 和 BC 两段，分段建立坐标，如图 9.14(a)、(b) 所示，在相同坐标下分别列出由载荷和单位广义力引起的弯矩方程。

AB 段 $(0\leqslant x_1\leqslant a)$：

$$M(x_1)=\frac{1}{4}qax_1,\qquad \bar{M}(x_1)=\frac{1}{2a}x_1-1$$

BC 段 $(0\leqslant x_2\leqslant a)$：

$$M(x_2)=\frac{3}{4}qax_2-\frac{1}{2}qx_2^2,\qquad \bar{M}(x_2)=-\frac{1}{2a}x_2$$

(3) 计算截面 A 的转角 θ_A。将以上弯矩方程代入莫尔积分相应公式[式(9.23)]，即

$$\begin{aligned}\theta_A&=\int_l\frac{M(x)\bar{M}(x)}{EI}\mathrm{d}x=\int_0^a\frac{M(x_1)\bar{M}(x_1)}{EI}\mathrm{d}x_1+\int_0^a\frac{M(x_2)\bar{M}(x_2)}{EI}\mathrm{d}x_2\\&=\frac{1}{EI}\int_0^a\left(\frac{1}{4}qax_1\right)\left(\frac{1}{2a}x_1-1\right)\mathrm{d}x_1+\frac{1}{EI}\int_0^a\left(\frac{3}{4}qax_2-\frac{1}{2}qx_2^2\right)\left(-\frac{1}{2a}x_2\right)\mathrm{d}x_2\\&=-\frac{7qa^3}{48EI}\quad(\circlearrowright)\end{aligned}$$

结果为负，说明 θ_A 与所加单位集中力偶 $\bar{F}$ 相反，即截面 A 沿顺时针方向转动。

【例 9.6】　如图 9.15(a) 所示的刚架，设弯曲刚度 EI 为常数，AB 段受均布载荷 q 作用，试求横截面 A 的铅垂位移和横截面 B 的转角。

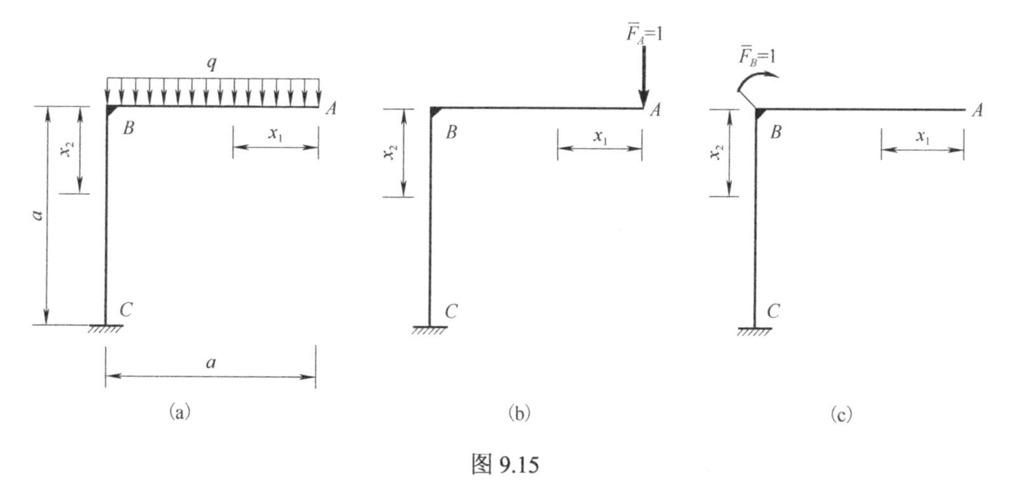

图 9.15

解：根据刚架形状和载荷情况，将刚架分为 AB 和 BC 两段，分段建立坐标如图 9.15(a) 所示。

(1) 刚架在载荷作用下的弯矩方程。

AB 段（$0 \leqslant x_1 \leqslant a$）：

$$M_1(x_1) = -\frac{1}{2}qx_1^2$$

BC 段（$0 \leqslant x_2 \leqslant a$）：

$$M_2(x_2) = -\frac{1}{2}qa^2$$

(2) 计算横截面 A 的铅垂位移。

在点 A 处虚加一铅垂方向的单位集中力 $\bar{F}_A = 1$，如图 9.15(b) 所示。刚架在单位集中力 $\bar{F}_A$ 作用下的弯矩方程如下。

AB 段（$0 \leqslant x_1 \leqslant a$）：

$$\bar{M}_1(x_1) = -x_1$$

BC 段（$0 \leqslant x_2 \leqslant a$）：

$$\bar{M}_2(x_2) = -a$$

代入莫尔积分相应公式［式(9.24)］可得

$$\Delta_{VA} = \sum_{k=1}^{2}\int_l \frac{M_k(x)\bar{M}_k(x)}{EI}\mathrm{d}x = \frac{1}{EI}\int_0^a\left(-\frac{1}{2}qx_1^2\right)(-x_1)\mathrm{d}x_1 + \frac{1}{EI}\int_0^a\left(-\frac{1}{2}qa^2\right)(-a)\mathrm{d}x_2$$

$$= \frac{5qa^4}{8EI} \quad (\downarrow)$$

结果为正，表示方向向下。

(3) 计算横截面 B 的转角。在点 B 处虚加一个单位集中力偶 $\bar{F}_B = 1$，如图 9.15(c) 所示。刚架在单位集中力偶 $\bar{F}_B$ 作用下的弯矩方程如下。

AB 段（$0 \leqslant x_1 \leqslant a$）：

$$\bar{M}_1(x_1) = 0$$

BC 段（$0 \leqslant x_2 \leqslant a$）：

$$\bar{M}_2(x_2) = -1$$

代入莫尔积分相应公式［式(9.24)］可得

$$\theta_B = \sum_{k=1}^{2}\int_l \frac{M_k(x)\bar{M}_k(x)}{EI}\mathrm{d}x = \frac{1}{EI}\int_0^a\left(-\frac{1}{2}qx_1^2\right)(0)\mathrm{d}x_1 + \frac{1}{EI}\int_0^a\left(-\frac{1}{2}qa^2\right)(-1)\mathrm{d}x_2$$

$$= \frac{qa^3}{2EI} \quad (\circlearrowright)$$

结果为正，表示顺时针转向。

【例 9.7】　如图 9.16(a) 所示桁架，节点 D 处受集中力 F 作用，设各杆抗拉压刚度 EA 均相同，试求节点 D 处的水平位移。

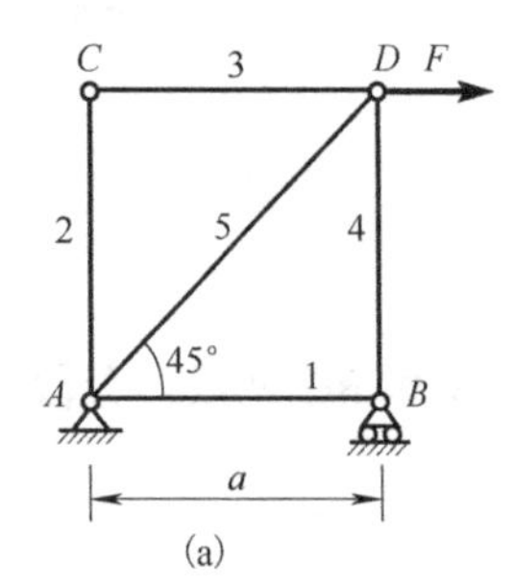

(a)

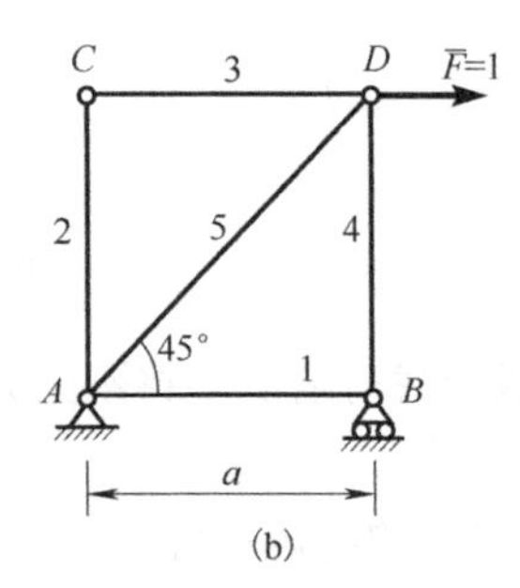

(b)

图 9.16

解：用莫尔积分计算节点 D 的水平位移，需在点 D 虚加一水平单位集中力 $\bar{F}=1$，然后分别求出由 F 引起的各杆轴力 F_{Ni} 和由单位力 $\bar{F}$ 引起的各杆轴力 $\bar{F}_{Nk}$，最后由式(9.25)求出水平位移 $\varDelta_{HC}$。

(1)计算由单位力 $\bar{F}$ 引起的各杆轴力 $\bar{F}_{Nk}$。由桁架计算的节点法或截面法可以求得

$$\bar{F}_{N1}=0,\quad \bar{F}_{N2}=0,\quad \bar{F}_{N3}=0,\quad \bar{F}_{N4}=-1,\quad \bar{F}_{N5}=\sqrt{2}$$

(2)计算由集中力 F 引起的各杆轴力 F_{Nk}。

$$F_{N1}=0,\quad F_{N2}=0,\quad F_{N3}=-F,\quad F_{N4}=-F,\quad F_{N5}=\sqrt{2}F$$

(3)计算 $\varDelta_{HD}$。为便于计算，将以上结果填入表9.1中。

表9.1 各杆轴力、长度及相关项计算

编号	F_{Nk}	$\bar{F}_{Nk}$	l_k	$F_{Nk}\bar{F}_{Nk}l_k$
1	0	0	a	0
2	0	0	a	0
3	$-F$	0	a	0
4	$-F$	-1	a	Fa
5	$\sqrt{2}F$	$\sqrt{2}$	$\sqrt{2}a$	$2\sqrt{2}Fa$

$$\sum_{k=1}^{5}F_{Nk}\bar{F}_{Nk}l_k=(1+2\sqrt{2})Fa$$

所以

$$\varDelta_{HD}=\sum_{k=1}^{5}\frac{F_{Nk}l_k\bar{F}_{Nk}}{EA}=\frac{(1+2\sqrt{2})Fa}{EA}\quad(\rightarrow)$$

结果表明，$\varDelta_{HD}$ 与单位力同向。

9.6 计算莫尔积分的图乘法

用莫尔积分计算等截面直梁或平面刚架位移时，由于单位力引起的弯矩方程为 x 的线性函数，则 $\bar{M}(x)$ 图为一条斜直线，利用这个特点及积分的几何意义，可以使莫尔积分的计算简化为图形的几何计算。

对于等截面直杆，EI 为常数，莫尔积分中的 EI 可以提出到积分符号之外，所以只需计算积分：

$$\int_l M(x)\bar{M}(x)\mathrm{d}x \tag{9.27}$$

由于单位力引起的弯矩图，即 $\bar{M}(x)$ 图为一条斜直线(图9.17)，如果设其倾角为α，与 x 轴的交点为 O，并以 O 为坐标原点，则 $\bar{M}(x)=x\tan\alpha$，所以式(9.27)可以写成

$$\int_l M(x)\bar{M}(x)\mathrm{d}x=\tan\alpha\int_l xM(x)\mathrm{d}x \tag{9.28}$$

在式(9.28)中，积分符号后的 $M(x)\mathrm{d}x$ 是实际载荷引起的弯矩图的微分面积，即 $M(x)$ 图中阴影部分(图9.17)，而 $xM(x)\mathrm{d}x$ 则是该微分面积对 y 轴的静矩。因此，$\int_l xM(x)\mathrm{d}x$

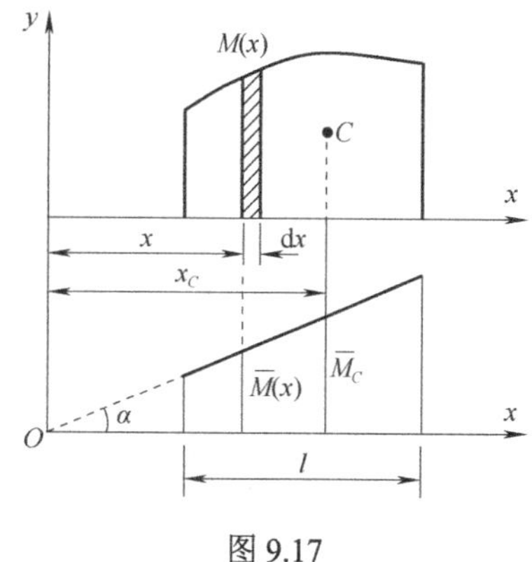

图9.17

就是 $M(x)$ 图在 l 段内的面积对 y 轴的静矩。如果以 ω 代表 $M(x)$ 图的面积，以 x_C 代表 $M(x)$ 图形心 C 到 y 轴的距离，则

$$\int_l xM(x)\mathrm{d}x = \omega x_C$$

于是，式(9.28)化为

$$\int_l M(x)\bar{M}(x)\mathrm{d}x = \omega x_C \tan\alpha = \omega \bar{M}_C$$

式中，$\bar{M}_C$ 是与 $M(x)$ 图面积形心所对应的 $\bar{M}(x)$ 图的纵坐标值。

因此，莫尔积分可写成

$$\Delta = \frac{1}{EI}\int_l M(x)\bar{M}(x)\mathrm{d}x = \frac{\omega \bar{M}_C}{EI} \tag{9.29}$$

原来的积分运算就由计算 $M(x)$ 图的图形面积和 $\bar{M}(x)$ 图的纵坐标值的初等运算代替，这种计算等直截面杆件位移的方法称为**图形互乘法**或简称为**图乘法**，应用图乘法计算应当注意以下几点。

(1) 式(9.29)中，虽然 ω 和 $\bar{M}_C$ 均有正负之分，但当 $M(x)$ 图和 $\bar{M}(x)$ 图处于轴线同侧时，二者互乘必为正；当 $M(x)$ 图和 $\bar{M}(x)$ 图处于轴线两侧时，二者互乘必为负。

(2) 式(9.29)中，要求 $\bar{M}(x)$ 图为一段直线，不得出现折角(倾角 α 不变)。当 $\bar{M}(x)$ 图为折线时，需分段与 $M(x)$ 图面积互乘，然后将各段互乘结果叠加。

(3) 式(9.29)中，杆件必须是直杆，并要求为等截面(EI=常数)。当杆件截面出现突变时，$\bar{M}(x)$ 图与 $M(x)$ 图应在等截面段内分段互乘，然后叠加。

(4) 当载荷比较复杂时，为便于计算 $M(x)$ 图的面积和形心位置，可将其分解为几个简单载荷，分别画出弯矩图，分别与 $\bar{M}(x)$ 图互乘，然后叠加。

图乘法由等截面直梁导出，同样也适用于轴向拉压和圆轴扭转的位移计算。但是，必须指出，只有同类的内力图才能互乘。

应用图乘法计算的主要任务是 $M(x)$ 图面积的计算和形心位置的确定，为方便计算，图 9.18 给出了几种常见的 $M(x)$ 图面积和形心位置的计算公式，其中抛物线顶点的切线与基线平行或重合。

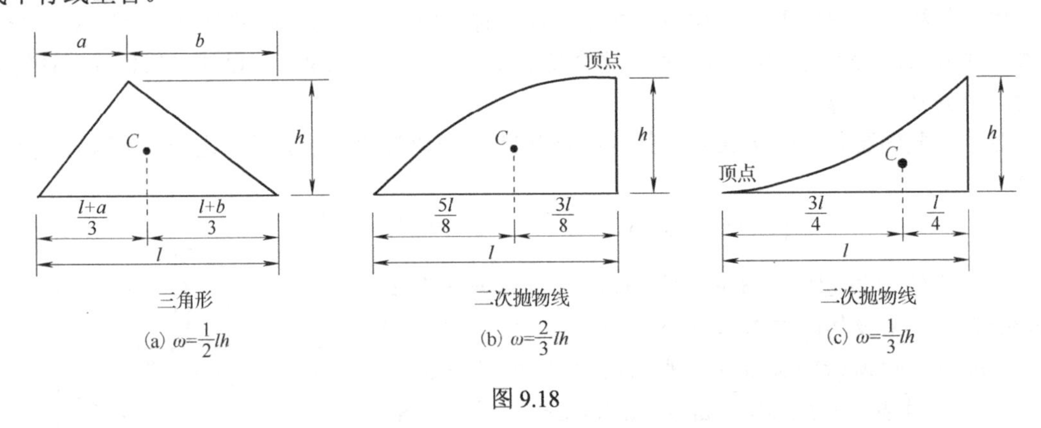

图 9.18

【例 9.8】 如图 9.19(a)所示的简支梁，EI 为常量，受均布载荷作用。试求跨度中点 C 的挠度。

解： 用莫尔积分的图乘法计算中点 C 的挠度，首先画出梁在载荷作用下的 $M(x)$ 图，如图 9.19(b)所示。然后在跨度中点 C 施加竖向单位集中力，如图 9.19(c)所示，再画出单位力

作用下的 $\bar{M}(x)$ 图，如图 9.19(d) 所示。

虽然 $M(x)$ 图是一条光滑曲线，但 $\bar{M}(x)$ 图却是一条折线，应以折角为分界点分段互乘。应用图 9.18 中的公式易得 AC 和 CB 段内 $M(x)$ 图的面积 ω_1 和 ω_2 为

$$\omega_1=\omega_2=\frac{2}{3}\times\frac{l}{2}\times\frac{1}{8}ql^2=\frac{1}{24}ql^3$$

ω_1 和 ω_2 的形心在 $\bar{M}(x)$ 图中对应的纵坐标为

$$\bar{M}_{C_1}=\bar{M}_{C_2}=\frac{5}{8}\times\frac{1}{4}l=\frac{5}{32}l$$

所以由式(9.29)可得

$$\omega_C=\frac{\omega_1\bar{M}_{C_1}}{EI}+\frac{\omega_2\bar{M}_{C_2}}{EI}=\frac{2}{EI}\times\frac{1}{24}ql^3\times\frac{5}{32}l=\frac{5ql^4}{384EI}\quad(\downarrow)$$

所得结果符号为正，表示挠度与单位力方向相同，故挠度方向向下。

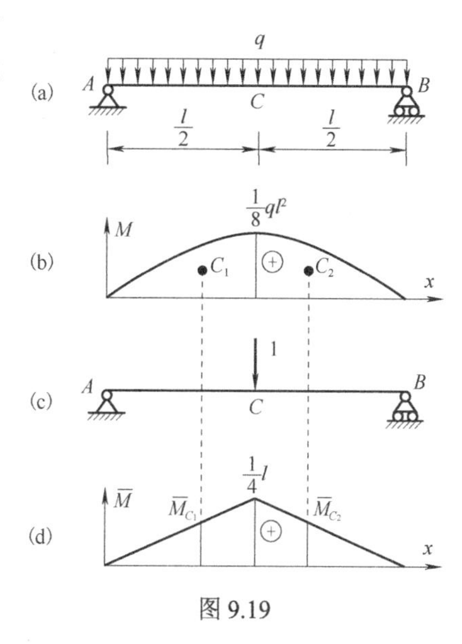

图 9.19

【例 9.9】 如图 9.20(a) 所示的外伸梁，其 EI 为常量，跨中受集中力作用，外伸段受均布载荷作用，试求外伸端 C 截面的转角。

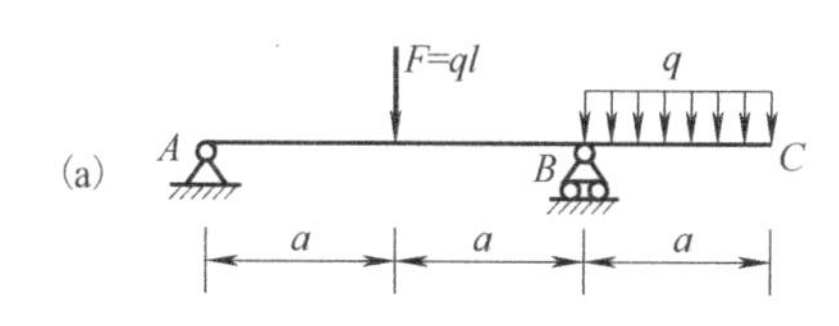

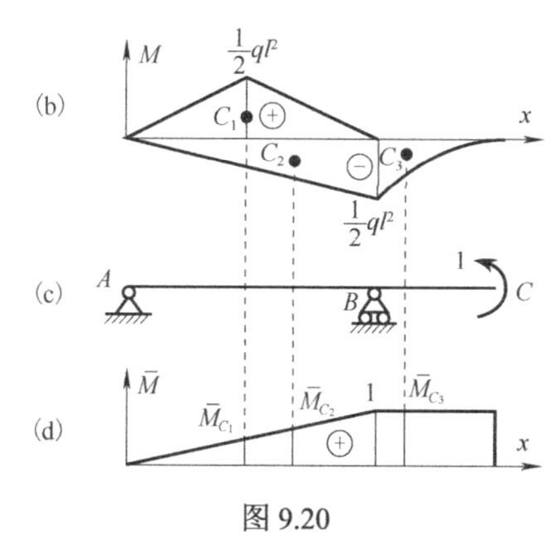

图 9.20

解： 外伸梁在载荷作用下的 $M(x)$ 图可以分解为图 9.20(b) 所示的三部分。然后在 C 端施加单位力偶，如图 9.20(c) 所示，再画出单位力偶作用下的 $\bar{M}(x)$ 图，如图 9.20(d) 所示。

$M(x)$ 图中三部分面积所对应的 $\bar{M}(x)$ 图线均无折角，不再分段。由图 9.18 中的公式易得三部分面积分别为

$$\omega_1=\frac{1}{2}\times2a\times\frac{1}{2}qa^2=\frac{1}{2}qa^3$$

$$\omega_2=-\frac{1}{2}\times2a\times\frac{1}{2}qa^2=-\frac{1}{2}qa^3$$

$$\omega_3=-\frac{1}{3}\times a\times\frac{1}{2}qa^2=-\frac{1}{6}qa^3$$

三部分面积的形心在 $\bar{M}(x)$ 图中分别对应的纵坐标为

$$\bar{M}_{C_1}=\frac{1}{2}\times1=\frac{1}{2}$$

$$\bar{M}_{C_2}=\frac{2}{3}\times1=\frac{2}{3}$$

$$\bar{M}_{C_3}=1$$

所以由式(9.29)可得

$$\theta_C=\frac{\omega_1\bar{M}_{C_1}}{EI}+\frac{\omega_2\bar{M}_{C_2}}{EI}+\frac{\omega_3\bar{M}_{C_3}}{EI}=\frac{1}{EI}\left(\frac{1}{2}qa^3\times\frac{1}{2}-\frac{1}{2}qa^3\times\frac{2}{3}-\frac{1}{6}qa^3\times1\right)$$

$$=-\frac{qa^3}{4EI}\quad(\circlearrowright)$$

所得结果符号为负，表示转角与单位力偶转向相反，故转角为顺时针转向。

思　考　题

9-1　判断下列说法或结论是否正确。

(1) 计算应变能可以应用叠加原理。

(2) 应变能恒为正值。

(3) 功的互等定理适用于线弹性材料、小变形情况并在力载荷作用下的任意形状的构件或结构。

(4) 用图乘法可求得各种结构在载荷作用下的位移。

9-2　如思图 9.1 所示的梁，其加载次序有如下三种：①F 与 M_e 同时按比例加载；②先加 F，后加 M_e；③先加 M_e，后加 F。在线弹性范围内，关于梁的应变能大小的结论中，正确的是(　　)。

A. 第一种大　　B. 第二种大　　C. 第三种大　　D. 一样大

9-3　如思图 9.2 所示的外伸梁，在跨中 D 作用集中力 F 时，测得截面 C 的转角为 θ。现欲使跨中 D 产生挠度 w，需在截面 B 处施加集中力偶 M_e=__________。

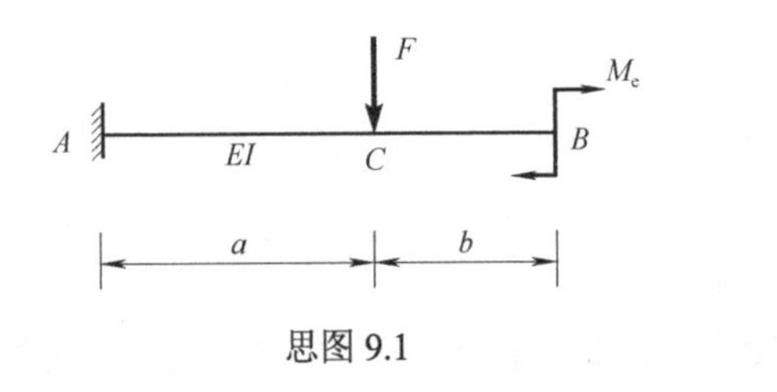

思图 9.1

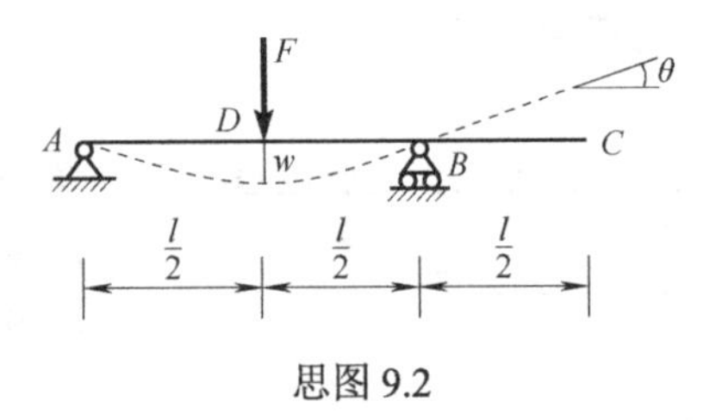

思图 9.2

习　　题

9.1　题图 9.1 所示的两根圆截面直杆，一根为等截面杆，另一根为变截面杆，材料相同，试求两杆的应变能。

9.2　桁架各杆的材料相同，横截面面积均为 A，结构形式如题图 9.2 所示。试求在载荷 F 作用下，桁架的应变能。

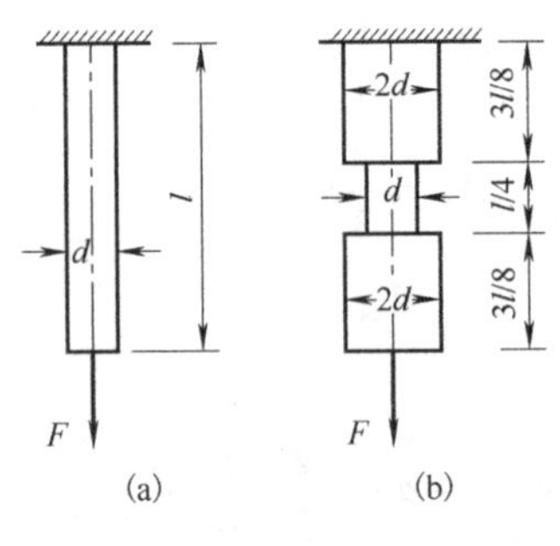

题图 9.1

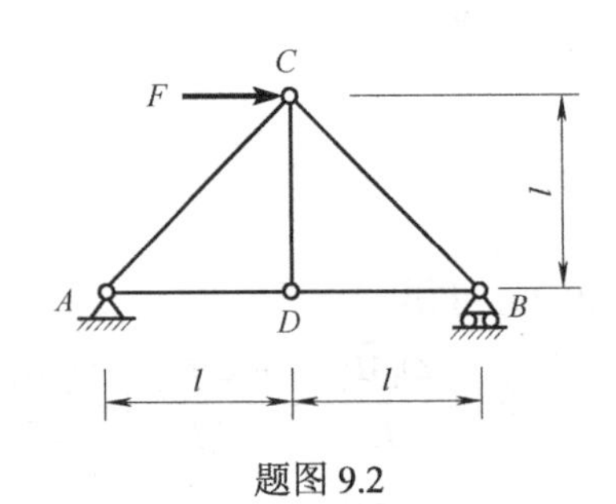

题图 9.2

9.3　如题图 9.3 所示的受均布外力偶矩 m_e 作用的圆截面轴，设轴长为 l，直径为 d，材料的切变模量为 G，试求轴的应变能。

9.4　如题图 9.4 所示的圆锥形轴，自由端承受外力偶矩 M_e 作用。设轴长为 l，左右两端的直径分别为 $2d$ 和 d，材料的切变模量为 G，试计算轴的应变能。

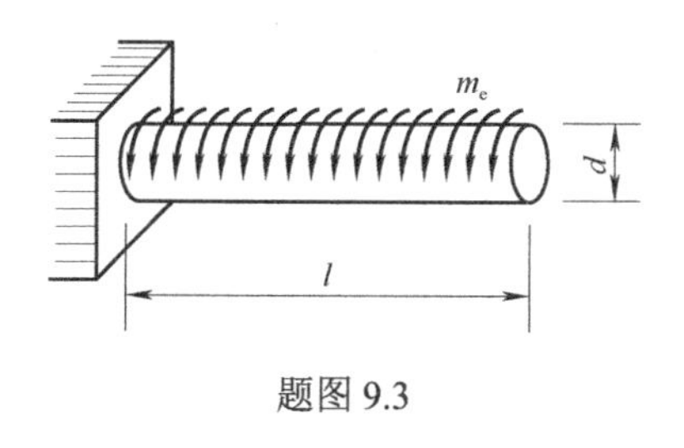

题图 9.3

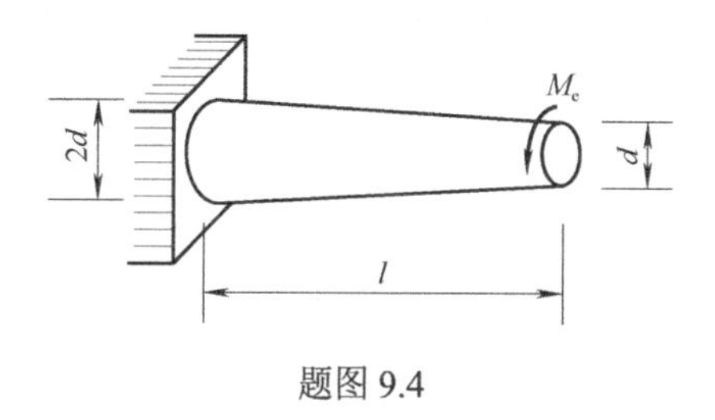

题图 9.4

9.5　试计算如题图 9.5 所示各梁的应变能。

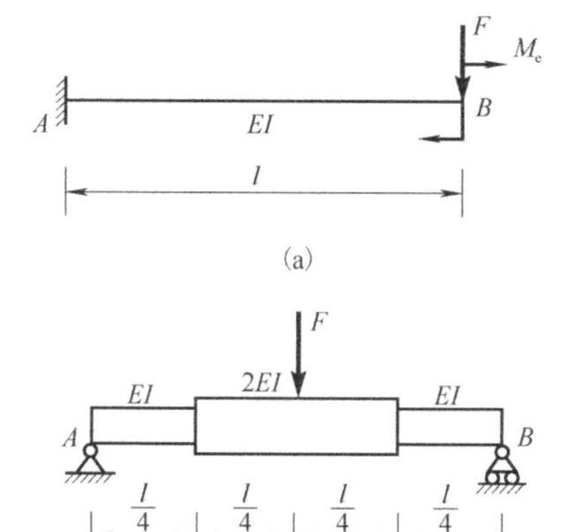

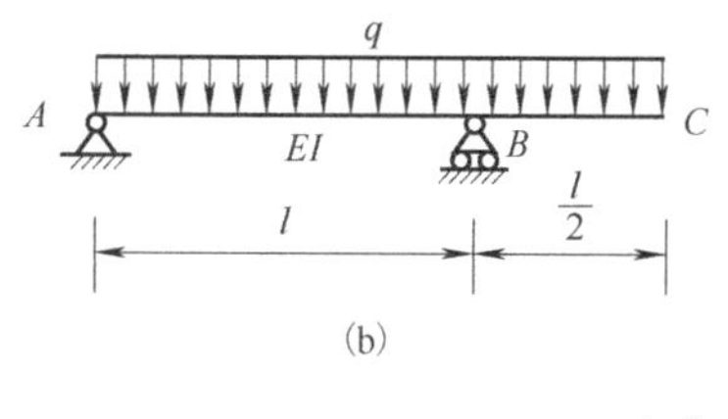

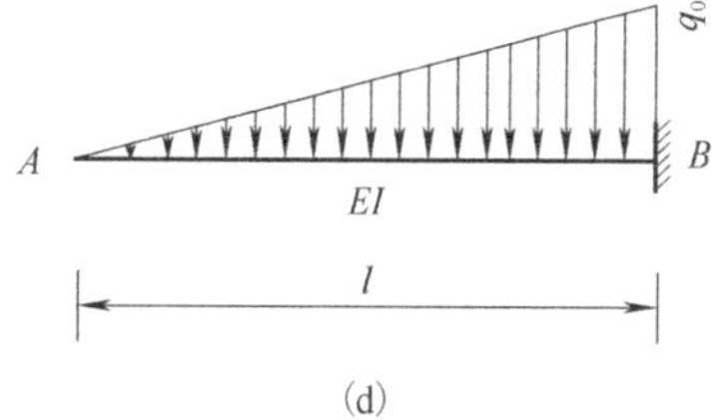

题图 9.5

9.6　试计算题图 9.6 所示结构的应变能(不考虑剪力的影响)。

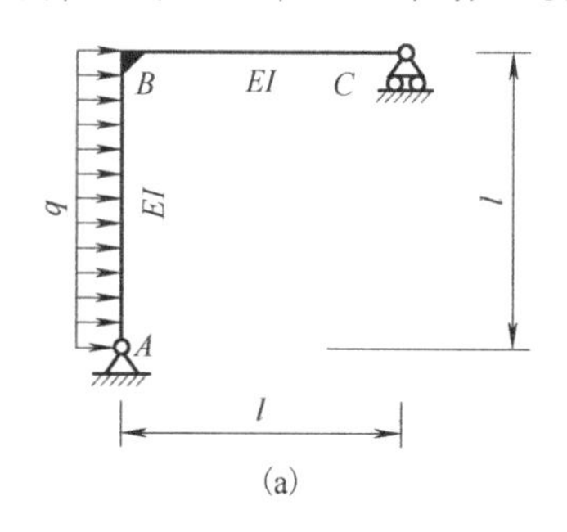

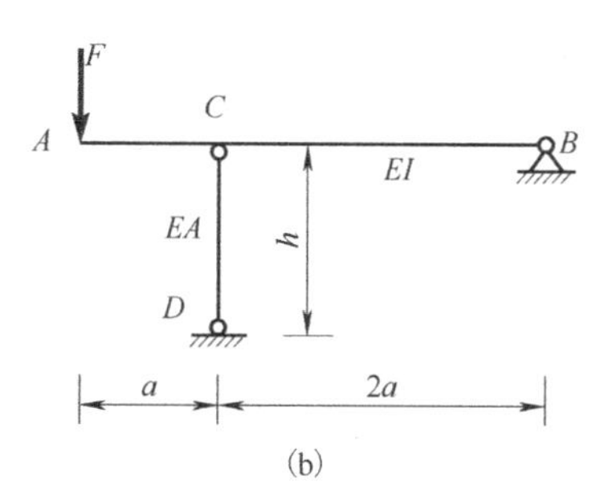

题图 9.6

9.7　试用卡氏定理计算：

(1)题图 9.2 中节点 C 的水平位移和节点 D 的铅垂位移。

(2)题图 9.4 中自由端(右端)截面的扭转角。

(3)题图 9.5(a)中 B 截面的铅垂位移和转角。

(4)题图 9.5(b)中 C 截面的铅垂位移和 A 端转角。

9.8 用莫尔积分计算题图 9.7 所示各梁指定截面的挠度或转角。

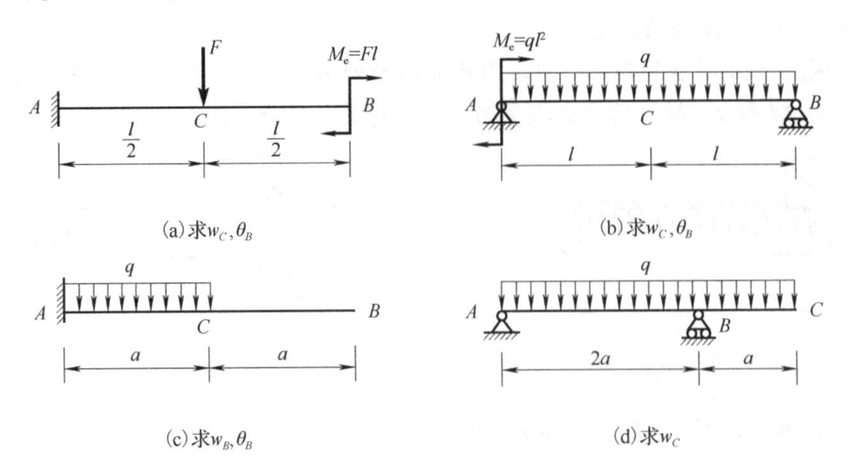

题图 9.7

9.9 用莫尔积分计算题图 9.8 所示桁架中节点 C 的铅垂位移。

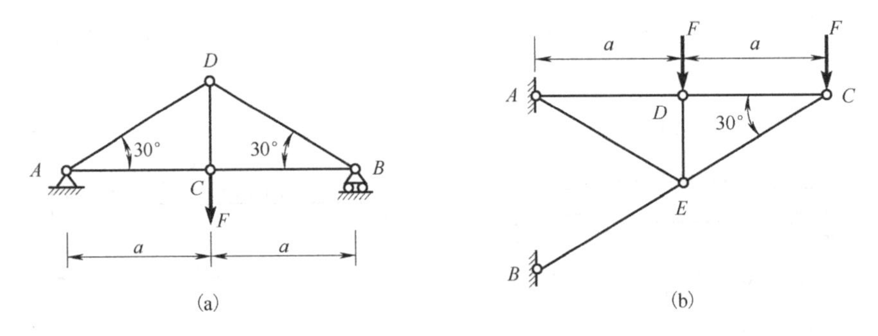

题图 9.8

9.10 用莫尔积分计算题图 9.9 所示刚架指定截面的位移或转角。

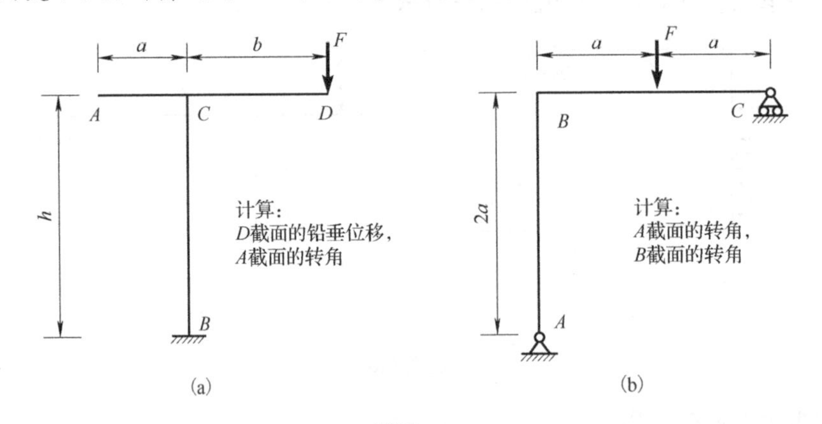

题图 9.9

9.11 用图乘法计算题图 9.7 所示各梁指定截面的挠度和转角。

9.12 题图 9.10 所示的结构由梁 AB 和杆 CD 组合构成，在 B 处承受载荷 F 作用。设梁 AB 的弯曲刚度为 EI，杆 CD 的拉压刚度为 EA。不计梁 AB 的轴力影响，试求 B 截面的挠度和转角。

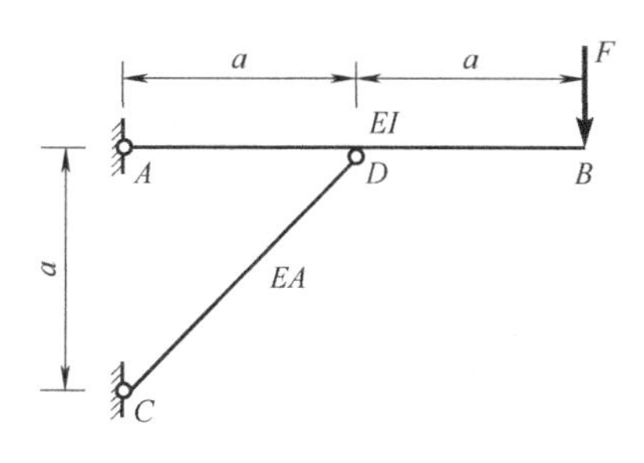

题图 9.10

第 10 章　简单超静定问题

10.1　超静定问题的概念

前面研究的所有问题中，杆件的约束反力和内力都可以用静力平衡条件确定，这类问题称为**静定问题**，相应结构称为**静定结构**。

工程实际中，为提高构件或结构的强度和刚度，或者为了满足构造或其他工程技术条件的要求，往往需要在静定结构上再增加约束，这会使原来按平衡条件可解的静定问题变为超静定(静不定)问题。如图 10.1(a)所示的杆系结构，设 AB 为刚杆，各连接点均为铰接，点 B 处作用一竖向力 F，欲求杆 1 的轴力 F_{N1} 和支座约束反力 F_R。为此，将杆 1 截断，只需写出平面平行力系的两个平衡方程，便可完全确定两个未知力 F_{N1} 和 F_R，如图 10.1(b)，这显然是一个静定问题。

若在中间增加一根杆 2，如图 10.2(a)所示，则未知力变为三个，但可列的独立平衡方程仍然只有两个，只根据静力平衡方程无法求出全部未知力。通常将这类不能单凭静力平衡方程求解的问题，称为**超静定问题**，相应结构称为**超静定结构**。对于超静定问题，未知力的个数与可列独立平衡方程的个数之差称为**超静定次数**。对于保持结构静定，多出来的约束，称为**多余的约束**。可见，图 10.2(a)所示结构为一次超静定结构。

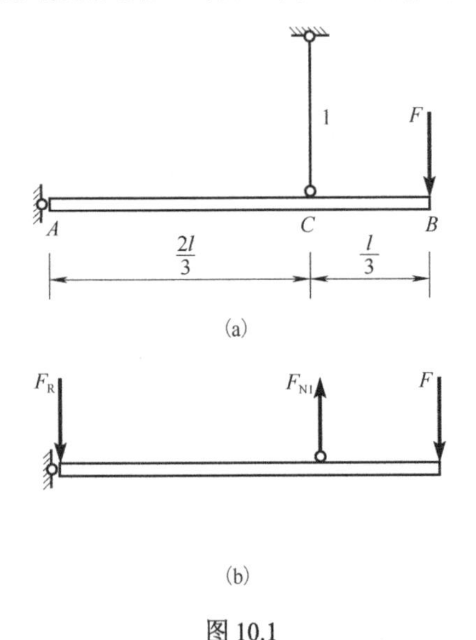

图 10.1

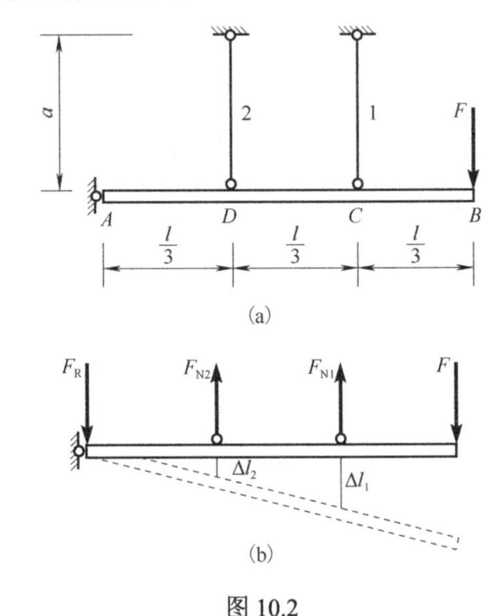

图 10.2

对于超静定结构，除了根据静力平衡条件列出平衡方程外，还需要考虑变形条件，并借助变形与载荷间的关系，建立与超静定次数相同数目的补充方程，根据平衡方程和补充方程求出多余约束反力。这样把超静定结构转换为静定结构，就可以进行内力、应力、强度、刚度和稳定性计算，因此寻找补充方程是求解超静定问题的关键。

10.2　简单拉压超静定杆

10.2.1　拉压超静定问题

简单超静定杆系结构往往有拉压超静定问题，应综合考虑拉压变形的协调条件、胡克定律和静力学平衡条件求解。现以图 10.2(a)所示的超静定结构为例，介绍其分析方法。

【例 10.1】　设结构如图 10.2(a)所示，杆 1 与杆 2 的抗拉压刚度分别为 E_1A_1 和 E_2A_2、杆长 $l_1=l_2=a$，求作用竖向载荷 F 时各杆的轴力和 A 端的约束反力。

解：选取刚杆 AB 为研究对象，因 1 杆和 2 杆都是二力杆，所以在载荷 F 作用下，其受力分析如图 10.2(b)所示，平衡方程为

$$\sum F_y=0,\qquad F_{N1}+F_{N2}-F_R-F=0 \tag{a}$$

$$\sum M_A=0,\qquad F_{N1}\cdot\frac{2l}{3}+F_{N2}\cdot\frac{l}{3}-F\cdot l=0 \tag{b}$$

显然，两个平衡方程求不出三个未知力。

由于 AB 是刚杆，在 F 作用下，绕 A 发生刚性转动，使 1、2 两杆都发生伸长变形，结构的位移和变形如图 10.2(b)所示。为保证结构的协调性和连续性，杆 1 的变形Δl_1与杆 2 的变形Δl_2之间应满足如下几何关系：

$$\Delta l_1=2\Delta l_2 \tag{c}$$

保证结构协调性和连续性所应满足的变形几何关系，称为**变形协调条件**或**变形协调方程**。变形协调条件是求解超静定问题的补充条件，再利用物理关系将变形协调方程用内力表达，便可得到求解超静定问题的补充方程。

由胡克定律可知，两杆的变形与相应的轴力间有以下关系：

$$\left.\begin{aligned}\Delta l_1&=\frac{F_{N1}l_1}{E_1A_1}=\frac{F_{N1}a}{E_1A_1}\\ \Delta l_2&=\frac{F_{N2}l_2}{E_2A_2}=\frac{F_{N2}a}{E_2A_2}\end{aligned}\right. \tag{d}$$

将式(d)代入式(c)，得到用轴力表示的变形协调方程，即补充方程：

$$\frac{1}{E_1A_1}F_{N1}=\frac{2}{E_2A_2}F_{N2} \tag{e}$$

联立平衡方程(a)、(b)以及补充方程(e)求解得

$$F_{N1}=\frac{6E_1A_1}{4E_1A_1+E_2A_2}F$$

$$F_{N2}=\frac{3E_2A_2}{4E_1A_1+E_2A_2}F$$

$$F_R=\frac{2E_1A_1+2E_2A_2}{4E_1A_1+E_2A_2}F$$

所得结果均为正，表明所设各杆轴力和约束反力的方向与实际相符。

由以上解答可以看出，对于拉压超静定结构，拉压杆的轴力和支座约束反力与各杆的拉压刚度有关。一般说来，增大某杆刚度，该杆的轴力也相应增大；改变任一杆的刚度，都将

引起结构中所有杆件轴力的重新分配，这是超静定结构区别于静定结构的一个重要特点。

综上所述，求解超静定问题必须从静力、几何与物理三方面综合考虑，满足静力平衡条件和变形协调条件是问题的核心，而物理关系则是搭建这两个条件的桥梁。固体力学的许多基本理论，也正是从这三方面进行综合分析后建立的。

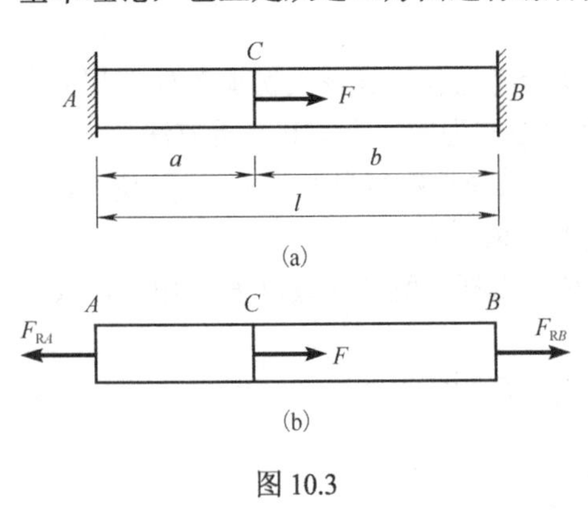

图 10.3

【例 10.2】 如图 10.3(a)所示的等截面杆 AB，两端固定，在横截面 C 处承受轴向载荷 F 作用，试求杆的轴力。

解：(1)静力平衡条件。

解除杆端约束，代之以约束反力 F_{RA} 和 F_{RB}，受力分析如图 10.3(b)所示。由于是共线力系，仅可列一个独立的平衡方程，即

$$-F_{RA}+F_{RB}+F=0 \tag{a}$$

式中有两个未知力，故为一次超静定。

(2)变形协调条件。

根据杆两端的约束条件可知，各段杆受力后虽然产生了变形，但杆的总长不变，即杆 AB 的总伸长 Δl_{AB} 为零，如果将 AC 段与 CB 段的轴向变形分别用 Δl_{AC} 与 Δl_{CB} 表示，则变形协调条件为

$$\Delta l_{AB}=\Delta l_{AC}+\Delta l_{CB}=0 \tag{b}$$

(3)物理关系。

由截面法，AC 与 CB 段的轴力分别为

$$F_{N1}=F_{RA}, \qquad F_{N2}=F_{RB}$$

由胡克定律，AC 与 CB 段的伸长量分别为

$$\Delta l_{AC}=\frac{F_{RA}a}{EA}, \qquad \Delta l_{CB}=\frac{F_{RB}b}{EA}$$

(4)求约束反力。

将轴力和伸长量代入式(b)得补充方程为

$$F_{RA}a+F_{RB}b=0 \tag{c}$$

联立平衡方程(a)和补充方程(c)解得

$$F_{RA}=\frac{Fb}{l}, \qquad F_{RB}=-\frac{Fa}{l}$$

式中，负号表示所设 F_{RB} 方向与实际方向相反。最后易得 AC 与 CB 段的轴力分别为

$$F_{N1}=\frac{Fb}{l}\ (拉) \quad , \qquad F_{N2}=-\frac{Fa}{l}\ (压)$$

10.2.2 装配应力和温度应力

1. 装配应力

在构件的加工制造过程中，尺寸的微小误差是难免或允许的。构件原始尺寸的微小误差，在静定结构中只能引起结构几何形状的微小改变，不会在结构内引起内力或应力。如图 10.4(a)所示的静定结构，原设计要求两杆长度相同，由于制造误差，AC 杆做短了一小段，装配后铰接点 A 向右侧偏移，但是杆件不会产生应力。对于超静定结构，如果构件尺寸有制造误差，

则在装配时须使构件产生变形后才能装配在一起。这样，在还没有外加载荷前，结构的各构件内就产生了应力。这种由于装配而引起的应力，称为**装配应力**。

【例 10.3】　如图 10.4(b)所示的三杆超静定结构，杆 1 与杆 2 相同，由于杆 3 在制造时尺寸减小了δ，在装配时必须把杆 3 拉长，而把杆 1 和杆 2 压短，强行把三根杆装配在一起，如图中虚线所示。装配后，虽然尚未受到载荷作用，但各杆都已产生了装配应力。由于装配应力是在承受载荷以前已经产生的应力，又称为初应力。

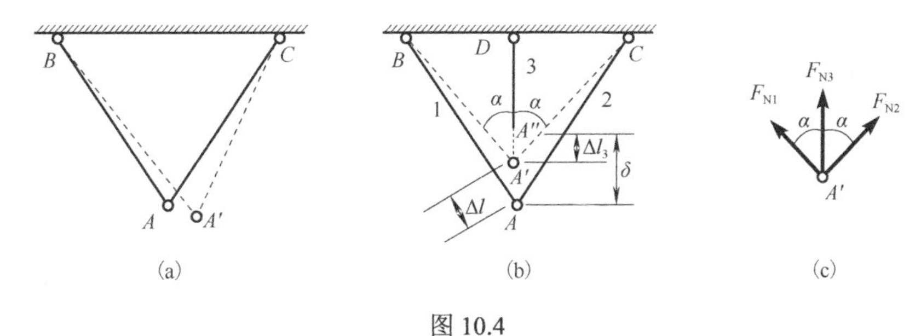

图 10.4

求解装配应力也是超静定问题，解法和步骤与前面相同。例如，求解图 10.4(b)所示结构的装配应力，根据变形分析，设杆 1 和杆 2 受压，杆 3 受拉。节点 A 的受力图，如图 10.4(c)所示。

求 F_{N3} 需利用位移(变形)相容条件：

$$\overline{A''A'}+\overline{AA'}=\delta \tag{a}$$

即

$$\Delta l_3+\frac{\Delta l_1}{\cos\alpha}=\delta \tag{b}$$

根据图 10.4(c)的受力分析，建立平衡方程，由对称性得

$$F_{N1}=F_{N2}=\frac{F_{N3}}{2\cos\alpha} \tag{c}$$

由拉压胡克定律和式(c)得

$$\Delta l_1=\frac{F_{N1}l_1}{E_1A_1}=\frac{F_{N3}}{2\cos\alpha}\times\frac{l_1}{E_1A_1}=\frac{F_{N3}l_1}{2E_1A_1\cos\alpha} \tag{d}$$

$$\Delta l_3=\frac{F_{N3}l_3}{E_3A_3} \tag{e}$$

把式(d)和式(e)代入式(b)，列出补充方程：

$$\frac{F_{N3}l_3}{E_3A_3}+\frac{F_{N3}l_1}{2E_1A_1\cos^2\alpha}=\delta$$

由此可得装配力 F_{N3}，即杆 3 中的装配内力为

$$F_{N3}=\frac{\delta}{\dfrac{l_3}{E_3A_3}+\dfrac{l_1}{2E_1A_1\cos^2\alpha}}\text{（拉）}$$

由式(c)可得，杆 1 和杆 2 中的装配内力为

$$F_{N1}=F_{N2}=\frac{\delta}{2\cos\alpha\left[\dfrac{l_3}{E_3A_3}+\dfrac{l_1}{2E_1A_1\cos^2\alpha}\right]}\text{（压）}$$

只需将装配内力(轴力)除以杆的横截面面积即可得到各杆横截面上的装配应力。装配应力的存在，对于结构往往是有害的，因此在构件的加工制造过程中，要求保证有足够的加工精度，以减少装配应力，但有时人们又有意识地利用装配应力，如在机械制造中的过盈配合就是一个实例。

2. 温度应力

在工程实际中，结构往往会因温度变化而膨胀或收缩。在静定结构中，各杆件可以自由变形，因而整个结构温度变化均匀时，不会引起杆件的应力。但在超静定结构中，由于具有“多余”约束，温度变化将在杆内引起应力，这种应力称为**温度应力**。温度应力的计算同样属于超静定问题，不同之处在于考虑杆的变形时，应包括温度引起的变形和弹性变形两部分，下面通过例题说明温度应力的计算过程。

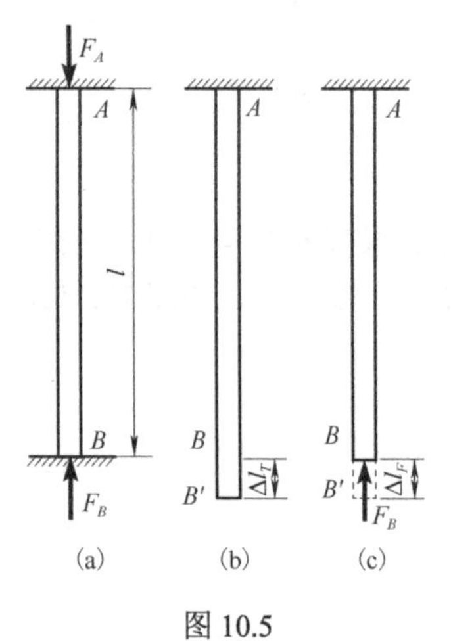

图 10.5

【例 10.4】 一两端刚性支承(固定约束)的杆 AB 如图 10.5(a)所示，设杆长为 l，横截面面积为 A，材料的弹性模量为 E，线膨胀因数为α，试求温度升高ΔT时，杆内的温度应力。

解：(1)列静力平衡方程。

温度升高时，杆 AB 要伸长，但由于两端的刚性支承限制了杆的伸长，相当于在杆的两端产生约束反力 F_A 和 F_B，如图 10.5(a)所示。平衡条件：

$$\sum F_x = 0\,,\quad F_A - F_B = 0 \tag{a}$$

式(a)中有两个未知力，一个平衡方程，为一次超静定问题，故需要寻找一个补充方程。

(2)变形几何方程。

假设解除杆 B 端的约束，杆因温度升高而自由变形，沿杆方向引起的伸长为 Δl_T；杆在 B 端受轴向压力 F_B 作用引起的缩短为 Δl_F，分别如图 10.5(b)、(c)所示。因为杆的两端实际上是刚性支承，故杆的总长度 Δl_{AB} 不变，变形几何方程为

$$\Delta l_{AB} = \Delta l_T + \Delta l_F = 0 \tag{b}$$

式中，Δl_T 和 Δl_F 的实际符号分别由其计算公式确定。

(3)物理方程。

由线膨胀定律及胡克定律，可得物理方程，即

$$\Delta l_T = \alpha \Delta T l$$

$$\Delta l_F = \frac{F_N l}{EA} = -\frac{F_B l}{EA}$$

代入式(b)，得到补充方程为

$$\alpha \Delta T l - \frac{F_B l}{EA} = 0 \tag{c}$$

由此解得杆两端的约束反力为

$$F_A = F_B = F_N = \alpha EA\Delta T$$

杆的横截面上的温度应力为

$$\sigma = \frac{F_N}{A} = \alpha E\Delta T$$

若杆的材料是钢，$\alpha=1.2\times10^{-5}/℃$，$E=200\text{GPa}$。当温度升高$\Delta T=40℃$时，杆内的温度应力为

$$\sigma=\alpha E\Delta T=1.2\times10^{-5}\times200\times10^{9}\times40=960(\text{MPa})$$

温度应力是相当大的，在工程结构中不能忽视。例如，铁路钢轨上每隔一段距离必需留有空隙，如图 10.6(a)所示；桥梁路面上常布置梳齿形伸缩缝，如图 10.6(b)所示；在架设管道时，每隔一定距离，常把一段管道弯曲，形成伸缩节，这都是为了减小或防止产生温度应力而采取的措施。

(a)

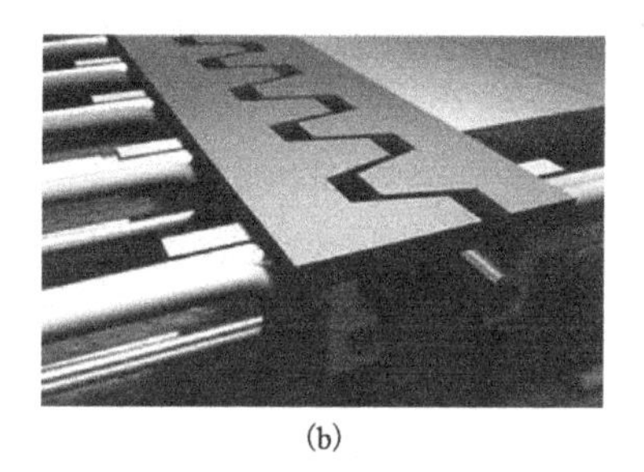
(b)

图 10.6

10.3　简单超静定轴

圆轴扭转变形中仍有超静定问题，求解过程与拉压杆相似，不同之处是在建立变形几何方程时，采用的是相对扭转角作为变形量，以下结合例题说明其分析过程。

【例 10.5】　由两种不同材料制成的套管组合圆轴受扭矩 T 作用，如图 10.7 所示。外套管的外径为d_1，切变模量为G_1；内圆轴的直径为d_2，切变模量为G_2。设两层材料的界面紧密结合，不会相对错动，求两种材料横截面上的最大切应力。

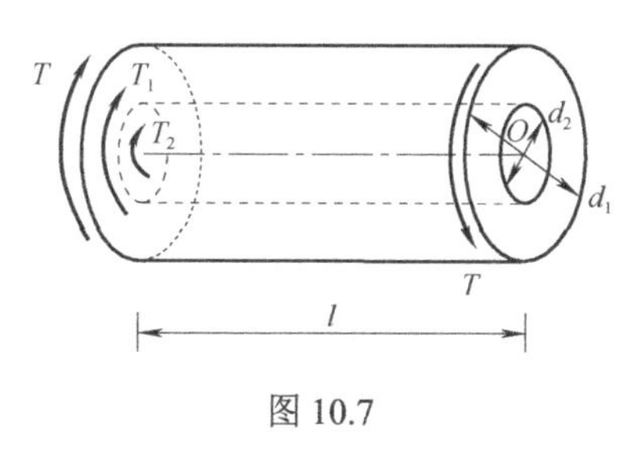

图 10.7

解：由静力等效关系可知，横截面上的总扭矩 T 等于外层截面所承受的扭矩 T_1 与内层截面承受扭矩 T_2 的算术和，即

$$T=T_1+T_2 \tag{a}$$

又由于两层材料的界面不会发生错动，两层材料的右侧截面相对于左侧截面的扭转角相等，即

$$\varphi_1=\varphi_2 \tag{b}$$

式中，

$$\varphi_1=\frac{T_1 l}{G_1 I_{1\text{p}}},\qquad \varphi_2=\frac{T_2 l}{G_2 I_{2\text{p}}} \tag{c}$$

将式(c)代入式(b)，得

$$\frac{T_1 l}{G_1 I_{1\text{p}}}=\frac{T_2 l}{G_2 I_{2\text{p}}} \tag{d}$$

由式(a)和式(d)可求得两层材料各自承担的扭矩分别为

$$T_1=\frac{G_1I_{1p}}{G_1I_{1p}+G_2I_{2p}}T,\qquad T_2=\frac{G_2I_{2p}}{G_1I_{1p}+G_2I_{2p}}T$$

两层截面的极惯性矩分别为

$$I_{1p}=\frac{\pi}{32}\left(d_1^4-d_2^4\right),\qquad I_{2p}=\frac{\pi}{32}d_2^4$$

因此，两层材料横截面上的最大切应力分别为

$$\tau_{1\max}=\frac{T_1\cdot\dfrac{d_1}{2}}{I_{1p}}=\frac{G_1d_1}{2\left(G_1I_{1p}+G_2I_{2p}\right)}T$$

$$\tau_{2\max}=\frac{T_2\cdot\dfrac{d_2}{2}}{I_{2p}}=\frac{G_2d_2}{2\left(G_1I_{1p}+G_2I_{2p}\right)}T$$

10.4　简单超静定梁

前面所讨论的梁都是属于静定问题，称为**静定梁**。在工程实际中，也广泛使用属于超静定问题的梁，称为**超静定梁**，如图 10.8(a)、(b)所示，便分别是一次和二次超静定梁。

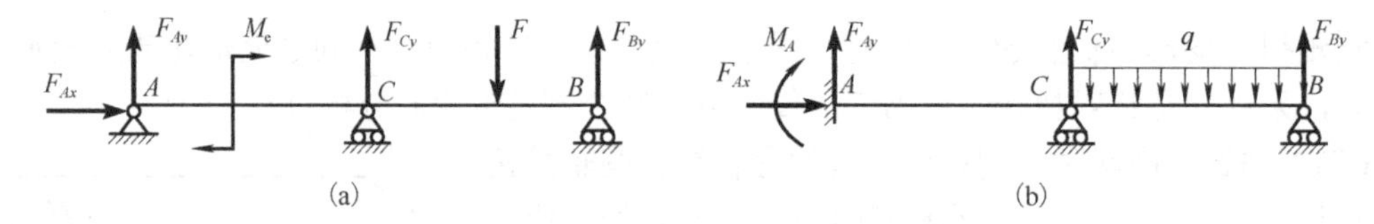

图 10.8

对于简单超静定梁，**变形比较法**是最常用的求解方法。除应建立平衡方程外，还应利用变形协调条件及力与位移间的物理关系建立变形补充方程。现以图 10.9(a)所示的梁为例，说明变形比较法的基本原理。

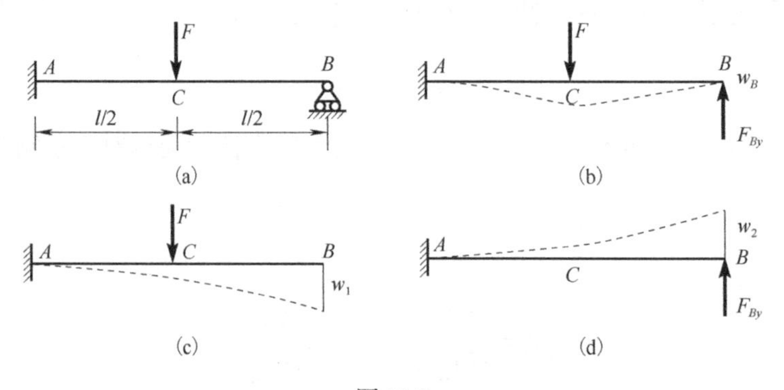

图 10.9

该梁具有一个多余约束，因此有一个多余约束反力，为一次超静定问题。如果选择支座 B 为多余约束，则相应的多余约束反力为 F_{By}。

假想地将支座 B 解除，以约束反力 F_{By} 替代其作用，于是得到受载荷 F 与未知约束反力 F_{By} 作用的静定悬臂梁，如图 10.9(b)所示。多余约束解除后所得的静定梁，其受力与超静定梁完全相同(即静力等效)，称该静定梁为超静定梁的**相当系统**。

相当系统在载荷 F 与多余约束反力 F_{By} 共同作用下产生变形，按等效替代原则，相当系统的变形应与超静定梁完全相同(即变形等效)，多余约束处的位移必须符合超静定梁在该处的约束条件，即满足**变形协调条件**。梁在支座 B 处的位移约束条件为

$$w_B = 0$$

因此，超静定梁的相当系统在 F 与 F_{By} 共同作用下，B 处的挠度也应等于零，故变形协调条件为

$$w_B = w_1 + w_2 = 0$$

w_1、w_2 分别为在 F 与 F_{By} 单独作用下，梁在 B 处的挠度，如图 10.9(c)、(d)所示。由积分法或叠加法，易得

$$w_1 = -\frac{5Fl^3}{48EI}\ (\downarrow), \qquad w_2 = \frac{F_{By}l^3}{3EI}\ (\uparrow)$$

将 w_1 和 w_2 代入变形协调条件，得到补充方程：

$$-\frac{5Fl^3}{48EI} + \frac{F_{By}l^3}{3EI} = 0$$

求解补充方程，得

$$F_{By} = \frac{5}{16}F\ (\uparrow)$$

所得结果为正，表明所设约束反力 F_{By} 的方向与实际方向一致。

多余约束反力确定后，作用在相当系统上的所有外力均为已知，由平衡条件易得固定端处的约束反力与反力偶分别为

$$F_{Ay} = \frac{11}{16}F\ (\uparrow), \qquad M_A = \frac{3}{16}Fl\ (\circlearrowleft)$$

应该指出，只要不是维持梁的平衡和限制梁刚体位移所需的约束，均可选为多余约束。例如，对于图 10.9(a)所示的超静定梁，也可选固定端 A 的转动限制作为多余约束，如果将该约束解除，用反力偶 M_A 代之，则超静定梁的相当系统如图 10.10 所示，相应的变形协调条件为

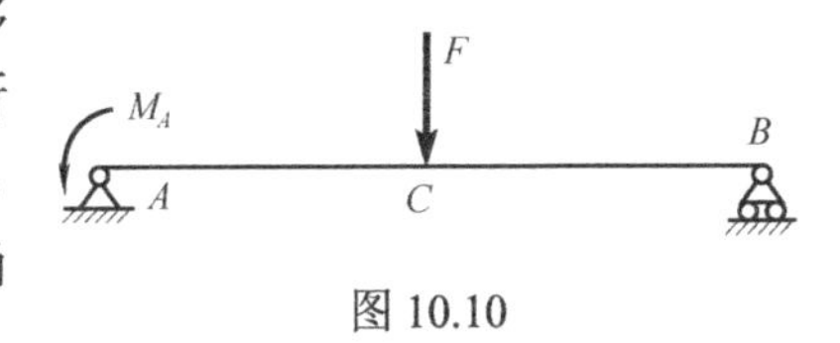

图 10.10

$$\theta_A = 0$$

由此求得的约束反力与反力偶与上述解答完全相同，表明多余约束的选取不同时，其相当系统也不同，但计算结果相同。

以上分析表明，用变形比较法解超静定梁的思路是把超静定梁转换为静定梁进行分析，其关键是确定多余约束反力，现将分析方法和步骤概述如下。

(1)根据约束反力与有效平衡方程的数目，判断梁的超静定次数；

(2)选择与超静定次数相同数目的多余约束；

(3)解除多余约束，并且以相应多余约束反力代替其作用，得到超静定梁的相当系统；

(4)计算相当系统在多余约束处的位移，并根据相应的变形协调条件建立变形补充方程，并由此解出多余约束反力；

(5)通过相当系统实现对超静定梁其他约束反力、强度和刚度等的计算。

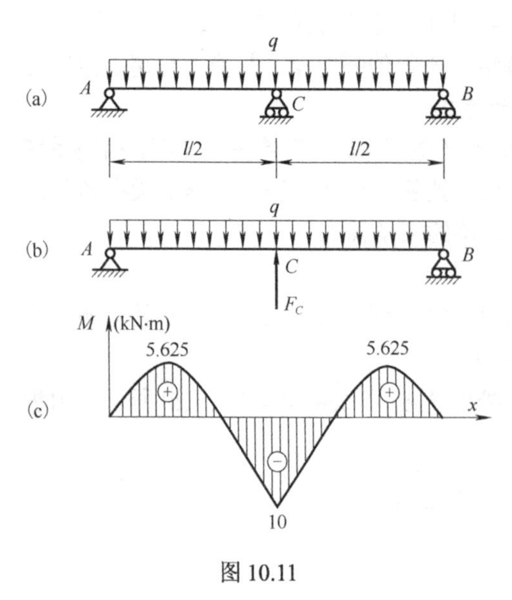

图 10.11

【例 10.6】 如图 10.11 所示，由两根槽钢焊接而成的三铰支梁，受均布载荷 $q=20\text{kN/m}$ 作用，已知梁长 $l=4\text{m}$，弯曲截面系数 $W=79.4\text{cm}^3$，材料的许用应力 $[\sigma]=160\text{MPa}$。试校核该梁的强度。

解：此梁有一个多余约束，故为一次超静定问题。

选取活动铰支座 C 为多余约束，解除该支座并以未知约束反力 F_C 代之，得到相当系统，即简支梁 AB，如图 10.11(b) 所示。

比较图 10.11(a)、(b) 所示的超静定梁和相当系统，相当系统在 C 处的挠度必为零，得变形协调条件：

$$w_C=0$$

对于简支梁 AB，由载荷叠加法查表得

$$w_C=w_{C,q}+w_{C,F_C}=-\frac{5ql^4}{384EI}+\frac{F_C l^3}{48EI}$$

将其代入变形协调条件得变形补充方程：

$$-\frac{5ql^4}{384EI}+\frac{F_C l^3}{48EI}=0$$

解方程得

$$F_C=\frac{5}{8}ql=50(\text{kN})$$

对简支梁 AB 作出在载荷 q 和 F_C 共同作用下的弯矩图，即为超静定梁的弯矩图，如 10.11(c) 所示。由图可知，支座 C 处的截面为危险截面，其弯矩值为

$$|M\cdot|_{\max}=10\text{kN}\cdot\text{m}$$

危险截面上的最大正应力为

$$\sigma_{\max}=\frac{|M|_{\max}}{W}=\frac{10\times10^3}{79.4\times10^{-6}}=126(\text{MPa})<[\sigma]=160(\text{MPa})$$

故满足强度条件。

【例 10.7】 如图 10.12 所示的结构中，梁 AB 为 16 号工字钢；拉杆 BC 为圆截面杆，直径 d=10mm。材料均为 Q235 钢，弹性模量 E=200GPa，试求梁内的最大正应力。

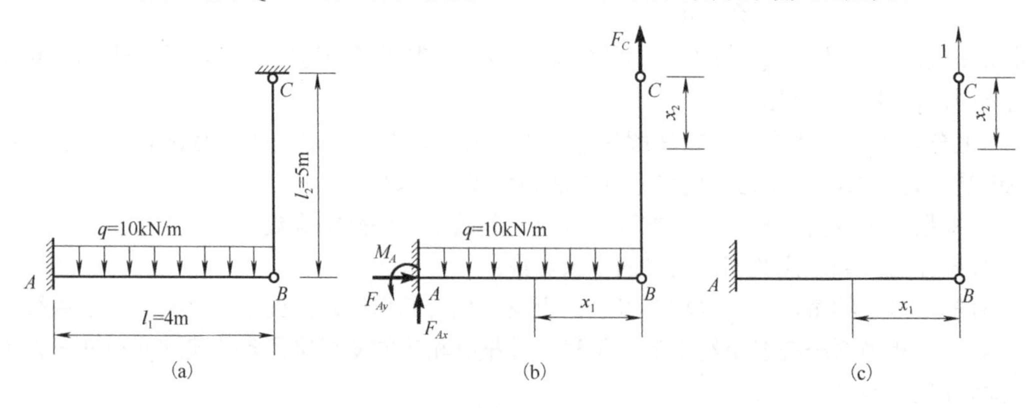

图 10.12

解：该结构有一个多余约束，故为一次超静定问题。

(1)选取支座 C 为多余约束，解除该支座并以未知约束反力 F_C 代之，得到相当系统，如图 10.12(b)所示。与原结构比较，相当系统在 C 处的铅垂位移必为零，得变形协调条件：

$$\Delta_C = 0 \tag{a}$$

(2)采用莫尔积分计算 C 处铅垂位移 Δ_C。

根据结构形状和载荷情况，将结构分为 AB 和 BC 两段，分段建立坐标系，如图 10.12(b)所示。AB 段弯曲变形，BC 段轴向拉伸变形，内力方程分别如下。

AB 段弯曲方程：

$$M(x_1) = -\frac{1}{2}qx_1^2 + F_C x_1 \tag{b}$$

BC 段轴力方程：

$$F_N(x_2) = F_C \tag{c}$$

在点 C 处虚加一个铅垂方向的单位集中力，如图 10.12(c)所示，结构在单位集中力作用下的内力方程如下。

AB 段弯曲方程：

$$\bar{M}(x_1) = x_1 \tag{d}$$

BC 段轴力方程：

$$\bar{F}_N(x_2) = 1 \tag{e}$$

将式(b)～式(e)代入莫尔积分公式，可得

$$\begin{aligned}\Delta_C &= \int_{l_1}\frac{M(x_1)\bar{M}(x_1)}{EI}dx_1 + \int_{l_2}\frac{F_N(x_2)\bar{F}_N(x_2)}{EA}dx_2 \\ &= \int_{l_1}\frac{\left(-\frac{1}{2}qx_1^2 + F_C x_1\right)x_1}{EI}dx_1 + \int_{l_2}\frac{F_C\cdot 1}{EA}dx_2 \\ &= F_C\left(\frac{l_1^3}{3EI} + \frac{l_2}{EA}\right) - \frac{ql_1^4}{8EI}\end{aligned} \tag{f}$$

查附录III中的附表 1，16 号工字钢的 $I = I_x = 1130\text{cm}^4$。同时注意变形协调条件 $\Delta_C = 0$，有

$$F_C\left(\frac{l_1^3}{3EI} + \frac{l_2}{EA}\right) - \frac{ql_1^4}{8EI} = 0 \tag{g}$$

拉杆 BC 的横截面面积 $A = \pi d^2/4$，故将已知数据代入式(g)，求得

$$F_C = 14.51\text{kN}$$

(3)求梁及杆内的最大正应力。

取相当系统为研究对象，整体受力分析如图 10.12(b)所示，列平衡方程求 A 处的约束反力：

$$\sum M_A = 0, \quad M_A + 4F_C - 4q\times 2 = 0, \quad 求得 M_A = -21.96\text{kN}\cdot\text{m}$$

$$\sum F_y = 0, \quad F_{Ay} - 4q + F_C = 0, \quad 求得 F_{Ay} = 25.49\text{kN}$$

$$\sum F_x = 0, \quad 求得 F_{Ax} = 0$$

画梁 AB 的剪力、弯矩图如图 10.13 所示，梁内最大弯矩发生在截面 A，为

$$M_{\max} = |M_A| = 21.96\text{kN}\cdot\text{m}$$

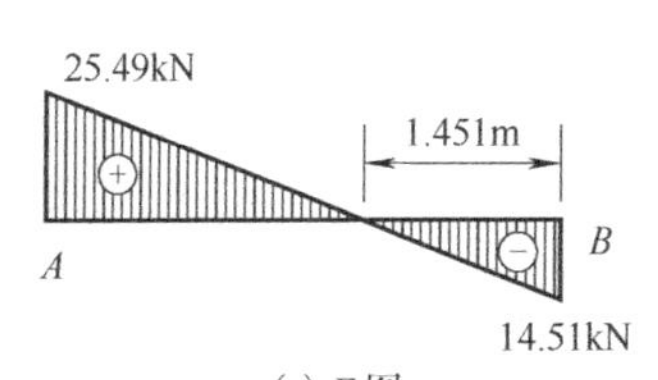

(a) F_S图

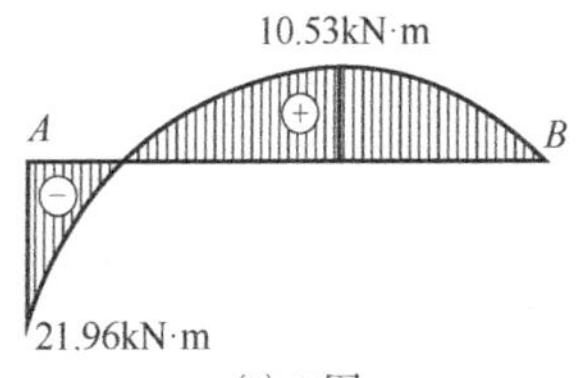

(b) M图

图 10.13

查附录Ⅲ中的附表 3，16 号工字钢$W_z=141\text{cm}^3$。由弯曲正应力公式求得梁 AB 的最大正应力为

$$\sigma_{\max}=\frac{M_{\max}}{W_z}=\frac{21.96\times10^3}{141\times10^{-6}}=155.74(\text{MPa})$$

思　考　题

10-1　判断下列说法是否正确。

(1)超静定结构的相当系统和补充方程不是唯一的，但其解答结果是唯一的。

(2)若结构和载荷均对称于同一轴，则结构的变形和内力必对称于该对称轴。

(3)装配应力问题是内力超静定问题。

(4)温度应力问题是外力超静定问题。

10-2　如思图 10.1(a)所示的超静定桁架，图(b)、图(c)、图(d)、图(e)表示其四种相当系统，其中正确的是________________。

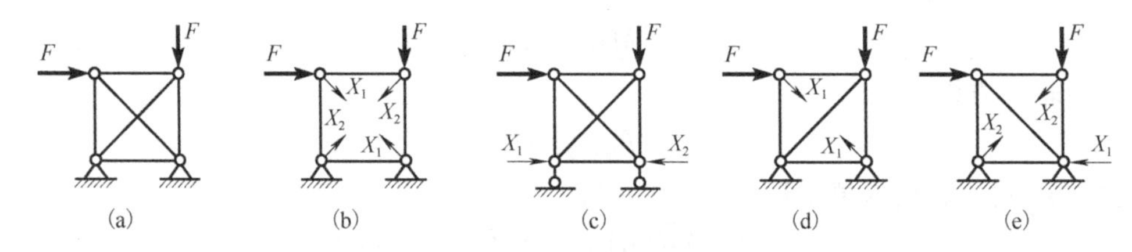

思图 10.1

10-3　如思图 10.2 所示的各结构，其中(a)是__________次超静定结构，(b)是__________次超静定结构，(c)是__________次超静定结构。

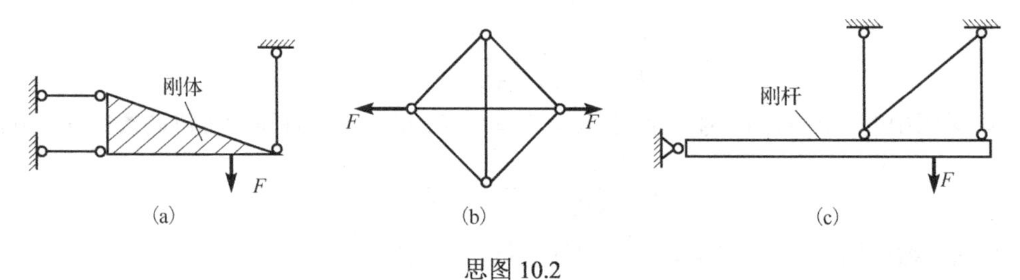

思图 10.2

10-4　如思图 10.3 所示的结构中，杆 AB 和 CD 均为刚性杆，该结构是__________次超静定结构。

10-5　如思图 10.4 所示的结构中，AB 为刚性杆，杆 CD 由于制造不准确而缩短了 δ，此结构安装后，可按____________问题求解各杆的内力。

10-6　如思图 10.5 所示的结构中，AB 为刚性杆，设 ΔL_1、ΔL_2、ΔL_3 分别表示杆 1、2、3 的伸长量，则当分析各竖杆的内力时，相应的变形协调条件为________________。

10-7　如思图 10.6 所示的结构中，AB 为刚性杆，设 ΔL_1、ΔL_2、ΔL_3 分别表示杆 1、2、3 的伸长量，则当分析各竖杆的内力时，相应的变形协调条件为________________。

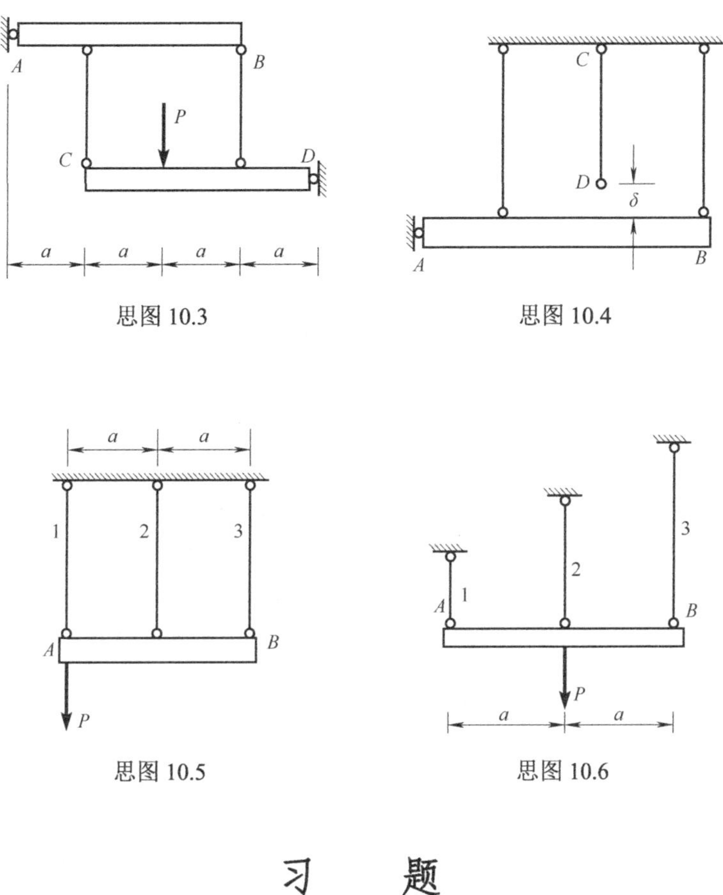

思图 10.3　　思图 10.4

思图 10.5　　思图 10.6

习　　题

10.1　如题图 10.1 所示，刚性杆 AB 由两根弹性杆 AC 和 BD 悬吊。已知刚性杆的长度为 l，两弹性杆的抗拉压刚度分别为 E_1A_1 和 E_2A_2，试求：当刚性杆 AB 保持水平时，力 F 的作用位置 x。

10.2　如题图 10.2 所示的结构，AB 梁为刚性杆，杆 1、2、3 为相同长度的弹性杆，结构沿杆 3 方向受力 F 作用，试求三杆的轴力。

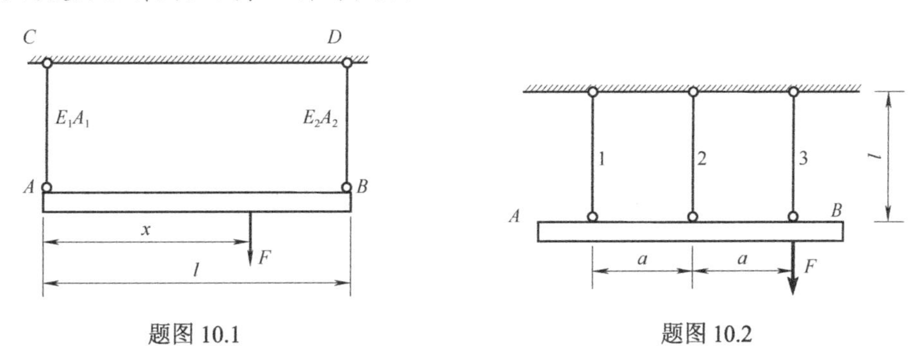

题图 10.1　　题图 10.2

10.3　如题图 10.3 所示的两端固定杆，承受轴向载荷作用，试求杆各段的轴力。

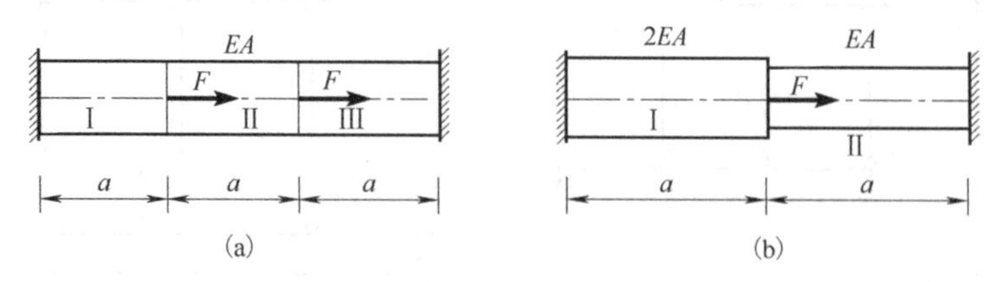

题图 10.3

10.4　如题图 10.4 所示，木制短柱的四角用四个 40mm×40mm×4mm 的等边角钢加固。已知角钢的许用应力$[\sigma_s]=160\text{MPa}$、弹性模量$E_s=200\text{GPa}$；木材的许用应力$[\sigma_w]=12\text{MPa}$、弹性模量$E_w=10\text{GPa}$。试求许可载荷$[F]$。

10.5　如题图 10.5 所示，杆件在 A 端固定，另一端离刚性支承 B 有一间隙δ=1mm。试求当杆件在 C 处受 F=50kN 作用后的轴力。设杆件 E=100GPa，A=200mm^2。

10.6　组合柱由钢和铸铁制成，如题图 10.6 所示，组合柱横截面是边长为 $2b$ 的正方形，钢和铸铁各占横截面的一半（$b\times 2b$），载荷 F_p 通过刚性板沿铅垂方向加在组合柱上。已知钢和铸铁的弹性模量分别为$E_s=196\text{GPa}$，$E_i=98\text{GPa}$。欲使刚性板保持水平位置，试求加力点的位置 x。

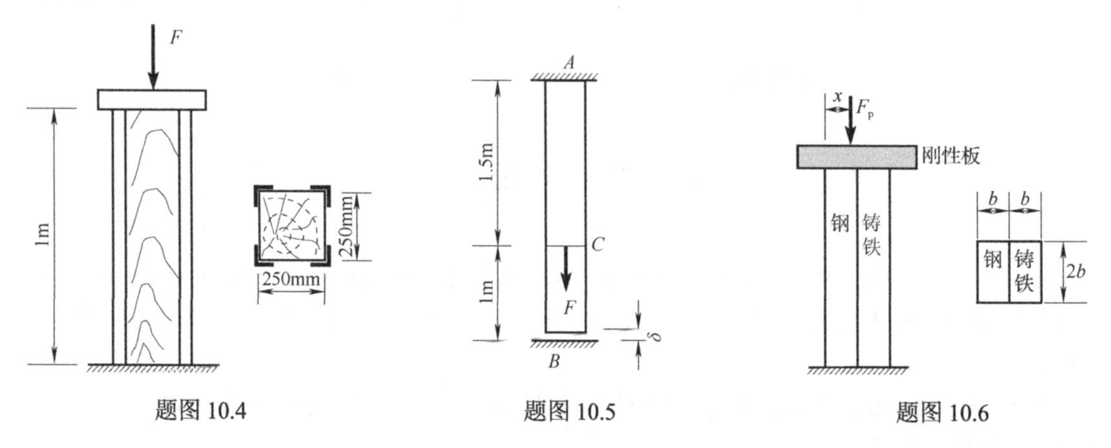

题图 10.4　　题图 10.5　　题图 10.6

10.7　试判断题图 10.7 中的各梁为几次超静定；各可以选取出怎样的相当系统；与其对应的多余反力和变形条件是什么？

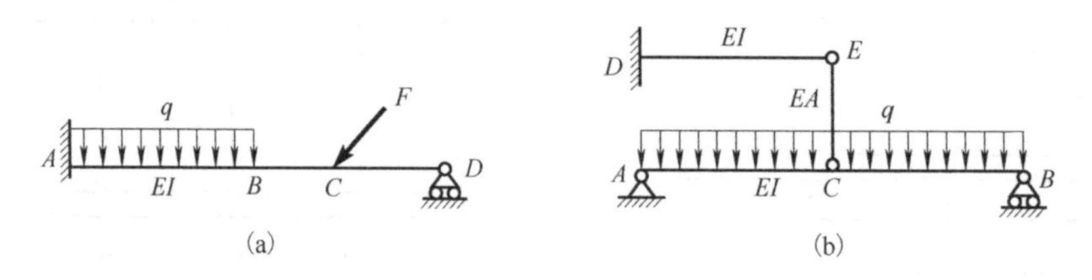

题图 10.7

10.8　试求题图 10.8 中超静定梁 B 支座的约束反力。

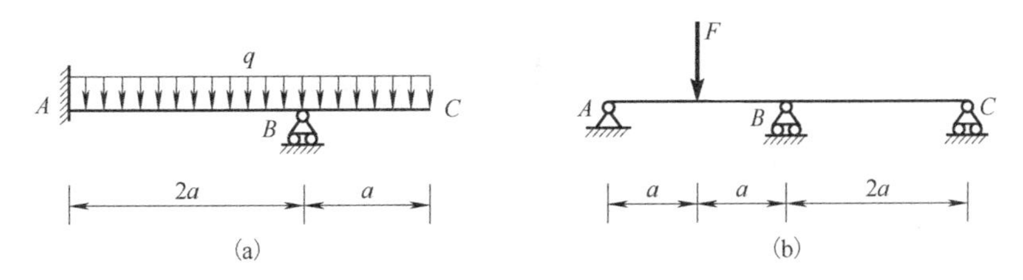

题图 10.8

10.9　如题图 10.9 所示结构，已知横梁的弯曲刚度为 EI，竖杆的拉伸刚度为 EA，试求竖杆的轴力。

10.10　如题图 10.10 所示结构，悬臂梁 AB 的自由端无间隙地搁放在另一悬臂梁 CD 的自由端上，设 EI 和 l 均为已知，试求在载荷 F 作用下自由端的挠度。

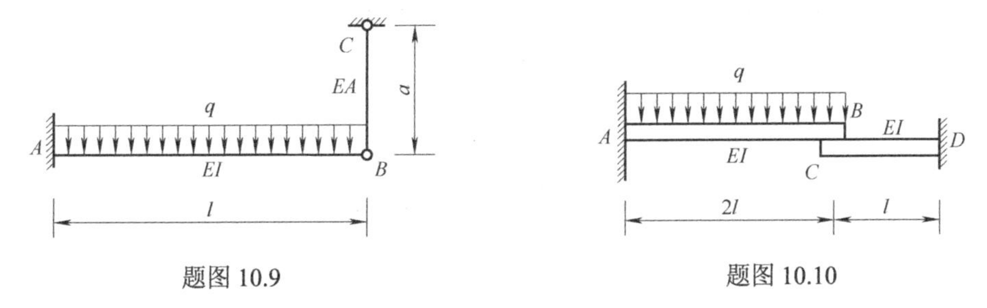

题图 10.9　　题图 10.10

第 11 章　动载荷与交变应力

11.1　基 本 概 念

前面各章讨论的都是构件在静载荷作用下的强度、刚度和稳定性问题。**静载荷**是指载荷不随时间变化(或变化极其平稳缓慢)且使构件各部件加速度保持为零(或可忽略不计)的载荷。而工程实际中还存在动载荷问题，**动载荷**是指随时间急剧变化或使构件内各质点产生不可忽略的加速度的载荷。高速运动的连杆、高速旋转的飞轮、加速提升的重物、锻压气锤的锤杆、受紧急掣动的转轴以及大量长期在周期性变化应力下工作的机械零件等，都承受着不同形式的动载荷。在动载荷作用下，构件内产生的应力称为**动应力**，应变称为**动应变**，位移称为**动位移**。

构件加速度不变的动载荷问题是最简单的情况，属于惯性力问题。当运动的物体以一定速度撞击静止的构件时，因受到构件的阻碍而在极短的时间内减速为零，这在物体与构件之间会产生很大的相互作用力，这种力称为**冲击载荷**。随时间作周期性变化的载荷称为**交变载荷**，惯性力、冲击载荷和交变载荷都是动载荷，下面讨论在这几种动载荷作用下构件的强度与刚度计算。

11.2　惯性力问题

对于等加速度直线运动构件和等速旋转构件，其线加速度或角加速度不变或变化很小，可采用动静法求解，即由已知的加速度确定惯性力的大小，假想地施加在构件上，在形式上把动力学问题作为静力学问题来处理，这就是**动静法**，也称为**达朗贝尔原理**。

11.2.1　等加速度直线运动构件的应力计算

以等加速度做直线运动的构件，已知其上各点的加速度皆为 a。在构件上施加惯性力后，采用动静法求解构件内力，然后按照静载荷问题进行应力、强度与刚度计算。

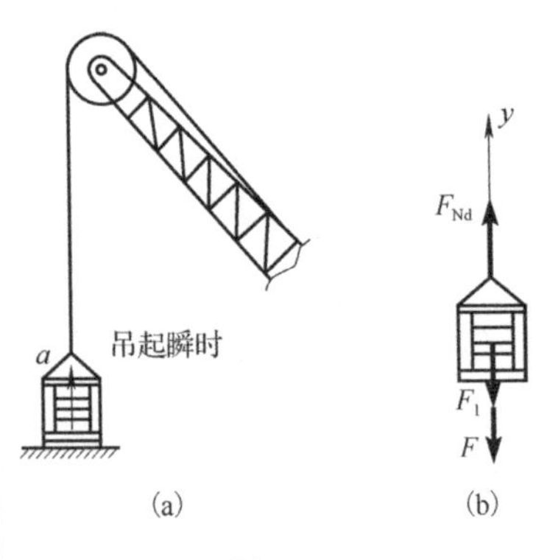

图 11.1

【例 11.1】　起重机如图 11.1(a)所示，重物的重量为 F，在开始吊起重物的瞬间，重物具有向上的加速度 a，设钢丝绳的横截面积为 A，自重不计，求在吊起重物的瞬间，钢丝绳内的拉力和应力。

解：(1)取重物为研究对象，作受力分析并在重物上施加惯性力 F_1，方向如图 11.1(b)所示，惯性力大小为

$$F_1 = ma = \frac{F}{g}a$$

(2)取 y 轴竖直向上，列平衡方程，可得钢丝绳横截面上的动拉力为

$$F_{\mathrm{Nd}} = F_1 + F = \frac{F}{g}a + F$$

$$= \left(1 + \frac{a}{g}\right)F \tag{a}$$

(3) 钢丝绳横截面上的动应力为

$$\sigma_{\mathrm{d}} = \frac{F_{\mathrm{Nd}}}{A} = \left(1 + \frac{a}{g}\right)\frac{F}{A} \tag{b}$$

令 $K_{\mathrm{d}} = 1 + \frac{a}{g}$，称为**动荷因数**，则式(a)和式(b)可写为

$$F_{\mathrm{Nd}} = K_{\mathrm{d}} F_{\mathrm{Nst}}$$

$$\sigma_{\mathrm{d}} = K_{\mathrm{d}} \sigma_{\mathrm{st}}$$

$F_{\mathrm{Nst}} = F$，为钢丝绳内的静拉力，故钢丝绳内的静应力为

$$\sigma_{\mathrm{st}} = \frac{F}{A}$$

由此可见，动荷因数反映了构件动载荷与静载荷分别产生的内力、应力及位移间的关系，动载荷可简化为静载荷与动荷因数的乘积。

11.2.2　匀速旋转构件的应力计算

由于动应力而引起的匀速旋转构件失效问题在工程中也是很常见的，处理这类问题时，首先应分析构件的转动，确定其角加速度，然后在构件上施加惯性力，应用动静法确定构件的内力，最后按照静载荷问题进行应力、强度与刚度计算。

【例 11.2】　设圆环的平均直径为 D、厚度为 t，且 $t \ll D$，圆环的横截面面积为 A，单位体积重量为 γ，圆环绕过圆心且垂直于圆环平面的轴以等角速度 ω 旋转，如图 11.2(a)所示。已知圆环材料的许用应力为$[\sigma]$，试确定圆环的动应力，并建立强度条件。

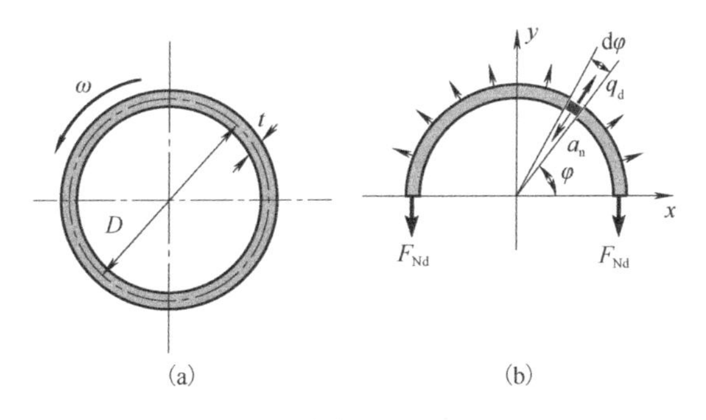

图 11.2

解：(1) 惯性力分析。如图 11.2(b)所示，圆环内任意一点都有向心加速度 a_{n}，其惯性力为分布载荷，集度为

$$q_{\mathrm{d}} = \frac{A\gamma}{g}a_{\mathrm{n}} = \frac{A\gamma D}{2g}\omega^2$$

(2) 内力分析。取圆环的一半为研究对象，如图 11.2(b)所示，对称截面上的内力为 F_{Nd}，沿 y 方向建立平衡方程可得

$$2F_{\mathrm{Nd}}-\int_{0}^{\pi}q_{\mathrm{d}}\sin\varphi\frac{D}{2}\mathrm{d}\varphi=0$$

$$2F_{\mathrm{Nd}}-q_{\mathrm{d}}D=0$$

$$F_{\mathrm{Nd}}=\frac{q_{\mathrm{d}}D}{2}=\frac{A\gamma D^{2}}{4g}\omega^{2}$$

(3) 圆环横截面上的动应力为

$$\sigma_{\mathrm{d}}=\frac{F_{\mathrm{Nd}}}{A}=\frac{\gamma D^{2}}{4g}\omega^{2}$$

则强度条件可以写为

$$\sigma_{\mathrm{d}}=\frac{\gamma D^{2}\omega^{2}}{4g}\leqslant[\sigma]$$

从上式可以看出，环内应力仅与 γ 和 ω 有关，而与 A 无关。因此，要保证圆环的强度，应限制圆环的角速度，而增加截面面积 A 并不能改善圆环的强度。

一般而言，动载荷问题的强度条件表达式为

$$\sigma_{\mathrm{dmax}}=K_{\mathrm{d}}\sigma_{\mathrm{st\,max}}\leqslant[\sigma] \tag{11.1}$$

根据式(11.1)可进行强度问题三方面的计算。

11.3　杆件受冲击时的应力计算

工程中，气锤锻造、落锤打桩、冲压加工金属部件、打夯、高速飞轮突然掣动等，都是冲击问题的实例。有些工作需要利用冲击，如打桩、冲压加工构件、锻造等；有时则要尽量避免或减小冲击，如汽车的振动、起吊重物时的紧急掣动等，这些都需要研究冲击问题。

冲击前有速度的物体，如重锤、飞轮等称为冲击物。被冲击的构件称为被冲击物，由于冲击持续的时间很短，冲击物与被冲击物接触区域内的应力分布较为复杂，若要精确分析被冲击物体内的应力和变形则比较困难。工程实际中常在一些简化的基础上，采用较保守的能量方法求解。

11.3.1　冲击时的应力计算及冲击动荷因数

实验表明，只要应力不超过比例极限，动载荷作用下的应力和应变关系仍然服从胡克定律，弹性模量也与静载下的数值相同。如图 11.3(a) 所示的受拉、受弯和受扭杆件，各杆的伸长、挠度和扭转角分别为

$$\Delta l=\frac{Fl}{EA}=\frac{F}{EA/l}$$

$$f=\frac{Fl^{3}}{3EI}=\frac{F}{3EI/l^{3}}$$

$$\varphi=\frac{M_{\mathrm{e}}l}{GI_{\mathrm{p}}}=\frac{M_{\mathrm{e}}}{GI_{\mathrm{p}}/l}$$

若将其视为弹性因数分别为 $\frac{EA}{l}$、$\frac{3EI}{l^{3}}$ 和 $\frac{GI_{\mathrm{p}}}{l}$ 的弹簧，则都可以简化为图 11.3(b) 所示的弹簧受力系统。

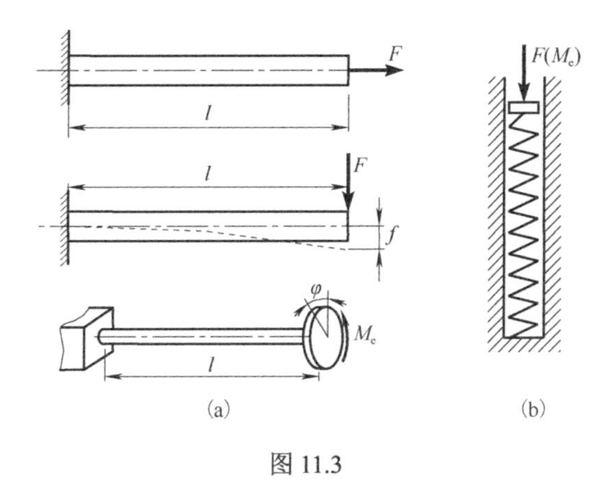

图 11.3

设弹簧受力系统受到冲击，分析冲击应力时作如下假设。

(1) 冲击物的变形忽略不计，且一旦与被冲击物(弹簧)接触，两者就附着在一起共同运动，冲击物无回弹。

(2) 冲击过程中只有冲击物的机械能与被冲击物的变形能之间的转换，其他能量的损耗不计。

(3) 被冲击物的质量忽略不计。以 T 和 V' 分别表示冲击物动能和势能的减少，V_d 表示被冲击物因受冲击而增加的变形能，根据机械能守恒定律，冲击物的动能和势能的减少量应等于被冲击物的变形能增量：

$$T + V' = V_d \tag{11.2}$$

现在分析物体自由下落的冲击问题，如图 11.4 所示。设重量为 F 的重物从距离被冲击物为 h 的高度处自由落下，取被冲击物受冲击后接触点位移的最低位置为势能零点，则重物下落前的动能为零，势能为 $F(h+\Delta_d)$。重物在下落过程中，动能增加，势能减小，与弹性体接触后，附着在弹性体上向下运动，当弹性体的变形达到最大，受冲击点到达位移的最低位置时，重物的动能变为零，势能也降为零，冲击结束。冲击前与冲击后动能没有变化，$T=0$，势能的减少量为 $V'=F(h+\Delta_d)$，代入式(11.2)得

$$F(h+\Delta_d) = V_d \tag{11.3}$$

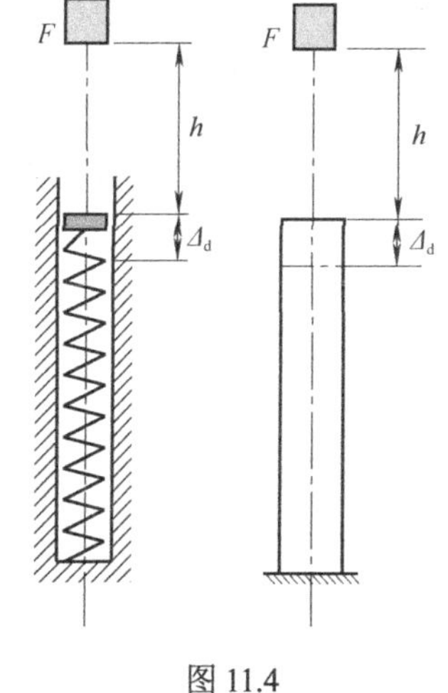

图 11.4

另外，被冲击物的变形大小与其承受的动载荷成正比，并且同时由零增加到最终值。若以 F_d、Δ_d 分别表示动载荷和位移的最终值，则冲击过程中动载荷在被冲击物的冲击点位移上做的功为 $\frac{1}{2}F_d\Delta_d$，根据功能原理，它应等于被冲击物的变形能 V_d，即

$$V_d = \frac{1}{2}F_d\Delta_d \tag{11.4}$$

将式(11.4)代入式(11.3)得

$$F(h+\Delta_d) = \frac{F_d\Delta_d}{2} \tag{11.5}$$

若将重物的重量 F 以静载荷的方式加于图 11.4 所示的弹性体上，并分别以 Δ_{st} 和 σ_{st} 表示与静载荷对应的位移和应力。注意到在线弹性范围内，载荷、位移和应力成正比，即有

$$\frac{F_{\mathrm{d}}}{F}=\frac{\Delta_{\mathrm{d}}}{\Delta_{\mathrm{st}}}=\frac{\sigma_{\mathrm{d}}}{\sigma_{\mathrm{st}}} \tag{11.6}$$

式中，σ_{d} 为被冲击物的动应力。

由式(11.6)得

$$F_{\mathrm{d}}=\frac{\Delta_{\mathrm{d}}}{\Delta_{\mathrm{st}}}F\text{，}\qquad \sigma_{\mathrm{d}}=\frac{\Delta_{\mathrm{d}}}{\Delta_{\mathrm{st}}}\sigma_{\mathrm{st}} \tag{11.7}$$

将式(11.7)中的 F_{d} 表达式代入式(11.5)并整理后得

$$\Delta_{\mathrm{d}}^2-2\Delta_{\mathrm{st}}\Delta_{\mathrm{d}}-2h\Delta_{\mathrm{st}}=0$$

解得

$$\Delta_{\mathrm{d}}=\Delta_{\mathrm{st}}\left(1\pm\sqrt{1+\frac{2h}{\Delta_{\mathrm{st}}}}\right)$$

显然应有 $\Delta_{\mathrm{d}}>\Delta_{\mathrm{st}}$，所以上式中的根号前应取正号，即

$$\Delta_{\mathrm{d}}=\left(1+\sqrt{1+\frac{2h}{\Delta_{\mathrm{st}}}}\right)\Delta_{\mathrm{st}}=K_{\mathrm{d}}\Delta_{\mathrm{st}} \tag{11.8}$$

式中，

$$K_{\mathrm{d}}=\frac{\Delta_{\mathrm{d}}}{\Delta_{\mathrm{st}}}=1+\sqrt{1+\frac{2h}{\Delta_{\mathrm{st}}}} \tag{11.9}$$

K_{d} 称为自由落体的**冲击动荷因数**。

将式(11.8)代入式(11.6)得

$$F_{\mathrm{d}}=K_{\mathrm{d}}F\text{，}\qquad \sigma_{\mathrm{d}}=K_{\mathrm{d}}\sigma_{\mathrm{st}} \tag{11.10}$$

由式(11.8)和式(11.10)可见，只要求出冲击动荷因数 K_{d}，再用 K_{d} 分别乘静载荷、静位移和静应力，就可求得冲击时的动载荷 F_{d}、动位移 Δ_{d} 和动应力 σ_{d}，因此确定冲击动荷因数就成了求解冲击问题的关键。这里的 F_{d}、Δ_{d} 和 σ_{d} 指冲击物速度等于零，被冲击物达到最大变形瞬时对应的载荷、位移和应力。

对于不同的冲击形式，冲击动荷因数 K_{d} 的计算式是不同的，式(11.9)只是在自由落体冲击这一特殊情况下的冲击动荷因数计算式。

(1)若载荷突然加在构件上，相当于冲击物自由下落但 $h=0$ 的情况。由式(11.9)知，对应这种情况，$K_{\mathrm{d}}=2$。这时，构件内产生的冲击动载荷、动应力和动位移皆为静载荷作用下的两倍。

(2)若冲击物沿水平方向冲击弹簧受力系统，如图 11.5 所示，则在整个过程中冲击物的势能不变，即 $V'=0$。如果冲击物在冲击前瞬间的速度为 v，冲击后最终变为零，则其动能的变化量为 $T=\frac{1}{2}\frac{F}{g}v^2$，将 V'、T 及式(11.4)代入式(11.2)并考虑式(11.7)得

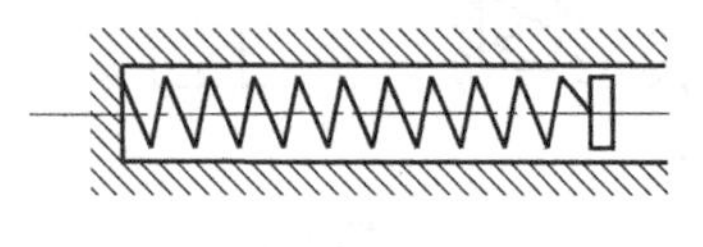

图 11.5

$$\frac{1}{2}\frac{F}{g}v^2=\frac{1}{2}\frac{\Delta_{\mathrm{d}}^2}{\Delta_{\mathrm{st}}}F$$

解得

$$\Delta_{\mathrm{d}}=\sqrt{\frac{v^2}{g\Delta_{\mathrm{st}}}}\Delta_{\mathrm{st}}=K_{\mathrm{d}}\Delta_{\mathrm{st}}$$

这里，水平冲击动荷因数为

$$K_{\mathrm{d}}=\sqrt{\frac{v^2}{g\Delta_{\mathrm{st}}}} \tag{11.11}$$

求动载荷、动位移和动应力的表达式同式(11.10)。

(3) 带初速度 v 的竖向冲击问题，可仿照自由落体冲击的推导，由能量守恒原理，得到冲击动荷因数为

$$K_{\mathrm{d}}=1+\sqrt{1+\frac{v^2/g+2h}{\Delta_{\mathrm{st}}}} \tag{11.12}$$

【例 11.3】 图 11.6 表示两种不同支承方式的钢梁，在梁中点受相同重物的冲击，已知弹簧的弹性因数 $k=100\mathrm{N/mm}$，$l=3\mathrm{m}$，$h=50\mathrm{mm}$，$F=1\mathrm{kN}$，钢梁的轴惯性矩 $I=3.40\times10^7\mathrm{mm}^4$，$W_z=3.09\times10^5\mathrm{mm}^3$，$E=200\mathrm{GPa}$。试比较两者的最大冲击应力。

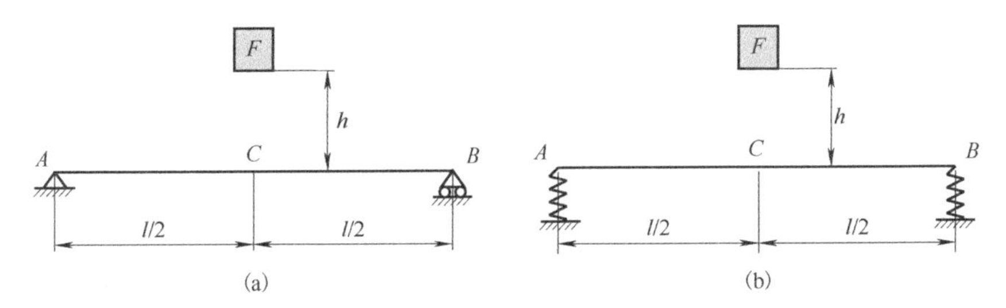

图 11.6

解： (1) 图 11.6(a) 所示的钢梁，冲击点 C 处的静位移(C 截面挠度)为

$$\Delta_{\mathrm{st}}=\frac{Fl^3}{48EI}=\frac{1000\times(3\times10^3)^3}{48\times200\times10^3\times3.4\times10^7}=8.27\times10^{-2}(\mathrm{mm})$$

根据式(11.9)，冲击动荷因数为

$$K_{\mathrm{d}}=1+\sqrt{1+\frac{2\times50}{8.27\times10^{-2}}}=35.8$$

梁上最大静应力发生在 C 截面，为

$$\sigma_{\mathrm{st}}=\frac{Fl}{4W_z}=\frac{1000\times3\times10^3}{4\times3.09\times10^5}=2.43(\mathrm{MPa})$$

因此，C 截面的最大冲击应力为

$$\sigma_{\mathrm{d}}=K_{\mathrm{d}}\sigma_{\mathrm{st}}=35.8\times2.43=86.99(\mathrm{MPa})$$

(2) 对于图 11.6(b) 所示的钢梁，考虑弹簧支撑的静变形，冲击点 C 处的静位移为

$$\Delta_{\mathrm{st}}=\frac{Fl^3}{48EI}+\frac{F}{2k}=8.27\times10^{-2}+\frac{500}{100}=5.08(\mathrm{mm})$$

冲击动荷因数为

$$K_{\mathrm{d}}=1+\sqrt{1+\frac{2\times50}{5.08}}=5.55$$

该梁的最大静应力与图 11.6(a) 相同，最大冲击应力仍在 C 截面，为

$$\sigma_{\mathrm{d}}=K_{\mathrm{d}}\sigma_{\mathrm{st}}=5.55\times2.43=13.49(\mathrm{MPa})$$

可见，图 11.6(b) 所示的钢梁采用了弹簧支座，减小了系统的刚度，增加了静位移，致使冲击动荷因数减小，从而大大降低了最大动应力。

【例 11.4】 如图 11.7(a)所示，AB 杆下端固定，长度为 l。在点 C 处受到沿水平方向运动的物体的冲击，物体的重量为 F，与杆接触时的速度为 v。设杆的 E、I_z 和 W_z 皆为已知，试求杆内的最大正应力。

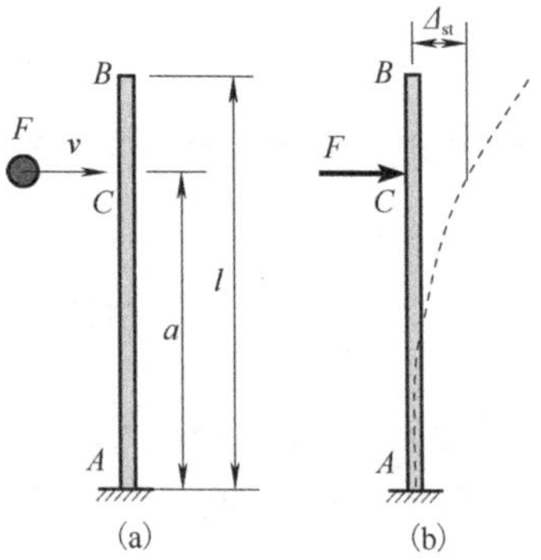

图 11.7

解：(1)求动荷因数。

如图 11.7(b)所示，冲击物的重量 F 以静载方式作用在冲击点 C 时，将 AB 杆视为顺时针转 90°后的梁，冲击点的静位移等于 C 截面的静挠度：

$$\Delta_{st}=\frac{Fa^3}{3EI_z}$$

冲击动荷因数为

$$K_d=\sqrt{\frac{v^2}{g\Delta_{st}}}=\sqrt{\frac{3EI_zv^2}{gFa^3}}$$

(2)当 AB 杆受静水平力 F 作用时，杆的固定端(A 截面)外缘是危险点，最大静应力为

$$\sigma_{stmax}=\frac{M_{max}}{W_z}=\frac{Fa}{W_z}$$

(3)AB 杆 A 截面危险点处的最大冲击应力为

$$\sigma_{dmax}=K_d\sigma_{stmax}=\sqrt{\frac{3EI_zv^2}{gFa^3}}\cdot\frac{Fa}{W_z}=\sqrt{\frac{3EI_zv^2F}{gaW_z^2}}$$

11.3.2 提高构件抗冲击能力的措施

从上节的分析可以看出，冲击动应力的值不仅与冲击物的重量有关，而且与被冲击物的静位移有关。若被冲击物与冲击物接触处的静位移大，则说明其刚度较小，较为柔软，能较多地吸收冲击物的能量，从而缓和冲击的作用。因此，在设计承受冲击的构件或结构时，如条件允许，应尽量增加静位移，以降低刚度。例如，汽车大梁与轮轴之间安装叠板弹簧，火车车厢与轮轴之间安装螺旋弹簧，某些机器或零件上安装橡皮垫圈或座垫，都是利用缓冲装置来增大静位移以降低冲击应力的实例。另外，也可以通过改变受冲击杆件的尺寸或形状来增大静位移，以减小冲击载荷的影响。例如，汽缸与汽缸盖的连接螺栓承受活塞冲击，如果把短螺栓换为长螺栓，通过增加长度来增加其静位移，也可以有效地提高构件或结构抵抗冲击的能力。

11.4 交变应力与循环特征

11.4.1 交变应力

工程实际中，有些运动构件在工作时，其内部的应力常会随时间作周期性变化。例如，齿轮在啮合过程中，轮齿根部的应力会随着啮合的开始由零增加到最大，然后又随着啮合的脱离减为零，齿轮每转一周，每个轮齿根部的应力就这样循环一次。如图 11.8(a)所示的车轴，受来自车厢的载荷 F 的作用，F 的大小和方向基本不变化，引起的弯矩也基本不变，但当轴

以角速度ω转动时，横截面上任意点A到中性轴的距离$y=r\sin(\omega t)$是随时间t变化的，如图 11.8(b)所示，因而点A的弯曲正应力也随时间t作周期性变化，如图 11.8(c)所示。这种大小和方向随时间作周期性变化的应力称为**交变应力**，也称**周期应力或循环应力**。

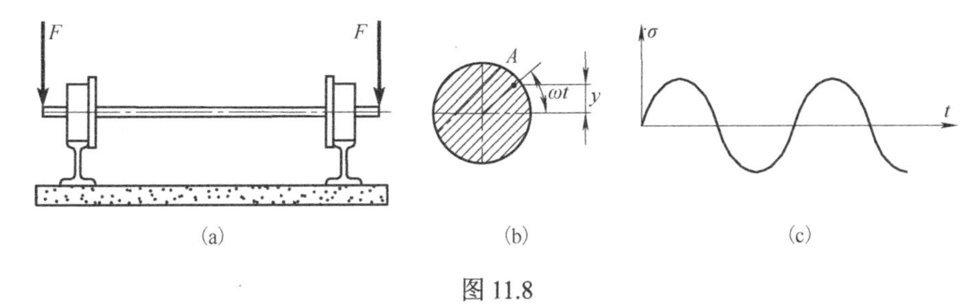

图 11.8

实践表明，金属材料因交变应力引起的失效与因静应力引起的失效全然不同。交变应力引起的失效特征是：①工作应力远低于材料的静载强度极限，甚至低于屈服极限；②破坏前无明显的塑性变形；③经过多次交变后，构件会产生肉眼可见的裂纹或突然脆断；④破坏断口表面一部分为光滑区，另一部分是呈晶粒状的粗糙区，如图 11.9 所示。因交变应力引起的失效破坏称为**疲劳破坏**，疲劳破坏与一般静载荷作用下的破坏有本质的差别，即便是塑性很好的材料，如碳钢，疲劳破坏前也没有明显的塑性变形，而是发生突然的脆性断裂。

金属疲劳一般解释为，在足够大的交变应力作用下，金属材料中处于最不利位置处的晶体沿最大切应力作用面发生循环滑移，形成滑移带，经多次应力的交变后，滑移带开裂形成微观裂纹。构件外形有突变、表面有刻痕或有内部缺陷等部位处，也有可能因应力集中产生微观裂纹。分散的微观裂纹经集结、沟通、合并，形成宏观裂纹，这是裂纹的萌生过程。已形成的宏观裂纹在交变应力作用下逐渐扩展，扩展是缓慢的，而且并不连续，按应力水平的高低变化，时而持续、时而停滞，这是裂纹的扩展过程。随着裂纹的扩展，构件截面逐步削弱，削弱到某一极限状态便发生突然断裂，所以形成了构件疲劳破坏断口的光滑区和粗糙区，如图 11.9 所示。

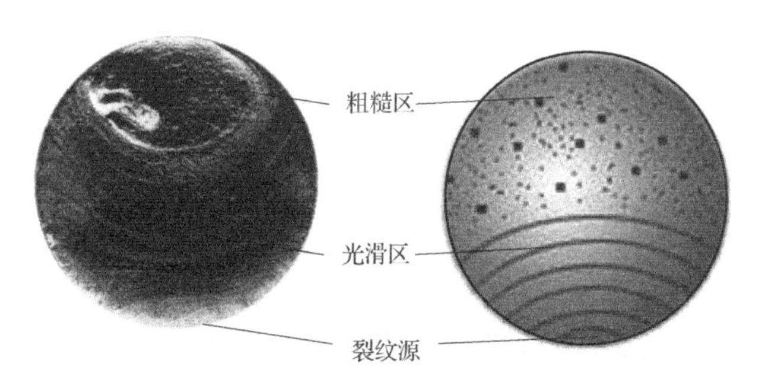

图 11.9

在裂纹扩展过程中，应力交替变化，裂纹尖端经过一次次反复张开、锐化、钝化的循环，每次应力循环会使裂纹尖端向前扩展一个非常小的量，最终形成一系列非常狭窄的疲劳条带，在宏观上显得很光滑，即光滑区。在正交的切应力作用下，有些金属材料的裂纹尖端出现一个弱化区。从微观上分析，因材料不同，这个弱化区的产生原因也不相同，部分由晶界前的位错塞积所致，部分由夹杂物（或第二相质点）发生断裂所致，部分由夹杂物与基体界面发生开裂形成微孔所致。出于局部交变剪切作用，弱化区与裂纹前沿凝聚起来，从而使裂纹向前扩展，最终在断口上形成光滑的区域。在疲劳过程的最后阶段，裂纹扩展加速，裂纹越来越长，达到材料容许的极限而发生突然脆断，形成断口粗糙区。

在矿山、冶金、动力、运输机械以及航空航天等领域，疲劳是零件或构件的主要破坏(失效)形式。统计结果表明，在各种机械断裂事故中，大约有80%以上是由于疲劳失效引起的。疲劳失效过程往往不易被察觉，所以常常表现为突发性事故，从而造成灾难性后果。因此，对于承受交变应力的构件，疲劳分析在设计中占有重要的地位。

11.4.2 循环特征

图 11.10 所示为最常见、最基本的等幅交变应力σ与时间t的关系图，可以利用此图介绍与交变应力有关的几个概念。从时间a～b，应力经由最大值到最小值，再回到最大值的一个变化过程，称为**一个应力循环**。

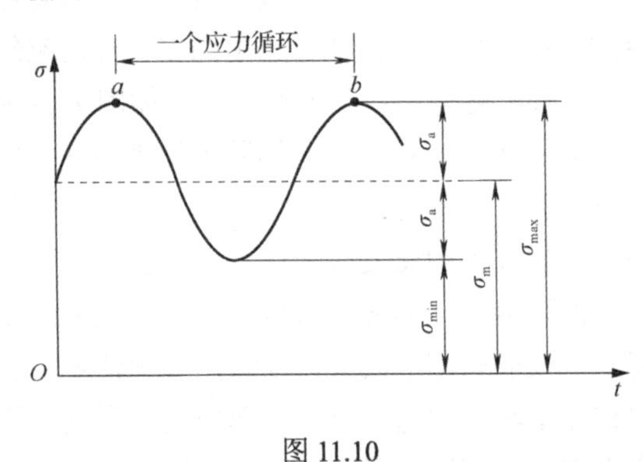

图 11.10

用σ_{max}和σ_{min}分别表示应力循环中的最大应力和最小应力，其比值为

$$r=\frac{\sigma_{min}}{\sigma_{max}} \tag{11.13}$$

式中，r称为**循环特征或应力比**，其值对材料的疲劳强度有直接影响；σ_{max}与σ_{min}的代数平均值称为**平均应力**，用σ_m表示，即

$$\sigma_m=\frac{1}{2}(\sigma_{max}+\sigma_{min}) \tag{11.14}$$

σ_{max}与σ_{min}代数差的一半称为**应力幅**，用σ_a表示，即

$$\sigma_a=\frac{1}{2}(\sigma_{max}-\sigma_{min}) \tag{11.15}$$

如图 11.8(c)所示，如果σ_{max}与σ_{min}大小相等，只是符号相反，即$\sigma_{max}=-\sigma_{min}$，则称为**对称循环**。对称循环对应的循环特征、平均应力和应力幅度分别为

$$r=-1,\quad \sigma_m=0,\quad \sigma_a=\sigma_{max}$$

交变应力中，若$\sigma_{min}=0,\sigma_{max}>0$（或$\sigma_{max}=0,\sigma_{min}<0$），则有$r=0$，这种情况称为**脉动循环**。

除对称循环外，其他各种应力循环统称为**不对称循环**，所以脉动循环也是一种不对称循环。由图 11.10、式(11.14)和式(11.15)可以得出

$$\sigma_{\text{max}} = \sigma_{\text{m}} + \sigma_{\text{a}}, \qquad \sigma_{\text{min}} = \sigma_{\text{m}} - \sigma_{\text{a}} \tag{11.16}$$

这说明任何不对称循环都可以看作在平均应力 σ_{m} 上叠加一个幅度为 σ_{a} 的对称循环。

静应力可以看作交变应力的一种特例，这时因应力保持不变，故有

$$r = 1, \qquad \sigma_{\text{a}} = 0, \qquad \sigma_{\text{m}} = \sigma_{\text{max}} = \sigma_{\text{min}}$$

当交变应力是切应力时，以上这些概念仍然适用。

11.5　材料的持久极限

11.5.1　疲劳实验与 *S-N* 曲线

金属构件因交变应力发生疲劳破坏时，其破坏应力往往低于屈服极限，因此静载荷下测定的屈服极限或强度极限不能用作疲劳强度极限的指标，疲劳强度极限的指标需要重新测定。对称循环下疲劳强度指标的测定在技术处理上比较简单，因此最常采用。通常的做法是将金属材料加工成直径为 7～10mm 的表面磨光的试样，称为光滑小试样，每组试样为 10 根左右，将试样装在疲劳实验机上，如图 11.11 所示，使其发生纯弯曲变形。

试样最小直径处的横截面上，最大弯曲正应力为

$$\sigma = \frac{M}{W_z} = \frac{Fa}{W_z}$$

保持载荷 F 的大小和方向不变，由电动机带动试样旋转。每旋转一圈，截面上的任意点便经历一次对称应力循环，试样转过的圈数由计数器测定。

实验时，对所加的载荷进行控制，使其逐渐减小。一般情况下，第一根试样承受的最大应力 σ_{max1} 设为静强度极限的 0.5～0.7 倍，在此应力水平下，试样经历 N_1 次循环后断裂，N_1 称为对应应力 σ_{max1} 的**疲劳寿命**。第二根试样承受的最大应力 σ_{max2} 比第一根略小，对应的疲劳寿命用 N_2 表示，正常情况下 $N_2 > N_1$。依次减小试样承受的最大应力值，对应的疲劳寿命值会迅速增加。以试样承受的最大应力 σ_{max} 为纵坐标，以疲劳寿命 N 为横坐标建立坐标系，如图 11.12 所示。实验结果在此坐标系中描成的曲线称为**应力-疲劳寿命曲线**或 ***S-N* 曲线**，其中 S 表示应力。

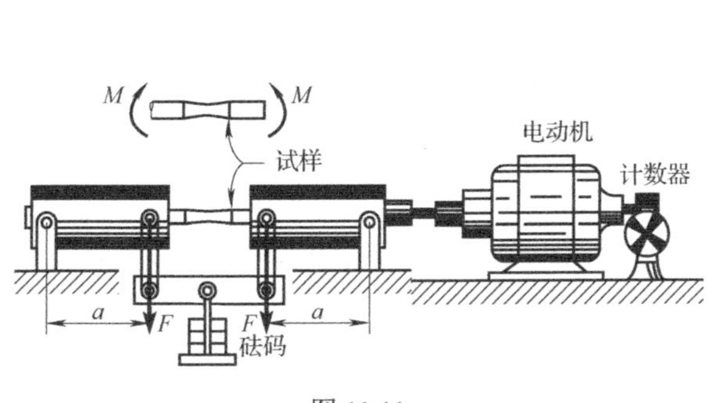

图 11.11

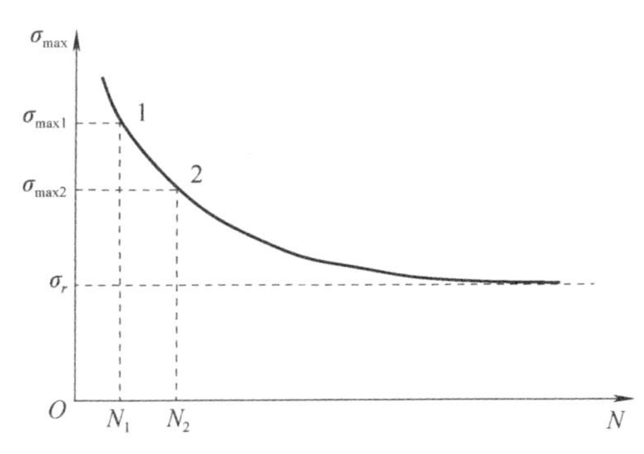

图 11.12

11.5.2 持久极限

由图 11.12 可以看出，应力水平越低，对应的疲劳寿命值越大，当应力降到某一极限值时，*S-N* 曲线趋近于水平。这表明，只要应力不超过这一极限值，材料的疲劳寿命便可无限延长，即试样可以经历无限次应力循环而不发生疲劳，这一极限值称为材料的**持久极限**或**疲劳极限**，用 σ_r 表示，下角标 r 表示应力的循环特征。如对称循环时，材料的持久极限记为 σ_{-1}，下角标 -1 表示对称循环的循环特征 $r=-1$。材料在拉压或扭转等其他交变应力下的持久极限也可以通过实验测定。

事实上，要做无限次的应力循环实验是不可能的，但常温下的实验表明，如果试样经历某一较大应力循环数(如 10^7 次)而未发生疲劳破坏，则再增加循环次数也不会发生疲劳破坏。这样，就可以将对应这一较大应力循环数且试样仍未发生疲劳破坏的最大应力规定为材料的持久极限，将实验所得的这一循环数称为**循环基数**，如钢试件的循环基数等于 10^7，大多数有色金属及其合金材料的 *S-N* 曲线无明显趋于水平的直线部分。对于这类材料，通常根据构件的使用要求，规定一个循环基数，如 $N_0=10^8$，而将与之对应的最大应力称为**条件持久极限**。

11.6 影响构件持久极限的主要因素

材料的持久极限是根据光滑小试件测得的，实际构件的持久极限还会受其外形、截面尺寸，以及表面加工质量、工作环境等因素的影响，因此不能直接用材料的持久极限来衡量构件的持久极限，对于一些影响较大的因素必须给予考虑。因此，必须将光滑小试件的持久极限 σ_r 加以修正，获得构件的持久极限 σ_r^0，才能用于构件的设计。下面介绍影响构件持久极限的三种主要因素。

11.6.1 构件外形的影响

根据加工工艺和实际使用的需要，大部分机械零件的截面都有变化，在键槽、孔、缺口、轴肩(不同直径的过渡)等这些构件截面的突然变化处，会出现应力集中。有应力集中的部位，特别容易萌生裂纹和促进裂纹的扩展，这会显著降低持久极限，因此构件的持久极限首要考虑的因素就是应力集中的影响。应力集中对构件的影响用**有效应力集中因数**表示，即

$$K_\sigma=\frac{\sigma_{-1}}{\sigma_{-1,K}},\qquad K_\tau=\frac{\tau_{-1}}{\tau_{-1,K}} \tag{11.17}$$

式中，σ_{-1}、τ_{-1} 分别表示弯曲和扭转时，光滑小试样对称循环的持久极限；$\sigma_{-1,K}$、$\tau_{-1,K}$ 分别为弯曲和扭转时，同尺寸但有应力集中的试样对称循环的持久极限，因为 $\sigma_{-1,K}$、$\tau_{-1,K}$ 的值分别小于 σ_{-1} 和 τ_{-1}，所以有效应力集中因数的值大于 1。

工程上，为使用方便，把各种情况下的有效应力集中因数整理成曲线或表格。图 11.13、图 11.14 和图 11.15 分别给出的是对称循环应力下钢制阶梯轴的扭转、弯曲和拉-压的有效应力集中因数。曲线仅给出了在 $D/d=2$，d=30～50mm 条件下的有效应力集中因数，如果 $D/d<2$，则有效应力集中因数可按式(11.18)计算：

$$\begin{cases}K_\sigma=1+\xi(K_{\sigma_0}-1)\\K_\tau=1+\xi(K_{\tau_0}-1)\end{cases} \tag{11.18}$$

式中，K_{σ_0} 和 K_{τ_0} 是 D/d=2 时的有效应力集中因数，可以从上述图线中查出；ξ 为**修正因数**，可在图 11.16 中查得。

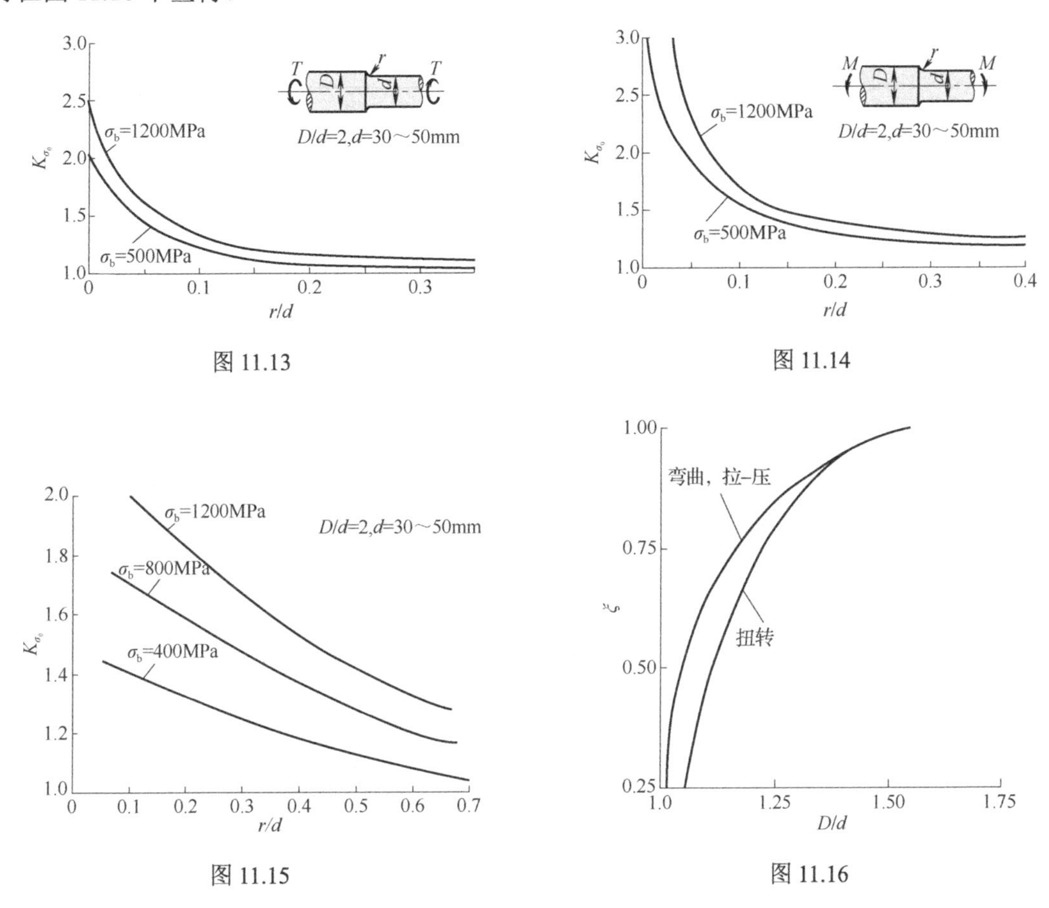

图 11.13

图 11.14

图 11.15

图 11.16

从图 11.13～图 11.15 可见，r/d 越小，有效应力集中因数越大，所以在可能的情况下，构件应采用足够大的过渡圆角 r，以减弱应力集中的影响。另外，材料的强度极限 σ_b 越高，有效应力集中因数也越大。因此，越是优质的钢材，越要注意减弱应力集中的影响，例如，将构件的外部轮廓做得尽量平滑，避免出现带有尖角或方形的孔槽，阶梯轴的轴肩尽量采用较大的过渡圆角半径，将必要的孔配置在低应力区等，否则将由于应力集中引起构件的持久极限降低，无法发挥优质钢材的高强度特性。

11.6.2　构件截面尺寸的影响

材料的持久极限一般是用 $d=7$～10mm 的光滑小试样测定的。而对于实际的构件，尺寸越大，材料中包含的缺陷也相应较多，这也会导致构件的持久极限降低，实验也证明了这一规律。构件尺寸对持久极限的影响用**尺寸因数**表示，即

$$\varepsilon_\sigma=\frac{\sigma_{-1,\varepsilon}}{\sigma_{-1}},\qquad \varepsilon_\tau=\frac{\tau_{-1,\varepsilon}}{\tau_{-1}} \tag{11.19}$$

式中，σ_{-1}、τ_{-1} 分别为弯曲和扭转时，光滑小试样对称循环的持久极限；$\sigma_{-1,\varepsilon}$、$\tau_{-1,\varepsilon}$ 分别为弯曲和扭转时光滑大试样对称循环的持久极限，因为 $\sigma_{-1,\varepsilon}$、$\tau_{-1,\varepsilon}$ 的值分别小于 σ_{-1} 和 τ_{-1}，所以尺寸因数的值一般小于 1。

表 11.1 列出了一些常用钢材弯曲和扭转的尺寸因数。受轴向拉压交变应力作用时，若构件直径小于 40mm，则尺寸对持久极限无明显影响，可取 $\varepsilon_\sigma = 1$。

表 11.1　尺寸因数 ε_σ

直径 d/mm		>20～30	>30～40	>40～50	>50～60	>60～70
ε_σ	碳钢	0.91	0.88	0.84	0.81	0.78
	合金钢	0.83	0.77	0.73	0.70	0.68
ε_τ（各种钢）		0.89	0.81	0.78	0.76	0.74
直径 d/mm		>70～80	>80～100	>100～120	>120～150	>150～500
ε_σ	碳钢	0.75	0.73	0.70	0.68	0.60
	合金钢	0.66	0.64	0.62	0.60	0.54
ε_τ（各种钢）		0.73	0.72	0.70	0.68	0.60

11.6.3　表面加工质量的影响

构件表面的加工质量对持久极限也有明显影响，这是因为一般构件的最大应力发生在表层，而表面加工时形成的刀痕、擦伤等会引起应力集中，所以疲劳裂纹也容易在表层萌生，致使持久极限降低。因此，对疲劳强度要求高的构件，对表面质量的要求也高。表面加工质量的影响用**表面质量因数** β 表示，即

$$\beta = \frac{\sigma_{-1,\beta}}{\sigma_{-1}} \tag{11.20}$$

式中，σ_{-1} 是弯曲时光滑小试样对称循环的持久极限；$\sigma_{-1,\beta}$ 表示表面为其他加工条件下的小试样的持久极限。

表 11.2 列出了一些不同加工表面的 β 值，由此表可以看出，随着构件表面质量下降，高强度钢材的 β 值明显降低。因此，越是优质的钢材就越需要高质量的表面加工质量，这样才能真正发挥其高强度的性能。一方面，在使用中应尽量避免造成构件表面的机械损伤；另一方面，可采用一些强化表层的工艺处理措施，如表面淬火、渗碳、氮化等来提高构件表层的强度。

表 11.2　表面质量因数 β

加工方法	表面质量 Ra/μm	σ_b/MPa		
		400	800	1200
磨削	0.1～0.2	1	1	1
车削	1.6～4.3	0.95	0.90	0.80
粗车	3.2～12.5	0.85	0.80	0.65
未加工表面	—	0.75	0.65	0.45

综合以上三种因素的影响，可将弯曲对称循环下构件的持久极限写为

$$\sigma_{-1}^{0} = \frac{\varepsilon_\sigma \beta}{K_\sigma}\sigma_{-1} \tag{11.21}$$

类似地，扭转对称循环下构件的持久极限可写为

$$\tau_{-1}^{0} = \frac{\varepsilon_\tau \beta}{K_\tau}\tau_{-1} \tag{11.22}$$

除上述三种因素外，构件的工作环境，如温度、介质等也会影响持久极限。仿照前面的做法，也可用修正因数来反映这些因素的影响。

11.7　对称循环交变应力下构件的强度校核

机械设计中，对称循环交变应力下构件的强度校核采用安全因数法。若规定疲劳安全因数为$[n]$，则构件的疲劳许用应力为

$$[\sigma_{-1}]=\frac{\sigma_{-1}^{0}}{[n]}$$

在交变应力下校核构件的强度时，同样要求构件危险点处最大工作应力不得超过许用应力，构件的强度条件为

$$\sigma_{\max}\leqslant[\sigma_{-1}]=\frac{\sigma_{-1}^{0}}{[n]}$$

若构件的工作安全因数记为n_{σ}，则

$$n_{\sigma}=\frac{\sigma_{-1}^{0}}{\sigma_{\max}}=\frac{\dfrac{\varepsilon_{\sigma}\beta}{K_{\sigma}}\sigma_{-1}}{\sigma_{\max}}$$

构件不发生疲劳破坏时，要求构件的工作安全因数不小于规定的安全因数，故构件的疲劳强度条件为

$$n_{\sigma}\geqslant[n]$$

即

$$n_{\sigma}=\frac{\sigma_{-1}^{0}}{\sigma_{\max}}=\frac{\dfrac{\varepsilon_{\sigma}\beta}{K_{\sigma}}\sigma_{-1}}{\sigma_{\max}}\geqslant[n]\tag{11.23}$$

式(11.23)为弯曲对称循环下构件的强度条件，对于扭转对称循环下构件的强度条件，类似地可写为

$$n_{\sigma}=\frac{\tau_{-1}^{0}}{\tau_{\max}}=\frac{\dfrac{\varepsilon_{\tau}\beta}{K_{\tau}}\tau_{-1}}{\tau_{\max}}\geqslant[n]\tag{11.24}$$

用式(11.23)和(11.24)计算疲劳强度的方法，称为**安全因数法**。

对于在对非对称循环等其他情况下的构件疲劳强度校核问题，读者可参阅有关教材。

【例 11.5】　旋转碳钢轴上作用不变的力偶$M=0.8\text{kN}\cdot\text{m}$，如图 11.17 所示。已知轴的直径$D=70\text{mm}$，$d=50\text{mm}$，材料的$\sigma_{\text{b}}=600\text{MPa}$，$\sigma_{-1}=250\text{MPa}$。轴表面经过精车加工，若规定轴的疲劳安全因数$[n]=1.9$，试校核该轴的疲劳强度。

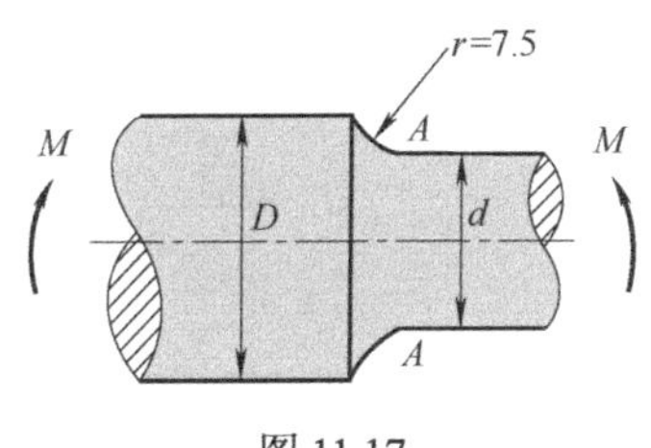

图 11.17

解：(1) 该轴危险截面 A-A 上的弯曲正应力随时间作周期性变化，其最大最小正应力为

$$\sigma_{\max}=\frac{M}{W}=-\sigma_{\min}=\frac{800\times32}{0.05^{3}\pi}=65.2(\text{MPa})$$

循环特征为

$$r=\frac{\sigma_{\min}}{\sigma_{\max}}=-1$$

故该轴受对称循环的交变应力作用。

(2) 查图表求各影响因数。

由 $D/d=1.4$，$r/d=0.15$，$\sigma_b=600\text{MPa}$，查图 11.14 及图 11.16 可得

$$k_{\sigma_0}\approx1.4，\quad \xi=0.95$$

因 $D/d<2$，故由式(11.18)算得有效应力集中因数为

$$K_\sigma=1+\xi(K_{\sigma_0}-1)=1+0.95\times(1.4-1)=1.38$$

查表 11.1 得 $\varepsilon_\sigma=0.84$。查表 11.2，表面质量因数 $\beta\approx0.93$。

(3) 计算构件工作安全因数。

$$n_\sigma=\frac{\sigma_{-1}^0}{\sigma_{\max}}=\frac{\dfrac{\varepsilon_\sigma\beta}{K_\sigma}\sigma_{-1}}{\sigma_{\max}}=\frac{\dfrac{0.84\times0.93}{1.38}\times250\times10^6}{65.2\times10^6}=\frac{141.52}{65.2}=2.17$$

(4) 疲劳强度校核。

$$n_\sigma=2.17>[n]=1.9$$

因此，该轴的疲劳强度足够。

思　考　题

11-1　判断下列说法是否正确。

(1) 只要冲击时的应力不超过比例极限，其应力和应变关系仍满足胡克定律。

(2) 凡是运动的构件都存在动载荷问题。

(3) 能量法是分析冲击问题的一种精确方法。

(4) 无论是否满足强度条件，只要能增加杆件的静位移，就能提高其抵抗冲击的能力。

(5) 材料的持久极限仅与材料特性、变形形式和循环特征有关。

(6) 构件的持久极限仅与构件的形状、尺寸和表面加工质量有关。

(7) 只要受力构件内的最大工作应力小于构件的持久极限，就不会发生疲劳破坏。

(8) 应力集中对脆性材料的影响比对塑性材料的影响大得多。

(9) 材料的持久极限可能大于，也可能小于构件的持久极限。

11-2　如思图 11.1 所示，各梁的材料和尺寸相同，但支撑不同，各梁受相同的冲击载荷，则梁内最大冲击应力由大到小的排列顺序是____________。

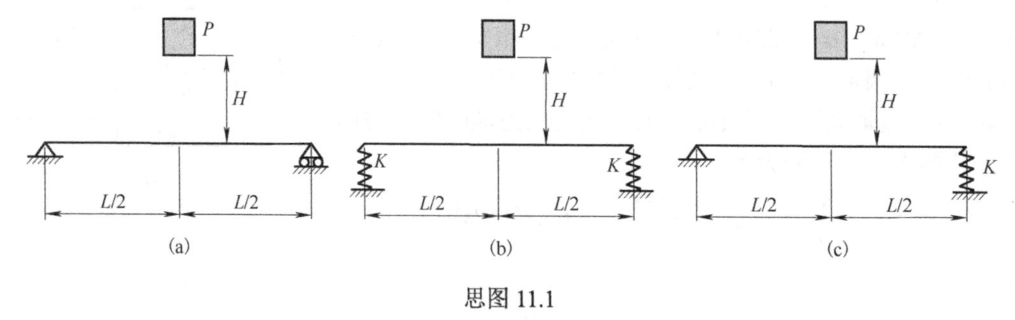

思图 11.1

11-3　如思图 11.2 所示的矩形截面悬臂梁，长度为 l，弹性模量为 E，截面宽度为 b，高度为 h=2b，受重量为 F 的自由落体的冲击，则此梁的冲击动荷因数 K_d=__________(给出表达式)。若 $H \gg \Delta_{st}$，当 F 值增大一倍时，梁内的最大动应力增大为原来的________倍；当 H 增大一倍时，梁内的最大动应力增大为原来的________倍；当 l 增大一倍时，梁内的最大动应力增大为原来的________倍；当 b 增大一倍时，梁内的最大动应力增大为原来的________倍。

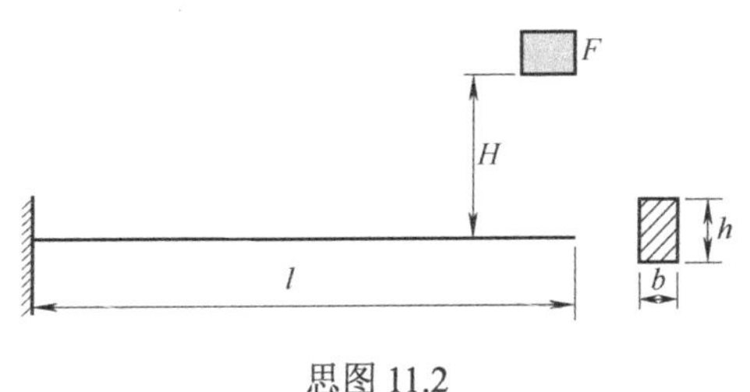

思图 11.2

11-4　疲劳破坏的主要特征是：(1)__________；(2)__________；(3)__________。

11-5　疲劳破坏的三个阶段是：(1)__________；(2)__________；(3)__________。

11-6　构件在交变应力作用下，一点的应力从最小值变化到最大值，又回到最小值，这一过程称为__________。

11-7　在对称循环交变应力作用下．构件的持久极限为__________。

11-8　循环特征是__________与__________的比值，对称循环的循环特征为__________；脉动循环的循环特征为__________，静载荷的循环特征为__________。

11-9　影响构件持久极限的主要因素是__________，__________，__________。

11-10　若已知交变应力的 σ_m 和 σ_a，则对应的 $\sigma_{max}=$__________，循环特征 $r=$__________；若已知 r 和 σ_a，则对应的 $\sigma_{max}=$__________，$\sigma_{min}=$__________。

习　　题

11.1　如题图 11.1 所示，重量为 F 的重物由高度 H 处自由下落至简支梁 AB 的点 C，对梁形成冲击。设梁的弯曲刚度 EI 和弯曲截面系数 W_z 已知，求梁内的最大正应力。

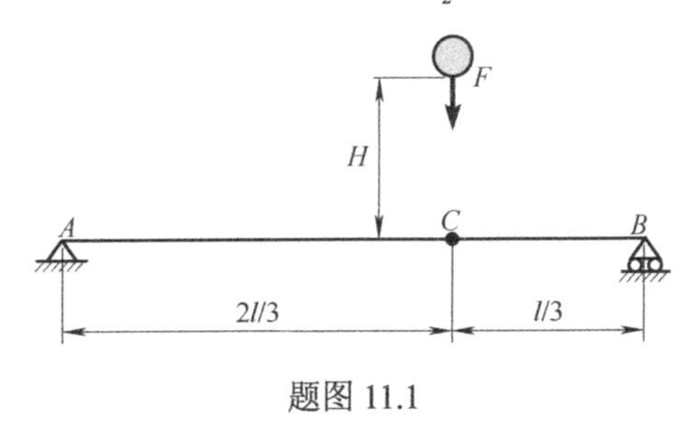

题图 11.1

11.2　如题图 11.2 所示，长度为 $l=6\text{m}$，直径 $d=300\text{mm}$ 的圆木桩，下端固定，上端受 $F=2\text{kN}$ 的重锤作用。已知木材的弹性模量 $E=10\text{GPa}$，求下列情况下桩内的最大正应力。

(1) 重锤以静载荷方式作用；

(2) 重锤从离桩顶 1m 处自由下落；

(3) 桩顶放有一个直径为 150mm、厚度为 40mm、弹性模量为 $E_1=8\text{MPa}$ 的橡皮垫，重锤从离橡皮垫顶 1m 处自由下落。

11.3　梁的支承情况如题图 11.3 所示，已知弹簧弹性因数 $k = 100\text{N/mm}$，梁的弹性模量 $E = 200\text{GPa}$。一个重量为 $F = 2\text{kN}$ 的物体自高度 $H = 30\text{mm}$ 处自由落体到梁上。求梁 2 截面处的最大冲击正应力及 1 截面处的动挠度。

11.4　如题图 11.4 所示，杆 AB 的上端固定，下端有一弹簧(弹簧在 1kN 静载荷作用下缩短 0.625mm)，杆的直径 $d = 40\text{mm}$，$l = 4\text{m}$，杆的许用应力 $[\sigma] = 120\text{MPa}$，弹性模量 $E = 200\text{GPa}$。杆上方重物的重量 $F = 15\text{kN}$，自高度 h 处沿杆轴自由下落在弹簧上。试确定物体自由下落许可的高度 h。

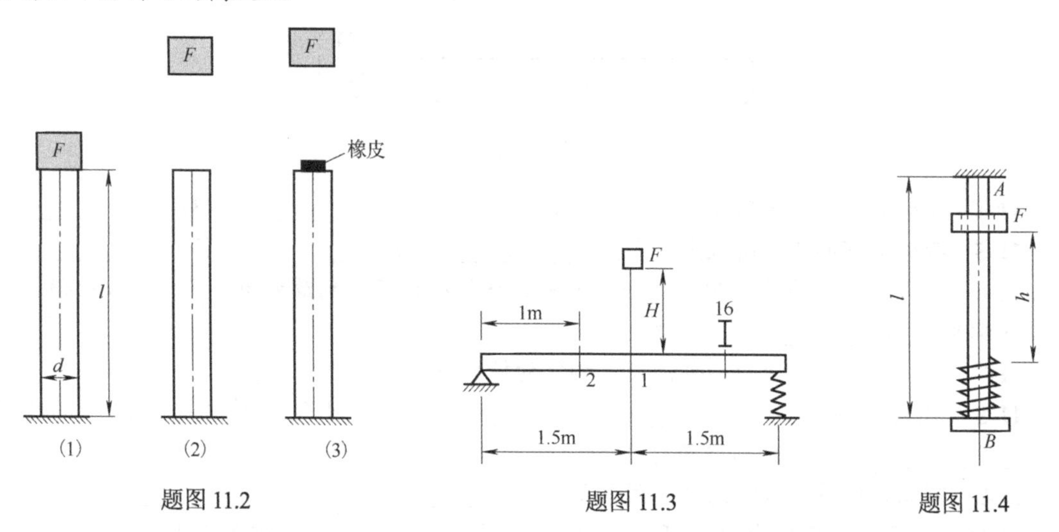

题图 11.2　　题图 11.3　　题图 11.4

11.5　如题图 11.5 所示，AD 轴以匀角速度 ω 转动。在轴的纵向对称面内，于轴线的两侧有两个重量为 W 的偏心载荷，如图所示，试求轴内的最大弯矩。

11.6　如题图 11.6 所示，圆轴直径 $d = 60\text{mm}$，长度 $l = 2\text{m}$，左端固定，右端有一个直径 $D = 400\text{mm}$ 的鼓轮，轮上绕以钢绳，绳的一端 A 悬挂一个吊盘。绳长 $l_1 = 10\text{m}$，横截面面积 $A = 120\text{mm}^2$，$E = 200\text{GPa}$。轴的切变模量 $G = 80\text{GPa}$。一个重量为 $F = 800\text{N}$ 的物体自 $h = 200\text{mm}$ 处落于盘上，求轴内最大扭转切应力和绳内最大拉应力。

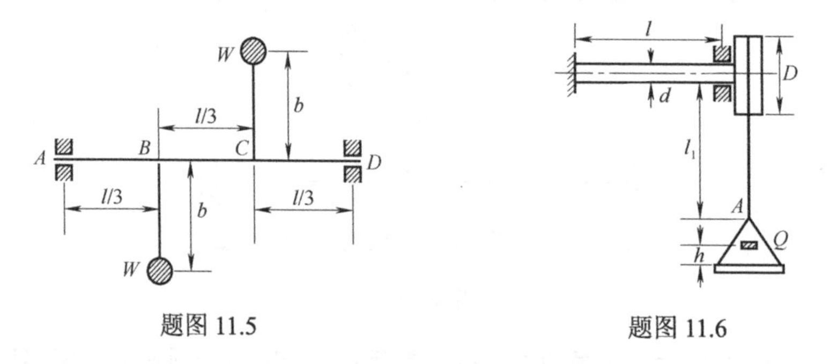

题图 11.5　　题图 11.6

11.7　如题图 11.7 所示，直角 L 形圆截面折杆的 A 端固定，ABC 在同一水平面内，折杆的直径 $d = 30\text{mm}$，$l = 1000\text{mm}$，$a = 500\text{mm}$，材料的 $E = 210\text{GPa}$，$G = 80\text{GPa}$，$[\sigma] = 160\text{MPa}$。一重物($F = 60\text{N}$)自高度 h=40mm 处自由下落到点 C，试按第三强度理论校核折杆的强度，并计算折杆 C 截面的铅垂位移。

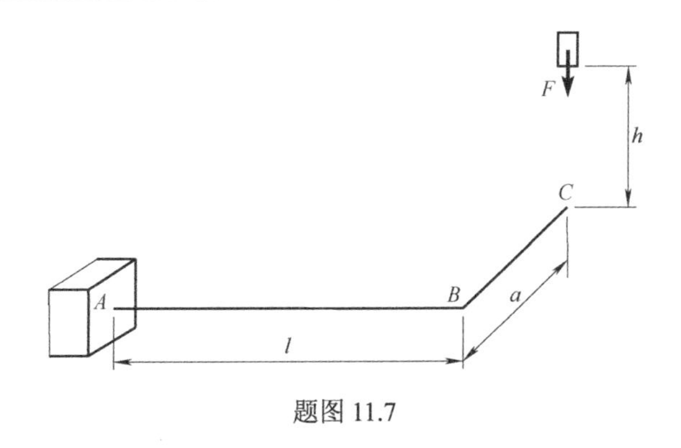

题图 11.7

11.8　试求题图 11.8 所示各交变应力的平均应力、应力幅值及循环特征。

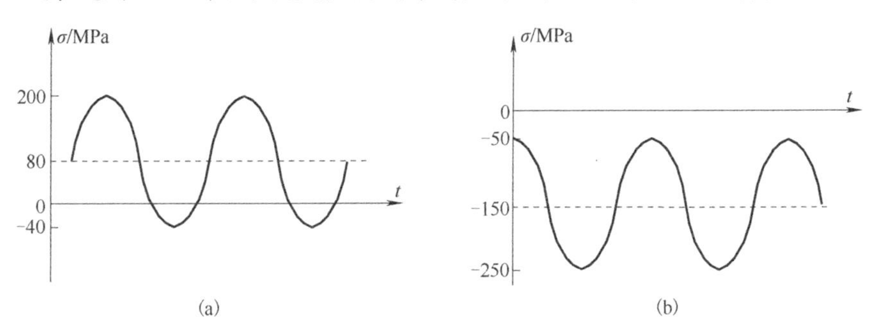

题图 11.8

11.9　如题图 11.9 所示的旋转轴，同时承受横向载荷 F_y 与轴向拉力 F_x 的作用，试求危险截面边缘任一点处的最大正应力、最小正应力、平均应力和应力幅值。已知轴径 $d=10\text{mm}$，轴长 $l=100\text{mm}$，载荷 $F_y=500\text{N}$，$F_x=2000\text{N}$。

11.10　如题图 11.10 所示的疲劳试样，由钢制成，强度极限 $\sigma_{\text{b}}=600\text{MPa}$，实验时承受对称循环的轴向载荷作用，试样表面经磨削加工，试确定试样夹持部位圆角处的有效应力集中因数(图中尺寸单位为 mm)。

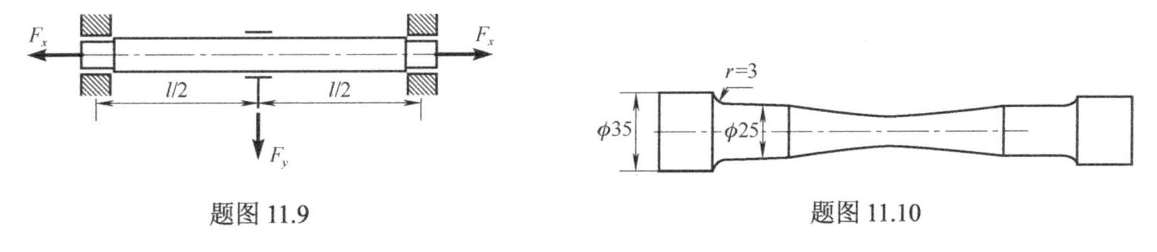

题图 11.9　　　　题图 11.10

11.11　题 11.10 所述试样，承受对称循环的扭矩作用，试确定试样夹持部位圆角处的有效应力集中因数。

11.12　一个阶梯圆轴，$D=80\text{mm}$，$d=40\text{mm}$，过渡半径 $r=10\text{mm}$，材料的强度极限 $\sigma_{\text{b}}=900\text{MPa}$，轴的表面为粗车加工。试求此轴弯曲及扭转时的因数 $K_\sigma/\beta\varepsilon_\sigma$ 及 $K_\tau/\beta\varepsilon_\tau$。

附录Ⅰ 截面图形的几何性质

在拉、压杆的应力和变形计算中，要用到杆件的横截面积 A，圆轴扭转时的应力和变形计算中，要用到截面对圆心的极惯性矩 I_p、扭转截面系数 W_t，这都是一些仅与杆件横截面形状、尺寸有关的几何量，称为**截面图形的几何性质**。当计算弯曲应力和变形、组合变形以及压杆的临界应力时，还要用到截面图形的另外一些几何性质，如截面的静矩、惯性矩、惯性积、惯性半径等，下面讨论这些几何性质的定义和计算方法。

Ⅰ.1 截面图形的静矩和形心

1. 静矩

任一截面图形如图Ⅰ.1所示，图形的面积为 A，图形所在平面的直角坐标系为 Oyz。在图形中过某点取微面积 dA，该点的坐标为 y 和 z，则 zdA 和 ydA 分别称为微面积 dA 对 y 轴和 z 轴的静矩，或称面积矩。**静矩**定义为**截面面积与其到轴的距离之积**，记为 S，故

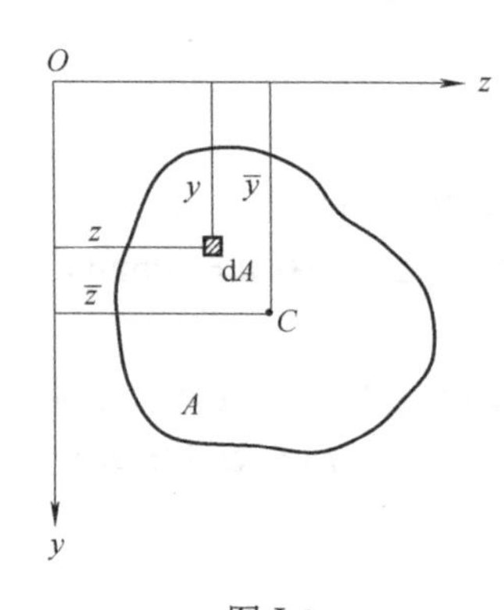

图Ⅰ.1

$$\begin{cases} dS_z = ydA \\ dS_y = zdA \end{cases} \tag{Ⅰ.1}$$

将 zdA 和 ydA 对整个图形面积积分，得到截面面积 A 对 y、z 轴的静矩：

$$\begin{cases} S_z = \int_A dS_z = \int_A ydA \\ S_y = \int_A dS_y = \int_A zdA \end{cases} \tag{Ⅰ.2}$$

静矩 S 不仅与 A 有关，还与坐标轴位置有关，其数值可能为正、负或为零。同一截面对不同坐标轴的静矩不同，量纲为长度的三次方，常用单位：m^3、mm^3。

2. 形心

1) 一般图形形心

若有一厚度极小的均质平板，板平面的形状与图Ⅰ.1 截面图形相同。由理论力学可知，等厚均质板的质心与形心重合，故求等厚均质板的质心 C 在 Oyz 坐标系中的坐标公式，可用来计算截面图形的形心，形心坐标为

$$\begin{cases} \overline{z} = \dfrac{\int_m zdm}{A} = \dfrac{\int_A zdA}{A} = \dfrac{S_y}{A} \\ \overline{y} = \dfrac{\int_m ydA}{A} = \dfrac{\int_A ydA}{A} = \dfrac{S_z}{A} \end{cases} \tag{Ⅰ.3}$$

若已知截面图形对 y、z 轴的静矩和截面图形的面积 A，利用式(Ⅰ.3)可求得截面图形的形心坐标 $\overline{y}$、$\overline{z}$，即已知静矩可以确定图形的形心坐标，反之亦然，有

$$\begin{cases} S_y = A\bar{z} \\ S_z = A\bar{y} \end{cases} \tag{Ⅰ.4}$$

式(Ⅰ.4)表明，截面图形对某轴的静矩等于截面图形的面积乘以形心到该轴的距离。已知截面图形的形心坐标和面积，用式(Ⅰ.4)计算截面图形的静矩十分简便。

2)对称法确定形心

若截面图形具有对称轴，则形心一定在对称轴上，如图Ⅰ.2(a)、(b)所示。若截面具有两个及以上的对称轴，则对称轴的交点(对称点)即为形心，如图Ⅰ.2(c)、(d)、(e)所示。利用截面的对称性可以简化形心的计算，甚至直接确定形心位置。

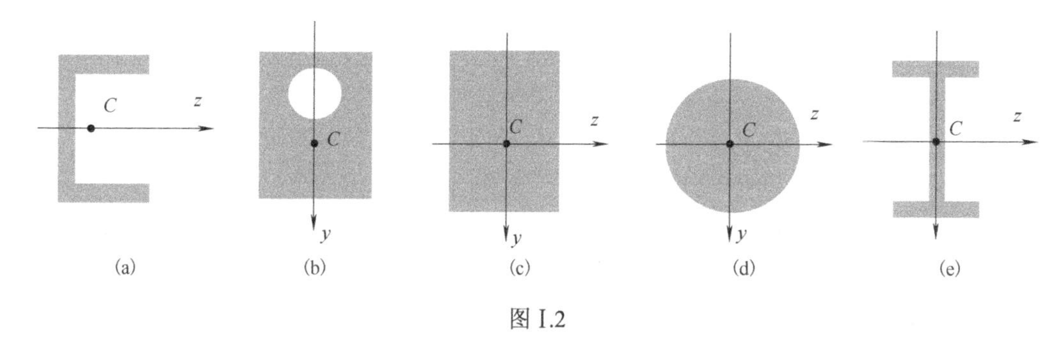

图Ⅰ.2

3)组合法确定形心

若截面是由一些简单的图形，如圆形、矩形、三角形等组成，该截面图形称为组合图形。因为组合图形的每一个简单图形的面积和形心位置已知，组合图形对某一轴的静矩就等于每一个简单图形对该轴静矩的代数和，其形心坐标公式为

$$\begin{cases} \bar{z} = \dfrac{\int_A z\mathrm{d}A}{A} = \dfrac{\sum \bar{z}_i A_i}{A} = \dfrac{S_y}{A} \\ \bar{y} = \dfrac{\int_A y\mathrm{d}A}{A} = \dfrac{\sum \bar{y}_i A_i}{A} = \dfrac{S_z}{A} \end{cases} \tag{Ⅰ.5}$$

式中，A_i、$\bar{z}_i$ 和 $\bar{y}_i$ 分别代表某一简单图形的面积和形心坐标；A 代表所有简单图形的面积之和。该方法称为**组合法或分割法**，若各面积皆取正，则称为正面积法；若有取为负的面积(如整个面积中空缺的部分)，则称为负面积法。

需要指出的是，静矩是对某一坐标轴定义的，随坐标轴的位置而改变。截面对某一轴的静矩等于零，则该轴必通过形心，截面对通过形心轴的静矩恒等于零。

【例Ⅰ.1】 试确定如图Ⅰ.3所示截面图形的形心和对 y 轴的静矩(图中尺寸单位为mm)。

解：该截面图形可视为组合图形，用组合法求形心。

(1)正面积法。把图形看成用虚线分割后的两个长方形的组合，设坐标如图Ⅰ.3(a)所示，则两个长方形的形心及对应坐标分别为 $C_1(0,0)$、$C_2(-35,0)$，面积分别为 $A_1=80\times10$、$A_2=10\times110$，都为正值。由式(Ⅰ.5)可得

$$\bar{z} = \frac{\int_A z\mathrm{d}A}{A} = \frac{\sum \bar{z}_i A_i}{A} = \frac{-35\times10\times110}{10\times110+80\times10} = -20.3(\text{mm})$$

$$\bar{y} = \frac{\int_A y\mathrm{d}A}{A} = \frac{\sum \bar{y}_i A_i}{A} = \frac{60\times10\times110}{10\times110+80\times10} = 34.7(\text{mm})$$

(2) 负面积法。把图形看成由大长方形挖去一个小长方形(阴影部分)组成，设坐标如图 I.3(b) 所示，两个长方形的形心及对应坐标分别为 $C_1(0,60)$、$C_2(5,65)$，面积分别为 $A_1 = 80\times120$、$A_2 = -70\times110$，挖去的面积取负值。由式(I.5)可得

$$\bar{z} = \frac{\int_A z\mathrm{d}A}{A} = \frac{\sum \bar{z}_i A_i}{A} = \frac{0-5\times70\times110}{80\times120-70\times110} = -20.3(\mathrm{mm})$$

$$\bar{y} = \frac{\int_A y\mathrm{d}A}{A} = \frac{\sum \bar{y}_i A_i}{A} = \frac{80\times120\times60-65\times70\times110}{80\times120-70\times110} = 39.7(\mathrm{mm})$$

显然，坐标系设置不一样，结果也不一样，但形心点位置是不变的。

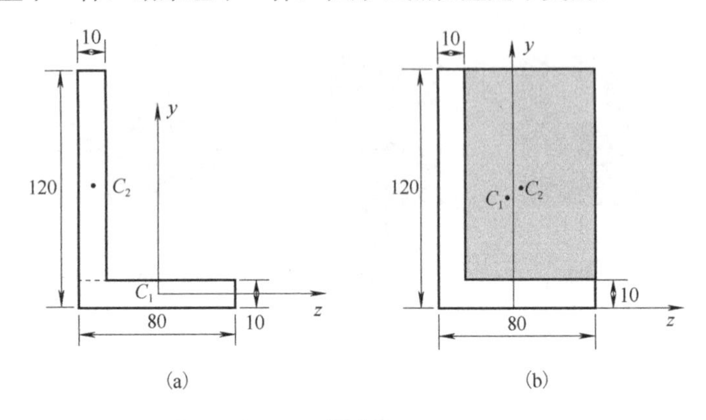

图 I.3

截面图形对 y 轴的静矩：

$$S_y = \bar{z}A = -20.3\times(10\times110+80\times10) = 3.86\times10^4(\mathrm{mm}^3)$$

图(a)和图(b)中建立的 z 轴位置不一样，截面图形对 z 轴的静矩值一样吗？读者不妨自己计算一下。

I.2　惯性矩、极惯性矩、惯性半径、惯性积

I.2.1　惯性矩

设一面积为 A 的截面图形如图 I.4 所示，微面积 $\mathrm{d}A$ 与其距坐标轴距离的平方的乘积 $y^2\mathrm{d}A$ 和 $z^2\mathrm{d}A$ 分别称为微面积 $\mathrm{d}A$ 对 z、y 轴的惯性矩，整个截面图形面积 A 对 z 、y 轴的**惯性矩**，分别记为

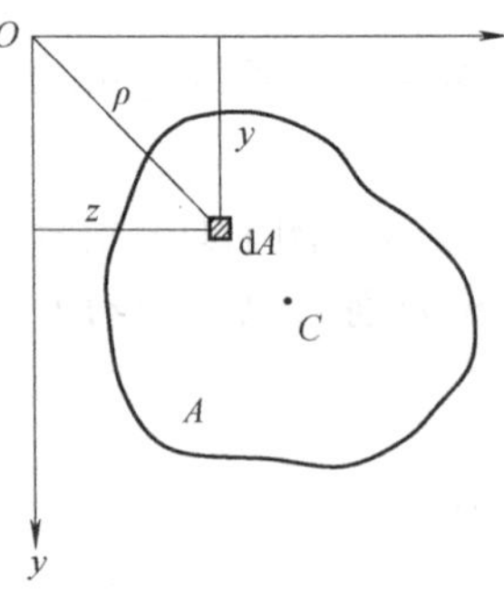

图 I.4

$$\begin{cases} I_z = \int_A y^2\mathrm{d}A \\ I_y = \int_A z^2\mathrm{d}A \end{cases} \tag{I.6}$$

惯性矩是对某一坐标轴定义的，随坐标轴的位置改变，其数值恒为正。同一截面对不同坐标轴的惯性矩不同，量纲为长度的四次方，常用单位：m^4、mm^4。惯性矩可理解为单位厚度单位重度物体的转动惯量。

Ⅰ.2.2　极惯性矩

截面图形如图Ⅰ.4所示，用ρ表示微面积dA距坐标原点O的距离，则积分为

$$I_{\mathrm{p}}=\int_A \rho^2 \mathrm{d}A \tag{Ⅰ.7}$$

式(Ⅰ.7)定义为截面对坐标原点O的**极惯性矩**，由几何关系$\rho^2=y^2+z^2$，可得

$$I_{\mathrm{p}}=\int_A \rho^2 \mathrm{d}A=\int_A (y^2+z^2)\mathrm{d}A=I_z+I_y \tag{Ⅰ.8}$$

截面对正交轴的惯性矩之和等于对正交轴交点的极惯性矩。显然，极惯性矩也恒为正值，其量纲为长度的四次方，常用单位：m^4、mm^4。

Ⅰ.2.3　惯性半径

工程中为了简便计算，常把惯性矩表示为截面图形的面积与某一长度平方的乘积，这一长度称为截面图形对轴的惯性半径，即

$$\begin{cases} I_y=Ai_y^2, \quad i_y=\sqrt{\dfrac{I_y}{A}} \\ I_z=Ai_z^2, \quad i_z=\sqrt{\dfrac{I_z}{A}} \end{cases} \tag{Ⅰ.9}$$

式中，i_y、i_z分别称为图形对y、z轴的惯性半径，其量纲为长度，常用单位为m、mm。

压杆稳定计算中，常用的圆截面图形的惯性半径为

$$i_x=\sqrt{\dfrac{\dfrac{\pi d^4}{64}}{\dfrac{\pi d^2}{4}}}=\frac{d}{4} \tag{Ⅰ.10}$$

Ⅰ.2.4　惯性积

微面积dA与其坐标轴值y、z的平方的乘积$yz\mathrm{d}A$称为微面积dA对y、z轴的**惯性积**。整个截面对z、y轴的惯性积记为

$$I_{yz}=\int_A yz\mathrm{d}A \tag{Ⅰ.11}$$

惯性积也与坐标轴位置有关，其数值可能为正、负或为零，量纲为长度的四次方，常用单位：m^4、mm^4。

需要指出的是，惯性积和惯性矩是对某一**定轴**定义的，而极惯矩是对**点**定义的。任何平面图形对于通过其形心的对称轴和与此对称轴垂直的轴的惯性积都为零。对于面积相等的截面图形，图形相对于坐标轴分布得越远，其惯性矩越大。

【例Ⅰ.2】　求图Ⅰ.5所示矩形截面对形心轴z、y的惯性矩。

解：先求对z轴的惯性矩I_z。为了避免求二重积分，取图示平行于z轴的水平微条为微元面积dA，即

$$\mathrm{d}A=b\mathrm{d}y$$

则

$$I_z=\int_A y^2\mathrm{d}A=\int_{-\frac{h}{2}}^{\frac{h}{2}} y^2 b\mathrm{d}y=\frac{bh^3}{12}$$

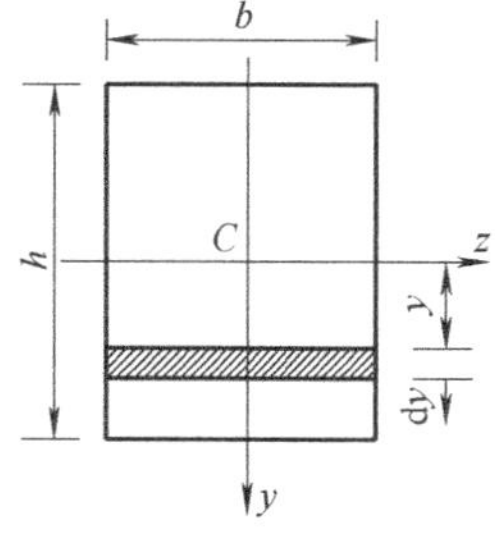

图Ⅰ.5

同理可得对 y 轴的惯性矩为

$$I_y = \frac{hb^3}{12}$$

【例 Ⅰ.3】　求图 Ⅰ.6(a)所示圆形截面对形心轴 z 的惯性矩。

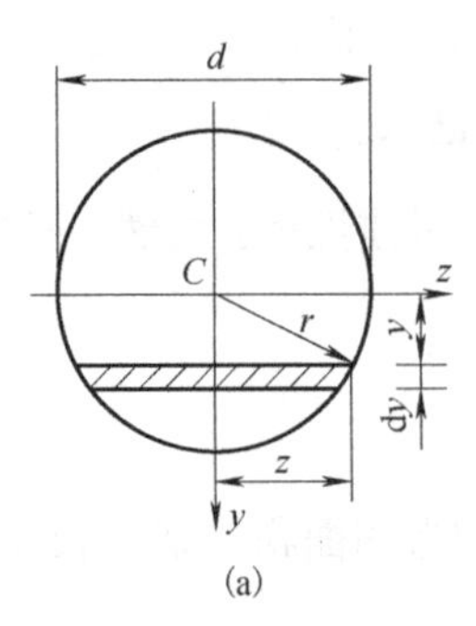

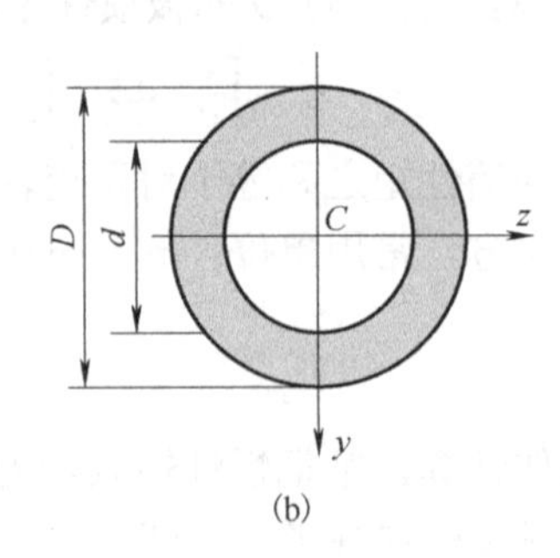

图 Ⅰ.6

解：取与 z 轴平行的水平微元条，微面积为

$$\mathrm{d}A = 2z\mathrm{d}y = 2\sqrt{r^2 - y^2}\,\mathrm{d}y$$

则

$$I_z = \int_A y^2 \mathrm{d}A = 2\int_{-r}^{r} y^2 \sqrt{r^2 - y^2}\,\mathrm{d}y = \frac{\pi r^4}{4} = \frac{\pi d^4}{64}$$

同理

$$I_y = \frac{\pi d^4}{64}$$

另解：在第 3 章中，已知圆形截面对圆心的极惯性矩为

$$I_\mathrm{p} = \frac{\pi d^4}{32}$$

根据圆的极对称性可知：

$$I_z = I_y$$

由式(Ⅰ.8)可得

$$I_z = I_y = \frac{1}{2} I_\mathrm{p} = \frac{\pi d^4}{64}$$

如图 Ⅰ.6(b)所示的空心圆截面，对圆心的极惯性矩为

$$I_\mathrm{p} = \frac{\pi}{32}\left(D^4 - d^4\right) = \frac{\pi D^4}{32}(1-\alpha^4)$$

同理可得，对形心轴的惯性矩为

$$I_z = I_y = \frac{1}{2} I_\mathrm{p} = \frac{\pi}{64}\left(D^4 - d^4\right) = \frac{\pi D^4}{64}(1-\alpha^4)$$

式中，$\alpha = d/D$。

Ⅰ.3　惯性矩的平行轴公式

Ⅰ.3.1　平行轴公式的推导

截面对任意两组正交坐标轴的惯性矩之间存在一定关系，若已知截面对某一正交轴的惯性矩，则对任意正交轴的惯性矩可不必通过积分算出，这里仅介绍两组平行正交坐标轴惯性矩之间的关系。

如图Ⅰ.7所示，设已知截面对形心轴 z_C、y_C 的惯性矩为

$$\begin{cases} I_{z_C}=\int_A y'^2\mathrm{d}A \\ I_{y_C}=\int_A z'^2\mathrm{d}A \end{cases} \tag{Ⅰ.12}$$

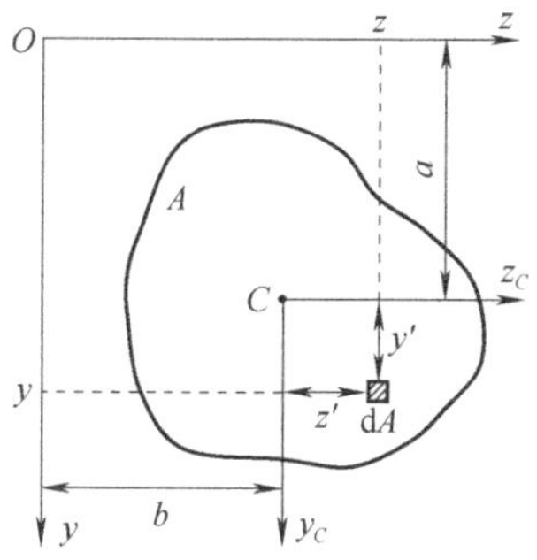

求截面对另一对平行正交轴 z、y 的惯性矩为

$$\begin{cases} I_z=\int_A y^2\mathrm{d}A \\ I_y=\int_A z^2\mathrm{d}A \end{cases} \tag{Ⅰ.13}$$

图Ⅰ.7

从图中可以看出，两组坐标中微面积的位置关系为

$$\begin{cases} y=y'+a \\ z=z'+b \end{cases} \tag{Ⅰ.14}$$

将式(Ⅰ.14)中的第一式代入式(Ⅰ.13)中的第一式，有

$$I_z=\int_A y^2\mathrm{d}A=\int_A (y'+a)^2\mathrm{d}A=\int_A y'^2\mathrm{d}A+2a\int_A y'\mathrm{d}A+a^2\int_A \mathrm{d}A$$

注意到截面对形心轴的静矩等于零，即 $\int_A y'\mathrm{d}A=0$，根据式(Ⅰ.12)，则上式可写为

$$I_z=I_{z_C}+a^2A$$

同理可得以下关系：

$$\begin{cases} I_z=I_{z_C}+a^2A \\ I_y=I_{y_C}+b^2A \\ I_{yz}=I_{y_Cz_C}+abA \\ I_\mathrm{p}=I_{\mathrm{p}_C}+(a+b)^2A \end{cases} \tag{Ⅰ.15}$$

式(Ⅰ.15)就是**惯性矩的平行轴公式**，使用时应注意，公式右边的第一项必须是截面对形心轴的惯性矩、惯性积或对形心的极惯性矩。

从式(Ⅰ.15)可以看出，同一平面内，截面图形在相互平行的所有轴中，对形心轴的惯性矩和惯性积最小。应用平行轴公式时应注意的问题是，两个平行轴中，必须有一轴为形心轴，截面对任意两个平行轴的惯性矩间的关系，应通过平行的形心轴惯性矩来换算。

Ⅰ.3.2　组合图形惯性矩的计算

根据定义和积分原理，组合图形对某一轴的惯性矩等于每一简单图形对该轴惯性矩的代数和。把一个截面分割为若干个简单图形(如矩形、圆形等)，先求出每个简单图形对同一坐标轴的惯性矩，再将它们相加便可得到整个截面对该坐标轴的惯性矩，计算公式为

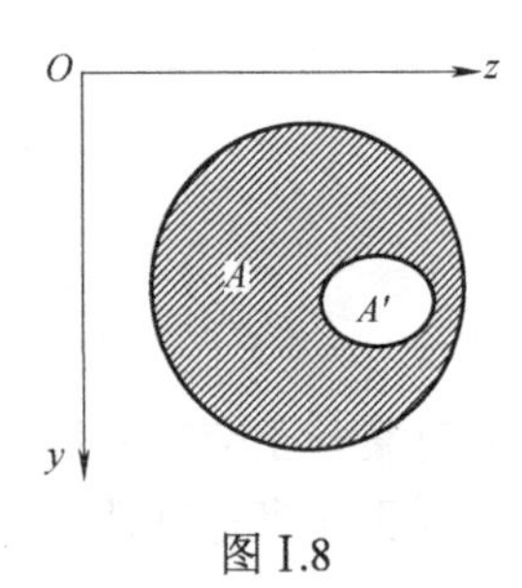

图 I.8

$$I_y = \sum_{i=1}^{n} I_{y_i}, \quad I_z = \sum_{i=1}^{n} I_{z_i} \tag{I.16}$$

计算组合图形的惯性矩时，该方法称为组合法或分割法。如果有些简单图形是整个截面的空缺部分，如图 I.8 中的 A'，这部分的惯性矩可以用负值代入上式计算。

【例 I.4】 求图 I.9 所示工字形截面对形心轴 z、y 的惯性矩(单位：mm)。

解：将图形划分为Ⅰ、Ⅱ、Ⅲ三个部分，整个图形对 z 轴的惯性矩为

$$I_z = I_z^{\mathrm{I}} + I_z^{\mathrm{II}} + I_z^{\mathrm{III}}$$

其中，第Ⅰ部分面积对 z 轴惯性矩为

$$I_z^{\mathrm{I}} = I_{z_1}^{\mathrm{I}} + a_1 A_1 = \frac{100\times 10^3}{12} + 45^2\times 100\times 10 = 2.03\times 10^6(\mathrm{mm}^4)$$

第Ⅱ部分的形心 C_2 与形心 C 重合，所以

$$I_z^{\mathrm{II}} = \frac{10\times 80^3}{12} = 0.43\times 10^6(\mathrm{mm}^4)$$

第Ⅲ部分对 z 轴的惯性矩为

$$I_z^{\mathrm{III}} = I_{z_3}^{\mathrm{III}} + a_3 A_3 = \frac{100\times 10^3}{12} + 45^2\times 100\times 10 = 2.03\times 10^6(\mathrm{mm}^4)$$

得

$$I_z = (2.03 + 0.43 + 2.03)\times 10^6 = 4.49\times 10^6(\mathrm{mm}^4)$$

$$I_y = I_y^{\mathrm{I}} + I_y^{\mathrm{II}} + I_y^{\mathrm{III}} = \frac{10\times 100^3}{12} + \frac{80\times 10^3}{12} + \frac{10\times 100^3}{12} = (0.83 + 0.0067 + 0.83)\times 10^6 = 1.67\times 10^6(\mathrm{mm}^4)$$

如图 I.10 所示，如果将工字形分割为一个正方形与两个空穴矩形Ⅰ和Ⅱ的组合，则工字形对形心轴的惯性矩等于正方形对形心轴的惯性矩减去空穴矩形Ⅰ和Ⅱ对形心轴的惯性矩，即

$$I_z = \frac{100\times 100^3}{12} - 2\times\frac{45\times 80^3}{12} = 4.49\times 10^6(\mathrm{mm}^4)$$

$$I_y = \frac{100\times 100^3}{12} - 2\times\left(\frac{80\times 45^3}{12} + 27.5^2\times 80\times 45\right) = 1.67\times 10^6(\mathrm{mm}^4)$$

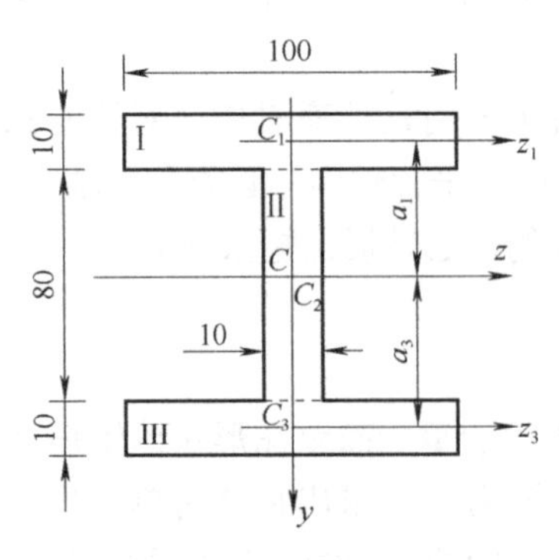

图 I.9

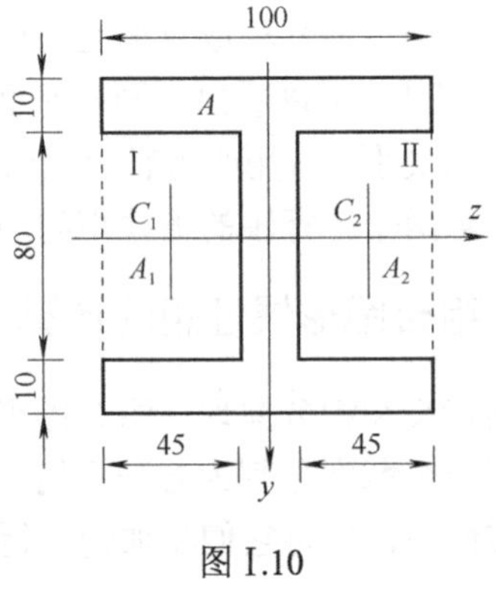

图 I.10

Ⅰ.4　惯性矩和形心主惯性轴

采用转轴公式可以研究坐标轴绕原点转动时，截面图形对这些坐标轴的惯性矩和惯性积的变化规律。

Ⅰ.4.1　惯性矩和惯性积的转轴公式

一面积为 A 的截面图形如图Ⅰ.11所示，设有正交坐标系 Oyz，图形对应的惯性矩为 I_y、I_z，惯性积为 I_{yz}。将正交坐标轴 y、z 绕原点逆时针旋转 α 角，得到新坐标轴 Oy_1z_1，图形对应的惯性矩为 I_{y_1}、I_{z_1}，惯性积为 $I_{y_1z_1}$。

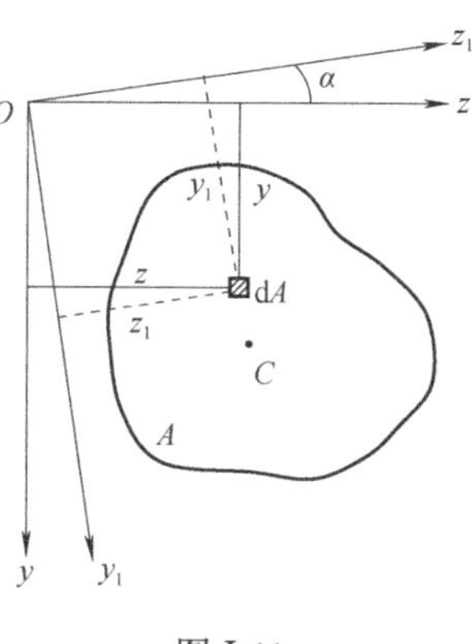

图Ⅰ.11

微面积 dA 处，两坐标系的关系为

$$y_1 = y\cos\alpha + z\sin\alpha$$

$$z_1 = -y\sin\alpha + z\cos\alpha$$

两坐标系中，惯性矩和惯性积的关系(推导过程略)为

$$\begin{cases} I_{y_1} = \dfrac{I_y + I_z}{2} + \left[\dfrac{I_y - I_z}{2}\cos(2\alpha) - I_{yz}\sin(2\alpha)\right] \\ I_{z_1} = \dfrac{I_y + I_z}{2} - \left[\dfrac{I_y - I_z}{2}\cos(2\alpha) - I_{yz}\sin(2\alpha)\right] \\ I_{y_1z_1} = \dfrac{I_y - I_z}{2}\sin(2\alpha) + I_{yz}\cos(2\alpha) \end{cases} \tag{Ⅰ.17}$$

以上公式称为惯性矩和惯性积的转轴公式，α 角以逆时针旋转为正，可得如下关系式：

$$I_{y_1} + I_{z_1} = I_y + I_z$$

Ⅰ.4.2　形心主惯性轴和形心主惯性矩

1. 主惯性轴和主惯性矩

由式(Ⅰ.17)知，当坐标轴旋转时，惯性积 $I_{y_1z_1}$ 将随 α 角变化而变化，且有正有负。因此，当坐标轴绕原点旋转时，总可以找到一特定角度 α_0，满足惯性积 $I_{y_1z_1}$ 为零，此时对应的新坐标轴就称为**主惯性轴**，截面图形对主惯性轴的惯性矩称为**主惯性矩**。

任一截面图形主惯性轴的方位，可由坐标旋转到 $\alpha = \alpha_0$ 时，$I_{y_1z_1} = 0$ 求得，故有

$$I_{y_1z_1} = \frac{I_y - I_z}{2}\sin\left(2\alpha_0\right) + I_{yz}\cos\left(2\alpha_0\right) = 0$$

推导可得

$$\tan(2\alpha_0) = \frac{2I_{yz}}{I_y - I_z} \tag{Ⅰ.18}$$

与 α_0 对应的旋转轴 y_0、z_0 即为主惯性轴，截面图形对主惯性轴 y_0、z_0 的惯性矩即为主惯性矩，记为 I_{y_0}、I_{z_0}，故有

$$\begin{Bmatrix} I_{y_0} \\ I_{z_0} \end{Bmatrix} = \frac{I_y + I_z}{2} \pm \sqrt{\left(\frac{I_y - I_z}{2}\right)^2 + I_{yz}^2} \tag{Ⅰ.19}$$

2. 形心主惯性轴和形心主惯性矩

若一对主惯性轴的交点与截面图形的形心重合，这一对主惯性轴就称为**形心主惯性轴**。截面图形对形心主惯性轴的惯性矩，称为**形心主惯性矩**。I_{y_1} 和 I_{z_1} 都是 α 角的正弦和余弦函数，故一定存在一个极大值和一个极小值。可以证明两个形心主惯性矩中有一个为极大值，另一个为极小值。

形心主惯性轴记为 y_{0C}、z_{0C}，形心主惯性矩记为 $I_{y_{0C}}$、$I_{z_{0C}}$，故有

$$\left\{\begin{matrix} I_{y_{0C}} \\ I_{z_{0C}} \end{matrix}\right. = \frac{I_y + I_z}{2} \pm \sqrt{\left(\frac{I_y - I_z}{2}\right)^2 + I_{yz}^2} \tag{Ⅰ.20}$$

任意一点(图形内或图形外)都有主惯性轴，而通过形心的主惯性轴是形心主惯性轴，工程计算中有意义的是形心主惯性轴与形心主惯性矩。若截面图形具有对称轴，则对称轴一定是主惯性轴，因为截面图形对包含对称轴在内的一对坐标轴的惯性积为零。但是，主惯性轴不一定必须是对称轴。若截面图形具有两根相互垂直的对称轴，则这两根对称轴就是形心主惯性轴。若截面图形只有一根对称轴，则对称轴和过形心并与其垂直的另一根轴也是形心主惯性轴。若截面图形没有对称轴，则必须首先确定形心位置，再由式(Ⅰ.15)和式(Ⅰ.18)确定形心主惯性轴。

【例Ⅰ.5】 试确定如图Ⅰ.12所示截面图形形心的位置，并求形心主惯性矩(尺寸单位为mm)。

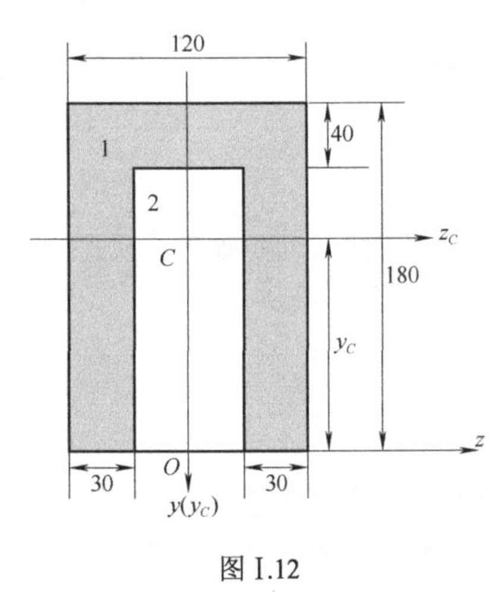

图Ⅰ.12

解：由对称性可知，形心 C 在纵向对称轴上。建立参考坐标系 Cyz，并把截面图形视为大矩形1减去小矩形2的组合，如图所示。

(1) 计算形心位置。

由组合图形的对称性(对称轴是 y 轴)知

$$z_C = 0$$

用组合法求形心，两矩形形心的 y 坐标分别为 $y_{C_1} = -90$、$y_{C_2} = -70$，面积分别为 $A_1 = 120\times180$、$A_2 = -70\times140$，挖去的面积取负值。由式(Ⅰ.5)可得

$$y_C = \frac{A_1 y_{C_1} - A_2 y_{C_2}}{A_1 - A_2} = \frac{120\times180\times(-90) - 60\times140\times(-70)}{120\times180 - 60\times140} = -102.7\ (\text{mm})$$

由此即可确定形心 C 的位置。

(2) 过形心 C，建立坐标系 Cy_Cz_C，y_C 和 z_C 即为形心主惯性轴。由式(Ⅰ.16)可得，截面图形对 y_C 和 z_C 轴的形心主惯性矩为

$$I_{y_C} = \frac{1}{12}\times180\times120^3 - \frac{1}{12}\times140\times60^3 = 23.4\times10^6 (\text{mm}^4)$$

$$I_{z_C} = \left[\frac{1}{12}\times120\times180^3 + (102.7-90)^2\times120\times180\right] - \left[\frac{1}{12}\times60\times140^3 + (102.7-70)^2\times60\times140\right] = 39.1\times10^6 (\text{mm}^4)$$

其中，计算 I_{z_C} 时应用了平行轴公式。

【例Ⅰ.6】 确定如图Ⅰ.13 所示图形的形心主惯性轴的位置，并求形心主惯性矩(尺寸单位为 mm)。

解：(1)由反对称性可知，形心在反对称点 C 上。过形心 C 建立 Cyz 坐标系，并把图形分成三个矩形，应用平行轴公式计算整个图形对 y、z 轴的惯性矩和惯性积为

$$I_y=\frac{400\times 20^3}{12}+2\times\left(\frac{40\times 180^3}{12}+180\times 40\times 100^2\right)$$

$$=1.83\times 10^8(\text{mm}^4)$$

$$I_z=\frac{20\times 400^3}{12}+2\times\left(\frac{180\times 40^3}{12}+180\times 40\times 180^2\right)$$

$$=5.75\times 10^8(\text{mm}^4)$$

$$I_{yz}=-2\times(180\times 40\times 100\times 180)=-2.59\times 10^8\ (\text{mm}^4)$$

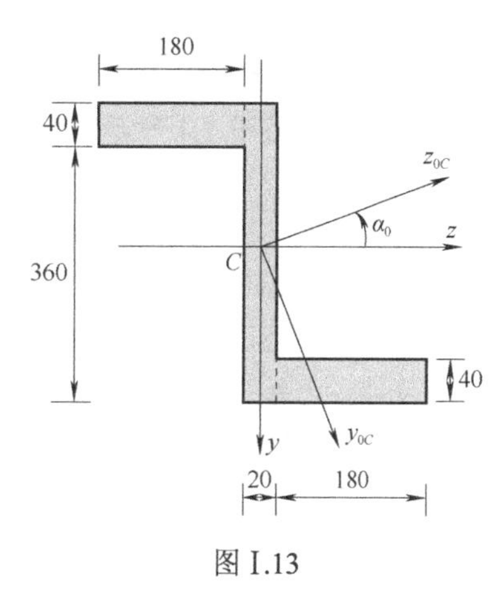

图Ⅰ.13

(2)形心主惯性轴方向角 α_0。

$$\tan(2\alpha_0)=-\frac{2I_{yz}}{I_z-I_y}=-\frac{2\times(-2.59)}{5.75-1.83}=1.32$$

求得

$$\alpha_0=26.45°$$

把 y、z 轴按逆时针转 α_0，即可得到截面的形心主惯性轴 y_{0C}、z_{0C}，位置如图Ⅰ.13 所示。

(3)形心主惯性矩

由式(Ⅰ.20)可得

$$\left\{\begin{matrix}I_{\max}\\ I_{\min}\end{matrix}\right.=\frac{I_y+I_z}{2}\pm\sqrt{\left(\frac{I_y-I_z}{2}\right)^2+I_{yz}^2}=\left\{\begin{matrix}7.04\times 10^8\text{mm}^4\\ 0.54\times 10^8\text{mm}^4\end{matrix}\right.$$

将 α_0 代入式(Ⅰ.17)，发现 $I_{z_{0C}}$ 是截面对于通过形心轴的惯性矩中的最大值，$I_{y_{0C}}$ 是最小值，故图形的形心主惯性矩为

$$I_{z_{0C}}=7.04\times 10^8\text{mm}^4$$

$$I_{y_{0C}}=0.54\times 10^8\text{mm}^4$$

思　考　题

Ⅰ-1 判断下列说法是否正确。

(1)平面图形对于其形心轴的静矩和惯性积均为零；

(2)平面图形对于其对称轴的静矩和惯性积均为零；

(3)平面图形对于不通过形心的轴的静矩和惯性积均不为零；

(4)平面图形对于非对称轴的静矩和惯性积有可能为零。

(5)静矩等于零的轴为对称轴。

(6)在正交坐标系中，设平面图形对 y 轴和 z 轴的惯性矩分别为 I_y 和 I_z，则图形对坐标原点的极惯性矩为 $I_p=I_y^2+I_z^2$。

(7)一对正交坐标轴中，若有一轴为图形的对称轴，则图形对这个轴的惯性积一定为零。

(8)截面的主惯性矩是截面对通过该点所有轴的惯性矩中的最大值和最小值。

Ⅰ-2　对于某个平面图形，判断下列结论是否正确。

(1) 图形的对称轴必定通过形心；

(2) 如果图形有两根对称轴，该两对称轴的交点必为形心。

Ⅰ-3　在一组相互平行的轴中，图形对____________轴的惯性矩最小。

Ⅰ-4　如思图Ⅰ.1 所示，直角三角形对 x、y 轴的惯性矩 $I_x=$__________、$I_y=$____________，惯性积 $I_{xy}=$____________。

Ⅰ-5　如思图Ⅰ.2 所示的矩形截面，C 为形心，若阴影面积对 z_C 轴的静矩为 S，则其余部分面积对 z_C 轴的静矩为____________。

Ⅰ-6　如思图Ⅰ.3 所示，截面对形心轴 z_C 的弯曲截面系数为____________。

Ⅰ-7　已知平面图形的形心为 C，面积为 A，对 z 轴的惯性矩为 I_z，如思图Ⅰ.4 所示，则图形对 z_1 轴的惯性矩为____________。

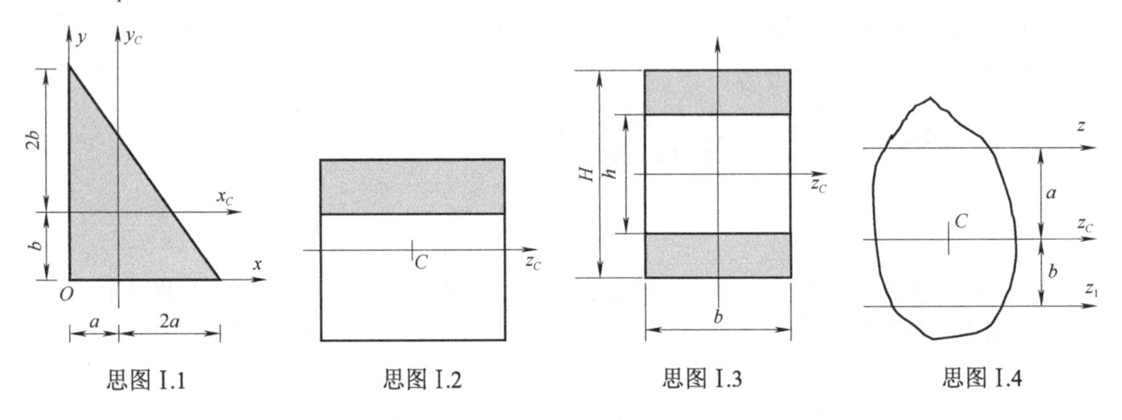

思图Ⅰ.1　　思图Ⅰ.2　　思图Ⅰ.3　　思图Ⅰ.4

习　　题

Ⅰ.1　试确定题图Ⅰ.1 中示各截面的形心位置并求对水平形心轴的惯性矩(尺寸单位：mm)。

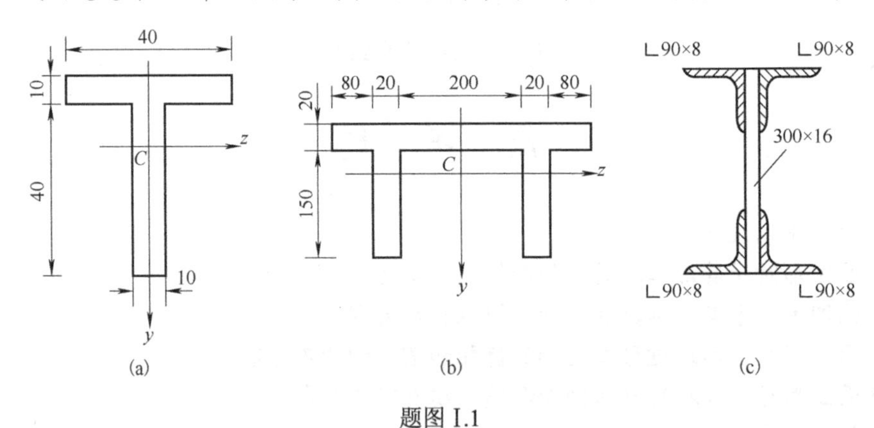

题图Ⅰ.1

Ⅰ.2　如题图Ⅰ.2 所示，由两个 20a 号槽钢组成的组合截面，若欲使此截面对两对称轴的惯性矩 I_x 和 I_y 相等，则两槽钢的间距 a 应为多少？

Ⅰ.3　如题图Ⅰ.3 所示，若要从直径为 d 的原木中切割出一根矩形截面梁，并使其弯曲截面常数 W_z 为最大，试计算矩形应有的高宽比(h/b)。

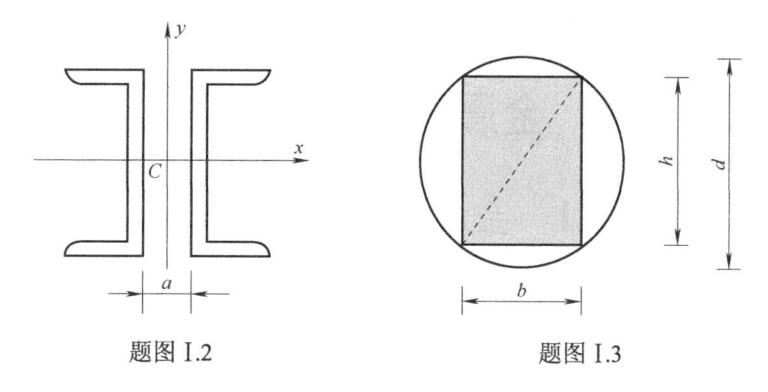

题图 I.2 题图 I.3

I.4 计算如题图 I.4 所示截面图形的形心位置及对 y、z 轴的惯性积(尺寸单位为 mm)。

I.5 一截面由工字钢和槽钢组成，如题图 I.5 所示，试确定截面图形的形心位置，并计算其形心主惯性矩 I_{y_C}。

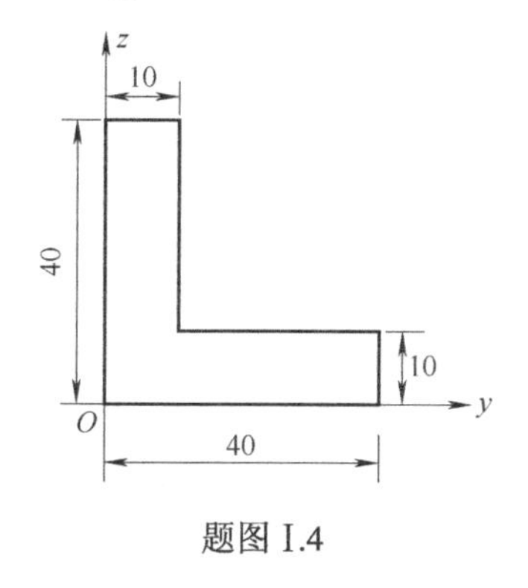

题图 I.4

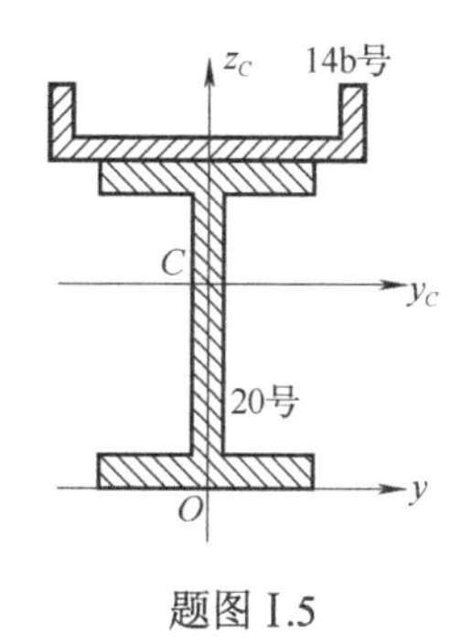

题图 I.5

附录Ⅱ　金属材料的力学性能实验

Ⅱ.1　金属材料的拉伸实验

材料拉伸实验是研究材料力学性能的最基本实验。通过拉伸实验，可以测定材料在常温、静载下的强度和塑性指标，了解材料受力与变形的关系，为工程中评定材质、强度计算及合理设计提供科学依据。

1. 实验目的

(1) 测定低碳钢的屈服极限σ_s、强度极限σ_b、延伸率δ和断面收缩率ψ，测定灰铸铁的强度极限σ_b。

(2) 观察金属材料在拉伸过程中的各种力学现象，了解受力与变形的关系。

(3) 比较低碳钢与灰铸铁的拉伸性能。

2. 实验仪器和设备

(1) 电子万能实验机。

(2) 游标卡尺。

3. 试件

实验表明，试件的尺寸和形状对实验结果都有影响。为了避免这种影响，使各种材料的实验结果具有可比性，必须将试件尺寸、形状和实验方法进行统一规定，使实验标准化。常用的拉伸试样有圆形和矩形截面两类，《金属材料拉伸实验 第 1 部分：室温实验方法》(GB/T 228.1—2010) 中推荐的圆形截面比例试样形状如图Ⅱ.1 所示。

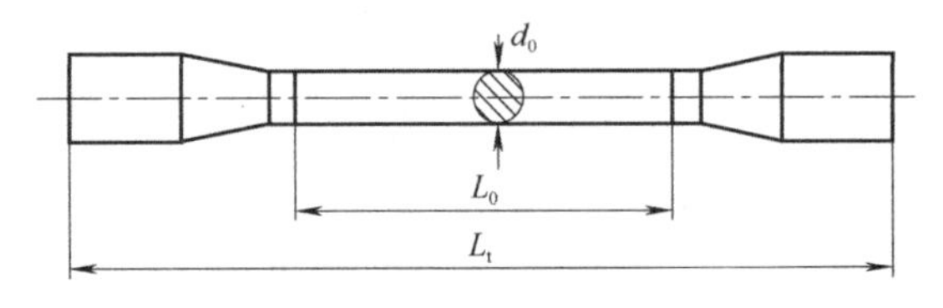

图Ⅱ.1

图Ⅱ.1 中，L_t为试件总长度；L_0为试件平行长度部分两条刻线间的距离，称为**原始标距**；d_0为平行长度部分的原始直径；圆形比例试件分为以下两种：

(1) $L_0 = 5.65\sqrt{A_0}$，称为短比例试件，其中A_0为试件的原始横截面面积；

(2) $L_0 = 11.3\sqrt{A_0}$，称为长比例试件，其中A_0为试件的原始横截面面积。

本节实验中，采用$d_0 = 10\text{mm}$，$L_0 = 11.3\sqrt{A_0}\text{mm}$的长比例试件。

4. 实验原理

材料的力学性能指标σ_s、σ_b、δ和ψ由常温、静载下的拉伸破坏实验测定。整个实验过程中，力与变形的对应关系可由拉伸图表示，拉伸图由电子万能实验机自动绘出。

1) 低碳钢拉伸实验

低碳钢的拉伸图比较典型，见图Ⅱ.2，整个实验过程可以分为以下四个阶段。

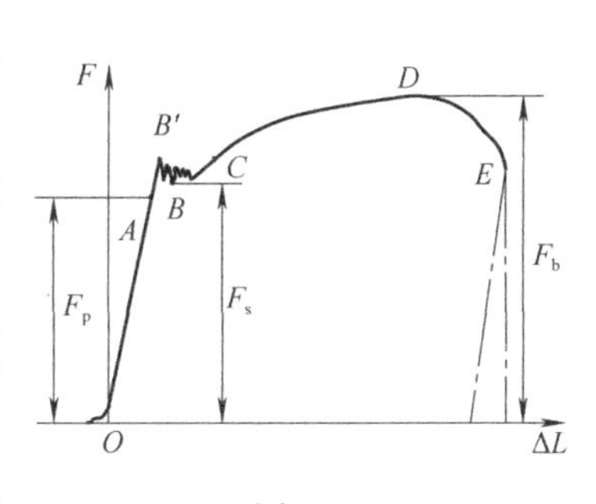

图Ⅱ.2

(1) 直线阶段 OA。此阶段，内力与变形成正比，也称为线弹性变形阶段，点 A 对应的载荷为比例极限载荷 $F_{\rm p}$。

(2) 屈服阶段 $B'C$。曲线常呈锯齿形，此阶段中，拉力变化不大，变形却迅速增加，材料失去抵抗继续变形的能力，这种现象称为**材料屈服**。此段曲线上的最高点 B' 称为上屈服点，最低点 B 称为下屈服点，材料的下屈服点比较稳定，所以工程上以下屈服点对应的力为屈服载荷 $F_{\rm s}$。

(3) 强化阶段 CD。材料经过屈服阶段后，又增强了抵抗变形的能力(即强化)，要使材料继续变形，必须增大拉力。此阶段，点 D 对应的力为测试过程中的最大载荷 $F_{\rm b}$。

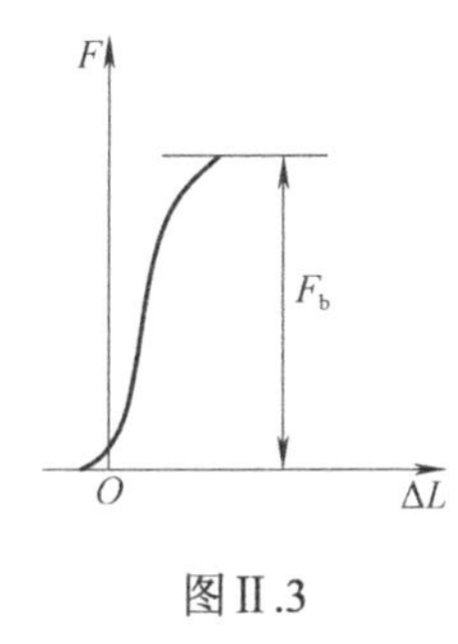

图Ⅱ.3

(4) 颈缩阶段 DE。过了点 D，试件局部某处显著收缩，产生**颈缩**，颈缩使试件继续变形所需要的拉力减小，拉伸图呈现下降趋势，最后在颈缩部位断裂。

2) 灰铸铁拉伸实验

图Ⅱ.3 为灰铸铁拉伸图，力和变形不呈明显的线性关系，没有屈服和颈缩现象；拉伸时的塑性变形极小，在变形很小时，就达到最大载荷而突然断裂，断后延伸率 δ 和断面收缩率 ψ 都很小，最有工程意义的是强度极限 $\sigma_{\rm b}$，因此只需确定最大载荷 $F_{\rm b}$。

5. 实验步骤(以 CSS-44100 型电子万能实验机为例)

1) 实验准备

(1) 测量并记录试件的尺寸：在刻线长度内的两端和中部测量三个截面的直径 d_0，取其平均直径为计算直径，并量取标距长度 L_0。

(2) 打开控制系统电源，系统进行自检后自动进入 PC-CONTROL 状态。

(3) 打开计算机，双击计算机桌面上的 TestExpert 图标，实验软件启动。

(4) 软件联机并启动控制系统：①单击“联机”按钮，出现联机窗口，当此窗口消失证明联机成功；②单击启动按钮，控制系统“ON”灯亮后，软件操作按钮生效。

(5) 调节横梁位置并安装试样。

2) 进行实验

(1) 设置实验条件(详见电子万能实验机操作指南)。

(2) 按下“实验”按钮，电子万能实验机开始按实验程序对试件进行拉伸。仔细观察试件和计算机屏幕上拉伸曲线的变化情况，直至试件拉断。对于低碳钢试件，注意观察屈服阶段的特点、颈缩阶段的发生和发展。

(3) 浏览拉伸曲线，记录屈服载荷 $F_{\rm s}(F_{\rm el})$ 和最大载荷 $F_{\rm b}(F_{\rm m})$，或打印实验报告。

6. 实验结果处理

(1) 根据低碳钢拉伸测得的 $F_{\rm s}$、$F_{\rm b}$，计算屈服极限 $\sigma_{\rm s}$ 和强度极限 $\sigma_{\rm b}$ 为

$$\sigma_{\rm s}=\frac{F_{\rm s}}{A_0},\qquad \sigma_{\rm b}=\frac{F_{\rm b}}{A_0}$$

(2) 根据灰铸铁拉伸测得的 $F_{\rm b}$ 计算强度极限 $\sigma_{\rm b}$。

(3) 测定计算断后延伸率 δ 和断面收缩率 ψ 为

$$\delta = \frac{L_1 - L_0}{L_0} \times 100\%, \qquad \psi = \frac{A_0 - A_1}{A_0} \times 100\%$$

试件拉断后，将断裂试件紧密对接在一起，在断口最细(颈缩)处沿两个互相垂直方向各测量一次直径，取其平均值为d_1，用来计算断口处横截面面积A_1。

将断裂试件的两段紧密对接在一起，尽量使其轴线位于一直线上，若断口到邻近标距端点的距离大于$L_0/3$，则用游标卡尺测量断裂后两端刻线之间的标距长度，即L_1。

若断口到邻近标距端点的距离小于或等于$L_0/3$，则要求用**断口移中法**计算L_1的长度。

实验前已将试件标距部分用刻线机画分成10个等分小格，将试件拉断后，以断口O为起点，如图Ⅱ.4(a)所示，在长段上量取基本等于短段的格数得点B。当长段所余格数为偶数时，则由所余格数的一半得点C，将BC段长度移到标距的左端，则移位后的断后标距为

$$L_1 = L_{AO} + L_{OB} + 2L_{BC}$$

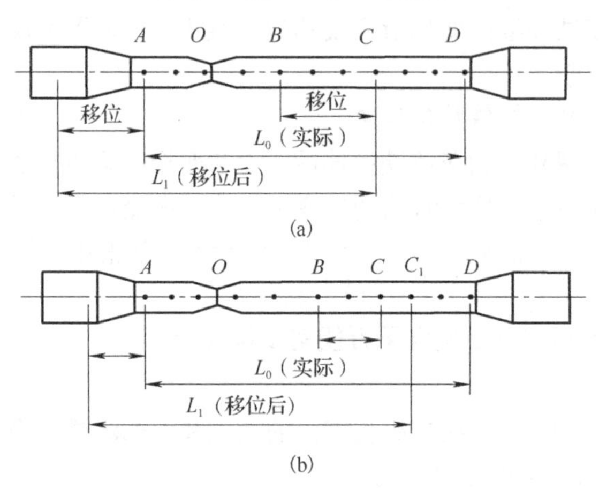

图Ⅱ.4

如果在长段取点B后剩余的格数为奇数，如图Ⅱ.4(b)所示，则取剩余格数加1的一半得点C_1，减1的一半得点C，则移中(即将BC_1或BC移到试件左侧)后的断后标距为

$$L_1 = L_{AO} + L_{OB} + L_{BC} + L_{BC_1}$$

(4)绘制两种材料的拉抻图(F-ΔL图)。

(5)观察并绘图两种材料的断口形状。

7. 思考讨论题

(1)参考万能实验机自动绘出的拉伸图，分析从试件加力至断裂的过程可分为几个阶段？相应于每一阶段的拉伸曲线的特点和物理意义是什么？

(2) σ_s和σ_b是不是试件在屈服和断裂时的真实应力？为什么？

(3)由拉伸实验测定的材料机械性能在工程上有何意义？

Ⅱ.2　金属材料的压缩实验

很多材料的压缩力学性能与拉伸力学性能是不同的，例如灰铸铁、混凝土、岩石等脆性材料的抗压性能优于拉伸性能，因此压缩实验也是研究材料力学性能的基本实验。

1. 实验目的

(1)测定低碳钢压缩时的屈服极限 σ_s 和灰铸铁压缩时的强度极限 σ_b。

(2)观察低碳钢和灰铸铁在压缩过程中的变形和破坏现象，并进行比较。

2. 实验仪器和设备

(1)液压式万能材料实验机。

(2)游标卡尺。

3. 压缩试件

为了能对各种材料的实验结果作比较，金属材料压缩试件一般采用圆柱形试件，如图Ⅱ.5所示。试件高度和横截面尺寸的比例要适宜：试件太高，容易产生纵向失稳；试件太短，如图Ⅱ.6 所示，实验机垫板与试件两端面间的摩擦力会阻碍试件上下端面的径向变形，对试件实际的承载能力造成影响。为保证试样在实验过程中均匀单向压缩，且端部在实验结束之前不产生损坏，《金属材料室温压缩实验方法》(GB/T 7314—2017)中推荐侧向无约束压缩试样的尺寸为

$$h_0=(2.5\sim3.5)d_0$$

实验时，试件置于实验机的球形承垫中心位置处，如图Ⅱ.7 所示。当试件两端的平面稍不平行时，能起到调节作用，使压力均匀分布，以保证合力通过试件轴线。试件两端的平面应加工光滑以减小摩擦力的影响，实验时通常还在两端部加适量的润滑油。

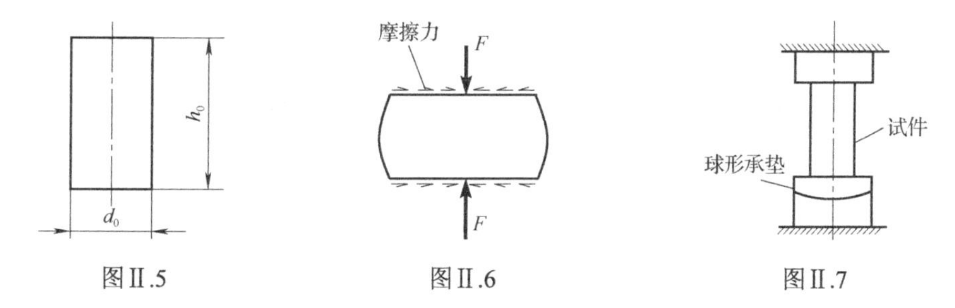

图Ⅱ.5　　　　图Ⅱ.6　　　　图Ⅱ.7

4. 实验原理

分别通过图图Ⅱ.8 和图Ⅱ.9 来说明低碳钢和灰铸铁的压缩实验。

1)低碳钢压缩实验

图Ⅱ.8 为低碳钢压缩图。低碳钢受压时，也有比例极限和屈服极限，但不像拉伸时那样有明显的屈服现象。因此，测定压缩的屈服载荷 F_s 时要细心观察，在缓慢而均匀的加载下，实验机的测力指针会突然停留、或倒退、或转速突然减慢，无论出现上述某一种情况，此时主动指针所指载荷即作为屈服载荷 F_s。

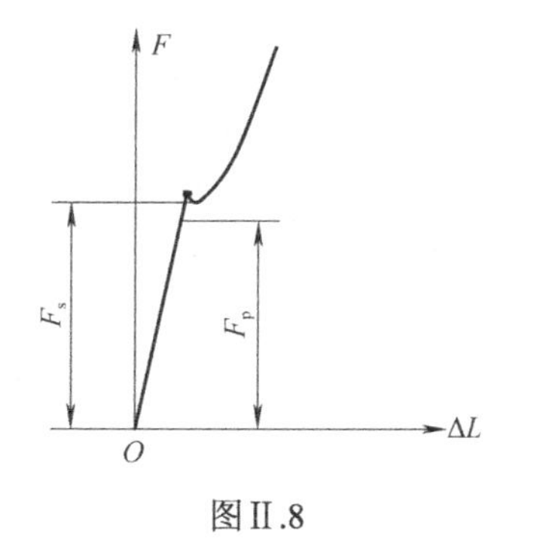

图Ⅱ.8

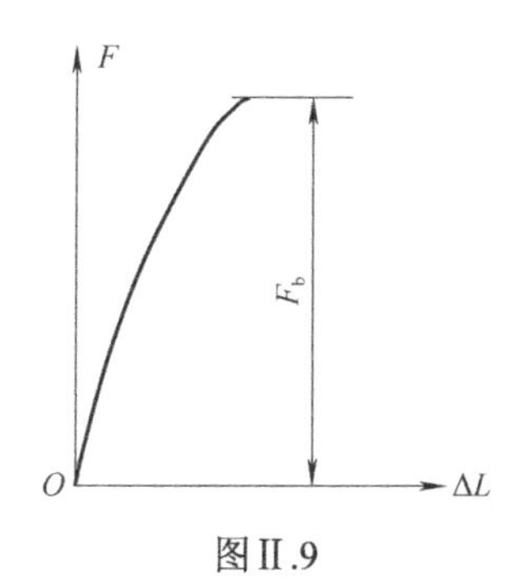

图Ⅱ.9

过了屈服点，试件塑性变形迅速增加，横截面面积也随之增大，增大的面积能承受更大的载荷，因此压缩曲线迅速上升，试件最后可压成饼状，所以最大载荷 F_b 不存在。

2）灰铸铁压缩实验

图Ⅱ.9 为灰铸铁压缩图。灰铸铁试件受压缩时，无屈服现象，在达到最大载荷前会出现较大的塑性变形，当达到最大载荷时，试件突然发生破裂，此时测力指针迅速倒退，由随动指针可读出最大载荷 F_b 。由于端面摩擦力的影响，灰铸铁试件最后被压成鼓形，且破坏面与试件轴线大约呈 45°。

5. 实验步骤

(1) 测量并记录试件高度及横截面直径。

(2) 根据估计的最大载荷选择测力盘刻度档，配以相应摆锤，调整指针对准零点，调整绘图装置。

(3) 将试件两端涂上润滑剂，然后放在实验机工作台支承垫中心处。

(4) 开启实验机，使工作台上升，当试件与上支承垫接近时应把油门关小，减慢工作台的上升速度。当试件与上承压座接触受力后，要控制加载速度，使载荷缓慢均匀增加，注意观察测力指针和绘图装置所绘制的压缩曲线，从而判断试件是否屈服，及时记录屈服载荷 F_s ，超过屈服载荷后，继续加载，低碳钢试件被压成鼓形时即可停止。灰铸铁试件加压至破坏，记录最大载荷 F_b 。

6. 实验结果处理

(1) 根据所测低碳钢的压缩屈服载荷 F_s 计算压缩屈服极限 σ_s ，即

$$\sigma_s = \frac{F_s}{A_0}$$

(2) 根据所测灰铸铁的压缩最大载荷 F_b 计算压缩强度极限 σ_b ，即

$$\sigma_b = \frac{F_b}{A_0}$$

式中， $A_0 = \dfrac{\pi d_0^2}{4}$ 。

7. 思考题

(1) 为什么灰铸铁试件压缩时沿 45° 的方向破裂？

(2) 由两种材料（低碳钢和灰铸铁）的拉伸与压缩实验结果，归纳整理塑性材料和脆性材料的力学性能及破坏形式。比较哪种材料的拉伸性能好？哪种材料的压缩性能好？

Ⅱ.3　金属材料的扭转实验

扭转是杆件基本变形形式之一，对杆件施加绕轴线转动的力偶矩，以测定材料在扭转条件下力学性能的实验称为扭转实验。在工程中，很多传动零部件都是在扭转条件下工作的，因此扭转实验也是材料力学的一项重要实验。

1. 实验目的

(1) 测定低碳钢的剪切屈服极限 τ_s 、剪切强度极限 τ_b 和灰铸铁的剪切强度极限 τ_b 。

(2) 观察圆轴在扭转时的力学现象，分析破坏原因。

2. 实验仪器和设备

(1)扭转实验机。

(2)游标卡尺。

3. 试件

试件的形状如图II.10 所示：图中，L_0为试件平行长度部分两条刻线间的距离，称为原始标距；d_0为平行长度部分的原始直径。

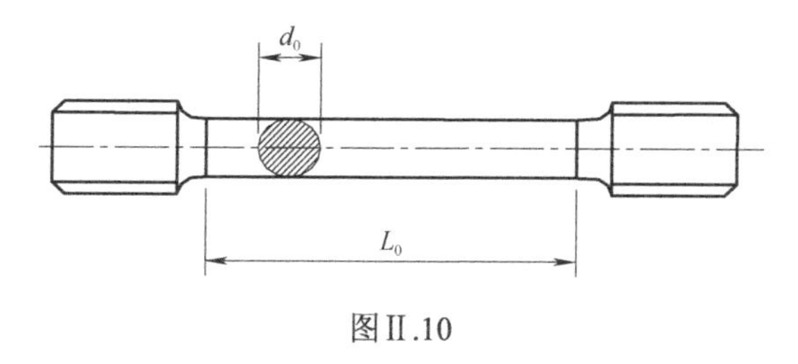

图II.10

4. 实验原理

圆轴承受扭转时，横截面处于纯剪切应力状态，因此常用扭转实验来研究材料在纯剪切作用下的扭转机械性能。

1)低碳钢的扭转实验

低碳钢扭转时，由自动绘图仪绘出的扭矩-转角曲线如图II.11 所示，图中 OA 段为一条倾斜直线，扭矩 T 与扭转角φ成正比。试件横截面上的应力按线性分布，如图II.12(a)所示。

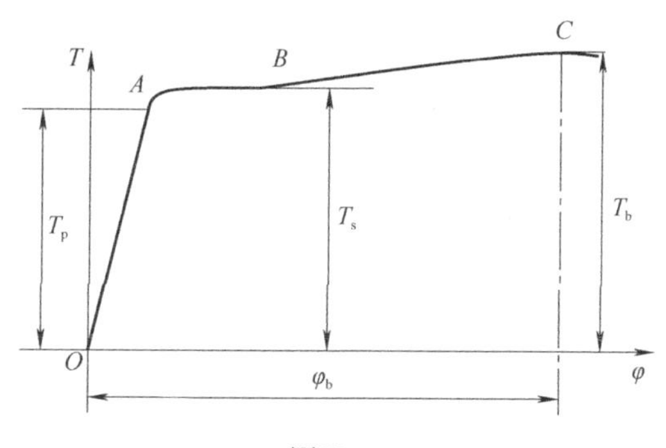

图II.11

当扭矩超过T_p后，试件横截面边缘的应力达到材料的剪切屈服极限τ_s，开始屈服。继续加载，屈服区域逐渐向内延展，横截面上应力分布如图II.12(b)所示。

随着实验的继续，扭矩盘上的指针几乎不动或来回摆动，T-φ 曲线近似为平台，指针倒退的最小值即为试件的屈服扭矩T_s，这时塑性区占据了几乎全部截面，如图II.12(c)所示。

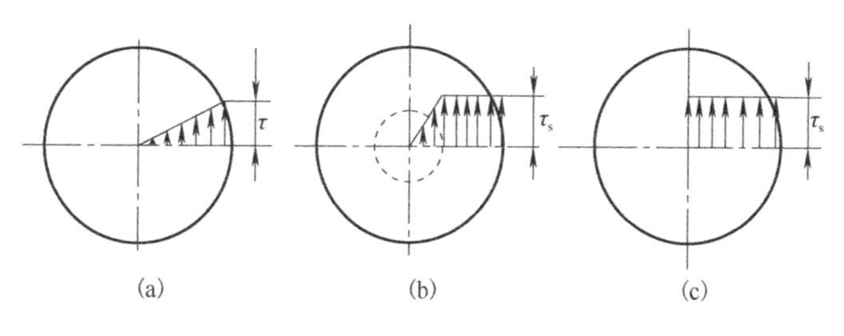

图II.12

试件受载继续变形，材料由表至里逐渐强化，直至试件发生断裂，可测得最大扭矩 T_b，从破坏断面可看到低碳钢试件沿横截面被剪断。

2)灰铸铁的扭转实验

灰铸铁扭矩-转角曲线如图Ⅱ.13(a)所示，无屈服现象且扭转角很小时，材料就发生破坏，断裂面为与轴线约呈 45° 的螺旋面。横截面上的切应力近似按线性分布，如图Ⅱ.13(b)所示。

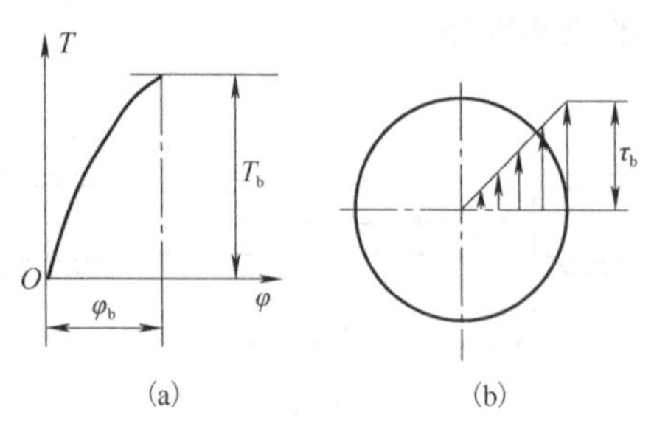

图Ⅱ.13

5. 实验步骤

1)低碳钢的扭转实验

(1)测量试件实验段两端及中部直径，并记录最小直径。

(2)按照扭断试件所需最大扭矩相当于度盘测力范围的 40%～80%来选择测力度盘，调整刻度盘上的测力指针对准零刻度线，旋转被动针紧靠向测力指针。

(3)将试件装入实验机夹头，用粉笔沿试件母线划一条纵向线，以便观察扭矩与转角的对应关系。调整主动夹头上的刻度圈对准零刻线，以记录扭角度数。

(4)用≤30°/min 的主动夹头转速对试件加载，以测定屈服扭矩 T_s。测出 T_s 后，将主动夹头调至最高转速，继续对试件加载，直至试件破断，测出最大扭矩 T_b。

2)灰铸铁的扭转实验

(1)、(2)、(3)与低碳钢扭转实验相同。

(4)采用≤30°/min 的转速对试件加载，直至试件破断，记录最大扭矩 T_b。

6. 实验结果处理

(1)根据所测低碳钢的屈服扭矩 T_s 和最大扭矩 T_b 分别计算剪切屈服极限 τ_s、剪切强度极限 τ_b：

$$\tau_s = \frac{3}{4}\cdot\frac{T_s}{W_t}, \qquad \tau_b = \frac{3}{4}\frac{T_b}{W_t}$$

式中，$W_t = \dfrac{\pi d^3}{16}$。

(2)根据所测灰铸铁的最大扭矩 T_b 计算剪切强度极限 τ_b：

$$\tau_b = \frac{T_b}{W_t}$$

式中，$W_t = \dfrac{\pi d^3}{16}$。

7. 思考题

(1)试件尺寸实验前后有无变化？说明什么？

(2)试分析两种材料的破坏断口为何不同？

Ⅱ.4　梁的纯弯曲正应力实验

梁的弯曲正应力计算公式是在某些假设条件下推导出来的，因此有必要进行实验，验证其准确性，以便实际应用。

1. 实验目的

(1)测定矩形截面直梁纯弯曲时的正应力分布，与理论计算结果进行比较，以验证弯曲正应力公式。

(2)学习电阻应变测量方法。

2. 实验仪器和设备

(1)小型纯弯曲梁实验台；

(2)静态电阻应变仪；

(3)电子计算机。

3. 实验装置

实验中，试件采用由中碳钢制成的矩形截面梁，梁安放在小型弯曲实验台两支座上；实验时，在砝码盘上分三级加砝码，通过加力横梁把一个集中力分成两个分力施加于梁上，如图Ⅱ.14所示，使梁的中间部分产生纯弯曲，其弯矩图见图Ⅱ.15。

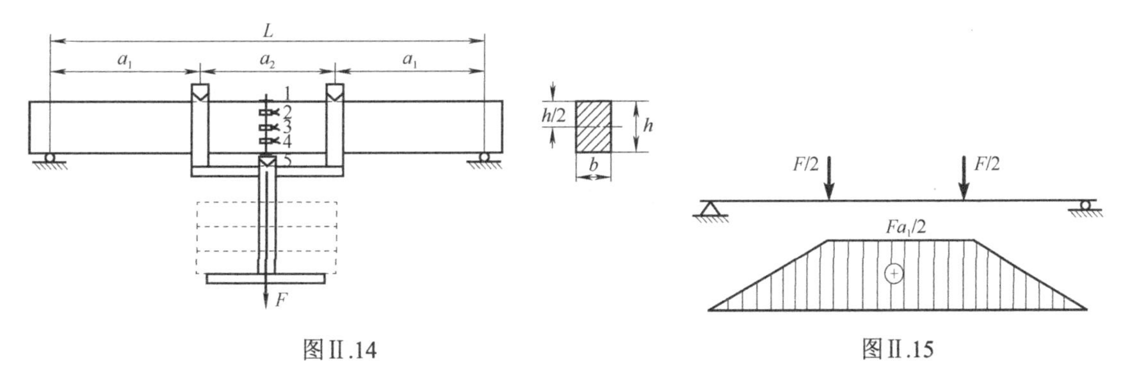

图Ⅱ.14　　　　图Ⅱ.15

4. 实验原理

已知梁受纯弯曲时，其横截面上各点应力的理论计算值为

$$\Delta\sigma_{i理} = \frac{\Delta M}{I_z} Y_i$$

式中，ΔM为作用在梁上的弯矩增量；Y_i为中性层到欲测点的距离(mm)。

$$\Delta M = \frac{\Delta F}{2} a_1 \, (\mathrm{N \cdot mm})$$

式中，ΔF为载荷增量：

$$\Delta F = F_i - F_{i-1}$$

I_z为梁横截面对中性轴z的惯性矩：

$$I_z = \frac{bh^3}{12} \, (\mathrm{mm^4})$$

为了验证理论公式及测定梁纯弯曲时横截面上的应力分布规律，在梁的纯弯曲段内某横截面的上、下表面及侧面上按离中性层的距离 Y_i 粘贴电阻应变片，即

$$Y_{1,5}=\pm\frac{h}{2},\qquad Y_{2,4}=\pm\frac{h}{4},\qquad Y_3=0$$

当梁变形时，用静态电阻应变仪测出各点的应变值 $\varepsilon_i(i=1,2,\cdots,5)$，再根据单向应力状态下的胡克定律，计算出各点实测的应力值 $\Delta\sigma_{i实}$：

$$\Delta\sigma_{i实}=E\times\Delta\varepsilon_{i实},\qquad \Delta\varepsilon_{i实}=\frac{\sum\Delta\varepsilon_i}{n}\quad (i=1,2,\cdots,5)$$

式中，E 为梁材料的弹性模量(GPa)；$\Delta\varepsilon_{i实}$ 为各点的实测应变增量平均值；n 为加载次数。

5. 实验方法和步骤

(1) 记录小型纯弯曲实验台的有关尺寸和应变片的有关参数。

(2) 采用半桥温度补偿接桥方式，将各测点的应变片接入静态电阻应变仪。

(3) 打开计算机电源和静态电阻应变仪电源。

(4) 双击静态电阻应变仪图标，进入界面，计算机自动查找机箱，按确定键。单击“采样”下拉菜单→平衡操作→按确定键，平衡两次；单击“采样”下拉菜单→单次采样→按采样键；这时应变仪各点均显示为零。

(5) 采用增量加载方法。增量法加载是指在小型纯弯曲实验台上加砝码，每级在砝码盘上加一个砝码(即增量 ΔF=60N)，并通过计算机采样记录所测各点应变值，直至加到规定载荷，卸去载荷，再重复 2～3 次。

6. 实验数据处理

(1) 相对误差计算。

$$\beta_i=\frac{\Delta\sigma_{i理}-\Delta\sigma_{i实}}{\Delta\sigma_{i理}}\times 100\%$$

(2) 绘制出各点的正应力理论值和实测值沿梁截面高度的分布曲线，并进行比较。

7. 思考题

(1) 分析理论值和实测值存在误差的原因？

(2) 弯曲正应力的大小是否受材料弹性模量 E 的影响？

Ⅱ.5　电子万能实验机

电子万能实验机工作时，由主控计算机通过 RS-232 总线标准接口对各测量、控制功能函数进行调用、管理、控制，并利用主机与附件的功能搭配组合，完成多种功能实验。电子万能实验机系统结构如图Ⅱ.16 所示(以 CSS-44100 为例)，分为主机和测量控制系统二大部分。

1. 主机

主机是电子万能实验机进行测试的执行机构，主要由载荷机架、传动系统、夹持系统和位置保护装置构成。系统工作时，在活动横梁位移控制系统的驱动下，配合相应的附件，可以使被测试样产生应力、应变，经测量、数据采集、处理后给出所需数据。

在底座的工作台面上，安装有立柱、滚珠丝杠和压缩弯曲实验台，立柱位于活动横梁的两侧，用于支撑上横梁，并为活动横梁提供导向作用，防止活动横梁上、下移动时发生摆动。

工作台下部为铸造机器底座，它与横梁具有同等刚度。由上横梁、活动横梁、工作台、滚珠丝杠及立柱组成的门式结构的载荷机架，在实验过程中，力在载荷机架内得到平衡。

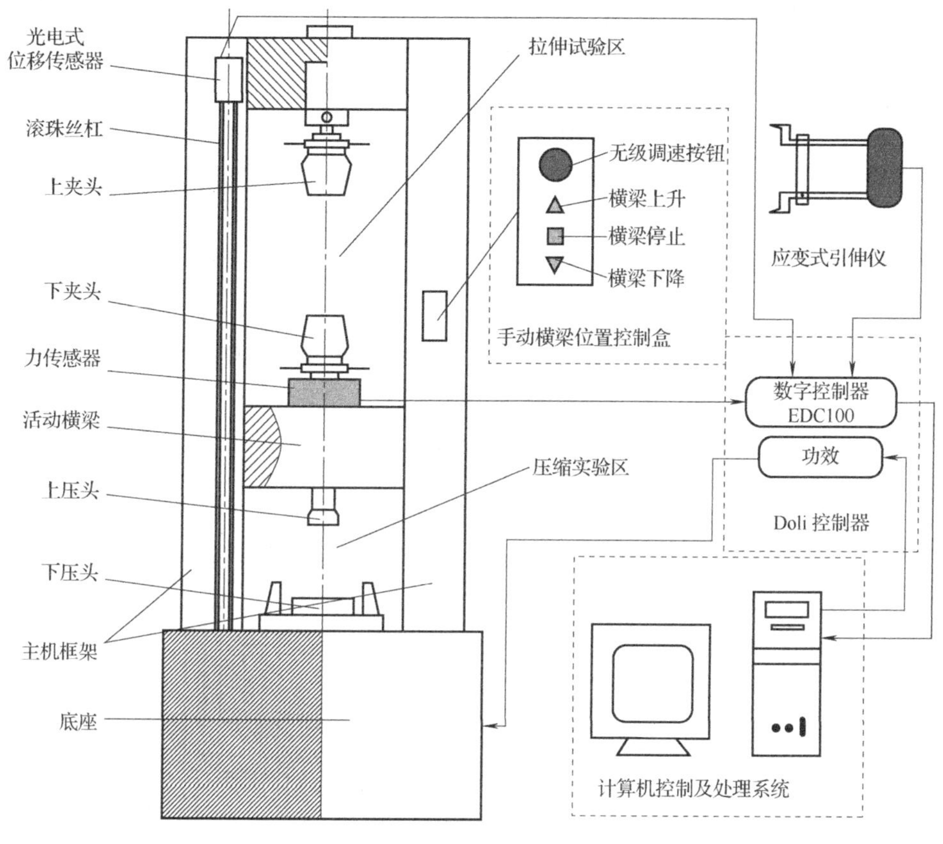

图Ⅱ.16

在上横梁与活动横梁之间，分别安装有拉伸上夹头和下夹头，当控制系统发出信号，使直流伺服电机工作时，通过减速装置带动圆弧齿形带转动，从而驱动大带轮，使滚珠丝杠获得稳定的转速，带动活动横梁上、下移动。实验时，将试件安装在上、下夹头之间，上夹头不动，当活动横梁向下运动时，试件受到拉伸。若把试件放在下压板上或弯曲实验台上，当活动横梁向下运行时，试件与压头接触，被压缩或弯曲。同时，由载荷传感器将载荷大小信号传输到载荷测量系统，由位移编码器将活动横梁的位移信号传输到位移测量系统。

在电子万能实验机主机前面，通常安装有行程保护装置，它由限位杆、限位环和限位开关组成。上、下限位环的位置可以根据实验需要预先设定。当活动横梁运行到极限位置，碰到限位环时，限位杠自动滑落，由限位杆触动限位开关来切断电源，使活动横梁停止运行，从而起到保护机器行程的作用，防止上、下夹头碰撞等恶性事故发生。

2. 控制测量系统

实验机的控制测量系统主要分为位移、力和变形控制测量系统。位移的测量由安装在转动丝杠一端与丝杠同步转动的光电式位移传感器提取信号。由于转动丝杠的螺距已经确定，光电编码器发出的脉冲数与活动横梁的位移量有固定的比例关系。当位移发生时，光电编码器发出的脉冲信号由计算机采集，将信号按比例转换后即可得到位移；控制时设定好一个速度或位移目标选择，计算机将指令发送到控制器，控制器控制主机上的直流伺服电机，得到一个固定的电压，就确定了活动横梁的运行速度，再通过设定活动横梁移动方向来控制电机的转动方向，从而实现位移的控制。

力的测量通过应变式力传感器及测量放大器来实现，由活动横梁下夹头或上压头作用的力传递给力传感器，力传感器产生的信号经由控制器传输到计算机后，由计算机按传感器标定数据进行处理得到力值。另外，通过使用引伸计可以实现各种标距的变形测量。通常在测量前，将引伸计安装在被测试件上，当试件受力变形时，通过引伸计将变形信号放大，输出到控制器，控制器将信号传输到计算机并显示出来。力和变形的测量控制方式与位移控制方式类似，控制的设定目标和实时闭环控制检测指标变为相应的力值和变形值，控制执行机构仍是控制器和直流伺服电机。

Ⅱ.6　液压式万能材料实验机

液压式万能材料实验机广泛应用于材料实验中，其结构原理可分为四大部分，结构原理图见图Ⅱ.17。

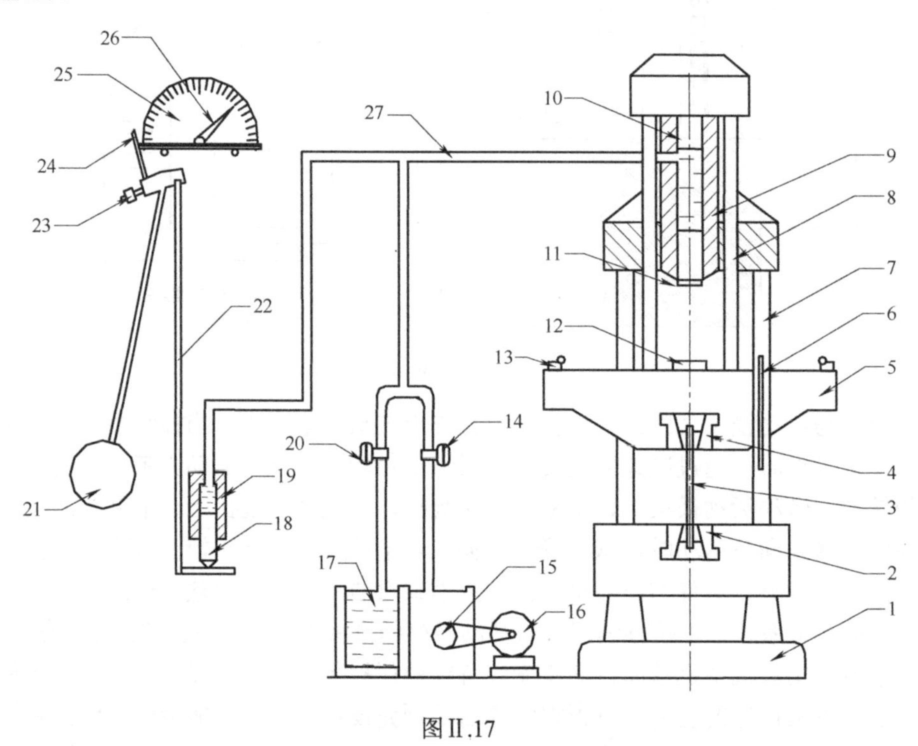

图Ⅱ.17

1-底座；2-下夹头；3-试件；4-上夹头；5-工作台；6-标尺；7-固定立柱；8-活动立柱；9-工作油缸；10-工作活塞；11-上承压座；12-下承压座；13-弯曲支座；14-进油阀；15-高压油泵；16-电动机；17-油箱；18-测力活塞；19-测力油缸；20-回油阀；21-摆锤；22-测力拉杆；23-平衡铊；24-推杆；25-测力度盘；26-测力指针；27-油管

1. 加力部分

在液压式万能材料实验机的机座上装有两根固定立柱 7，主要由这两根立柱支承大横梁、小横梁、工作油缸 9。当启动电动机 16 时，传动皮带带动高压油泵 15 工作，高压油液经进油阀 14 输送到工作油缸 9，推动工作活塞 10 往上运动。活塞上升时，带动活动立柱 8 与工作台 5 往上运行。做拉伸实验时，将拉伸试件 3 的两端夹于上夹头 4 和下夹头 2 之间(下夹头连接底座，固定不动)。当工作台上升时，使试件发生拉伸变形；做压缩实验时，把压缩试件放在下承压座 12 的中心位置处，工作台上升，使上承压座 11 接触试件后，产生压缩变形。做弯曲实验时，把弯曲试件放在两个弯曲支座 13 上，工作台上升，使上压头(弯曲压头)接触试件后，产生弯曲变形。进油阀用来控制输入工作油缸中的油量，以控制试件的变形速度。实验完毕，关闭进油阀 14，打开回油阀 20，把工作油缸里的油液泄回油箱，使工作台回到原始位置。

2. 测力部分

实验时，试件的受力大小，可在测力度盘 25 上直接读出指示值。试件受力后，工作油缸的油具有一定的压力，压力的大小与试件受力的大小是成正比例的。由于工作油缸和测力油缸是联通的，工作油缸和测力油缸所受的油压是相等的。油压推动测力活塞 18 和测力拉杆 22，使推杆 24 和摆锤 21 绕支点转动，推杆推动螺杆运动，使齿轮和测力指针 26 旋转，测力度盘 25 所读得的数值即试件的受力大小。

液压万能材料实验机的载荷范围可由摆锤 21 的重量来确定，一般都备有三种砣重，测力度盘 25 上相应有三种载荷刻度。

3. 自动绘图部分

液压实验机绘图装置通过固定在万能材料实验机工作台上的拉绳带动绘图滚筒转动，滚筒转动方向为变形坐标，螺杆运动方向为力坐标。

4. 操作部分

操作部分主要由进油阀、回油阀和电器开关等组成。进油阀的作用是调节油箱往工作油缸输送的油量大小，进油阀的阀门开得大，表示送油速度快、油量多，也就说明试件受力大，变形快。实验时要严格控制进油阀门的大小，保证载荷盘指针均匀地转动。回油阀的作用是调节工作油缸中的油流回油箱的流量，即使试件卸载，实验完成后，须打开回油阀门，使工作油缸的油流回油箱。万能材料实验机的具体操作方法如下。

(1)选择载荷范围。实验前，首先根据试件材料能承受的最大载荷，选择相应的砣重，确定合适的实验载荷范围(如 300kN 万能材料实验机分为 0～60kN、0～150kN、0～300kN)。若在万能材料实验机上挂上 *A* 砣，表示 0～60kN 范围，挂上 *A*、*B* 砣表示 0～150kN 范围，挂上 *A*、*B*、*C* 砣表示 0～300kN 范围。例如，直径为 10mm 的低碳钢拉伸试件，估计最大承载力为 40kN 左右，选用 0～60kN 范围即可，其目的是提高载荷测试精度。

(2)载荷调零。启动油泵电机，关闭回油阀，再打开进油阀，向工作油缸送油，使工作台上升 5～10mm 后(消除工作平台的自重)，转动螺杆使指针对准测力度盘上的零点，拨回被动指针。

(3)安装调整绘图仪的纸和笔，加载时能自动绘制试件受力与变形的曲线图。

(4)安装试件。装夹拉伸试件时，先调整下夹头位置，使拉伸区空间与试件长度相适应。调整下夹头位置时，可启动电动机使下夹头上升或下降。试件夹紧后，就不允许再用电动机升降下夹头，以免电动机超载而被烧毁。

(5)加载与卸载。试件安装完毕，即可开启进油阀，逐渐对试件进行加载，加载时要求测力指针匀速平稳地转动。切忌猛开进油阀，以免加载速度失控，损坏测力机构。实验完毕，关闭电源开关和进油阀，打开回油阀，使工作油缸的油流回油箱，工作平台下降至初始位置。

(6)实验中不得擅离实验机，听见异常声音或发现故障应立即关闭电源检查、排除。

Ⅱ.7　电阻应变测量简介

电阻应变测量是指用电阻应变计(即应变片)测定结构或构件的表面应变，再根据应力-应变关系确定结构或构件的表面应力状态。

当结构或构件变形时，粘贴并固结于其上的电阻应变计的电阻值将发生相对变化。由于在线弹性阶段内，这个变化是很微小的，需要专门的测量仪器——电阻应变仪来进行测量。电阻应变测量系统框图见图Ⅱ.18。

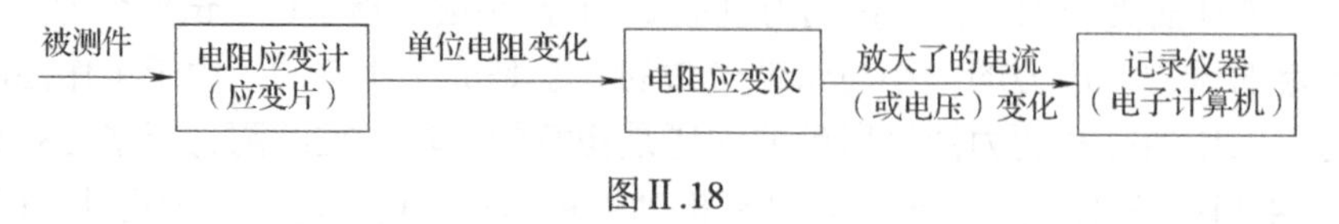

图Ⅱ.18

1. 电阻应变计

在测量中，电阻应变计(即应变片)能将工程结构或构件上的变形转换成电阻变化。

由物理学可知，金属电阻丝的电阻与其长度成正比，与其横截面积为反比，即

$$R=\frac{\rho l}{A} \tag{Ⅱ.1}$$

式中，R 为电阻值；ρ为电阻率，即单位长度、单位横截面积的电阻；l 为电阻丝长度；A为横截面积。

当电阻丝随构件受力作用而发生变形时，电阻丝长度、横截面积均将发生变化，电阻丝阻值也将随之变化。在一定范围内，电阻丝单位电阻的变化率$\Delta R/R$ 与其线应变$\Delta l/l$ 成正比，即

$$\frac{\Delta R}{R}=K\frac{\Delta l}{l}=K\varepsilon \tag{Ⅱ.2}$$

式中，ΔR 为电阻丝变形后产生的电阻变化量；K 为比例常数，也称为**灵敏因数**；ε为应变值，常用$\mu\varepsilon$表示，$1\mu\varepsilon=10^{-6}$。

因此，只要测得电阻丝的电阻变化量，通过式(Ⅱ.2)即可得到应变值ε。

为了测得工程结构或构件上某点的应变，将电阻丝制成的电阻应变片粘贴于测点上，见图Ⅱ.19，当其受力时，应变片随被测物体同时变形，即可测得该点的应变值。除电阻丝应变片外，目前常用的还有箔式应变片，见图Ⅱ.20，该应变片尺寸准确、均匀，易于制成任意形状，标距及宽度均可以做得很小，并且稳定性好，机械滞后的蠕变小，能通过较大电流，输出信号大，可提高测量精度。

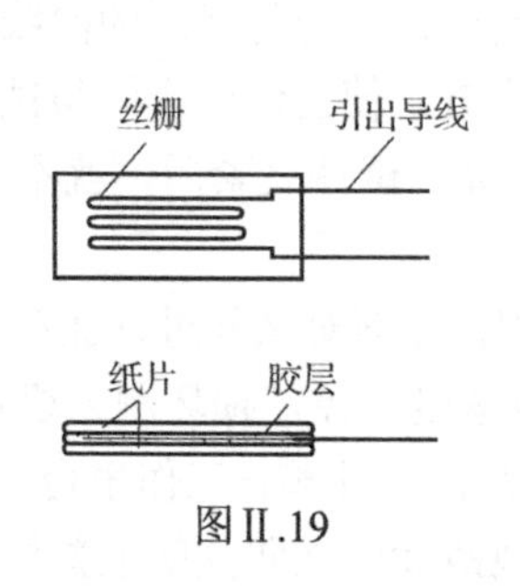

图Ⅱ.19

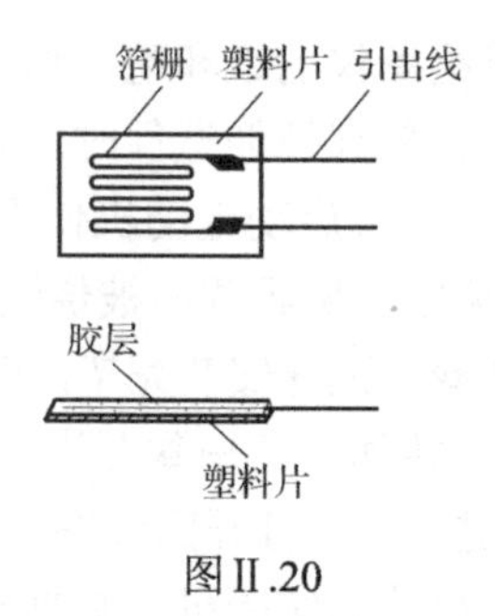

图Ⅱ.20

2. 应变测量电路

1)应变测量电路

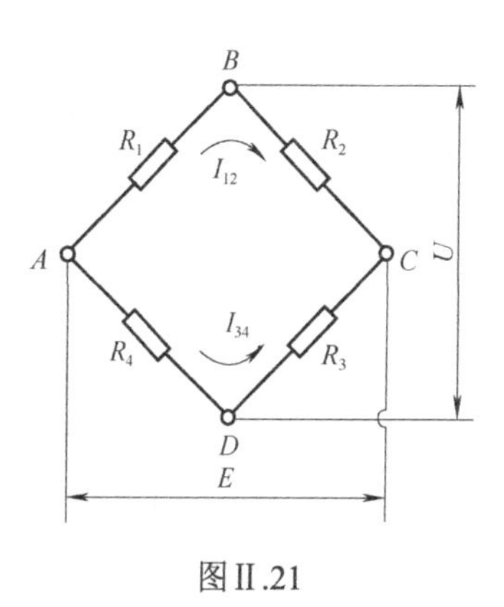

图II.21

应变测量电路主要是将应变片的电阻变化转换为电压(或电流)的变化信号。一般来说，应变片感受到的变形所引起的电阻变化是很小的，测量电路应能精确测量其电阻变化。最为普遍应用的应变测量电路是惠斯通电桥，见图II.21。四个桥臂上连接4片电阻应变片R_1、R_2、R_3、R_4，在AC端上加一个供桥电压，B、D端为输出端。根据不同的使用要求，电桥供桥电压可以是直流或交流，输出可以是电压或电流。现以直流电压E供压为例，说明输出端电压U的变化规律。

由图II.21可知，BD间视为开路，故电流为

$$I_{12}=\frac{E}{R_1+R_2},\qquad I_{34}=\frac{E}{R_3+R_4}$$

AB及AD间的电位差分别为

$$U_{AB}=\frac{R_1}{R_1+R_2}E,\qquad U_{AD}=\frac{R_4}{R_3+R_4}E$$

输出电压U是B、D两点间的电位差：

$$\begin{aligned}U&=U_{AB}-U_{AD}\\&=\frac{R_1}{R_1+R_2}E-\frac{R_4}{R_3+R_4}E=\frac{R_1R_3-R_2R_4}{(R_1+R_2)(R_3+R_4)}E\end{aligned}\tag{II.3}$$

电桥平衡时，输出电压为零，有$R_1R_3=R_2R_4$

如果处于平衡的电桥，各臂的电阻值分别产生ΔR_1、ΔR_2、ΔR_3、ΔR_4的变化，将其代入式(II.3)，可推导出输出电压改变量，近似由下式表示：

$$\Delta U=\frac{R_1R_2}{(R_1+R_2)^2}\left(\frac{\Delta R_1}{R_1}-\frac{\Delta R_2}{R_2}+\frac{\Delta R_3}{R_3}-\frac{\Delta R_4}{R_4}\right)E$$

在电阻R左右对称的情况下(即相邻臂电阻相等的对称电桥)，$R_1=R_2$，$R_3=R_4$时，有

$$\Delta U=\frac{E}{4}\cdot\left(\frac{\Delta R_1}{R_1}-\frac{\Delta R_2}{R_2}+\frac{\Delta R_3}{R_3}-\frac{\Delta R_4}{R_4}\right)\tag{II.4}$$

在电阻 R 全部相等的情况下(即四臂电阻相等)，$R_1=R_2=R_3=R_4$时，将式(II.2)代入式(II.4)，得

$$\Delta U=\frac{EK}{4}(\varepsilon_1-\varepsilon_2+\varepsilon_3-\varepsilon_4)\tag{II.5}$$

2)温度补偿

在一般情况下，由于应变片与构件材料的热膨胀因数不相等，粘贴于测点处的应变片的电阻除了因变形产生改变外，还会产生因温度变化导致的电阻改变量ΔR_t，使电桥失去平衡。ΔR_t产生的虚假应变将造成测量误差，所以必须排除。

利用电桥特点可进行温度补偿，例如，在拉伸试件纵向贴上工作应变片R_1，在与试件材质相同且处于同一温度场、但不受力的补偿块上粘贴与工作应变片电阻值和灵敏因数相同的补偿应变片R_2，见图II.22(a)，R_3和R_4为仪器中的精密无感电阻。

当温度变化时，由于R_3和R_4为仪器中的精密无感电阻，不会产生因温度引起的电阻变化，而R_1和R_2的电阻变化率分别为$\Delta R_{1t}/R_1$和$\Delta R_{2t}/R_2$，结果相同，代入式(II.4)，两项相减结果为零，因此对电桥的输出影响相互抵消，从而达到消除ΔR_t产生的虚假应变的目的。

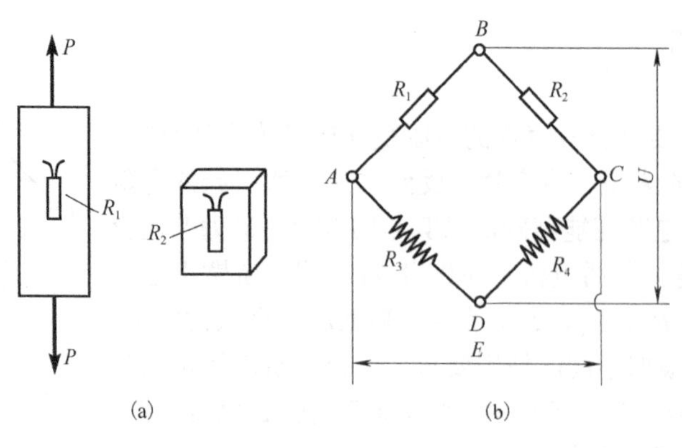

图Ⅱ.22

3) 接桥方式

分析式(Ⅱ.5)可知，测量电桥的输出电压与ε_1、ε_2、ε_3、ε_4直接相关，测量桥具有相对臂相加(即$\varepsilon_1+\varepsilon_3$)、相邻臂相减(即$\varepsilon_1-\varepsilon_2$)的特性，根据具体情况，合理选择接桥方式将有利于提高读数灵敏度、实现温度补偿或消除复合受力情况下的不必要力的影响，举例如下。

(1) 半桥接法(此时$R_1=R_2$)。

单臂工作片半桥接法：如图Ⅱ.22(a)所示为直杆轴向受力情况，在纵向贴上工作应变片R_1，在补偿块上粘贴补偿应变片R_2，这就是单臂工作片半桥接法，见图Ⅱ.22(b)，此时式(Ⅱ.5)为

$$\Delta U=\frac{1}{4}EK\varepsilon_1$$

应变仪读数$\varepsilon_{仪}$就是测点的实际应变值$\varepsilon_{实}$，即$\varepsilon_{实}=\varepsilon_{仪}$。

相邻臂均为工作片半桥接法：如图Ⅱ.23(a)所示，为悬臂梁受力情况，在纵向距离相同的上下表面位置粘贴工作应变片R_1和R_2，见图Ⅱ.23(b)。按相邻臂均为工作片半桥接法连接，由于悬臂梁贴片位置上、下表面受力时的应变大小相等，符号相反，式(Ⅱ.5)为

$$\Delta U=\frac{1}{2}EK\varepsilon$$

应变仪读数$\varepsilon_{仪}$是测点的实际应变值的两倍，即$\varepsilon_{仪}=2\varepsilon_{实}$，$\varepsilon_{实}=1/2\varepsilon_{仪}$。

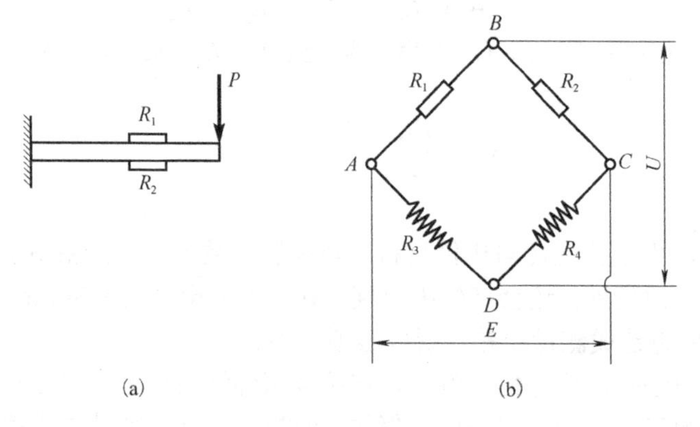

图Ⅱ.23

如图Ⅱ.24(a)所示，为直杆的轴向受力情况，在试件的正反两面相同位置各一纵一横(即互相垂直)粘贴四片电阻应变片R_1、R_2、R_3、R_4，按图Ⅱ.24(b)的接桥方式组成半桥电路，也可实现温度互补偿，并消除弯曲应变影响，此时式(Ⅱ.5)为

$$\Delta U=\frac{1}{4}EK\varepsilon(1+\mu)\,,\qquad \varepsilon_{仪}=(1+\mu)\varepsilon_{实}\,,\qquad \varepsilon_{实}=\frac{\varepsilon_{仪}}{(1+\mu)}$$

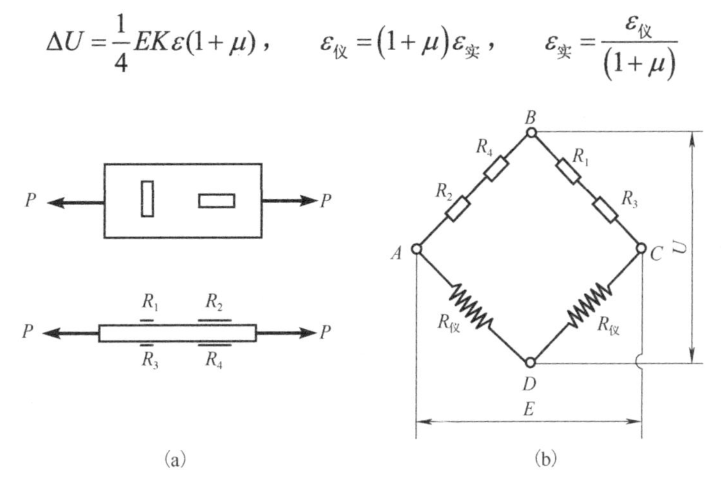

图Ⅱ.24

(2) 全桥接法。

如图Ⅱ.25(a)所示的扭转拉(压)弯曲复合受力情况，采用图Ⅱ.25(a)所示的贴片方案，按图Ⅱ.25(b)构成全桥连接方式，R_1、R_2、R_3、R_4均为工作片，此时式(Ⅱ.5)为

$$\Delta U=EK\varepsilon\,,\qquad \varepsilon_{仪}=4\varepsilon_{实}\,,\qquad \varepsilon_{实}=\frac{\varepsilon_{仪}}{4}$$

应变仪读数$\varepsilon_{仪}$就是测点的实际应变值的4倍，且能消除拉(压)和弯曲的影响，测出扭转产生的应变。

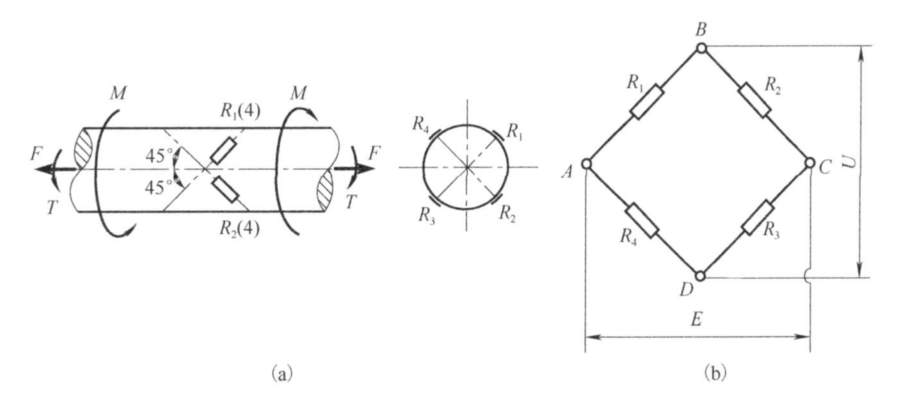

图Ⅱ.25

3. 电阻应变仪

电阻应变仪的作用是将应变片的电阻变化量转换成电压(或电流)的变化信号，并把电压(或电流)信号放大后再转换成应变读数并输出。应变量的测取可采用刻度盘读数、数字显示、计算机采样等几种形式。

按频率响应范围，可分为静态、动态、超动态电阻应变仪等，常用的静态电阻应变仪有：①YJD-1型静态电阻应变仪；②YJ-5型静态电阻应变仪；③YJ-18型静态电阻应变仪；④YJ-X4型静态电阻应变仪；⑤DH3818静态应变测试仪。使用时详见操作说明书或由教师进行讲解。

附录Ⅲ　热轧型钢规格表

本附录摘录了中华人民共和国国家标准《热轧型钢》(GB/T 706—2016)中规定的热轧工字钢、热轧槽钢、热轧等边角钢和热轧不等边角钢的截面尺寸、截面面积、理论重量及截面特性，供读者查阅使用。要了解更全面的内容，请读者另行参考该标准全文。

附表 1　热扎工字钢

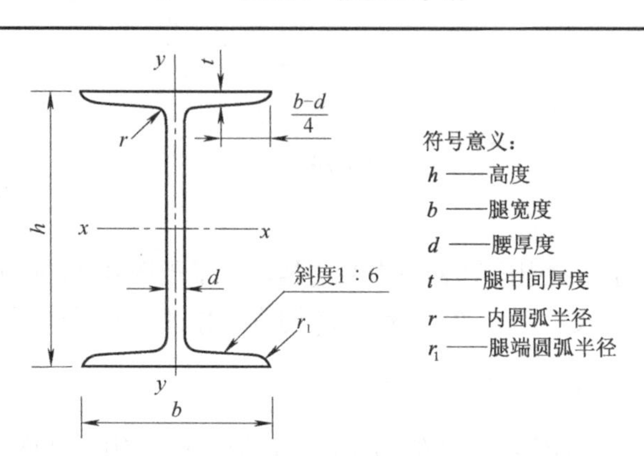

型号	截面尺寸/mm						截面面积/cm²	理论重量/(kg/m)	外表面积/(m²/m)	惯性矩/cm⁴		惯性半径/cm		截面模数/cm³	
	h	b	d	t	r	r_1				I_x	I_y	i_x	i_y	W_x	W_y
10	100	68	4.5	7.6	6.5	3.3	14.33	11.3	0.432	245	33.0	4.14	1.52	49.0	9.72
12	120	74	5.0	8.4	7.0	3.5	17.80	14.0	0.493	436	46.9	4.95	1.62	72.7	12.7
12.6	126	74	5.0	8.4	7.0	3.5	18.10	14.2	0.505	488	46.9	5.20	1.61	77.5	12.7
14	140	80	5.5	9.1	7.5	3.8	21.50	16.9	0.553	712	64.4	5.76	1.73	102	16.1
16	160	88	6.0	9.9	8.0	4.0	26.11	20.5	0.621	1130	93.1	6.58	1.89	141	21.2
18	180	94	6.5	10.7	8.5	4.3	30.74	24.1	0.681	1660	122	7.36	2.00	185	26.0
20a	200	100	7.0	11.4	9.0	4.5	35.55	27.9	0.742	2370	158	8.15	2.12	237	31.5
20b		102	9.0				39.55	31.1	0.746	2500	169	7.96	2.06	250	33.1
22a	220	110	7.5	12.3	9.5	4.8	42.10	33.1	0.817	3400	225	8.99	2.31	309	40.9
22b		112	9.5				46.50	36.5	0.821	3570	239	8.78	2.27	325	42.7
24a	240	116	8.0	13	10.0	5.0	47.71	37.5	0.878	4570	280	9.77	2.42	381	48.4
24b		118	10.0				52.51	41.2	0.882	4800	297	9.57	2.38	400	50.4
25a	250	116	8.0				48.51	38.1	0.898	5020	280	10.2	2.40	402	48.3
25b		118	10.0				53.51	42.0	0.902	5280	309	9.94	2.40	423	52.4
27a	270	122	8.5	13.7	10.5	5.3	54.52	42.8	0.958	6550	345	10.9	2.51	485	56.6
27b		124	10.5				59.92	47.0	0.962	6870	366	10.7	2.47	509	58.9
28a	280	122	8.5				55.37	43.5	0.978	7110	345	11.3	2.50	508	56.6
28b		124	10.5				60.97	47.9	0.982	7480	379	11.1	2.49	534	61.2
30a	300	126	9.0	14.4	11	5.5	61.22	48.1	1.031	8950	400	12.1	2.55	597	63.5
30b		128	11.0				67.22	52.8	1.035	9400	422	11.8	2.5	627	65.9
30c		130	13.0				73.22	57.5	1.039	9850	445	11.6	2.46	657	68.5

续表

型号	截面尺寸/mm						截面面积/cm^2	理论重量/(kg/m)	外表面积/(m^2/m)	惯性矩/cm^4		惯性半径/cm		截面模数/cm^3	
	h	b	d	t	r	r_1				I_x	I_y	i_x	i_y	W_x	W_y
32a	320	130	9.5	15.0	11.5	5.8	67.12	52.7	1.084	11100	460	12.8	2.62	692	70.8
32b		132	11.5				73.52	57.7	1.088	11600	502	12.6	2.61	726	76.0
32c		134	13.5				79.96	62.7	1.092	12200	544	12.3	2.61	760	81.2
36a	360	136	10.0	15.8	12.0	6.0	76.44	60.0	1.185	15800	552	14.4	2.69	875	81.2
36b		138	12.0				83.64	65.7	1.189	16500	582	14.1	2.64	919	84.3
36c		140	14.0				90.84	71.3	1.193	17300	612	13.8	2.60	962	87.4
40a	400	142	10.5	16.5	12.5	6.3	86.07	67.6	1.285	21700	660	15.9	2.77	1090	93.2
40b		144	12.5				94.07	73.8	1.289	22800	692	15.6	2.71	1140	96.2
40c		146	14.5				102.1	80.1	1.293	23900	727	15.2	2.65	1190	99.6
45a	450	150	11.5	18.0	13.5	6.8	102.4	80.4	1.411	32200	855	17.7	2.89	1430	114
45b		152	13.5				111.4	87.4	1.415	33800	894	17.4	2.84	1500	118
45c		154	15.5				120.4	94.5	1.419	35300	938	17.1	2.79	1570	122
50a	500	158	12.0	20.0	14.0	7.0	119.2	93.6	1.539	46500	1120	19.7	3.07	1860	142
50b		160	14.0				129.2	101	1.543	48600	1170	19.4	3.01	1940	146
50c		162	16.0				139.2	109	1.547	50600	1220	19.0	2.96	2080	151
55a	550	166	12.5	21.0	14.5	7.3	134.1	105	1.667	62900	1370	21.6	3.19	2290	164
55b		168	14.5				145.1	114	1.671	65600	1420	21.2	3.14	2390	170
55c		170	16.5				156.0	123	1.675	68400	1480	20.9	3.08	2490	175
56a	560	166	12.5				135.4	106	1.678	65600	1370	22.0	3.18	2340	165
56b		168	14.5				146.6	115	1.691	68500	1487	21.6	3.16	2450	174
56c		170	16.5				157.8	124	1.695	71400	1558	21.3	3.16	2550	183
63a	630	176	13.0	22.0	15.0	7.5	154.6	121	1.862	93900	1700	24.5	3.31	2980	193
63b		178	15.0				167.2	131	1.866	98100	1810	24.2	3.29	3160	204
63c		180	17.0				179.8	141	1.870	102000	1920	23.8	3.27	3300	214

注：表中 r、r_1 的数据只用于孔型设计，不作交货条件。

附表 2　热扎槽钢

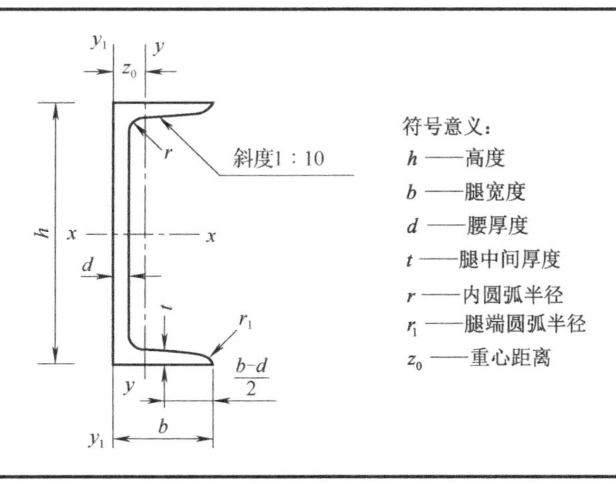

符号意义：

h ——高度

b ——腿宽度

d ——腰厚度

t ——腿中间厚度

r ——内圆弧半径

r_1 ——腿端圆弧半径

z_0 ——重心距离

续表

型号	尺寸/mm						截面面积/cm²	理论重量/(kg/m)	外表面积/(m²/m)	惯性矩/cm⁴			惯性半径/cm		截面模数/cm³		重心距离/cm
	h	b	d	t	r	r_1				I_x	I_y	I_{y1}	i_x	i_y	W_x	W_y	z_0
5	50	37	4.5	7.0	7.0	3.50	6.925	5.44	0.226	26.0	8.30	20.9	1.94	1.10	10.4	3.55	1.35
6.3	63	40	4.8	7.5	7.5	3.75	8.446	6.63	0.262	50.8	11.87	28.4	2.45	1.19	16.1	4.50	1.36
6.5	65	40	4.3	7.5	7.5	3.80	8.292	6.51	0.267	55.2	12.00	28.3	2.54	1.19	17.0	4.59	1.38
8	80	43	5.0	8.0	8.0	4.00	10.24	8.05	0.307	101	16.60	37.4	3.15	1.27	25.3	5.79	1.43
10	100	48	5.3	8.5	8.5	4.25	12.74	10.0	0.365	198	25.60	54.9	3.95	1.41	39.7	7.80	1.52
12	120	53	5.5	9.0	9.0	4.50	15.36	12.1	0.423	346	37.40	77.7	4.75	1.56	57.7	10.20	1.62
12.6	126	53	5.5	9.0	9.0	4.50	15.69	12.3	0.435	391	37.99	77.1	4.95	1.57	62.1	10.24	1.59
14a	140	58	6.0	9.5	9.5	4.75	18.51	14.5	0.480	564	53.20	107	5.52	1.70	80.5	13.01	1.71
14b		60	8.0				21.31	16.7	0.484	609	61.10	121	5.35	1.69	87.1	14.12	1.67
16a	160	63	6.5	10.0	10.0	5.00	21.95	17.2	0.538	866	73.30	144	6.28	1.83	108	16.30	1.80
16b		65	8.5				25.15	19.8	0.542	935	83.40	161	6.10	1.82	117	17.55	1.75
18a	180	68	7.0	10.5	10.5	5.2	25.69	20.2	0.596	1270	98.6	190	7.04	1.96	141	20.0	1.88
18b		70	9.0				29.29	23.0	0.600	1370	111	210	6.84	1.95	152	21.5	1.84
20a	200	73	7.0	11.0	11.0	5.5	28.83	22.6	0.654	1780	128	244	7.86	2.11	178	24.2	2.01
20b		75	9.0				32.83	25.8	0.658	1910	144	268	7.64	2.09	191	25.9	1.95
22a	220	77	7.0	11.5	11.5	5.8	31.83	25.0	0.709	2390	158	298	8.67	2.23	218	28.2	2.10
22b		79	9.0				36.23	28.5	0.713	2570	176	326	8.42	2.21	234	30.1	2.03
24a	240	78	7.0	12.0	12.0	6.0	34.21	26.9	0.752	3050	174	325	9.45	2.25	254	30.5	2.10
24b		80	9.0				39.01	30.6	0.756	3280	194	355	9.17	2.23	274	32.5	2.03
24c		82	11.0				43.81	34.4	0.760	3510	213	388	8.96	2.21	293	34.4	2.00
25a	250	78	7.0				34.91	27.4	0.722	3370	176	322	9.82	2.24	370	30.6	2.07
25b		80	9.0				39.91	31.3	0.776	3530	196	353	9.41	2.22	282	32.7	1.98
25c		82	11.0				44.91	35.3	0.780	3690	218	384	9.07	2.21	295	35.9	1.92
27a	270	82	7.5	12.5	12.5	6.2	39.27	30.8	0.826	4360	216	393	10.50	2.34	323	35.5	2.13
27b		84	9.5				44.67	35.1	0.830	4690	239	428	10.30	2.31	347	37.7	2.06
27c		86	11.5				50.07	39.3	0.834	5020	261	416	10.10	2.28	372	39.8	2.03
28a	280	82	7.5				40.02	31.4	0.846	4760	218	388	10.91	2.33	340	35.7	2.10
28b		84	9.5				45.62	35.8	0.850	5130	242	428	10.60	2.30	367	37.9	2.02
28c		86	11.5				51.22	40.2	0.854	5500	268	463	10.35	2.28	393	40.3	1.95
30a	300	85	7.5	13.5	13.5	6.8	43.89	34.5	0.897	6050	260	467	11.70	2.43	403	41.1	2.17
30b		87	9.5				49.89	39.2	0.901	6500	289	515	11.40	2.41	433	44.0	2.13
30c		89	11.5				55.89	43.9	0.905	6950	316	560	11.20	2.38	463	46.4	2.09
32a	320	88	8.0	14.0	14.0	7.0	48.50	38.1	0.947	7600	305	552	12.49	2.50	475	46.5	2.24
32b		90	10.0				54.90	43.1	0.951	8140	336	593	12.15	2.47	509	49.2	2.16
32c		92	12.0				61.30	48.1	0.955	8690	374	643	11.88	2.47	543	52.6	2.09
36a	360	96	9.0	16.0	16.0	8.0	60.89	47.8	1.053	11900	455	818	13.97	2.73	660	63.5	2.44
36b		98	11.0				68.09	53.5	1.057	12700	497	880	13.63	2.70	703	66.9	2.37
36c		100	13.0				75.29	59.1	1.061	13400	536	948	13.36	2.67	746	70.0	2.34
40a	400	100	10.5	18.0	18.0	9.0	75.04	58.9	1.114	17600	592	1070	15.30	2.81	879	78.8	2.49
40b		102	12.5				83.04	65.2	1.148	18600	640	1140	14.98	2.78	932	82.5	2.44
40c		104	14.5				91.04	71.5	1.152	19700	688	1220	14.71	2.75	986	86.2	2.42

注：表中 r 、 r_1 的数据只用于孔型设计，不作交货条件。

附表 3　热扎等边角钢

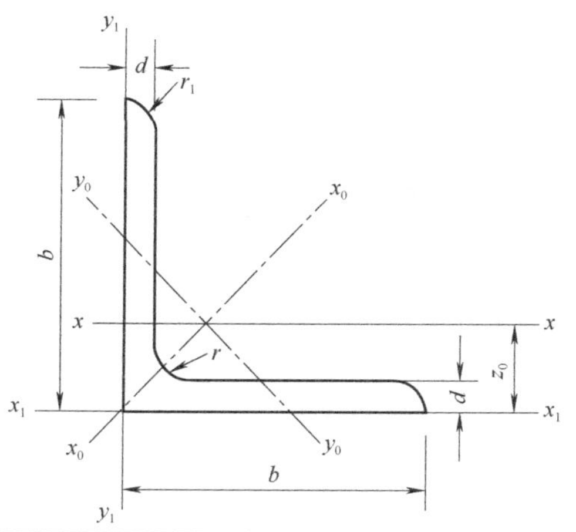

符号意义：
b ——边宽度
d ——边厚度
r ——内圆弧半径
r_1 ——边端内圆弧半径
z_0 ——重心距离

型号	截面尺寸/mm			截面面积/cm²	理论重量/(kg/m)	外表面积/(m²/m)	惯性矩/cm⁴				惯性半径/cm			截面模数/cm³			重心距离/cm
	b	d	r				I_x	I_{x_1}	I_{x_0}	I_{y_0}	i_x	i_{x_0}	i_{y_0}	W_x	W_{x_0}	W_{y_0}	z_0
2	20	3	3.5	1.132	0.89	0.078	0.40	0.81	0.63	0.17	0.59	0.75	0.39	0.29	0.45	0.20	0.60
		4		1.459	1.15	0.077	0.50	1.09	0.78	0.22	0.58	0.73	0.38	0.36	0.55	0.24	0.64
2.5	25	3		1.432	1.12	0.098	0.82	1.57	1.29	0.34	0.76	0.95	0.49	0.46	0.73	0.33	0.73
		4		1.859	1.46	0.097	1.03	2.11	1.62	0.43	0.74	0.93	0.48	0.59	0.92	0.40	0.76
3	30	3	4.5	1.749	1.37	0.117	1.46	2.71	2.31	0.61	0.91	1.15	0.59	0.68	1.09	0.51	0.85
		4		2.276	1.79	0.117	1.84	3.63	2.92	0.77	0.90	1.13	0.58	0.87	1.37	0.62	0.89
3.6	36	3	4.5	2.109	1.66	0.141	2.58	4.68	4.09	1.07	1.11	1.39	0.71	0.99	1.61	0.76	1.00
		4		2.756	2.16	0.141	3.29	6.25	5.22	1.37	1.09	1.38	0.70	1.28	2.05	0.93	1.04
		5		3.382	2.65	0.141	3.95	7.48	6.24	1.65	1.08	1.36	0.70	1.56	2.45	1.00	1.07
4.0	40	3	5	2.359	1.85	0.157	3.59	6.41	5.69	1.49	1.23	1.55	0.79	1.23	2.01	0.96	1.09
		4		3.086	2.42	0.157	4.60	8.56	7.29	1.91	1.22	1.54	0.79	1.60	2.58	1.19	1.13
		5		3.791	2.98	0.156	5.53	10.7	8.76	2.30	1.21	1.52	0.78	1.96	3.10	1.39	1.17
4.5	45	3		2.659	2.09	0.177	5.17	9.12	8.20	2.14	1.40	1.76	0.89	1.58	2.58	1.24	1.22
		4		3.486	2.74	0.177	6.65	12.2	10.6	2.75	1.38	1.74	0.89	2.05	3.32	1.54	1.26
		5		4.292	3.37	0.176	8.04	15.2	12.7	3.33	1.37	1.72	0.88	2.51	4.00	1.81	1.30
		6		5.077	3.99	0.175	9.33	18.4	14.8	3.89	1.36	1.70	0.88	2.95	4.64	2.06	1.33
5	50	3	5.5	2.971	2.33	0.197	7.18	12.5	11.4	2.98	1.55	1.96	1.00	1.96	3.22	1.57	1.34
		4		3.897	3.06	0.197	9.26	16.7	14.7	3.82	1.54	1.94	0.99	2.56	4.16	1.96	1.38
		5		4.803	3.77	0.196	11.2	20.9	17.8	4.64	1.53	1.92	0.98	3.13	5.03	2.31	1.42
		6		5.688	4.46	0.196	13.1	25.1	20.7	5.42	1.52	1.91	0.98	3.68	5.85	2.63	1.46
5.6	56	3	6	3.343	2.62	0.221	10.2	17.6	16.1	4.24	1.75	2.20	1.13	2.48	4.08	2.02	1.47
		4		4.390	3.45	0.220	13.2	23.4	20.9	5.46	1.73	2.18	1.11	3.24	5.28	2.52	1.53
		5		5.415	4.25	0.220	16.0	29.3	25.4	6.61	1.72	2.17	1.10	3.97	6.42	2.98	1.57
		6		6.420	5.04	0.220	18.7	35.3	29.7	7.73	1.71	2.15	1.10	4.68	7.49	3.40	1.61
		7		7.404	5.81	0.219	21.2	41.2	33.60	8.82	1.69	2.13	1.09	5.36	8.49	3.80	1.64
		8		8.367	6.57	0.219	23.6	47.2	37.37	9.89	1.68	2.11	1.09	6.03	9.44	4.16	1.68

续表

型号	截面尺寸/mm			截面面积/cm²	理论重量/(kg/m)	外表面积/(m²/m)	惯性矩/cm⁴				惯性半径/cm			截面模数/cm³			重心距离/cm
	b	d	r				I_x	I_{x_1}	I_{x_0}	I_{y_0}	i_x	i_{x_0}	i_{y_0}	W_x	W_{x_0}	W_{y_0}	z_0
6	60	5	6.5	5.829	4.58	0.236	19.9	36.1	31.60	8.21	1.85	2.33	1.19	4.59	7.44	3.48	1.67
		6		6.914	5.43	0.235	23.4	43.3	36.90	9.60	1.83	2.31	1.18	5.41	8.70	3.98	1.70
		7		7.977	6.26	0.235	26.4	50.7	41.90	11.00	1.82	2.29	1.17	6.21	9.88	4.45	1.74
		8		9.020	7.08	0.235	29.5	58.0	46.70	12.30	1.81	2.27	1.17	6.98	11.00	4.88	1.78
6.3	63	4	7	4.978	3.91	0.248	19.0	33.4	30.17	7.89	1.96	2.46	1.26	4.13	6.78	3.29	1.70
		5		6.143	4.82	0.248	23.2	41.7	36.77	9.57	1.94	2.45	1.25	5.08	8.25	3.90	1.74
		6		7.288	5.72	0.247	27.1	50.1	43.0	11.2	1.93	2.43	1.24	6.00	9.66	4.46	1.78
		7		8.412	6.60	0.247	30.9	58.6	49.0	12.8	1.92	2.41	1.23	6.88	11.00	4.98	1.82
		8		9.515	7.47	0.247	34.5	67.1	54.6	14.3	1.90	2.40	1.23	7.75	12.25	5.47	1.85
		10		11.66	9.15	0.246	41.1	84.3	64.9	17.3	1.88	2.36	1.22	9.39	14.56	6.36	1.93
7.0	70	4	8	5.570	4.37	0.275	26.4	45.7	41.8	11.0	2.18	2.74	1.40	5.14	8.44	4.17	1.86
		5		6.875	5.40	0.275	32.2	57.2	51.1	13.3	2.16	2.73	1.39	6.32	10.3	4.95	1.91
		6		8.160	6.41	0.275	37.8	68.7	59.9	15.6	2.15	2.71	1.38	7.48	12.1	5.67	1.95
		7		9.424	7.40	0.275	43.1	80.3	68.4	17.8	2.14	2.69	1.38	8.59	13.8	6.34	1.99
		8		10.67	8.37	0.274	48.2	91.9	76.4	20.0	2.12	2.68	1.37	9.68	15.4	6.98	2.03
7.5	75	5	9	7.412	5.82	0.295	40.0	70.6	63.3	16.6	2.33	2.92	1.50	7.32	11.9	5.77	2.04
		6		8.797	6.91	0.294	47.0	84.6	74.4	19.5	2.31	2.90	1.49	8.64	14.0	6.67	2.07
		7		10.16	7.98	0.294	53.6	98.7	85.0	22.2	2.30	2.89	1.48	9.93	16.0	7.44	2.11
		8		11.50	9.03	0.294	60.0	113	95.1	24.9	2.28	2.88	1.47	11.2	17.9	8.19	2.15
		9		12.83	10.1	0.294	66.1	127	105	27.5	2.27	2.86	1.46	12.4	19.8	8.89	2.18
		10		14.13	11.1	0.293	72.0	142	114	30.1	2.26	2.84	1.46	13.6	21.5	9.56	2.22
8	80	5		7.912	6.21	0.315	48.8	85.4	77.3	20.3	2.48	3.13	1.60	8.34	13.7	6.66	2.15
		6		9.397	7.38	0.314	57.4	103	91.0	23.7	2.47	3.11	1.59	9.87	16.1	7.65	2.19
		7		10.86	8.53	0.314	65.6	120	104	27.1	2.46	3.10	1.58	11.4	18.4	8.58	2.23
		8		12.30	9.66	0.314	73.5	137	117	30.4	2.44	3.08	1.57	12.8	20.6	9.46	2.27
		9		13.73	10.8	0.314	81.1	154	129	33.6	2.43	3.06	1.56	14.3	22.7	10.3	2.31
		10		15.13	11.9	0.313	88.4	172	140	36.8	2.42	3.04	1.56	15.6	24.8	11.1	2.35
9	90	6	10	10.64	8.35	0.354	82.8	146	131	34.3	2.79	3.51	1.80	12.6	20.6	9.95	2.44
		7		12.30	9.66	0.354	94.8	170	150	39.2	2.78	3.50	1.78	14.5	23.6	11.2	2.48
		8		13.94	10.9	0.353	106	195	169	44.0	2.76	3.48	1.78	16.4	26.6	12.4	2.52
		9		15.57	12.2	0.353	118	219	187	48.7	2.75	3.46	1.77	18.3	29.4	13.5	2.56
		10		17.17	13.5	0.353	129	244	204	53.3	2.74	3.45	1.76	20.1	32.0	14.5	2.59
		12		20.31	15.9	0.352	149	294	236	62.2	2.71	3.41	1.75	23.6	37.1	16.5	2.67
10.0	100	6	12	11.93	9.37	0.393	115	200	182	47.9	3.10	3.90	2.00	15.7	25.7	12.7	2.67
		7		13.80	10.8	0.393	132	234	209	54.7	3.09	3.89	1.99	18.1	29.6	14.3	2.71
		8		15.64	12.3	0.393	148	267	235	61.4	3.08	3.88	1.98	20.5	33.2	15.8	2.76
		9		17.46	13.7	0.392	164	300	260	68.0	3.07	3.86	1.97	22.8	36.8	17.2	2.80
		10		19.26	15.1	0.392	180	344	285	74.4	3.05	3.84	1.96	25.1	40.3	18.5	2.84
		12		22.80	17.9	0.391	209	402	331	86.8	3.03	3.81	1.95	29.5	46.8	21.1	2.91
		14		26.26	20.6	0.391	237	471	374	99.0	3.00	3.77	1.94	33.7	52.9	23.4	2.99
		16		29.63	23.3	0.390	263	540	414	111	2.98	3.74	1.94	37.8	58.6	25.6	3.06

续表

型号	截面尺寸/mm			截面面积/cm²	理论重量/(kg/m)	外表面积/(m²/m)	惯性矩/cm⁴				惯性半径/cm			截面模数/cm³			重心距离/cm
	b	d	r				I_x	I_{x_1}	I_{x_0}	I_{y_0}	i_x	i_{x_0}	i_{y_0}	W_x	W_{x_0}	W_{y_0}	z_0
11	110	7		15.20	11.9	0.433	177	311	281	73.4	3.41	4.30	2.20	22.1	36.1	17.5	2.96
		8		17.24	13.5	0.433	199	355	316	82.4	3.40	4.28	2.19	25.0	40.7	19.4	3.01
		10		21.26	16.7	0.432	242	445	384	100	3.38	4.25	2.17	30.6	49.4	22.9	3.09
		12		25.20	19.8	0.431	283	535	448	117	3.35	4.22	2.15	36.1	57.6	26.2	3.16
		14		29.06	22.8	0.431	321	625	508	133	3.32	4.18	2.14	41.3	65.3	29.1	3.24
12.5	125	8		19.75	15.5	0.492	297	521	471	123	3.88	4.88	2.50	32.5	53.3	25.9	3.37
		10		24.37	19.1	0.491	361	652	574	149	3.85	4.85	2.48	40.0	64.9	30.6	3.45
		12		28.91	22.7	0.491	423	783	671	175	3.83	4.82	2.46	41.2	76.0	35.0	3.53
		14		33.37	26.2	0.490	482	916	764	200	3.80	4.78	2.45	54.2	86.4	39.1	3.61
		16		37.74	29.6	0.489	537	1050	851	224	3.77	4.75	2.43	60.9	96.3	43.0	3.68
14	140	10		27.37	21.5	0.551	515	915	817	212	4.34	5.46	2.78	50.6	82.6	39.2	3.82
		12		32.51	25.5	0.550	604	1100	959	249	4.31	5.43	2.76	59.8	96.9	45.0	3.90
		14	14	37.57	29.5	0.550	689	1280	1090	284	4.28	5.40	2.75	68.8	110	50.5	3.98
		16		42.54	33.4	0.549	770	1470	1220	319	4.26	5.36	2.74	77.5	123	55.6	4.06
15	150	8		23.75	18.6	0.592	521	900	827	215	4.69	5.9	3.01	47.4	78.0	38.1	3.99
		10		29.37	23.1	0.591	638	1130	1010	262	4.66	5.87	2.99	58.4	95.5	45.5	4.08
		12		34.91	27.4	0.591	749	1350	1190	308	4.63	5.84	2.97	69	112	52.4	4.15
		14		40.37	31.7	0.590	856	1580	1360	352	4.60	5.8	2.95	79.5	128	58.8	4.23
		15		43.06	33.8	0.590	907	1690	1440	374	4.59	5.78	2.95	84.6	136	61.9	4.27
		16		45.74	35.9	0.589	958	1810	1520	395	4.58	5.77	2.94	89.6	143	64.9	4.31
16	160	10		31.50	24.7	0.630	780	1370	1240	322	4.98	6.27	3.20	66.7	109	52.8	4.31
		12		37.44	29.4	0.630	917	1640	1460	377	4.95	6.24	3.18	79.0	129	60.7	4.39
		14		43.30	34.0	0.629	1050	1910	1670	432	4.92	6.20	3.16	91.0	147	68.2	4.47
		16	16	49.07	38.5	0.629	1180	2190	1870	485	4.89	6.17	3.14	103	165	75.3	4.55
18	180	12		42.24	33.2	0.710	1320	2330	2100	543	5.59	7.05	3.58	101	165	78.4	4.89
		14		48.90	38.4	0.709	1510	2720	2410	622	5.56	7.02	3.56	116	189	88.4	4.97
		16		55.47	43.5	0.709	1700	3120	2700	699	5.54	6.98	3.55	131	212	97.8	5.05
		18		61.96	48.6	0.708	1880	3500	2990	762	5.50	6.94	3.51	146	235	105	5.13
20	200	14		54.64	42.9	0.788	2100	3730	3340	864	6.20	7.82	3.98	145	236	112	5.46
		16		62.01	48.7	0.788	2370	4270	3760	971	6.18	7.79	3.96	164	266	124	5.54
		18	18	69.30	54.4	0.787	2620	4810	4160	1080	6.15	7.75	3.94	182	294	136	5.62
		20		76.51	60.1	0.787	2870	5350	4550	1180	6.12	7.72	3.93	200	322	147	5.69
		24		90.66	71.2	0.785	3340	6460	5290	1380	6.07	7.64	3.90	236	374	167	5.87
22	220	16		68.67	53.9	0.866	3190	5680	5060	1310	6.81	8.59	4.37	200	326	154	6.03
		18		76.75	60.3	0.866	3540	6400	5620	1450	6.79	8.55	4.35	223	361	168	6.11
		20		84.76	66.5	0.865	3870	7110	6150	1590	6.76	8.52	4.34	245	398	182	6.18
		22	21	92.68	72.8	0.865	4200	7830	6670	1730	6.73	8.48	4.32	267	429	195	6.26
		24		100.5	78.9	0.864	4520	8550	7170	1870	6.71	8.45	4.31	289	461	208	6.33
		26		108.3	85.0	0.864	4830	9280	7690	2000	6.68	8.41	4.3	310	492	221	6.41

续表

型号	截面尺寸/mm			截面面积/cm²	理论重量/(kg/m)	外表面积/(m²/m)	惯性矩/cm⁴				惯性半径/cm			截面模数/cm³			重心距离/cm
	b	d	r				I_x	I_{x_1}	I_{x_0}	I_{y_0}	i_x	i_{x_0}	i_{y_0}	W_x	W_{x_0}	W_{y_0}	z_0
25	250	18	24	87.84	69.0	0.985	5270	9380	8370	2170	7.75	9.76	4.97	290	473	224	6.84
		20		97.05	76.2	0.984	5780	10400	9180	2380	7.72	9.73	4.95	320	519	243	6.92
		22		106.2	83.3	0.983	6280	11500	9970	2580	7.69	9.69	9.93	349	564	261	7.00
		24		115.2	90.4	0.983	6770	12500	10700	2790	7.67	9.66	4.92	378	608	278	7.07
		26		124.2	97.5	0.982	7240	13600	11500	2980	7.64	9.62	4.9	406	650	295	7.15
		28		133.0	104	0.982	7700	14600	12200	3180	7.61	9.58	4.89	433	691	311	7.22
		30		141.8	111	0.981	8160	15700	12900	3380	7.58	9.55	4.88	461	731	327	7.30
		32		150.5	118	0.981	8600	16800	13600	3570	7.56	9.51	4.87	488	770	342	7.37
		35		163.4	128	0.980	9240	18400	14600	3850	7.52	9.46	4.86	527	827	364	7.48

注：截面图中的 $r_1=\frac{1}{3}d$ 及表中的 r 值的数据只用于孔型设计，不作交货条件。

附表 4　热轧不等边角钢

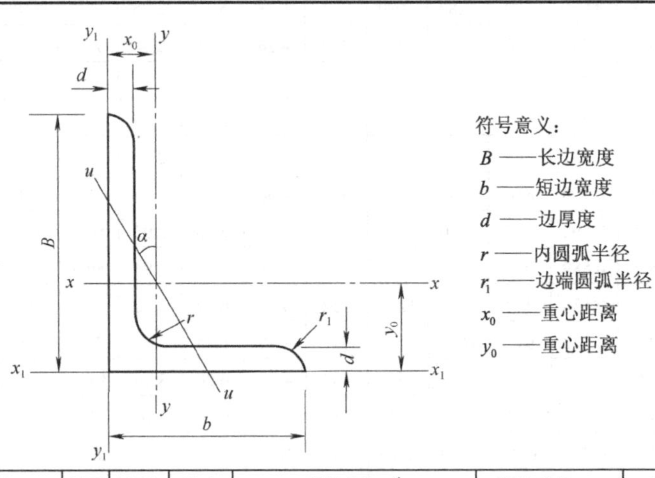

型号	截面尺寸/mm				截面面积/cm²	理论重量/(kg/m)	外表面积/(m²/m)	惯性矩/cm⁴					惯性半径/cm			截面模数/cm³			tanα	重心距离/cm	
	B	b	d	r				I_x	I_{x_1}	I_y	I_{y_1}	I_u	i_x	i_y	i_u	W_x	W_y	W_u		x_0	y_0
2.5/1.6	25	16	3	3.5	1.162	0.91	0.080	0.70	1.56	0.22	0.43	0.14	0.78	0.44	0.34	0.43	0.19	0.16	0.392	0.42	0.86
			4		1.499	1.18	0.079	0.88	2.09	0.27	0.59	0.17	0.77	0.43	0.34	0.55	0.24	0.20	0.381	0.46	0.90
3.2/2	32	20	3		1.492	1.17	0.102	1.53	3.27	0.46	0.82	0.28	1.01	0.55	0.43	0.72	0.30	0.25	0.382	0.49	1.08
			4		1.939	1.52	0.101	1.93	4.37	0.57	1.12	0.35	1.00	0.54	0.42	0.93	0.39	0.32	0.374	0.53	1.12
4/2.5	40	25	3	4	1.890	1.48	0.127	3.08	5.39	0.93	1.59	0.56	1.28	0.70	0.54	1.15	0.49	0.40	0.386	0.59	1.32
			4		2.467	1.94	0.127	3.93	8.53	1.18	2.14	0.71	1.26	0.69	0.54	1.49	0.63	0.52	0.381	0.63	1.37
4.5/2.8	45	28	3	5	2.149	1.69	0.143	4.45	9.10	1.34	2.23	0.80	1.44	0.79	0.61	1.47	0.62	0.51	0.383	0.64	1.47
			4		2.806	2.20	0.143	5.69	12.1	1.70	3.00	1.02	1.42	0.78	0.60	1.91	0.80	0.66	0.380	0.68	1.51
5/3.2	50	32	3	5.5	2.431	1.91	0.161	6.24	12.5	2.02	3.31	1.20	1.60	0.91	0.70	1.84	0.82	0.68	0.404	0.73	1.60
			4		3.177	2.49	0.160	8.02	16.7	2.58	4.45	1.53	1.59	0.90	0.69	2.39	1.06	0.87	0.402	0.77	1.65
5.6/3.6	56	36	3	6	2.743	2.15	0.181	8.88	17.5	2.92	4.70	1.73	1.80	1.03	0.79	2.32	1.05	0.87	0.408	0.80	1.78
			4		3.590	2.82	0.180	11.5	23.4	3.76	6.33	2.23	1.79	1.02	0.79	3.03	1.37	1.13	0.408	0.85	1.82
			5		4.415	3.47	0.180	13.9	29.3	4.49	7.94	2.67	1.77	1.01	0.78	3.71	1.65	1.36	0.404	0.88	1.87

续表

型号	截面尺寸/mm				截面面积/cm²	理论重量/(kg/m)	外表面积/(m²/m)	惯性矩/cm⁴					惯性半径/cm			截面模数/cm³			tanα	重心距离/cm	
	B	b	d	r				I_x	I_{x_1}	I_y	I_{y_1}	I_u	i_x	i_y	i_u	W_x	W_y	W_u		x_0	y_0
6.3/4	63	40	4	7	4.058	3.19	0.202	16.5	33.3	5.23	8.63	3.12	2.02	1.14	0.88	3.87	1.70	1.40	0.398	0.92	2.04
			5		4.993	3.92	0.202	20.0	41.6	6.31	10.9	3.76	2.00	1.12	0.87	4.74	2.71	1.71	0.396	0.95	2.08
			6		5.908	4.64	0.201	23.4	50.0	7.29	13.1	4.34	1.96	1.11	0.86	5.59	2.43	1.99	0.393	0.99	2.12
			7		6.802	5.34	0.201	26.5	58.1	8.24	15.5	4.97	1.98	1.10	0.86	6.40	2.78	2.29	0.389	1.03	2.15
7/4.5	70	45	4	7.5	4.547	3.57	0.226	23.2	45.9	7.55	12.3	4.40	2.26	1.29	0.98	4.86	2.17	1.77	0.410	1.02	2.24
			5		5.609	4.40	0.225	28.0	57.1	9.13	15.4	5.40	2.23	1.28	0.98	5.92	2.65	2.19	0.407	1.06	2.28
			6		6.647	5.22	0.225	32.5	68.4	10.6	18.6	6.35	2.21	1.26	0.98	6.95	3.12	2.59	0.404	1.09	2.32
			7		7.657	6.01	0.225	37.2	80.0	12.0	21.8	7.16	2.20	1.25	0.97	8.03	3.57	2.94	0.402	1.13	2.36
7.5/5	75	50	5	8	6.125	4.81	0.245	34.9	70.0	12.6	21.0	7.41	2.39	1.44	1.10	6.83	3.30	2.74	0.435	1.17	2.40
			6		7.260	5.70	0.245	41.1	84.3	14.7	25.4	8.54	2.38	1.42	1.08	8.12	3.88	3.19	0.435	1.21	2.44
			8		9.467	7.43	0.244	52.4	113	18.5	34.2	10.9	2.35	1.40	1.07	10.5	4.99	4.10	0.429	1.29	2.52
			10		11.59	9.10	0.244	62.7	141	22.0	43.4	13.1	2.33	1.38	1.06	12.8	6.04	4.99	0.423	1.36	2.60
8/5	80	50	5		6.375	5.01	0.255	42.0	85	12.8	21.1	7.66	2.56	1.42	1.10	7.78	3.32	2.74	0.388	1.14	2.60
			6		7.560	5.94	0.255	49.5	103	15.0	25.4	8.85	2.56	1.41	1.08	9.25	3.91	3.20	0.387	1.18	2.65
			7		8.724	6.85	0.255	56.2	119	17.0	29.8	10.2	2.54	1.39	1.08	10.6	4.48	3.70	0.384	1.21	2.69
			8		9.867	7.75	0.254	62.8	136	18.9	34.3	11.4	2.52	1.38	1.07	11.9	5.03	4.16	0.381	1.25	2.73
9/5.6	90	56	5	9	7.212	5.61	0.287	60.5	121	18.3	29.5	11.0	2.90	1.59	1.23	9.92	4.21	3.49	0.385	1.25	2.91
			6		8.557	6.72	0.286	71.0	146	21.4	35.6	12.9	2.88	1.58	1.23	11.7	4.96	4.13	0.384	1.29	2.95
			7		9.880	7.76	0.286	81.0	170	24.4	41.7	14.7	2.86	1.57	1.22	13.5	5.70	4.72	0.382	1.33	3.00
			8		11.18	8.78	0.286	91.0	194	27.2	47.9	16.3	2.85	1.56	1.21	15.3	6.41	5.29	0.380	1.36	3.04
10/6.3	100	63	6	10	9.617	7.55	0.320	99.1	200	30.9	50.5	18.4	3.21	1.79	1.38	14.6	6.35	5.25	0.394	1.43	3.24
			7		11.11	8.72	0.320	113	233	35.3	59.1	21.0	3.20	1.78	1.38	16.9	7.29	6.02	0.393	1.47	3.28
			8		12.58	9.88	0.319	127	266	39.4	67.9	23.5	3.18	1.77	1.37	19.1	8.21	6.78	0.391	1.50	3.32
			10		15.47	12.14	0.319	154	333	47.1	85.7	28.3	3.15	1.74	1.35	23.3	9.98	8.24	0.387	1.58	3.40
10/8	100	80	6	10	10.64	8.35	0.354	107	200	61.2	103	31.7	3.17	2.40	1.72	15.2	10.2	8.37	0.627	1.97	2.95
			7		12.30	9.66	0.354	123	233	70.1	120	36.2	3.16	2.39	1.72	17.5	11.7	9.60	0.626	2.01	3.00
			8		13.94	10.9	0.353	138	267	78.6	137	40.6	3.14	2.37	1.71	19.8	13.2	10.8	0.625	2.05	3.04
			10		17.17	13.5	0.353	167	334	94.7	172	49.1	3.12	2.35	1.69	24.2	16.1	13.1	0.622	2.13	3.12
11/7	110	70	6		10.64	8.35	0.354	133	266	42.9	69.1	25.4	3.54	2.01	1.54	17.9	7.90	6.53	0.403	1.57	3.53
			7		12.30	9.66	0.354	153	310	49.0	80.8	29.0	3.53	2.00	1.53	20.6	9.09	7.50	0.402	1.61	3.57
			8		13.94	10.9	0.353	172	354	54.9	92.7	32.5	3.51	1.98	1.53	23.3	10.3	8.45	0.401	1.65	3.62
			10		17.17	13.5	0.353	208	443	65.9	117	39.2	3.48	1.96	1.51	28.5	12.5	10.3	0.397	1.72	3.70
12.5/8	125	80	7	11	14.10	11.1	0.403	278	455	74.7	120	43.8	4.02	2.30	1.76	26.9	12.0	9.92	0.408	1.80	4.01
			8		15.99	12.6	0.403	257	520	83.5	138	49.2	4.01	2.28	1.75	30.4	13.6	11.2	0.407	1.84	4.06
			10		19.71	15.5	0.402	312	650	101	173	59.5	3.98	2.26	1.74	37.3	16.6	13.6	0.404	1.92	4.14
			12		23.35	18.3	0.402	364	780	117	210	69.4	3.95	2.24	1.72	44.0	19.4	16.0	0.400	2.00	4.22
14/9	140	90	8	12	18.04	14.2	0.453	366	731	121	196	70.8	4.50	2.59	1.98	38.5	17.3	14.3	0.411	2.04	4.50
			10		22.26	17.5	0.452	446	913	140	246	85.8	4.47	2.56	1.96	47.3	21.2	17.5	0.409	2.12	4.58
			12		26.40	20.7	0.451	522	1100	170	297	100	4.44	2.54	1.95	55.9	25.0	20.5	0.406	2.19	4.66
			14		30.46	23.9	0.451	594	1280	192	349	114	4.42	2.51	1.94	64.2	28.5	23.5	0.403	2.27	4.74

注：截面图中的 $r_1=\frac{1}{3}d$ 及表中的 r 值的数据只用于孔型设计，不作交货条件。

习题参考答案

第 1 章

1.1 (1) (√)；(2) (×)；(3) (×)；(4) (√)；(5) (√)。

1.2 连续性假设，均匀性假设，各向同性假设。

1.3 强度，刚度。

1.4 强度，刚度，稳定性。

1.5 拉伸，压缩，弯曲。

1.6 弯曲，剪切，弯曲与轴向压缩组合。

1.7 点 A 沿 x 方向的线应变，点 A 沿 y 方向的线应变，点 A 在 xy 平面内的剪应变。

1.8 $F_{S1}=F$，$M_1=Fx$；$F_{N2}=F$，$M_2=Fa$。

1.9 图(a) $\gamma=2\alpha$；图(b) $\gamma=\alpha-\beta$；图(c) $\gamma=0$。

1.10 $F_{N1}=(2^{1/2}/2)F$，$F_{S1}=(2^{1/2}/2)F$，$M_1=(2^{1/2}/2)F$，$F_{N2}=(2^{1/2}/2)F$，$F_{S2}=(2^{1/2}/2)F$。

1.11 $F_A=F$，$M_A=FL$；$F_{S1}=F$，$M_1=FL/2$。

第 2 章

2.1 图(a) $F_{N1}=50\text{kN}$(拉)，$F_{N2}=10\text{kN}$(拉)，$F_{N3}=20\text{kN}$(压)；

图(b) $F_{N1}=F$，$F_{N2}=0$，$F_{N3}=F$；

图(c) $F_{N1}=0$，$F_{N2}=4F$，$F_{N3}=3F$。

2.2 图(a) $F_{N,AB}=\dfrac{1}{2}F$(拉)，$F_{N,BC}=\dfrac{\sqrt{3}}{2}F$(压)；

图(b) $F_{N,AB}=\dfrac{\sqrt{2}}{2}F$(拉)，$F_{N,BC}=2F$(拉)。

2.3 $\sigma_{1\text{-}1}=0$，$\sigma_{2\text{-}2}=102\text{MPa}$，$\sigma_{3\text{-}3}=53\text{MPa}$。

2.4 $\alpha=48°11'$。

2.5 $\sigma_{\max}=67.9\text{MPa}$，在 1-1 截面上。

2.6 (1) $\sigma_{0°}=100\text{MPa}$，$\sigma_{45°}=50\text{MPa}$，

$\sigma_{-60°}=25\text{MPa}$，$\sigma_{90°}=0$，$\tau_{0°}=0$，

$\tau_{45°}=50\text{MPa}$，$\tau_{-60°}=-43.3\text{MPa}$，$\tau_{90°}=0$；

(2) $\sigma_{\max}=\sigma_{0°}=100\text{MPa}$，

$|\tau_{\max}|=\tau_{45°}=50\text{MPa}$。

2.7 $\sigma_{\max}=33.1(\text{MPa})\leqslant[\sigma]$，满足强度条件。

2.8 (1) 结构的强度不够；

(2) $b=63.2\text{mm}$，$h=126.5\text{mm}$。

2.9 $[F]=33.3\text{kN}$。

2.10 $[F]=68.7\text{kN}$。

2.11 $n\geqslant 7.34$，取 $n=8$。

2.12 $\theta=45°$。

2.13 $\varepsilon_{\text{I}}=0.05\%$，$\varepsilon_{\text{II}}=0$，$\varepsilon_{\text{III}}=-0.05\%$，$\Delta l_{\text{I}}=0.5\text{mm}$，$\Delta l_{\text{II}}=0$，$\Delta l_{\text{III}}=-1\text{mm}$。

2.14 $\Delta l=-2.2\text{mm}$。

2.15 $\Delta l=\dfrac{4Fl}{\pi E d_1 d_2}$。

2.16 $\Delta l=\dfrac{Fl}{tE(b_2-b_1)}\ln\dfrac{b_2}{b_1}$。

2.17 $E=208(\text{GPa})$，$\nu=0.317$。

2.18 $F=\dfrac{0.39Ed\delta}{\mu}$，$\Delta l=\dfrac{\delta l}{\mu d}$。

2.19 $\dfrac{E_1A_1}{E_2A_2}=\dfrac{1}{2}$。

2.20 (1) $d_{\max}=17.8\text{mm}$；(2) $A_{CD}\geqslant 8.33\text{cm}^2$；

(3) $F=15.7\text{kN}$。

2.21 $\varepsilon=500\times10^{-6}$，$\sigma=100\text{MPa}$，$F=7.85\text{kN}$。

2.22 $\sigma_{\text{p}}\approx 200\text{MPa}$，$\sigma_{\text{s}}\approx 240\text{MPa}$，

$\sigma_{\text{b}}\approx 440\text{MPa}$，$\delta=30\%$，塑性材料。

2.23 (1) $E=70\text{GPa}$，$\sigma_{\text{p}}=230\text{MPa}$，

$\sigma_{\text{p0.2}}=325\text{MPa}$；

(2) $\varepsilon_{\text{p}}=0.003$，$\varepsilon_{\text{e}}=0.0047$。

2.24 $F=136\text{kN}$。

2.25 $\tau=15.9\text{MPa}\leqslant[\tau]$，满足强度条件。

2.26 $\tau_{铜}=51\text{MPa}$，$\tau_{销}=61.2\text{MPa}$。

2.27 $\tau=28.6\text{MPa}<[\tau]$，满足剪切强度条件；

$\sigma_{\text{bs}}=95.9\text{MPa}<[\sigma_{\text{bs}}]$，满足挤压强度条件。

2.28 $\tau=137.5\text{MPa}>[\tau]$，不满足剪切强度条件；

$\sigma_{\text{bs}}=194.4\text{MPa}<[\sigma_{\text{bs}}]$，满足挤压强度条件。

2.29 $D:h:d=1.29:0.5:1$。

2.30 $[F]=43.2\text{kN}$，受拉伸强度控制。

第 3 章

3.1 图(a) $M_{x\max}=2M_{\text{e}}$；图(b) $M_{x\max}=3\text{kN}\cdot\text{m}$；

图(c) $M_{x\max}=5\text{kN}\cdot\text{m}$。

3.2 BC 段：$M_x=-0.702\text{kN}\cdot\text{m}$；

AB 段：$M_x=-1.755\text{kN}\cdot\text{m}$。

3.3 (1) $T_{x\max}$=1.36kN·m；(2) $T_{x\max}$=1.09kN·m。

3.4 略。

3.5 略。

3.6 (1) $\tau_\rho=42.78\text{MPa}$，$\tau_{\max}=71.30\text{MPa}$；

(2) $\varphi_{BA}=1.03°$，$\varphi_{CA}=1.55°$。

3.7 (1) $\tau_{\max}$=69.8MPa；(2) $\varphi_{CA}=2.33°$。

3.8 $\tau_{\max1}$=24.3MPa，$\tau_{\max2}$=22.6MPa，$\tau_{\max3}$=23.7MPa>[τ]，不安全。

3.9 $G=0.8\times10^5\text{MPa}$，$\tau=106\text{MPa}$。

3.10 $G=0.78\times10^5\text{MPa}$，$\mu$=0.28。

3.11 77.0kW。

3.12 $A_1=10.89\text{cm}^2$，$A_2=7.65\text{cm}^2$。

3.13 重量比 = 面积比 =0.51，

刚度比 =极惯性矩之比= 1.19。

3.14 $\varphi=\dfrac{m_e l^2}{2GI_p}$。

3.15 AE 段：$\tau_{\max}=45.17\text{MPa}<[\tau]$，

$\theta=0.46\,(°/\text{m})<[\theta]$；

BC 段：$\tau_{\max}$=71.3MPa<[τ]，

$\theta=1.02\,(°/\text{m})<[\theta]$。

3.16 $\tau_{\max}=59.8\text{MPa}$，$\varphi_C=0.714°$。

3.17 $[M_e]=0.414\text{kN}\cdot\text{m}$。

3.18 $[M_e]$=0.602kN·m。

3.19 (1) $\tau_{1\max}=40.1\text{MPa}$；(2) $\tau_{2\max}=34.4\text{MPa}$；

(3) $\theta=0.565\,(°/\text{m})$。

3.20 $\dfrac{\tau_{\max1}}{\tau_{\max2}}=0.737$，$\dfrac{I_p}{I_t}=1.129$。

第 4 章

4.1

题号	F_{S1}	M_1	F_{S2}	M_2
(a)	0	−2kN·m	−5kN	−7kN·m
(b)	$-qa$	$-qa^2$	$-qa$	$-3qa^2$
(c)	0	27kN·m		
(d)	6kN	6kN·m	−3kN	6kN·m
(e)	3kN	6kN·m	3kN	−3kN·m
(f)	$-qa/12$	$qa^2/4$		

4.2

题号	最大正剪力	最大负剪力	最大正弯矩	最大负弯矩
(a)	0	0	0	3kN·m
(b)	0	1.5kN	3kN·m	0
(c)	15kN	0	0	32.5kN·m
(d)	33kN	33kN	116kN·m	0
(e)	11kN	0	3kN·m	10kN·m
(f)	$P/2$	P		$Pl/2$
(g)	$qa/6$	qa	0	$qa^2/2$
(h)	5kN	15kN	7.5kN·m	15kN·m

4.3

题号	最大正剪力	最大负剪力	最大正弯矩	最大负弯矩
(a)	ql	0	$ql^2/2$	0
(b)	0	0	10kN·m	0
(c)	20kN	0	30 kN·m	0
(d)	5kN		0	12.5kN·m
(e)	15kN	15kN	20kN·m	0
(f)	$M/2a$	0	$0.5M$	$1.5M$
(g)	1kN	7kN	2.25kN·m	10kN·m
(h)	$2F/3$	$F/3$	$Fa/3$	$Fa/3$
(i)	$F/2$	$F/2$	$Fa/2$	0
(j)	7.5kN	2.5kN	2.8kN·m	0
(k)	$1.5F$	$0.5F$	$0.5Fa$	Fa
(l)	$11qa/6$	$7qa/6$	$49qa^2/72$	qa^2

4.4

题号	最大正剪力	最大负剪力	最大正弯矩	最大负弯矩
(a)	$2F$	0	Fa	$2Fa$
(b)	$1.5qa$	$1.5qa$	$0.125\,qa^2$	qa^2

4.5

题号	最大正剪力	最大负剪力
(a)	5kN	0
(b)	5kN	5kN

4.6 a/l=0.207

4.7

题号	最大轴力	最大剪力	最大弯矩
(a)	F	F	Fa
(b)	F	F	Fa
(c)	qa	qa	$0.5qa^2$

4.8　σ_{max} =22.2MPa。

4.9　A 截面：173MPa；B 截面：86.5MPa；
C 截面：0。

4.10　σ_{tmax} =10.4MPa，发生在 C 截面的下缘。

4.11　a =2.12m，q = 25kN/m。

4.12　a =1.39m。

4.13　M = 9.36kN · m。

4.14　$[F]$ = 70.8kN。

4.15　q = 10.03kN/m。

4.16　n = 3.71。

4.17　16/15。

4.18　$\dfrac{y_1}{y_2}=\dfrac{[\sigma_t]}{[\sigma_c]}$。

4.19　5 倍。

4.20　τ_{max} = 0.83MPa。

4.21　W_z = 412cm^3，选用两个 8 号槽钢。

4.22　$\tau_a=\tau_b=\tau_c$ = 0.45MPa。

4.23　0.5。

4.24　$[F]$ = 3.94kN。

4.25　τ_{max} = 0.444MPa。

4.26　选用 28a 号工字钢。

4.27　选用 20a 号工字钢。

第 5 章

5.1　略。

5.2　图(a) $w_C=-\dfrac{M_e l^2}{16EI}$，$\theta_B=\dfrac{M_e l}{6EI}$；

图(b) $w_B=-\dfrac{ql^4}{8EI}$，$\theta_B=\dfrac{ql^3}{6EI}$；

图(c) $w_C=-\dfrac{qa^4}{8EI}$，$w_D=-\dfrac{qa^4}{12EI}$，

$\theta_A=-\dfrac{qa^3}{6EI}$，$\theta_B=0$；

图(d) $w_C=-\dfrac{Fl^3}{6EI}$，$\theta_B=-\dfrac{9Pl^2}{8EI}$。

5.3　$\theta_A=-\dfrac{7q_0l^3}{360EI}$，$\theta_B=\dfrac{q_0l^3}{45EI}$，

$w_{max}=-6.52\times10^{-3}\dfrac{qa^4}{EI}$。

5.4　$w_A=-\dfrac{Fa^3}{EI}\left(1+\dfrac{9EI}{4Ka^3}\right)$。

5.5　图(a) $w_C=-\dfrac{Fa(2a^2+6ab+3b^2)}{6EI}$，

$\theta_B=\dfrac{Fa(2b+a)}{2EI}$；

图(b) $w_B=\dfrac{ql^4}{16EI}$，$\theta_B=\dfrac{ql^3}{12EI}$；

图(c) $w_C=\dfrac{qa(b^3-a^2b-3a^3)}{24EI}$，

$\theta_B=\dfrac{qb(b^2-4a^2)}{6EI}$；

图(d) $w_B=\dfrac{11Fl^3}{48EI}$，$\theta_C=\dfrac{Fl^2}{4EI}$。

5.6　图(a) $w_C=\dfrac{Fa^3}{3EI}$，$\theta_B=-\dfrac{2Fa^2}{3EI}$；

图(b) $w_C=-\dfrac{5Fa^3}{6EI}$，$\theta_B=\dfrac{5Fa^2}{6EI}$。

5.7　$w_C=-\dfrac{5Fl^3}{2EI}$，$\theta_C=\dfrac{13Fl^2}{6EI}$。

5.8　(1) $x=0.152\,l$；(2) $x=0.167\,l$。

5.9　$\theta_A=\dfrac{5Fl^2}{4EI}$（逆时针），$w_A=-\dfrac{Fl^2}{EI}(\downarrow)$。

5.10　$w=\dfrac{Fx^3}{3EI}$。

5.11　$\Delta_{HC}=\dfrac{3Fa^3}{4EI}$（←），$\Delta_{VC}=\dfrac{Fa^3}{2EI}$（↓）。

5.12　Δ_{VC} = 8.21mm（↓）。

5.13　$d\geqslant 23.9$mm。

5.14　强度：16a 号；刚度：22a 号；
考虑自重：$w_{max}=3.5\text{mm}<[w]$。

第 6 章

6.1　(a) σ_x = 47.7MPa，τ_x = 19.1MPa；
(b) σ_x = 50.9MPa，τ_x = 25.5MPa。

6.2

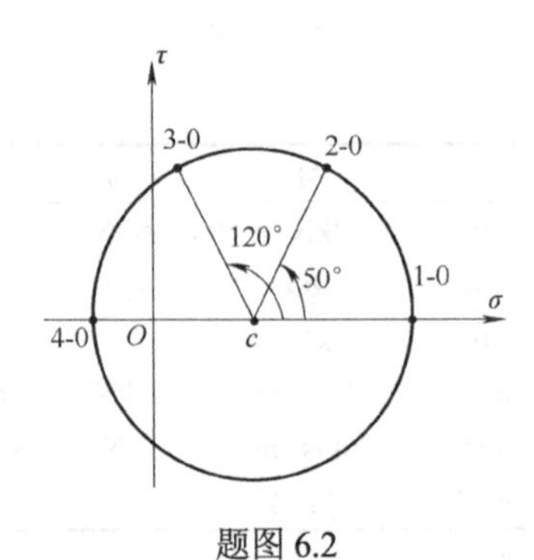

题图 6.2

6.3

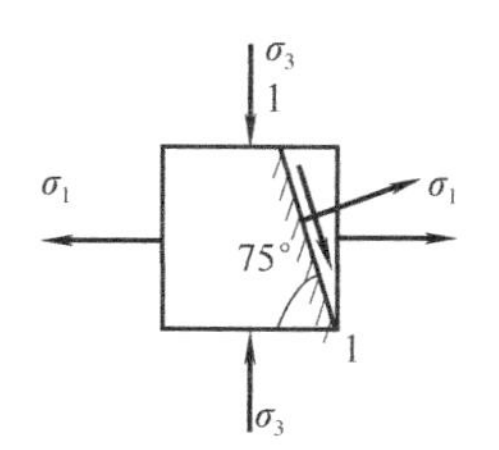

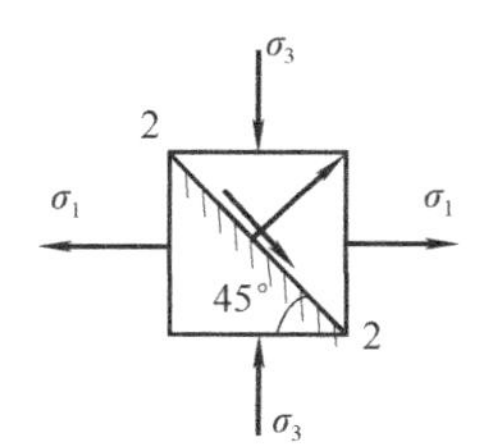

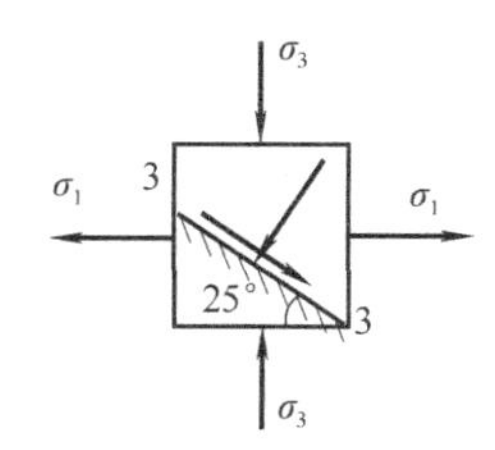

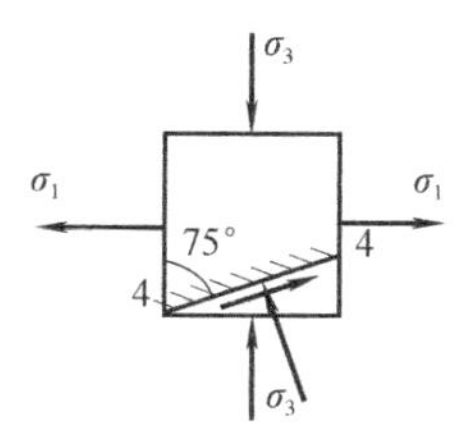

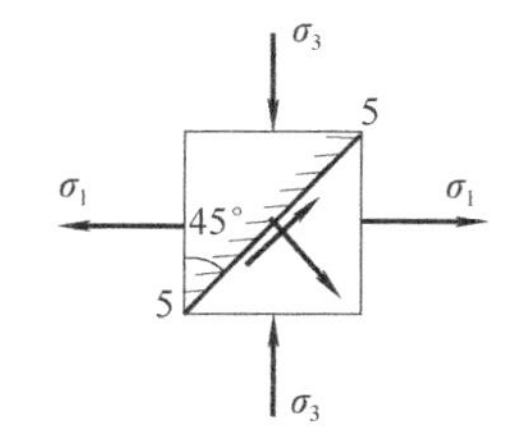

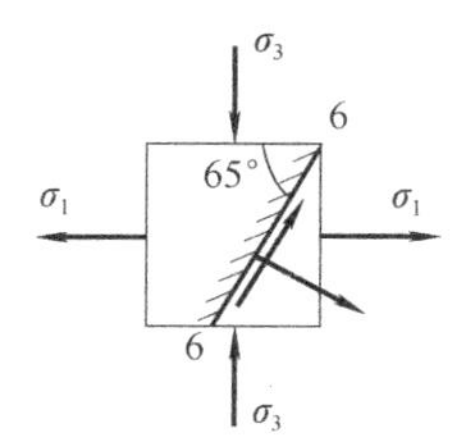

题图 6.3

6.4 图(a) $\sigma_{60^\circ}=-30\text{MPa}$，$\tau_{60^\circ}=34.64\text{MPa}$，

$\tau_{\max}=40\text{MPa}$；

图(b) $\sigma_{45^\circ}=60\text{MPa}$，$\tau_{45^\circ}=0$，$\tau_{\max}=0$；

图(c) $\sigma_{30^\circ}=20\text{MPa}$，$\tau_{30^\circ}=34.64\text{MPa}$，

$\tau_{\max}=40\text{MPa}$。

6.5 图(a) $\sigma_{45^\circ}=-25\text{MPa}$，$\tau_{45^\circ}=25\text{MPa}$；

图(b) $\sigma_{30^\circ}=14\text{MPa}$，$\tau_{30^\circ}=15\text{MPa}$；

图(c) $\sigma_{-55^\circ}=2.34\text{MPa}$，$\tau_{-55^\circ}=-16.65\text{MPa}$。

6.6 点 1：$\sigma_1=\sigma_2=0$，$\sigma_3=-120\text{MPa}$；

点 2：$\sigma_1=36\text{MPa}$，$\sigma_2=0$，$\sigma_3=-36\text{MPa}$；

点 3：$\sigma_1=70.3\text{MPa}$，$\sigma_2=0$，

$\sigma_3=-10.3\text{MPa}$；

点 4：$\sigma_1=120\text{MPa}$，$\sigma_2=\sigma_3=0$。

6.7 图(a) $\sigma_1=52.17\text{MPa}$，$\sigma_3=-42.17\text{MPa}$，

$\alpha_0=-29^\circ$；

图(b) $\sigma_1=71.23\text{MPa}$，$\sigma_3=-11.23\text{MPa}$，

$\alpha_0=-38^\circ$；

图(c) $\sigma_1=-6.15\text{MPa}$，$\sigma_3=-113.85\text{MPa}$，

$\alpha_0=-34.1^\circ$。

6.8 $\sigma_1=80\text{MPa}$，$\sigma_2=40\text{MPa}$，$\sigma_3=0$。

6.9 (a) $\sigma_1=\sigma_2=0$，$\sigma_3=-\sigma$，$\tau_{\max}=\sigma/2$；

(b) $\sigma_1=\tau$，$\sigma_2=0$，$\sigma_3=-\tau$，$\tau_{\max}=\tau$；

(c) $\sigma_1=\dfrac{1}{2}(\sigma+\sqrt{\sigma^2+4\tau^2})$，$\sigma_2=0$，

$\sigma_3=\dfrac{1}{2}(\sigma-\sqrt{\sigma^2+4\tau^2})$，$\tau_{\max}=\dfrac{1}{2}\sqrt{\sigma^2+4\tau^2}$。

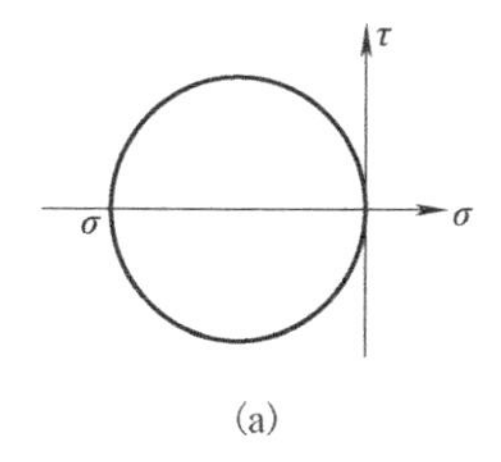

(a)

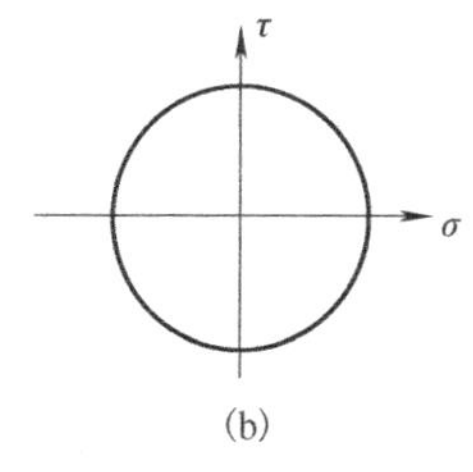

(b)

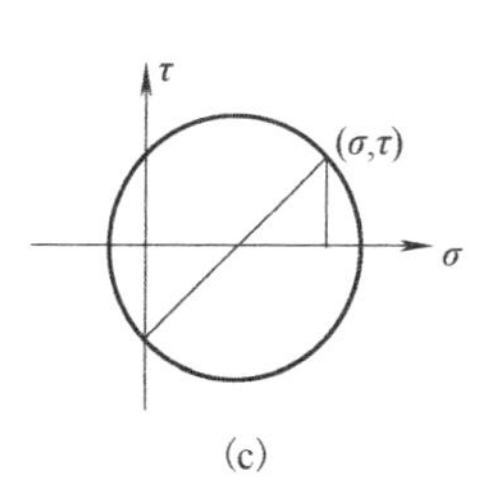

(c)

题图 6.9

6.10 图(a) $\sigma_1=50\text{MPa}$，$\sigma_2=30\text{MPa}$，

$\sigma_3=-50\text{MPa}$，$\sigma_{\max}=50\text{MPa}$，$\tau_{\max}=50\text{MPa}$；

图(b) $\sigma_1=60\text{MPa}$，$\sigma_2=30\text{MPa}$，

$\sigma_3=-70\text{MPa}$，$\sigma_{\max}=60\text{MPa}$，$\tau_{\max}=65\text{MPa}$。

6.11 $\sigma_1=84.7\text{MPa}$，$\sigma_2=20\text{MPa}$，

$\sigma_3=-4.7\text{MPa}$。

6.12 $\sigma_x=80\text{MPa}$，$\sigma_y=0$。

6.13 $\sigma_1=\sigma_2=-29.6\text{MPa}$，$\sigma_3=-60\text{MPa}$。

第 7 章

7.1　$\sigma_{r1}=24\text{MPa}<[\sigma_t]$，$\sigma_{r2}=34.8\text{MPa}<[\sigma_t]$，强度够。

7.2　$\sigma_{r3}=250\text{MPa}=[\sigma]$，$\sigma_{r4}=229\text{MPa}<[\sigma]$，强度够。

7.3　图(a)$\sigma_{r1}=72.4\text{MPa}$，$\sigma_{r2}=75.5\text{MPa}$，

$\sigma_{r3}=84.8\text{MPa}$，$\sigma_{r4}=79.3\text{MPa}$；

图(b)$\sigma_{r1}=25(\text{MPa})$，$\sigma_{r2}=31.3\text{MPa}$，

$\sigma_{r3}=50\text{MPa}$，$\sigma_{r4}=43.3\text{MPa}$；

图(c)$\sigma_{r1}=54.7\text{MPa}$，$\sigma_{r2}=63.4\text{MPa}$，

$\sigma_{r3}=89.4\text{MPa}$，$\sigma_{r4}=78.1\text{MPa}$；

图(d)$\sigma_{r1}=80\text{MPa}$，$\sigma_{r2}=90\text{MPa}$，

$\sigma_{r3}=120\text{MPa}$，$\sigma_{r4}=105.8\text{MPa}$。

7.4　图(a) $\sigma_{r3}=\sigma$；图(b) $\sigma_{r3}=\dfrac{1-2\mu}{1-\mu}\sigma$。

7.5　$\sigma_{r1}=22.7\text{MPa}<[\sigma_t]$，

$\sigma_{r2}=26.8\text{MPa}<[\sigma_t]$，安全。

7.6　按第三强度理论：$p=1.2\text{MPa}$；

按第四强度理论：$p=1.38\text{MPa}$。

7.7　$\sigma_{max}=157.5\text{MPa}<[\sigma]$，$\tau_{max}=47.8\text{MPa}<[\tau]$，在 $F_S=100\text{kN}$，$M=80\text{kN}\cdot\text{m}$ 的截面上的翼缘与腹板的交界处，$\sigma_{r4}=155.7\text{MPa}<[\sigma]$，安全。

7.8　$\sigma_{max}=121\text{MPa}$，超过许用应力 0.83%，故仍可使用。

7.9　(1) 开槽前 $\sigma^-_{max}=\dfrac{P}{a^2}$，各截面；

开槽后 $\sigma^-_{max}=\dfrac{8P}{3a^2}$，左侧外边缘；

(2) 均布 $\sigma^-_{max}=\dfrac{2P}{a^2}$。

7.10　$d=122\text{mm}$。

7.11　$F=6\text{kN}$。

7.12　$l=0.585\text{m}$。

7.13　$d\geqslant 17.28\text{mm}$。

7.14　$\sigma_1=33.5\text{MPa}$，$\sigma_2=0$，$\sigma_3=-9.96\text{MPa}$，$\tau_{max}=21.73\text{MPa}$，$\sigma_{r4}=39.37\text{MPa}$。

7.15　$F=788\text{N}$。

第 8 章

8.1　(1) $F_{cr}=54.5\text{kN}$；(2) $F_{cr}=89.1\text{kN}$；(3) $F_{cr}=459\text{kN}$。

8.2　图(a) $F_{cr}=2540\text{kN}$；图(b) $F_{cr}=2644\text{kN}$；图(c) $F_{cr}=3135\text{kN}$。

8.3　$F_{cr}=400\text{kN}$；$\sigma_{cr}=665\text{MPa}$。

8.4　$F_{cr}=\dfrac{\pi^2 EI}{2l^2}$，$F'_{cr}=\dfrac{\sqrt{2}\pi^2 EI}{l^2}$。

8.5　$F_{cr}=65.1\text{kN}$。

8.6　图(a) $b=40\text{mm}$，$\lambda=129.90>\lambda_p$，

$F_{cr}=131.01\text{kN}$；

图(b) $a=56.57\text{mm}$，$\lambda=91.86>\lambda_p$，

$F_{cr}=262.02\text{kN}$；

图(c) $d=63.83\text{mm}$，$\lambda=94.00>\lambda_p$，

$F_{cr}=250.21\text{kN}$；

图(d) $D=89.38\text{mm}$，$\lambda=54.99>\lambda_p$，

$F_{cr}=731.01\text{kN}$。

稳定性：图(d)>图(b)>图(c)>图(a)。

8.7　$n=\dfrac{F_{cr}}{F}=8.28>[n_{st}]=8$

活塞杆满足稳定性条件。

8.8　$[F]=286.4\text{kN}$。

8.9　$a=191\text{mm}$。

8.10　$w_B=0.386\text{mm}$。

第 9 章

9.1　图(a) $V=\dfrac{2F^2 l}{E\pi d^2}$；图(b) $V=\dfrac{7F^2 l}{8E\pi d^2}$。

9.2　$V=0.957\dfrac{F^2 l}{EA}$。

9.3　$V=\dfrac{16M_e^2 l^3}{3G\pi d^4}$。

9.4　$V=\dfrac{14M_e^2 l}{3G\pi d^4}$。

9.5　图(a) $V=\dfrac{(F^2l^2+3FlM_e+3M_e^2)l}{6EI}$；

图(b) $V=\dfrac{q^2l^5}{1280EI}$；

图(c) $V=\dfrac{3F^2l^3}{512EI}$；图(d) $V=\dfrac{q_0^2l^5}{56EI}$。

9.6　图(a) $V=\dfrac{13q^2l^5}{120EI}$；

图(b) $V=\left(\dfrac{a^3}{2EI}+\dfrac{9h}{8EA}\right)F^2$。

9.7 (1) $\Delta_{HC}=\dfrac{(1+2\sqrt{2})Fl}{2EA}$ (→)，$\Delta_{VD}=\dfrac{Fl}{2EA}$ (↓)；

(2) $\varphi=\dfrac{28M_e l^2}{3G\pi d^4}$；

(3) $\varDelta_{VB}=\dfrac{2Fl^3+3M_e l^2}{6EI}$ (↓)，

$\theta_B=\dfrac{Fl^2+2M_e l}{2EI}$ (↻)；

(4) $\varDelta_{VC}=\dfrac{ql^4}{128EI}$ (↓)，$\theta_A=\dfrac{ql^3}{48EI}$ (↻)。

9.8 图(a) $w_C=\dfrac{Fl^3}{6EI}$ (↓)，$\theta_B=\dfrac{9Fl^2}{8EI}$ (↻)；

图(b) $w_C=\dfrac{11ql^4}{24EI}$ (↓)，$\theta_B=\dfrac{2ql^3}{3EI}$ (↻)；

图(c) $w_B=\dfrac{7qa^4}{24EI}$ (↓)，$\theta_B=\dfrac{qa^3}{6EI}$ (↻)；

图(d) $w_C=\dfrac{qa^4}{8EI}$ (↓)。

9.9 图(a) $\varDelta_{VC}=\dfrac{9+10\sqrt{3}}{6}\dfrac{Fa}{EA}$ (↓)；

图(b) $\varDelta_{VC}=\dfrac{18+20\sqrt{3}}{3}\dfrac{Fa}{EA}$ 。

9.10 图(a) $w_D=\dfrac{Fb^2}{3EI}(b+3h)$，$\theta_A=\dfrac{Fbh}{EI}$ (↻)；

图(b) $\theta_A=\theta_B=\dfrac{Fa^2}{4EI}$ (↻)。

9.11 图(a) $w_C=\dfrac{Fl^3}{6EI}$ (↓)，$\theta_B=\dfrac{9Fl^2}{8EI}$ (↻)；

图(b) $w_C=\dfrac{11ql^4}{24EI}$ (↓)，$\theta_B=\dfrac{2ql^3}{3EI}$ (↻)；

图(c) $w_B=\dfrac{7qa^4}{24EI}$ (↓)，$\theta_B=\dfrac{qa^3}{6EI}$ (↻)；

图(d) $w_C=\dfrac{qa^4}{8EI}$ (↓)。

9.12 $w_B=\dfrac{2Fa^3}{3EI}+\dfrac{8\sqrt{2}Fa}{EA}$ (↓)，

$\theta_B=\dfrac{5Fa^3}{6EI}+\dfrac{4\sqrt{2}F}{EA}$ (↻)。

第 10 章

10.1 $x=\dfrac{E_2A_2}{E_1A_1+E_2A_2}l$ 。

10.2 $F_{N1}=-\dfrac{F}{6}$，$F_{N2}=\dfrac{5F}{6}$，$F_{N3}=\dfrac{F}{3}$ 。

10.3 图(a) $F_{N1}=\dfrac{2F}{3}$，$F_{N2}=-\dfrac{F}{3}$；

图(b) $F_{N1}=F$，$F_{N2}=0$，$F_{N3}=-F$ 。

10.4 $[F]=698\text{kN}$ 。

10.5 $F_{N,AC}=28\text{kN}$，$F_{N,BC}=-22\text{kN}$ 。

10.6 $x=\dfrac{5}{6}b$ 。

10.7 略。

10.8 图(a) $F_B=\dfrac{17}{16}qa$；图(b) $F_B=\dfrac{11}{16}F$ 。

10.9 $F_N=\dfrac{3}{8}\dfrac{Al^3}{Al^3+3aI}ql$ 。

10.10 $w_B=w_C=\dfrac{2ql^4}{9EI}$ 。

第 11 章

11.1 $\sigma_{d,\max}=\dfrac{2Fl}{9W}\left(1+\sqrt{1+\dfrac{243EIH}{2Fl^3}}\right)$。

11.2 (1) 0.0283MPa；(2) 9.7MPa；(3) 1.7MPa。

11.3 $\sigma_{d,\max}=31.6\text{MPa}$，$\delta_d=24.5\text{mm}$ 。

11.4 h=392mm。

11.5 $M_{\max}=\dfrac{Wl}{3}\left(1+\dfrac{b\omega^2}{3g}\right)$。

11.6 $\tau_{d,\max}=80.7\text{MPa}$，$\sigma_{d,\max}=142.5\text{MPa}$ 。

11.7 动荷因数 $K_d=5.1$，$\sigma_{r3,d}$=129MPa< $[\sigma]$，折杆安全，$\delta_{C,d}$= 25.8mm。

11.8 图(a) $\sigma_m=80\text{MPa}$，$\sigma_a=120\text{MPa}$，

$r=-0.2$；

图(b) $\sigma_m=-150\text{MPa}$，$\sigma_a=100\text{MPa}$，

$r=5$ 。

11.9 $\sigma_{\max}=152.8\text{MPa}$，$\sigma_{\min}=-101.8\text{MPa}$，

$\sigma_m=25.5\text{MPa}$，$\sigma_a=127.3\text{MPa}$ 。

11.10 K_σ=1.53。

11.11 K_τ=1.19。

11.12 $K_\sigma/\beta\varepsilon_\sigma=2.19$，$K_\tau/\beta\varepsilon_\tau=1.76$ 。

附录 I

I.1 (a) $I_z=2.18\times10^5\text{mm}^4$；

(b) $I_z=3.63\times10^7\text{mm}^4$；

(c) $I_z=1.23\times10^4\text{cm}^4$ 。

I.2 $a=111\text{mm}$ 。

I.3 $\dfrac{h}{b}=1.415$ 。

I.4 $I_{yz}=77500\text{mm}^4$ 。

I.5 $z_C=14.09\text{cm}$，$I_{y_C}=4447.9\text{cm}^4$ 。

参 考 文 献

刘鸿文，1985．高等材料力学．北京：高等教育出版社．

刘鸿文，2011．材料力学（Ⅰ）（Ⅱ）．5 版．北京：高等教育出版社．

屈本宁，2017．工程力学（第三版）．北京：科学出版社．

单辉祖，2004．材料力学（Ⅰ）（Ⅱ）．4 版．北京：高等教育出版社．

孙训方，方孝淑，关来泰，2009．材料力学（Ⅰ）（Ⅱ）．5 版．北京：高等教育出版社．

徐芝纶，2006．弹性力学．4 版．北京：高等教育出版社．

FERDINAND P B, 2012. Mechanics of materials. 6th ed. New York: McGraw-Hill Companies.

JAMES M G, 2012. Mechanics of materials. 8th ed. Boston: CENGAGE Learning Custom Publishing.

QU B N, YANG B C, GUO R, 2014. Mechanical calculation model for L-shape traffic signs bar with variable cross-section. Applied Mechanics and Materials, 444-445: 1001-1006.